国家建筑材料工业局九五重点教材
新世纪高等院校精品教材

U0868677

无机材料显微结构分析

（第二版）

周志朝　杨　辉　朱永花
翁文剑　高振昕　　编　著

浙江大學出版社

内容提要

本书是为高等院校无机非金属材料类专业大学本科生编写的教科书。全书分四部分，序篇总论部分简单介绍显微结构的概念及其研究内容、方法、对象及地位；上篇分章讨论偏光、反光和电子显微镜及颗粒显微分析的原理、主要仪器及测试方法；下篇各章分别讨论陶瓷材料、耐火材料、玻璃材料及水泥材料中有代表性制品的显微结构特征，并附典型的显微结构照片；附录部分以表格形式列出无机材料原料和制品中常见矿物的光学性质。全书内容丰富，不仅是本专业本科生的教科书和研究生的参考书，亦是从事无机材料工业生产及科学研究的科学技术人员实用的参考书，对金属材料、冶金、非金属矿产、化学工业及其他科学工作者亦有参考价值。

再 版 前 言

全国规划教材《无机材料显微结构分析》一书1993年出版后，受到普遍好评，荣获国家建材局第二届部级优秀教材二等奖，被列为部级"九·五"重点教材，随后又被列为国家级"九·五"重点教材建设计划。计划要求增添最新科技成果，删减对学科发展意义不大的内容，文字更加精练实用，且更能反映当前科技水平，成为跨世纪具有特色的教材。根据上述要求，我们讨论并拟订了教材编写大纲，分工进行修正或改写，再由主编进行统一修改定稿，复印送各位主审审阅，根据审稿意见又作进一步修改，最后送出版社出版。

由于原参编的专家、教授大多数已经退休，而且分散在全国各地，有的已出国，很难集中，为了尽快完成本教材的编写修改任务，更便于交流和互相帮助，征得国家建材局及部分原编者同意，本书仍由周志朝主编，杨辉和朱永花担任副主编。主要聘请浙江大学参加过第一版编写出版工作的年轻学者、教授参加修正和改写。他们具有丰富的最新科学知识、学术思想活跃、精力旺盛。实践证明这样做是正确的。

根据编、审人员的共同意见，全书的整体结构和篇、章设置均保持原有风格，只在各章内部作部分改动，有的变动较大。第一章仍由高振昕教授和周志朝共同编写，第三章、第八章和附录由朱永花副教授修改，第四章、第五章由翁文剑教授改编，第六章由杨辉教授改编，第七章仍由高振昕教授修改，其余部分均由周志朝完成。再版参编学者中，除高振昕是冶金部洛阳耐火材料研究院教授级高级工程师外，其余全部为浙江大学材料科学与工程系无机非金属材料专业的专家教授。

根据国家建材局的聘请，本教材由上海大学翁臻培教授、武汉工业大学岳文海教授和同济大学诸培南教授担任主审。

本教材的修改再版，得到教育部、国家建材局和浙江大学在经费上的资助和工作上的指导，并得到浙江大学无机非金属材料专业领导及同仁的支持和帮助，有的还提供宝贵的资料和照片。在书中多处采用了《无机非金属材料显微结构图册》一书中部分照片，特此对此书的作者表示感谢。此外，在全书的修改过程中继续得到周广兵同志的帮助，为书稿的打印和排版做了大量工作，在此一并表示感谢。

由于编著者尤其是主编的水平有限，书中难免存在许多不足之处，希望广大读者批评指正。

编著者

1998年10月

目　　录

序篇　总　论

上篇　研究方法

下篇　各　论

末篇 附 录

序篇

总论

材料可分为金属材料、无机非金属材料和高分子材料三大类。本书所讨论的主要是无机非金属材料，同时少量讨论无机基的复合材料和混合材料。

无论哪一类材料，其化学组成和显微结构特征都是决定材料物理、化学性能及使用效果的基本因素。研究材料制品的显微结构特征和演变过程及其与生产工艺和理化性能之间的关系，是当代材料科学研究的中心内容之一，主要包括材料工艺学和显微结构分析两部分。本书将集中讨论无机材料显微结构分析的研究方法和四大类典型无机材料中有代表性制品的显微结构特征，并进一步探讨显微结构特征与生产工艺之间的关系以及对制品理化性能和使用性能的影响。

在总论部分将简单介绍显微结构的概念以及无机材料显微结构分析研究的内容、方法和对象，初步讨论显微结构分析对无机材料科学新产品开发、科学研究、工业生产及对应用所起的实际指导作用。

第一章　无机材料显微结构分析概述

§1.1　显微结构的概念

在无机材料科学领域内，研究金属材料生产工艺的学科，称为冶金学；研究金属材料显微结构的学科，叫做金相学；研究无机非金属材料生产工艺的学科，称为无机材料工艺学。根据品种又有陶瓷工艺学、玻璃工艺学、耐火材料工艺学、水泥工艺学、人造晶体工艺学等。那么，研究无机非金属材料显微结构的学科又怎样确定名称呢？下面试从这一学科的发展历史谈起。

1.1.1　显微学和岩相学的沿用

从国内外已出版的有关显微结构分析的著作来看，大体上有《显微学》和《岩相学》两类，亦有称为《岩相分析》、《工艺岩石学》的。例如，1955 年纽约科学出版社出版的 H. Insley 和 V. D. Frechette 所著的《Microscopy of Ceramics and Cements》，是称为"显微学"；俄文版的有《工艺岩石岩相学》、《耐火材料岩相学》、《冶金和燃料炉渣岩相学》和《冶金过程岩相分析》等。国内由王天颇、蔡序珩和冯铭芬编著出版的三种教材均称为《硅酸盐岩相学》，诸培南编著的《工艺岩石学基础》，翁臻培主编的《陶瓷显微术》，杨兴华主编的《耐火材料岩相分析》和任允芙主编的《钢铁冶金岩相矿相学》等，内容大都包括结晶学、晶体光学和部分硅酸盐制品显微结构特征等三部分，有的还有矿物岩石学和电子显微学的内容。

当然，也有不称"显微学"和"岩相学"的显微结构专著。例如，1994 年由诸培南、翁臻培、王天颇等 15 位教授、学者联合编撰出版的《无机材料显微结构图册》，是以有代表性的和典型的光学及电子显微照片为主体分章讨论了陶瓷材料、耐火材料、玻璃材料、铸石材料、水泥熟料、工业废渣、球团矿和烧结矿以及无机复合材料等八大类无机材料的显微结构问题，是一部讨论无机材料显微结构的理论专著。

1994 年，英国 Sheffield 大学（W. E. Lee 和 W. M. Rainforth）出版了《Ceramic Microstructures》一书，它是一本教材，然而更像一部专著。它不含基础知识方面的内容，在基础理论方面侧重介绍生产工艺对显微结构的影响和各种仪器的分辨本领及制样原则。第一部分阐述制品显微结构各论，重点介绍了氧化铝、氧化锆和非氧化物结构陶瓷以及部分典型耐火材料和复合物的显微结构特征。该书的编撰特点是汇集了大量的最新科技信息，为学生们展示了本学科知识的宽广视域，堪称一部专著型的好教材。

既考虑到学科的发展，也顾及到教材的继承性，本书将分析技术作为教学的重要内容，兼容了以上各种版本著作的观点。本教材是以无机非金属材料的显微结构分析为主线编写的，为更准确地表明本书内容和教学上的要求，并代表本学科的内涵，本教材定名为《无机材料显微结构分析》。

1.1.2 显微结构的定义

现代材料科学研究的中心内容之一，是研究材料的显微结构及其与生产工艺、制品理化性能和使用效果之间的关系。那么，材料的显微结构又是什么？又如何定义呢？

对“显微结构”一词的理解和认识很不一致，“显微结构”长期以来与“构造”、“组织”、“组织结构”、“织构”、“微观结构”、“细微结构”、“结构构造”等术语相混淆。实际上它们均有其特定的含义：描述材料中组成矿物在空间分布排列关系的，称为“构造”；“织构”则是专指组成矿物在空间作定向排列，使制品具有特殊性能的一类显微结构；用高分辨率透射电镜和X射线衍射等手段来研究晶体内部质点排布规律的，称为“微观结构”；晶体颗粒自身结构特征称为晶体的“细微结构”。可见，这些术语不能作为显微结构的同义语使用。各种材料内部结构随着所用仪器分辨率的不同将有不同的结构类型和名称：

肉眼或借助放大镜和实体显微镜只能分辨大于0.1mm（100μm）的物体，所观测到的结构称为“宏观结构”；

光学显微镜的最大分辨率可达0.2μm左右，观测到的结构称为“显微结构”；

电子显微镜分辨率可提高到0.01μm（10nm），观测到的结构称为“亚显微结构”；

用高分辨率透射电镜则可观察到物质的分子、原子，直接研究晶格点阵的被称为“微观结构”。

据此，将材料的结构分类归纳列于表1-1中。“显微结构”的定义为：在光学-电子显微镜下分辨出的试样中所含相的种类及其数量，颗粒的形状、大小、分布取向和它们相互之间的综合特征，称为显微结构。它包括了亚显微结构，但不含宏观结构和微观结构。

表1-1　材料结构分类及所用观察设备

物体尺寸	结构类型	观测设备	研究对象	举　例
100μm以上	大结构 宏观结构 低倍结构	肉眼 放大镜 实体显微镜	晶　粒 颗粒集团	断面结构 外观缺陷 裂纹、空洞
100～10μm	显微结构	偏光显微镜 反光显微镜 相衬显微镜 干涉显微镜 显微光度计 显微硬度计	晶　粒 多相集团	相的定性和定量、晶形、分布及物相的光学性质
10～0.2μm			微晶集团	物相形态、取向和结构，物相的硬度和部分光学性质：消光、干涉色、延性、多色性等
0.2～0.01μm	亚显微结构	暗场显微镜 超视显微镜 干涉相衬显微镜 电子显微镜 扫描电子显微镜	微　晶 胶团	液相分离体，沉积，凝胶结构 晶面表现形貌 晶体构造的位错缺陷
<0.01μm （即<10nm）	微观结构	场离子显微镜 高分辨电子显微镜	晶格点阵	钨晶格 高岭石点阵

1.1.3 无机材料显微结构分析发展简史

无机材料显微结构的研究可以追溯到近百年前。从其理论基础和测试技术来讲，显微结构分析的发展大体可划分为三个阶段。

1. 透射偏光的薄片研究阶段

自 1905 年 H. Lechatelier 第一个用偏光显微镜研究水泥熟料薄片中的相组成，1906 年 B. И. Соколоб 用偏光显微镜观察硅砖薄片的显微结构以来，到 30 年代中期的 30 年间，许多科学家沿用偏光显微镜研究水泥熟料、陶瓷、耐火材料和玻璃结石的相组成及其相互关系，在研究过程中发现用薄片法研究制品中的细小颗粒、高折射率及透明度差的组成相和显微结构均无法得到更确切的结果。

2. 透射光和反射光相结合的研究阶段

1934 年 B. Tavasci 和 O. Anderson 开始用反光显微镜研究水泥熟料和耐火材料的光片之后，反射晶体光学的研究技术在无机材料显微结构研究中逐渐普及。50 年代一些显微学家在反射光下对试样光片进行腐蚀试验，并使透射光和反射光研究技术相结合，发展了试样光薄片的磨制技术，随之，透射光和反射光相结合的矿相显微镜问世，使显微结构研究有了很大的发展。60 年代以后又引入定量显微学(即体视学)的理论和测试技术，致使反射光显微学在显微结构分析中起到了更重要的作用：利用显微硬度计测定组成相的硬度，利用显微光度仪测定组成相的反射率，利用吸收-反射光谱做为某相特征光学常数和鉴定固溶体浓度的依据等，把无机材料显微结构分析和金相学的研究方法相结合。显微光度仪和图像分析仪在显微结构分析中的应用，使光学显微结构分析又发展到了一个新阶段。

3. 光学-电子显微术的综合研究阶段

60 年代末和 70 年代初，扫描电子显微镜、能谱仪及波谱微区分析仪等近代研究技术相继问世，并应用于无机材料学科领域。在暂短的四五年时间内就发表了许多篇研究报告，极大地丰富了显微结构的图像分析内容。扫描电镜和反光显微镜的分辨本领不同，又有密切的联系，把两种方法结合起来进行对比分析，从中找出图像细节和化学组成的相关性，是 W. Kroenert 和 W. Zednicek 的重大贡献。他们将显微结构的研究水平推到光学-电子显微术综合研究的新阶段。自动图像分析仪的研制成功可对显微结构参数进行定量分析。高分辨率透射电镜与电子衍射分析技术相结合，又将显微结构分析的分辨尺度扩大到亚显微结构及微观结构的区段。现在无机材料显微结构分析的理论和技术仍在不断发展。

§1.2 无机材料显微结构分析的研究内容

无机材料显微结构分析，包括制品的相组成鉴定和显微结构特征研究两部分内容，主要是用各类显微镜的图像研究方法完成的。

1.2.1 物相组成的分析和鉴定

无机材料制品的组成相有结晶相、玻璃相及气相三类。不同相又有各自不同的研究内容和方法。分析和鉴定物相组成是无机材料显微结构分析的前提和基础。

1. 结晶相的鉴定

除玻璃及其制品外，在所有无机材料制品的组成相中都存在有结晶相。它常是其主要组成相。结晶相尤其是主晶相又往往决定着制品的理化性能。其他结晶相对制品性能亦有显著的甚至决定性的影响。即使在玻璃及其制品内亦常出现直接影响其性能和质量由结晶相构成的玻璃缺陷。可见，结晶相的识别和认定是显微结构分析的基础。

鉴定结晶相的方法有：偏光显微镜薄片法和油浸法、反光显微镜光片法、X射线衍射分析法、红外光谱分析法和探针微区分析法等。显微结构分析时要根据试样的种类和性质确定研究方法，以精确和快捷为原则。任何仪器和方法都不是万能的，因此在深入研究时常多种研究方法相配合以准确地鉴定物相，如对细小及分散物相仅用光学显微镜和X射线分析是不易识别的，应以电镜辅以探针微区分析等方能准确鉴定。

2. 固态非晶质相的分析

制品中固态非晶质相有形成过程及结构特征不同的非晶态团粒和玻璃相两类。

(1) 非晶态团粒　由某种原料在高温条件下发生分解而形成无定形物质构成的团粒，称为非晶态团粒。例如，粘土原料在烧结过程中，粘土矿物发生脱水和分解，最后形成以无定形二氧化硅为主的粘土团粒等。在电子显微镜下研究发现，在非晶态团粒中存在着隐晶质结晶相和玻璃相，不能将非晶态团粒只作为玻璃相来对待。用光学显微镜只能研究其外部形态、大小、分布、含量以及与其他相之间的关系等，只有采用电子显微镜附加微区分析仪才能研究其内部构造。

(2) 玻璃相　由高温熔体冷凝而成的固态非晶质相，称为玻璃相。玻璃相在制品中起着粘结及填充空隙的作用。显微结构分析时主要是用光学显微镜测定和研究玻璃相的含量、分布、析晶情况及其与其他相之间的关系，必要时对其化学成分并对析晶相进行鉴定。

3. 气相的研究

除少数制品不允许气相存在外，在绝大多数制品中均或多或少地含有气相，制品中的气相是以气泡或气孔形式存在的。气相的存在与否以及气孔的形状、大小、含量、分布和连通情况等，对制品的性能、质量及使用均有显著影响，有时起着决定性作用。研究制品中气孔是不可忽略的工作，必要时还要测定气孔中包裹气体的化学成分，分析其成因，以便在制造工艺上采取增减气孔的有效措施。

1.2.2 显微结构特征的研究和测定

无机材料显微结构特征的研究包括组成相的形态学、体视学、排列组合关系及其互相结合情况等四方面内容，不仅是分析制品生产工艺的有力凭证，也可为研究制品技术性能和使用特性及其效果提供可靠的理论依据。

1. 形态学研究

研究制品中组成相的几何形状及其变化，进一步探究它们与生产工艺及制品性能之间关系的科学，称为形态学。不同物相形态学研究的内容和实际意义是存在差异的。

(1) 晶相形态学　其研究内容有晶体形状特点、自形程度、集合体形态和细微结构等四方面。每种晶体均具有一定形状的结晶多面体。由于环境条件的影响，将导致实际晶体的形态千差万别。例如，高熔点晶体常保留着原料中的形态特点，或因多晶转变、再结晶或重结晶、固相或固液相反应等作用而稍有变化。又如，高温熔体中新生晶体可长成自形程度很高的结晶多面体，或生长成具有各种形态的它形，亦会生长成具有独特形状的骸晶；因周围环境物理化学条件变化，已存在的晶体还会产生某种变化使晶体形成某种细微结构等。

(2) 固态非晶相形态学　它主要是研究固态非晶相的形状特点、分布情况及与其他物相之间的结合关系，进一步研究非晶态团粒中隐晶质的晶体种类、大小、分布、含量，这可帮助分析原料颗粒配比和热工制度等。它还研究玻璃相的含量和分布以及析晶相种类和形态特点。对玻璃体内结晶质缺陷(即玻璃结石)的形态学特点的研究，可以帮助鉴定晶体和结石成因及来源的讨论。

(3) 气相形态学　它研究制品中气孔的形状、大小、数量及分布、气孔的贯通情况、存在形式(是晶内气孔还是晶间气孔)及其相应数量等。这些都对制品的性能有极大的影响。

2. 体视学研究

根据组成物相二维形貌特征通过结构参数的测量和推算确定颗粒三维空间的形态、大小及含量的科学，称为体视学。体视学还要研究各相在空间的分布情况及其均匀性，研究粉体颗粒如粉状原料、生料粉、成品水泥粉、超细粉体和其他细粉的形态特点、颗粒大小、粒度分布及其他结构参数等。

3. 研究物相的排列组合

制品中组成物相在空间分布和排列组合情况是制造过程中各种因素作用的综合结果，亦直接影响甚至决定着制品的技术性能、质量、使用性状和效果。显微结构分析时要研究各物相分布的均匀性、取向性、致密程度以及玻璃相、气相与晶相间分布情况等。

4. 研究物相之间结合关系

物相间的结合情况多种多样，与原料质量、混合料配方及拌和均匀程度、热工制度、冷却速度或热处理制度等均直接有关，亦显著地影响甚至决定着制品的技术性能和使用效果。在显微结构分析时，对不同材料及其制品的要求是有所差别的：单相多晶材料要用电子显微镜研究同种晶体颗粒之间接触的晶界结构，多相多晶材料则要注意研究不同相之间接合的相界结构，还要研究制品中玻璃相与晶相间结合关系以及气孔壁的结构特点等。

1.2.3　显微结构与相平衡

显微结构分析的任务之一是确定制品中组成相的种类和相对含量。这就要借助于相平衡状态图(简称“相图”)的指导。根据相图可以知道在已知化学组成体系达到平衡时的组成相种类及其数量。

相图是以经典热力学为基础建立的，可是在实际上任何体系要达到真正平衡状态是很难的，无机材料制品一般都处于不平衡状态，最多是在高温条件下经过相当长(有时需几天、数月甚至几年)的时间，才能达到接近平衡的介稳状态，方可搬用相图来解释相关系。即使如此，相图还是很有用的。它可预测已知组成体系在给定温度范围内的相组成及相对含量，验证显微结构分析的结果，解释熔融材料及用后耐火材料熔蚀层的相组合及析晶形貌，判断难以认别的少量细微晶相等。在实际工作中仅根据化学分析数据通过理论计算相组成是不可取的，必须仔细地进行显微结构分析才能获得可靠的相组成。

§1.3 无机材料显微结构分析的研究方法

无机材料显微结构分析包括物相组成分析鉴定及形貌观察和结构参数测定两部分内容。研究工具主要是各种光学和电子显微镜，还有其他测试仪器。研究方法有图像分析法和非图像分析法两类，互相之间关系简单归纳如图 1-1 所示。

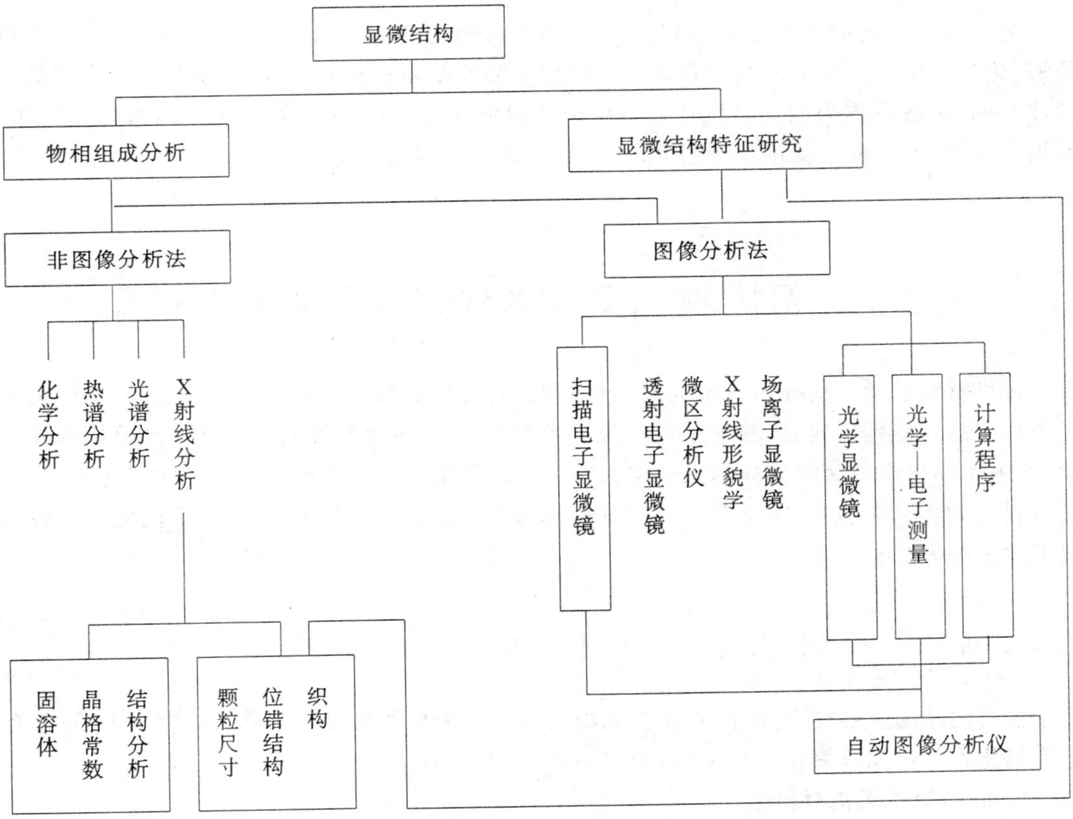

图1-1 显微结构分析的研究方法

1.3.1 图像研究法

显微结构分析的图像研究法，有偏光显微镜薄片法、反光显微镜光片法和电子显微镜分析等。光学显微镜既可根据图像特点及有关性质来分析和鉴定相组成，也可形象地研究显微结构特征和各项结构参数的测定，还可借助于辅助接口与其他电子仪器及计算程序结合，构成自动的结构图像分析系统进行体视学研究。电子显微镜可深入研究制品的亚显微结构图像特征，与微区分析仪（如电子探针、波谱仪、能谱仪等）相结合可定性甚至定量研究制品的化学组成及其分布情况。

由于光薄片和超薄光薄片的制备成功，可使偏光显微镜和反光显微镜联合研究，推进显微结构分析使之更加完善和精确。光学显微镜进一步与各种电子技术相结合，导致自动图像分析仪和显微光度计的运用，为显微结构图像研究提供了更方便有效的测试手段。

显微结构的图像研究法是无机材料显微结构分析的主要研究手段，在研究方法一篇中将分章讨论主要图像分析仪的工作原理、研究内容和测试方法。

1.3.2 非图像研究法

显微结构分析的非图像分析以X射线衍射分析为基本方法，此外还有光谱分析、热谱分析、化学分析等。这些方法主要是用来鉴定制品的结晶相及其组成，或研究和测定制品化学成分的，一般只作为辅助手段在显微结构分析中使用，但亦是不可缺少的有效研究方法。因篇幅限制，本课程中就不作专门介绍，一般均设专门课程讨论。

§1.4 无机材料显微结构分析的研究对象

无机材料显微结构分析的研究对象可归纳为：无机材料的各种半成品及成品（简称为无机材料制品）、使用后残品、其他工业的废渣或副产品、无机材料原料及天然矿产尾矿等四大类。本书主要讨论前两类试样的显微结构特征与生产工艺和制品性能及效果之间的关系。无机材料的种类复杂多样，为更好地进行研究和分析，在显微结构分析时，对无机材料一般采用下述三种方法。

1.4.1 无机材料的化学组成分类

根据制品的主要化学成分，将所有无机材料划分为硅酸盐类和非硅酸盐类两大类；亦有分为氧化物材料和非氧化物材料（含金属陶瓷）两大类的。

1. 硅酸盐类无机材料

以硅酸盐、铝酸盐、铝硅酸盐及硅氧、部分铝氧为主要化学成分的无机材料，称为硅酸盐类无机材料，简称为硅酸盐材料。主要有：普通陶瓷、各种耐火材料、日用玻璃及其制品、无机保温材料、硅酸盐和铝酸盐水泥熟料及其制品、铸石材料、普通磨料、工业废渣、燃料灰渣、部分单晶材料及无机复合材料等。

硅酸盐材料是发展历史悠久、使用面广的一大类无机材料，常被称为传统无机材料。

2. 非硅酸盐类无机材料

除硅酸盐材料以外的无机非金属材料，总称为非硅酸盐类无机材料，简称为非硅酸盐材料。可分为五类：①单质材料，例如，石墨、金刚石、多晶硅、无定形硅等；②单晶材料，例如，单晶硅、单晶锗、水晶、蓝宝石、白云母等；③结构材料，例如，氧化物陶瓷、氮化物陶瓷、碳化物陶瓷和非硅酸盐的高温材料等；④功能材料，例如，电介质陶瓷、压电陶瓷、铁电陶瓷、生物陶瓷、快离子导体、变阻瓷及敏感陶瓷、超导材料、航天航空材料、功能玻璃材料和功能薄膜材料等；⑤其他非硅酸盐无机材料，例如，特种胶凝材料、无机涂料、无机薄膜材料、部分无机及无机等复合材料等。

非硅酸盐材料是随着近代科学技术发展和需要而研制成的。它是性能要求高、生产控制严、品种繁多、使用面广的无机材料，常被称为新型无机材料。

这种分类方法不够严谨，有些制品常介于两大类无机材料之间，无法严格分开，所以，在国际上，常将以上两大类材料统称为 Ceramics。

1.4.2 无机材料的生产工艺及结构分类

根据生产工艺过程及其形成的显微结构特征，将无机材料划分为熔融型、烧结型、胶凝型和复合型四大类。本书主要讨论熔融型和烧结型两大类无机材料。

1. 熔融型无机材料

由一种或多种原料按化学配方制成混合料，使之全部熔融成高温熔体并快速冷却得到的制品，称为熔融型无机材料。因冷却制度和热处理情况不同又有三类的不同显微结构：

(1) 玻璃材料　高温熔体快速冷却凝固由无定形非晶态物质构成的材料，称为玻璃材料。显微结构分析的对象主要是玻璃体内结晶质缺陷(玻璃结石)和非晶态缺陷。

(2) 微晶玻璃材料　混合料引入晶核剂中熔制成的高温熔体，经快速冷凝成玻璃后，再在一定温度下进行热处理使之结晶获得由细小晶体组成的结晶质材料，称为微晶玻璃材料。由于材料中晶体很细小，必须在电子显微镜下研究其亚显微结构特征。

(3) 熔融结晶材料　高温熔体在冷却过程中于某温度下保温一定时间，使之全部结晶并长成较大晶体所构成的制品，称为熔融结晶材料。又有成型和不成型两类，前者称熔铸结晶材料，后者称熔融结晶材料。

2. 烧结型无机材料

根据制品的化学组成配方和粒度配比要求，用一种或多种原料的颗粒和粉体制成混合料，经拌和，有时还要成型和干燥，在一定温度下煅烧后烧结成块体，再经冷却而获得的制品，称为烧结型无机材料。根据烧结工艺及显微结构特征亦分为三类：

(1) 固液相烧结材料　高温烧结时物料部分熔融，冷却时凝结成玻璃相使制品达到烧结的材料，称为固液相烧结无机材料。它分成型烧结和粉体烧结两类。

(2) 固相烧结材料　在高温锻烧过程中不出现或基本上不产生液相，主要靠物料颗粒间固相反应、互扩散、再结晶等作用达到烧结的制品，称为固相烧结无机材料。

(3) 热压烧结材料　在高温锻烧的同时施加一定压力烧结而成的制品，称为热压烧结无机材料。

3. 胶凝型无机材料

以自身凝聚力或粘结剂凝结力，在常温或一定温度下凝聚而成的材料，称为胶凝型无机材料。它主要有:常温条件下在大气环境中硬化的气硬性材料,在水中或潮湿的环境中硬化的水硬性材料和在较低温度条件下硬化的热硬性材料等三大类。

4. 复合型无机材料

由两种或两种以上不同性质,甚至不同类型材料结合为一体而形成的材料,称为复合型材料。属于无机材料系统的复合型材料主要有:在一种无机材料中引入另一种无机材料成分所构成的无机无机复合材料(亦简称无机复合材料),以无机材料为主引入金属材料成分构成的无机基金属复合材料和金属材料为主体引入无机材料成分构成的金属基无机复合材料,还有由无机材料和高分子材料构成的无机高分子复合材料等三大类。

1.4.3 无机材料的产业类型

目前国内外流行的是将无机材料分为陶瓷材料、耐火材料、玻璃材料、胶凝材料、复合材料、铸石材料、研磨材料、单晶材料等大类,这可称为无机材料的产业分类。每大类又依主要化学成分、主晶相、显微结构及特殊性能等分为若干类。由于篇幅限制,本书只讨论陶瓷材料、耐火材料、玻璃材料、水泥材料四大类无机材料的显微结构分析。

1. 陶瓷材料

陶瓷材料根据显微结构特征、性能及用途可分为普通陶瓷和特种陶瓷两大类。普通陶瓷又根据生产工艺、显微结构和性能进一步分为土器、粗陶器、精陶器、炻器和瓷器。瓷器中又有软质瓷、硬质瓷之分。在陶瓷坯体上还常常覆盖一层玻璃质的釉,其中特种陶瓷又有结构陶瓷和功能陶瓷之分。

2. 耐火材料

耐火材料依据制品的化学及相组成和生产工艺可分为两类:前者分为硅质(SiO_2 系)、铝硅质(Al_2O_3-SiO_2 系)、铝质(Al_2O_3-[Na_2O,Cr_2O_3]系)、铝碳质(Al_2O_3-[SiC]系)、铝锆质(ZrO_2-Al_2O_3-SiO_2 系)、镁铬质(MgO-R_2O_3,SiO_2 系)、含碳(MgO-CaO-C 系)、特种(C,SiC-Si_3N_4 系)耐火材料八大类;后者分为烧结型耐火制品、不烧型(包括化学结合型)耐火制品、熔铸型耐火制品和再结合型耐火制品四种类型。

3. 玻璃材料

玻璃材料包括玻璃及其制品和微晶玻璃两类。前者根据主要化学组成有多个系列,显微结构分析对象主要是玻璃体内的各种缺陷,尤其是结晶质的玻璃结石;后者亦有多个化学组成系列和性能类型,显微结构分析除了研究母体玻璃中各种缺陷外,主要研究在热处理微晶化过程中显微结构的变化及其规律以及显微结构与制品性能之间的关系。

4. 水泥材料

水泥材料属胶凝材料的一大类,又分为硅酸盐水泥和铝酸盐水泥两类。显微结构分析的对象是水泥熟料、水泥水化物及水泥混合材。

在产业分类的同类无机材料中,有硅酸盐材料和非硅酸盐材料,亦存在熔融型无机材料和烧结型无机材料。它们的显微结构特征相差甚大。在进行显微结构分析时,要研究不同制品的各自显微结构及其形成过程,探讨它们对制品技术性能及使用效果的影响。在研究互相间相同处或相似处的同时,还要注意各自的特点,才能达到显微结构分析的目的。

§1.5 无机材料显微结构分析的实际意义

研究无机材料的显微结构具有重要的理论价值和实际意义。在无机材料制品的生产制造和实际使用中，显微结构处于核心的地位。从以下几个角度的分析就可清楚地看出研究显微结构的重要性。

1.5.1 显微结构的核心地位

随着科学技术的进步，众多的新型无机材料被研制出来并得到应用，促进生产技术的进步：原有无机材料的生产工艺和制造技术得到改进，新的制造途径和方法不断涌现等，从而极大地推动了无机材料的发展，这些都与显微结构的深入和细致地研究是分不开的。

众所周知，无机材料的性能主要决定于制品的化学成分、相组成、宏观结构及显微结构，其中相组成，尤其是晶相组成和显微结构特征，在化学成分确定后起着关键性作用。因为显微结构是生产过程和工艺条件的直接记录，每个生产环节的变化在显微结构上均有反映，而制品的相组成和显微结构特征，又直接影响甚至决定着制品的技术性能、质量、应用性状和效果。改变生产工艺过程和条件将获得不同的显微结构，制品的技术性能、使用性状和效果亦就不同。通过显微结构的设计，选用合适的原料及工艺配方，采用特定的生产过程及工艺条件，通过试验和研究就可获得需要的材料制品。可见，显微结构在无机材料的研究、制造和制品性能、应用效果之间起着核心作用，归纳如图 1-2 所示。

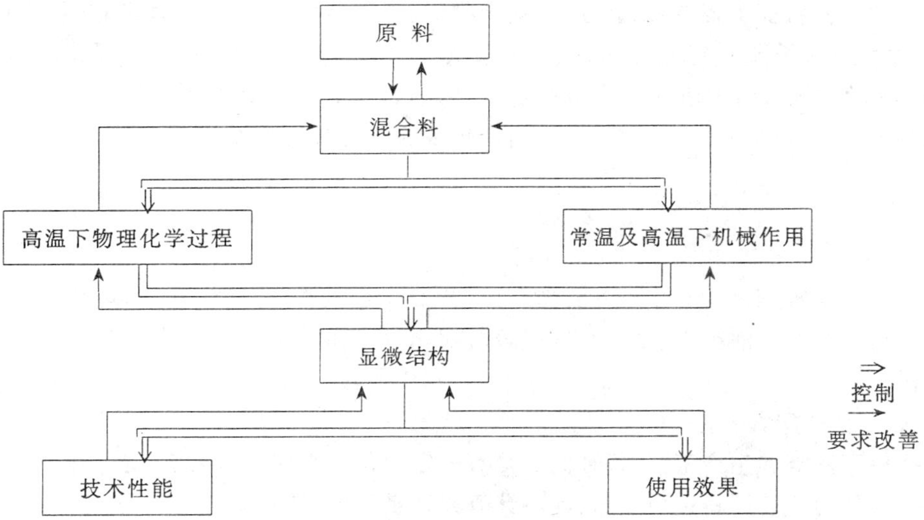

图1-2　显微结构核心地位方框图

现从原料选择、混合料处理及热工制度等三个方面，讨论制品显微结构变化及其对技术性能和使用效果的影响。

1.5.2 工业原料与显微结构的关系

制造无机材料所用的工业原料的种类及质量、颗粒尺寸及其配比、原料组成、化学成分的结合形式及结晶程度等，都决定着制品的显微结构、性能和质量。

1. 原料的种类

众所周知，工业原料的化学—矿物成分直接决定着无机材料制品的相组成和显微结构特征，亦决定了制品的技术性能和用途。例如，在用高熔点矿物为主要原料制造的产品中，多保留着原料的组成矿物，具有耐高温、高强度等性能，适用于制造耐火材料和高温结构陶瓷等；而低熔点矿物在高温下易被熔融成玻璃相，并产生气泡，或助熔高熔点矿物形成液相，这些原料宜于制造玻璃制品和作为固液烧结制品的主原料之一等。又如，用多种不同原料组合可生成的新晶相及其组合的显微结构亦不相同，制品的性能和用途亦就不同等。

2. 原料的质量

原料的质量不仅影响制品的相组成和显微结构特征，对其性能亦有明显影响，因为任何原料均会有不同的和含数量不等的杂质成分，绝对纯的原料是不存在的。在用不同纯度（即不同质量）的原料所制造的同种制品中相组成及其含量均会存在明显的差异，直接影响制品显微结构和性能。同种杂质对某些材料是有益的，有时还需要外加；而对另一些材料则是有害的，应尽量减少，甚至不允许存在。例如，碱金属氧化物是制造玻璃材料的主要成分之一，亦是制造固液相烧结制品的助熔成分；而对耐火材料及固相烧结制品则是有害的，应尽量减少甚至清除。

3. 原料的结构

原料的结构特征主要有：结晶程度、化合物形态、颗粒大小、杂质赋存形式等。例如烧制硅酸盐水泥熟料需要一定量的 SiO_2，但在主原料石灰岩中含有较多的燧石结核时，尽管 SiO_2 含量达到要求，仍无法获得合格的水泥，因为石灰岩中燧石的颗粒粗、硬度大，不易磨细，在烧制过程中反应不完全，使熟料中出现较多的游离氧化钙等。

1.5.3 混合料制备与显微结构的关系

由单一或多种原料加入适量添加剂，按一定化学组成配方及颗粒尺寸配比制成的生料称为混合料。混合料的配方、物料细度或颗粒配比、添加的种类和数量等都直接影响制品的显微结构。

1. 混合料的配方

根据使用性能和生产工艺，每种制品均有一定的化学组成配方要求，这是用不同原料互相配合来满足的。若原料选择不当、配料计算或称量不准、拌和不均匀或配合料在加料过程中发生物料偏析等，均会影响制品的显微结构和性能。例如，生产硅酸盐水泥熟料时，若混合料中石灰饱和系数偏低时，CaO 含量不足，熟料的组成矿物将以硅酸二钙为主，水泥的早期强度不高；当石灰饱和系数偏高时，CaO 的含量过多，在熟料中将出现较多的游离石灰，影响水泥的安定性。

2. 混合料中添加剂

混合料中添加剂根据性能和作用有:矿化剂、晶核剂、结合剂、发泡剂和澄清剂等。各类添加剂的引入均有各自的目的:①矿化剂是起降低熔化或烧成温度,促进或抑制矿物多晶转变、再结晶、重结晶等作用的添加剂;②为诱导高温熔体析出需要的晶体而引入的添加剂,称为晶核剂;③结合剂是为促进制品中矿物颗粒结合的添加剂,有高温结合剂、低温结合剂和常温结合剂三类;④能促进制品在高温条件下产生大量的气泡或者自燃后留下大量孔隙的添加剂,称为发泡剂;⑤能促进高温熔体内气体排出的添加剂,称为澄清剂。不难看出,它们对制品显微结构和性能的影响。

3. 机械加工处理

混合料中原料颗粒细度或级配、拌和均匀度、含水量等,均与物料粉碎、筛分、搅拌、成型及干燥等机械加工处理有关,直接影响制品的烧成工艺、显微结构及技术性能。

物料细度　颗粒愈细其比表面积就愈大,可促进烧结和物料的熔融,进而获得理想的显微结构。

粒度级配　成型烧结的制品要求混合料具有一定的粒度级配,使坯体更紧密而促进烧结,还可获得致密的显微结构,提高制品的机械强度和其他性能。

拌和均匀度　拌和不均匀将造成混合料的化学成分或粒度级配的局部偏析,这不仅使烧结困难,亦不能获得理想的显微结构。

坯体成型　成型方法有机压、浇注、胶塑、热压等多种。某种成型参数的变化均会影响制品的显微结构和质量,甚至出现废品。

坯体干燥　成型的生坯中都含一定量自由水。自由水逸出速度是与所处温度成正比关系的,应在较低温度下使其慢慢排出。若将潮湿生坯直接送到高温炉内煅烧,坯体内自由水将快速排出,造成生坯在未烧结前就开裂而成废品。

1.5.4 热工制度与显微结构的关系

制造无机材料的整个高温处理所遵循的温度-时间制度,称为热工制度。熔融型无机材料的热工制度,包括最高熔化温度、保温时间、冷却速度以及热处理制度等;而烧结型无机材料则包括升温速度、最高烧结温度、保温时间及冷却速度。每个环境对制品的显微结构和性能、质量、用途都有直接影响,有时甚至起着决定作用。

1. 升温速度

升温速度在制造烧结型材料时必须严格控制,因为物料在升温过程中将发生脱水、分解、气体逸出、固相反应、多晶转变、部分物料熔融、固液反应、重结晶等一系列作用和变化。过快地升温将影响这些作用的充分进行,而且水分及气体过快逸出和多晶转变引起的剧烈体积效应等,会使制品产生较多的裂纹甚至开裂,制品将出现欠烧显微结构,影响其性能和质量;如果升温速度过慢,将造成能源浪费、产量下降,增加了生产成本。必须制订合理的最佳温度时间制度,既可降低成本,又可获得具有理想显微结构的优质产品。

2. 最高温度及保温时间

制造熔融型和烧结型无机材料,都有一个合理最高温度及保温时间,因为每种原料均有一个熔点,混合料则有一个低共熔温度和熔融温度范围,而且每种化学作用都需要一定的温度条件，并有一定的速度，只有达到一定温度并有足够时间才能使这些作用趋于完全。过高的烧成温度和过长的保温时间，不仅浪费能源，缩短高温炉使用寿命，还会出现过烧显微结构；过低的最高温度或太短的保温时间则达不到烧结目的，产生欠烧显微结构，均无法获得优质产品。

3. 冷却速度

熔融型和烧结型无机材料对冷却制度有不同的要求：成型烧结制品要求维持比较慢的冷却速度，使坯体内外比较均匀的冷却，冷却速度过快将造成坯体的炸裂而损坏；而粉料烧结的无机材料（如水泥熟料）则要求比较快的冷却，防止其主晶相发生晶型变化或分解以保证制品质量。熔融型玻璃材料则要求快速冷却，使流动的高温熔体在成型以后能保持成型体形状，并防止玻璃体发生析晶而造成废品。熔融结晶型制品不仅要求有一个合理的冷却制度，还要有一个合理的热处理制度。

4. 热处理制度

熔融型制品在高温熔体冷却成型凝固后，还需在某一温度或某温度范围内按一定温度-时间制度进行冷却，这称为热处理。热处理目的有三种：玻璃及其制品的热处理称为退火处理，目的是为消除玻璃体内的残余应力，保证在使用和保存过程中不会产生裂纹或炸裂；微晶玻璃的热处理主要是为促进非晶态玻璃体内生成晶核并长大成微晶，形成以细小结晶相为主体甚至是全晶质的微晶；熔融结晶制品的结晶种类、晶粒大小、结合关系等都决定于热处理的温度、保温时间及降温速度等。

此外，高温窑炉内的气氛、蒸汽压、气流、外加压力、明火煅烧还是隔焰煅烧等因素，对制品的显微结构、技术性能、使用效果等都有一定影响，有时还相当显著。

综上所述，无机材料的显微结构是生产工艺过程及条件的真实记录，又直接决定着制品的性能、质量和用途。通过显微结构分析研究，既可指导工业生产，又为研究制品技术性能、质量和使用效果提供可靠的理论依据，显微结构的核心地位是显而易见的。

下面分上、下篇分别讨论无机材料显微结构分析的图像研究方法和典型无机材料制品的显微结构特征。

上篇

研究方法

无机材料显微结构分析是用各类显微镜和多种传统及近代测试仪器，对无机材料制品的物相组成、结构图像及其参数进行分析、研究和测定的。其中主要是图像分析研究方法，有偏光显微镜、反光显微镜及电子显微镜的图像研究以及光学电子联体的图像分析和特殊显微光学研究（如相衬显微镜、干涉显微镜、高温显微镜及特殊照明）等。随着科学技术的发展对原料及制品中组成相颗粒的形状、大小及各相含量等提出更高的要求，用体视学原理精确进行结构参数的定量分析亦是必不可少的。本篇将分四章简单介绍显微结构图像研究方法的基本原理、主要仪器、研究内容和测定方法。

偏光显微镜薄片研究法一章，首先介绍透射偏光研究的晶体光学基础，偏光显微镜的基本构造、调节及薄片和超薄片的制备方法，重点讨论在平行光线及聚敛光线照射下对透明晶体的光学性质和主折射率测定的原理和方法，并简要介绍用偏光显微镜对透明矿物的鉴定。

反光显微镜光片研究法一章，首先简单介绍反射偏光研究的光学基础、反光显微镜及其垂直照明器的基本构造、调节及光片和光薄片的制备方法，重点讨论反射光下光学性质的测定、光片的腐蚀试验及显微硬度的研究方法，并集中介绍在光学显微镜下对试样显微结构特点的研究内容。此外还简单介绍光学显微镜的特殊研究技术，其中有暗场照明术、斜光照明术、荧光照明术、干涉显微术和相衬显微术等。

在电子显微镜研究法一章，首先介绍了电子光学基础，然后分别讨论透射电镜的构造原理、试样制备及主要图像研究方法，扫描电镜、电子探针仪和俄歇能谱仪的构造原理、试样制备及其图像研究和物相分析方法。由于许多院校均开设《电子显微学》课程，这里只作简单介绍。

在显微结构定量分析一章，首先介绍光学显微镜对组成相颗粒大小及百分含量的测量方法，并简单讨论显微结构定量分析的体视学基础和自动图像分析仪的构造组成、操作程序和结构参数的测定原理和方法，然后讨论对显微结构各项参数的测定和描述方法。

总之，本篇介绍的主要是图像研究方法，非图像分析方法均未论及，因为，前者是无机材料显微结构分析的基本方法，而后者通常只作为辅助手段被采用，而且有的在其他有关课程中已有讨论和介绍，有的还专门开设课程，这里就不再重复。

第二章　偏光显微镜薄片研究法

偏光显微镜研究是将试样制备成0.03mm厚的薄片，在可见偏振光透过薄片的照明下进行的，可简称为薄片研究法或称透射偏光研究法。研究内容包括组成物相分析鉴定、结构图像研究及其参数测定，其明显优势是根据光学性质鉴定组成晶相的名称，亦是本章讨论的中心内容，其余内容将在其他章节中结合介绍。

§2.1　晶体光学基础

偏光显微镜鉴定晶体的理论基础是晶体光学原理，根据可见偏振光透过厚度为0.03mm薄片产生的光学性质及其常数测定，达到鉴定目的。

2.1.1　可见光的概念

从物理学中可知，光是具有极小能量的光学微粒，又是具有一定波长的电磁波，具有微粒和波动的双重特性。偏光显微镜鉴定晶体就是建立在光的波动性理论基础上的。

1. 可见光波的常识

光波的传播是一种以发光体为中心，向四周传播的简谐振动和直线运动相结合的正弦运动，属于横波的电磁波。可见光是电磁波中波长为390～770nm的一部分，波长小于390nm的紫外线、X射线、γ射线及波长大于770nm的红外线、无线电波均是不可见的。可见光中包括由波长决定的不同颜色的光波、电磁波及各颜色光波的波长范围如图2-1所示。不同颜色可见光之间有互补关系。图2-2内两对顶色光等量混合成白光，其中红、绿、蓝三色为基本色或称三原色，互相间以不同比例混合即成不同的颜色。三原色或各色光等量混合均成白色。

电磁波(包括可见光)在真空中的传播速度为299796±4km/s，在其他介质中的传播速度均小于此值，由于与在空气中传播速度相近，常以在空气中传播速度为代表。

2. 光线的折射和折射率

光线传播到传播速度不等的两介质的界面时，除部分被反射和吸收外，还有部分光线进入第二介质发生折射成折射线。光线的折射有两种情况，如图2-3所示：

(1) 光线从波速(V_1)较快的光疏介质射入波速(V_2)较慢的光密介质时，折射光线的折射角(r)小于其入射角(i)(A图)，两种介质间的光速比等于入射角正弦和折射角正弦比，两固定介质比值是常数N，即：

$$\frac{V_i}{V_r}=\frac{\sin i}{\sin r}=n \qquad (2\text{-}1)$$

n 即为折射介质对入射介质的相对折射率。

为便于比较不同介质的折射率，统一以真空或空气为入射介质，因为空气对真空的相对折射率近于 1，其他介质对真空或空气的折射率，称为绝对折射率 N，即常称的某介质折射率。光线在真空中传播速度最快，自然界一切物质的折射率均大于 1。折射率愈大，光线的传播速度就愈小，反之亦然。

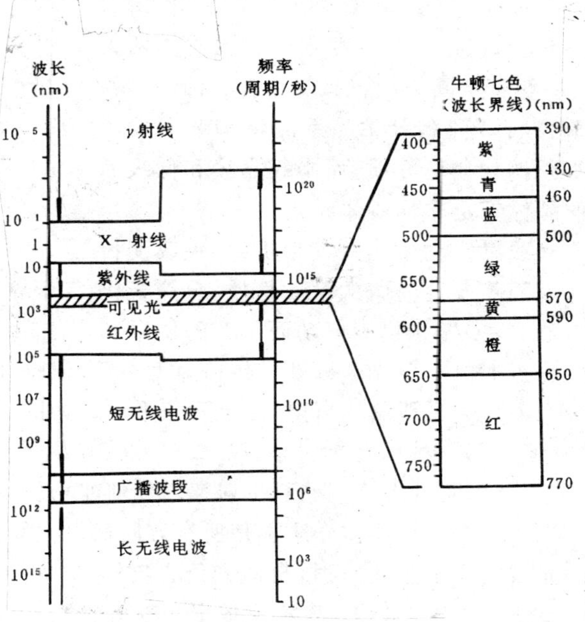

图 2-1　电磁波谱及可见光波谱

(2) 当光线从光密介质射入光疏介质时，由于入射介质的光速小，光线的折射角 r 必大于入射角 i。折射角随入射角的增大而增大，当入射角增大到 Φ 时，其折射角 $r=90°$，折射线将沿着介面传播(B 图中“3”)，入射角继续增大时折射光线将返回入射介质，这种现象称为全反射(B 图中“4”)。折射角 $r=90°$ 时的入射角 ϕ 称为全反射临界角。当入射角大于 ϕ 的光线均发生全反射。

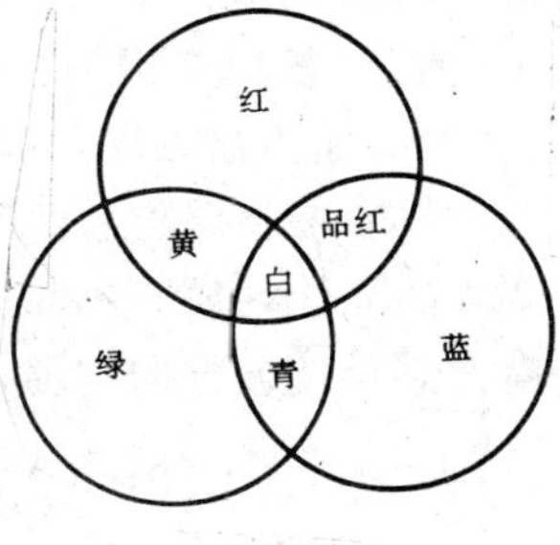

图 2-2　三原色的互补关系

3. 自然光和偏振光

一切从实际光源发出的原始光线(如太阳光、火光、电灯光等)，称为自然光。振动特点是光波在垂直于传播方向均匀对称的任意方向上振动(图 2-4，A)，也就是说，自然光的振动面是任意的，不受限制。

自然光经过反射、折射、双折射及吸收等作用，均可变成只在一定方向振动的光波，称为偏振光，简称为偏光(见图 2-4，B)。光波的振动方向和传播方向构成的面，称偏光的振动面。振动面呈平面的偏光，称平面偏光；振动面是螺旋状曲面的偏光，称螺旋偏光。平行于传播方向而与振动面垂直的面，叫做偏光面。显微镜上装有两个可产生平面偏光的偏光镜，就成偏光显微镜，自然光通过偏光镜后即变成平面偏光。

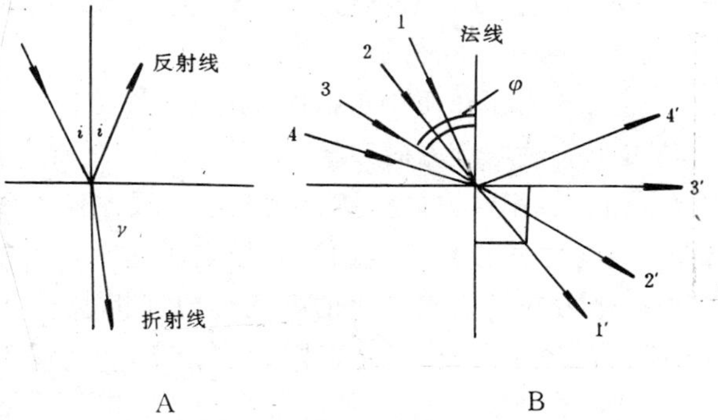

图 2-3　光线的折射(A)和全反射(B)

4. 光线的双折射和双折射率

根据光线射入后是否发生双折射，所有光线传播介质分为均质体和非均质体两大类。一切不结晶物质(如，气体、水、油、树脂、玻璃、胶体等)和等轴晶系晶体均为不发生双折射的均质体介质，而中级晶簇和低级晶簇的晶体都是非均质体介质。

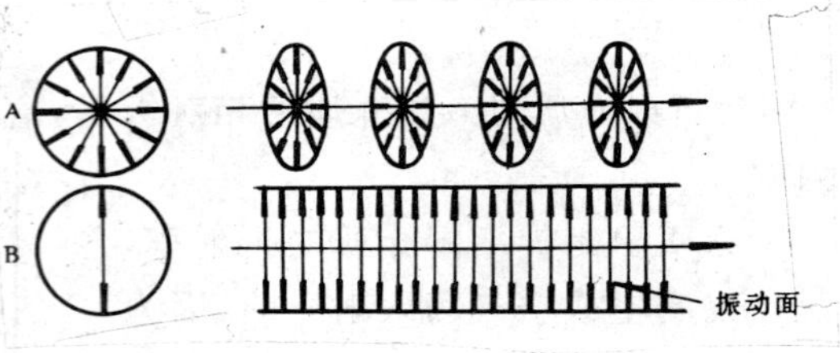

图 2-4 自然光(A)和偏振光(B)振动特点

光线射入均质体只发生折射，仅改变传播速度而不改变光线的振动性质，自然光仍为自然光，偏振光仍为振动面不变的偏振光。若光线由均质体介质射入非均质体介质时将发生双折射。一条光线分裂成传播速度不等、偏振面互相垂直的各自传播的两条平面偏光，这种现象称为光线的双折射。由于两条平面偏光的传播速度不等而具有不等的折射率，两偏光的折射率差，称为双折射率，以“ΔN”代表。因为光线沿非均质体不同方向传播两偏光的光速差不等，而具有不同的双折射率。任何非均质体都有一个最大双折射率。

光线射入非均质体介质不是所有方向都发生双折射的。沿着某些特殊方向射入非均质体的光线将不发生双折射，自然光仍为自然光，偏振光的振动面亦不发生变化，此方向称为非均质体的光轴，以 OA 表示。根据光轴将非均质体分为一轴晶和二轴晶两类。

(1) 只有一个不发生双折射方向(即只有一根光轴)的非均质体，称为一轴晶，中级晶族的晶体都是一轴晶，光轴平行于晶体的高次对称轴(C 轴)。一轴晶双折射的两个偏光之一的振动方向永远垂直于光轴方向，折射率值在所有方向上都是相等的，此偏光称为常光，以符号“O”表示，折射率标为“No”；另一偏光的振动方向包含在光线传播方向与光轴构成的平面内，折射率随传播方向而改变，称为非常光，以符号“E”表示，折射率标为“Ne”。

(2) 有两个不发生双折射方向(即具有两根光轴)的非均质体介质，称为二轴晶。所有低级晶族的晶体均属二轴晶。光线射入二轴晶双折射所产生的两个偏光都是非常光，两偏光折射率大小及偏振方向均随入射光线的方向而变化。

2.1.2 晶体的光率体

晶体薄片在偏光显微镜下显示的光学性质，与光线双折射产生两偏光的振动方向及相应折射率密切相关。表示非均质体介质双折射形成两偏光的振动方向与相应折射率值之间关系的立体几何图形，称为光性指示体。常用的光性指示体是光率体。

1. 光率体的概念

表示光线在介质中传播时，折射率值随振动方向而变化的立体几何图形，称为光率体。它是表示光波振动方向和相应折射率大小的光性指示体。它可用抽象的立体几何图形来表示：在偏光的振动方向上按比例截取一线段代表相应折射率值，每条光线双折射后可得四根线段，将各方向传播光线的这些端点联起来构成的封闭球体，用垂直薄片的光线照射时，可测得一个方向双折射产生的振动方向互相垂直两偏光的折射率值，从而获得一个光率体切面，将同晶体不同方向的这种切面在空间联接起来就组成该晶体的光率体。

光率体的形状简单，使用方便，只要知道光线的传播方向，即可从光率体上得知双折射两偏光的振动方向和相应折射率值。它是解释晶体各种光学现象的基础。不同介质的光率体形状特征是不同的。

均质体的光率体光线在均质体中传播只发生折射而不发生双折射,亦不改变光波的振动特点,光线沿任意方向传播速度和折射率都是相等的,因此,均质介质的光率体是一个圆球体(图 2-5),不同均质体因折射率不等,光率体为大小不等的圆球体,其半径即为该均质体的折射率。

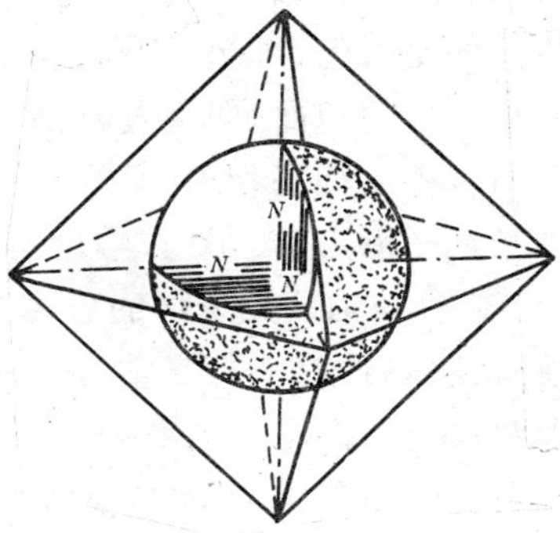

图 2-5 均质体的光率体

2. 一轴晶的光率体

一轴晶是中级晶族的晶体,光率体为旋转椭球体,并有正负之分。以石英和方解石两晶体为例分别说明之。

(1) 一轴晶正光性光率体　以石英晶体为例,当光线垂直晶体 C 轴射入时发生双折射,两偏光之一是振动方向垂直于 C 轴的常光 O,折射率 $No=1.544$;另一偏光为振动方向平行 C 轴的非常光 E,折射率 $Ne=1.553$。在平行 C 轴方向截取 Ne,垂直 C 轴方向截取 No,以此二线段为长短半径可构成一垂直于入射线传播方向的椭圆,在其他垂直 C 轴射入的光线均可得相同的椭圆。当光线沿着石英晶体 C 轴方向射入时,是只发生折射亦不改变光波振动特点的常光,折射率 $No=1.544$,垂直入射光线是半径为 No 的圆。将上述两种图形在空间按实际位置联接起来,即构成一个以 C 轴为旋转轴的长形旋转椭球体(图 2-6,A),这就是石英晶体的光率体。其特点是:旋转轴为长轴,为石英晶体的光轴方向,非常光的折射率总是大于常光的折射率,即 $Ne>No$,称一轴晶正光性光率体。凡是具有此特征的晶体均称为一轴晶正光性。

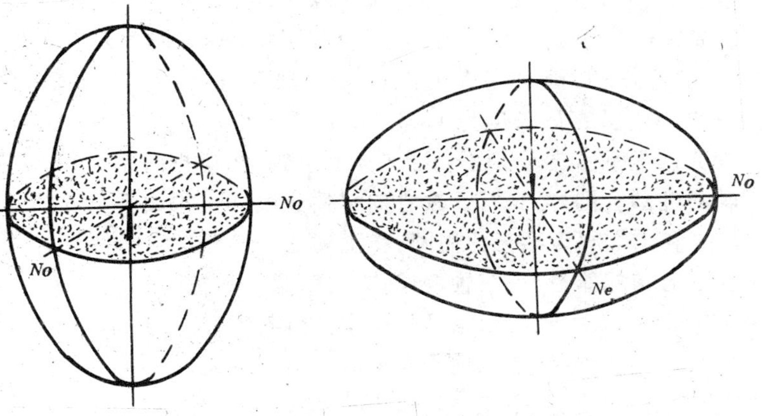

A　　　B

图 2-6 一轴晶正光性(A)和负光性(B)的光率体

(2) 一轴晶负光性光率体　以方解石晶体为例,当光线垂直晶体的 C 轴射入时,发生双折射,两偏光的折射率分别为 $No=1.658$,$Ne=1.486$。以这两折射率为半径的椭圆,构成以 Ne 为旋转轴的一扁形旋转椭球体(见图 2-6,B)。Ne 平行于方解石的 C 轴,为方解石的光轴方向。$Ne<No$,为一轴晶负光性光率体,凡具有这一特征的晶体均为一轴晶负光性。

从上述可见,无论是正光性还是负光性,一轴晶光率体都是以 Ne 为轴的旋转椭球体,

水平轴恒为 *No*，*Ne* 和 *No* 分别代表晶体的最大和最小折射率。凡 *Ne* 为最大值的光率体为长形旋转椭球体，属正光性；*Ne* 为最小值的光率体为扁形旋转椭球体，属负光性。*Ne* 和 *No* 相差的绝对值，即 $\Delta N = Ne - No$ 或 $No - Ne$，为一轴晶的最大双折射率。一轴晶光率体有三种典型的切面，即垂直光轴（⊥*OA*）以 *No* 为半径的圆切面；平行光轴（//*OA*）以 *Ne* 和 *No* 为两半径的椭圆切面，是光率体两半径差值最大的椭圆切面；斜交光轴的切面均为椭圆，两半径之一恒为 *No*，另一半径变化在 *Ne* 和 *No* 之间，常以"*Ne*′"表示。

（3）一轴晶光率体的应用　不同方向光线射入一轴晶晶体后，除平行光轴方向外均要发生双折射。产生两偏光的振动方向及相应折射率之间的关系，可根据垂直入射线并通过光率体中心椭圆切面两半径的方向及长短来表示（图 2-7）。

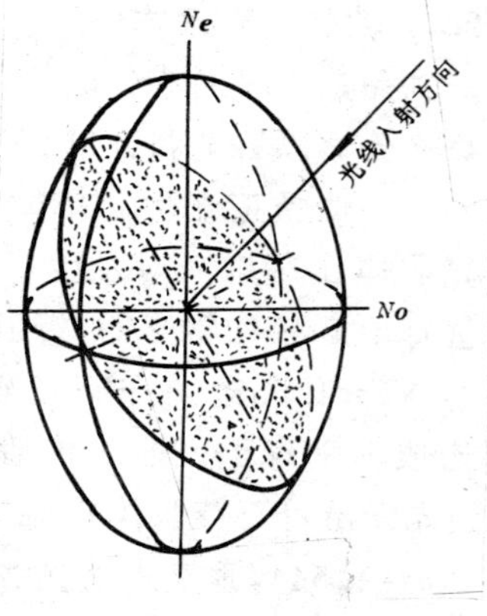

图 2-7　一轴晶光率体的应用

光线平行光轴方向射入时光率体切面为圆，不发生双折射，折射率为 *No*，双折射率为 0；垂直光轴方向入射光线的光率体切面为最大的椭圆，长短半径的方向及长短分别代表两偏光的振动方向及相应的折射率 *Ne* 和 *No*，两半径长短差为该矿物的最大双折射率 ΔN；光线斜交光轴方向射入的光率体切面亦是椭圆，两半径的方向和长短分别代表两偏光的振动方向和相应折射率 *No* 和 *Ne*′，绝对差值为该方向的双折射率，介于 0 和 ΔN 之间，以 $\Delta N'$ 表示。

3. 二轴晶的光率体

二轴晶是低级晶簇的晶体，光率体为三轴椭球体，以斜方晶系的镁橄榄石为例说明之。

（1）二轴晶光率体的构成　光线沿镁橄榄石晶体 C 轴方向射入时发生双折射，两偏光之一的振动方向平行 *a* 轴，折射率为 1.715，另一振动方向平行于 *b* 轴，偏光的折射率为 1.651。在 *a* 轴和 *b* 轴上分别取长度为 1.715 和 1.651，可作一垂直 *c* 轴的椭圆。沿 *a* 轴方向传播双折射两偏光的振动方向分别平行于 *b* 轴和 *c* 轴，相应折射率为 1.651 和 1.680，亦构成一直接于 *a* 轴的椭圆。同样，平行 *b* 轴方向传播光线亦可构成垂直 *b* 轴的，以 *a* 轴和 *c* 轴方向折射率 1.715 和 1.680 为半径的椭圆。将上述三个椭圆在空间按应有位置联系起来，构成一个有三条主轴的椭球体，称为三轴椭球体，这就是镁橄榄石的光率体。所有二轴晶的光率体均为三轴椭球体，三条主轴为二轴晶的三个主折射率，从大到小分别以 *Ng*、*Nm*、*Np* 表示，以它们为主轴的三轴椭球体是二轴晶光率体的主要特征。

（2）二轴晶光率体的特点　包括两个主轴的光率体切面，称为光率体的主切面，二轴晶光率体共有互相垂直的分别以 *Ng*、*Np*，*Ng*、*Nm* 和 *Nm*、*Np* 为半径的三个椭圆形主切面。其中垂直 *Nm*，以 *Ng* 和 *Np* 为半径的主切面是二轴晶光率体中双折射率最大的主切面。在三轴椭球体上垂直此切面以主轴 *Nm* 为半径之一可作一系列切面（图 2-8，A）基本上都是椭圆。另一半径变化在 *Ng* 和 *Np* 之间，其中必有一个以 *Nm* 为半径的圆切面，光线垂直圆切面方向射入不发生双折射，此方向即为二轴晶的光轴方向。三轴椭球体共有两个圆切面，也就有两个光轴方向（图 2-8，B），两根光轴均包含在 *Ng*、*Np* 主切面内，该切面称为光轴面，以"*OAP*"表示，具有最大的双折射率。通过光率体中心并垂直于光轴面的主轴，称为光学法线，与光率体的 Nm 主轴一致。光轴面上两根光轴间的夹角，称为光轴角。光轴角有锐角和钝角两个，通常以两光轴的锐角代表晶体的光轴角，用“$2V$”表示。光轴锐角和钝角的角平分线，分别称为锐角平分线和钝角平分线，各以 Bxa 和 Bxo 表示；光轴亦用 OA 表示。

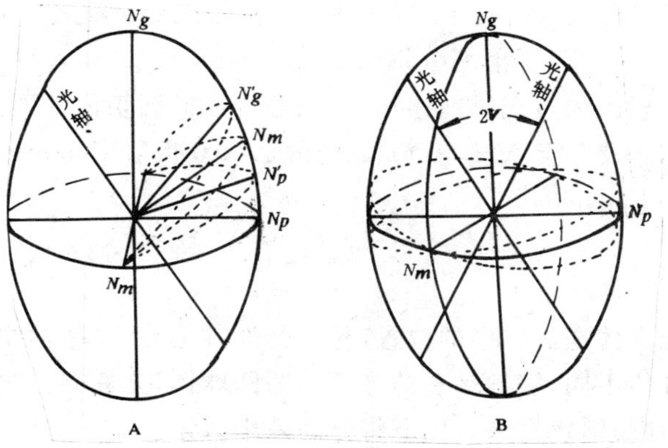

图 2-8 二轴晶三轴椭球体的圆切面和两根光轴

(3) 二轴晶的光性正负和光轴角 二轴晶的三轴椭球体亦有正负之分，光性的正负决定于 Ng、Nm、Np 三个主折射率的相对大小。当 $Ng-Nm>Nm-Np$，光率体的圆切面靠近主轴 Np，光轴的锐角平分线 Bxa 与 Ng 重合(图 2-9,A)，为二轴晶正光性光率体，具有此光率体的晶体为二轴晶正光性；若 $Ng-Nm<Nm-Np$，光率体圆切面接近主轴 Ng，光轴锐角平分线 Bxa 与主轴 Np 重合(图 2-9,B)，为二轴晶负光性光率体，晶体属二轴晶负光性。简单地说，二轴晶的 $Bxa=Ng$ 者为正光性，$Bxa=Np$ 者为负光性。

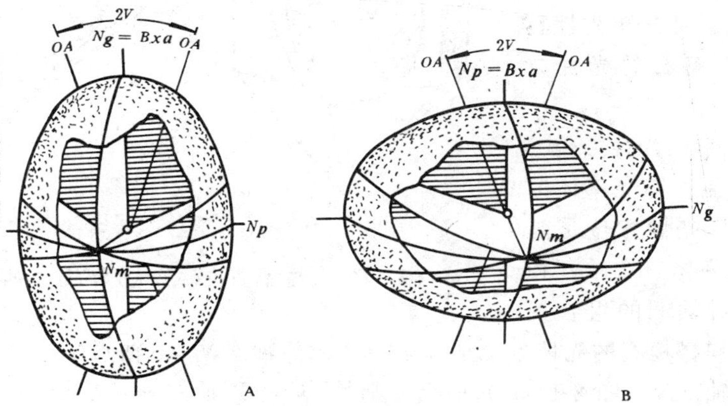

A B

图 2-9 二轴晶正光性(A)和负光性(B)的光率体

二轴晶光轴角($2V$)的大小决定于三主折射率的相对值：

正光性光率体的光轴角：$\tan V=\dfrac{Nm-Np}{Ng-Nm}$ (2-2)

负光性光率体的光轴角：$\tan V=\dfrac{Ng-Nm}{Nm-Np}$ (2-3)

(4)二轴晶光率体的应用 光线射入二轴晶一般均要发生双折射，产生两偏光的振动方向及相应折射率决定于光线入射方向：光线沿光轴方向射入，垂直入射光线的光率体切面为圆，不发生双折射，亦不改变入射光的振动方向，折射率为 Nm，双折射率为 0；光线沿光学

法线 Nm 方向射入，垂直光线的光率体切面为光轴面，双折射两偏光折射率分别为 Ng 和 Np，具有最大双折射率；当光线沿 Ng 轴或 Np 轴之一方向射入时，垂直入射光线的光率体切面均为椭圆，折射率分别为 Nm、Np 或 Ng、Nm，双折射率介于 0 和 $Ng-Np$ 之间；沿任意方向射入的情况与前述相似，只是构成椭圆切面的不是主折射率，而是介于 Ng 与 Nm 之间的 Ng 及介于 Nm 与 Np 之间的 Np，双折射率亦介于 0 和 $Ng-Np$ 之间。

2.1.3 晶体的光性方位

光率体在晶体中的位置，称为光性方位，用光率体主轴与晶轴间关系来表示。各晶系的光性方位不同，等轴晶系的光率体为圆球体，光性方位没有意义。一轴晶的光性方位比较简单，二轴晶则较复杂。以下将分晶系来讨论。

1. 一轴晶的光性方位

一轴晶包括中级晶族三个晶系，都有一根高次对称轴，被定向为 Z 轴（又称 C 轴）。一轴晶光率体为旋转椭球体，旋转轴为一轴晶光轴。一轴晶的光性方位是光率体的光轴与晶体的 Z 轴（高次对称轴）一致，图 2-10 分别表示一轴晶正光性石英和负光性方解石的光性方位。

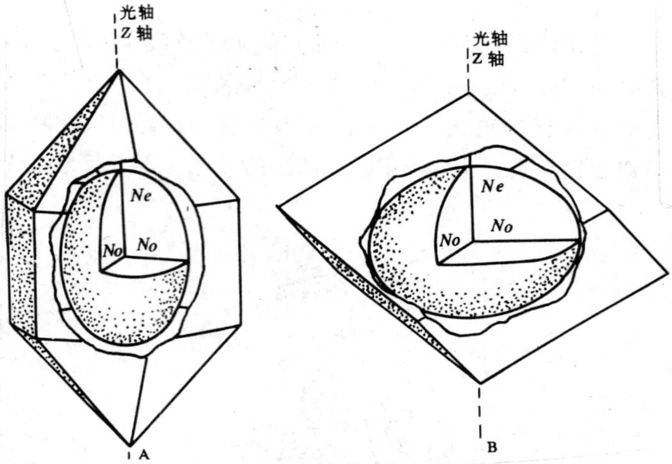

图 2-10 一轴晶石英(A)和方解石(B)的光性方位

2. 斜方晶系的光性方位

斜方晶系晶体与光率体的对称特点相似，光性方位是晶体三晶轴与光率体三主轴互相重合，只是三对轴间的组合关系不同，例如，镁橄榄石的光性方位是 X 轴 $/\!/ Ng$，Y 轴 $/\!/ Np$，Z 轴 $/\!/ Nm$；黄玉为 X 轴 $/\!/ Np$，Y 轴 $/\!/ Nm$，Z 轴 $/\!/ Ng$（图 2-11，A）；而榍石则是：$Ng /\!/ Y$ 轴，$Nm /\!/ X$ 轴，$Np /\!/ Z$ 轴等。

3. 单斜晶系的光性方位

单斜晶系光率体仍为三轴椭球体，而晶体中只有一根二次对称轴或对称面法线作为 Y 轴，另两晶轴垂直于 Y 轴两任意晶棱或顶角连线，光性方位是光率体三主轴之一与晶体的 Y 轴重合，另两光率体主轴与晶体另两晶轴斜交，其交角因晶体而不同，对同种晶体则是固定值，这是单斜晶系晶体的鉴定特征之一。例如，石膏的光性方位是 $Y /\!/ Nm$（即 $Nm=b$），Ng 与 Z 斜交 $52^\circ30'$，即 $Ng\wedge C=52^\circ30'$；透闪石为 $Nm=b$，$Ng\wedge C=15^\circ$（图 2-11，B）；而正长石为 $Ng=b$，$Nm\wedge C=20^\circ$，$Np\wedge a=2^\circ\sim8^\circ$等。

4. 三斜晶系的光性方位

三斜晶系是以三个不在同平面内晶棱或顶角连线作为晶轴的，光率体仍为主轴互相垂直三轴椭球体，光性方位的三晶轴与光率体三主轴斜交，交角因晶体而不同。同种晶体的光性方位是固定的，这对鉴定三斜晶系晶体，尤其是固溶体十分重要，因为固溶体组成的连续变化其光率体主轴与晶轴间夹角亦连续改变，以此可测定固溶体的组成范围。例如，斜长石是钠长石和钙长石构成的连续固溶体系列，测定光性方位中交角可得知斜长石的组成。

另外，白光是由不同波长的单色光混合而成的，在同一介质中各单色光的传播速度不等，也就具有不同的折射率。白光射到两介质界面折射后将分裂成不同颜色的单色光，这种现象称为色散。不同介质的色散及其特点是不同的，同一介质各单色光的光率体及光性方位亦是不同的，这就出现光率体色散和光性方位色散。由于大多数晶体的色散很弱而被忽略，故不作详细讨论。

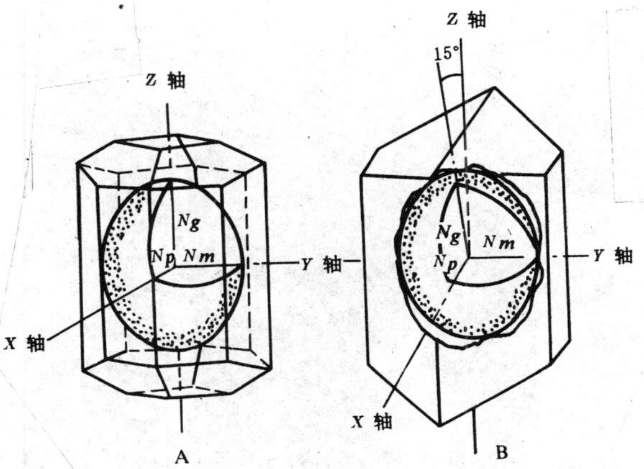

图 2-11　二轴晶矿物的光性方位

A. 斜方晶系的黄玉，B. 单斜晶系的透闪石

§2.2　偏光显微镜及试样制备

偏光显微镜是无机材料显微结构分析的主要研究仪器之一，在普通透射光学显微镜基础上装上两个偏光镜即构成偏光显微镜。它是将试样制成 0.03mm 厚的薄片置于两偏光镜之间进行研究的。现就偏光显微镜及其试样制备作简单介绍。

2.2.1　偏光显微镜的构造

偏光显微镜具体构造有多种多样，但基本构造原理是类似的，总的来说可分为莱兹型和蔡司文柯型两大类。概括起来偏光显微镜是由支架系统、照明系统、物台、放大系统及零件盒等五部分组成的。以江南光学仪器厂制造的莱兹型中型偏光显微镜（图 2-12，A）为例作简单介绍，图 2-12(B)为蔡司文柯型偏光显微镜供参考比较。

1. 支架系统

支架系统是支持整个仪器重量，保持和固定显微镜光学系统的部件，俗称镜架。它是由马蹄型镜座(19)和与镜座上立柱以铰轴相连的镜臂(20)构成的，以铰轴为中心的镜臂可转动 90°以调整倾斜度，镜臂上端装显微镜的镜筒(2)；蔡司显微镜的镜座为空心圆盘，内装专用照明灯(23)和反光镜(18)，在制造时镜臂就处于一定的倾斜位置而不能作倾斜转动。

2. 照明系统

为获得符合要求的照明光源，在显微镜下方装置由光源、反光镜及其他部件组成的照明系统，按照明光前进为序有：由日光、电灯光、专用照明灯作为照明光源，后者以专用变压器

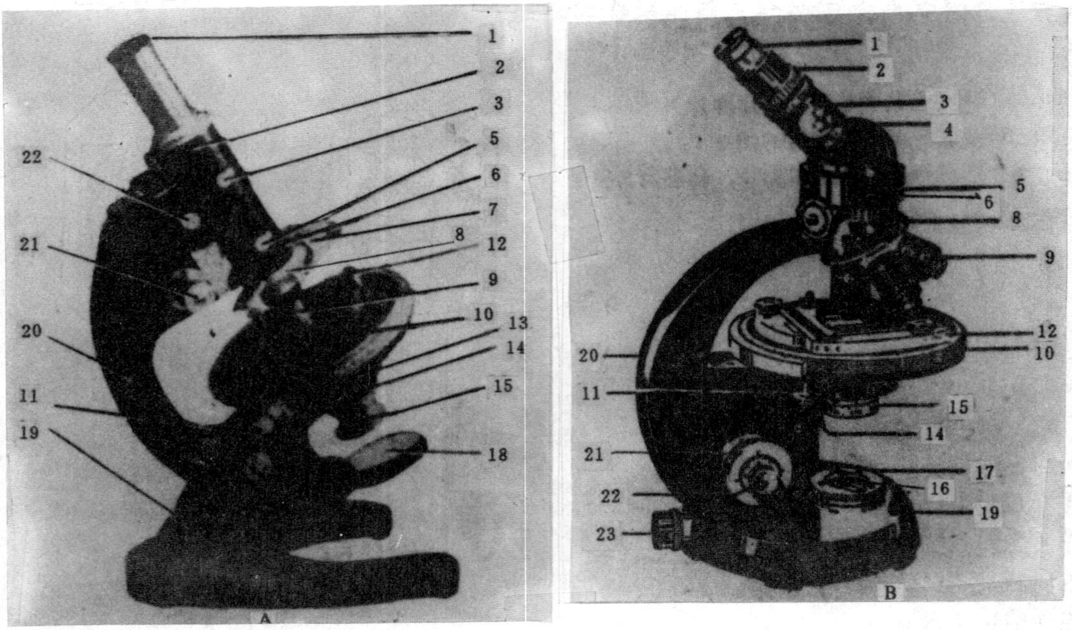

图 2-12　常用的 XPB 莱兹型(A)和蔡司文柯型(B)偏光显微镜

1. 目镜，2. 镜筒，3. 勃氏镜，4. 勃氏镜中心校正螺丝，5. 上偏光镜，6. 试板孔，7. 物镜固定夹，8. 物镜座或物镜盘，9. 物镜，10. 载物台，11. 物台固定螺丝，12. 薄片夹，13. 销光圈，14. 聚光镜柄，15. 下偏光镜，16. 滤光片，17. 聚光盘，18. 反光镜(蔡司型在镜座内)，19. 镜座，20. 镜臂，21. 粗调螺旋，22. 微调螺旋，23. 照明灯。

与外电源相联(23)，而获得 4～8V15W 的白炽灯(图 2-12，B)；光源发出的光线由具有平凹两面的可绕互相垂直轴转旋的反光镜(18)反射进入显微镜；光线进入显微镜首先遇到滤光镜(16)使光线变成乳白色或所需的单色光，然后通过下偏光镜(15)将自然光变为在 PP 方向振动的平面偏光。为使散射光线稍有集中成近平行和提高光线强度，在光路中装置一组固定透镜。为调节光强还装一销光圈(13)，缩小光圈可提高图像的反差。在销光圈上方接近试样薄片处，装一可使光线高度聚集的专为聚敛偏光系统用的聚光镜(14)，不用时可用手柄移出光路。

3. 载物台

载物台(简称物台)是放置试样薄片的圆形金属平台(10)，可绕显微镜中心轴水平旋转 360°，圆台边缘有 360°刻度和 1/10°游标尺，以显示物台的旋转角度，外缘还有物台固定螺丝(11)，物台中央有圆孔供光线通过，在中心圆孔附近装有两只固定试样薄片的薄片夹(12)，物台面上还有装其他仪器的小螺孔等。

4. 放大系统

莱兹型偏光显微镜的放大系统全部安装在镜臂上端的镜筒(2)内，用粗调螺旋(21)和细调螺旋(22)使镜筒上下移动以调节物镜的焦距。镜筒最下端用物镜固定夹(7)装置物镜(9)。每台显微镜均有供自由选用的不同放大倍数的多个物镜，蔡司型偏光显微镜的不同放大倍数物镜同装在物镜盘(8)上，更换只需转动物镜盘即可。在镜筒最上端装有目镜(1)，每台显微镜亦备有两个以上不同放大倍数和用途的目镜。目镜和物镜的放大倍数之乘积为显微镜的总放大倍数。除物镜和目镜外，镜筒上还装有振动方向以 AA 表示的上偏光镜(5)和勃氏镜(3),并有供插入消色器的试样孔(6)。上下偏光镜的振动方向可互相平行或垂直,亦可以任意角度相交,显微结构分析主要用呈垂直关系的正交偏光系统。

5. 零件盒

每台偏光显微镜都附有一个甚至数个零件盒,装有不同放大倍数和用途的物镜及目镜,常用消色器、滤光片、中心校正螺丝、物台微尺等。有的零件盒还装有专用照明灯、变压器、备用灯泡、油浸物镜专用浸油、机械台等。较高级的零件盒还有其他消色器、求积仪、显微照相装置等。

2.2.2 偏光显微镜的主要光学零件

偏光显微镜是精密的光学仪器,要正确地使用和保养,就必须熟悉主要光学部件的结构原理及性能,现将主要光学零件简单介绍如下:

1. 物镜(又称接物镜)

物镜是由一组装在圆筒形镜框内的透镜组成的(图 2-13),透镜的曲率和组合不同所得物镜的放大倍数就不等。

(1) 物镜的种类　组成物镜的透镜有球像差和色像差两大缺陷。

单色光透过双凸透镜经折射会焦时,透镜的边缘部分和中央部分的光线会聚不在同一点上,称为透镜的球像差缺陷。透镜边缘部分光线的焦点落在中央部分光线焦点之外者称为正球像差,反之为负球像差。只需取两块缺陷符号相反而球像差值相等的透镜胶合在一起,即可校正透镜和球像差。

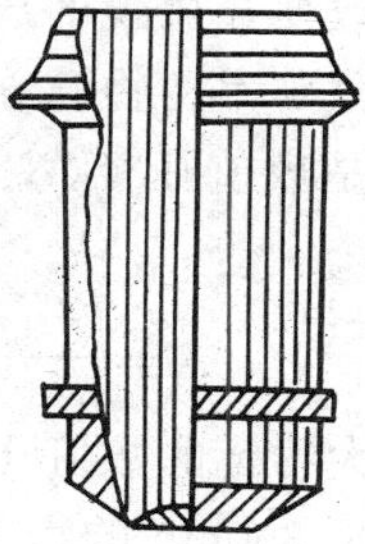

图 2-13　接物镜的构造

白光中各单色光的折射率不等,经透镜折射各色光不会焦在一点上,称为透镜的色像差缺陷。透镜色像差亦有正负之分:紫光折射率小于红光折射率,白光透过透镜后产生的紫光焦点落在红光焦点之外,称为正色像差,透镜边缘带红色,反之为负色像差,透镜边缘带紫色。两块符号相反而色像差值相等的透镜粘合在一起,即可消除透镜的色像差。

根据透镜缺陷校正程度的不同,将制成不同性能及用途的物镜。光谱中有两种单色光达到消色像差,一种单色光达到消球像差的物镜,称为消色差物镜,这类物镜多用作低倍物镜;用 12 个不同透镜制成的可使两种单色光达到消球像差,三种单色光达到消色像差的物镜,称为复消色差物镜,可使物像达到最佳的清晰度;用光学玻璃和萤石晶体制成透镜胶合在一起,色像差介于前两种物镜之间的物镜,则适用于作高倍物镜和摄影物镜。前三种物镜的像场都有弯曲变形,放大倍数愈高愈利害,尤以复消色差物镜最严重,对显微照相的影响很大,故又研制出像场弯曲近于平面的专作显微照相的平像物镜。

(2) 物镜的放大倍数及有关常数　物镜的放大倍数(X)决定于光学镜面长度(Δ)和焦距(F),$X=\Delta/F$。物镜的放大倍数愈大,焦距就愈短,工作距离亦就愈小,这非常重要,尤其在用高倍物镜进行准焦时应特别注意。

物镜头上还标有光孔角、数值孔径等参数,有助于选用物镜和了解性能。光孔角(θ)是指物镜最边缘的折射线与物镜光轴之间所成的角度(图 2-14,A)。光孔角的大小决定于薄片与物镜间介质的折射率,如图 2-14(B)所示。介质为空气的光孔角为 α,折射率较大的浸油的光

孔角为 β，根据折射定律：$\sin\beta = n \cdot \sin\alpha$，其中 n 为浸油的折射率，$\sin\beta$ 称为物镜的数值孔径，又称计量孔径，用 $N \cdot A$ 表示。增加薄片与物镜间介质的折射率，可提高物镜的数值孔径，也就提高了图像的清晰程度、分辨率及视域明亮度。为更清晰地研究细微结构常把油浸物镜浸没在折射率大于 1 的浸油中。

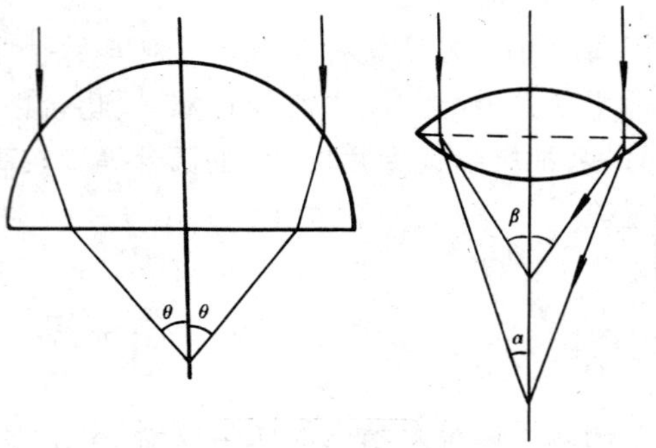

A　　　　B

图 2-14　物镜的光孔角

（3）物镜的分辨率　显微镜的质量除放大倍数外，还取决于物镜的分辨率。能分辨最小图像的能力，称为显微镜的分辨率。它决定于物镜的分辨率与目镜无关，变换目镜只能改变显微镜的放大倍数，不能改变显微镜的分辨率。物镜分辨最小颗粒直径（d）的能力是数值孔径（$N \cdot A = n \cdot \sin\theta$）及照明光的波长（$\lambda$，白光按 500nm 计）决定的，其关系为：

$$d = \frac{\lambda}{2N \cdot A} = \frac{\lambda}{2n \cdot \sin\theta} \tag{2-4}$$

可见增大物镜的数值孔径或缩短照明光的波长，都可以提高物镜的分辨率。光学显微镜只能分辨大于 200nm 的物像，其分辨率是有限的，最大放大倍数一般只在 1800～2000 倍左右。

2. 目镜（又称接目镜）

目镜亦是一组透镜按光学要求嵌在圆柱形金属筒内构成的。在金属圆筒两端各嵌一个平面向上的平凸透镜构成惠更斯目镜（图 2-15，A），常用作观察目镜，下端收敛透镜可将图像收敛缩小以扩大目镜的视域，上透镜又将收敛缩小的物像放大成虚像被观察到。透镜的成像平面在两透镜之间，通常在此位置装一刻有十字丝的玻璃片，在观察放大了的物像同时出现一放大了的十字丝，作为定位描述或测量时物台转动角度的标志。用一平凸透镜和两块双凸透镜嵌在金属圆筒内则构成雷姆斯登目镜（图 2-15，B），物体的实像成像平面位于收敛透镜之下使物像直接放大，在成像面上亦可安装一十字丝。如果在雷氏目镜中再装一校正透镜，消除透镜的球像差，使观察到的物像处在一平面内，各处清晰度相同，称为超平目镜，一般与高倍物镜配合使用，或作摄影目镜。此外，显微镜还常附一些特殊用途的目镜，例如，微尺目镜、万能目镜、绘图目镜等。

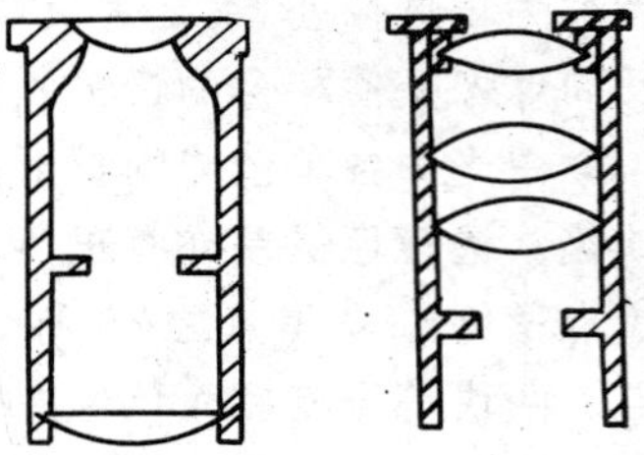

A　　　　B

图 2-15　接目镜的构造

目镜的放大倍数（X）可用公式 $X = 250/F$ 求得，式中 F 是目镜的焦距，250 是物镜最清晰的距离，单位为毫米（mm），表明能看清物体放大虚像时，目镜与人眼间距离约为 250mm，目镜的放大倍数常用的有 5，10，15 等。

3. 聚光镜和勃氏镜

偏光显微镜的物台下方一般有两个聚光透镜：下部为固定的长焦距透镜，目的是稍收敛入射光线使之近于平行和提高光量;上部有一可移去的焦距短而计量光孔大的拉索聚光镜,与高倍物镜配合研究晶体在聚敛偏光下的光学性质,不用时可从光路中移出。在上偏光镜与目镜之间还装有一组消色差透镜,称为勃氏镜,是与高倍物镜和拉索聚光镜配套使用的,不用时可从光路中移出。有的还可装有升降螺丝和中心校正螺丝。

4. 偏光镜

偏光显微镜的物台上下各装一个偏光镜,物台下方的称为下偏光镜,又称起偏镜;位于物台上方镜筒内的称为上偏光镜。二者结构相同,有尼柯尔棱镜和偏光片两类:

(1) 用具有强双折射的冰洲石(透明的质纯方解石)制造的偏光镜,称为尼柯尔棱镜。从冰洲石晶体上垂直于光轴(即 Z 轴)方向切取一长方体小块(图 2-16,A),将两端磨平并抛光再沿对角面方向平分为两块,将两个剖面亦磨平抛光,用加拿大树胶按原位置胶合起来,即制成尼柯尔棱镜。光线垂直冰洲石光轴射入(图 2-16,B)发生双折射,两偏光之一为在包含光轴并平行图面内振动的常光,折射率 $No=1.658$。另一偏光为振动方向垂直图面的非常光,$Ne=1.486$,树胶折射率则为 1.540。当光线从冰洲石射到树胶界面时:非常光由光疏介质射入光密介质,经折射透过棱镜成一平面偏光;而常光是由光密介质射入光疏介质,入射角大于全反射临界角发生全反射被镜框吸收,结果获得一质地好的平面偏光。由于其体积大,制作时精度要求高,目前偏光显微镜上一般不采用。

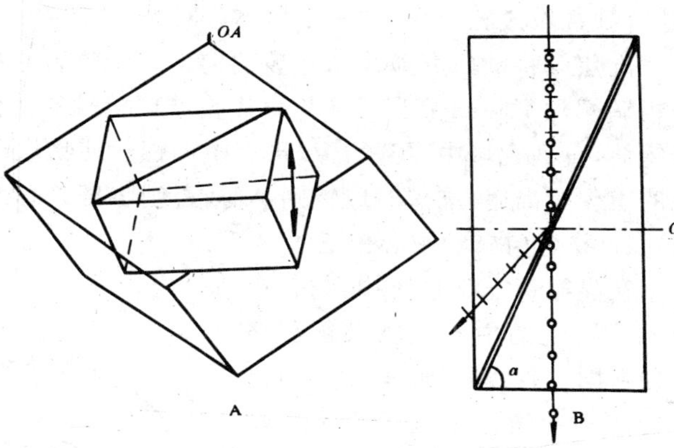

图 2-16 用冰洲石晶体制造尼柯尔棱镜示意图

(2) 用人工化学方法制成的呈薄膜型的偏光镜,称为偏光片,自然光透过偏光片后即变成平面偏光,有微晶型和分子型两种。

微晶型偏光片是用过碘硫酸奎宁复杂的有机化合物晶体制成的,该晶体为斜方晶系的板状小晶体。自然光射入后分解成两条振动面互相垂直的平面偏光,振动方向平行 Ng 的偏光被吸收,而平行 Np 或 Nm 的偏光自由透过晶体,结果获得平面偏光。

分子型偏光片是利用聚乙烯醉塑料胶膜内部具有网状结构的分子,将其拉直使之排列在同一方向上,此时只允许平行排列方向振动的光线通过,其他方向振动的光线被挡住,结果获得平面偏光。

由于偏光片的体积小,制作简单,使用方便,目前被普遍采用,使用广泛的是分子型偏光片。

2.2.3 偏光显微镜的调节和校正

偏光显微镜在使用前必须进行调节和校正,否则将得不到正确的测定结果,甚至无法进行正常的操作或损坏仪器。

1. 装卸和调节

装目镜　偏光显微镜观察用目镜带有十字丝，将目镜插入镜筒的上端，并使十字丝处于东西及南北方向。测量时换用微尺目镜，显微照相时则换用超平目镜。

装物镜　根据试样组成相的颗粒大小、显微结构特点及要求，选用不同放大倍数的物镜，颗粒较粗一般选用低倍或中倍物镜，当组成晶粒细小或研究细微显微结构则用高倍物镜甚至油浸物镜。将选用的物镜用物镜固定夹装在物筒下端，并对准卡紧；用物镜转动圆盘将选用物镜转到镜筒的正下端即可。

对光　目镜和物镜装好后，推出上偏光镜和勃氏镜，打开销光圈，再转动反光镜对准光源，直到视域最亮为止，这一工作称为对光。

准焦　将欲研究薄片的盖玻璃向上置于物台中央用薄片夹压紧，从侧面看着物镜并转动粗调螺丝下降到镜头几乎与薄片盖玻璃接触的最低位置，然后从目镜中观察视域慢慢提升镜筒，直到视域中看到物像，再用微调螺丝使物像最清晰为止，这项工作称为准焦。高倍物镜的工作距离短，准焦时应特别小心，否则将压碎薄片或损坏物镜。

2. 物台(物镜)中心校正

在显微镜光学系统中，物台旋转轴与物镜的中心光轴必须严格地处在同一直线上。旋转物台时目镜视域中的物像围绕目镜十字丝交点作圆周运动(图 2-17，A)，否则中心不正。旋转物台时物像将部分甚至全部逃离视域(图 2-17，B)，直接影响观察和测量，必须对物镜或物台的中心校正。

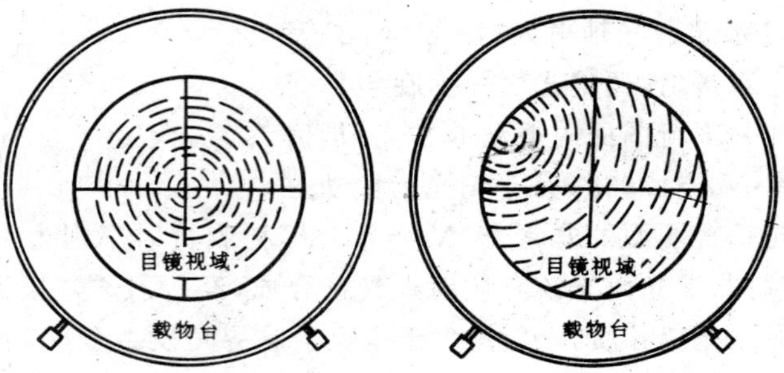

A　　B

图 2-17　旋转物台时目镜视域内物像移动情况及中心校正

显微镜镜筒中轴是固定的，中心校正有两个途径：一是用物镜上两个互相垂直的中心校正螺丝移动物镜中轴使之与物台的旋转轴重合，这称为物镜中心校正；另一是用装在物台后方的左右两侧并互相垂直的中心校正螺丝，移动物台旋转轴来与物镜中轴重合，这称为物台中心校正。两者的原理、方法和步骤都是一样的。校正时要求物镜安装正确到位，转动物台找到物像作圆周运动的中心(O 点)，若 O 点位于目镜十字丝交点上就无需校正；否则须旋动中心校正螺丝将运动中心 O 点移动到目镜十字丝交点上。若中心偏离很大，则要先扭动中心校正螺丝将 O 点移到视域内，再用上面的操作直到中心校正为止。

3. 偏光镜的检查和校正

偏光显微镜均装有两个偏光镜，在使用前必须了解它们的振动方向及互相间的关系，否则将影响光学性质的测定。

偏光镜振动方向的确定　推出上偏光镜，在下偏光镜的单偏光条件下，用具有强多色性及吸收性的黑云母薄片，吸收性最强而颜色最深时的介理方向就是偏光振动方向。通常下偏光镜振动方向处于显微镜的对称面方向(即南北方向)，以 PP 表示。

上下偏光镜振动方向正交　在没有薄片时，若推入上偏光镜，视域是黑暗的即表明上下偏光镜振动方向正交；不黑暗则调节上偏光镜的振动方向(AA)使视域最黑暗，因为多种光学性质是在正交偏光镜下测定的。通常以目镜十字丝分别代表上下偏光镜振动方向，在使用前必须调节好。

2.2.4　偏光显微镜试样的制备

偏光显微镜研究必须将试样制成厚度为0.03mm的薄片，以保证试样的透明度和测得光学性质的可比性。随着科学技术的发展，显微结构分析的要求更精细，由于0.03mm薄片中相邻物相的互相重叠而掩盖细小物相及细微结构，要求将试样制成厚度小于0.02mm的所谓超薄片。

1. 试样薄片的制备

用切片机从试样上定向或不定向的切取一小块，并用粗金刚砂在磨片机上将小块试样两面磨成互相平行的厚度小于1mm的薄板，洗净后将其中一面再用从粗到细的金刚砂逐级研磨，并经M_{12}～M_7的细砂研磨后洗净烘干，用加拿大树胶粘贴在载玻璃片上并赶出气泡；粘固后再在磨片机上从粗到细用金刚砂逐级研磨试样薄板的另一面，将其磨至0.03mm的标准厚度，洗净并烘干，再用加拿大树胶覆盖上盖玻璃片即得试样薄片。

在制备过程中要注意下述问题：①在研磨过程中都是用不同规格的金刚砂逐级进行的，每次更换较细金刚砂必须将原较粗金刚砂洗净，绝对不允许将粗砂带到下道工序中去；②后道工序用较细砂研磨时，必须将较粗金刚砂划刻的沟痕全部磨掉，才能再换更细的金刚砂进行研磨；③检查薄片厚度是用偏光显微镜在正交偏光条件下，根据已知双折射率且含量较多矿物的干涉色来确定的，常用的是石英及斜长石，在0.03mm厚的薄片中它们的最高干涉色为一级黄白；④试样薄片是用加拿大树胶粘在盖玻璃片和载玻璃片之间的，加拿大树胶的烘烤必须掌握火候，烤得过老时树胶将性脆而容易碎脱落，过嫩树胶还是软性体薄片易滑动而破碎。

2. 试样超薄片的制备

超薄片的磨制工艺与薄片相似，只是对粘结剂和磨料有特殊的要求，再加上细心的操作即可获得合格的超薄片。

试样薄片的粘结剂是加拿大树胶，其结合力较弱且较脆，继续研磨时极易碎裂和剥落，未达超薄片厚度就被剥落殆尽，很难制成超薄片。实验证明，用618号环氧树脂，以邻苯二甲酸为固化剂的粘结剂，可得满意结果，因为粘着力强，固化后在研磨及抛光过程中不易脱落，只是折射率不标准。

超薄片的厚度只有0.01～0.02mm，精磨时的金刚砂粒度不得超过0.01mm，最终用的粒度应为1μm，严格时应为0.5μm。载玻璃片必须平整，厚度约为1.2mm左右，粘片用力应均匀，并经多次掀服赶出多余粘结剂和气泡。

偏光显微镜对晶体的光学研究可归纳为：研究在传播方向互相平行的平行光线照射下晶体的光学性质和在聚敛传播的聚敛偏光线照射下晶体的光学性质。

§ 2.3 平行光线下晶体的光学性质

平行光线指的是入射光线经下偏光镜和其他透镜后传播方向近于平行的平面偏光。它在偏光显微镜下显现单偏光下及正交偏光间的光学性质和矿物的结晶习性。

2.3.1 单偏光下晶体光性

单偏光是指只用下偏光镜(少数只用上偏光镜)的平面偏光,光学性质有晶体对透过光吸收和折射而形成的两类。

1. 与晶体对光线吸收性的有关性质

透明晶体薄片对透射平面偏光具有不同的吸收作用,因为无论是自然光还是偏振光在透过 0.03mm 薄片时总要被吸收一部分,使光线强度和颜色发生变化,产生透明度、颜色、多色性、吸收性等光学性质。

透明度　晶体薄片对白光中各单色光等量吸收时,吸收较少而呈现明亮的无色至灰白色者,称为透明晶体;吸收透过光线较多时则呈深灰色及暗灰色者,称为半透明晶体;若吸收量大,只有少量光线透过薄片者,称为微透明晶体,这类晶体在超薄片中可为半透明甚至灰色的透明晶体;如果光线全部被吸收而呈黑色,则为不透明晶体,它们在超薄片中有的可呈半透明及有色晶体,亦有仍为不透明者。

颜色　如果晶体对白光中各单色光吸收能力不等,某单色光被吸收较多,另一些单色光被吸收较少甚至不吸收,透过薄片后,除掉被吸收的单色光,其余单色光互相混合使晶体呈现颜色,称为晶体的颜色。白光透过晶体薄片时被吸收色和显示色遵循色光互补原理(见图 2-2)。如紫色萤石之所以显示紫色,正是由于紫色光被吸收很少,对绿色光及黄色光吸收较多造成的。薄片中晶体的颜色是晶体对白光中不同单色光选择吸收的结果,颜色的深浅与晶体对光线吸收能力及薄片厚度有关,对光线吸收能力强或薄片厚度大时的颜色就较深。

多色性和吸收性　均质体晶体是各向同性的,不同方向薄片所显示的透明度及颜色都是一样的,而非均质体晶体对不同方向传播及不同振动方向的平面偏光,具有不同的传播速度、折射率、吸收能力等,对不同单色光的吸收程度亦不同,结果使同一晶粒甚至同一切面的不同方向,所显示的透明度及颜色均可不同。在单偏光条件下转动物台改变平面偏光透过薄片时的振动面方向,晶体薄片的颜色及其深浅均要发生变化。颜色的变化称为晶体的多色性;颜色深浅变化称为晶体的吸收性。它们均与晶体的本质及切片方位有关,即与晶体的光率体及光性方位有关。用光率体主轴表示晶体多色性者,称为多色性公式;以光率体主轴表示颜色深浅,称为吸收性公式。

一轴晶光率体有 Ne 和 No 两个主轴,对应多色性亦有两个主色。以黑色电气石为例,取在其平行 C 轴切面上有 Ne 和 No 两个光率体主轴,当 Ne 轴平行下偏光镜的振动方向时颗粒呈现浅紫色;转动物台 90°则呈现深蓝色;处于其他位置所呈现的颜色介于上述二者之间。垂直 C 轴方向切片转动物台均为深蓝色;斜交 C 轴方向切片均发生变化。平行 No 方向仍为深蓝色，平行 Ne' 方向的颜色变化在浅紫色到深蓝色之间。因此其多色性公式为：$Ne=$浅紫色，$No=$深蓝色；吸收性公式应为 $No>Ne$。一轴晶的吸收性有正反之分，黑电气石属反吸收性矿物，正吸收性公式则为 $Ne>No$。注意，这仅表示对透射平行偏光吸收能力的相对大小，与折射率大小无关。

二轴晶有与主轴 Ng、Nm、Np 相应的三个主要颜色，光率体三个主切面上显示的主要颜色是不同的，分别显示 Ng 和 Nm、Nm 和 Np、Ng 和 Np 的主色，在垂直光轴切面上只显示 Nm 主色，只有在定向切面上才能测到。通常只表示 Ng 和 Np 两个主色，在光轴面上即可确定二轴晶多色性公式和吸收性公式。如普通闪石的多色性公式为 $Ng=$深绿色，$Np=$浅黄绿色；吸收性公式为 $Ng>Nm>Np$，属正吸收性矿物，反吸收性公式应为 $Np>Nm>Ng$。

多色性强弱还与切片方位及薄片厚度有关：同种晶体不同方向切片的多色性强度不同。平行二轴晶光轴面及一轴晶光轴切片上多色性最显著，垂直光轴切片不显多色性。薄片愈厚显示的多色性及吸收性愈显著，在超薄片中不明显，甚至看不到。

2. 与晶体对光线折射引起的有关性质

薄片中晶粒与周围介质（包括其他晶体、玻璃体及粘结剂树胶等）之间的折射率不等，光线透过二者界面时将发生折射。由于薄片中所有晶粒均可与折射率为 1.540 的加拿大树胶接触，在后者与晶粒的相界面因光线折射将产生边缘、糙面、突起及贝克线等光学现象，从而可比较晶体折射率的相对高低。

(1) 轮廓线　晶粒与树胶的折射率不等，光线射到二者介面时，因折射使交界处光线偏折而减少，在周围出现一条暗线，称为轮廓线，又称边缘（图 2-18）。轮廓线的粗细及明暗程度决定于晶体与树胶的相对折射率，二者折射率相差愈大轮廓线就愈粗愈暗，反之就不明显，甚至只有采取缩小光圈才能看到轮廓线的痕迹。

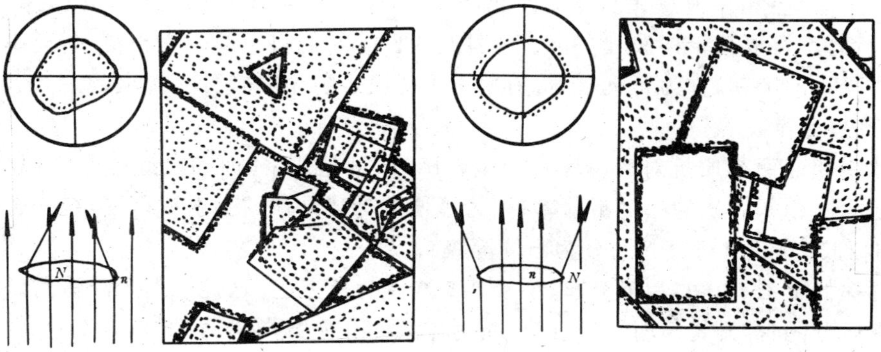

A　　　　B

图 2-18　薄片中矿物颗粒的轮廓线和贝克线的形成

(2) 贝克线　与边缘产生的同时还有一条因折射光线集中而出现的亮线，称为贝克线，亦如图 2-18 所示。薄片中轮廓线和贝克线是相伴平行而生的，无论接触关系如何，轮廓线总是出现在二者交界线处，而贝克线总是在折射率较高的介质一边，而且升降镜筒改变物镜的焦点平面时，轮廓线不动而贝克线则作平行轮廓线的左右移动。例如，在图 2-18(A)中晶粒的折射率大于树胶，在晶粒边缘出现暗的轮廓线和与之平行的贝克线位于晶粒一侧；而在图2-18(B)中的矿物折射率比树胶小，明亮的贝克线则位于暗色的轮廓线树胶一侧。升降镜筒时贝克线将平行于轮廓线左右移动。

(3) 糙面　薄片中晶粒的上下都与加拿大树胶接触，试样的磨平面总是存在细微的凹凸不平，当光线照射到晶粒与树胶的界面时因折射率不等将发生折射，透过薄片各处的光线集散不一而使晶粒内部明暗不同而显得粗糙，称为矿物的糙面(图2-19,A)。糙面的显著程度决定于晶体与树胶的相对折射率。折射率相差较大晶粒内较为粗糙，反之糙面不明显。有时只有光圈缩小才能看到糙面，当二者折射率相近时就无糙面显现。

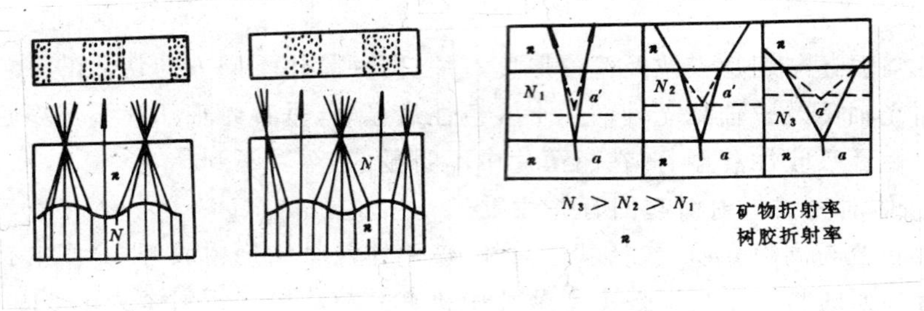

A　　　　　　　　　　　　B

图 2-19　薄片中矿物糙面(A)和突起(B)的形成

(4) 突起　薄片中相邻介质间显得高低不平的现象称为突起，亦是由于相邻两介质折射率不等，光线射到界面时发生折射引起的。薄片中晶粒上下均为树胶覆盖，光线从薄片底部 a 点射到顶部与树胶接触处就发生折射使光线分散(图2-19,B)，原 a 点将在 a' 点处成虚像，看起来 a 点被提高到 a' 处，由于相邻矿物折射率不等，虚像 a' 点的高低就不同，结果显得相邻两晶粒有高有低而构成突起和凹陷的现象。突起明显程度亦决定于相邻两晶体与树胶间的折射率差，相差值愈大晶体的突起就愈高，反之突起就低，折射率相近时突起就不明显。晶体折射率可以高于树胶，也可低于树胶，为区分它们将突起分为正负：折射率高于树胶折射率所显示的突起，称为正突起；折射率小于树胶折射率时则称为负突起。

3. 突起的等级

薄片中相邻两介质折射率不等将产生轮廓线、贝克线、糙面和突起等光学现象，明显程度均决定于两相邻介质的相对折射率差。为了便于计述晶体的折射率范围，统一选用折射率1.540的树胶为标准，将突起划分为不同等级：

折射率大于1.540的为正突起，小于1.540者为负突起。这是根据升降镜筒时贝克线移动规律来区分的：提升镜筒时，贝克线向折射率大的介质方向移动；下降镜筒时，贝克线则移向折射率小的介质一边。若接触两介质是树胶和晶粒，提升镜筒时贝克线移向晶粒，说明晶体折射率大于1.540，晶粒为正突起；当提升镜筒时贝克线向树胶移动，则表明晶体折射率小于1.540，晶粒则为负突起。再根据晶粒的糙面和轮廓线的明显程度将突起分为若干等级，见表2-1：正突起分低、中、高、极高等四级，负突起只分低、高两级，如图2-20所示。

表 2-1　矿物突起的等级及其折射率范围

突起等级	折射率	边缘和糙面特征	提升镜筒时贝克线移向	常见矿物
负高突起	<1.480	边缘、糙面均显著	贝克线移向树胶	萤石、鳞石英
负低突起	1.480～1.540	边缘不明显、表面光滑		方石英、正长石
正低突起	1.540～1.600	边缘不明显、表面光滑	贝克线移向晶粒	石英、失透石
正中突起	1.600～1.660	边缘清楚、糙面可见		莫来石、硅灰石
正高突起	1.660～1.780	边缘明显、较粗，糙面显著		透辉石、橄榄石、黄长石
极高突起	>1.780	边缘粗而宽、糙面极显著		刚玉、方镁石、斜锆石

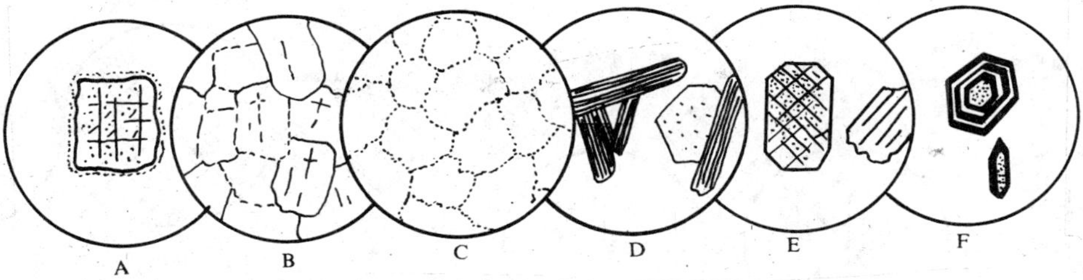

图 2-20　矿物突起等级示意图

A. 负高突起；B. 负低突起；C. 正低突起；D. 正中突起；E. 正高突起；F. 正极高突起

另外，由于非均质晶体不同方向的折射率不等，少数具有较大双折射率的非均质晶体，转动物台时突起等级将明显不同，这称为闪突起，如碳酸盐类晶体在某些方向将呈闪突起。

根据薄片中晶粒的突起等级可以粗略估计折射率的大致范围。由于折射率是晶体最基本的光学常数，鉴定时可根据突起等级粗略估测，这是不可少的，但常需精确测量，这将在§2-5 中讨论。

2.3.2　正交偏光间晶体光性

同时使用振动方向互相垂直的上、下两个偏光镜，构成近于平行传播的正交偏光条件。物台上没有非均质试样薄片时目镜视域内全黑；若两偏光镜间存在非均质试样的薄片，就会产生消光和干涉等光学效应。

1. 消光现象和消光位

在正交偏光条件下，下偏光镜的 PP 偏光透过薄片而不能透过上偏光镜使目镜视域呈黑暗的现象，称为消光现象。晶粒处于消光的位置，称为晶体的消光位。消光有全消光和四次消光两类。

(1) 所有光率体切面是圆的介质，光线透过时均不改变其振动特点而直接通过，下偏光镜的振动方向 PP 正好与上偏光镜振动方向 AA 垂直而不能通过，目镜内呈黑暗，转动物台 360°永远均为黑暗，这种消光现象称为全消光。所有均质体介质，包括一切非晶体的气体、液体、树胶、玻璃等和等轴晶体系晶体，以及垂直光轴的非均质体，在正交偏光间均呈全消光。

(2) 所有光率体切面是椭圆的介质，下偏光镜的 PP 偏光射入薄片要发生双折射，分裂成平行光率体切面椭圆半径方向振动的两偏光：若椭圆半径平行 PP 与 AA 方向，目镜视域内晶粒呈现消光，即处于消光位（图 2-21，A）；转动物台后切面的椭圆半径与上下偏光镜振动方向斜交，PP 偏光射入晶粒发生双折射的两偏光振动方向均斜交于上偏光镜 AA 方向，进入上偏光镜将再次发生双折射，使部分光线通过上偏光镜，结果目镜视域呈现明亮不消光（见图 2-21，B，C），晶粒处于明亮位。转动矿物台 360°，薄片中晶粒将四次明亮和四次消光相间出现，称为四次消光现象。所有非均质晶体不垂直光轴方向的切面，均呈现四次消光。只有光率体切面椭圆半径与上下偏光镜振动方向（即目镜十字丝）平行时才消光，所以这类晶体有消光位问题。消光位可用其晶轴、晶面、晶棱、解理、双晶等与目镜十字丝间关系来表示。

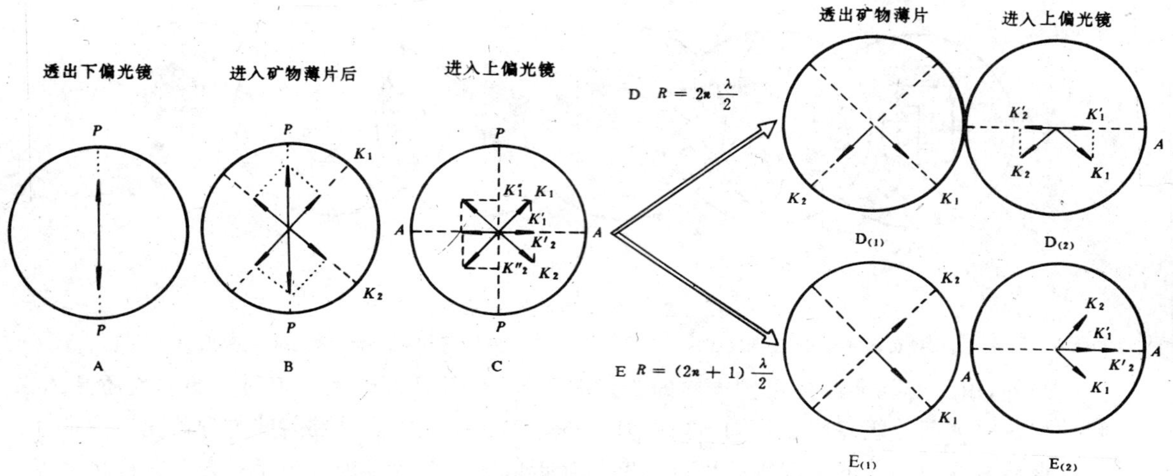

图 2-21 非均质矿物双折射的偏光分解（B，C）和

单色平面偏光经两次分解合成后互相干涉的位相差（D，E）

2. 干涉现象和干涉色

非均质体除垂直光轴外的任意方向切片，在正交偏光镜间不处于消光位时，下偏光镜的 PP 偏光透过晶体薄片及上偏光镜后均发生干涉作用而形成干涉色。

(1) 平面偏光的干涉作用 非均质介质光率体切面椭圆的两半径 K_1 和 K_2 分别代表双折射两偏光的振动方向。当下偏光 PP 与 K_1、K_2 斜交时就发生双折射，按矢量分解的平行四边形法则，PP 偏光分裂成在 K_1 和 K_2 方向振动的两个偏光透过薄片（图 2-21，B），到达上偏光镜二者又与 AA 方向斜交，各自再发生双折射。K_1 分解成 K_1' 和 K_1'' 两偏光，K_2 分裂为 K_2' 和 K_2'' 两偏光，其中各有一偏光 K_1'' 及 K_2'' 与 AA 垂直而不能透过上偏光镜，而另外各一偏光 K'_1 及 K'_2 平行于 AA 方向透过上偏光镜（图 2-21，C），这两个偏光是由同一偏光分裂而得，向同一方向传播，在同一平面内振动，符合横波干涉条件而发生横波干涉，称为晶体在正交偏光间的干涉作用。

(2) 单色光的干涉 若晶体光率体切面椭圆半径 K_1、K_2 与 PP 方向斜交，单色平面偏光透过薄片将发生双折射，分裂成振动方向互相垂直的 K_1 和 K_2 两偏光，两者的折射率不等，在晶体内传播速度不同，透过薄片后两偏光就一前一后而存在一段距离，这段距离叫做光程差，以“R”表示。这个光程差在空气及玻璃中传播保持不变，射入上偏光镜又再次分裂，透过上偏光镜的两偏光的光程差仍然不变从而发生干涉。干涉的结果决定于两偏光间的光程差。光程差改变，干涉的结果亦不同。

两偏光间光程差是由下偏光透过晶粒薄片产生的，决定于晶体的双折射率(ΔN)及薄片厚度(d)，三者之间遵循下列光学公式：

$$R = d \cdot \Delta N \tag{2-5}$$

而双折射率又与晶粒的切片方位有关。同晶体不同方向切片的双折射率不等。最大双折射率只有一轴晶平行光轴或二轴晶平行光轴面的切片。

用石英晶体沿光轴方向制成从0逐渐增厚的楔形，称石英楔(图2-22,A)。石英的双折射率为0.009，厚度从0逐渐增大，光线透过石英楔产生的光程差(R)亦从0逐渐增大。当R相当于单色光半波长偶数倍(即$R=2n\lambda/2$)时，干涉结果互相抵消，视域黑暗(图2-21,D)；若$R=(2n+1)\lambda/2$(即半波长奇数倍)时，干涉后振幅加强，视域明亮，呈现单色光的颜色(图2-21,E)。因为下偏光镜的PP偏光透过上偏光镜AA已经有过两次双折射，位相转动了180°，所以光波干涉与普通横波干涉结果相差半波长(即偏光位相差为180°)。

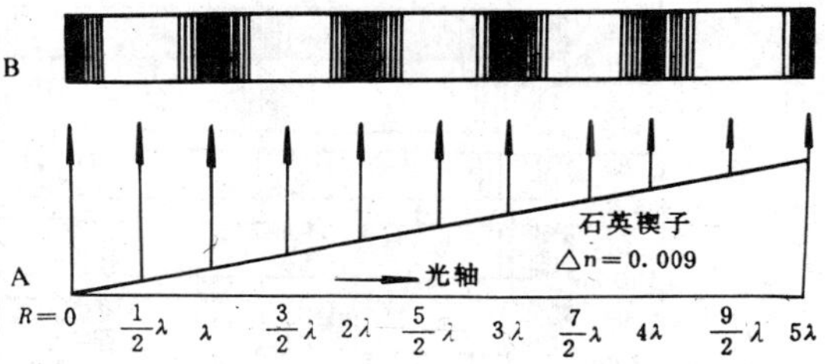

图2-22　用单色光照射石英楔时，在正交偏光镜间出现的明暗条带

石英楔在正交偏光间连续观察，单色光的明暗带相间出现及明亮度连续变化(图2-22,B)。明暗条带的间距决定于单色光的波长：红色的波长较长其间距亦较大，紫光最短。

(3)干涉色的形成　用白光照射非均质体薄片时亦产生一光程差，除零外的任意一光程差值都不可能同时为所有单色光半波长的偶数倍或奇数倍，也就是说不可能使各单色光同时减弱消失或加强明亮，只能使一部分单色光减弱甚至消失，而另一部分单色光干涉加强。所有未消失的强度不同的单色光混合起来，构成了与该光程差相应的由白光经干涉而成的特殊混合色，称为干涉色。干涉色只决定于光程差，与晶体自身颜色一般无关，不可混为一谈。在正交偏光间，分别用不同单色光照射石英楔，将出现宽窄及间距不等的单色光的明暗条带，如图2-23所示。若用白光照射时，这些单色光明暗条带互相叠加，结果混合成干涉色。

(4)干涉色级序及特征　每一光程差值都有与之对应的干涉色，随着光程差的连续增加，干涉色亦将作连续而有规律的变化，相同干涉色将有规律重复出现。为了将光程差不等而颜色相同的干涉色区别开来，用特征色(紫红色及相应光程差575nm、1150nm等)将干涉色分级，每级内干涉色均按一定次序出现，称为干涉色级序。光程差在0～575nm之间，即第一次紫红色出现前，为一级干涉色；第一次和第二次紫红色之间称为第二级干涉色，以此类推。各级干涉色的特征如下。

第一级干涉色：光程差R在100nm以下时，各单色光都干涉减弱而呈现深灰色和灰色；R在200～300nm之间接近于所有单色光的半波长都有一定程度的加强，合成色为灰白色和白色；$R=300$nm时，相当于黄光半波长干涉最强，合成为黄白色；$R=310$～350nm时，橙红光最强，黄光及其他光亦有一定强度，合成为鲜黄色；$R=400$nm时蓝光近于消失，绿、黄光亦微弱，只有橙、红光仍有一定强度，合成为橙色；500～550nm时，红光较强而呈红色；当

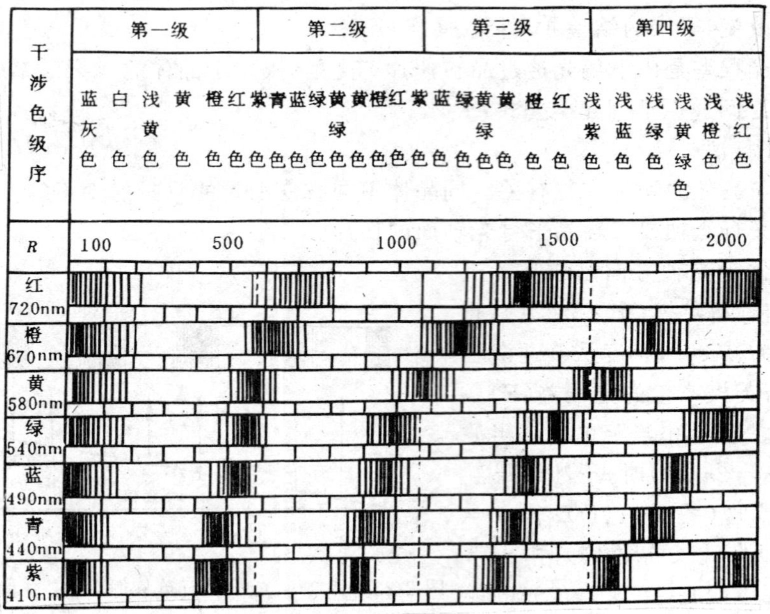

图 2-23　因光程差不等单色光干涉的暗色带及相应干涉色

R=575nm 左右时，红光和蓝光均较强，合成色为紫红色。上述黑、深灰、灰、灰白、白、黄白、黄、橙、红、紫红诸色依次构成第一级序的干涉色，没有蓝、绿、黄绿诸色。

第二级干涉色：光程差为 650nm、750nm、850nm、950nm 及 1050nm 时，分别接近于蓝、绿、黄、橙、红、紫红诸色的一个半波长，故依次呈现以上诸色的干涉色，称为第二级序干涉色，特征是无白、灰、深灰、黑诸色，所出现的各色均较纯洁而鲜艳。

第三级序及其以上各级序干涉色：光程差继续增加，第二级序诸干涉色将依次重复呈现，以紫红色为界线而构成第三、第四……诸级序的干涉色，唯其级序愈高，干涉色色调愈不纯洁且愈浅，只是各色的次序不变。

当光程差增加到第五级以上时，各单色光的干涉结果的增加减弱就不规则，各色紊乱叠加的结果将呈现近白光的干涉色，称为高级白干涉色。

(5) 干涉色的色谱表　干涉色级序是由光线通过晶体薄片后产生的光程差决定的，光程差又与晶体的双折射率、薄片厚度及切片方向有关。除切片方向外，根据 $R=d\cdot\Delta N$ 公式，用图表的方式表示这三者间关系，再标示相应干涉色，称为干涉色色谱表(图 2-24)。水平方向表示光程差值，单位是纳米(nm)；垂直坐标表示薄片的厚度，单位为毫米(mm)；斜线方向则为双折射率值，在各光程差值处标出相应的干涉色即构成干涉色的色谱表。

根据光程差、薄片厚度和双折射率的关系，从干涉色色谱表上即可从已知道的两者求得第三值。例如薄片的标准厚度为 0.03mm，在正交偏光间测得最高干涉色级序，从干涉色谱表上可知道光程差值，进而得知晶体的最大双折射率，同理亦可得知薄片的厚度。

(6) 异常干涉色　在色谱表中找不到的干涉色，称为异常干涉色或干涉色异常。造成干涉色异常的原因有两个：一是晶体存在显著的双折射率色散，另一是晶体自身具有较深的颜色，两者均会出现干涉异常。

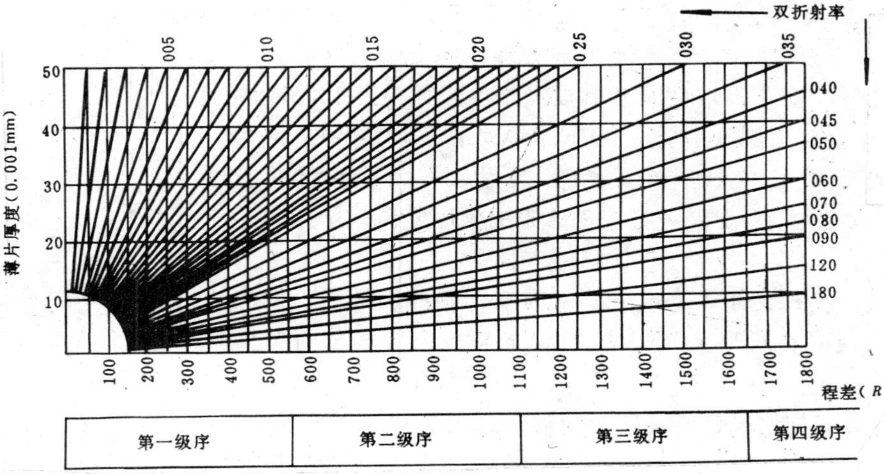

图 2-24　干涉色的色谱表

3. 消色法则和消色器

偏光显微镜下光学性质一般都需要知道光率体切面椭圆半径的方向和名称，它们是用消色器根据消色法则测得的。

(1) 消色法则　两块具有干涉色薄片叠加后，两者干涉色均消失，视域呈现黑暗的现象，称为消色。

设两非均质体薄片的光率体切面椭圆半径及光程差分别为 Ng'、Np' 及 R' 和 Ng''、Np'' 及 R''，且两者的椭圆半径均与目镜十字丝呈 45°位置，两者叠加后将出现两种情况：同名半径平行，即 $Ng' /\!/ Ng'$，$Np' /\!/ Np''$(图 2-25，A)，光线透过后的总光程差 $R=R'+R''$，干涉色级序升高；异名半径平行，即 $Ng' /\!/ Np''$，$Np' /\!/ Ng''$(图 2-25，B)，总光程差减小($R=R'-R''$ 或 $R''-R'$)，干涉色级序降低；在二者异名半径平行时若二者光程差相等，即 $R'=R''$ 时，总光程差为 0，干涉色消失，薄片呈现消色。简单地说，两晶体薄片叠加，同名半径平行，光程差增加，干涉色升高；异名半径平行，则光程差减少，干涉色降低。如果异名半径平行且两光程差相等就出现消色，这就是消色法则。

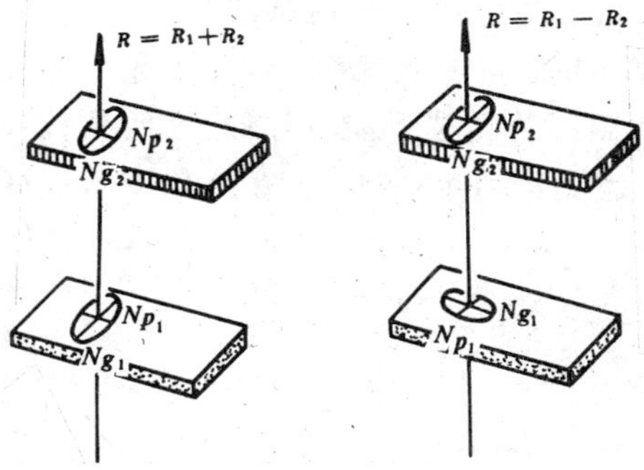

A　　B

图 2-25　消色法则

(2) 消色器　相叠加两晶片之一的光率体切面椭圆半径方向、名称及光程差均是已知的，这种晶体薄片称为消色器。根据消光法则利用消色器即可确定另一晶体薄片的光率体切面椭圆半径的方向和名称，还可测定晶体的其他光学性质。偏光显微镜均附有若干个消色器，常用的有石膏试板、云母试板和石英楔子，有时还有贝瑞克消色器。

用石膏晶体沿光轴方向磨成能产生光程差为 575nm 的薄片，嵌在长形金属板一端的圆孔中，使光率体切面椭圆的长半径(Ng')平行于长形金属板短边，短半径(Np')平行于长边，即构成石膏试板(图 2-26,A)。在金属板上标明 Ng' 及 Np 的方向和名称,在正交偏光间呈现一级紫红干涉色,与其他晶体薄片叠加后,干涉色的色调不变而升高或降低一个级。

用白云母垂直 Bxa 解理片制成可产生光程差为 147nm 的薄片,嵌在金属板圆孔中,标明 Ng' 及 Np' 的方向和名称,即构成云母试板(图 2-26,B)。在正交偏光下呈现一级灰干涉色,与其他晶体薄片叠加,干涉色将按色谱表中顺序升高或降低一个色序。

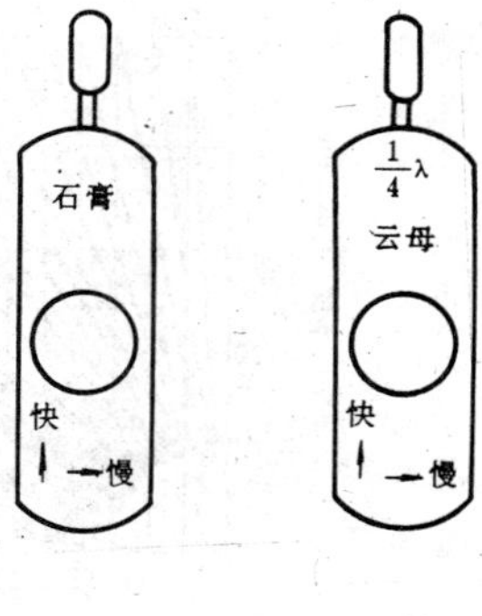

图 2-26　石膏试板(A)及云母试样(B)

沿光轴将石英晶体磨成从厚度为 0 开始的楔形贴于两块玻璃片之间嵌在长形金属板中,标出光轴方向即构成石英楔(见图 2-22,A)。石英楔可产生一级至三级甚至四级的连续干涉色。在有非均质晶体薄片时缓缓插入石英楔,干涉色不断升高,表明两者同名半径平行;若两者异名半径平行,干涉色就连续降低。当两者光程差相等则出现消色带。

在金属板的圆孔内镶一垂直光轴具有特大双折射率的方解石薄片,用转轮调节方解石薄片从 0°倾斜达 60°的消色器,称为贝瑞克消色器。在正交偏光间,当刻度为 30°时视域内呈现一粗大的黑十字,左右转动时薄片均倾斜,光程差由零逐渐增大依次出现一级至四级的干涉色。物台上有非均质晶体薄片存在,两者同名半径平行时,转动圆环干涉色逐渐升高;异名半径平行则干涉色降低,出现消色时的旋转角度为 i,相应的光程差为:

$$R=C\cdot f(i) \tag{2-6}$$

式中:C 是与方解石薄片厚度有关的常数,$f(i)$为倾角 i 的函数,均标在消色器的说明书中。

(3) 消色法则及消色器的应用　将欲测薄片置于视域中心,转动物台从消光位(图 2-27,A)再将旋转 45°使晶粒最亮,说明晶体的光率体切面椭圆半径与目镜十字丝成 45°,插入消色器后若晶粒干涉色降低,表明晶粒与消色器是异名半径平行(图 2-27,B);干涉色升高则二者是同名半径平行(图 2-27,C),根据消色法则即可确定晶粒的光率体切面椭圆半径的名称。

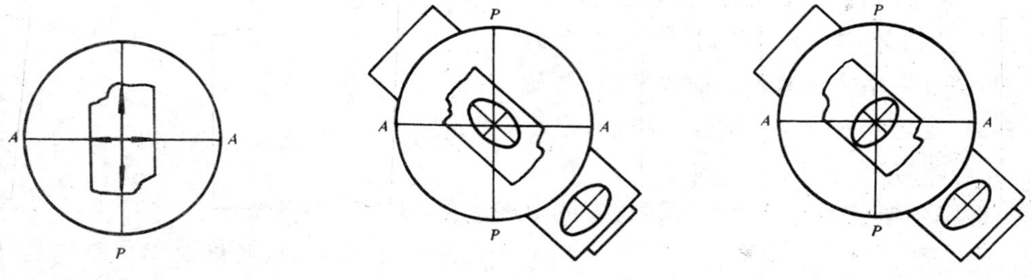

A. 消光位　　B. 干涉色降低　　C. 干涉色升高

图 2-27　薄片中矿物光率体椭圆切面半径方向和名称的测定

根据晶粒的干涉色级序确定消色器的选用:干涉色在一级黄以下一般用石膏试板,在一级黄以上则多用云母试板或石英楔。这是因为石膏试板使用时的总干涉色将颜色不变地升降一级难以区分升高还是降低，而对一级黄以下干涉色以石膏试板一级紫红干涉色为准的升降非常明显；云母试板的光程差只有147nm，晶粒为一级黄以下干涉色时叠加后的总干涉色的颜色变化不大，难以判断升降，在一级黄以上的升降均移动一个色序，变化非常显著。石英楔的情况与云母试板相似。

4. 正交偏光间晶体光学性质的测定

在正交偏光间可以测定晶体的光学性质有：最高干涉色级序和最大双折射率、消光类型和消光角、多色性和吸收性公式、延性符号及双晶特点等。

(1) 最高干涉色和最大双折射率　选择同一薄片内同种晶体干涉色级序最高的颗粒置于视域中央，即可测定干涉色的级序。它有边缘法和试板法两种：边缘法确定干涉色级序是根据晶粒边缘干涉色环来确定的，因为薄片中晶粒边缘总是从较薄向内部逐渐增厚而干涉色亦逐渐升高(图2-28)，边缘出现n次紫红色环，干涉色级序为$n+1$级。应用时，晶粒边缘干涉色必须从一级灰白色开始，否则就会产生错误。

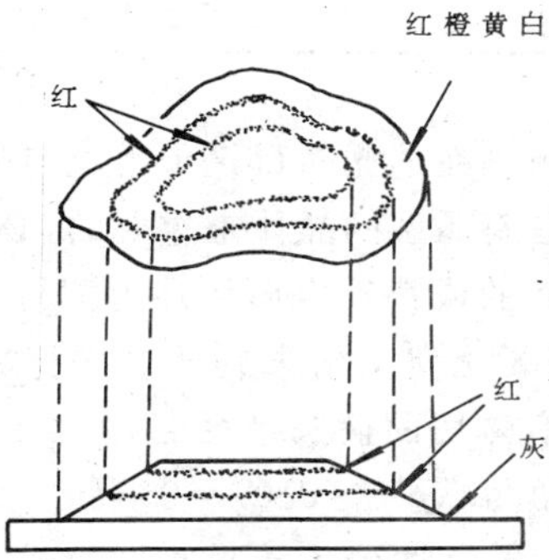

图2-28　边缘法测定矿物的干涉色级序

试板法是用石英楔测定干涉色级序的。将具有最高干涉色晶粒置于视域中央，并使晶粒与石英楔的光率体切面椭圆处于异名半径平行的位置，随着石英楔的插入干涉色将逐渐降低，达到消色时，说明二者所产生的光程差相等，将薄片从物台上取出，视域中就出现与晶粒相同的干涉色，再慢慢拉出石英楔观察视域内紫红色出现的次数，出现n次紫红色，晶体的干涉色为$n+1$级。

最高干涉色级序还可以根据经验目测确定，确定后即知相应的光程差，根据薄片的厚度从干涉色色谱表查得或用$R=d\cdot\Delta N$公式求得晶体的最大双折射率。

干涉色级序用贝瑞克消色器或其派生消色器来测定，根据测定的光程差值可准确地计算出双折射率，从干涉色色谱表中查出晶粒的最高干涉色级序。

(2) 消光类型和消光角　非均质体除垂直光轴切面的全消光外，其他方向切片均有四次消光，处于消光位时，结晶要素(晶轴、晶面、解理缝、双晶纹等)与目镜十字丝间的关系，称为消光类型。共有平行消光、对称消光和斜消光三种类型：消光位时结晶要素与目镜十字丝平行者，称为平行消光(图2-29,A)；消光时结晶要素斜交于目镜十字丝者，称为斜消光(图2-29,B)；消光时目镜十字丝平分解理角或面角者，称为对称消光(图2-29,C)。消光类型是晶体光性方位的表现，各晶系的消光类型列于表2-2。中级晶族和斜方晶系以平行消光及对称消光为主。三斜晶系主要是斜消光。单斜晶系三类消光类型都存在，因切片方位而定。

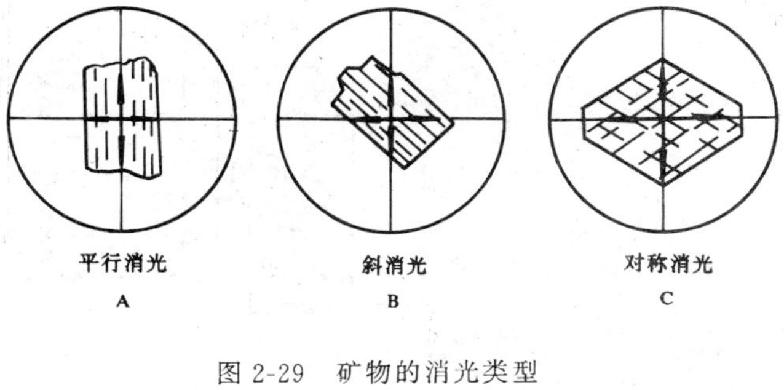

图2-29　矿物的消光类型

表 2-2　各晶系矿物的消光类型及其特点

轴　性	晶　系	消光类型及其特征
一轴晶	中级晶族各晶系	基本上均为平行消光及对称消光，只极少数切片呈现斜消光
二轴晶	斜方晶系	平行消光、对称消光和斜消光的切片都有，而以前两类消光为主，斜消光只是少数。
	单斜晶系	只在垂直(010)切面呈平行消光或对称消光，其他切面上均为斜消光，以平行(010)切面上的消光角最大
	三斜晶系	任意方向切片均为斜消光

斜消光在消光时目镜十字丝与矿物结晶要素间夹角，称为消光角。消光角的测量对单斜晶系及三斜晶系的晶体是重要的，必须在定向切片上进行，具有鉴定意义的消光角是同种晶粒中最大的或特殊定向切片上测得的消光角，前者是具有最高干涉色（即平行光轴面）的切片，后者要用费多洛夫旋转台进行测定。消光角有结晶要素（如晶轴名称或面的结晶符号等）、光率体切面椭圆半径名称（Ng'或Np'）及两者间夹角三方面内容，如普通角闪石的最大消光角为$Np' \wedge (010) = 25°$等。

(3) 多色性公式和吸收性公式　这是单偏光下的性质，但公式中的光率体切面椭圆半径的名称要在正交偏光间用消色器才能测出，测得后再转动物台使两个椭圆半径分别平行下偏光镜振动方向，在单偏光下观察其颜色及深浅，定出晶体的多色性公式和吸收性公式。

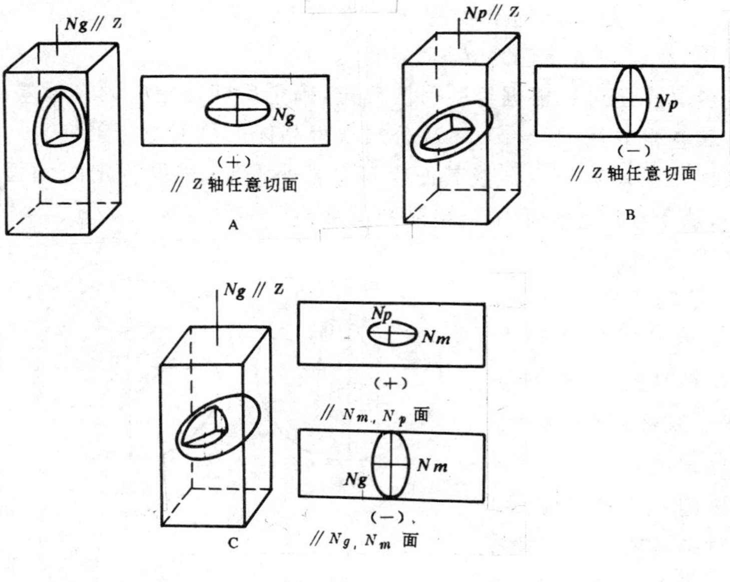

图 2-30　矿物的延性符号三种类型

(4) 延性符号　延性符号是表示薄片中单向延长晶粒延长方向折射率相对大小的符号，可以帮助对晶体的鉴定和识别。延性符号有三种：薄片中晶体延长方向与较大折射率（Ng'）平行或斜交小于45°者为正延性（图 2-30，A），延长方向与较小折射率（Np'）平行或斜交小于45°者为负延性（图 2-30，B）。如果薄片中同种单向延长晶粒有的为正延性，另一些为负延性者，称为正负延性。它是二轴晶的中等主折射率 Nm 垂直板状晶体的板面或平行柱状晶体的延长方向造成的(图 2-30,C)。延性符号亦是在正交偏光下用消色测定的。通常知道晶体的消光类型和消光角后，即可确定延性符号。

2.3.3 晶体的结晶习性

薄片中主要由晶格构造决定的性质，称为晶体的结晶习性。作为鉴定特征的有：晶体形状(含集合体形状)、解理和双晶。研究显微结构特征的还有晶体的自形程度等。

1. 晶体的形状

晶体形状决定于晶体内部构造和生长环境条件，比较完整的晶体均为具有一定形状的多面体，它在薄片中只表现为晶体某方向切面的轮廓。同一结晶多面体切片方位不同的切面形状完全不同(图 2-31)，不能根据薄片中个别或少数颗粒的二维形状确定晶体的立体形状，必要时需要通过体视学分析测定有关形状参数，才能建立结晶多面体形状。但薄片中某些切面形状对鉴定晶体仍有实际意义。

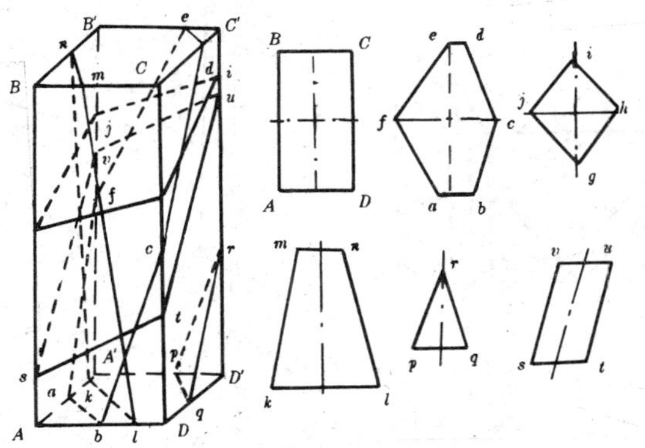

图 2-31 结晶多面体形状与切片方位间关系决定切面的形状

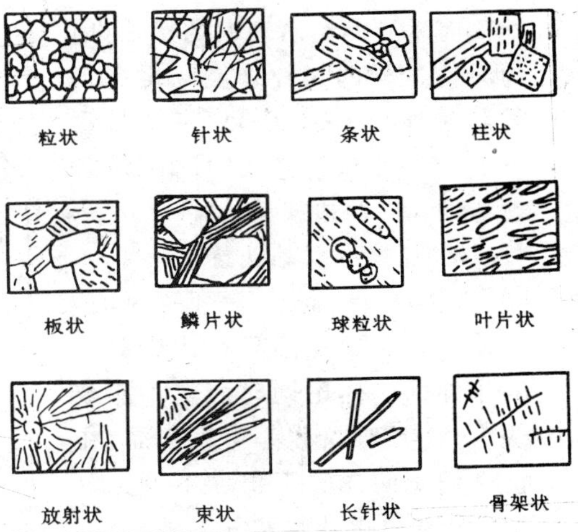

图 2-32 集合体中晶体的形状

同种晶体不同个体以一定图案生长在一起构成所谓集合体形状(图 2-32)，它不仅可以帮助对晶体的识别和鉴定，还是研究材料生产工艺及制品性能的有效凭证。

2. 晶体的解理

晶体在外力作用下沿一定方向裂开的性质，称为晶体的解理。裂开的平面，称为解理面；解理面与薄片平面的交线，称为解理缝。解理的发育程度、方向数和解理角等解理性质均因晶体而不同，决定于晶格构造，是鉴定晶体的重要依据。

解理面是晶体构造中结合力较弱的面网方向的平面，解理缝亦必为直线。随着面网间接合力不等，薄片中解理缝的明显程度及其他特点亦不同，据此将解理的发育程度分为五等(图 2-33)：解理缝细密直长贯通整个颗粒的，称为极完全解理；解理缝清楚贯通整个颗粒，但较稀疏者，称为完全解理；解理缝清晰可见，但较稀疏且断续不能贯穿整个颗粒的，称为中等解理；颗粒上仅有断续而稀疏的解理缝痕迹者，称为不完全解理；颗粒内无解理缝，表面光滑平整者，称为无解理。解理缝的明显程度还与晶体的切片方向及折射率有关，如图 2-34(A)所示。切面与解理面垂直时，解理缝窄且清楚，代表解理缝的真实宽度；二者不相垂直时，解理缝的宽度大于真实宽度，升降镜筒解理缝将向两边移动；互相斜交大于一定角度后解理缝就看不到，此角度称为解理缝的可见临界角。其大小决定于解理的发育程度和晶体与树胶的相对折射率，即使具有极完全解理的垂直解理面颗粒上亦看不到解理，晶体与树胶的折射率相近，解理缝亦不明显。

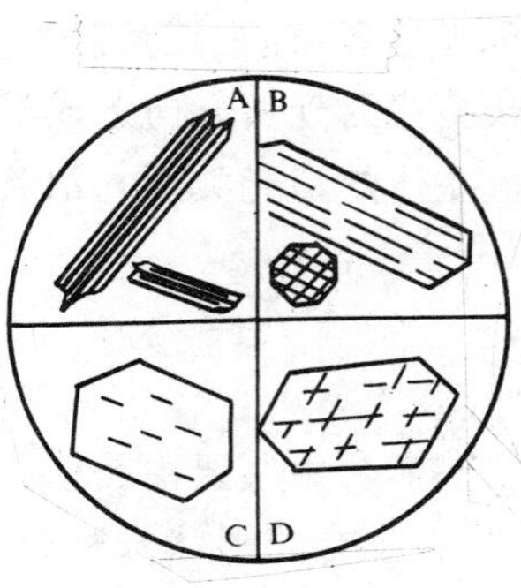

图 2-33　矿物薄片中晶体的解理等级

A. 极完全解理，B. 完全解理

C. 中等解理，D. 不完全解理

受晶体构造控制，解理的发育方向数(即解理的组数)亦可不同：有一个方向发育的一组解理，两个方向或三个方向发育的两组或三组解理。具有两组解理的解理面间夹角，称为晶体的解理角，它是晶格中相应两层面网间的夹角。解理角的测量必须选择同时垂直两组解理面的切片，因为只有这样的切片才能测得真正的解理角(图 2-34，B)，在显微镜下这样切片在升降镜筒时两组解理缝均不向两边移动。

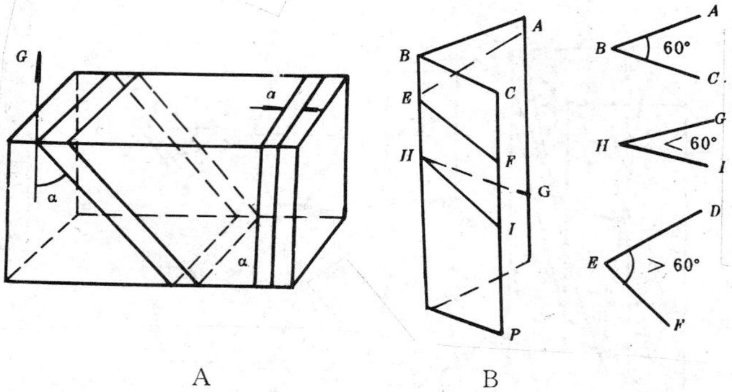

图 2-34　解理缝宽度(A)及解理角(B)与切片方向间关系

3. 晶体的双晶现象

双晶在单偏光下是不可见的，即使在正交偏光间只有构成双晶的相邻两个体不同时消光才能被认识，这类双晶称为可见双晶；在正交偏光间亦看不出称不可见双晶。双晶亦是由晶格构造决定的一种结晶习性，可见双晶是鉴定晶体的根据之一。

可见双晶在正交偏光间相邻两个单体一明一暗(图 2-35)，这是由于双晶相邻两个体的光性方位不平行，在物台转动时两者就不同时消光(图 2-36)。相邻两单体的交界线是双晶接合面与薄片平面的交线，称为双晶缝，一般为直线或折线，清晰程度除与晶体的折射率有关外，主要决定于双晶结合面与薄片平面的法线间夹角：二者互相垂直时双晶缝最清晰最细，随着夹角的变化双晶缝将变宽且模糊，倾斜一定角度双晶缝就看不到，双晶现象亦消失，这一角度称为双晶可见临界角。

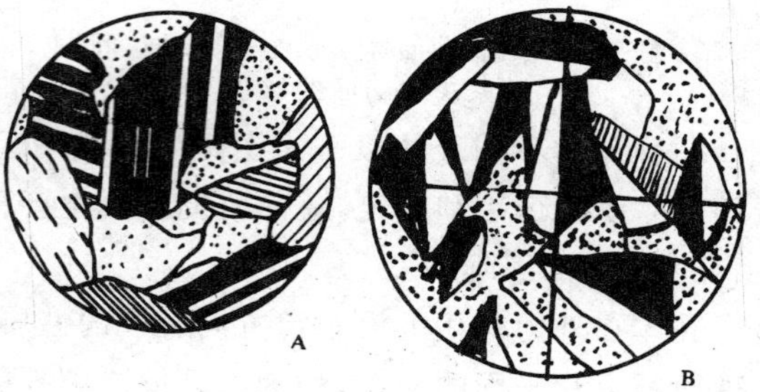

图 2-35　正交偏光条件下，天然岩石(A)和无机材料(B)中组成矿物的双晶现象

在正交偏光下，根据构成双晶的单体数目及结合特点，双晶分为三大类：①双晶中两个单体以平面接触者，称为简单双晶，转动物台时两者消光互相交替，如图 2-35(A)中鳞石英的矛头状双晶等。②两个以上相邻单体以平面接触的双晶，称为复合双晶。根据双晶接合面的排列方式又分为：双晶接合面彼此平行的，叫做聚片双晶。转动物台时双晶中单数个体和双数个体交替轮流消光，如图 2-35(B)和图 2-37(A)所示。双晶接合面互不平行而呈放射状排列的，称为轮式双晶(图 2-37,B,C,D)。转动物台时双晶中各单体轮流消光或成对角关系的两个体同时消光，根据构成双晶的单体个数分别称为三连晶、四连晶和六连晶等。③构成双晶的单体只有两个或多个，双晶接合面互相穿插，称为穿插双晶。双晶接触面复杂，最常见的是正长石格子双晶，在正交偏光间组成双晶的各单体不同时消光，互相穿插成格子状而得名。

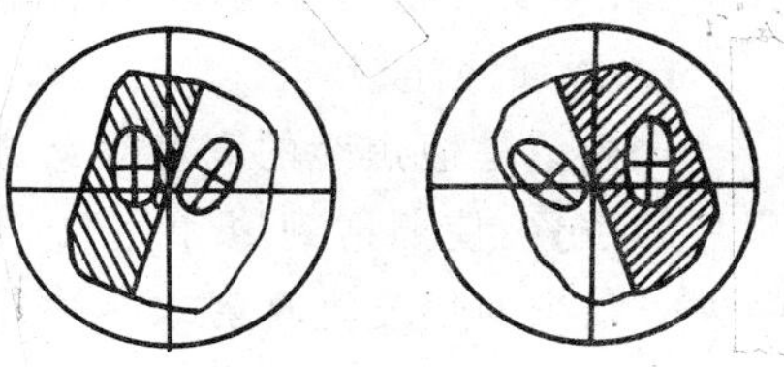

图 2-36　在正交偏光镜间两个体不同消光

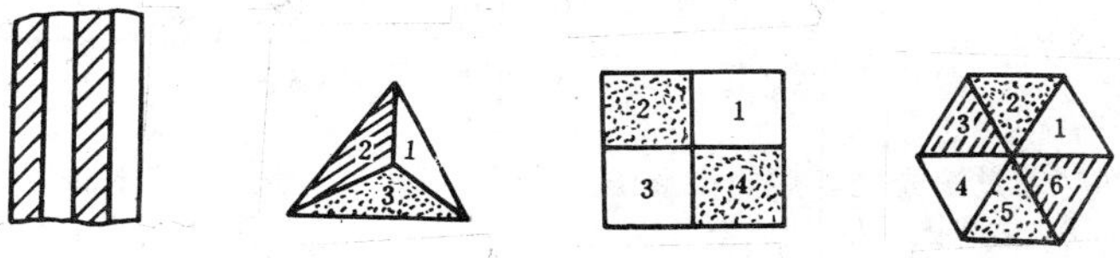

A　　B　　C　　D

图 2-37　接触双晶的连生方式

A. 聚片双晶，B. 三连晶，C. 四连晶，D. 六连晶

双晶中一个单体消光时目镜十字丝与双晶缝间夹角，称为双晶消光角。由于双晶接合面是相邻两个体的对称面，相邻两个体的消光角必相等，只有在垂直双晶接合面的切片上才能测到，这样晶粒的双晶缝与目镜十字丝平行及 45°角相交，相邻两单体的干涉色相同亮度相等(图 2-38)，双晶现象消失。

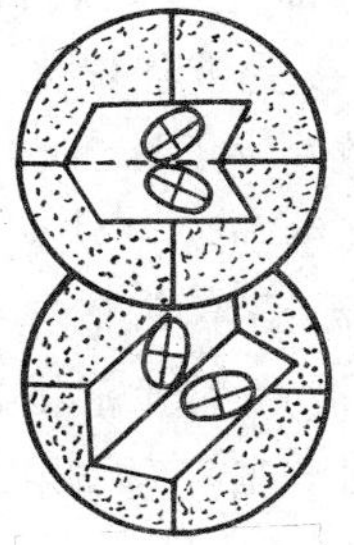

图 2-38　垂直双晶接合面切片上光率体半径的分布

§ 2.4　聚敛光线下晶体的光学性质

晶体的轴性、光性、光轴角、光率体色散以及切片方位等都要在聚敛偏光下研究干涉图才可测得。

2.4.1　聚敛偏光系统的形成及光学特征

偏光显微镜聚敛偏光系统的装置是在正交偏光系统基础上，添加聚光镜，换用高放大倍数物镜，再加入勃氏镜构成的，各部件的作用及其光学特征如下。

1. 添加聚光镜

聚光镜是短焦距的高度聚敛光线的拉索透镜，加在下偏光镜与物台之间并提高到接近薄片的位置，使照射到薄片上的光线高度聚敛成锥状平面偏光光束(图 2-39)。该光束除锥中央一条平面偏光垂直射入薄片外，其余平面偏光均从不同方位和角度倾斜射入薄片，而且从中央向四周的倾斜角度愈大，透过薄片的距离亦就愈大，所有平面偏光的振动方向仍为下偏光镜的 PP 方向。

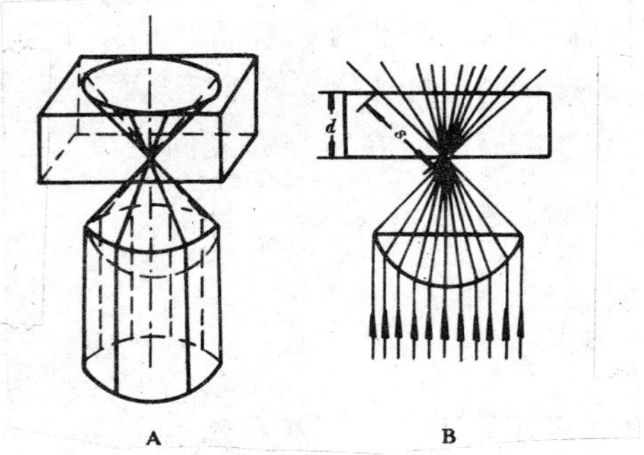

图 2-39 通过聚光镜以后的锥形偏光
A. 立体图 B. 剖面图

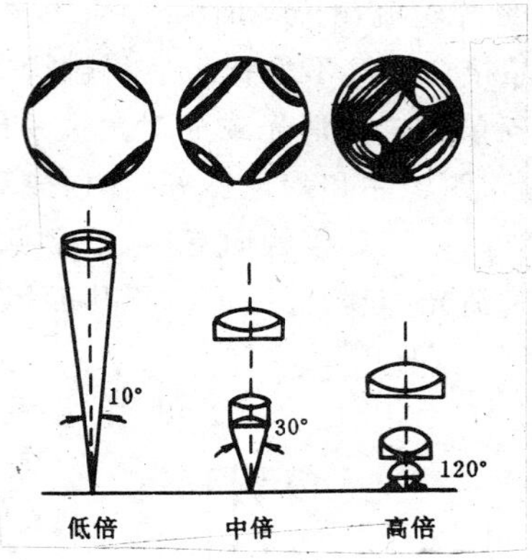

图 2-40 不同放大倍数物镜所构成的干涉图

2. 换用高倍物镜

非均质晶体是各向异性的，高度聚敛的平面偏光从不同方向入射薄片后将同时发生消光或干涉，这些消光和干涉的总和将构成一特殊的图像，称为干涉图或干涉像。偏光锥的锥度愈大获得的干涉图就愈完整且清晰。接受锥状偏光束的锥度大小与物镜放大倍数有关(图 2-40)：低倍物镜的焦距长，只能接纳与薄片法线成 10°角以内的倾斜光线，干涉图不完整亦模糊；高倍物镜的焦距短，可接纳 120°范围内的锥状偏光，形成的干涉图清晰完整，所以研究干涉图必须用高倍物镜。

3. 推入勃氏镜

用高倍物镜在聚敛偏光下研究的干涉图像位于物镜的焦点平面上，目镜是观察不到的，为了观察到干涉图可采取两个措施：取下目镜用肉眼直接观察小而完整清晰的干涉图真像，或者推入勃氏镜使干涉图像提升到目镜前焦点平面内，在目镜内即可看到

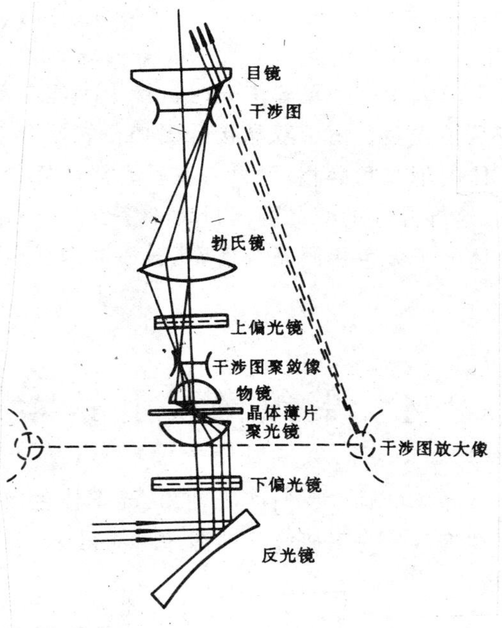

图 2-41 聚敛偏光系统光路及干涉图成像位置示意图

较大且模糊的干涉图虚像(图 2-41)。

在聚敛偏光条件下根据能否形成干涉图,可将晶体分为均质体和非均质体,前者仍为全消光,后者均形成干涉图。又可根据干涉图的形象特点分为一轴晶和二轴晶。用干涉图还可测定光性符号、估测光轴角、确定切片的光性方位、观察光率体色散等光学性质。

2.4.2 一轴晶干涉图

一轴晶有垂直光轴(⊥*OA*),平行光轴(//*OA*)和斜交光轴三类干涉图,垂直光轴切片干涉图(简称⊥*OA* 干涉图)是其基础。

1. 一轴晶垂直光轴(⊥*OA*)干涉图

(1) 形象特征:一轴晶⊥*OA* 干涉图是由一个位于视域中心的黑十字和以其交点为中心的同心圆状干涉色等色圆构成的(图 2-42):黑十字的两条黑带分别平行于目镜十字丝(即上、下偏光镜振动方向),中心部分较细,向四端逐渐变粗,交点是一轴晶的光轴出露点与目镜十字丝交点重合;干涉色等色圈的干涉色级序从中心向四周逐渐升高,而且色圈增密;转动物台 360°干涉图形象不发生变化。黑十字的粗细和等色圈的多少决定于晶体的双折射率及薄片厚度。双折射率愈大或薄片愈厚,黑十字愈细,等色圈则愈多愈密(图 2-42,A);反之,黑十字就粗,等色圈就少甚至看不到,在黑十字隔开的四个象限内仅呈灰色(图 2-42,B)。

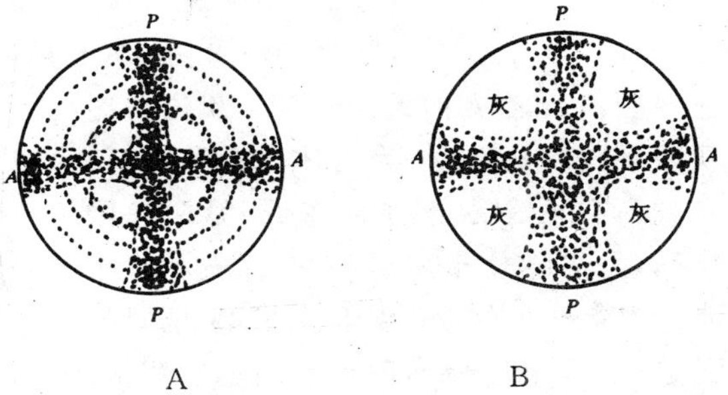

图 2-42 一轴晶垂直光轴切片的干涉图

(2) 形成原因:锥状偏光照射一轴晶⊥*OA* 薄片时,只有中央一条光线平行光轴不发生双折射而全消光,其余光线均与光轴斜交,倾斜角度愈大,双折射率亦愈大。双折射两个椭圆半径的分布可用球面投影方法得知,投影球的经线与纬线交点代表光线出露点,经线和纬线的切线方向分别代表非常光和常光的振动方向。作平面投影如图 2-43(A)所示,图的中心为光轴出露点,半径方向代表 Ne',同心圆切线方向恒为 No。不难看出,位于目镜十字丝及其附近的椭圆半径均与目镜十字丝平行或近于平行,处于消光位或近于消光位构成十字形消光影,称为黑十字(图 2-43,B)。由于椭圆半径呈放射状分布,故黑十字中央部分较细,向四方逐渐变粗;黑十字隔开的四个象限内,椭圆半径均与目镜十字丝斜交而出现干涉色。由于从中心向四周双折射率逐渐增大,通过矿片的距离亦增大,因此光程差从中心向四周逐渐增加,干涉色级序亦相应地逐渐增高(图 2-43,C),与光轴倾斜角度相同部位的光程差相等,故形成了以光轴出露点为中心的同心圆状干涉色等色圈,而且级序向外逐渐升高、增密。转动物台时上述两种情况均不发生变化,干涉图形象亦不变。

2. 一轴晶平行光轴(//*OA*)干涉图

(1) 形象特征:当切片中光轴处于与目镜十字丝之一平行的 0°位置时,视域内呈现一粗大模糊的黑十字,仅在四个象限的边角明亮(图 2-44,A);转动物台 10°~15°,粗大黑十字迅

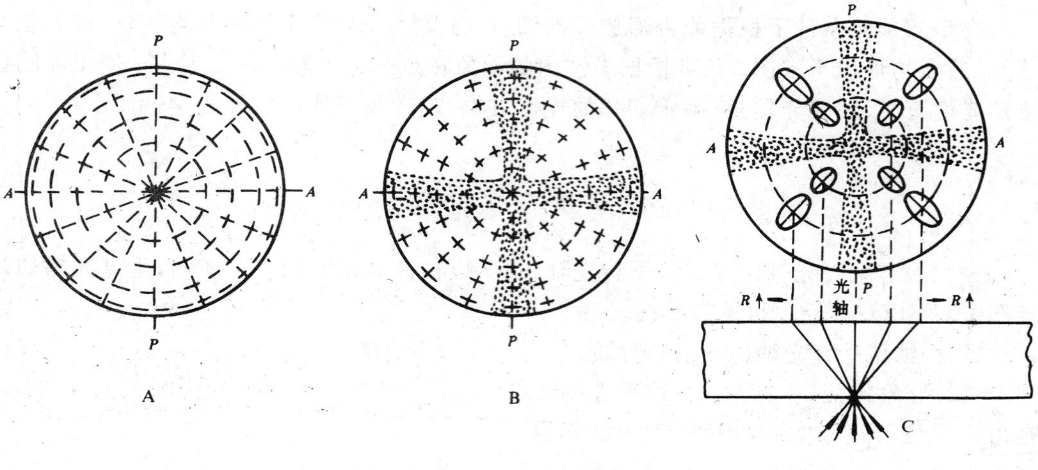

图 2-43　一轴晶⊥OA 切面光率体切面椭圆半径的分布(A)
和干涉图中黑十字(B)及等色圈(C)的形成

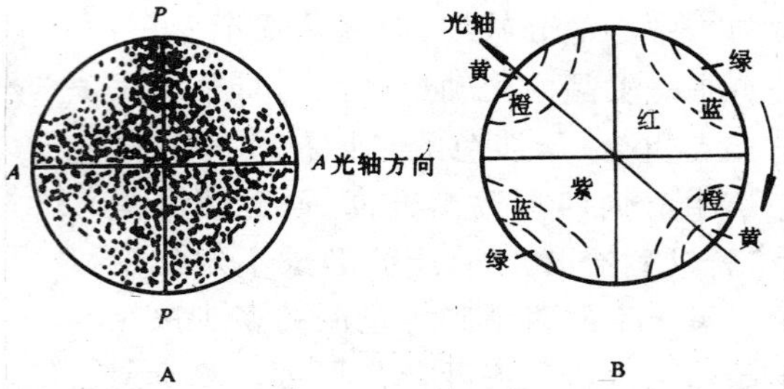

图 2-44　一轴晶平行光轴切片干涉图的
0°位置(A)和 45°位置(B)

速分裂沿光轴方向逃出视域；45°位置时视域最亮，中央部位为晶体原有干涉色，光轴所在两象限干涉色较低，另两象限较高，呈对称分布。图 2-44，B 表示原干涉色为紫红色的∥OA 干涉图 45°位置的图像。由于转动物台时干涉图迅速变化，故这种干涉图为迅变干涉图，又称闪图。

(2) 形成原因：一轴晶∥OA 干涉图亦可从光率体切面椭圆半径的投影图上得到解释。

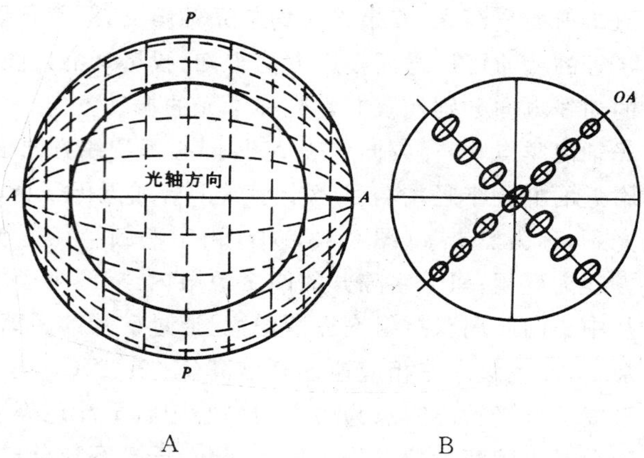

A　　B

图 2-45　一轴晶∥OA 切面光率体椭圆半径分布(A)
和 45°位置时双折射率的变化(B)

从图 2-45(A)可看出，当光轴平行目镜十字丝之一时，除四个象限的边缘外，椭圆半径基本上都与目镜十字丝平行或近于平行，结果构成一粗大的黑十字。稍旋转物台所有椭圆半径均与目镜十字丝斜交，整个视域变亮。45°位置时虽从中心向四周光线透过薄片厚度等速增加，而双折射率在垂直光轴方向均为最大双折射率，但光轴方向的双折射率却逐渐减小，故光轴所在两象限干涉色较低，而另两象限较高(图 2-45，B)。

3. 一轴晶斜交光轴(⊥OA)干涉图

(1) 形象特征：一轴晶斜交光轴干涉图实质上是$\perp OA$干涉图中黑十字及干涉色等色圈都不完整的一部分。接近垂直光轴的干涉图内有一偏离目镜十字丝的不完整黑十字。黑十字交点仍在视域内而不在中心。转动物台黑十字交点及等色圈绕目镜十字丝交点作圆周运动，黑十字两黑带作平行目镜十字丝的移动。倾斜光轴较大时，黑十字交点在视域之外，视域内仅见黑十字的一条黑带和部分等色圈，转动物台时，一条黑带作平行目镜十字丝的交替移动，弧形等色圈跟着转动。若倾斜光轴角度过大，干涉图内就看不到黑带，仅在转动物台时有一黑影弯曲地通过视域，近于一轴晶$/\!/OA$干涉图。

(2) 形成原因：斜交光轴干涉图是$\perp OA$和$/\!/OA$两干涉图间的过渡，不作详细讨论。

一轴晶各种干涉图的形象特征及其变化规律统一如图 2-46 所示。

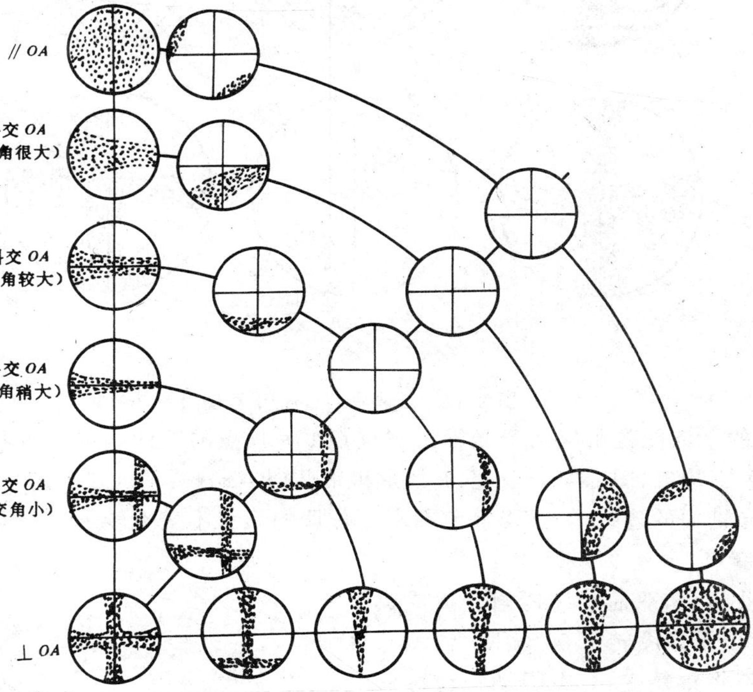

图 2-46 一轴晶斜交光轴干涉图随切片方向和物台旋转角度的变化规律

2.4.3 二轴晶干涉图

二轴晶干涉图共有垂直锐角平分线（$\perp Bxa$）、垂直光轴（$\perp OA$）、垂直钝角平分线（$\perp Bxo$）、平行光轴面（$/\!/OAP$）及斜交切片五类。以$\perp Bxa$干涉图为代表，其他干涉图均可视为$\perp Bxa$干涉图的一部分或由其演变而来。

1. 二轴晶垂直锐角平分线（$\perp Bxa$）干涉图

(1) 形象特征：垂直锐角平分线（$\perp Bxa$）的切面必垂直于光轴面（$\perp OAP$），平行于光学法线（$/\!/Nm$）和钝角平分线（$/\!/Bxo$）。光轴面迹线与目镜十字丝平行时，称 0°位置，二者斜交 45°，称时为 45°位置。

0°位置时，⊥Bxa 干涉图有由一粗一细两黑带组成的黑十字和以较细黑带的最细处为中心的"∞"形干涉色等色圈(图 2-47,A)。黑十字交点位于视域中心是 Bxa 的出露点，黑十字与目镜十字丝重合，光学法线方向的黑带比光轴面迹线方向的宽，较细黑带的最细处为两个光轴的出露点(OA)。

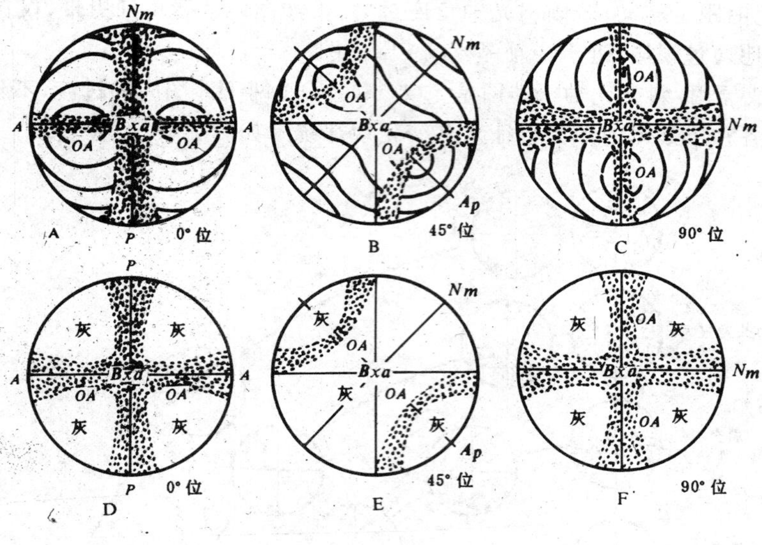

图 2-47　二轴晶上 Bxa 干涉图

45°位置的干涉图是由以两个光轴出露点 OA 为顶点的双曲线状黑带和以 OA 为中心的"∞"形等色圈构成(图 2-47,B)。双曲线形黑带凸向 Bxa，两顶点之距离与光轴角成正比，两点连线为光轴面的迹线，"∞"形等色圈从 0°位置的形状不变地转了 45°，等色圈∞形的交点为 Bxa 出露点。

继续转动物台，双曲线又逐渐合拢成黑十字，只是从 0°位干涉图转了 90°(图 2-47,C)，再转动物台黑带将重复变化，在转动物台过程中等色圈始终形状不变地随之旋转。干涉图上黑十字或黑带双曲线的粗细及等色圈的多少，决定于晶体的双折射率及薄片的厚度：双折射率较大或矿片较厚时，干涉图的黑十字及双曲线较细，等色圈就多而密；若双折射率较小或矿片较薄黑十字及双曲线黑带就较粗，等色圈亦较少甚至看不到，仅在四个象限有一级灰白干涉色(图 2-47,D,E,F)。

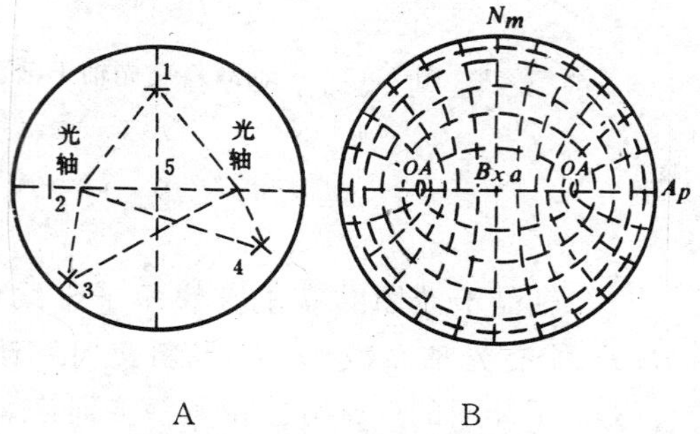

图 2-48　二轴晶矿物的拜—弗定律(A)及其光率体切面椭圆半径分布(B)

(2) 形成原因：二轴晶光率体对称性较差，有两条光轴，锥状偏光束射入后双折射的两偏光的振动方向，分别在入射线与两根光轴所构成的两个平面的角平分面内振动，此两角平分面与薄片平面的交线是入射光线出露点分别与两个光轴出露点(OA)连线的角平分线(图

2-48,A)，这称为拜阿特—弗伦涅尔定律，简称为拜—弗定律。据此作锥光中每条光线双折射两偏光的振动方向，在二轴晶⊥Bxa切片上的分布如图2-48(B)所示。

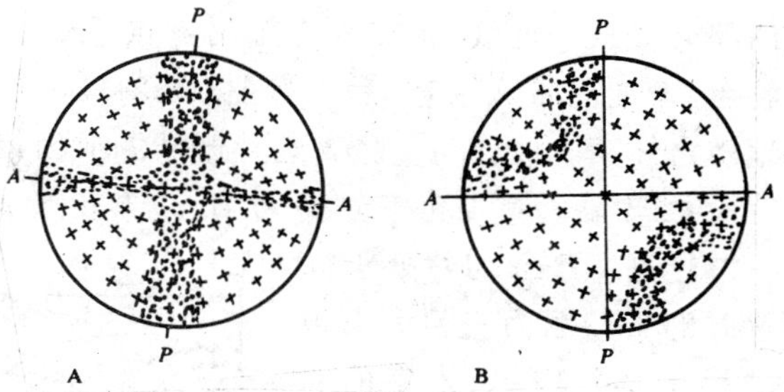

图2-49　二轴晶⊥Bxa干涉图0°位(A)和45°位(B)时黑十字及双曲线的形成

处于0°位置时(图2-49,A)，在目镜十字丝及其附近的光率体椭圆半径与目镜十字丝平行或近于平行而消光构成黑十字，由于光学法线方向近于平行的范围较光轴面迹线方向宽，故黑带亦较宽；在OA出露点附近光率体椭圆半径的方位变化较快，黑带最细。转动物台时，视域中心部位的光率体椭圆半径首先与目镜十字丝不平行而变亮，黑十字首先从视域中心分裂，45°位置时视域中心最亮，在以光轴出露点为顶点的双曲线的范围内，光率体椭圆半径平行或近于平行目镜十字丝消光而呈现双曲线状黑带(图2-49,B)。在黑十字及双曲线消光影以外部位均呈现干涉色，干涉色级序决定于光程差R:沿两光轴方向传播的光线不发生双折射，光程差$R=0$，其他光线产生的光程差从光轴出露点向四周连续增加；向Bxa方向的光线透过薄片的距离在减小，向Bxo方向却增加，双折射率从OA向四周都在增加。因此光程差的增加速度从OA向Bxo方向较快，向Bxa方向较慢，故形成了“∞”形干涉色的等色圈(图2-50)。转动物台以上情况不变，所以“∞”形等色圈亦形状不变地随之转动。

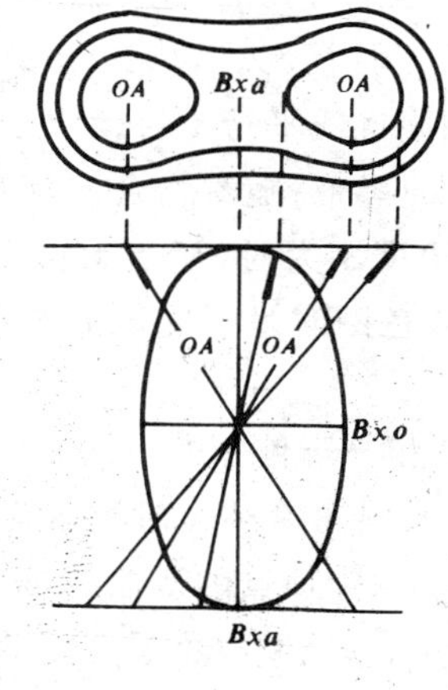

图2-50　二轴晶⊥Bxa干涉图中干涉色等色圈成因图解示意

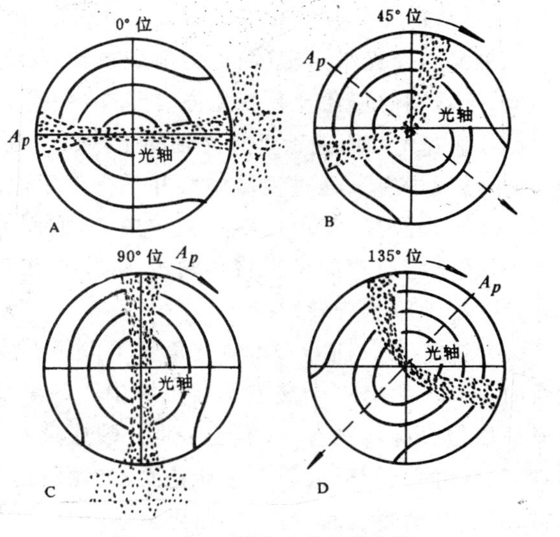

图2-51　二轴晶⊥OA干涉图

2. 二轴晶垂直光轴(⊥OA)干涉图

垂直二轴晶一根光轴切片的干涉图相当于⊥Bxa干涉图的一半，光轴出露点OA位于视域内十字丝交点上。0°位置时有一平行目镜十字丝之一的黑带和以黑带最细处的OA为中心较尖的一端指向 Bxa 的梨形干涉色等色圈(图 2-51,A);转动物台时黑带变弯曲,45°位置时黑带变成一曲线,顶点为光轴出露点 OA,并凸向锐角平分线方向(图 2-51,B);继续转动物台,弯曲黑带又变直,后又弯曲(图 2-51,C,D),均以 OA 为定点,而梨形等色圈形状不变地随之转动。成因与⊥Bxa 切片干涉图成因相同。

3. 二轴晶垂直钝角平分线(⊥Bxo)干涉图

二轴晶⊥Bxo 切片处于 0°位置时的干涉图为一粗大而模糊的黑十字,仅在黑十字的四角有灰白色(图 2-52,A)。转动物台 10°～35°,黑十字即分裂而沿光轴面迹线方向逃出视域。45°位置时视域最亮。双折射率较大时,在干涉图上将有向外弯曲的干涉色等色圈(图 2-52,B,C)。继续转动物台黑影又进入视域,90°位置时又构成一粗大黑十字,再转物台黑影重复变化。光轴角很大时,⊥Bxo 干涉图与⊥Bxa 干涉图相似。在鉴定晶体时这类干涉图没有实际意义。成因亦可根据拜—弗定律作出光率体椭圆半径分布图来解释。

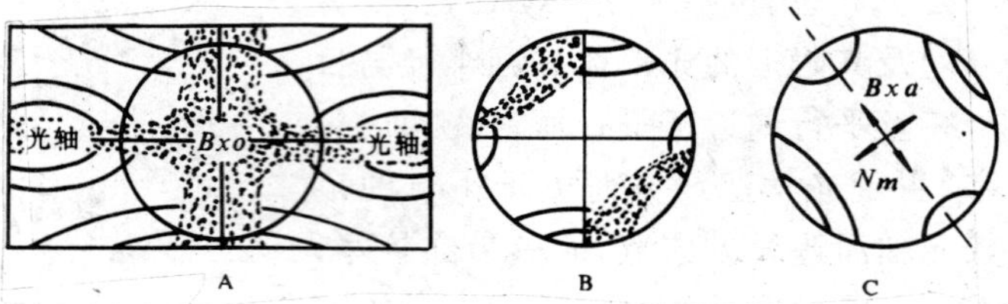

图 2-52　二轴晶⊥Bxo 干涉图

4. 二轴晶平行光轴面(//OAP)干涉图

二轴晶//OAP 干涉图亦是迅速干涉图(即闪图),其形象特征及其成因均与一轴晶//OA 的闪图类似,只是变化更迅速。在 45°位置时,整个视域变亮。双折射率较大或薄片较厚时,视域内出现呈对称分布的干涉色带,级序较低的两对顶象限为 Bxa 所在的两象限。这种干涉图除确定晶体的平行光轴面定向切片外,没有其他使用价值。

5. 二轴晶斜交主轴干涉图

二轴晶斜交光学主轴(简称为斜交主轴)的干涉图是最常见的,也是使用最多的。切片方位不同,干涉图的形象及其变化亦有差异,主要有以下三种情况。

(1) 垂直光轴面近于垂直光轴的干涉图　当光轴面迹线平行于目镜十字丝之一的 0°位置时,干涉图内有一通过视域中心并平行十字丝之一的黑带;随着物台的旋转,黑带将变弯曲,45°时弯曲最甚,其顶点不在视域中心,倾斜光轴角度不大时,相当于偏心的⊥OA 干涉图;倾斜较利害时弯曲黑带将跳到视域之外,在有干涉色圈时呈不完整的梨形,物台旋转时亦形象不变地跟着旋转。

(2) 斜交 Bxa 而与 OA 斜交角度不大的干涉图　相当于偏心的⊥Bxa 切片干涉图。0°位置时干涉图内有一个交点不在视域中心的黑十字;倾斜角度稍大时视域内只见一平行十字丝的黑带。旋转物台时,黑十字将分裂成偏心的以 OA 为顶点的双曲线,双折射率较大时亦有不完整的"∞"形或梨形干涉色圈;当倾斜角度过大时,视域内将看不到双曲线或弯曲的黑带,只是转动物台时,有一弯曲黑影倾斜目镜十字丝扫过视域。

(3) 斜交角度较大的干涉图　干涉图内看不到黑带,干涉色圈亦不明显,只在物台旋转的过程中,有一黑影(即黑带)较快地与目镜十字丝倾斜扫过视域,扫过视域时黑影一端较快,另一端则较慢,接近于光轴出露点。如果切片的斜交角度过大,一般均不被利用。

二轴晶不同方位的干涉图特征及其变化规律,统一如图 2-53 所示。

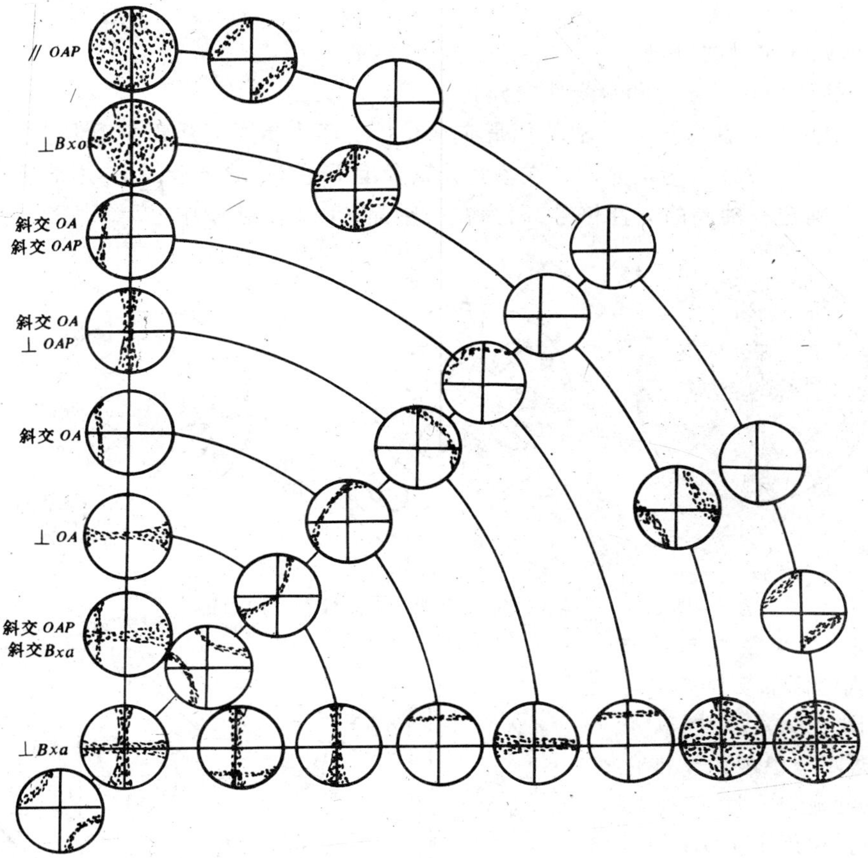

图 2-53　二轴晶斜交切片不同方位干涉图特征及其变化规律

2.4.4　光学性质的测定

在聚敛偏光下研究干涉图可以确定非均质晶体的轴性、切片方位、测定光性符号、二轴晶光轴角和光率体色散等。

1. 晶体的轴性和切片方位的确定

根据干涉图的形象特征及变化规律即可确定晶体的轴性和切片方位。在聚敛偏光下没有干涉图的都是均质晶体，有干涉图的为非均质晶体。垂直或接近垂直光轴的干涉图可以确定非均质晶体的轴性，这类切片在正交偏光下全消光或仅有较低的干涉色，凡转动物台干涉图的形态不变，或有一黑带平行目镜十字丝扫过视域者均为一轴晶；凡是具有⊥Bxa及⊥OA干涉图，或转动物台时只有一黑带作直曲变化或有一黑带倾斜于目镜十字丝扫过视域者，均属二轴晶。

许多光学性质及常数的测定，必须在定向切片上才能测到。一轴晶常用的是垂直光轴和平行光轴两种切片，二轴晶常用的有垂直光轴和平行光轴面的两种切片。

凡是在正交偏光下全消光，在聚敛偏光下呈一轴晶或二轴晶⊥OA干涉图者，均为垂直光轴的切片；凡是在正交偏光下具有最高干涉色，聚敛偏光下呈现闪图者，均为一轴晶$/\!/OA$或二轴晶$/\!/OAP$的切片。

2. 晶体光性符号的测定

非均质晶体均有正光性和负光性之分。

(1) 一轴晶的光性符号　一轴晶凡是非常光折射率大于常光折射率，即$Ne>No$者为正光性；反之，$Ne<No$者为负光性。在垂直光轴及近于$\perp OA$的干涉图上，用消色器根据消色法则，即可确定一轴晶的光性符号，因为在一轴晶$\perp OA$干涉图中，以黑十字为界线划分

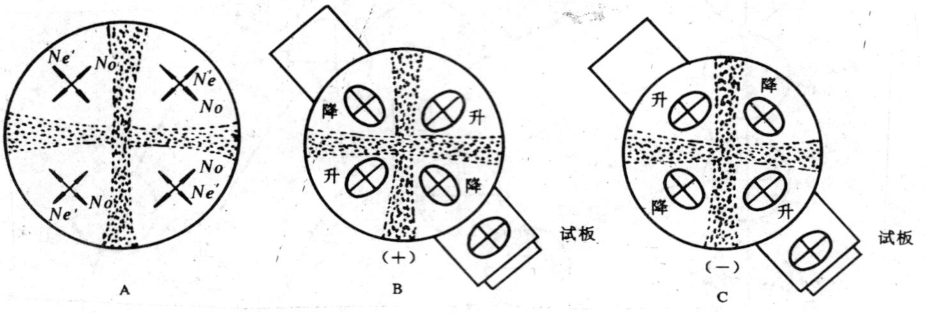

图 2-54　一轴晶$\perp OA$干涉图上光性符号的确定

的四个象限内，半径方向是非常光Ne'，同心圆的切线方向为常光No(图 2-54，A)，插入消色器后根据四个象限内干涉色的升降，即可确定光性正负(图 2-54，B，C)。用近于$\perp OA$的斜交光轴干涉图亦可确定光性符号，只需在测定前转动物台，根据视域内黑带的移动规律确定视域是干涉图的所属象限(图 2-55)，即可用同样方法确定光性是正还是负。注意，倾斜光轴角度过大及平行光轴均无法确定光性符号。

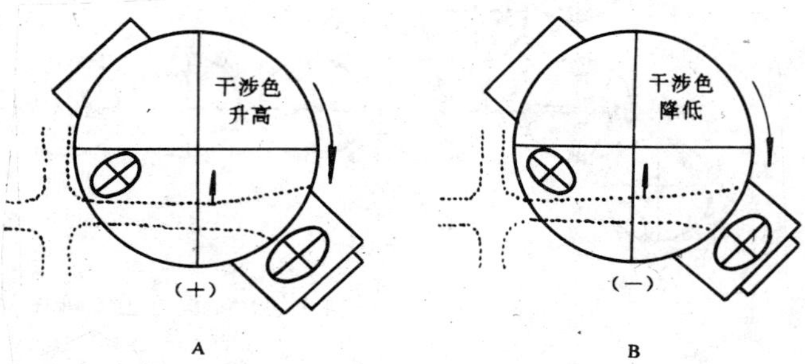

图 2-55　一轴晶斜交光轴干涉图上所在象限的确定和光性符号的测定

(2) 二轴晶的光性符号　二轴晶根据光轴锐角平分线折射率的相对大小确定光性符号：凡$Bxa=Ng$，$Bxo=Np$者为正光性；而$Bxa=Np$，$Bxo=Ng$者为负光性。用二轴晶$\perp Bxa$，$\perp OA$及倾角不大斜交主轴等干涉图，均可确定二轴晶的光性符号，因为在二轴晶这些干涉图上与两光轴出露点连线的垂直方向为主折射率Nm，只要知道两光轴点连线方向折射率的大小，即可确定光性符号(图 2-56)。

用处于45°位置的$\perp Bxa$干涉图上的双曲线状黑带为界线，将干涉图分为四个象限，双曲线凸出的两象限连成一片是干涉图的锐角范围，只需插入试板观察干涉色的升降，根据消色法则即可确定光性符号。插入试板方向两视域的干涉色降低，另两象限的干涉色必升高，表明锐角范围内光轴面方向折射率小于Nm，Bxa必与Ng一致属正光性(图 2-57，A)；反之，$Bxa=Np$属负光性(图 2-57，B)。用45°位置的$\perp OA$或斜交角度不大的干涉图，亦可作

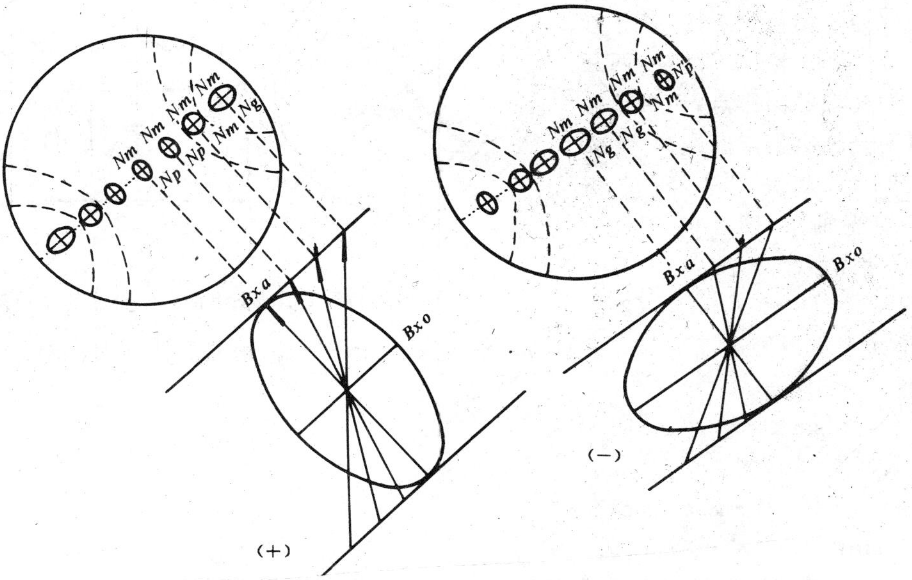

图 2-56　二轴晶矿物的光性符号示意图

类似的测定，只是在视域内仅能看到两个或一个象限，根据黑带的弯曲情况或转动物台时黑带移动情况确定视域所在象限的序号即可，而⊥*Bxo*，//*OAP* 及倾角过大斜交主轴等干涉图则不能。

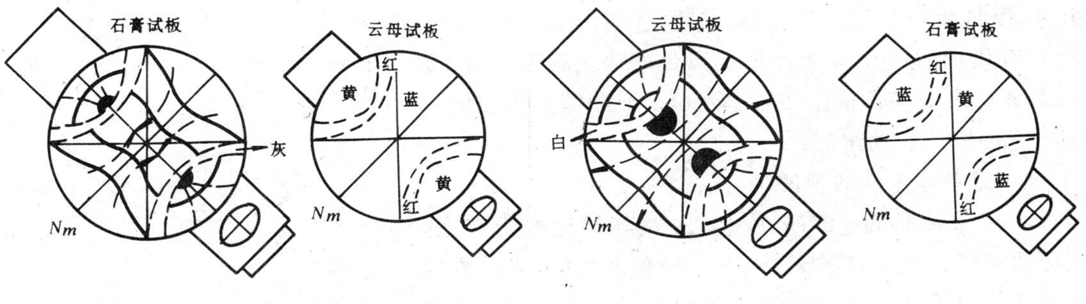

A　　　　　　　　　　B

图 2-57　二轴晶⊥*Bxa* 的干涉图上光性符号的确定

A. 正光性(+)，B. 负光性(−)

综上所述，无论是一轴晶，还是二轴晶，根据消色法则用消色器即可测定其光性符号，归纳有下列规律：插入消光器时，干涉图上干涉色降低两象限的连线垂直于消色器上的 *Ng* 时，光性符号为正；当干涉色降低两象限连线平行于试板的 *Ng* 时，则为负光性。

3. 二轴晶光轴角的估测

二轴晶的光轴角是指两根光轴间所夹的锐角(2*V*)，光轴角除了根据三主折射率计算求得外，还可在⊥*Bxa* 干涉图上进行测量，亦可在⊥*OA* 干涉图上粗略估计。

(1) 光轴角的测量：在二轴晶$\perp Bxa$ 干涉图上，两个光轴出露点间的距离与光轴角成正比。将干涉图转动至45°位置时，双曲线两顶点即为两光轴的出露点，用目镜微尺测量两光轴出露点间距离为 $2D$（图 2-58,A），设 2E 代表经树胶折射所得视光轴角（图 2-58,B），二者间关系是：

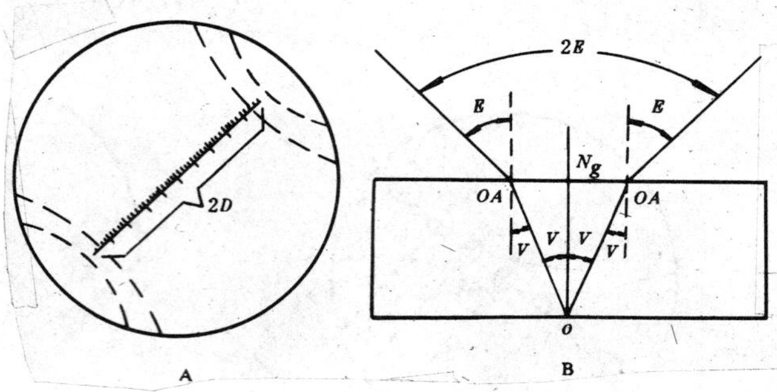

图 2-58　在$\perp Bxa$ 干涉图上测定二轴晶的光轴角

$$D=K\cdot\sin E \quad (2\text{-}7)$$

式中：K 为与物镜的透镜系统有关的马拉尔常数，用已知光轴角的晶体通过测量求得，二者关系为：

$$\sin E=Nm\cdot\sin V \quad (2\text{-}8)$$

将它代入(2-7)式即得：

$$D=K\cdot Nm\cdot\sin V \quad (2\text{-}9)$$

故 $$\sin V=D/(K\cdot Nm) \quad (2\text{-}10)$$

若在薄片与物镜间用折射率为 N 的浸油代替空气则为：

$$\sin V=(D\cdot N)/(K\cdot Nm) \quad (2\text{-}11)$$

测得光轴角 $2V$ 的误差约为 5°～8°。

(2) 光轴角的估计：二轴晶垂直光轴干涉图处于45°位置时唯一黑带将弯曲，弯曲程度与光轴角有关（图 2-59）：光轴角为0°，干涉图内的黑带弯曲成90°，为一轴晶$\perp OA$ 干涉图；若光轴角为90°，两条光轴的锐角和钝角相等，黑带为与目镜十字丝成45°的直线；光轴角从0°到90°连续增加时，$\perp OA$ 干涉图上黑带的弯曲程度亦从90°连续增大到180°。根据二轴晶$\perp OA$ 干涉图上黑带的弯曲程度可估计光轴角值。

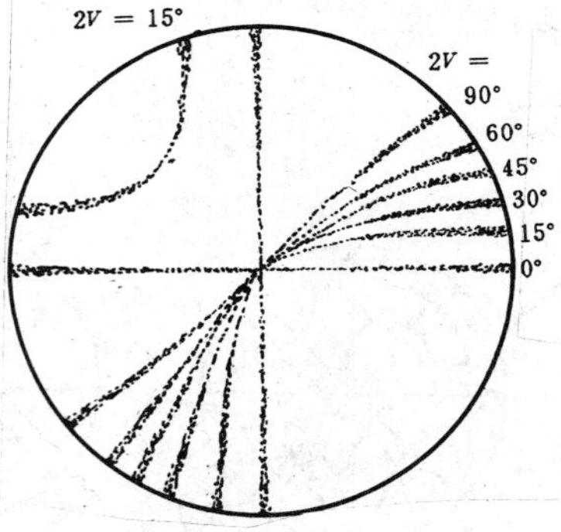

图 2-59　在$\perp OA$ 干涉图上估测二轴晶的光轴角

4. 光率体色散的观察

利用二轴晶的$\perp Bxa$ 和$\perp OA$ 及其相近的干涉图，还可研究各种光率体的光轴色散、光轴面色散、光性方位色散等。由于在无机材料显微结构分析时很少利用不作详细讨论。

§ 2.5　油浸法测定晶体的折射率

折射率是各种介质的重要物理常数，对晶体的鉴定尤为重要。折射率的测量方法很多，显微结构分析中主要是用油浸法测定晶体碎屑的折射率，称为碎屑油浸法。此法简便、迅速、准确，所需试样少，还可同时研究晶形、解理、颜色、多色性及吸收性、延性、消光性质、轴性和光性符号等，对研究细小及松软物质（如粘土矿物等）更为有效方便。

2.5.1 油浸法测定折射率的方法与原理

碎屑油浸法是将晶体碎屑浸没在已知折射率的液态介质中比较二者折射率，通过不断更换浸油直至油液与碎粒折射率相等，以油液折射率代表晶体的折射率。除少数高折射率浸油是固态外，常用的是液态浸油，故称之为油浸法。比较碎粒与浸油折射率相对大小的方法有斜照法、直照法及色散法。

1. 斜照法的原理

晶体碎屑一般均呈中间厚边缘薄的似透镜形粒状，浸没于折射率不等的浸油中将起透镜作用，折射率高于浸油将使光线聚敛，反之光线则分散。如果在显微镜光路上插入挡板挡去一部分光线使颗粒亮度不均匀，由于目镜视域中所见的是实物倒像，因此，当晶体折射率大于浸油时颗粒在挡板插入的同一边变暗（图 2-60，A）；如果浸油折射率大，则颗粒在挡板插入一边的对面较暗（图 2-60，B）。用白光照射在二者折射率接近时将发生色散使颗粒较暗一边呈灰蓝色，较亮一边则为亮黄色。

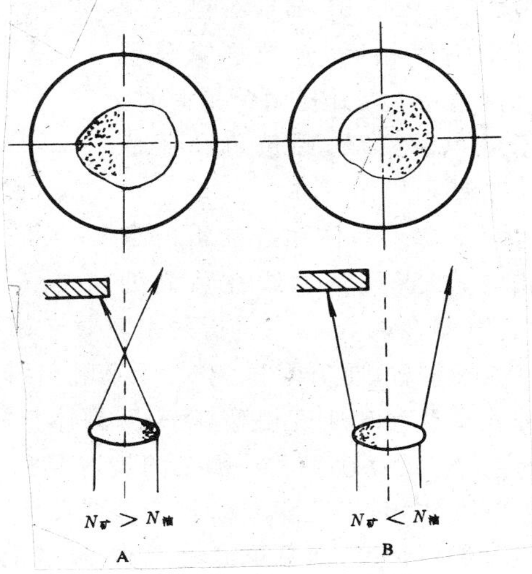

图 2-60 斜照法比较矿物与浸油的相对折射率

用斜照法无需用高倍物镜，在低倍镜下视域范围较广，可同时比较多粒碎屑甚至不同晶体碎屑与浸油折射率的高低，但斜照法不能精确测定晶体的折射率，只有在二者折射率相差较大时可较快地判别两者折射率的相对大小。

2. 直照法的原理

直照法又称为贝克线法。在单偏光下两介质交界处将形成贝克线，根据升降显微镜镜筒时贝克线的移动情况即可判别两介质相对折射率高低，故称直照法。

晶体与浸油的折射率不等，在单偏光下提升镜筒，贝克线总是向折射率较高的介质一边移动，以此即可判别二者折射率的高低。在二者折射率相近或相等时边缘及突起几乎不见，用白光照射的贝克线将发生色散，此时即可用浸油的折射率代表晶体的折射率。直照法测量晶体折射率最好使用单色光照明。

3. 色散法的原理

色散法全称为贝克线色散法，是直照法的延伸和发展。在晶体与浸油的折射率相差小于0.01 并用白光照射时，两者交界处的贝克线由于固态物质和液态物质具有不同色散率将色散，分为互相平行的天蓝色带和橙黄色带（这两种颜色是贝克线色散的敏感色）。一般固态物质色散率比液态物质小，因此晶体的色散率曲线较平缓，浸油的色散率曲线就比较陡，当二者对某单色光折射率相等时，两条曲线就相交于折射率相等处（图 2-61）。晶体折射率通常是以黄色光折射率为准的，有下列三种情况。

①当晶体折射率略大于浸油时，二者色散曲线相交于蓝光处（图2-61，A），表明二者对蓝光的折射率相等，而对其他单色光晶体折射率就比浸油大。在提升显微镜镜筒时，天蓝色带在矿物碎屑边缘不动，黄色、橙色等色带移向碎粒内部。

②当晶体折射率略小于浸油时，二者色散曲线则相交于橙光处（图2-61，B），对橙光二者折射率相等，碎粒边缘呈现橙红色带。提升显微镜镜筒时，橙红色带不动，而黄色和蓝色等色带则移向浸油。

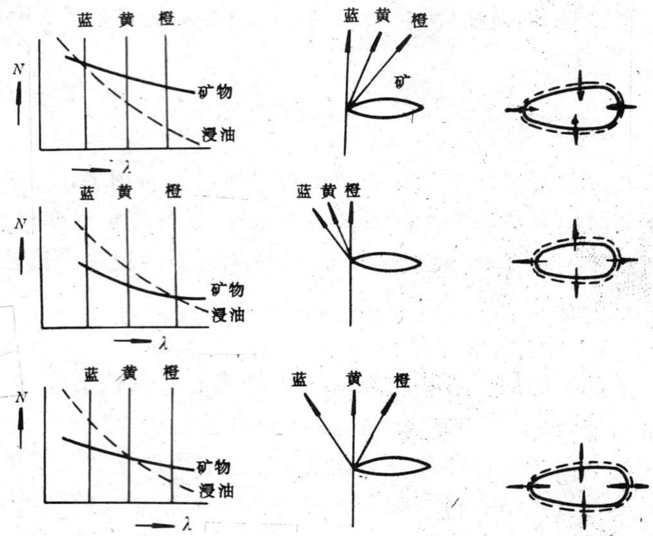

图2-61　矿物与浸油间贝克线色散及升降镜筒时色散带移动情况示意图

③如果晶体和浸油折射率相等，二者色散曲线在黄光处相交（图2-61，C），二者折射率对黄光相等，对蓝光晶体折射率比浸油小，对黄光则晶体折射率大于浸油。提升显微镜时，天蓝色带移向浸油，橙红色带则向晶粒内部移动，如果两种色带的宽窄及移动速度相等，就表明晶体与浸油的折射率相等，即可用浸油的折射率标定晶体的折射率。贝克线色散法测定的折射率精度可达0.0005。应该指出，有些晶体与浸油的折射率色散曲线相近甚至相反，将会造成测定工作紊乱而出现错误，最好用单色光进行测定，这不仅可保证精度，而且更简单方便，只需记录下所用的单色光。

2.5.2　成套浸油的配制

已知晶体的折射率绝大多数为1.47～2.00，小于1.40的只有不足1%，而大于2.70的亦只有2%左右，一半以上常见晶体在1.47～1.70之间。除特低和特高折射率外，1.40～2.04折射率的浸油分为两类：折射率在1.40～1.80的浸油是液态的，称为低折射率浸油；折射率在1.74～2.04间的浸油是低熔点的盐类混溶体多呈固态，称为高折射率浸油。

1．不同折射率浸油的配制

浸油法测定矿物折射率必须有一套折射率均匀变化的浸油，相邻二浸油间折射率差一般为0.01～0.003，一套折射率从1.45～1.80之间的浸油常需40～130种，一般是用少数原始试剂配置而成的。

（1）原始试剂的基本要求　配制浸油的化学试剂称为原始试剂，它必须具有无色或浅色、无剧毒、无恶臭，化学惰性、折射率稳定，两种原始试样应该能均匀混合而不离溶，挥发性相近且小，随温度的折射率变化及其他物理性质均应相近，长期保存无变化等特点。

常用的低折射率原始试剂如表2-3所列。

表 2-3 常用低折射率原始试剂

原始试剂	折射率（20℃）
水	1.333
正戊醇	1.400（±）
液态石蜡	1.470（±）
溴(氯)代奈	1.658（±）
二碘甲烷	1.740（±）

(2) 低折射率浸油　配制一套折射率在 1.47～1.74 的折射率浸油方法有两种：常用的是用两种折射率相差悬殊的原始试剂按不同比例混合而成；另一类是用石油在低温蒸馏时，每隔 5～6℃取一分馏物，即可得一套折射率均匀变化的适用于测定盐类晶体折射率的浸油。

用折射率为 n_1 和 n_2 两种原始试剂可配制 n_1 到 n_2 之间的任意折射率 N 的浸油。设两原始试样的相应的体积分别是 V_1 和 V_2，配得浸油的体积为 V，遵循下列公式即可配制所需折射率的浸油。

$$N \cdot V = n_1 \cdot V_1 + n_2 \cdot V_2 \tag{2-12}$$

低折射率浸油还可用图解法进行配制，图的横坐标代表原始试剂的体积，纵坐标为浸油的折射率(图 2-62)，从图上可查得配制某折射率浸油所需两种原始试剂的体积。

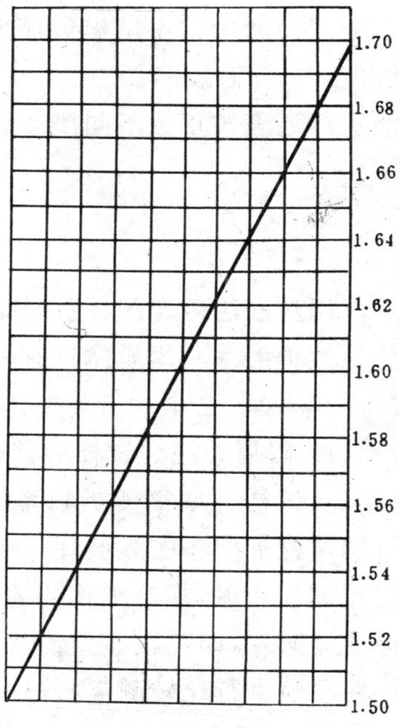

图 2-62　配制浸油图解法

必须指出，配制浸油的两种原始试剂的物理性质不可能完全相同，折射率和体积比亦不是严格的直线关系，称量时更不可能绝对准确，因此配制好浸油的折射率必须逐一进行测量校正。

(3) 高折射率浸油　测定折射率大于 1.74 晶体的高折射率，必须配制一套高折射率的浸油，配制方法有将固态物质溶解于液态试剂中和用两种低熔点固态物质在一定温度下制成互溶固体两种方法。常用的原始试剂及其配制方法列于表 2-4 中。

2. 浸油折射率的测量

配制所得浸油的折射率只是近似值，必须逐一进行测量标定，测量低折射率浸油的折射率的仪器常用的有阿贝折光仪和吉莱折光仪两种。

阿贝折光仪是用全反射原理制成的，可以测定折射率从 1.300～1.860 范围内液态及固态物质的折射率，精度可达 ±0.0004。主要部件是两个折射率为 1.860 光学玻璃组成的双棱镜盒，测量时首先打开双棱镜盒，将欲测浸油滴在下棱镜表面并合上两个棱镜，调节反光镜使视域内明亮，转动棱镜使视域内出现黑白分明的界线，并调节消色轮消除分界线附近的色散，将黑白分界线对准目镜十字丝交点，即可在读数目镜内读出浸油的折射率，精确读到小数点后第三位，估计到第四位。用单色光照明时应注明所用单色光的波长。

表 2-4　配制高折射率浸油的常用原始试剂及配制方法

配制方法	原始试剂	折射率	备　注	※托波尔液制法
固体溶于液体中	硫、二碘甲烷	1.74～1.78		在20℃温度下先将5g硫碘浸泡于10g二碘甲烷中，再快速投入5g小片黄磷，并升温至60℃，用布过滤即得折射率为2.64的托波尔液，托波尔液极易自燃，应妥善保存。用托波尔液和二碘甲烷可配制1.74～2.64的高折射率浸油。
	黄磷、硫、二碘甲烷	1.74～2.06	自燃	
	三硫化二碘、三碘甲烷	1.74～2.07		
	托波尔液※、二碘甲烷	1.74～2.64	易自燃	
固体混溶体	胡砼、硫化锑	1.66～2.10	易自燃	
	硫、硒	1.89～2.92		
	铵的卤族化合物	2.20～2.90		
	硒、硒化合物	2.17～2.72		

吉莱折光仪是用折射原理测量浸油折射率的，将欲测浸油滴入固定在光缝板上的楔形油槽中，将油槽对准光缝和刻度板，入射光线通过光缝射到油槽内，浸油经折射使光缝像照到刻度板上，即可得知浸油的折射率。吉莱折光仪精度不如阿贝折光仪，又无测温装置，但结构简单、用油量少、操作简易，而常被采用。

浸油的折射率随温度而变化，温度升高时折射率将减小，反之增大，必须注明测量时的温度。每升高或降低1℃折射率变化值，称为折射率的温度改变系数。测定晶体折射率时必须进行温度校正。不同浸油的温度改变系数不同，一般为0.0002～0.0004。

2.5.3　晶体折射率的测定

用油浸法测定晶体折射率常用的主要是碎屑法，有时用薄片法。不同固态介质需要测定的是主折射率。均质体只有一个折射率。一轴晶有 No 和 Ne 两个主折射率，而二轴晶则有 Ng、Nm、Np 三个主折射率。

1. 碎屑油浸法试样的制备

从试样上取欲测折射率的晶体击碎过筛得粒径为小于0.5mm的碎屑，将少许欲测碎屑均匀置于擦净的载玻片中央，加盖一小块擦净的盖玻片，用滴管从浸油瓶中取少许浸油加在盖玻片边缘，靠毛细作用将浸油渗入两玻片之间，使碎屑浸于油液内，并赶出油中气泡即得油浸薄片，即可在显微镜下比较碎屑与浸油间的相对折射率。两者折射率不等则要更换另一种浸油进行比较测定：若碎屑较多则将浸油与碎屑一起擦去，另取少许碎屑重新制备油浸薄片；如果碎屑较少或个别特殊晶体颗粒，可用吸收纸将油浸薄片中浸油吸去，用新的浸油冲洗4～5次后再滴入浸油进行观察，当二者折射率相近时则不必更换浸油，只需将相邻大一号或小一号浸油加入与原浸油混合，不断在显微镜下观察比较直至两者折射率相等，再将混合油小心取出用折光仪测量其折射率即可。

2. 均质介质折射率测定

无论是晶体还是非晶质固态介质的折射率只有一个 N，正交偏光间全消光，聚敛偏光下无干涉图，各方向折射率相等，在显微镜下找到欲测颗粒即可比较它与浸油间相对折射率，通过不断更换浸油，直到两者折射率相等，即可得该介质的折射率。

3. 一轴晶主折射率测定

一轴晶光率体是旋转椭球体，有常光（*No*）和非常光（*Ne*）两个主折射率。根据光性正负即可确定两主折射率的相对大小，正光性时 *No* 值最小，负光性时 *No* 值最大。*No* 在任何切片上都有，无须找定向切片可先测定。*Ne* 必须找平行光轴切片才能测定。

一轴晶碎屑油浸薄片首先在聚敛偏光下测定光性正负，再在正交偏光间找出 *No* 的方向，并转动物台使 *No* 与 *PP* 方向平行，推出上偏光镜，在单偏光下比较晶体 *No* 与浸油折射率的相对大小，通过浸油的更换即可测得 *No* 的折射率值。在每次更换浸油后无须测定光性符号，只需找到 *No* 方向即可。

一轴晶 *Ne* 只有在平行光轴的切片上才存在，这种切片在聚敛偏光下是闪图，找到呈现闪图的颗粒在正交偏光下找到 *Ne* 的方向并使之与 *PP* 方向平行。比较 *Ne* 与浸油的相对折射率，不断更换浸油即可测得 *Ne*。只是每次更换浸油制成油浸薄片后，均需在聚敛偏光下找到闪图，并在正交偏光下找到 *Ne* 的方向使之与 *PP* 平行，才能在单偏光下比较 *Ne* 与浸油间的折射率大小，最后测得非常光的 *Ne* 值。一轴晶主折射率的测量都是从 *No* 开始的，正光性从小折射率浸油测起，负光性从大折射率开始。

4. 二轴晶主折射率的测定

二轴晶光率体是三轴椭球体，有 *Ng*、*Nm*、*Np* 三个主折射率，均为非常光，都需在定向切片上才能测得。

二轴晶的 *Nm* 一般均选用$\perp OA$ 的颗粒测定，因为这种颗粒在正交偏光下是全消光，聚敛偏光下呈现$\perp OA$ 切片干涉图，该切片上光率体切面为圆，任意方向均为 *Nm*，无须专门找 *Nm* 方向，找到后即可测定之，只是每换一次浸油均需寻找$\perp OA$ 的颗粒。

二轴晶 *Ng* 和 *Np* 必须在平行光轴面的颗粒上进行测定，这种颗粒在聚敛偏光下呈现闪图，找到后在正交偏光下用消色器找到 *Ng* 和 *Np* 的方向并使之分别平行下偏光镜的 *PP*，比较它们与浸油折射率相对大小，通过不断更换浸油即可测出 *Ng* 或 *Np* 的折射率。只是每换一次浸油均要重复上述工作才能测得 *Ng* 或 *Np* 的折射率值。*Ng* 和 *Np* 两折射率不能一次测量，必须分别进行测量，但其方法和原理是一样的。

5. 其他光学性质的观察和测定

用油浸法测定晶体折射率的同时，还可观察和测定晶体的透明度、颜色、多色性、吸收性、消光类型、消光角、轴性、光轴符号、光轴角等性质，有时还测定延性符号、双晶和解理等性质，这更有利于对晶体的鉴定。

§2.6 晶体名称的确定

在厚度为 0.03mm 薄片中的透明和半透明晶体，根据偏光显微镜下所呈现各项光学性质及常数的测定，即可确定晶体的名称，此外，还可研究试样的显微结构和结构参数。

2.6.1 透明晶体光学性质的系统测定

这里主要介绍如何对偏光显微镜下显示的光学性质进行简捷的测定，最后确定透明晶体的名称。首先区分研究对象是均质体还是非均质体，再各自按一定程序测定光学性质，最后从有关鉴定图表中确定晶体的名称。

1. 均质体和非均质体的区分

均质体薄片在单偏光下透明或半透明，可以有颜色，但无多色性及吸收性；正交偏光下呈全消光，在聚敛偏光下仍为全消光而无干涉图。

非均质体薄片，除垂直光轴切片在单偏光及正交偏光下具有与均质体相同的特性外，其他方向切片，在单偏光下有色晶体则具有多色性及吸收性，有时还呈现闪突起；正交偏光间呈现四次消光及干涉色；所有方向切片在聚敛偏光下都具有干涉图。

2. 均质晶体的鉴定

因为均质晶体不发生双折射，正交偏光下和聚敛偏光下均为全消光，所以所有光学性质都是在单偏光条件下进行研究和测定的。

鉴定均质晶体的光学性质有：晶体及其集合体的形状、解理的发育程度及组数和解理角、透明度、颜色、突起等级、折射率范围和绝对折射率等。

3. 非均质晶体的鉴定

由于非均质晶体的光率体均是不同的椭球体，可见光透过时都要发生双折射，鉴定的光学性质较多，可按下列程序进行：

首先用低倍或中倍物镜：在单偏光下观察晶体及其集合体的形状，解理发育程度、组数和两组解理的解理角，晶体的透明度、颜色、多色性和吸收性、突起等级等；在正交偏光间测定消光类型和斜消光的消光角、干涉色级序及双折射率、延性符号及双晶类型等，同时选择$\perp OA$或近于$\perp OA$的颗粒。

再换用高倍物镜在聚敛偏光下观察干涉图特征确定是一轴晶还是二轴晶，测定光性符号，估计二轴晶光轴角，有色晶体应结合单偏光观察 No 或 Nm 的主色，估测 No 或 Nm 的折射率值；选择呈现闪图的颗粒，在正交偏光间测定最高干涉色级序及最大双折射率，精确测定斜消光的消光角，配合单偏光确定多色性及吸收性公式，并在单偏光下估计突起等级或闪突起及 Ng 和 Np。

2.6.2 晶体名称的确定

根据已测得的结晶习性和光学性质，即可从有关的矿物光性鉴定手册或鉴定图表中查出晶体的名称。由于服务对象的差别，目前已有多种透明矿物光性鉴定的手册或图表，但至今尚未出现无机非金属材料专用的晶体光性鉴定图表。现简单介绍两种常用的天然矿物光性鉴定图表，供无机材料显微结构分析时鉴定晶体使用或参考。无机材料制品及工业原料中常用组成晶体的光性鉴定一览表列于附录。应该指出，天然原料的组成相基本上都是晶体，非结晶相极少，它们与天然原料结晶质矿物的内部构造及有关性质完全一样，这些鉴定表可以通用。

1. 透明矿物显微镜鉴定表

目前国内使用的《透明矿物显微镜鉴定表》(以下简称为“鉴定表”),是由中国科学院地质矿产研究所编制的,全表共收集了3000多种结晶矿物的光性资料及与鉴定有关的物理性质和X射线分析、热分析等数据,是当前国内比较完整的透明矿物鉴定手册。尽管“鉴定表”中描写的都是天然矿物,除少数情况外,大多数矿物的主要性质对鉴定无机材料结晶相还是正确适用的,仅需补充无机材料中特有晶体的光学性质即可。

“鉴定表”根据晶体的轴性和光性,将所有矿物分为均质矿物,一轴晶正光性矿物、一轴晶负光性矿物、二轴晶正光性矿物、二轴晶负光性矿物及光性不全矿物六个鉴定表。每个鉴定表均以矿物折射率(均质体的N,一轴晶的No,二轴晶的Nm)的大小为序编排,每个矿物内均有13项内容。使用时首先根据矿物的轴性和光性符号,确定使用的鉴定表,再根据突起等级估计折射率,从鉴定表中查找相应范围内某些矿物,并查对其他光学性质,参照可测得的有关物理性质,最后确定矿物的名称及其化学成分。

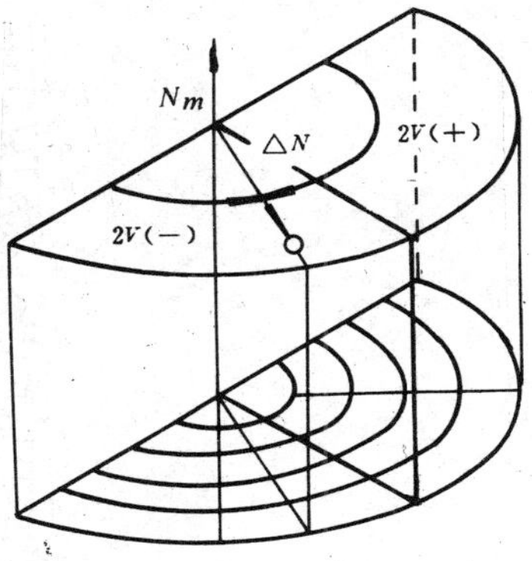

图 2-63　以N、ΔN及$2V$为三度坐标的半圆柱立体图

2. 半圆柱坐标矿物鉴定图表

半圆柱坐标矿物鉴定图表是用三个光学数据作为三度空间坐标制成的(图2-63),半圆柱轴的方向代表矿物折射率值(均质体N,一轴晶No,二轴晶Nm),垂直半圆柱轴切面的半圆形半径的长短代表双折射率ΔN,任一半径与半圆水平直径间夹角代表光轴角$2V$,位于90°半径以上的是正光性,处在90°半径线以下的为负光性。

在半圆柱轴方向每隔一定折射率间距切取一圆形薄板,代表一定折射率范围内的矿物,按双折射率、光性符号、光轴角及光性正负的具体值投影到该薄板的半圆形平面上,即构成一定折射率范围的半圆形鉴定图(图2-64),在每张半圆形鉴定图的右上角均标明该张图的序号及折射率范围。相邻两半圆形鉴定图间的折射率间距,在半圆柱的中部为0.02,而两端则为0.05～0.10。

使用时首先根据矿物突起等级估计矿物的折射率范围,从半圆柱矿物鉴定表中找出相应的半圆形鉴定图,可能有数张甚至十几张,根据双折射率ΔN、轴性、光性符号及光轴角,查出相应的半圆形鉴定图数字代号,再根据该鉴定图背页所示矿物名称,查对其他光学性质,如果相符,即可确定矿物的名称;若有些性质不符,则需在半圆形鉴定图上重新查找,或对不符的光学性质重新测定,直到完全符合才最后确定矿物的名称。

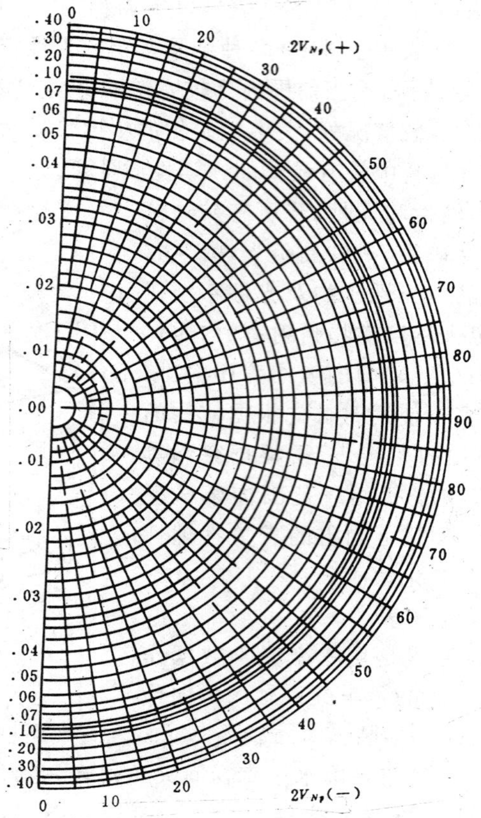

图 2-64 半圆形矿物鉴定图

第三章　反光显微镜光片研究法

反光显微镜是利用光线垂直照射到试样磨光面上，经反射产生的光学性质及其特征来鉴定晶体和研究显微结构的。经磨光的试样称为光片，所以反光显微镜研究法又称为光片研究法，简称光片法。光片法原来主要是研究不透明及透明度差试样的，由于研究技术的发展，特别是光薄片及超薄光薄片的制备成功，透明试样亦可进行光片与薄片的综合研究，除观察和测量晶体的光学性质外，还可进行各种腐蚀试验，测定矿物硬度、磁性、导电性等物理性质，研究单晶材料的晶体结构缺陷和电磁畴结构等。光片法能更清晰地研究试样的显微结构，在无机材料显微结构分析中愈来愈被重视和广泛应用。此外，本章还简单介绍一些特殊光学显微研究技术和方法。

§3.1　反射光学基础

反光显微镜对晶体的鉴定主要根据两方面性质：一是光片显示的光学性质和结晶习性；另一是光片中晶体的某些物理性质及腐蚀试验结果。反射光学基础包括晶体的吸收性、反射力和非均质性等，基本光学常数是晶体的反射率。

3.1.1　晶体的光吸收性

垂直照射到光片的磨光面及晶面、解理面等光滑表面上的光线，一部分被晶体吸收使光线总强度减弱；一部分透过晶体成透射光线；还有部分被光滑表面反射回原介质成为反射光线。这三部分光线所占的比例因晶体而不同，非均质同种晶体的不同方向切片亦不一样。反射光下研究的主要是反射光及其产生的光学现象和性质。

1. 透明度及吸收性晶体

自然界不存在对光线完全不吸收的物质，光线透过一定厚度总要被吸收一部分变暗。根据光线透过薄片标准厚度后被吸收的程度将所有介质分为透明、半透明、微透明和不透明四个等级，这称为介质的透明度。透明和半透明介质主要是用偏光显微镜薄片法进行研究，研究不透明、微透明及透明度较差的半透明介质则要用反光显微镜光片法。那些对入射光吸收能力相当强，光线不能透过标准厚度薄片的不透明晶体又被称为吸收性晶体，或吸收性矿物。可见，晶体的透明度主要是由晶体对光线的吸收能力决定的。

2. 晶体的吸收系数和吸收率

晶体的吸收性是指晶体对入射光线的吸收能力。当光强为 I 的光线照射到晶体的光滑表面时，有强度为 R 的部分被反射成反射光；另有强度为 I_r 的部分光线射入晶体内部，随着光线射入深度的增加，光波的振幅将不断减小，光线亦就逐渐减弱，强吸收性矿物十分明显。

吸收性的强弱是用吸收系数和吸收率来衡量的。光线在真空中和在其他介质中传播的波长是不同的，在真空中传播一个波长称为一个真空波长，以"λ_0"表示。在晶体中传播一个波长叫做一个矿物波长，以"λ"表示。光线在晶体中传播一个真空波长的吸收值，称为晶体的吸收系数，以 K 表示。传播一个矿物波长光线的吸收值称为晶体的吸收率，以 k 代表，两者之间的关系为：

$$K=\frac{\lambda_0}{\lambda}\cdot k=n\cdot k \tag{3-1}$$

式中：n 为晶体的折射率。

晶体的吸收率 k 只是相对值，没有固定标准，故晶体的吸收性都是用其吸收系数 K 来表示的。大多数晶体的吸收系数都小于 2，不透明晶体的 K 值在 1.5～2 之间，半透明晶体为 10^{-1}～10^{-2}，而透明晶体吸收系数极小只有 10^{-4}的数量级，与折射率 N 相比可以略去不计。当晶体的吸收系数在 0.03 以上时，在薄片中就不透明，最多仅呈微透明。

吸收性在均质体和非均质体中亦是不同的：均质介质的吸收系数各向同性，而非均质晶体的吸收系数则是各向异性的，光线传播方向不同其吸收系数不等。

3.1.2 晶体的光反射力和反射率

光线垂直照射到光片磨光面上的反射能力，称为反射力；衡量晶体反射力的指数，叫做晶体的反射率，以"R"来代表。

1. 反射率的含义

垂直照射到光片磨光面上的光线，除部分被晶体吸收和射入晶体内部成为透射光外，还有部分从磨光面表面反射回原介质而成反射光：晶体对光线吸收愈少透射光线就愈强，在薄片中呈透明晶体；对光线吸收性愈强，光片表面产生的反射光亦就愈强，在薄片中则为不透明晶体。反射光强（I_r）与入射总光强（I_i）之比，则称为反射率（R），即

$$R=\frac{I_r}{I_i}\cdot 100\% \tag{3-2}$$

晶体的反射率是表示反射力的指数，为反光显微镜下晶体的主要光学常数。

所有晶体的反射率均小于 100%，入射光的光强一定时，反射率与反射光强成正比。因此在同一光片中愈亮晶体的反射率亦就愈大，较暗的反射率就小。不同晶体的反射力和反射率相差甚大，例如，石英的反射率只有 4%，在光片中仅呈现暗灰色，而银（Ag）的反射力很强，反射率高达 95%，在光片中则呈现亮白色等。

2. 影响反射率的因素

反射率反映晶体反射力的指数，主要决定于晶体的吸收系数和折射率，与照明光的波长及光片磨光面的质量亦密切相关。

（1）吸收系数直接决定晶体的反射率　不透明晶体吸收系数较大，反射率亦较大，而透明晶体的吸收系数很小，反射率就很小可忽略不计。下式表明二者间关系：

$$R=\frac{(N-N_0)^2+K^2}{(N+N_0)^2+K^2}\cdot 100\%$$

式中：R 为反射率，N 及 K 为晶体的折射率及吸收系数，N_0 为光片与物镜间介质的折射率。

例如，晶体的吸收系数 $K=2$，折射率 $N=2.05$，使用干燥物镜（$N_0=1$）时，其反射率应为：

$$R=\frac{(2.05-1)^2+2^2}{(2.05+1)^2+2^2}\cdot 100\%=\frac{1.10+4}{9.30+4}\cdot 100\%\approx 38.4\%$$

若折射率仍为 2.05，吸收系数只有 1，用干燥物镜测量时的反射率则为：

$$R=\frac{(2.05-1)^2+1^2}{(2.05+1)^2+1^2}\cdot 100\%\approx 20.4\%$$

(2) 折射率大小显著地影响着反射率　从式(3-3)中亦可看出，透明晶体的吸收系数很小，可忽略不计，反射率主要决定于折射率。此时式(3-3)将变成下式：

$$R=\frac{(N-N_0)^2}{(N+N_0)^2}\cdot 100\% \tag{3-4}$$

例如，萤石的折射率 $N=1.434$，尖晶石的折射率 $N=1.710$，两者均为透明晶体，用干物镜测量所得的反射率分别为：$\frac{(1.434-1)^2}{(1.434+1)^2}\cdot 100\%\approx 3.17\%$ 和 $\frac{(1.710-1)^2}{(1.710+1)^2}\cdot 100\%\approx 6.86\%$；而吸收性晶体的反射率与吸收系数和折射率均有关系。

(3) 不同波长的单色光对同一晶体的反射率亦是不同的，这对折射率较大的晶体比较显著。例如，金(Au)对波长为 527nm 绿色的反射率为 47%，对 589nm 橙光的反射率则为 82.5%，而对波长为 658nm 红光的反射率则达 86%等。

(4) 光片磨光面的质量对矿物反射率的影响是很显著的。为消除这种影响，必须保证光片的抛光质量，只有在合格的光片上才能正确测量反射率。

3.1.3　晶体的光反射非均质性

非均质体在反射光下反射率亦将随光线的传播方向及偏光的振动方向而改变，亦具有非均质性：一轴晶有常光反射率（Ro）和非常光反射率（Re）；二轴晶则有 Rg、Rm、Rp 三个主反射率。非均质体的不同方向切片及同一切面不同振动方向偏光所测的反射率是不同的，同一切片上不同振动方向的反射率差，称为双反射率，以“ΔR”表示。一轴晶最大双反射率为 $Re-Ro$ 或 $Ro-Re$，二轴晶最大双反射率是 $Rg-Rp$，均是晶体非均质性的表现。

非均质体光片在反射光下将产生一系列非均质光学性质，虽然没有在薄片中表现的明显和精确，亦是鉴定非均质矿物的重要特征。这些性质有在单偏光下的双反射和反射多色性、在正交偏光下的消光现象和偏光色、聚敛正交偏光下的偏光图。它们的成因分别与偏光显微镜下晶体的颜色、多色性、吸收性、消光、干涉色及干涉图等的成因相似，由于在无机材料显微结构分析时使用不多，这里不作进一步讨论。

§3.2　反光显微镜及试样制备

光片研究法所使用的仪器是包括金相显微镜和矿相显微镜在内的反光显微镜。在自然反射光下研究金相结构的，称金相显微镜；在其光路中加入偏光系统构成在偏振光照明下的，称为矿相显微镜。后者亦可当做偏光显微镜研究试样的薄片，是显微结构分析主要仪器之一。

3.2.1 反光显微镜的基本构造

反光显微镜的种类及型号繁多，构造有时相差甚远，但基本构造原理都是相似的。现以常用的小型反光显微镜为例作简单介绍。

1. 金相显微镜

金相显微镜因光路特点不同，有直立式和倒立式两类：直立式除没有偏光系统和物台不能转动外，与矿相显微镜构造相似；倒立式如图 3-1 所示，物台(1)位于仪器的顶端，试样光片(17)的磨光面向下置于物台的中心圆孔部位，镜座(8)内的电灯光(10)经反光镜(11)的反射向上，经聚光透镜组(12)、光圈(13)和物镜(2)垂直照射到光片磨光面(17)上，再从光片表面反射回的光线经物镜(2)、半反射镜(3)、补助透镜(16)等，最后达目镜(18)被观察到，准焦是由粗调螺丝(7)、微调螺丝(6)和升降物台(1)完成的。

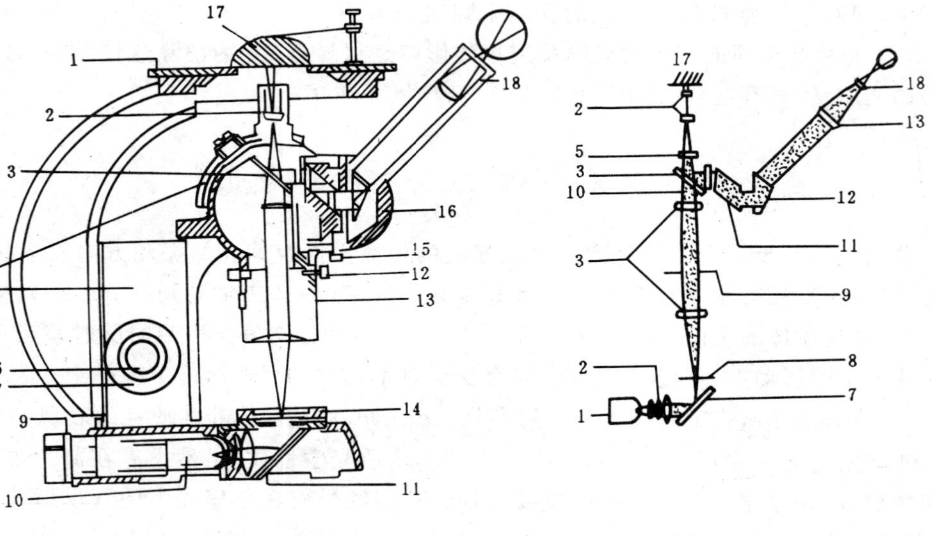

图 3-1 XJB-1 型金相显微镜构造(A)及光路(B)示意图

1. 物台，2. 物镜，3. 半反射镜，4. 物镜转换器，5. 镜臂，6. 微调螺丝，7. 粗调螺丝，8. 空心镜座，9. 灯泡偏心轮，10. 灯泡，11. 反光镜，12. 聚光镜，13. 视野光圈，14. 滤光片，15. 固定螺丝，16. 补助透镜，17. 试样光片，18. 目镜

2. 矿相显微镜

矿相显微镜的构造与偏光显微镜相似(图 3-2)，不同处在于前者多一个垂直照明器(6)，并有自备光源(16)、直立式金相显微镜与之相似。

在用矿相显微镜和直立式金相显微镜研究试样光片时，都需要保证光片表面与物台平面绝对平行，否则就不能正确准焦，为此这些显微镜均附有一只手压平机，在光片底部用胶泥(或橡皮泥)将试样光片压平在载玻片上，置于显微镜的物台上即可。

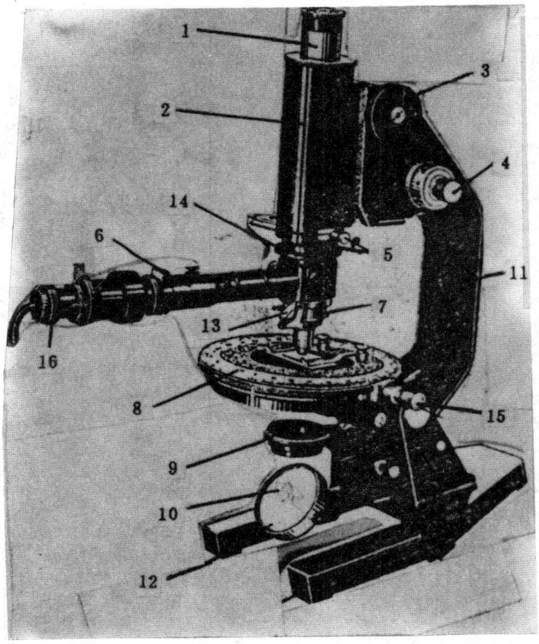

图 3-2 MNH-9 型矿相显微镜

1. 目镜，2. 镜筒，3. 粗调螺丝，4. 细调螺线，5. 上偏光镜，6. 垂直照明器，7. 物镜，8. 物台，9. 下偏光镜，10. 反光镜，11. 镜臂，12. 镜座，13. 物镜固定夹，14. 试板孔，15. 紧固螺丝，16. 照明灯座

3.2.2 反光显微镜的垂直照明器

反光显微镜特有的垂直照明器因显微镜构造而异。矿相显微镜是固定在镜筒与物镜之间的，而倒立式金相显微镜则分两部分，分别装在空心的镜座内和镜座与物镜之间。它们都是由光源、进光管及反射器三部分构成的。现以矿相显微镜的垂直照明器为例作简单介绍。

1. 垂直照明器的光源

反光显微镜的常用光源一般是 5～30W 小型低压钨丝白炽灯泡，通过专用的 5～8V 变压器与外电源接通。在钨丝灯光中均含有橙红色光成分，妨碍某些光性的观察和测定。通常在灯炮前加一深度适中的蓝色滤光片，吸去多余的红橙光成分而成为纯白光，若加入不同的滤光片还可获得不同的单色光。除钨丝灯外，有的还附有亮度强大的孤光灯、汞气灯、氙灯及钠光灯等。灯泡装在垂直照明器末端的具偏心轮的灯座上，以调节灯光进入进光管的角度，从而获得需要的照明光线。

2. 垂直照明器的进光管

垂直照明器上从光源聚光镜(2)到校正透镜(9)的光学部件全部装在一金属空心圆管内，称进光管(图 3-3)。装在进光管末端灯泡(1)发出的光线射入进光管后，先后遇到光源聚光镜(2)、蓝色滤光片(3)，自然光经过前偏光镜(4)后就变成平面偏光，调节前偏光镜可以改变平面偏光的振动方向，平面偏光再经口径光圈(6)、视域透镜(7)、视域光圈(8)及校正透镜(9)，即获得符合要求光线，最后射到反射器(10)上被反射向下。

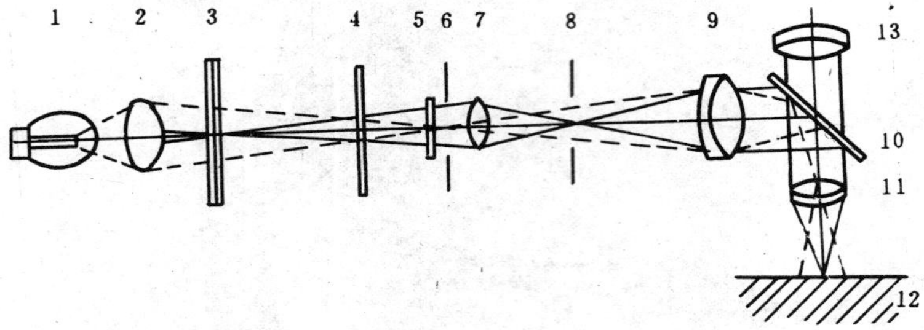

图 3-3　垂直照明器进光管的光路剖面示意图

1. 灯光，2. 光源聚光镜，3. 蓝色滤光片，4. 前偏光镜，5. 毛玻璃，6. 口径光圈，7. 视域透镜，8. 视域光圈，9. 校正透镜，10. 反射器，11. 物镜，12. 光片，13. 目镜

3. 反射器

在垂直照明器与显微镜镜筒的交接处，安装可沿水平轴推进拉出的反射器(10)，将从进光管射来的水平光线反射向下经物镜(11)照射到光片(12)的磨光面上，再经反射回来的光线垂直向上，最后到达目镜(13)被观察研究。反射器一般都有玻璃片及棱镜两种(图 3-4)。

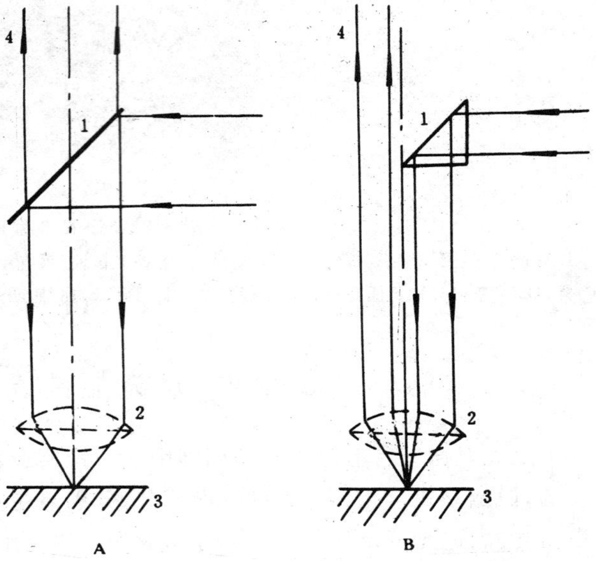

图 3-4　垂直照明器的玻璃片及反射器(A)和棱镜反射器(B)的光路示意图

(1) 玻璃片反射器是一块具有镜状表面的平板状盖玻璃片，与光片磨光面成 45°位置镶嵌在水平轴上构成(图 A)的。进光管的水平光线达玻璃片(1)后，一部分透过玻璃片后被镜筒吸收，另一部分被反射向下经物镜(2)达光片磨光面(3)；从磨光面反射向上的光线再经物镜(2)照射到玻璃片上，一部分被反射散失，另一部分(4)透过玻璃片经上偏光镜而达目镜被观察到。假如在光线经物镜和其他光学零件及光片表面反射过程中，光线均无任何损失，那么进入目镜的最终光强，只有入射总光强的不足 1/4，实际上还要弱的多。

(2) 棱镜反射器为一个等腰直角玻璃棱镜，安装在与玻璃片反射器的同一轴上，使两等腰面处于水平与直立位置，倾斜面亦于光片的磨光面成 45°(图 B)。进光管的水平光线垂直射到棱镜(1)直立面不改变方向而到达倾斜面，经反射向下透过物镜(2)照射到光片(3)的磨光面上，再经反射向上的部分光线到达棱镜的倾斜面将被反射不能通过，只有部分光线从没有棱镜反射器的部位才能通过到达目镜被观察，因此要求反射棱镜的宽度应小于镜筒内径的一半，留出一半空间作为反射光线的通道(4)。如果无任何其他损失，目镜获得的光强则为入射总光强的一半。

两种反射器比较：玻璃片反射器的反射能力较弱，视域较暗，但视域的光线均匀，分辨率较高；棱镜反射器的反射能力较强，视域较亮，由于光路仅为镜筒的一半，视域光线不均匀，且以倾斜光线为主而降低了分辨率，影响光学性质的测定。

3.2.3 反光显微镜的调节和校正

反光显微镜在使用前除与偏光显微镜一样进行实验前准备、物镜中心校正及上下偏光镜检查校正外，还要对光源、进光管、反射器及偏光系统进行调节及校正。现以小型矿相显微镜为例作简单介绍。

1. 光源及反射器的调节

矿相显微镜的光源装在垂直照明器的末端，在先作好准焦工作后观察视域内亮度是否均匀，若最亮部位不处视域中部，就要适当缩小孔径光圈(6)，调节偏心灯座螺丝使最亮处位于视域中心，再调节光源透镜(2)消除光片表面上出现的照明灯丝。

反射器调节时要适当缩小视域光圈(8)在目镜视域中只见到一光点，转动反射器水平轴使之位于目镜十字丝交点上，推拉反射器水平轴可更换使用玻璃片和棱镜两种反射器。

2. 进光管的调节

进光管中正确位置应该是：打开视域光圈(8)时光圈边缘与视域重合，而缩小时视域内小亮圆点应对准目镜十字丝交点；孔径光圈(6)挡去射向视域边缘部分有害的漫反射光线，并调节视域的亮度以控制物像的反差；用高倍物镜需适当放大孔径光圈，用低倍物镜则可适当缩小孔径光圈；调节视域透镜可校正或消除光线中存在的色像差和球像差；调节光源透镜(2)保证视域内光亮均匀度，否则可见到灯泡的灯丝像；加入不同滤光片(3)以获得纯度不高的单色光等。使用时根据上述要求作精确的调节和校正。

3. 偏光系统的校正

矿相显微镜在进光管中装有前偏光镜(4)，其振动方向应垂直于反射器的对称面，并与上偏光镜振动方向垂直。上偏光镜振动方向一般处于南北向，前偏光镜应处在东西向。可用双反射显著的石墨或辉钼矿的光片来检查，反射率最大时，晶体延长方向即为前偏光的振动方向。

前、上偏光镜正交的校正，是用高反射率的黄铁矿光片在强光照射的低倍物镜下进行的。二者正交时将出现平行目镜十字丝竖丝的南北向黑带，在黑带两侧对称呈略带灰色，否则就不正交，需转动两偏光镜之一使黑带通过视域中心，且黑带两侧及两端的明亮程度一致即可。

3.2.4 反光显微镜试样的制备

反光显微镜研究要将试样制成磨光片，简称为光片。为更好地鉴定晶体和研究显微结构，有时将 0.03mm 厚的薄片一面抛光制成光薄片，对同一试样可同时进行透射光和反射光研究，因此，制备试样光片和光薄片是必须掌握的基础工作。

1. 光片磨光面的质量

用金刚砂从粗到细将试样小块一面磨平并抛光成平面，称为光片的磨光面或抛光面，合格的应是准物理镜面，不存在擦痕和麻点等缺陷。所谓物理镜面是不存在任何凹凸的平面，平行光线照射只产生单向反射光线，没有漫反射及乱反射，因为粗糙的光片表面将使试样内细小的物相颗粒、点滴状包裹物、物相周围薄膜状包裹物、颗粒间结合层及界面结构等特征，都不能很好地被暴露出来，还影响反光性质的正确测定。

擦痕是在研磨或抛光过程中较粗的金刚砂未洗净带到下道工序，或试样中较硬的晶体剥落使磨光面产生较深的划痕而未磨掉所造成的；麻点则是较细的一级金刚砂未将较粗金刚砂研磨产生的凹坑磨平，残留在磨光面上抛光时间不够造成的。擦痕和麻点的存在均会影响显微结构的研究和结晶体的鉴定。光片上存在这类缺陷必须重新进行精磨和抛光。

2. 试样光片的制备

制备光片的试样有块状和粉状两类，制备程序及方法略有不同。

(1) 块状试样：从有代表性的试样上切取 Φ15mm 及高 10mm 或用铁锤击取一小块，在磨片机上用 100～150# 的粗金刚砂将试块磨成一定形状并将一面磨平洗净，将试样磨平的一面用从 180～240# 到 M7 的金刚砂等逐级更换进行研磨，每次更换细一级金刚砂研磨均要将较粗砂痕磨平并洗净，最后用 M3 或 M1.5 金刚砂对磨平面进行所谓精磨。精磨平面干燥后在阳光照射下有反光现象。精磨平面再在抛光机上用抛光粉进行抛光即可获得需要的光片。

抛光机的构造与磨片机相同，只是磨片机的磨盘蒙上帆布或锦丝绒而成抛光盘；用的抛光粉有：颗粒 $<1\mu m$ 的氧化铁粉(又称为红粉)、氧化铝粉、氧化铬粉、氧化镁粉或玛瑙粉等；在抛光过程中应不断地检查抛光面的质量直至合格。

(2) 粉末状、碎块状、粒状、易碎及结构疏松试样：必须先用电木粉或粒状塑料在电木压型机内将粉状试样成型并固化成块状试样，再用上述方法和步骤进行制备。

3. 试样光薄片的制备

需要同时在透射光下和反射光下进行显微结构分析时，应将试样制成光薄片，甚至超薄光薄片。制备时首先将试样磨制成厚度为 0.03mm 的薄片，不加盖玻璃片，或将已制成的薄片用酒精除去盖玻璃片，并用酒精将其表面洗净，再用 M3 或 M1.5 的金刚砂粉对之进行精磨，最后在抛光机上对精磨后的薄片表面进行抛光即可获得试样的光薄片。

磨制试样光薄片尤其是超薄光薄片，需要用高粘结性的环氧树脂作为粘结剂才能制备成功，否则是无法制成的。

§3.3 反射光下矿物的光学性质

反光显微镜下研究试样光片，可以测定晶体的反射率及双反射、反射色及反射多色性、内反射及内反射色、偏光色、偏光图等光学性质，这些均是鉴定和识别晶体的依据。

3.3.1 晶体的反射率

反射率和折射率一样是晶体的重要光学常数，常需要进行精确地测量，测定的方法有：

比较法、光片法和裂隙光度计法等。

1. 比较法测定反射率

用已知反射率的晶体光片与欲测晶体光片在同一视域内比较二者的反射力来确定反射率的方法，称为比较法。此法比较简单，效果亦较好，多被采用。无机材料显微结构分析常用标样的反射率列于表 3-1。比较法又有并列比较法和比较显微法两种。

表 3-1 无机材料显微结构分析中常用几种标样的反射率

波长(nm)	石　英	黄铁矿	方铅矿	碳化硅	单晶硅	黑玻璃
420	4.7	38.4	48.8	21.8	—	—
460	4.8	43.6	46.5	21.3	40.9	4.48
500	4.6	49.7	44.6	20.9	38.5	4.45
540	4.6	52.1	43.1	20.5	36.9	4.42
580	4.6	53.6	42.6	20.4	35.3	4.40
620	4.5	53.9	42.4	20.2	34.9	4.38
660	4.4	54.7	42.7	20.2	34.2	4.36
700	4.3	55.2	42.7	19.9	—	—

(1) 并列比较法是将标样与欲测样两块光片用胶泥紧密并列在一起，在同视域内比较两者亮度，较亮者反射率大，反之则小。这只能估计反射率范围，不能精确标定。

(2) 比较显微法是用由两台同型号矿相显微镜组合而成的比色显微镜进行的，原理示意如图 3-5，可较精确地测量晶体的反射率值。将欲测样和标样两块光片分别置于两个显微镜的物台上并对准焦距，入射光线从两台反光显微镜垂直照明器的光源射出，通过各自的前偏光镜(1)和光圈(2)后，经反射器(3)反射向下，再经物镜(4)分别照射到两块光片(5 及 6)上，反射后再分别通过物镜(4)、上偏光镜(7)及两个直角反射棱镜(8 和 9)，同时到达比色目镜(10)，在视域中可同时看到两种晶体的形象(11)，比较二者的反射力。先将较暗光片所在显微镜的上偏光镜转到与前偏光镜处于平

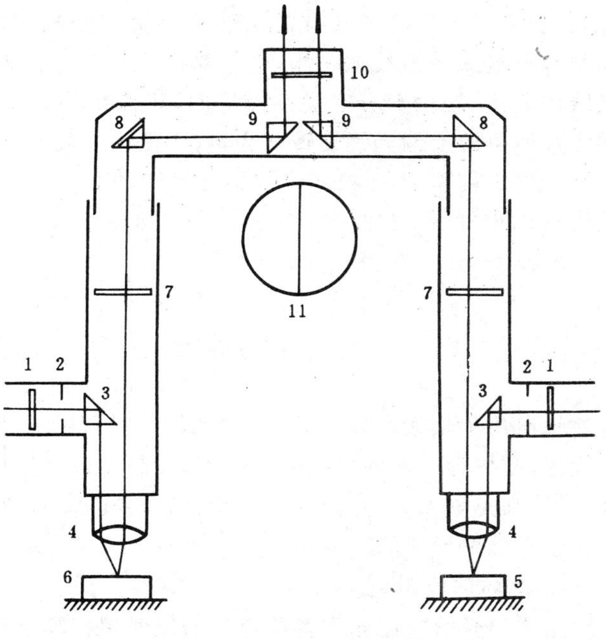

图 3-5　比色显微镜的光路进行简图

1. 前偏光镜，2. 光圈，3. 棱镜反射器，4. 接物镜，5. 欲测矿物光片，6. 标准矿物光片，7. 上偏光镜，8、9. 直角反射棱镜，10. 比色目镜，11. 比色目镜视域的图像(一半为欲测矿物，另一半为标准矿物)，12. 滤光片

行偏光位置，再转动反射力较强光片所在显微镜的上偏光镜(7)，使视域中两光片的光亮度相同，记下两偏光镜旋转的角度分别为 θ 及 θ_0，从物理学得知，通过偏光镜的光波强度与两偏光镜夹角 θ 的正弦平方成正比关系，由于两矿物光片的反射力相等，即：

$$\frac{R}{\sin 2\theta}=\frac{R_0}{\sin 2\theta_0} \tag{3-5}$$

所以 $$R=\frac{\sin 2\theta}{\sin 2\theta_0}\cdot R_0 \tag{3-6}$$

式中：R 与 R_0 分别为欲测样与标样的反射率，R_0 是已知的，根据测得的 θ 及 θ_0，即可求出晶体的反射率值 R。

2. 光电法测定反射率

利用光电显微光度计直接测定反射率值的方法，简称为光电法。此法测得的反射率值误差可控制在0.3%以下，而且仪器的灵敏度高，微小晶体颗粒的反射率值亦可测得。仪器的构造和测定方法可参考有关书籍。

3. 裂隙光度计测定反射率

裂隙光度计亦是用目估比较法测定反射率的常用仪器，是由一架矿相显微镜与裂隙光度仪组成的。光线射入仪器后分为两部分：一部分进入矿相显微镜照射到光片磨光面上，经反射后达到目镜视域内；另一部分则进入显微镜的侧管——裂隙光度计，在其上装有两个偏光镜，一是固定的，另一可旋转以调节进入目镜视域光线的强度(两偏光镜正交时光线不能通过，视域黑暗；两偏光镜平行时光线强度最大，以其他角度相交时光线将呈现不同的亮度)。在显微镜目镜视域内可看到：从光片上反射来的和从裂隙光度计通过两个偏光镜获得的两部分光线各占视域一半，调节裂隙光度计上的两偏光镜的振动面间夹角可改变这部分光线的亮度，当两部分光亮度相等时，可读到偏光镜的旋转角度 θ；再用裂隙光度计测量标样光片所得的上偏光镜旋转角为 θ_0，亦可用公式(3-6)计算出欲测晶体的反射率。例如，如果标准矿物反射率 $R_0=41.61\%$，偏光镜转动 $\theta_0=32.5°$，欲测晶体的转角 $\theta=38.9°$，查三角函数表可以得知：$\sin 232.5°=0.289$，$\sin 238.9°=0.394$，则欲测晶体的反射率 $R=41.61\times 0.394/0.289=56.8\%$。

3.3.2 晶体的反射色和反射多色性

在白色单偏光照射下，薄片中晶粒所呈现的颜色，称为晶体的颜色；光片上晶粒所显示的颜色，则称为晶体的反射色。两者都是晶体最突出的光学特征，它们可以相似，亦可互为补色，有的则完全无关。它们区别在于：前者是晶体对白光中各单色光选择吸收的结果，而后者则是选择反射形成的。

1. 晶体的反射色

晶体磨光面对白光中各单色光的反射率相等，就不显特殊的颜色。不同晶体由于反射率不等，在白光照射下将呈现白色或程度不等的灰色，反射率愈小晶粒的灰色就愈暗，反射率大呈现亮白色；如果同一颗粒对不同波长单色光的反射率不等，反射率较大的单色光的反射光强度较强，反之就比较弱，结果就呈现以反射率较大的单色为主的颜色，这种颜色称为晶体的反射色。它是晶体光片对不同单色光选择性吸收和反射形成的。

自然界晶体的颜色和反射色千变万化，即使同一颜色在不同情况下亦有差别，这除决定于晶体自身的本性外，颗粒周围的颜色(即背景色)、照明光亮度及色调、磨光面质量等都有显著影响，与晶体自身的透明程度也有直接关系：透明和透明度较好的半透明晶体在反射光下呈现带某种色调的灰色、灰白色及深灰色；而呈现亮白色及具有各种鲜明彩色者基本上都是不透明、微透明或部分半透明晶体。

2. 晶体的反射多色性

均质晶体的反射色也没有方向性，不同方向振动的平面偏光照射下的反射色相同。而非均质晶体各方向的反射率不等，而且对不同单色光的反射率亦不相同，结果在单偏光下随物台旋转其反射色将发生变化，这称为晶体的反射多色性。非均质不透明晶体一般均具有反射多色性，只是不同晶体明显的程度及颜色变化不同而已。

3. 晶体表色和体色的概念

晶体的颜色有表色和体色之分：在白光照射下，晶体表面(包括其自由面和磨光面)所呈现的颜色，称为晶体的表色；而晶体内部(包括薄片中的颜色和粉末呈现的颜色)所呈现的颜色称为晶体的体色。光片呈现的反射色属表色，而光片呈现的内反射色则属于体色。

表色与体色间的关系因晶体的透明度而不同：透明晶体在薄片中可以呈现不同色调的体色，但在反射光下一般均呈深灰的表色，不显示特殊的反射色；不透明晶体在薄片中均为黑色，而反射光下则为不同彩色的表色；半透明及微透明晶体的表色和体色均可呈彩色，而且二者间常呈互补色关系，例如，薄片中呈现棕、红、橙、黄、朱红诸色的半透明晶体，因体色的主体是红黄色，在光片中的表色则为略带各种色调的蓝灰色。反射光下不透明及半透明晶体在反射光下均有特征的反射色，如黄铁矿的反射色为黄色，金为金黄色，而铜蓝则为天蓝色等。

在研究光片反射色及反射多色性时必须调节好照明光源，加上滤光片使照明光成近纯白色，并注意周围与之接触物质的反射力及反射色影响，必要时要用一块方铅矿光片与欲测光片镶嵌在一起，在同一视域内比较观察欲测晶体的反射色及反射多色性。

3.3.3 晶体的内反射和内反射色

1. 矿物的内反射作用

一束光线照射到光片的磨光片上除被反射和吸收外还有部分射入晶体内部，这部分光线在光片内部照射到晶界面、解理面、裂隙面及空洞、包裹体等分界面时，被反射回来在目镜中观察到的现象，称为内反射作用(图 3-6)。内反射呈现的颜色，称为晶体的内反射色。

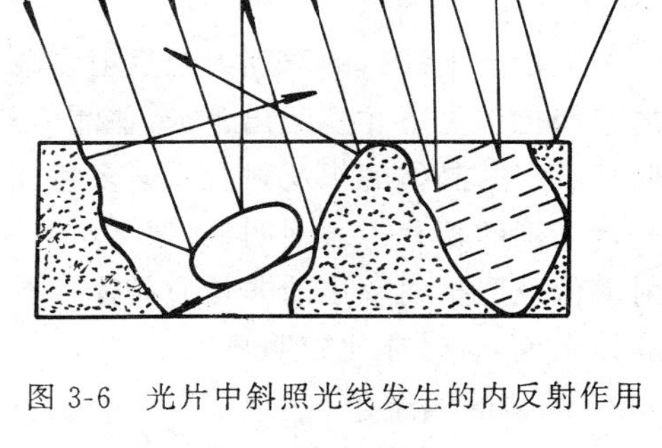
图 3-6　光片中斜照光线发生的内反射作用

晶体的内反射和内反射色直接取决其透明度，由于反射力与透明度成反比，反射率大于40%的不透明晶体一般均无内反射，反射率小于 20%的半透明及透明晶体的内反射十分强烈，并具有明显的内反射色。

内反射色是晶体的体色，与薄片中晶体的颜色及粉末色相同，不透明晶体可用粉末色来代表。晶体的内反射色和反射色之间一般呈互为补色关系。

2. 晶体内反射和内反射色的研究方法

在反射光下，晶体的内反射光与反射光是同时进入物镜成像的，二者将互相干扰难以认清，影响有无内反射和内反射色的判别及反射色的观察。这可采取斜照法、高倍正交法和正交油浸法三种特殊的显微研究技术进行研究。

(1) 关掉垂直照明器的照明灯，另用灯光从侧面照射光片的磨光面从目镜中观察内反射的方法，称为斜照法。若无内反射目镜视域呈现全黑，此时可用钢针刻划磨光面使之产生粉末，观察到晶体粉末的颜色，代表其内反射色；斜照光线射入后遇到与其他物质交界面而且反射光角度合适时，视域内有局部光亮出现，表明晶体具有内反射，内反射光线呈现的颜色就是内反射色。运用时要求照射光线的倾斜角度大并有足够的光强，一般使用低倍物镜以扩大观察范围。

(2) 采用高倍物镜在正交偏光条件下观察内反射的方法，称为高倍正交法。高倍物镜使光线高度聚敛，从不同方向和不同角度上照射光片表面，这样很容易发现内反射现象。正交偏光可同时观察内反射色和偏光色。透明及半透明晶体的内反射色和偏光色常同时出现，其区别在于：在四次消光之间呈现的颜色相同者为内反射色；若消光位前后的颜色不同者为偏光色。

(3) 将晶体粉末浸没在浸油中，正交偏光下观察内反射的方法，称为正交油浸法。因为在浸油中晶体的反射率都很低，不同颗粒的取向不同，观察内反射现象很灵敏，可用以检查内反射和内反射色存在与否。

3.3.4 晶体的双反射、偏光色和偏光图

反射光下晶体的非均质性主要有：双反射、反射多色性、偏光色和偏光图。只用前偏光镜的单偏光下研究晶体的双反射和反射多色性。偏光色是在前、上两偏光镜构成的正交偏光下进行研究的，再加入视域透镜构成聚敛偏光来研究偏光图。

1. 晶体的双反射和反射多色性

非均质体在单偏光下转动物台时，光片中晶体的反射光亮度不同的现象，称为双反射。一轴晶有 Ro、Re 两个主反射率，二轴晶则有 Rg、Rm、Rp 三个主反射率。同一晶体最大与最小反射率差，称为双反射率 ΔR。在单偏光下转动物台时晶体反射色的变化，称为反射多色性。

多数情况下晶体的双反射及反射多色性都比较弱，单独存在时不易发现，只有在多个颗粒的互相比较之下才显示出来。有些晶体的双反射及反射多色性极为显著，即使单独存在亦很明显。另外，晶体的双反射及反射多色性亦具有方向性，在垂直光轴切片上没有出现，只有在平行光轴的切片上表现明显。通常不透明非均质晶体的双反射和反射多色性比较显著，而折射率低及双折射率小的非均质晶体常看不到。对于半透明和具有高折射率及双折射率大的晶体来说，有时亦比较明显。

2. 晶体的偏光色

反光显微镜的正交偏光下光片显示的颜色，称为晶体的偏光色。它是正交偏光下平面偏光干涉的结果。反射正交偏光下呈现黑暗现象，称为消光，均质和非均质垂直光轴的切片，在

正交偏光下呈现全消光。非均质晶体其他方向因切片方位不同，前偏光将发生双反射产生振动方向互相垂直的两个反射平面偏光，达上偏光镜时两者再次发生双折射分解，两者各有一平面偏光透过上偏光镜，在同一平面内振动而发生干涉产生带色的明亮反射光线，转动物台360°时，晶体光片亦有四次消光位置和四次明亮位置，处于明亮位置时所显示的颜色即为偏光色。

双晶、环带结构等性质在单偏光下不易看到，只有在正交偏光下比较清楚。

3. 晶体的偏光图

反光显微镜在正交偏光条件基础上加入视域透镜构成聚敛偏光系统，可看到特殊的干涉图案，称为晶体的偏光图。

偏光图形象特征因切片方向而不同，研究它有利于对不透明晶体的鉴定。由于无机材料中只有少数晶体是不透明的，故不作详细介绍。

§3.4 反射光下的腐蚀试验、显微硬度研究和矿物鉴定

反光显微镜对结晶相的鉴定除光学性质外，腐蚀试验、显微硬度和其他物理性质测定是不可缺少的。这里只介绍光片的腐蚀试验和显微硬度，最后讨论反射光下晶体的鉴定。

3.4.1 试样光片的腐蚀试验

反光显微镜下对光片进行腐蚀试验的方法有：化学腐蚀、电化学腐蚀、电解腐蚀及热腐蚀等，最常用的是化学腐蚀试验，

1. 腐蚀试验的目的

光片在抛光过程中磨光面上形成均匀覆盖的一层数到数十纳米的非晶态薄膜，掩盖着多种物相和显微结构。光线照射到光片表面时首先从这层非晶态薄膜的表面被反射，还有部分光线透过非晶态薄膜照射到矿物磨光面上再反射回来，这两种反射光同时到达物镜成像互相干扰，而且这些非晶态物质在抛光过程中填充于颗粒间及晶体解理缝和裂隙等空隙中，使显微结构模糊不清，更难研究细微物相和结构。

腐蚀试验目的，就是采取各种手段破坏和消除光片表面存在的非晶态薄膜层，充分地暴露其内部物相和显微结构，这些手段称为腐蚀试验。其中采用不同化学试剂(称为化学腐蚀剂)在一定条件下腐蚀光片表面达到目的的，称为化学腐蚀。由于化学腐蚀剂与晶体间的化学反应，更有利于对晶体的鉴定和识别。

2. 化学腐蚀的化学作用

化学腐蚀剂加到光片磨光面上后将发生以下四类有利的化学反应和作用。

(1) 溶解作用　化学试剂腐蚀磨光面的主要作用是溶解非晶态薄膜，显露光片中晶粒的轮廓、解理、裂纹、双晶、包裹体、环带结构及界面等结构特征，而对光片表面的反射力、反射色等却没有显著影响。腐蚀试验时必须严格掌握试剂浓度、腐蚀时间及温度等条件。如果

腐蚀的时间过长或温度过高将腐蚀过度，使颗粒的表面粗糙不平，反射力下降，反射色亦发生变化，而腐蚀不够又达不到腐蚀的目的。

(2) 化学沉淀　在对非晶态薄膜溶解的同时，常产生某些沉淀物覆盖在有关晶体表面构成与晶体成分有关的沉积薄膜。

(3) 晶粒表面着色　经化学试剂腐蚀在不同晶粒表面常呈现不同颜色，这些颜色可分为两类：一类是化学反应生成的有色化合物或有色沉淀物使相关晶体着色，这称为化学色；另一类是透明的非晶态薄膜层的表面和底层分别反射的两种带偏光性质的反射光线互相干涉而产生的颜色，称为晕色，晕色与矿物成分无关而与透明薄膜层的厚度有关。

(4) 发泡现象　化学试剂与某些晶粒间因化学作用常放出各种气体而出现发泡现象。从产生的气泡及发泡的数量可鉴定和认别某些晶体。

化学腐蚀可分为腐蚀鉴定和结构腐蚀两类：产生有助于鉴定晶体的沉积物、颜色及发泡等现象的腐蚀，归为腐蚀鉴定；为更好地显示物相组成和显微结构的特征而进行的腐蚀，则称为结构腐蚀。两者不是决然分开的，往往一次化学腐蚀同时达到两种目的。

3. 化学腐蚀剂的要求和试验条件

化学腐蚀根据对象和目的需要正确地选用化学试剂及其配方，并确定正确地试验条件和方法，才能获得理想的试验效果，达到试验的目的。

(1) 用作腐蚀试验的化学试剂应符合下述三条基本要求：①试剂应与欲测晶粒发生明显地反应，如产生特殊的沉淀物、颜色、发泡、水解、水化及其他显著变化等；②腐蚀作用尽可能在室温常压条件下进行，若只能在特定条件下才可进行试验时，必须严格掌握试验的温度、时间及其他条件；③化学试剂的配方应正确，并保证其纯净及稳定，而且要求对人体无剧毒、易于保管等。

(2) 光片的腐蚀试验均是在一定条件下进行的，条件变化将影响试验结果，这些条件主要指：化学试剂的配方及浓度，试验的温度、时间及环境气氛等。试剂确定后，要正确地掌握腐蚀时间，时间不足达不到腐蚀效果；时间过长将破坏或掩盖颗粒表面已显露的特征。腐蚀的温度、气氛等条件亦应正确掌握。有时在腐蚀试验前应对腐蚀条件进行试验才能正确地确定，试验时必须严格掌握。常用的化学腐蚀剂如表 3-2 所列。

表 3-2　常用化学腐蚀试剂

试　剂	浓　　度
硝　酸	1∶1　HNO_3
盐　酸	1∶1　HCl
硫　酸	1∶1　H_2SO_4
王　　水	3+1　$HCl+HNO_3$
氢氟酸	1∶1　HF
氯化铵	浓 NH_4Cl
氯化亚铁	20%FeCl 水溶液
氢氧化钾	40%KOH 水溶液
无水酒精	
蒸馏水	

4. 无机材料光片用化学腐蚀剂

反射光下研究无机材料显微结构常用的化学腐蚀剂列于附录三，可归为以下两类。

(1) 陶瓷耐火材料光片用化学腐蚀剂

陶瓷材料和耐火材料(包括使用后蚀变产物)用的试剂，一般一种试剂在特定条件下只能显示一种或几种晶体，常用的化学试剂列于附录三表1，表中还列出部分实例。

(2) 水泥材料光片的化学腐蚀剂

水泥材料中需要进行腐蚀试验的可分为三类：硅酸盐水泥熟料、铝酸盐水泥熟料和冶金矿渣。它们使用化学腐蚀剂及其结果是有差别的，三者所用化学腐蚀剂、腐蚀条件及腐蚀效果分别列于附录三的表2、表3和表4，其中水泥熟料的相组成基本已知，腐蚀目的是在识别组成相的基础上研究熟料的显微结构。硅酸盐水泥熟料最常用的化学腐蚀剂是1%氯化铵水溶液和1%硝酸酒精溶液。

5. 化学腐蚀操作

化学腐蚀试验要求有一个合格的光片，磨光面必须新鲜和光洁，不存在氧化层、水化层、油污、手迹等污点，事先备好所需的化学试剂及其他设备、用具和装置。

将合格的光片置于反光显微镜物台上，用低中倍物镜进行准焦，将欲测颗粒或区域移至视域中心，然后提升镜筒使物镜远离光片的磨光面，取腐蚀剂加到欲测部位，按动计时秒表，腐蚀时间到后立即吸去腐蚀剂并擦干，必要时用蒸馏水进行冲洗，再下降镜筒准焦后观察腐蚀结果。如果试验效果不合要求，则需将光片进行重新精磨抛光合格后，改变腐蚀条件或更换试剂重新进行腐蚀，直至符合要求。

如果腐蚀剂的腐蚀性较大或有毒，应将光片放在通风柜或通风条件好的地方腐蚀好，再放在物台上观察试验效果；需要在高温条件下进行腐蚀的，应先把化学试剂加热到需要的温度，再将光片侵入试剂中进行腐蚀，或者将加热的试剂滴到光片表面上进行腐蚀，时间到后再用水冲洗光片(或用吸液纸吸去)试剂，再准焦观察腐蚀结果。

3.4.2 晶体的显微硬度

晶体抵抗外物刻划、压入和摩擦的能力，称为晶体的硬度，反射光下测得的称为晶体的显微硬度。晶体的硬度有相对硬度和绝对硬度两种表示方法。

1. 硬度的概念

晶体硬度是由晶格构造中质点间化学键决定的性质，化学键类型不同的晶体将具有不同的硬度。物质的化学键有以下四种类型：

①由共有电子对相结合的共价键结合力最强，共价晶体的硬度亦最大，如金刚石、碳化硅等；

②靠质点间分子引力相结合的分子键结合力最弱，分子晶体的硬度亦最小，如石墨、滑石、高岭石等；

③靠金属原子的自由电子相结合的金属键虽有一定强度，但结合力不很强，因此金属材料的硬度一般均中等偏低；

④靠异性离子间引力相结合的离子键结合力随晶体构造中离子的电价、间距及极化程度而变化，离子晶体的硬度亦有较大的变化，随构造中离子电价的增加、离子间距的缩短及极化作用的增强硬度将增大，例如，具有相同构造的萤石(CaF_2)硬度小于方钍石(TnO_2)，菱

镁矿($MgCO_3$)的硬度大于方解石($CaCO_3$)等。

晶格构造中化学键之间常存在过渡型或存在一种以上化学键，硬度亦随之而变，如石英(SiO_2)晶体构造中硅氧两种离子间结合是有49%共价键成分的离子键，故具有较大的硬度，而且同一晶体的不同方向上具有不等的硬度，这种硬度异向性在少数晶体上十分明显，当然大多数晶体的硬度异向性不明显而被忽略。

2. 晶体的相对硬度

用已知硬度的晶体刻划未知晶体比较二者的硬度，称为相对硬度。国际上统一将所有晶体的硬度分为十级，每级以一个代表性晶体为标准，称为晶体的摩氏硬度，十级摩氏硬度及其代表晶体列于表3-3。摩氏硬度比较法简单易行，在实际工作中广泛使用，但没有定量概念，各级间绝对硬度(维氏硬度)的差值不等也无规律性。

表3-3 摩氏硬度的代表矿物及其相应的维氏硬度

代表矿物	硬度		代表矿物	硬度	
	摩氏	维氏(kg/mm^2)		摩氏	维氏(kg/mm^2)
滑　石	1	2	正长石	6	930
石　膏	2	35	石　英	7	1120
方解石	3	172	黄　玉	8	1250
萤　石	4	248	刚　玉	9	2100
磷灰石	5	616	金刚石	10	～10000

相对硬度除直接用代表晶体进行刻划比较外，在反射光下还有以下两种比较方法：

(1) 金属针刻划法　根据用钢针及铜针分别刻划晶体光片的结果，将相对硬度分为高硬、中硬和低硬三等。钢针和铜针的摩氏硬度分别为5.5和3.0，高硬晶体的摩氏硬度大于5.5；中硬晶体的摩氏硬度为5.5～3.0；低硬晶体的摩氏硬度则为小于3.0。此法简单、迅速、易掌握，但更为粗略，而且容易发生错误。常把金属针刻划产生的金属末当作晶体粉末，因此试验时要求金属针光洁、尖锐，光片磨光面应清洁无污染，并仔细观察。

(2) 磨光面比较法　光片在精磨和抛光过程中，硬度不同晶体的抵抗研磨能力存在差别，结果磨光面就会不平。在图3-7中，硬度较大的晶体Ⅰ(摩氏硬度$H=7.0$)比硬度较小的Ⅱ($H=4.5$)及Ⅲ($H=3.0$)要突起，在其接触处将出现一个小斜面。当光线垂直照射时，光线将向较软矿物一边反射，视域内可看到一对互相平行的明亮和灰暗的两条线，亮线位于硬度较小矿物一边，称为卡耳布线，提升镜筒卡耳布线向硬度小的一边移动。相邻两晶体硬度相差愈大，这一现象就愈显著。当二者硬度相差过大时，小斜面就很陡视域中看不到卡耳布线，此时不能比较二者的相对硬度；在二者硬度接近时，可稍移动垂直照明器的棱镜以提高卡耳布线的反差，仍可比较两者的相对硬度。

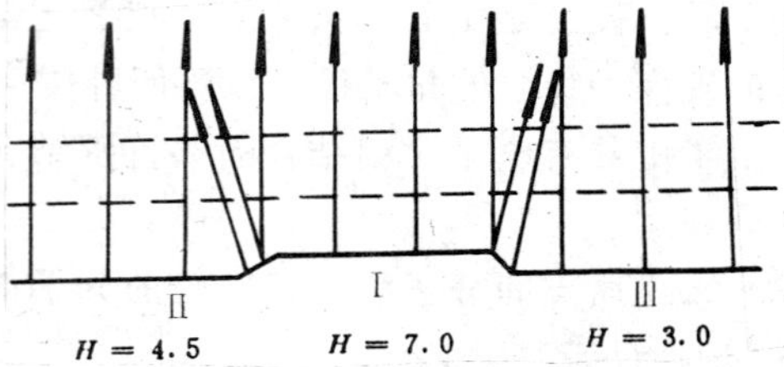

图3-7 相对硬度不等产生的卡耳布线示意图

3. 晶体的绝对硬度

用压入法在反光显微镜下测定晶体抵抗硬物侵入能力大小，通过计算所得的硬度值称为绝对硬度，狭义地称为显微硬度。它有维氏硬度和克氏硬度两种，两者都是用显微硬度仪测定的。

（1）显微硬度仪的构造

显微硬度仪是测定晶体维氏硬度和克氏硬度的专用仪器，由基座、载物台、反光显微镜、金刚石压入角锥和砝码等五部分组成。基座由一块金属底板和直立支柱构成，负载整个仪器的重量；底板上方的立柱上装一可转动180°的载物台，载物台平面可做垂直的升降，载物台旁有一微动螺旋使物台左右及前后移动；反光显微镜装在一横向杠杆上，具有垂直照明器、固定灯光、目镜测量尺、物镜及暗场物镜等附件；另一横向杠杆的一端装在基座上，另一端装有压入角锥钻石，在角锥的上方可加砝码，并有旋钮以控制升降；反光显微镜及压入角锥的中心线分别位于物台旋转中心的两旁，这样光片在加砝码施压后即可转到反光显微镜下方，从目镜视域中找到晶体受压部位，观察和测定压入角锥旋压后留下的痕迹，通过有关公式计算出晶体的绝对硬度值。

（2）绝对硬度的测定原理和方法

一定形状的金刚石角锥，借助一定荷重压在晶体光片上5秒钟，除去荷重后在反光显微镜下测量角锥受压所产生压痕对角线的长度，即可用有关公式计算绝对硬度值。由于金刚石角锥有维氏和克氏两种，绝对硬度亦有维氏硬度和克氏硬度两种。

维氏硬度（HV）是用维氏角锥进行测定的，维氏角锥是一块四方金刚石锥，两个相对锥面间的夹角为136°，压痕的形状呈正方形，砝码重量为1～10kg，计算公式是：

$$HV=\frac{P}{d^2/2}\cdot\sin\left(\frac{1}{2}136°\right)=1.8544\frac{P}{d^2}(\text{kg/mm}^2) \tag{3-7}$$

克氏硬度（HK）是用克氏角锥测定的，克氏角锥是一块四方金刚石扁锥，角锥的两相对长边平面间的夹角等于172°31′，相对两短边平面之间的夹角为130°，压痕是一扁长的平行四边形，长对角线是短对角线的7.1倍，计算公式是：

$$HK=\frac{P}{\frac{1}{2}\cos\left(\frac{1}{2}172°31'\right)\cdot\text{tg}\left(\frac{1}{2}130°\right)d^2}=14.228799\frac{P}{d^2}(\text{kg/mm}^2) \tag{3-8}$$

公式（3-7）和（3-8）中：HV 和 HK 分别为维氏硬度和克氏硬度，P 为所加砝码的重量，d 为压痕对角线（维氏硬度）或长对角线（克氏硬度）的长度。

3.4.3 反射光下晶体的鉴定

反光显微镜对晶体的鉴定不如偏光显微镜那样系统、完善和精确，但对不透明及微透明晶体进行鉴定和识别亦是不可缺少的。

1. 反射光下鉴定晶体的性质

反射光下鉴定晶体的性质归纳起来有以下四个方面内容：

（1）结晶习性　有晶体形状（包括骸晶形状）、集合体形态、解理性质及双晶特征等。

（2）反射光学性质　鉴定晶体的反射光学性质有：反射率、反射色、内反射及内反射色、反射多色性、双反射率、偏光色及偏光图等。

（3）腐蚀鉴定　经对光片的化学腐蚀试验形成特殊的沉淀、着色、发泡等现象。

(4) 显微硬度　晶体的相对硬度帮助识别和区分不同物相，而绝对硬度则是鉴定晶体的主要依据。

2. 吸收性晶体的显微镜鉴定

根据在反光显微镜下测定的各项性质，从不透明矿物或金属矿物显微镜鉴定表中即可查出晶体名称。吸收性矿物鉴定表当前主要亦是针对天然金属矿物鉴定而建立的，尚无专为鉴定无机材料组成晶相而建立的反射光下的晶体鉴定表，因此在无机材料显微结构分析时，仍借助于天然不透明矿物的鉴定表。

不透明矿物显微镜鉴定表有两类编纂形式：一类是以反射光下矿物的某些主要性质进行分组排列的，这类鉴定表的缺点是有些同种矿物的某些性质可分别属于不同组，制表中容易造成紊乱，使用亦比较复杂，故很少被采用；另一类是以矿物的反射率大小为序排列，再参考其他性质而建立的鉴定表，这种鉴定表的主要缺点是只有精确测定反射率才能使用。

国内比较完善的是 1978 年 5 月由中国科学院地质矿产研究所编纂出版的《金属矿物显微镜鉴定表》，全书共收集了 700 余种不透明金属矿物，有 500 余种矿物是以绿光照射下测得反射率的大小为序排列的，无绿光反射率数据的以黄光反射率代之，还附录出 200 余种性质不全矿物的已知有关性质。书中每种矿物均设七个栏目：①矿物的名称、化学成分和晶系；②矿物的反射率，以反射率大小为排列顺序，均质矿物、一轴晶矿物和二轴晶矿物则分别以 R、Ro 和 Rm 大小为依据；③矿物的反射色及内反射色；④矿物的双反射及反射多色性、偏光色及偏光圈；⑤矿物的硬度、解理、双晶、环带及磨光性；⑥矿物的结晶习性、结构构造、共生组合及产状；⑦特征及其他，包括矿物的比重、差热分析资料等。全书最后附有以矿物反射率和维氏硬度为坐标的“金属矿物检查表”。

3. 反射光下对透明晶体的识别和鉴定

无机非金属材料绝大多数是由透明及透明度好的半透明晶体组成的，主要是用偏光显微镜薄片研究法进行鉴定的，但反射光下研究无机材料显微结构时，识别各组成晶相的名称是不可缺少的，否则就无法进行。

反射光下对透明矿物的鉴定和识别可通过两个途径：一是对无机材料光片进行腐蚀鉴定，通过不同化学试剂对光片腐蚀产生的特有效果，再结合反射光下测得的相对反射力、反射色及内反射色、结晶习性及部分偏光现象、相对硬度和绝对硬度等；进行研究另一是将无机材料试样制成光薄片，用矿相显微镜同时进行反射光和透射光的研究，先根据透射偏光的光学性质对各组成相进行鉴定，再在反射光下研究其显微结构。

§3.5　光学显微镜下晶体的显微结构特征

用偏光显微镜和反光显微镜都可以研究无机材料制品及其组成相的显微结构特征，并测定有关结构参数，而且反射光下研究的效果更好，所以在这里集中一起讨论。关于制品中组成相颗粒大小与百分含量等结构参数的测定将在第五章中讨论。

3.5.1 晶体的形态学研究

从形态学角度研究无机材料制品中结晶相有晶体形状、集合体形态及自形程度等内容，晶体的形态学研究与制品的生产工艺及性能都有密切关系，具有以下三方面实际意义：

1. 帮助鉴定和识别晶体

众所周知，每种晶体都有各自的内部构造，在形成过程中亦必遵循晶体生长的基本规律，只要条件允许都会长成各自特有的结晶多面体外形；即使条件不允许，亦会长成能反映各自晶格构造的半自形晶或奇形晶。同时，许多晶体还会按某种特有的图案长成集合体，因此，晶体和集合体的形状特点都是鉴定晶体的重要依据。

可是在薄片和光片中看到的只是晶体某切面的轮廓，同一结晶多面体随切面方向可呈现不同的二维轮廓（见图 2-32），只根据个别或少数颗粒或切面是无法进行晶体的三维形状、颗粒大小及百分含量的测定的，即使测定了亦会存在极大误差，如何正确测定将在第五章专门讨论。

2. 研究制品生产工艺的依据

在理想条件下晶体才能长成规则的多面体形状，而无机材料制品都是短时间内在人为控制条件下制成的，其组成晶体一般均随着生产工艺过程及条件的变化而形成不同的形貌特点。晶体形态学研究内容是无机材料生产工艺过程中受环境条件影响的综合结果，可以如实地反映制品的生产工艺。晶体的形态学特征是分析和研究无机材料生产工艺的有力凭据，这在第一章已作详细讨论，不再重复。

3. 对制品性能分析和质量评价

每种制品都要求有特定的显微结构，结晶相的形态是其重要内容，不同形态晶体组成的制品将具有不同的显微结构及性能，直接影响制品的质量和使用效果，这在各论部分对每种制品的讨论中均可清楚地看出。

3.5.2 晶体的显微结构特征

在无机材料制品中组成晶体受自身内部构造、生产工艺过程及其条件的影响，将会出现一些对鉴定矿物、分析生产工艺、研究制品性能和使用效果都重要的特殊显微结构，归纳起来有以下三方面内容：

1. 由晶体构造决定的显微结构

除晶体的形状和集合体形态外，由晶体构造决定的显微结构还有自形程度、解理性质和双晶现象。

(1) 晶体形状的完整程度，称为自形程度。它主要决定于晶体的生长顺序及工艺条件，有自形晶、半自形晶、它形晶和奇形晶四类。

具有直边和尖角的结晶多边形的晶形完整者，称为自形晶（图 3-8，A）。自形晶是溶液或熔体在比较平衡条件下早期生成的，在烧结型材料中由再结晶、重结晶及反应结晶等作用亦可长成自形晶。晶形有部分完整平直者，称为半自形晶（图 3-8，B）。高温熔体较晚期析晶及烧结型材料制品中的结晶相亦常形成半自形晶。晶形完全不规则者，称为它形晶（图 3-8，

C)，是熔体中在大部分析晶后残液晚期结晶的产物。同种晶体多个中心同时析晶亦常呈它形晶。晶体呈树枝状、羽毛状、骨架状、漏斗状等特殊形状者，称为奇形晶(图 3-8,D)。实质上它是特殊形式的自形晶，是在高粘度慢扩散体系中于极不平衡条件下快速生长成的结果，在熔融型无机材料中常见，其他无机材料中亦常有出现。

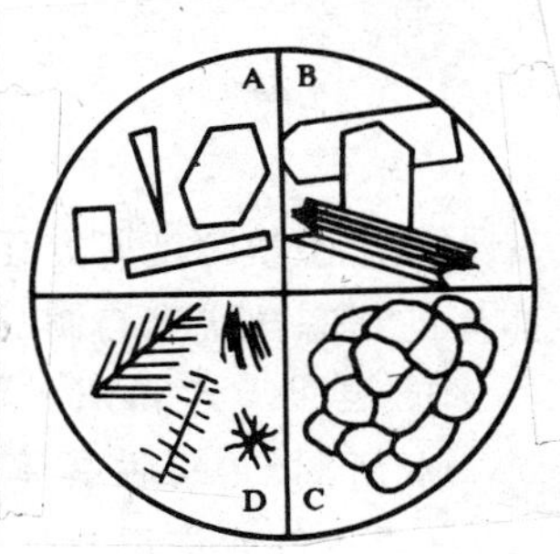

图 3-8　矿物晶体的自形程度
A. 自形晶，B. 半自形晶，
C. 它形晶，D. 奇形晶

(2) 晶体在外力作用下沿构造中结合力较弱的面网方向裂开的性质，称为解理。裂开的平面称为解理面。解理面与切片平面间的交线叫做解理缝。

晶体的解理在薄片和光片中都有表现，相比之下在薄片中表现更为清楚，发育程度及组数、解理角测定均以薄片中显示的为准。反射光下光片中解理的明显程度较差，可选用合适的化学试剂进行腐蚀试验，亦可在暗场照明下根据内反射特点进行研究。

(3) 同种晶体的两个或两个以上单体按一定规律连在一起构成一个晶体者，称为双晶。光学显微镜下双晶有可见与不可见之分，二者的划分在透射光下和反射光下是不一致的。在偏光显微镜下只有部分非均质体双晶由于相邻两单体不同时消光才是可见双晶，均质体双晶是不可见的。在反光显微镜下，除薄片中可见双晶外，经化学腐蚀在薄片中不可见双晶亦可成为可见双晶。双晶的研究内容有双晶类型、双晶律和双晶消光角的测定等。

2. 在生长过程中形成的显微结构

晶体在生长过程中由于外界条件及其变化影响所形成的显微结构，均归为这一类。主要有环带结构、包裹结构和共析结构等。

(1) 晶体在生长过程中，由于结晶体系内的温度、压力、化学组分等条件的变化，使晶体形成沿生长方向与晶面相平行的，具有不同颜色或不同杂质包裹的结构，称为环带结构(图 3-9)。晶体上的环带互相平行且连续，只是各处的宽窄不一，层数可多可少，在薄片中和光片中均可看到。在光片中通过化学腐蚀就更利于对环带结构的研究，它为讨论晶体和材料的形成条件提供了实物依据。

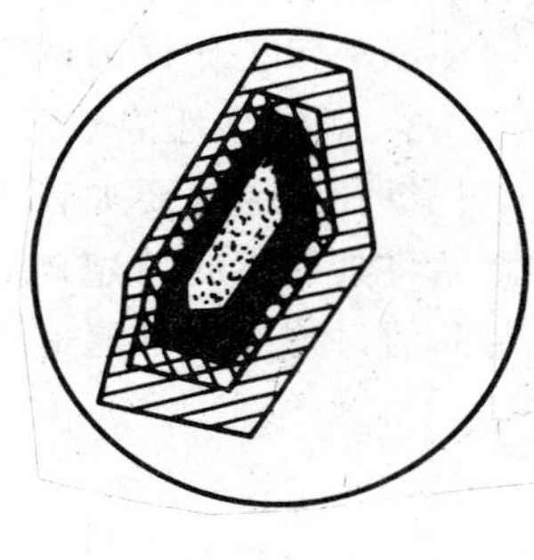
3-9　矿物的环带结构

晶体上环带结构的成因归纳起来有三种：①结晶过程的间断，间隙前后生长的晶层在构造、组成或包裹物等方面存在差异；②晶体生长速度发生变化，造成晶体构造中缺陷及包裹物等方面存在差异；③结晶过程中体系内化学成分发生波动(如外部杂质成分的侵入等)，不同阶段生长的晶层在内部结构、固溶体组成和杂质成分上存在差异。

(2) 晶体内包裹其他物质形成的结构，称为包裹结构，被包裹的物质可以是同种晶体或不同晶体，亦可是非晶态的玻璃相、液相或气相等，气相包裹物被称为气泡。

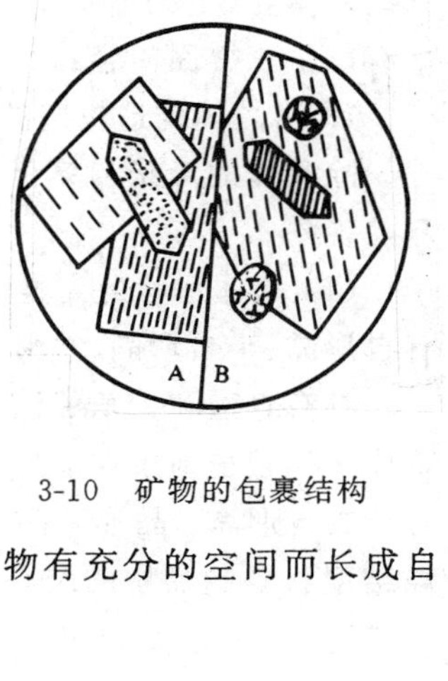

3-10　矿物的包裹结构

晶体的互相包裹是晶体生长顺序的凭证，因为早期结晶的矿物有充分的空间而长成自形晶，在早结晶所剩余的空间只能生长成半自形甚至它形晶体，构成了晚结晶包裹早结晶的包裹结构（图 3-10,A）。包裹结构有全包裹和不完全包裹两种情况。被晶体包裹的高温熔体凝固成的玻璃相或仍为液相（图 3-10,B），是晶体在极不平衡条件下快速生长造成的。

（3）高温条件下呈类质同像的两种晶体，在冷却过程中因二者互溶度降低而发生离溶，各自结晶成分不同的晶体，两晶体之一有规律地生长在另一个晶体内而构成的结构，称为共析结构，又称离溶结构。生长在主要晶体内的另种晶体常呈麻点状、点线状、发丝状、点滴状等形态分布（图 3-11），亦可在原晶体周围成花环状。

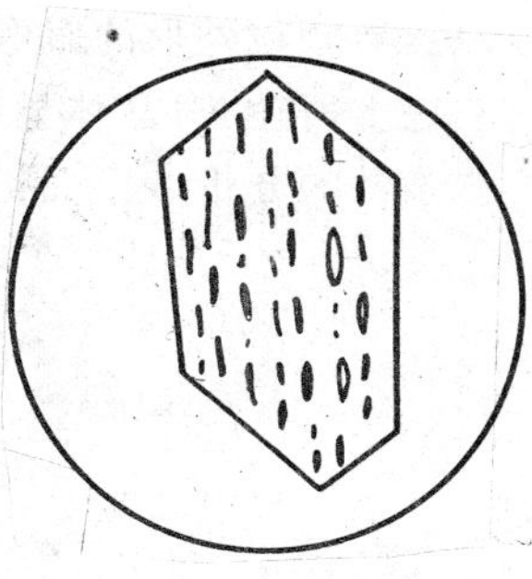

3-11　矿物的共析结构

3. 晶体形成后产生的显微结构

晶体结晶完成后，由于外界条件变化而形成在新条件下稳定的显微结构归纳为这一类，主要有碎裂、熔蚀、反应边、假象等显微结构。

（1）晶体生成后因内外应力作用产生裂纹所构成的结构，称为碎裂结构。它没有固定规律，与晶体内部构造无关，主要决定于作用应力的性质及方向，有四种成因类型：①冷却过程中由于晶体自身出现内应力而形成的裂纹（图 3-12,A），如硅酸盐水泥熟料中脑状硅酸二钙等；②由于晶体的多晶转变所引起体积效应而产生的裂纹（图 3-12,B），如硅砖及玻璃结石中龟裂状的石英颗粒等；③晶体周围高温溶体凝固或结晶时存在局部应力的作用使晶体发生破裂（图 3-12,C），如高炉矿渣中黄长石晶体垂直延长方向钉齿状裂纹等；④外部机械力作用亦会造成的晶体破碎。研究碎裂结构为讨论制品中所存在的各种应力及其对显微结构、制品力学特性、稳定性等的影响提供了直接依据。

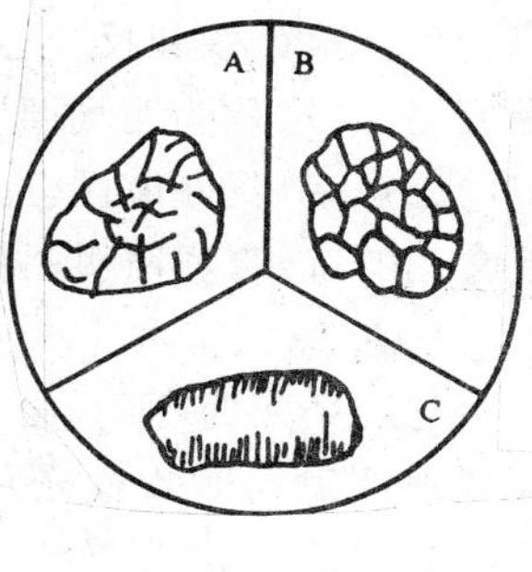

3-12　矿物的碎裂结构

（2）在高温条件下已结晶的晶体或某些原料颗粒的棱角常被熔蚀而成浑圆状，严重时晶体局部被熔蚀成凹陷的蚕食状，这种结构称为熔融结构（图 3-13）。研究它可以帮助了解制品的生产工艺，尤其是热工制度。

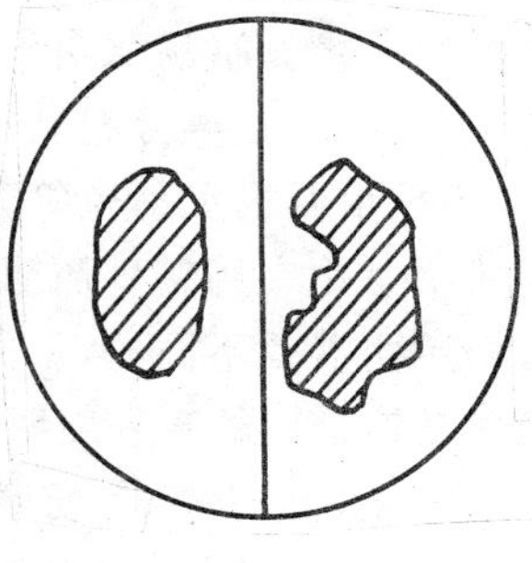

3-13　矿物的熔融结构

（3）已存在或新生成的晶体，在高温条件下由于原体系的化学组成发生变化，在新体系的化学成分与已存在晶体颗粒之间发生交代反应，使原晶体边缘变成在新条件下稳定的新晶体，构成由新晶体包裹原晶体残余部分所形成的结构，称为反应边结构；严重时整个晶体均经反应而变成新生矿物的晶体，只保留原晶体外形的结构，称为假像结构。

这两种结构的成因有二：①如前所述，是交代反应形成的，原晶体称为原生晶体，新生晶体称为次生晶体，假象结构就是由保留原生晶体外形的次生晶体构成的；②由多晶转变形成的，例如，在蚀变硅砖和玻璃粉料结构中残留石英，边缘因多晶转变而成偏方石英，包裹了残留石英构成的结构亦属反应边结构。严重时整个颗粒均转变为偏方石英，甚至鳞石英，仅保留原石英颗粒外形的假像。

综上所述，对晶体显微结构的研究，除帮助鉴定晶体外，对无机材料的生产工艺过程及工艺条件的分析，对制品技术性能、使用效果的研究等都有实用价值。

§3.6 特殊光学显微研究法

为提高光学显微镜的分辨率，更清晰地研究无机材料显微结构特征和测定某些性质，常采用某些特殊的光学显微研究方法，常用的有特殊照明术、相衬显微术，干涉显微术、热显微术和显微照相术等，这些方法总称为特殊光学显微术。现简单介绍其中几种。

3.6.1 特殊照明技术

偏光显微镜和反光显微镜都是光线垂直照射试样薄片和光片的，在单偏光下目镜视域是明亮的，被称为明场照明；若改变照明方法或换用其他特殊光线进行照明，提高光学显微镜的分辨率，更好地进行晶体鉴定和研究制品的显微结构特征，称为特殊照明。光学显微镜上常用的有：暗场照明、斜光照明和荧光照明等。

1. 暗场照明术

与明场照明不同，照明光线不直接射入物镜而是从物镜外倾斜地照射到薄片或光片上，整个视域的背景是黑暗的，只有少数光线经颗粒间交界处及半透明、透明晶体内部的裂纹面、解理面、晶界面、相界面等界面反射，其中反射角度合适的反射光线和散射光线才能进入物镜成像，使视域局部明亮，故称为暗场照明术。暗场照明不仅提高了显微镜的分辨率，可研究如细微包裹体、玻璃分相结构、微裂纹等细微结构，还保证了折射率、内反射及内反射色等光学性质的测定和观察的准确性。暗场照明是用专用暗场照明器实现的。偏、反两种显微镜使用的暗场照明器是不同的，不同型号显微镜亦不完全一样。现以反光显微镜常用的暗场照明器为例作简单介绍。

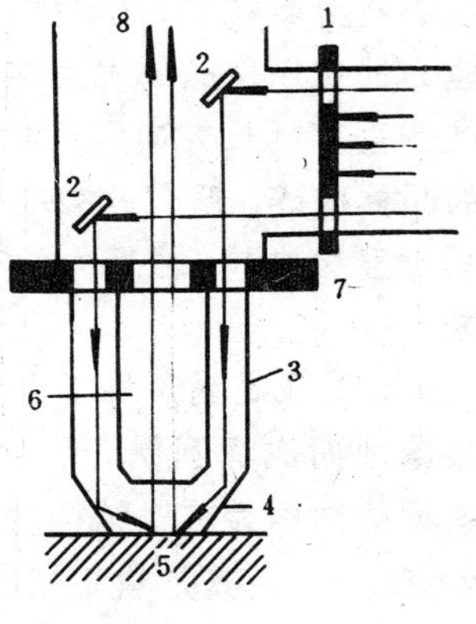

图 3-14 暗场照明器示意图

1. 环状光圈，2. 环状反射镜，3. 暗场聚光器，4. 暗场聚光器的反射面，5. 光片磨光面，6. 物镜，7. 暗场聚光器固定板，8. 反射光线

反光显微镜的暗场照明器装在垂直照明器的反光器与物镜间，由环状光圈、环状反射镜、暗场聚光器和专用物镜组成（图 3-14），物镜处于暗场聚光器内部。垂直照明器进光管射来的柱状光线首先经环状光圈（1）变成中空的圆筒状光束，由环状反射镜（2）反射向下照射到物镜（6）外面的暗场聚光器（3）的反射面（4），被反射倾斜照射到光片（5）的磨光面上，由光片表面的漫反射及晶体内反射产生的部分反射角度合适的光线（8），进入物镜（6）成像，在目镜的视域内被观察到，整个视域背景是黑暗的，（7）为物镜及暗场聚光器的固定板。这种暗场照明器的构造简单、效果良好、使用方便，只是每个物镜都备有专用的金属筒状暗场聚光器，不能互相混用，去掉环状光圈即变为明场照明。

2. 斜光照明术

照明光线与显微镜光轴成某种角度倾斜照射到光片或薄片的方法,称为斜光照明术。

实行斜光照明可将显微镜的分辨率提高一倍,还可提高油浸法测定折射率的准确性。

斜光照明一般无需增加专门部件,可通过反光显微镜调节垂直照明器上光源透镜及孔径光圈来实现,亦可关掉垂直照明器光源,用其他灯光从侧面照射光片表面获得。偏光显微镜则可调节聚光镜和缩小的孔径光圈互相配合得到斜光照明,如图 3-15 所示,缩小光圈使照明光线变成一较细的光束,再移动光圈使细光束偏离聚光镜的光学中心轴,使聚敛光变成半锥状光束形成斜光照明。

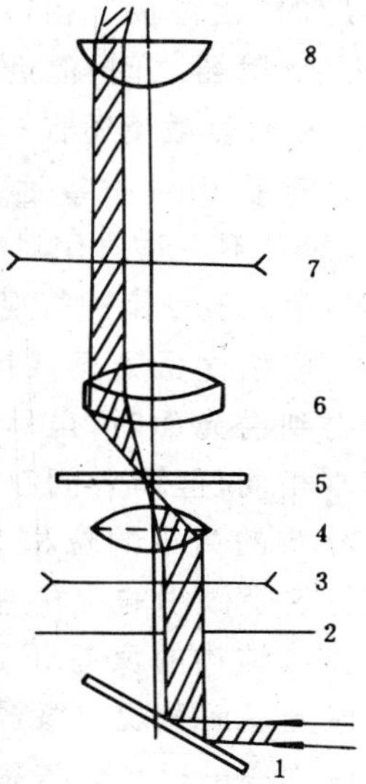

图 3-15 偏光显微镜的斜光照明示意图

1. 反光镜,2. 光圈,3. 下偏光镜,4. 聚光镜,5. 薄片,6. 物镜,7. 上偏光镜,8. 目镜

3. 荧光照明术

在外部能量作用下物质能产生一定强度和一定颜色光线的性质,称为物质的发光性。

在外能消失后物质仍能维持一段时间的发光性者,称磷光现象;随着外能消失而消失的发光性,称为荧光现象。荧光照明就是利用物质的荧光现象,因为有些晶体受到紫外光或蓝紫光的照射会产生红色、黄色、绿色等荧光,这不仅可帮助鉴定晶体和研究成因,还为制造具有荧光性的无机材料制品提供了依据,并可用来检查制品的荧光性能等。

偏光显微镜和反光显微镜均可用专门光源、激发滤光器、暗场聚光镜(偏光)或专用垂直照明器(反光)等部件实现荧光照明。专用光源有溴钨灯、氙灯或超高压汞灯等。激发滤光器上装有紫外、紫、蓝、绿四个滤光器以便选用不同的激发光。偏光显微镜的专用聚光镜是使激发光不进入物镜,只有被激发的荧光进入物镜成像实行荧光照明。反光显微镜则是由超高压汞灯光线照射到激发滤光器产生的激发光,射到双色光束反光镜上,使大于绿光的长波长光几乎全部透过双色光束反光镜而消失,小于绿光的短波长光几乎全部被反射到光片表面上激发产生的荧光,并和反射的短波长光线一齐向上,再经双色光束反光镜时,短波长的光线被反射掉,荧光则全部透过反光镜到达目镜被观察。

3.6.2 相衬显微术和干涉显微术

相衬显微术和干涉显微术(又称微差干涉相衬显微术)亦是提高显微镜分辨率的两种技术,二者是利用特殊的光学装置将不同物相之间不可见的微量光程差转变为可见的干涉彩色,使感光材料能显现出感光差的技术。偏、反两种显微镜均可施行这两种技术,只是二者间存在一些差别。

1. 相衬显微术

反光显微镜上增加相衬装置,即称为相衬反光显微镜,如图 3-16 所示。它比反光显微镜多了环形光环(3)、相衬板(8)及对中望远目镜(9)。“环形光环”安装在照明系统中的孔径光圈附近,打开光圈即可作相衬操作。在相衬环形光圈上刻有 0、10、20、40、100 字样应和物镜放大倍数一致。显微镜上专门备有10×、20×、40×、100×的“相衬物镜”。每个相衬物镜均有一个相应的“相衬板”,相衬板可安装在物镜与垂直照明器反射器之间,但近来多装在反射器与目镜之间。相衬显微镜还有一“对中望远目镜”,使用时取出目镜换用对中望远目镜观察环形光与相衬板像,两者不一致时用对中螺丝进行校正,校正好后再换用一般目镜进行观察。

用相衬反光显微镜研究试样光片:当入射光照射到磨光面时,虽然相邻两物相反射光的亮度基本相同,但两者间存在对人眼及感光材料都难以分辨的微小的位相差(即高低差),利用相衬装置将这个微小的位相差转化为光线强度差就提高了显微结构的反差和分辨率,使感光材料也可出现感光差而显现出微弱位相差的图像。相衬偏光显微镜亦可提高分辨率帮助研究薄片中的细致结构。

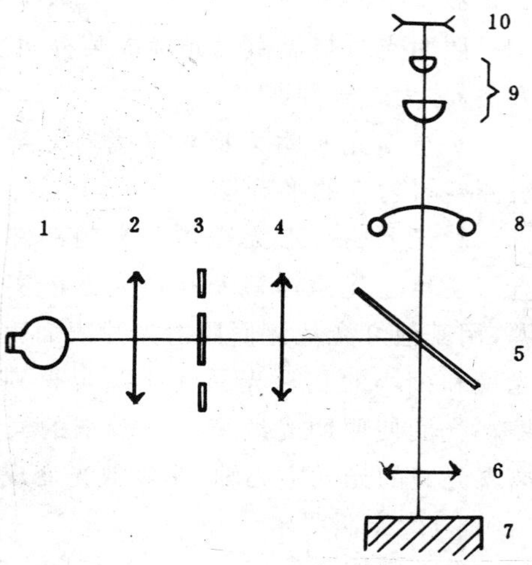

图 3-16 相衬反光显微镜的相衬装置示意图

1.光源,2.光源聚光镜,3.环形光环,4.视域透镜,5.反射器,6.相衬物镜,7.光片,8.相衬板,9.对中望远目镜,10.目镜

2. 干涉显微术

干涉显微镜(亦称为微差干涉相衬显微镜)研究物相更细微的表面高度差(20nm),可显现物相高度差达1nm以下。偏光显微镜和反光显微镜均可装置微差干涉相衬装置而变成干

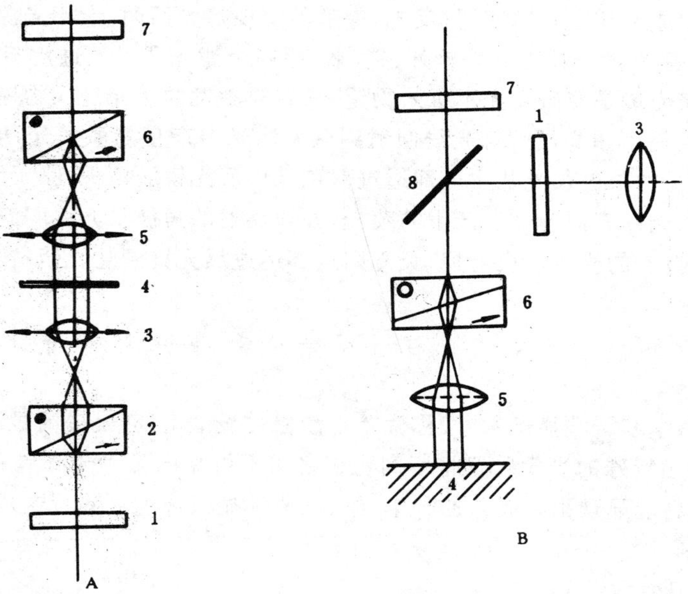

图 3-17 干涉反光显微镜微差干涉相衬装置示意图

1.起偏镜,2.聚光镜侧渥氏棱镜,3.聚光镜,4.试样薄片或光片,5.物镜,6.渥氏棱镜,7.检偏镜,8.反射器

涉显微镜(图 3-17),不同点在于:干涉偏光显微镜有两个渥拉斯顿棱镜(简称渥氏棱镜)(图

3-17A 中 2 和 6)，而干涉反光显微镜只装一个渥氏棱镜(图 3-17B 中 6)，因为反射光一往一返可两次通过同一个渥氏棱镜(6)，起到两个渥氏棱镜的同样效果。

微差干涉相衬装置的主要部件是渥氏棱镜，如图 3-18 所示：它是用水晶或冰洲石晶体沿一定方向切开，对切开面进行细磨后，将其中一块沿水平轴转 90°与另一块成正交位置粘合在一起构成的。棱镜的两块晶体的光轴互相垂直，而且两者均平行棱镜的上下平面。当光线垂直棱镜上下平面射入时，对两块晶体光轴都是垂直的，射入第一块晶体的光线双折射产生两偏光为 O 光和 E 光，进入第二块晶体后将互换，即第一块晶体的 O 光变成 E 光，而 E 光则变为 O 光。若渥氏棱镜是由冰洲石制成的，$Ne=1.486$，$No=1.658$。第一块晶体的 E 光射入第二块晶体后变成 O 光，是从光疏介质射入光密介质；而第一块晶体的 O 光射入第二块晶体变成 E 光，则是从光密介质射入光疏介质。因为原 E 光折射角小于原 O 光的折射率，使两条光线分开一个很小角度，在透出渥氏棱镜后又进一步分开，但总的分开角度很小，而且两束偏光的振动方向互相垂直，称为微差偏光束。射到试样表面时二者间距离差小于一个波长，与物镜的最小分辨率相近，不会出现两个图像，而产生干涉相衬现象。

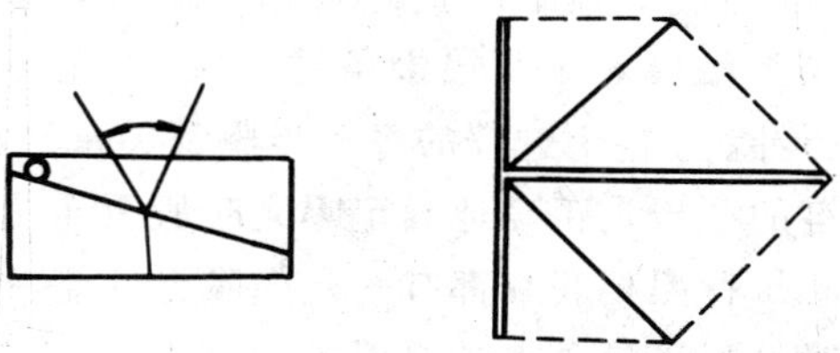

图 3-18　渥氏棱镜(A)及工作原理(B)示意图

以反光干涉显微镜为例讨论干涉相衬像的形成。前偏光镜与上偏光镜的振动方向互相垂直，平整试样表面呈现的微差干涉相衬像，称为背景像。若试样表面平整无微差，光线透过渥氏棱镜不出现光程差，视域应是黑暗的；但在渥氏棱镜后面附加一光程差时，背景像就呈现一定亮度和与附加光程差相应干涉色的背景色。如果试样表面存在微高低差时(图 3-19)，入射的偏光在透出渥氏棱镜后将分成两束微差偏光分别射到 A、B 小台阶两侧，经反射再透过渥氏棱镜又聚合起来，由于二者间存在一小光程差 Δ，其数值为 $\Delta=2hn$(h 为两台阶的高差，n 为介质的折射率)，空气的 $n=1$，则 $\Delta=2h$，干涉结果在暗的背景像中就出现亮的线条，亮度决定于光程差 Δ 值，当 $\Delta=\lambda/2$ 的偶数倍时干涉最亮，可更清楚地研究物像的微细结构。

3.6.3　显微照相术

将显微镜目镜视域观察到的物相形态及显微结构图像，投影到照相底片上使照相底片感光，再经显影和定影形成照片的过程，称为显微照相，或称显微摄影。显微照相可在光学显微镜和电子显微镜上进行，是显微结构分析中一项重要技术。它不仅为显微结构分析保留资料，还可在图像分析仪上进行某些结构参数的测定。

显微照相是用专用显微照相机进行的，要求显微镜的目镜光轴必须与照相底片平面垂直而且稳定。照相底片有 135 胶卷和 120 胶卷，亦有用单片照相底片的。比较高级的显微镜均配有自备显微照相系统，小型显微镜则外接专用显微照相机。显微照相的装置是由显微镜和显微照相机两部分组合而成的。

显微照相摄影前的准备工作有选择试样及其拍摄部位，照相底片的选择和安装，确定拍摄时用的物镜、目镜及滤光片，选用合适的照相底片并正确装入照相机，显微照相机和照相光源的安装和调节等。其中重要的是:①调节好照相光源,使拍摄对象具有均匀和足够的照明,并精确地进行准焦;②选取需拍摄部位,准确调节焦距以获得只有清晰的图像,即可进行拍摄曝光;③记录下拍摄对象及拍摄条件,对已感光的照相底片即可在暗室内进行冲洗。整个过程的每一步骤都关系到显微照相的成败,其中最关键的一步是正确地确定曝光时所用光圈和时间。

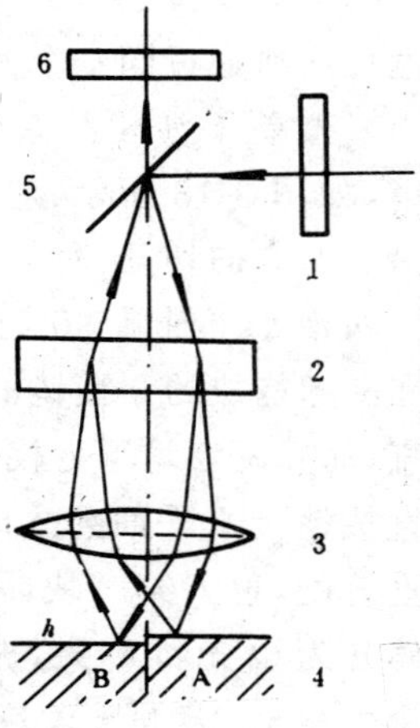

图 3-19 微差干涉相衬图像的形成

1. 起偏镜,2. 渥氏棱镜,3. 物镜,4. 光片,5. 反射器,6. 检偏镜

每种照相底片都有一定的曝光性能,即都需一定的曝光量。摄影时的曝光量是由拍摄对象的亮度、反差和放大倍数等决定的,是用曝光时间和光圈大小进行控制的。增长曝光时间或放大光圈都可增加曝光量,反之亦然,曝光的正确与否决定着显微照片的质量。曝光时间确定的因素有:放大倍数、底片与目镜之间的距离、底片的性能、光源强度及光圈的使用、拍摄对象的亮度和反差等,其中拍摄对象的衬度(即图像的亮度和反差)是确定曝光时间的主要因素。长期拍摄者可根据经验和拍摄对象的实际,即能很好地掌握曝光时间,亦可通过试验来准确地的确定曝光时间,还可用手持光电测光表进行精确地测定。目前许多显微照相机上均装有全自动曝光设备,基本原理和方法可参考有关书籍和资料。拍摄时光圈的使用亦很重要,一般缩小光圈可以提高图像的反差,但要相应地增长曝光时间。只有正确地使用光圈,并很好地和曝光时间配合,才能获得理想的反差照片。

显微照相底片拍摄完毕后必须将其冲洗成负片,并用冲洗好的负片洗印或放大成需要的显微照片,这些工作都是在暗室中进行的,故称为暗室技术。显微照相的暗室技术与一般摄影的暗室技术完全相同,因篇幅限制这里就不作详细介绍。

第四章　电子显微镜研究法

研究无机材料显微结构除光学显微镜外，电子显微镜也是重要的研究方法，而且愈来愈重要，因为光学显微镜受可见光波长的限制，无法分辨出小于 0.2μm 的图像及显微结构，而电子显微镜可大大提高分辨能力。在电子显微镜下显示的显微结构称亚显微结构。

电子显微镜包括透射电子显微镜，简称透射电镜(TEM)，扫描电子显微镜，简称扫描电镜(SEM)和电子探针微区 X 射线分析，简称电子探针(EPMA)。在材料学科领域，电子显微镜主要用来观察和研究材料显微结构的形貌，测定微区组成、晶体结构及其参数。在生物学、医学、药学、地质学、化工、电子、食品等领域内电子显微镜亦被广泛地应用。由于许多院校均专门开设"电子显微学"课程，这里只就电子显微镜研究方法的有关知识作简单介绍。

§4.1　电子光学基础

高速运动的带电微粒亦具有波动和微粒的二重性，其波动行为可用德布洛依原理来描述，而在电场或磁场中的运动行为类似于可见光在介电常数不为零介质中的运动规律，因此通过电场或磁场大小或形状的变化，均可改变电子运动的轨道。电子光学就是利用高速运动电子在电场或磁场作用下产生偏转、聚焦而成像的规律，达到显微学研究目的的。

4.1.1　电子的波动性和电子波长

根据德布洛依原理，运动微粒可与一个平面单色波相联系。当微粒的运动速度为 v、质量为 m 时相联系的波，称为德布洛依波，其波长(λ)为：

$$\lambda=\frac{h}{mv} \tag{4-1}$$

若 h 为普朗克常数，则：

对于初速度为 0 的电子，受到电位差为 V 的电场的加速，根据能量守恒原理，电子获得的动能为：

$$\frac{1}{2}mv^2=eV \tag{4-2}$$

$$v=\sqrt{\frac{2eV}{m}} \tag{4-3}$$

式中：e 为电子的荷电量，将(4-3)式代入(4-1)式，得到

$$\lambda=\frac{h}{\sqrt{2meV}} \tag{4-4}$$

电子显微镜中所用的电压在几十千伏以上，这时必须考虑相对论效应。经相对论修正后，电子波长与加速电压之间的关系为：

$$\lambda=\frac{h}{\sqrt{2m_0eV(1+\frac{eV}{2m_0C^2})}}(\mathrm{nm}) \tag{4-5}$$

式中：m_0 为电子的静止质量，$m_0=9.11\times10^{-31}\mathrm{kg}$；$C$ 为光速。如果加速电压比较低时，电子运动速度相对光速要小得多，其质量可认为近于电子静止质量 m_0，即 $m\approx m_0$，将具体数值代入(4-4)式，即可简化为：

$$\lambda=\frac{150}{V}\text{或}\ \lambda=\frac{1.225}{\sqrt{V}}\ (\mathrm{nm}) \tag{4-6}$$

式中：V 为电子加速电压。可见，电子波长与加速电压平方根成反比，加速电压越高，电子波长越短。如考虑相对论修正，则电子波波长与加速电压的关系为：

$$\lambda=\frac{1.225}{\sqrt{V(1+8.9785\times10^{-6}V)}}\ (\mathrm{nm}) \tag{4-7}$$

表 4-1 列出了不同加速电压下的电子波长值。透射电子显微镜常用电子波的加速电压为 50～200kV，电子波长为 0.00536～0.00251nm，大约是可见光的十万分之一。

表 4-1　加速电压与电子波长

加速电压(kV)	电子波长(nm)	相对论修正后的电子波长(nm)
1	0.03878	0.03876
10	0.01226	0.01220
50	0.00548	0.00536
100	0.00388	0.00370
1000	0.00123	0.00087

4.1.2　电子在电磁场中的运动行为和电磁透镜

电子在静电场和磁场中的运动行为是有差别的，具有不同的效应和规律，因此构成不同的电子透镜。

1. 电子在静电场中运动行为和静电透镜

根据电磁学原理，电子在静电场中受到洛伦兹力 $\boldsymbol{F}$，若电场强度矢量为 $\boldsymbol{E}$，则：

$$\boldsymbol{F}=-e\boldsymbol{E} \tag{4-8}$$

因此，电子通过静电场时不但能量要改变，运动方向亦发生变化。电场可看成由一系列分割的等电位区构成，如图 4-1 所示。电子从电位为 V_1 的区域Ⅰ进入电位为 V_2 的区域Ⅱ，在两区域的界面

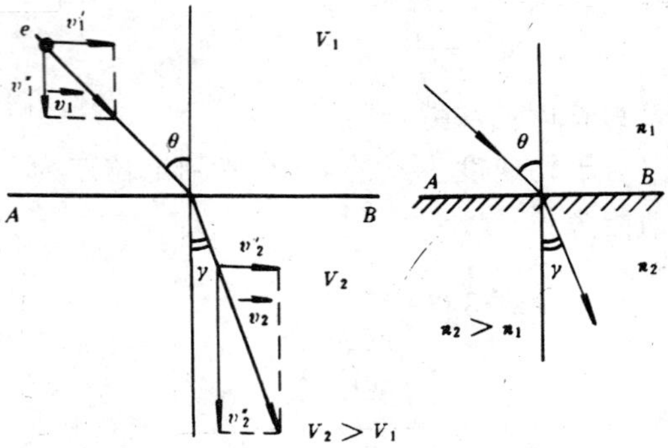

图 4-1　电子在静电场中的折射(A)和光线的折射(B)

AB 两边的电子运动速度将由 v_1 变为 v_2，它们是相应的切向分量，由于在平行于界面的方向没有电场力作用，因此 v_1' 与 v_2' 相等，即：

$$v_1\sin\theta = v_2\sin\gamma \tag{4-9}$$

式中：θ 及 γ 为电子运动方向与电场等位面的法线间的夹角。将(4-3)式代入(4-9)式得到：

$$\frac{\sin\theta}{\sin\gamma}=\frac{\sqrt{V_2}}{\sqrt{V_1}} \tag{4-10}$$

与几何光学中的折射定律$\frac{\sin\theta}{\sin\gamma}=\frac{n_2}{n_1}$相比，$\sqrt{V}$ 起着电子光学折射率的作用。式(4-9)和(4-10)可看成为是静电场中的电子光学折射定律。当 $V_2>V_1$ 时必 $\gamma<\theta$，这时电子运动轨迹趋向等位面法线；当 $V_2<V_1$ 时，则 $\gamma>\theta$，电子运动轨迹将远离等位面的法线。这反映了电子在电场中的运动规律，与可见光线在光学介质中的传播规律相似。在电子光学中，电子运动的介质是电场，电场的等位面就是折射面。

利用电子这些特征和规律，即可制成各种电子光学透镜。带电旋转对称的电极在空间将形成旋转的、轴对称的弯曲静电场，对电子束有会聚成像的作用，这种旋转对称构成的电场空间系统，称为静电电子透镜，简称静电透镜。静电透镜有二极式和三极式两类，它们分别由两个或三个具有同轴圆孔的电极组成。

三极式静电透镜的电极电位、等电位曲面簇形状如图 4-2，A 所示。从图中可以看出，从静电透镜主轴上一物点 a 散射的电子，以直线轨迹向电场运动，当电子射入电场作用范围内，并通过等电位曲面簇时将受到折射，最后被聚焦在轴上一点 a'，a'点就是 a 点的像。静电透镜是会聚透镜。物和像都在场外两边的等电位区，所以在电子通过透镜前后的能量不会有变化。图 4-2，B 是与静电透镜等效的光学透镜的光路图。

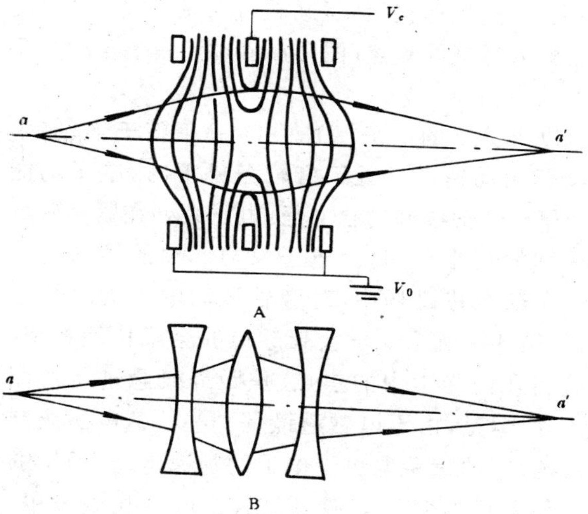

图 4-2　三极式静电透镜的等电位面和电子轨迹示意图

2. 电子在磁场中运动行为和磁透镜

由于静电透镜需要很强的电场，在镜筒内将导致击穿和弧光放电，在低真空度情况下更为严重，因此焦距不能做得很短，亦不能很好地矫正球像差，这是静电透镜的缺点。在电子显微镜中，除在电子枪中用来使电子束会聚成形外，已不再使用静电透镜，改用磁透镜。

电子在磁场中运动时受到磁场的作用力，亦称为洛仑兹力，以 $\boldsymbol{F}$ 表示，为：

$$\boldsymbol{F}=-e(\boldsymbol{v}\cdot\boldsymbol{B}) \tag{4-11}$$

式中：e 为运动电子电量，$\boldsymbol{v}$ 为运动电子速度，$\boldsymbol{B}$ 为电子所在位置磁感应强度。洛仑兹力垂直于电子的运动方向，并反向于 $\boldsymbol{v}$ 与 $\boldsymbol{B}$ 乘积决定的方向(左手定则)。

从式(4-11)可知，洛仑兹力在电子运动方向上的分量永远为零，因此在这个方向上不改变电子的运动速度，但当电子运动方向与磁感应强度方向不在一直线上时，磁场力将随时改变着电子运动的方向，使其发生偏转。通电流的圆柱形线圈产生旋转的、轴对称的磁场空间，这种旋转对称磁场对电子束亦能产生会聚成像作用，这称为磁电子透镜，简称磁透镜。

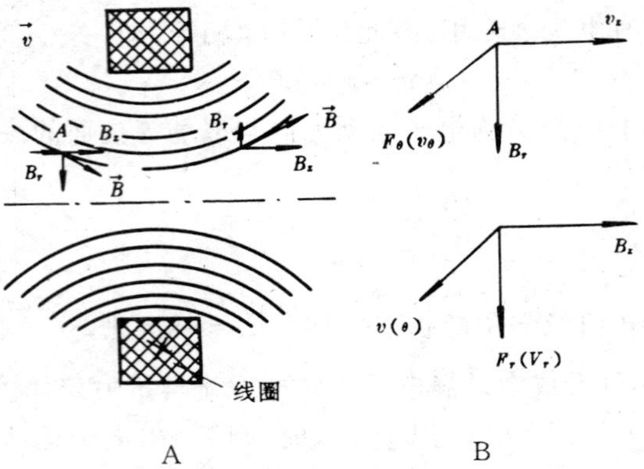

图 4-3 [WB]磁透镜中磁力线分布(A)和电子运动的三个分量(B)示意图

图 4-3，A 是磁透镜示意图，图中表示了在磁透镜中磁力线的分布和磁透镜的会聚作用。电子在磁场中运动时将产生三个运动分量：轴向运动（速度 V_Z），绕轴旋转（速度 V_θ）和指向轴的运动（速度为 V_r），如图 4-3，B 所示。平行于轴入射的电子经过磁透镜后，运动轨迹与轴相交于 O 点，该点即为透镜的焦点（图 4-4，A），其焦距含意与几何光学中相同。

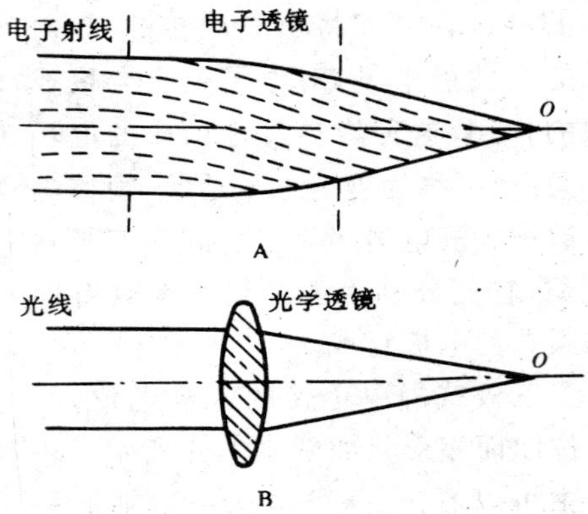

图 4-4 磁透镜(A)和光学透镜(B)具有相同的会聚作用和焦距

以上分析的电子[AKv→D]是平行于 Z 轴的，当电子运动速度 v 处于旁轴条件下时，电子仍能被会聚。旁轴条件的含义是：电子束处在紧靠磁场对称轴的很小范围内，电子束与此轴的倾斜角很小。在轴对称磁场中，对旁轴运动电子的会聚作用，与图 4-4 所示光学会聚透镜的会聚作用相似，可借用几何光学中的焦点、焦距等概念进行作图和计算，但是，由于电磁透镜是一些特殊电磁场空间系统，它的焦距取决于电子的加速电压、透镜的结构和采用的激励电源，所以，在电子显微镜中，常通过变动激励电流来调节电磁透镜的焦距和放大倍数。

4.1.3 电磁透镜的像差

由于电磁透镜起着玻璃透镜相同的作用，通过电磁透镜的电子束亦可聚焦成像。只有当电磁透镜的磁分布理想的轴对称，电子束中所有电子运动速度（即波长）相同，而且满足旁轴条件等前提下，才可能获得一个清晰而又与物体相同的图像，但在实际中这些条件常不能严格满足，使电磁透镜出现各种像差，影响图像的清晰度和真实性，限制了电子显微镜的分辨本领。重要像差有下列几种：

1. 电磁透镜的几何像差

在旁轴条件下电子运动的轨迹，称为高斯轨迹；所形成的像，称为高斯像。电子运动的实际轨迹与高斯轨迹产生偏离造成的像差，称为几何像差。

几何像差主要有：球面像差、慧形像差、场曲、像散、畸变和各种旋转像差等，如图 4-5 所示。从图中可以看出，只有高斯像是最逼真和清晰的图像，各种像差都会使图像不够清晰，造成透镜分辨本领的下降。例如，畸变像差使图像失真，图中 E 内的实线表示枕形畸变，虚线表示桶形畸变。像差还会使图像产生扭曲（图中 F）、球面像差（简称为球差）等。

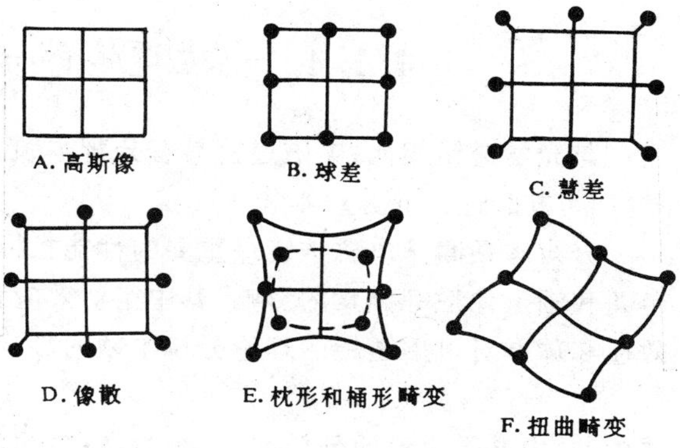

图 4-5　各种几何像差的示意图

球差圆斑的形成如图 4-6 所示，轴上有一物点 P，旁轴电子形成的高斯像是 P' 点，通过高斯像点垂直于光轴的平面，称为高斯平面。由于透镜光阑均有一定大小，电子束就有一定的孔径角 α，使一些非旁轴的电子参于成像。在电子透镜中，离轴远的场区对电子束的会聚作用比离轴近的区域大，所以同是从 P 点发出的电子，因张角的不同，落在高斯平面的像也不在同一点上。假设张角最大的电子落在 P''点，在高斯平面上，所得到的像是以 $P'P''$为半径的圆斑，那么轴上一物点的像成了有一定大小的圆斑，这种像差称球面像差。电子物镜实际上只是利用光轴附近很小区域的物体来成像的，这时轴外物点成像的其他像差可以不考虑，但球差是不可避免的。

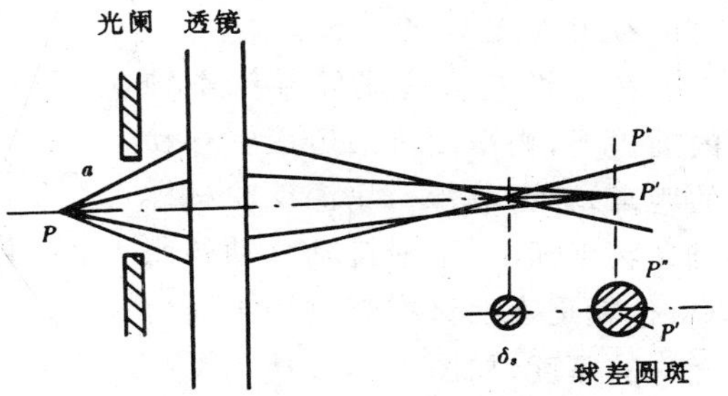

图 4-6　球差的形成

在电子显微镜中，球差是影响透镜分辨本领最主要的几何像差。球差愈小分辨本领亦就愈大。

2. 电磁透镜的色差

在光学中由于各颜色光具有不同波长，通过透镜产生的像差称为色像差，简称色差。在电子光学中电子透镜成像也有色差。加速电压的波动以及阴极逸出电子能量的起伏，使得成像电子束的波长不同，而电子透镜的焦距和像转角都与电子的波长有关，由不同波长电子束透过透镜造成的像差，亦称为色差，它使得一个物点变成为某种散射图形，影响图像的清晰度。

3. 电磁透镜的轴上像散

由于透镜的某些缺陷造成磁场或电场不是旋转对称场，使透镜不能形成理想的高斯像，即使是轴上的物点也会发生像散使图像不清晰，这种像差称为轴上像散。这是不能完全避免的，因为在透镜系统中总是会存在各种污染而产生经常变化的因素，这亦是影响电镜分辨本领的主要像差。为了尽量减小轴上像散，各种电镜都配置有消除像散的设备。

4.1.4 电磁透镜的分辨本领、场深和焦深

与光学透镜相比，电磁透镜具有分辨本领高、场深大和焦深长等三大特点。

1. 电磁透镜的分辨本领

分辨本领高是电磁透镜最重要的性能指标。电磁透镜的分辨本领受到衍射效应、球差、色差和轴上像散等因素的影响，其中衍射效应和球差是最主要的影响因素。这里仅讨论衍射效应和球差对电磁透镜的理论分辨本领的影响，它们之间的关系为：

$$r_{th}=A\cdot C_s^{1/4}\cdot\lambda^{3/4} \tag{4-12}$$

式中：r_{th}为电磁透镜的分辨本领，A 为常数，约为 0.4～0.5，决定于推导时的假设条件，C_s 为球差系数，λ 为运动电子的德布洛依波长。电磁透镜的理论分辨本领一般为 0.2nm，目前制造的电磁透镜已接近于这个水平。随着采用高压电子束作照明源，以及低球差电磁透镜的研制成功与应用，从理论上讲达到 0.1nm 的分辨本领也是可能的。

2. 电磁透镜的场深

在不影响透镜成像分辨本领的前提下，物平面可沿透镜轴移动的距离，称为场深。场深反映试样可在物平面上、下沿镜轴移动的距离，也就是表明试样超过物平面所允许的厚度，如图 4-7，A 所示。

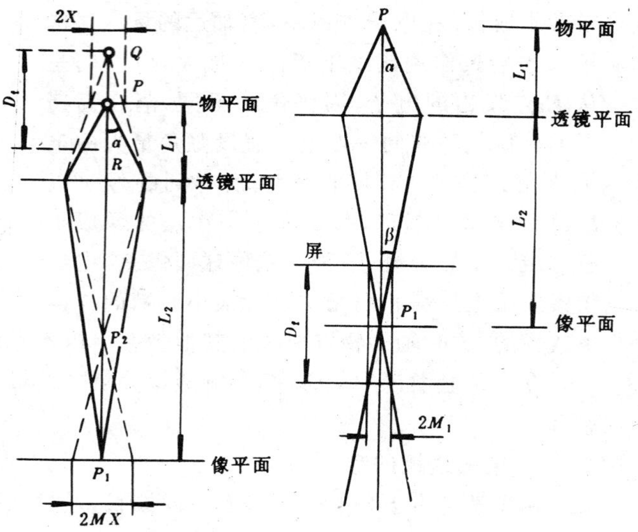

图 4-7 电磁透镜的场深(A)和焦深(B)的示意图

物平面上的 P 点经透镜在像平面上成像为 P_1 点，若透镜的放大倍数为 M，分辨本领为 r，由于衍射和像散的综合影响，像点 P_1 实际上是一半径为 M_r 的弥散圆斑。距物平面 $0.5D_f$ 处的 Q(或 R)点是离焦，(注意！物点在物平面上时为正焦，离焦是指物点不在物平面上)，在像平面上呈现的像为半径为 M_X 的圆斑。显然当 $M_X\leqslant M_r$(即 $X<r$)，并不影响透镜分辨本领时，像不会模糊。由于 D_f 比物距 L_1 小得多，所以可认为从 Q 点(或 R 点)和 P 点发出的电子束的孔径角都等于 2α，因此在 $X\leqslant r$ 条件下透镜的场深 D_f 为：

$$D_f=\frac{2X}{\mathrm{tg}\alpha}\approx\frac{2X}{\alpha}=\frac{2r}{\alpha} \tag{4-13}$$

当 $r=1\mathrm{nm}$，$\alpha=10^{-3}\sim10^{-2}\mathrm{rad}$ 时，D_f 约为 200～2000nm。对于加速电压为 100kV 的电镜，样品厚度一般控制在 200nm 以下，在场深的范围内的物点都能调焦成像，获得清晰图像。

3. 电磁透镜的焦深

在不影响透镜成像分辨本领的前提下，像平面可沿透镜轴移动的距离，称为焦深。焦深

反映了观察屏或照相底板可在像平面上下沿透镜轴移动的距离。也就是说，观察屏或照相底板在焦深范围内任意上、下移动，均可获得清晰的图像，而不影响电子显微镜的分辨本领。

图 4-7，B 表示在不影响透镜成像的分辨本领情况下，观察屏或照相底片在 D_f 距离内移动都是可以的，在 D_r 范围成像的圆斑半径 $M_X \leqslant M_r$。

§4.2 透射电子显微镜及试样制备

透射电子显微镜具有高分辨率、高放大倍数等特点，是以聚焦电子束作为照明源，用电磁透镜对极薄(从几至几十纳米)试样的透射电子源，并使之聚焦成像的电子光学仪器。透射电镜所用的极薄试样有特定的制备方法。透射电子显微镜简称为透射电镜。它由光学成像系统、真空系统和电气系统三部分组成。图 4-8 为透射电镜的构造原理及光路图。

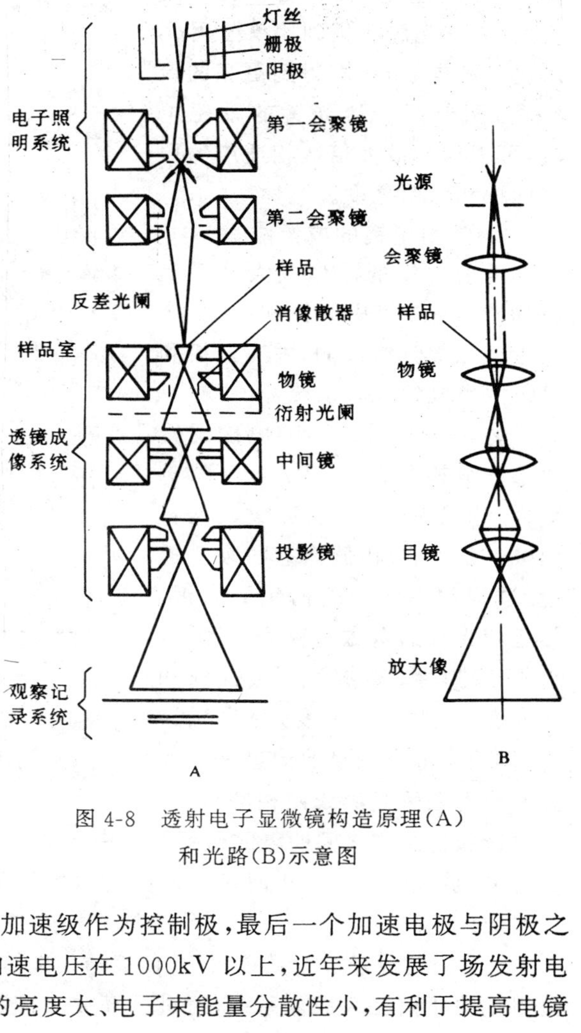

图 4-8 透射电子显微镜构造原理(A)和光路(B)示意图

4.2.1 透射电镜的成像系统

透射电镜上组装光学成像系统的直立圆柱体，称为镜筒。镜筒内装有包括照明、透镜成像放大及图像观察记录等构成透射电镜的光学成像系统。

1. 照明体系

透射电镜的照明体系，主要包括电子枪和聚光镜两部分。

电子枪是提供具有相当高能量和足够大电流密度电子束的装置，是透射电镜的电子源。由阴极、控制极、阳极构成的叫三极电子枪。阴极通常采用发叉式钨丝。透射电镜的加速电压一般在 50～200kV 之间，200kV 以上的电子枪常采用多级加速的办法，即在阳极后排列若干个加速级作为控制极，最后一个加速电极与阴极之间的电位差为总加速电压。超高压电镜的加速电压在 1000kV 以上，近年来发展了场发射电子枪及六硼化镧阴极电子枪。这些电子枪的亮度大、电子束能量分散性小，有利于提高电镜的分辨本领。

聚光镜是将电子枪发出的电子束会聚于试样平面上(图 4-9，A)，通过调节聚光镜激励线圈上的电流，达到改变试样平面处入射电子束的孔径角、束电流的密度及照明斑点的大小。有的电镜中只用一个聚光镜，但为了便于调节照明斑点，现代电镜一般采用双聚光镜。双聚光镜是在电子源和原聚光镜 C_2 之间再加聚光镜 C_1。C_1 为强磁透镜，用来控制束斑大小；C_2 为弱磁透镜，用来改变照明孔径角，以获得近于平行透镜光轴的电子束，既可提高分辨率，还可对亮度的束斑进行调节，工作原理如图 4-10，B，C。由于聚光镜 C_1 更靠近光源，接收孔径角较大，可从光源收集到比单独用 C_2 时更多的电子，从而得到更亮的聚焦斑，调节两个聚光镜的励磁电流，可得到与放大倍数相适应的照明面积和照明亮度。

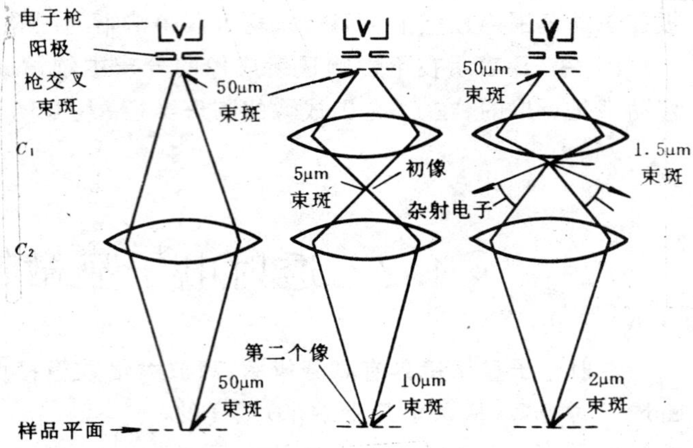

图 4-9　单聚光镜(A)和双聚光镜合适激磁(B)、双聚光镜高激磁(C)工作原理比较

2. 透射电镜的成像体系

透射电镜的成像放大体系是由物镜、1～2 个中间镜和 1～2 个投影镜三部分组成的，并有三级和多级两类成像放大系统。

物镜是靠近试样的电磁透镜为第一级放大透镜，其分辨率影响最大，通常为短焦距、高放大倍数(100～200 倍)和低像差的强磁透镜，试样放在物镜的前焦面附近。靠近荧光屏的电磁透镜为投影镜，也是短焦距、高放大倍数(例如 100 倍，一般固定不变)的强磁透镜，作用是把中间镜的像进一步放大并投射在荧光屏或照相底板上。

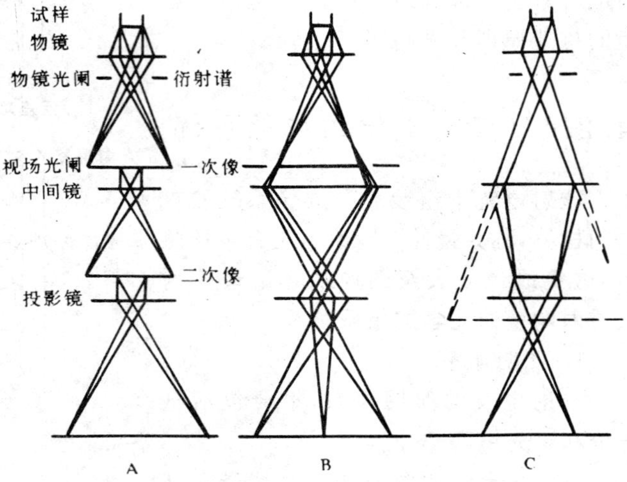

图 4-10　三级成像系统的电子光路图

(A)高放大率成像，(B)电子衍射，(C)低放大率成像

在物镜和投影镜之间的电磁透镜均称中间镜，为长焦距、放大倍数可变(例如 0～20 倍)的弱磁透镜。放大倍数大于 1 时将进一步放大物镜所成的像，当放大倍数小于 1 时就缩小物镜所成的像。

(1) 三级成像放大系统　中、低级透射电镜一般是由一个物镜、一个中间镜和一个投影镜组成的所谓三级成像系统，可进行高放大倍数和低放大倍数的成像，光路图如图 4-10 所示。

高放大倍数成像时，实物经物镜放大后在物镜和中间镜之间成第一级实像；中间镜对第一级实像再进行放大，在投影镜上方形成第二级放大像；投影镜将第二级放大像再放大一次，这样在荧光屏或照相底板上呈现终像（图 4-10，A）。三级透镜高放大倍数成像可以获得高达 20 万倍的电子图像。

低放大率成像时，实物经物镜放大成像于中间镜下方，对中间镜来说这个像是一个虚像，中间镜将此虚像缩小成实像，再经投影镜放大后投射在荧光屏上（图 4-10，C）。通过调节中间镜和物镜电流可以在一定范围内改变放大率。为了获得 50～100 倍的低放大率，可将物镜电流关掉，用长焦距的中间镜代替物镜形成一次像，经投影镜放大在荧光屏上成像。

选区电子衍射时的电子光路图如图 4-10(B)所示。在物镜的后焦面上有试样的电子衍射谱，将物镜光阑从光路中移出，调节中间镜的焦距使电子衍射谱成像在投影镜的平面上，经投影镜放大在荧光屏上得到放大的电子衍射谱图。如果在一次像平面处放一个选区光阑限制图像的电子，可以在荧光屏上得到由选区光阑所选定的那一小部分试样所形成的最终电子衍射谱图。若选区光阑置于一次放大像平面上，而选区光阑孔径为 50μm，物镜的放大率为 100 倍，则试样的选区范围为 50μm/100＝0.5μm。这样通过选择不同孔径的衍射光阑，可以实现对很小的试样区域作电子衍射研究，这称为选区电子衍射。

（2）多级成像系统　现代高性能透射电镜都采用多级成像系统，即除物镜外还有由两个中间镜和一个投影镜组成的四级成像系统，由三个中间镜和两个投影镜组成的五级成像系统等。通过多级成像系统可以大大提高放大倍数，从而获得高分辨本领所需的 80～100 万倍的放大倍数。另外，用多级成像系统在做电子衍射时，可以在较大范围内改变相机的长度。多级成像系统的工作原理与三级系统相似。

3. 透射电镜的图像观察记录体系

这部分由荧光屏及照相机组成。试样图像经过电磁透镜多次放大后，在荧光屏上显示出高倍放大的图像而被观察。需照相时则掀起荧光屏，打开照相机使底片曝光，即可获得与荧光屏上相似的照片。照相时应使照相底片在荧光屏位置之下，并有一定距离，由于电镜的焦深很大，这样仍可得到图像清晰的照片。

4.2.2　透射电镜的真空系统和供电系统

电子光学的工作是在真空条件下进行的，有空气存在将会出现：栅极与阳极间的空气分子发生电离，导致具有高电位差的两极之间放电；炽热灯丝被迅速氧化，研究工作无法正常进行；电子与空气分子之间互相碰撞，改变电子束中部分电子的运动轨迹，而影响成像质量；试样也容易被氧化遭到污染和损坏，使图像等产生失真。

电镜的真空度目前一般为 5×10^{-4}托左右。常是由机械泵和扩散泵两种真空泵串联组成真空泵组来实现的。为了进一步防止试样在操作和观察过程中发生氧化，有时还再增加离子泵以提高真空度，使电镜的真空度进一步提高到 10^{-8}托或更高。

透射电镜的供电系统主要有两部分电源：一是电子枪加速电子用的高电压小电流的电源；另一部分是电磁透镜激磁用的大电流低电压的电源。在不同条件下使用所需的参数不同。大部分电源都要装配稳压装置，以保证电源的稳定。在先进的透射电镜上都是用微机实现操作的自动控制。

高性能的透射电镜上，还可根据需要附加扫描单元、X 射线能谱仪及电子能量损失谱仪等，这样就可以做多功能的分析。

4.2.3 透射电镜的试样制备

透射电镜研究用的样品要求很薄，将极薄的试样放在专用的铜网上，再将铜网装在专用的样品架上送入电镜的样品室内进行观察。专用铜网的直径为 3mm，并有数个百个网孔构成(图 4-11)。透射电镜样品有多种制备方法，主要是根据试样的状态和试验要求确定的。

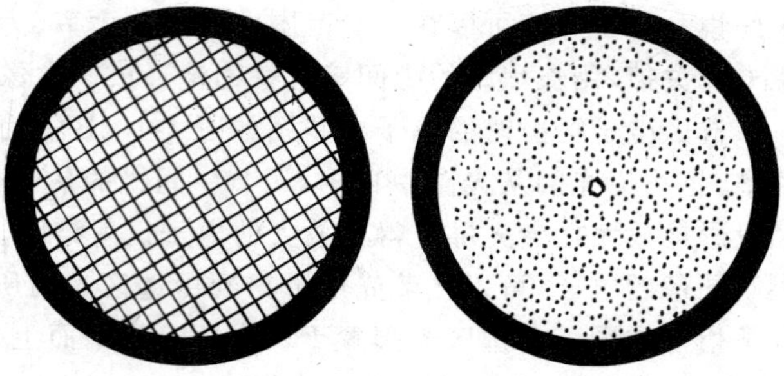

图 4-11 透射电镜用试样铜网

1. 粉末状试样的制备

将需观察的粉末置于与试样不发生作用的液态试剂中，用超声波分散器使之充分分散制成悬浮液，取几滴悬浮液加在覆盖有碳加强火棉胶支持膜的铜网上，待其干燥即成为透射电镜研究用的粉末状样品。

2. 薄膜试样的制备

块状材料试样需先用机械方法或化学方法进行预减薄，再用其他减薄方法制成对电子束透明的薄膜状样品。无机非金属材料试样常用的减薄方法是离子轰击减薄法。

离子轰击减薄是将试样按预定取向切割成薄片，经精磨和抛光等机械加工方法预减薄至 30～40μm 的薄膜状薄片，再装入离子轰击减薄装置内进行离子轰击至需要的厚度，即得透射电镜研究所用的块状材料试样。

3. 复型试样的制备

复型试样是一种将待测试样的表面或断口的形状模仿出来的薄膜，再将此薄膜装到透射电镜的样品室内即可研究材料的显微结构。为更好地获得电子图像，复型材料必须是：①非晶质体，以防止电子衍射束的影响；②塑印成型性好，以提高鉴别率；③有一定的强度、柔韧性、化学稳定性，便于复型试样的制备；④有一定的导电性、导热性，并能耐电子束的轰击，使原始图像不失真。在众多的复型材料中，碳是能较好地满足上述条件的复型材料，因此一般采用碳膜作为复型材料。

碳膜复型又有碳膜一次复型和塑料一碳膜二级复型两种方法。

一次碳膜复型的制备过程是：先将待测试样磨平抛光后进行化学腐蚀以突出第二相，再在真空镀膜仪上喷碳(碳层最佳厚度以在白釉瓷片点一滴硅油，当喷碳至无釉处呈浅灰色时来度量)，用刀片在喷碳膜上划成方格，并用化学腐蚀方法使碳膜脱离试样，最后清洗碳膜并用铜网捞出，即可在透射电镜下进行研究。此法常将试样腐蚀暴露出的第二相颗粒包裹在碳膜上，因而在复型膜中如无待测试样颗粒则可观察材料表面形貌，若复型的碳膜上包含突出第二相颗粒时，不但能对其形貌进行观察，还能用电子衍射方法进行物相的分析。

塑料一碳二级复型是研究结构形貌和断口形态的最常用方法，制备过程是将待测试样进行磨平抛光，用光学腐蚀方法形成所观察的形貌，然后将丙酮滴在处理过的表面或断口上，在丙酮完全挥发前就贴上一块醋酸纤维素塑料膜(简称 *AC* 纸)，*AC* 纸膜和试块表面间不能残留有气泡，待丙酮挥发后将醋酸纤维素膜揭下，面向试块的膜面已复制下试块表面的形貌，此过程为第一级塑料复型。在塑料复型膜的复型面上垂直蒸碳形成一层10～30nm厚的碳膜，此过程为第二级碳复型。为了增强衬度和立体感，可在碳复型形成前或后，以一定角度投影方式蒸镀重金属，再将经投影过蒸碳的塑料膜剪成2mm见方的小方块，在丙酮溶液中溶去塑料膜，碳膜即漂浮于丙酮中，经漂洗、展开(用丙酮调节水的表面张力使卷曲的碳膜展开并浮于液面)，用透射电镜的专用铜网将碳膜平正地捞于网上晾干后即可。由于在塑料一碳膜制备过程中，重金属投影是呈一定高度进行的，因此在最终图像识别时，一般认为亮影在轮廓线内和有轮廓线的小亮点其细节是凸的，而亮影在轮廓线外者的细节是凹的。小于半球状的凸起和凹陷可以根据投影方向来确定。

4.2.4 主要性能指标

透射电镜的主要性能指标是分辨本领和放大倍数。

透射电镜的分辨本领有点分辨率和线分辨率两种表述方法：点分辨率是表示透射电镜能分辨两个点间最小距离，目前超高分辨透射电镜的点分辨率可达0.23～0.25nm；线分辨率则是表明电镜能分辨出两条线之间的最小距离，当前超高分辨透射电镜的线分辨率则可达0.104nm。

透射电镜的放大倍数指标亦有最大的放大倍数和放大倍数变化指标两个内容：透射电镜的放大倍数是指获得的电子图像对应所观察到试样区域的线性放大倍数。最大放大倍数指标反映透射电镜的放大极限。目前高性能透射电镜的最大放大倍数为80～100万倍。在实际工作中，常在较低放大倍数下进行观察，以获得较好质量的电子图像，即使在最大放大倍数下观察点的显微结构，有时也难用肉眼在观察屏上区分出晶格条纹像，一般需借助于电镜附带的立体显微镜来观察所获得的晶格像。此外，透射电镜的性能还要注意能进行各级放大倍数的变化指标。

§4.3 透射电子显微镜的研究方法

透射电镜研究的关键是电子显微像的形成，包括像衬度的产生及电子的衍射作用。研究内容主要是观察和研究所获得待测物像的形貌结构特征，包括晶体的晶格像。

4.3.1 电子显微像的形成

透射电镜的电子像是由透射电子强度不同而产生的，电子光强度的差别称为衬度，有质厚衬度、衍射衬度和相位衬度等，分别适用于不同类型的试样、成像方法和研究内容。

1. 电子像的质厚衬度

对于无定形或非晶体试样，电子图像的衬度是由于试样各部分电子束的密度 ρ(或原子序数 Z)和厚度 t 不同而形成的，这称为质量厚度(ρt)衬度，简称为质厚衬度。这类试样中原子的排列是不规则的，电子像的强度可以考虑是个别原子对电子的散射，再将所有原子的电子散射相加而得。电子像的质厚衬度可从以下三方面来讨论：

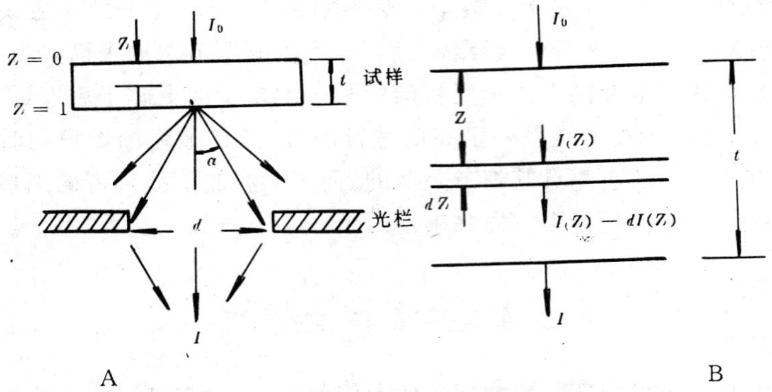

图 4-12　电子束在试样中的散射(A)和衰减(B)

(1) 电子束密度的作用　当强度为 I_0 的电子束垂直照射到试样上，将受到试样原子的散射。若在试样下部放置一孔径半角为 α 的光阑，散射角大于 α 的电子将被光阑挡住而不能参与成像(图 4-12,A)。若在试样某深度 Z 处的电子束强度为 I_Z，则 $Z+d_Z$ 处电子束强度为 I_Z-dI_Z(图 4-12,B)。电子束穿透试样后在入射方向散射角小于 α 的电子数，即参于成像的电子数，随 ρt 的增加而衰减。例如，在试样中的 A(厚度为 t_a，总散射截面 Q_a)和 B(厚度 t_b，总散射截面为 Q_b)二区域，当强度为 I_0 的入射电子通过 A 和 B

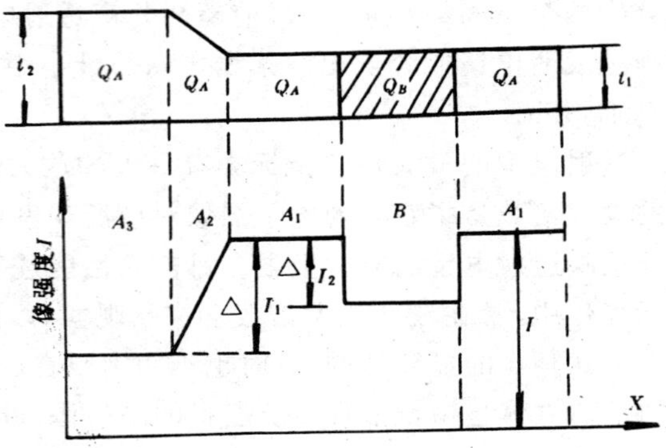

图 4-13　随试样厚度 t 和 $Q(\rho)$ 变化的电子像强度剖面图

二区域后，能通过光阑成像的电子强度分别为 I_A 和 I_B，投射到荧光屏或照相底片上的电子强度差为 $\Delta I=I_A-I_B$(假定 I_B 为背景强度)，如图 4-13 所示。图中有 A、B 两区域电子像的强度分布为：以 A_1 区背景强度 I 作基准区，ΔI_1 为 A_3 区与 A_1 区因厚度不同形成的强度差，ΔI_2 为 B 区与 A_1 区 Q 不同形成的强度差，则衬度 C 为：

$$C=\frac{\Delta I}{I_B}=\frac{I_B-I_A}{I_B}=1-\frac{I_A}{I_B} \tag{4-14}$$

因 $I_A=I_0e^{-Q_At_A}$，$I_B=I_0e^{-Q_At_A}$，所以：

$$\frac{\Delta I}{I_B}=1-e^{-(Q_At_A-Q_At_A)}=1-e^{-\Delta(Qt)} \tag{4-15}$$

当 $\Delta(Qt)<1$ 时，则为：

$$\frac{\Delta I}{I}\approx\Delta(Qt) \tag{4-16}$$

式(4-15)、式(4-16)就是质厚衬度的数学表达式。可以看出，对于无定形或非晶体试样来说，只要试样各部分的密度 ρ(或原子序数 Z)或厚度 t 不同，就产生电子像的质厚衬度。

(2) 物镜光阑的作用　透射电镜中阻挡大角度散射电子的光阑是置于物镜的后焦面上的(图 4-14,A),称为物镜光阑。若一平行于轴的电子束照射在试样上,从试样上某个物点 A 散射的电子分成两部分:一部分$<\alpha$ 的电子能通过物镜光阑 D 聚焦在像平面上形成像点 A',其余$>\alpha$ 的电子被光阑 D 挡住不能参与成像,角度 α 为物点与物镜光阑边缘联线之间夹角。若试样有以物点 A、B、C 分别代表的三个区域(图 4-14,B),其总散射截面积分别为 Q_A、Q_B、Q_C,而且 $Q_C>Q_B>Q_A$,那么从图中可以看出,C 点区域散射的电子大部分为物镜光阑所挡住不能参与成像,A 点区域散射的电子都能通过物镜光阑参与成像,B 点区域的情况介于两者之间。所以成像后像的亮度 A' 点$>B'$ 点$>C'$ 点,这就形成了图像的衬度。由于物镜光阑阻挡了散射角大的电子,改善了衬度,因此物镜光阑又被称为衬度光阑。在一定加速电压下,减小物镜光阑孔径可使衬度增加;在一定物镜光阑孔径下,随着加速电压增加,衬度则减小。

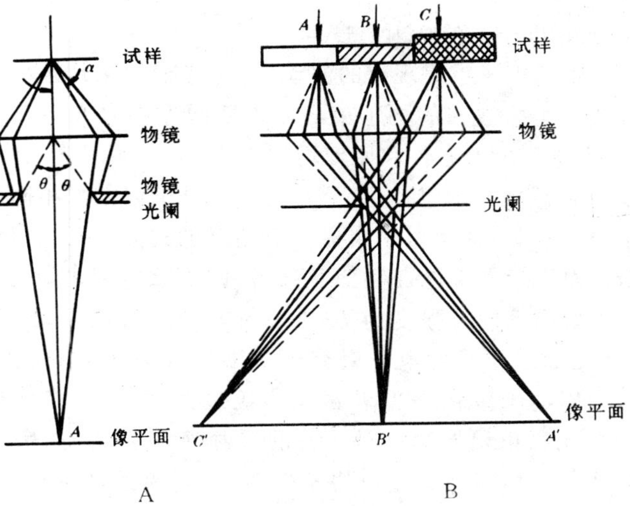

图 4-14　物镜光阑挡住大角度散射电子(A)和对质厚衬度的作用(B)

(3) 复型像及其衬度的改善

对于不能直接制成对电子束透明的薄膜状试样常采用复型技术。复型膜把试样表面的形貌差别如实地转变为在电子束方向上的厚度差别,从而造成物像的衬度,如图 4-15 所示。从试样(A)上复型制得的复型膜(B)虽有一定厚度差别,由于整个试样的密度 ρ(或 Q)是一样的,因此厚度差别引起的衬度很小。通常通过以一定角度在复型膜上蒸镀密度大的重金属原子(如 Cr、Pt 等),以增加试样形貌不同部位的密度差别(C),可大大改善图像的衬度,使图像层次丰富且立体感强。这种方法称为重金属投影技术,或投影加深技术。图 4-15 的 C 中 S 为重金属蒸发源,以一定角度将重金属原子蒸镀到一不等厚的复型膜上,由于膜的起伏(反映材料表面形貌),使各处蒸镀重金属层的厚度不同,从而增强电子图像的衬度。投影角度一般为 5°～45°,对于形貌起伏小和细节小的试样,投影角应小些,才能形成一定衬度,清晰显示形貌

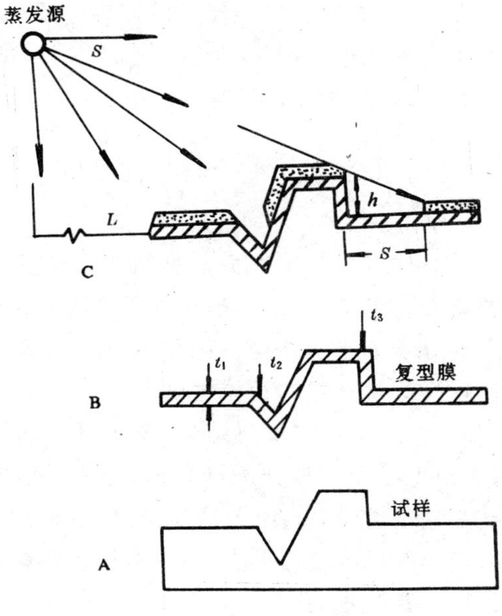

图 4-15　复型膜重金属投影后增强衬度明场像

变化和图像的细节。

2. 电子像的衍射衬度

加速电子束表现出的波动性，具有比 X 射线还要短得多的波长。当短波长的电子束与晶态薄膜作用时亦会产生衍射现象，发生衍射的条件和原理均与 X 射线衍射相同。在入射电子束与晶态材料作用时，除了有与入射电子束方向相同的透射电子外，还有与透射电子束成一定角度的透射电子，如图 4-16 所示。如果薄膜内有 A 和 B 两颗晶粒，那么它们之间的唯一差别在于取向不同。强度为 I_0 的入射电子照射试样，当 B 晶粒的 hkl 晶面组与入射电子束交成布拉格角 θ_B 时，将发生衍射，因此入射电子束在 B 晶粒区域内经过散射之后，将分成强度为 I_{hkl} 的衍射束和强度为 I_0-I_{hkl} 的透射束两部分。如果 A 晶粒的各晶面组均不满足布拉格条件时，衍射束强度可视为零，于是透射束强度仍近似等于入射束强度 I_0。物镜后焦面上的物镜光阑把 B 晶粒的 hkl 衍射束挡掉，只让透射束通过光阑孔进行成像，由于 $I_A \approx I_0$，$I_B \approx I_0-I_{hkl}$，于是像平面上两颗晶粒的亮度不同而形成衬度，这种衬度称为衍射衬度。同理，如果 A、B 两颗晶粒为不同的晶体，当其中之一的某一组晶面满足布拉格条件，而另一晶粒的所有晶面组均不满足布拉格条件，则同样亦形成衍射衬度，从而得到两晶粒的图像。

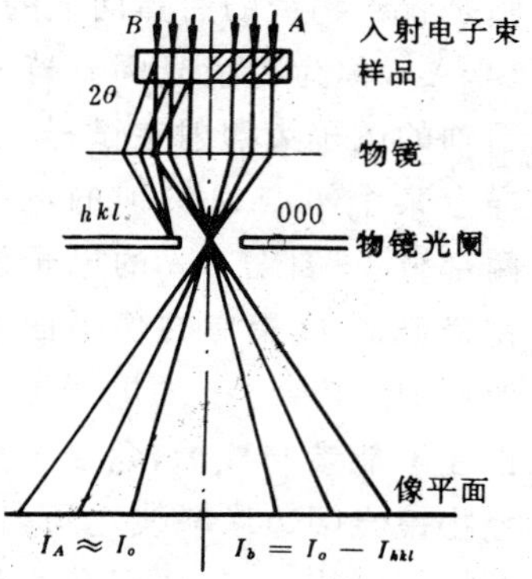

图 4-16　薄膜内位向不同的晶粒引起衍射效应（明场）

这种让透射束通过物镜光阑，将衍射电子束挡去而得到图像衬度的方法，称为明场(BF)成像。如果将物镜光阑移动到挡住透射束的位置，让 hkl 衍射束通过所形成的图像，称为暗场(DF)成像。暗场像是由离轴电子束形成的，所得图像的质量不高，有较严重的像差，一般将入射光束倾斜 2θ 角度，使 hkl 衍射束的方向与光轴一致，亦可以获得一个不畸变的、分辨率高的、清晰的暗场像。

4.3.2　高分辨率像的形成

薄晶体成像除了根据衍衬原理形成衍衬像外，根据相位衬度原理还可形成高分辨率像。它的研究对象是 1nm 左右的微观结构。它能直接反映晶体内部的晶格条纹像，反映晶格中原子或分子分布的结构图像和单个重金属原子的原子像。

1. 高分辨率像的相位衬度

观察 1nm 左右微观结构，要求试样的厚度小于 10nm。入射电子波照射到极薄试样上后，入射电子受到试样原子散射，分成透射波和散射波两部分，这两部分电子波之间相位差为 $\pi/2$(图 4-17，Ⅰ)。由于试样极薄，散射波振幅、电子受到散射后的能量损失(10～20eV)和散射角(4～10rad)均很小，散射电子差不多都能通过光阑而相干成像。如果物镜没有像差，并处于正焦状态，透射波与散射波相干结果产生合成波如图 4-17，B 中 Ⅰ 所示，合成波振幅与透射波振幅相同或相接近，只有相位稍许不同。由于两者振幅接近，强度差很小，所以不能形成像衬度。如果设法引入附加的相位差，使散射波改变 $\pi/2$ 位相，那么透射波与合成波的振幅就有较大差别(图 4-17 中 Ⅱ、Ⅲ)，从而产生衬度，这种衬度称为相位衬度。

引入附加相位差的常用方法是利用物镜的球差和散焦。在加速电压、物镜光阑和球差一定时，适当选择散焦量使这两种效应引起的附加相位变化是$(2n-1)\pi/2, n=0,1,2\cdots$，就可以使相位差变成强度差，从而使相位衬度得以显示出来。

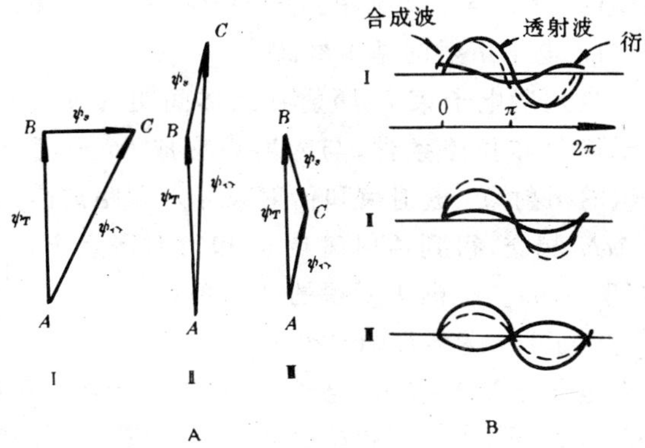

图 4-17　观察相位衬度时，相位差变振幅图(A)和行波图(B)的示意图

2. 高分辨率像的获得

根据阿贝成像原理可以知道，当物镜光阑套住透射束和一束衍射束时，也就是只让透射束和某一级衍射束 I_{hkl} 通过光阑，在像平面上相干成像，则得到反映该晶面组(hkl)的晶面间距的晶格条纹像。此时应当采用如图 4-18 所示的倾斜照明、双光束成像模式，使透射束和衍射束处于与光轴成对称的位置，以控制由于双束的不对称引入产生的几何光程差和球差而导致的相位差。当采用垂直照明并用物镜光阑套住透射束及多个衍射束时，即可得到反映晶体结构的结构像。当采用倾斜照明并用物镜光阑套住多个衍射束时，则可得到暗场结构像。但是由多束光成像原理拍摄到的像，并不一定都能真实地反映晶体的结构。

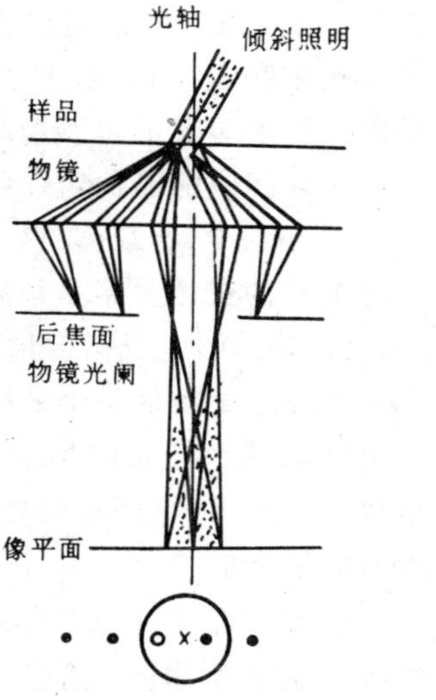

图 4-18　倾斜照明、双光束成晶格条纹像的光路示意图

为了判别所拍摄到的像是否真正反映晶体结构，需要计算出所研究晶体结构的模拟像，并与实验像对照。如模拟像与实验像符合，说明实验像是可靠的；对于未知结构，可以先提出一个假想结构模型，然后对比模拟像与实验像来检验所提模型的正确性。

高分辨率像的获得必须具备一定条件，这些条件是：①透射电镜要有倾转台来倾斜试样，以调整晶体与入射电子束的相对取向；②晶体必须很薄，在 100kV 加速电压下，厚度应小于 10nm；③入射电子束应严格地平行于某个有利于观察的晶体学方向；④物镜光阑的大小应与仪器的分辨本领相匹配；⑤物镜还必须有一个最合适的欠焦量等。

4.3.3　选区电子衍射分析

由于电子显微镜照明系统提供了一束波长恒定的电子束，在与晶体材料作用后，因弹性相干散射而产生衍射现象。发生衍射的原理与 X 射线的衍射作用完全相同，所获得的衍射图案也是相似的，但是由于电子束的波长更短，晶体电子衍射的几何特点与晶体的倒易点阵的二维截面完全相似，因此电子衍射分析的过程更为简单。可是，因电子束与原子作用散射

强度要大于 X 射线的作用，使得衍射束强度与透射束强度几乎相当，相互之间会产生一定的作用，使对电子衍射束强度的分析要比 X 射线衍射强度的分析更复杂。

1. 电子衍射的基本概念

当入射电子束 I_0 照射到晶体间距为 d 的晶面组(hkl)时，由于满足布拉格条件，与入射束交成 2θ 角度方向上得到该晶面组的衍射束。透射束和衍射束分别和距离晶体为 L 的照相底板 MN 相交，得到透射斑点 Q 和衍射斑点 P，它们间的距离为 R(图 4-19)。从图中所得的几何关系为：

$$R=L\cdot \mathrm{tg}2\theta \tag{4-17}$$

由于电子波波长很短，电子衍射的 2θ 很小(仅 $1°\sim2°$)，$\mathrm{tg}2\theta\approx\sin2\theta\approx2\sin\theta$，代入布拉格公式 $2d\cdot\sin\theta=\lambda$，得电子衍射基本公式：

$$R\cdot d=L\cdot\lambda=K \tag{4-18}$$

式中：L 为试样到照相底板的距离，称为衍射长度或电子衍射相机长度。在一定加速电压下，电子束的波长 λ 为一确定值。L 和 λ 的乘积是常数 K，称为电子衍射的仪器常数或相机常数，是电子衍射装置的重要参数。由衍射斑点的 R 值可计算出与该衍射斑点相应的晶面组(hkl)的面网间距 d 值：

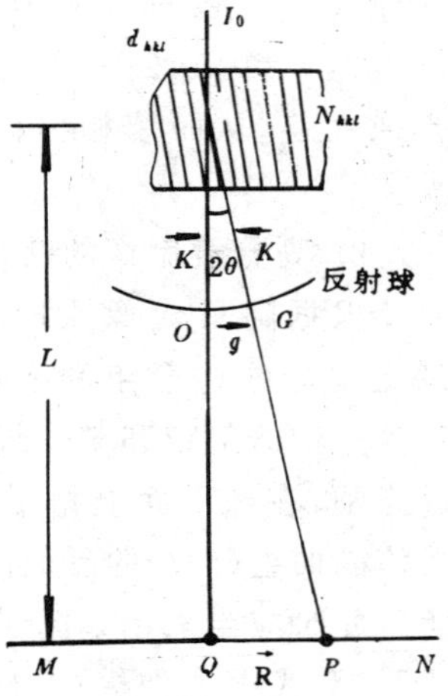

图 4-19　电子衍射几何关系

$$d=L\cdot\lambda/R=K/R \tag{4-19}$$

R 与 $1/d$ 的正比关系是衍射斑点指标化的基础。

2. 单晶的电子衍射谱

单晶电子衍射得到的衍射花样是一系列按一定几何图形分布的衍射斑点，称为单晶电子衍射谱。图 4-20 是磷酸锆锶[$SrZr_4(PO_4)_6$]单晶的电子衍射谱。

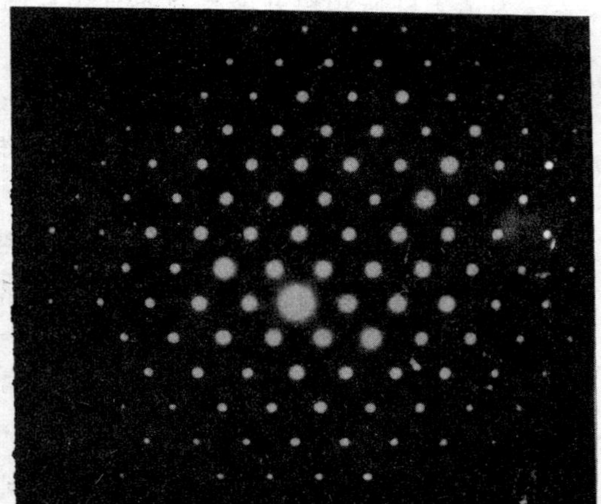

图 4-20　$SrZr_4(PO_4)_6$ 的单晶电子衍射谱

根据厄瓦尔德球(反射球)作图法可知，入射电子束在晶体内发生衍射的条件是，倒易点 G 是否落在以 O 为中心以 $1/\lambda$ 为半径的反射球面上，只要倒易点与球面相截，就满足衍射的布拉格条件。利用倒易点阵和厄瓦尔德球作图法可以推导出(4-19)式。设 $\boldsymbol{k}_O$ 为入射束的波矢($k_O=1/\lambda$)，$\boldsymbol{k}$ 为衍射束的波矢，$\boldsymbol{g}$ 为倒易矢量($g=1/d$)，平行于衍射晶面的法线 $\boldsymbol{N}$。由于 2θ 很小，倒易矢量 $\boldsymbol{g}$ 近似垂直入射束波矢量 $\boldsymbol{k}$，而照相底板上 P 点的坐标矢量 $\boldsymbol{R}$ 也垂直于入射束方向，如果考虑到 $\boldsymbol{R}/\!/g$，则：

$$\boldsymbol{R}=(L\cdot\lambda)\boldsymbol{g}=K\boldsymbol{g} \tag{4-20}$$

这说明衍射斑点的 $\boldsymbol{R}$ 矢量是产生这一斑点的晶面组倒易矢量 $\boldsymbol{g}$ 的按比例放大，所以衍射谱就是落在厄瓦尔德球面上所有倒易点构成的图形的投影放大像。

由于电子束波长很短，加速电压 100kV 时为 0.0037nm，反射球半径为 270nm。如果晶体的低指数晶面间距为 0.2nm，相应的倒易矢量长度为 5nm，约为低指数晶面倒易矢量长度的 50 倍，那么，在倒易点阵原点附近的低指数倒易点范围内，反射球非常接近平面，反射球面与倒易点阵交截是二维倒易平面，在这个平面内的低指数倒易点都坐落在反射球面上，满足布拉格衍射条件，产生相应的衍射束，因此，单晶衍射谱就是厄瓦尔德球相截的二维倒易平面的倒易点阵的投影放大像。

单晶的电子衍射谱具有一定几何图形与对称性，可从倒易点阵的对称性加以分析。与正平面点阵一样，二维倒易平面上倒易点阵的配置只有平行四边形、矩形、有心矩形、四方形和六角形五种，因此单晶衍射谱也只有这五种几何图形。倒易空间与正空间有相同的点群，二维的点群共有十种，即：1，2，3，4，6，m，$2mm$，$3mm$，$4mm$，$6mm$。

表 4-2　衍射斑点的对称性及可能所属晶系

电子衍射花样的几何图形	五种二维倒易面	电子衍射花样及相应的点群	可能所属晶系
平行四边形		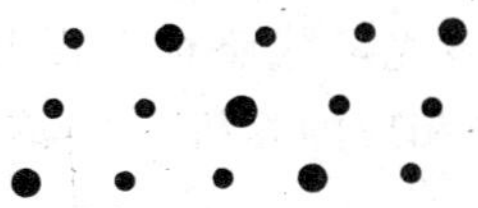	三斜、单斜、正交、四方、六方、三角、立方
矩　　形		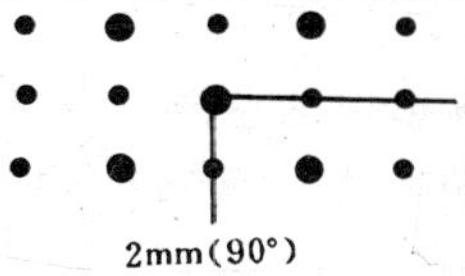	单斜、正交、四方、六方、三角、立方
有心矩形	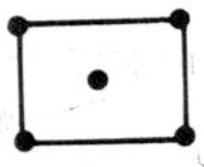	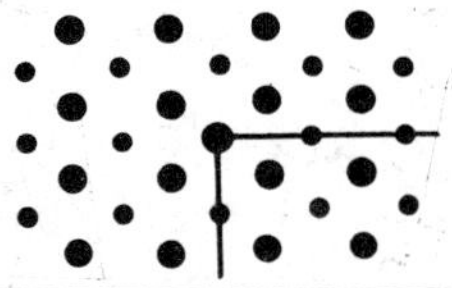	单斜、正交、四方、六方、三角、立方
四 方 形		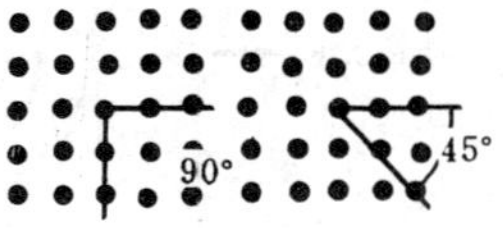	四方、立方
正六角形			六方、三角、立方

电子衍射谱相当于一个二维倒易点阵平面，在此平面上的对称中心就是一个二次旋转对称轴，因此只有包括二次旋转对称轴的六种点群，即：2，$2mm$，4，$4mm$，6，$6mm$ 才能在电子衍射谱中出现，而点群 1，3 和 m、$3mm$ 均不会出现，因为加上电子衍射谱会有二次旋转对称

轴，所以1就变成2，3就变成6了。表4-2列出了电子衍射谱的几何图形花样及相应的点群及其可能所属的晶系。

3. 多晶的电子衍射谱

多晶电子衍射谱的几何特征和粉末法的X射线衍射谱非常相似，是由一系列不同半径的同心圆环所组成。

多晶试样是许多取向不同的细小晶粒组成的。在入射电子束照射下，对每一颗小晶体来说，当面间距为d的$\{hkl\}$晶面簇组符合衍射条件时才产生衍射束，并在荧光屏或照相底板上得到相应的衍射斑点。在许多取向不同小晶粒的$\{hkl\}$晶面簇的晶面组均符合衍射条件时，则形成以入射束为轴和2θ为半角的衍射束构成的圆锥面，它与荧光屏或照相底板的交线，就是半径为$R=L\lambda/d$的圆环，因此，多晶衍射谱的环形花样实际上是许多取向不同的小单晶的衍射谱的叠加。d值不同的$\{hkl\}$晶面簇，将产生不同的圆环，从而形成由不同半径同心圆环构成的多晶电子衍射谱。

4. 透射电镜的电子衍射方法

由晶体试样产生的各级衍射束，首先经物镜会聚于物镜后焦面上，构成第一级电子衍射谱，再经中间镜和投影镜的放大，在荧光屏或照相底板上即得到放大了的晶体电子衍射谱，因此，透射电镜的电子衍射长度L和相应的相机常数(K)分别为：

$$L=f_0M' \tag{4-21}$$

$$K=\lambda f_0M' \tag{4-22}$$

式中：f_0为物镜焦距，M'为中间镜和投影镜的总放大倍数。由此可见，L及K并不是固定不变的，是随所选用的电子衍射方法及操作条件而改变的，因此，有时也称它们为有效相机长度（衍射长度L）和有效相机常数(K)。

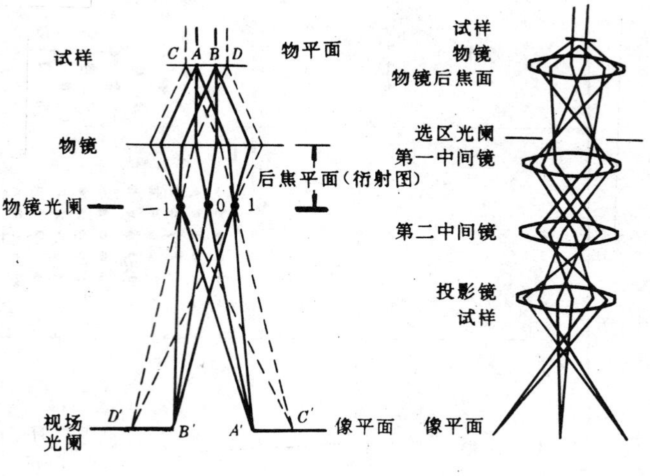

A　　B

图4-21　透射电镜中选区衍射原理(A)及电子选区衍射(B)

透射电镜通常采用的是选区电子衍射。用位于物镜像平面的专用选区光阑（或称视场光阑）选择特定像区的各级衍射束成谱的电子衍射，称为选区电子衍射。也就是说，只有试样AB区的各级衍射束才能通过选区光阑最终在荧光屏上成谱（图4-21，A），而AB区外的各级衍射束均被选区光阑挡住不能参与成谱，因此，所得到的衍射谱仅与试样AB区相对应。通过改变选区光阑孔大小就可改变选区范围，使衍射谱与所选试样像区相对应。

四级透镜成像系统的选区电子衍射光路如图4-21，B所示。进行选区衍射时，先按成像操作步骤在荧光屏上成像，调节选区光阑孔大小及位置（或移动试样）选择衍射区域，然后再进行电子衍射操作。

电子衍射操作包括：减小第一中间镜（衍射镜）电流，增大物距，使物平面与物镜后焦面相重，此时第一中间镜以物镜后焦面的衍射谱为物进行成像；再经第二中间镜及投影镜放大在荧光屏上得到放大了的电子衍射谱，调节第二中间镜电流可改变荧光屏上电子衍射谱的放大倍数。通常物镜放大倍数为50～200倍，利用孔径为50～100μm的选区光阑即可对样品上0.5～1.0μm的区域进行电子衍射分析。由于物镜存在球差，而且在选区成像时物镜会产生聚焦误差（失焦），因此进行电子衍射的选区范围不能小于0.5～1.0μm。

除最常用的选区电子衍射外，还有测定晶体结构参数的衍射方法，例如，微束衍射、高分解电子衍射、高分散性电子衍射和会聚电子衍射等。

5. 电子衍射谱的标定简介

电子衍射分析的基础工作是标定电子衍射谱中各斑点的指数（指标化），如图4-22所示。需要注意的是：对单晶电子衍射谱，(hkl)晶面组产生的衍射斑点标为hkl；而在多晶电子衍射谱中$\{hkl\}$晶面簇产生的衍射环亦标为hkl。根据对晶体的了解程度，对电子衍射谱的标定有三种以下情况：

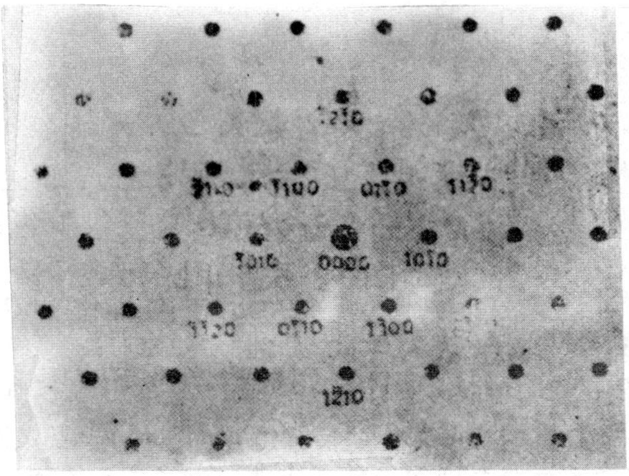

图4-22 Ni_3Ti单晶(001)晶带电子衍射谱及各斑点的指数

(1) 已知晶体点阵的标定 由于晶体的点阵类型及点阵常数均已知，对电子衍射谱的标定是为确定晶体取向。标定的原理比较简单，但有时仍需进行繁琐的计算与核对。

(2) 有一定程度了解晶体点阵的标定 根据所获得的电子衍射谱，计算出几个重要斑点相应晶面的间距(d)，然后查已知范围内晶体的X光衍射谱卡片以确定出相同衍射花样规律，最后再进行计算核对是否相洽，同时还要标出衍射斑点的指数和晶带方向，此过程相当于电子衍射的物相分析。

(3) 未知晶体点阵的标定 电子衍射谱的标定是比较困难的，因为从一张电子衍射谱的二维信息中，不能正确地确定三维晶体的点阵常数。这种情况需要转动晶体得出两个或更多个晶带的电子衍射谱，再用几何构图等方法得出三维晶体的点阵常数，同时标定衍射谱中衍射斑点的指数。

无论哪一种情况，电子衍射谱标定都是计算量大又繁琐，近年来大都用计算机进行处理，可参考有关书籍或专著。

6. 电子衍射的物相分析特点

用高分辨率透射电镜的电子衍射亦可对物相进行分析，与X射线衍射物相分析相比，具有下列的优点：

(1) 分析的灵敏度非常高。小至几十甚至几纳米的微晶也能给出清晰的电子衍射图像进行物相分析，适用于试样总量很少（如微量粉料，表面薄层）、待定物在试样中含量很低（如晶界的微量沉淀，第二相在晶体内的早期预沉淀过程，晶体内微量品质包裹物等）和待定物颗粒非常小（如结晶开始时生成的微晶、粘土矿物）等情况下进行物相分析。

（2）可以得到晶体取向的有关信息。例如，晶体生长的择优取向、析出晶相与基体的取向关系等。当出现未知晶体的新结构时，单晶电子衍射谱更易于进行标定和物相分析。

（3）在进行物相分析的同时还可与物相形貌观察结合进行，得到有关物相的大小、形态和分布等信息。

当然，透射电镜的电子衍射物相分析亦存在若干弱点，主要有：由于分析灵敏度高，分析中可能会引起一些假像，例如，制样过程中各种途径引入的各种微量杂质，试样在放置时落上尘粒等，都会出现这些杂质的电子衍射谱，所以只有某种物相的电子衍射谱经常出现，否则不能轻易断定这种物相的存在，而且对电子衍射物相分析结果要进行分析，并尽可能地与 X 射线物相分析结合进行。

§4.4 扫描电子显微镜和试样制备

利用在试样表面某微区内，扫描着的聚焦电子束与固态试样相互作用后产生二次电子、背散射电子、特征 X 射线和俄歇电子等物理信息，经处理后获得试样微区的几何形貌、组成分布和各相的形状等，称为扫描电子显微分析。以分析材料表面几何形貌为主的仪器，称为扫描电子显微镜，简称为扫描电镜。以分析物相组成为主的仪器有电子探针和俄歇电子能谱仪，两者的主要差别在于检测成像的电子信号不同，前者一般利用二次电子，后者则用特征 X 射线或俄歇电子。

4.4.1 电子束与固体作用产生的信息

电子束照射到固态试样表面，与之相互作用是一个相当复杂的过程，了解此过程对所收集的各种信息理解是十分必要的。当一束高能电子束轰击试样表面时，99%以上的电子能将转变成热能，因此扫描电镜均装有水冷却装置，只有1%的电子能量激发物质产生各种信息，如图4-23所示。主要信息有：

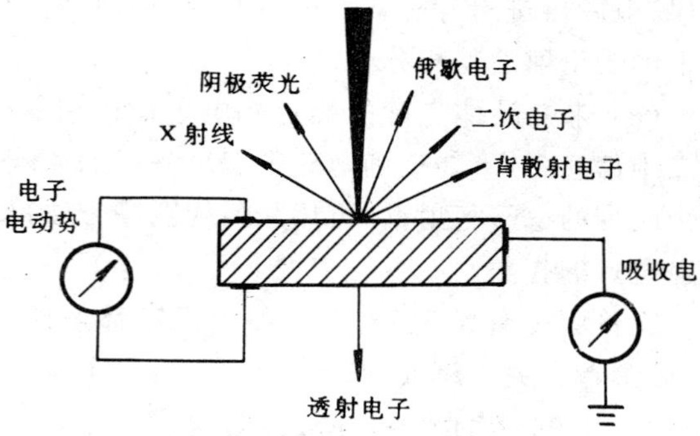

图 4-23 入射电子束轰击样品产生的信息

（1）二次电子是从距样品表面10nm左右深度范围内激发出来的低能量的电子；

（2）背散射电子是从距样品表面0.1～1μm深度范围内散射回来的、能量近似入射电子能量的电子；

（3）透过足够薄（1μm以下）样品的能量亦近似于入射电子能量的电子，称为透射电子；

(4) 残存在样品中的被试样吸收的入射电子，叫做吸收电子；

(5) 从距样品表面小于 1nm 深度范围内发射的具有特征能量的二次电子，称为俄歇电子；

(6) 特征 X 射线是从样品的原子内部 0.5～5μm 深度范围发射出具有一定能量的射线；

(7) 入射电子束轰击发光材料表面时，从样品中激发出可见光或红外光，称为阴极荧光；

(8) 入射电子束照射半导体器件的 PN 结所产生的电动势，称为感应电动势。

上述信息反映了试样本身不同的物理、化学性质，扫描电镜的分析就是根据不同信息的产生机理，采用不同的信息检测仪器将其转换成电信号，在显像管的荧光屏上呈现二维图像形式进行研究和分析的。

4.4.2 扫描电镜的构造原理

扫描电子显微镜主要是由电子光学系统、扫描系统、信号放大系统、图像显示记录系统、真空系统和电源系统等几部分组成的。

1. 电子光学系统

扫描电镜的电子光学系统是由电子枪、聚光镜、物镜、物镜光阑、消像散器和样品室等几部分构成的，如图 4-24 所示。

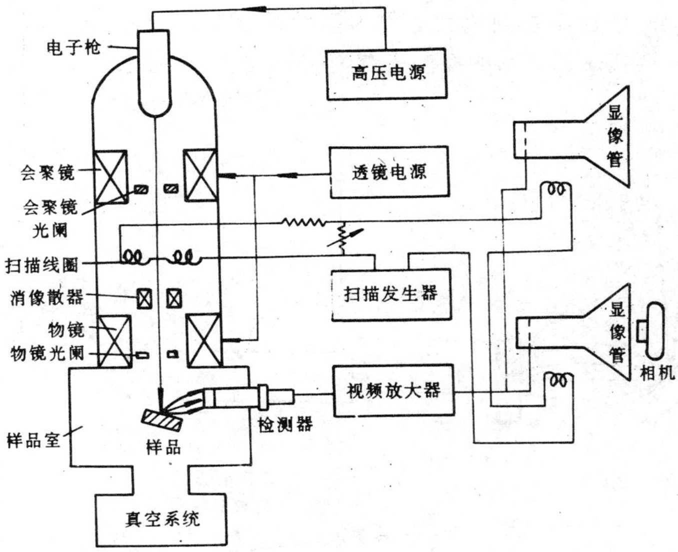

图 4-24 扫描电镜结构原理图

电子枪为扫描电镜提供照明的高能电子束，通过聚光镜可调节电子束的电流，以控制图像的亮度、反差和束斑直径等。电子束经物镜后，可使电子束的直径处于最佳状态，并使图像聚焦。物镜光阑的作用是为减少物镜的球差，提高分辨能力和改变景深。

电磁透镜的加工精度、安装调整质量以及电子通路的污染情况等，都会使电子光学系统的轴对称性受到损害产生像散，严重地影响着仪器的分辨率。加入消像散器的目的就是为了校正这一现象，使扫描电镜的分辨率得到提高。

试样室是安置试样的地方。通过一定机构调节可使试样在电子束的垂直平面内作纵横移动选取适当视场，倾斜或旋转选取观察方向，不同仪器的可变动范围有很大差别。在试样室内还可装配加热装置、拉伸装置等其他附属机构，以满足特殊观察需要。试样室是在高度真空的情况下进行工作的还必须配备有抽真空的附加设备。

2. 扫描系统

扫描系统是由扫描信号发生器、放大控制器和扫描线圈组成的。它们提供电子束在试样表面与显像管内的阴极射线同步描述信号。改变照明电子束的扫描振幅，即可获得不同的放大倍数扫描像。

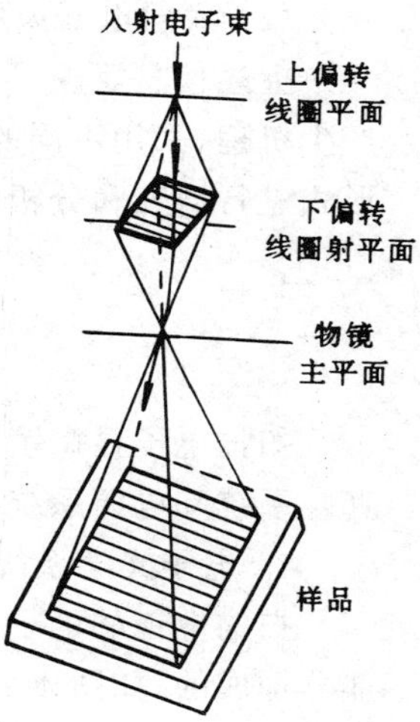

图 4-25　双偏转扫描系统的扫描原理图

扫描电镜常采用如图 4-25 所示的双偏转扫描系统。上、下两对偏转线圈均装在末级聚光镜和物镜之间，上下各有一对线圈产生 X 方向扫描(称为行扫)，另各有一对线圈产生 Y 方向扫描(称为帧扫)。当它们同时起作用时，电子束便在试样表面作光栅扫描。

由于要求电子束在试样上扫描与在显像管荧光屏上扫描是完全同步的，所以通常用一个扫描发生器来同时驱动试样的扫描线圈及显像管的扫描偏转线圈。

3. 信号探测放大系统

信号探测放大系统的作用是，探测试样在入射电子束作用下产生的各种物理信号，然后经视频放大后作为显像系统的调制信号。不同的物理信号要用不同类型的探测系统，扫描电镜常用的是电子探测器。

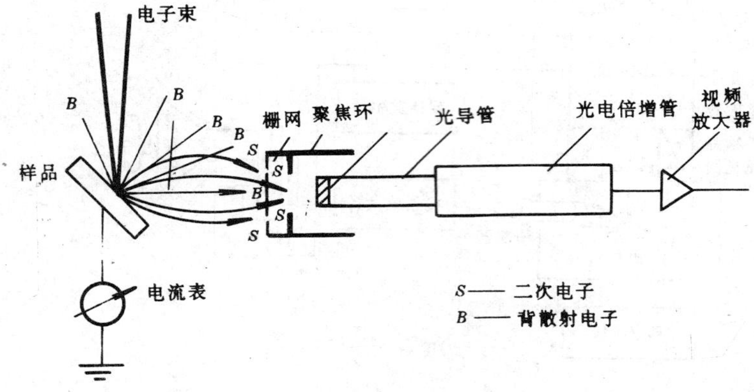

图 4-26　闪烁体—光电放大器系统电子探测器

电子探测器一般采用的是闪烁计数系统，探测二次电子、背散射电子等电子信号，其结构如图 4-26 所示。由于二次电子的能量较小(仅 50eV)，在接近二次电子时，需要在栅网上加上 250V 电压，以吸引二次电子进入探测器内，而背散射电子的能量很大，几乎与入射电子束能量相等，因此探测背散射电子时，需要在栅网上加 50V 电压，并阻止二次电子进入探测器。由探测器上产生的电信号经过放大，再经视频放大器，即可用来调节显像管的亮度，从而获得图像。

4. 其他系统

(1) 图像显示和记录系统包括显像管、照相机等，是把信号探测系统输出的调制信号转换为在荧光屏上显示出来，并反映样品表面某种特征的扫描图像，以供观察、研究、照相和记录。

(2) 真空系统与透射电镜相同，扫描电镜真空系统的作用是获得建立电子光学系统正常工作所必须的真空度，并防止样品的污染。在一般情况下，扫描电镜应保持高于10^{-4}托的真空度。

(3) 电源系统由稳压、稳流及相应的安全保护电路所组成，提供扫描电镜各部分所需要的稳定电源。

4.4.3 扫描电镜的性能指标

扫描电镜的主要性能指标有：放大倍数、分辨本领和景深等。

1. 扫描电镜的放大倍数

在扫描电镜中，入射电子束在样品上逐点扫描与显像管电子束在荧光屏上扫描保持精确的同步，扫描方式如图 4-27 所示。高分辨率显像管的最小光点尺寸为 0.1mm，当显像管荧光屏尺寸为 100×100mm 时，一幅图像是由约 1000 条扫描线构成的。如果入射电子束在试样上扫描幅度为 I，显像管电子束在荧光屏上扫描幅度为 L，则扫描电镜放大倍数为：$M=L/I$。

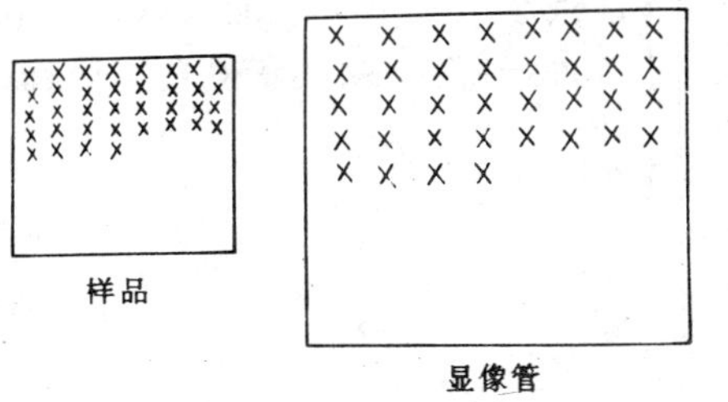

图 4-27 光栅扫描

由于显像管荧光屏尺寸是固定的，因此只要通过改变入射电子束在试样表面的扫描幅度，即可改变扫描电镜的放大倍数，目前高性能扫描电镜的放大倍数可以从 20 倍连续调节到 20 万倍。

2. 扫描电镜的分辨本领

扫描电镜图像的分辨本领通常有两种表示方法。一种是测量试样图像的一亮区中心至相邻另一亮区中心的距离，亮点中心间距的最小值就是分辨本领(图 4-28，A)；另一种方法是测量暗区的宽度，宽度的最小值就是扫描电镜的分辨本领(图 4-28，B)。

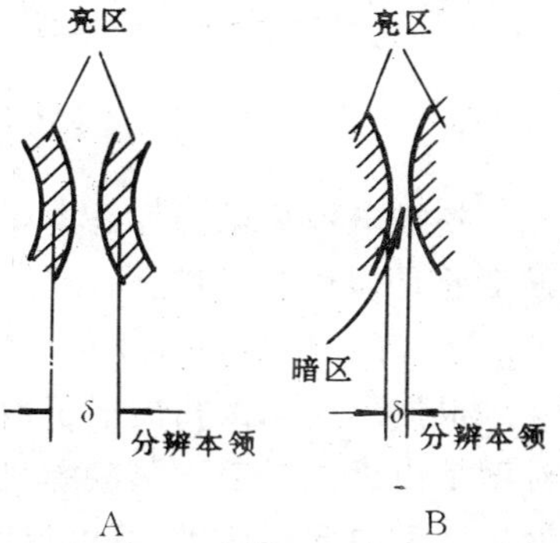

图 4-28 扫描电镜图像分辨本领的亮区中心间距(A)和暗区宽度(B)两种表示方法

扫描电镜图像的分辨本领决定于入射电子束的大小和成像信号两个因素：扫描电镜是通过电子束在试样上逐点扫描成像的，因此任何小于电子束斑的细节都不可能显示在荧光屏图像上，也就是说扫描电镜的分辨本领不可能小于电子束斑的直径。用不同信号成像时，扫描电镜的分辨率亦是不同的，其中二次电子像的分辨率最高，背散射电子像的分辨率较低。从试样中发射各种信息的电子束斑点均具有有效的实际点尺寸范围，由于散射的原因，散射电子的有效斑点一般都比入射斑点尺寸大，这就影响了扫描电镜的分辨本领。

3. 扫描电镜的景深

电子束在试样上扫描时，可获得清晰图像的深度范围，称为扫描电镜的景深。景深与放大倍数及电子束发散角度（即物镜光阑孔大小）有关。放大倍数和物镜光阑孔径越小，扫描电镜的景深也就愈大。

4.4.4 扫描电镜的样品制备

扫描电镜研究的试样有导电体和非导体两类：导电性良好的试样，只需对试样进行清洗，即可在扫描电镜下进行观察；若试样是一个非导体，如无机材料制品及非金属矿物原料等，则需要在试样表面蒸镀上一层 10nm 左右厚可导电的金属膜（Au，Pt），某些试样还要考虑在真空条件下是否会发生脱水、变形等变化。

电子探针的研究试样基本要求与扫描电镜相同，不同的是要求对试样表面进行抛光，以提高对化学组成的分析能力。另外，对非导体试样则需蒸镀 10nm 厚导电的碳膜，不致于对 X 射线发生强烈吸收。

俄歇电子谱仪仅能反映试样表面的信息，必须通过氩离子枪对试样表面进行清洁处理才可进行研究，保证获得真实信息。

§4.5 扫描电子显微镜的研究方法

扫描电镜研究试样的显微结构都与图像的衬度有关，通过各处探测到的信号强度差来显示图像，还可附加电子探针仪和俄歇电子能谱仪等信息探测仪器进行组成分析。

4.5.1 扫描电镜的图像分析

扫描电镜显示图像是电子束在试样上扫描时，各处的信息强度差造成的，这种电子信息强度差是一种信息衬度。

1. 扫描电子像的衬度

根据形成原因扫描电子像的信息衬度有形貌衬度、原子序数衬度和电压衬度三种。形貌衬度是由于试样表面形貌差别而形成的衬度，利用对试样表面形貌变化敏感的物理信号作为显像管的调制信号，可以得到形貌衬度图像。形貌衬度的形成是由于某些信号（如二次电子、背散射电子等）强度为试样表面倾角的函数，而试样表面微区形貌差别实际上就是各微区表面相对于入射束的倾角不同，因此，电子束扫描时任何两点的形貌差别均会表现为信号的强度差，从而显示出形貌的衬度，二次电子像的衬度是最典型的。

原子序数衬度是由于试样表面物质原子序数（或化学成分）差别而形成的衬度，利用对试样表面原子序数变化敏感的物理信号作为显像管的调制信号，可以得到原子序数衬度图像。背散射电子像、吸收电子像中都包含有原子序数衬度成分，而特征 X 射线像和俄歇电子像也属原子序数衬度。在原子序数衬度像中，原子序数（或平均原子序数）大的区域更亮。

电压衬度是由于试样表面电位差别而形成的衬度，利用对试样表面电位状态敏感的信号（如二次电子），作为显像管的调制信号，即可得到电压衬度像。

2. 扫描电镜的图像

扫描电镜显示的图像有二次电子像和背散射电子像两种：

（1）二次电子像（SEI）

当照明电子束作用于试样的表面，探测器接受的是二次电子时，二次电子发射量主要决定于样品表面的起伏状况，如图 4-29 所示。垂直样品表面入射的电子束产生的二次电子发射量最小。因入射电子束与试样表面倾斜角度不同，产生的二次电子发射量亦是不相同的，就形成了试样表面的形貌图像，这种图像称为二次电子像。它反映的主要是样品表面的形貌特征。

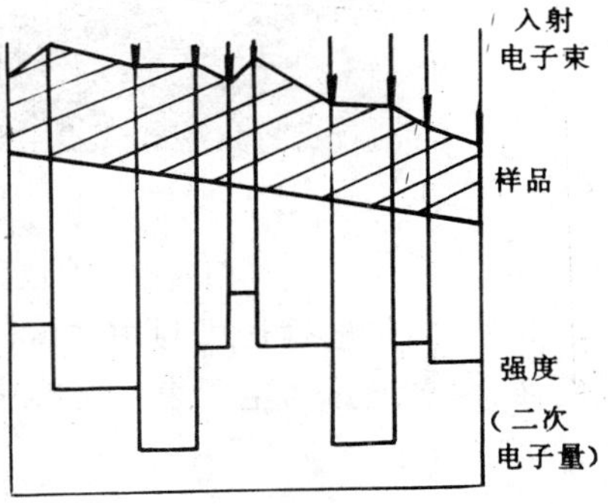

图 4-29　样品表面不同部位二次电子发射

由于二次电子的能量小，用闪烁体探测器探测时需在收集极上加 250V 正电压，以把二次电子吸引入探测器，所以二次电子像没有明显的阴影效应。从图 4-29 中可以看出，置于试样上方的探测器也能接收一部分背散射电子，此时二次电子像中也包含一部分背散射电子信息。二次电子像分辨率高、无明显阴影效应、场深大、立体感强，是扫描电镜的主要成像方式和研究内容，特别适用于对试样粗糙表面及断口的形貌进行观察和研究。

（2）背散射电子像

当探测器接受的是背散射电子时，由于背散射电子的能量大而始终沿直线方向运动，若在前进方向存在障碍物（样品突起部分等）就不能进入检测器，形成的称背散射电子像。与用点光源照明物体时的效果相似，背散射电子像是有影像的电子像。

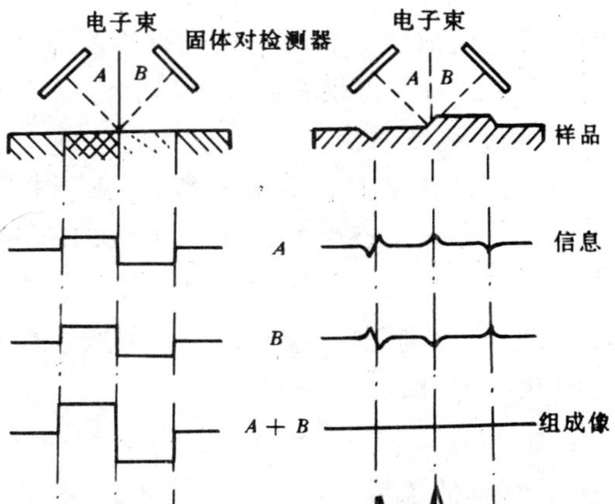

图 4-30　背散射电子形貌和组成的成像原理图

另外，背散射电子发射量与样品原子序数有关。原子序数越大对入射电子散射能力越强，即背散射电子发射量亦就越大。因此，背散射电子像兼有具样品表面平均原子序数分布和形貌特征的效果。由于观察背散射电子像时所用电子束流为 10^{-9}～10^{-7}A，即电子束斑较大，又由于入射电子束在侵入样品过程中遭到散乱等原因，因此背散射电子像的分辨本领较低，一般为 50～200nm。

背散射电子也可采用两组(A、B)半导体 PN 结检测器检测，如图 4-30 所示。在物镜下极靴表面，半导体检测器 A、B 相对电子光学系统对称放置。A、B 输出信号经运算放大器相加，可获得只反映表面元素分布状况的背散射电子组成像，它们的输出信号经运算放大器相减，将获得只反映样品表面凸凹情况的形貌像。照片 4-31 为背散射电子的形貌像和组成像。

A　　　　B

图 4-31　背散射电子像照片的形貌像(A)和组成像(B)

此外，扫描电镜还可利用对试样加电压引起表面电位分布不同，改变二次电子来形成二次图像；也有通过对电子束在试样中产生吸收电流的信息控制而形成图像。

4.5.2　电子探针的物相分析

电子探针与扫描电镜相似，只是所检测的信息不同。电子探针所检测的信息为特征 X 射线，用以测定出试样表面附近的化学组成，这是电子探针物相分析的主要内容。电子探针仪是由电子光学系统、扫描系统、X 射线谱仪系统、图像显示记录系统、真空系统和电源系统等几部分组成的。它与扫描电镜的差别仅是用 X 射线谱仪取代电子探测器，其余系统均相似，所用 X 射线谱仪有波谱仪和能谱仪两类。

1. X 射线波谱仪

X 射线波谱仪是由分光晶体、X 射线探测器及相应的传动装置组成的，是检测由照明电子束与试样作用产生的特征 X 射线的波长及其强度的仪器，主要利用晶体对 X 射线的布拉格衍射进行分光。有一个特定晶体平行表面晶面(hkl)的面网间距为 d，对不同波长的 X 射线来说，只有满足一定条件的 X 射线才能发生强烈的衍射，即：

$$2d \cdot \sin\theta = n \cdot \lambda \qquad (4\text{-}23)$$

式中：n 为如果忽略 $n>1$ 的衍射干扰，对于任意一个给定入射角 θ，均有一确定的 X 射线波长满足衍射条件。只要连续改变 θ 角，就能在与入射方向成 2θ 角方向提取到各种单一波长的 X 射线信号，进而展示适当波长范围内的全部 X 射线。

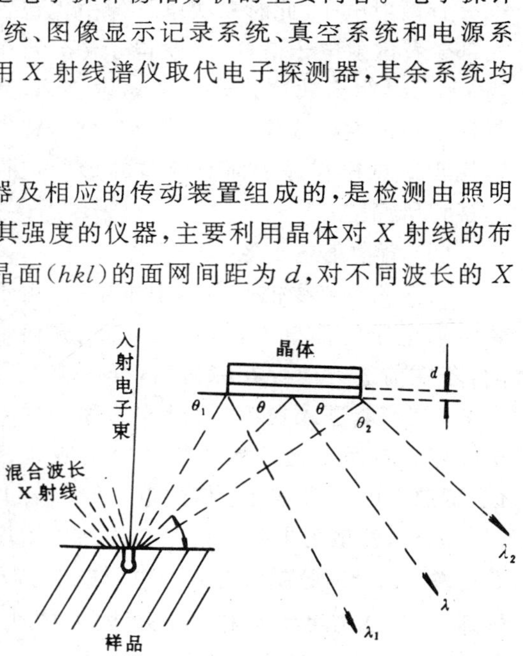

图 4-32　平整晶体对点光源 X 射线的布拉格衍射

在电子探针仪中，X 射线讯号发生在样品表面的极小体积范围内，可视为点光源，发射的

X 射线总是发散的，如图 4-32 所示。对于平整的分光晶体表面，在不同部位 X 射线的入射方向各不相同，发生强烈衍射的波长也就各异，不仅严重影响谱线的分辨能力，也使谱仪的检测效率大大降低。为此采用弹性弯曲的分光晶体，其表面处处满足同样的衍射条件，并达到衍射束聚焦的目的。

图 4-33 是表示弯曲晶体谱仪的两种聚焦方式的基本原理。图中 S 为 X 射线发射源、分光晶体(C)的表面 D 则为 X 射线检测器，这三者同时位于一个半径为 R 的聚焦圆上，这个圆称为罗兰(Rowland)圆。晶体被弯曲到衍射晶面(hkl)的曲率半径等于 $2R$，并将表面研磨成曲率半径与聚焦圆相符，此时由于衍射晶面的曲率中心总是位于聚焦圆的圆周上(例如图中的 M 点)，将使晶体表面相对于由 S 发射的发散 X 射线入射角处处相等，且衍射束被聚焦于圆上的 D 点。如果将检测器的接收窗口狭缝放在 D 点，即可收集到由晶体表面强烈衍射的全部单一波长的 X 射线。

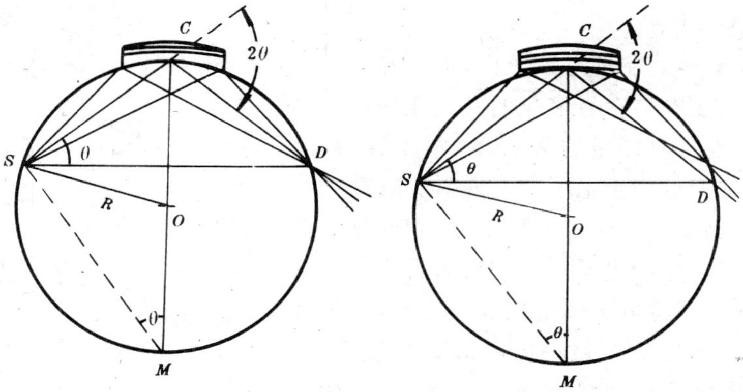

A　　　　　　　　　　B

图 4-33　弯曲晶体谱仪的两种聚焦方式

A. Johansson 聚集方式，B. Johann 聚集方式

X 射线的探测器是检测出 X 射线强度的仪器，波谱仪使用的有：流气正比计数管、充气正比计数管和闪烁计数管等。探测器每接受一个 X 光子输出一个电脉冲信号。脉冲信号输入计数仪，提供在仪表上显示计数率读数，或供记录绘出计数率随波长变化(波谱)用的输出电压，此电压还可用来调制显像管，绘出电子束在试样上作线扫描时的 X 射线强度(元素浓度)分布曲线。脉冲信号直接馈入显像管调制光点的亮度，可得到 X 射线扫描像。脉冲信号输入定标器，可显示或打印出一定时间内的脉冲计数，以作定量分析计算用。配有电子计算机的电子探针仪，X 射线强度的记录、数据处理和定量分析计算等均可由计算机来完成。

2. X 射线能谱仪

X 射线能谱仪主要是由探针器、前置放大器、脉冲信号处理单元、模数转换器、多道分析器、小型计算机及显示记录系统等部分组成，是一整套复杂的电子仪器，如图 4-34 所示。

能谱仪使用的是锂漂移硅的 Si(Li)探测器，其结构如图 4-35 所示。Si(Li)是厚度为 3～5mm、直径为 3～10mm 的薄片，是 p 型 Si 在严格的工艺条件下漂移进 Li 而制成的。Si(Li)探测器可分为三层，中间层是活性区(Ⅰ区)，由于 Li 对 p 型半导体起了补偿作用，属本征型半导体；Ⅰ区的前面是一层 0.1μm 的 p 型半导体(Si 失效层)，在其外面镀有 20nm 的金膜，Ⅰ区后面是一层 n 型 Si 半导体。Si(Li)探测器实际上是一个 p-Ⅰ-n 型二极管，镀金的 p 型

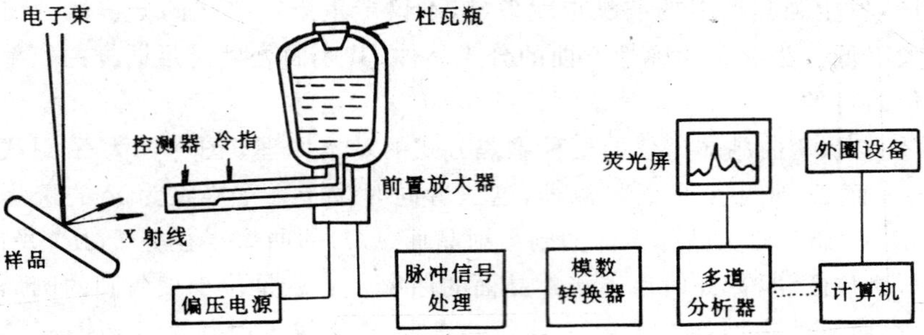

图 4-34　能谱仪主要组成部分

Si 接在高压的负端，n 型硅则接高压的正端并和前置放大器的场效应管相连接。

Si(Li)探测器处在真空系统内，前方有一个 7～8μm 的铍窗，整个探头装在与存有液氮的杜瓦瓶相连的冷框内。由试样射出的具有各种能量的 X 光子(图 4-35)相继经铍窗射入 Si(Li)内，在 I 区产生电子—空穴对。每产生一个电子—空穴对，要消耗掉 X 光子 3.8eV 能量，因此每一个能量为 E 的入射光子，可产生的电子—空穴对数目为 $N=E/3.8$。加在 Si(Li)上的偏压将电子—空穴对收集起来。每入射一个 X 光子，探测器就输出一个微小的电荷脉冲，且高度正比于入射的 X 光子能量 E。电荷脉冲经前置放大器、信号处理单元和模数转换器的处理后，将以时钟脉冲形式进入多道分析器。多道分析器有一个由许多存储单元(称为通道)组成的存储器。与 X 光子能量成正比的时钟脉冲数，将按大小分别进入不同存储单元，每进入一个时钟脉冲数，存储单元记一个光子数，因此通道和 X 光子能量成正比，而通道的计数则为 X 光子数。用最终得到的通道(能量)为横坐标，通道计数(强度)为纵坐标，即得 X 射线能量色散谱，并显示于显像管荧光屏上。能谱仪都带有小型电子计算机，通过电子计算机处理可以对试样的组成元素进行定量分析。

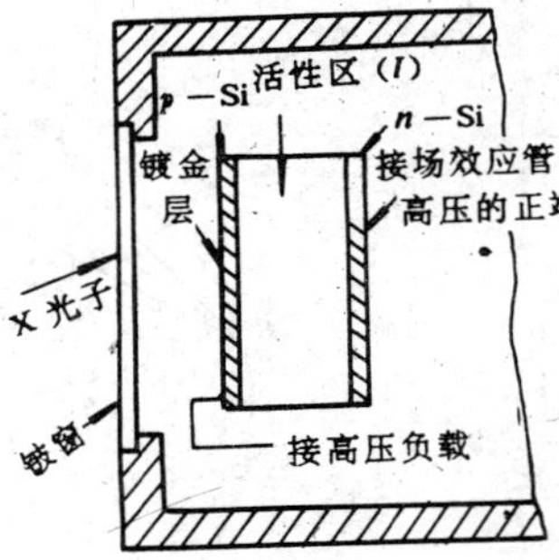

图 4-35　SI(Li)探测器结构

由于波谱仪和能谱仪探测 X 射线的机制不同，因此相应装置亦不同。总的来说，两种 X 射线谱仪相比，波谱仪分析的元素范围广(一般 $Z\geqslant4$)、探测极限小、分辨率高，适用于精确的定量分析，但是有要求试样表面平整光滑，分析速度较慢，而且需要用较大的束流，从而容易引起样品和镜筒的污染等缺点。能谱仪虽然分析元素范围较小(一般 $Z\geqslant11$)、探测极限和分辨率不如波谱仪，但分析速度快，可用较小的电子束流和微细的电子束，而且对试样表面要求不如波谱仪那样严格，特别适合于与扫描电镜配合使用。

3. 电子探针的研究方法

电子探针常与扫描电镜同时对试样进行分析，可以用来对试样局部点的化学组成进行分析，亦可用来研究试样上化学成分的线分布和面分布。

当电子束固定在试样某一点时，对产生特征 X 射线处理后，就可以测定出此点(指探针可测范围内)上所含有的元素及其含量。如果固定收集某一波长(或能量)X 射线(相应于某一元素），用电子束作线扫描或面扫描，即可获得所扫描范围内的线上或面上某种元素的分布情况，从而在荧光屏上出现一幅该元素的分布图。

4.5.3 俄歇电子能谱仪的物相分析

在高能电子束与固体样品相互作用后会产生俄歇电子的信息，它是由原子内壳层电子因电离激发而留下一个空位时，由较外层电子向这一能级跃迁。在原子释放能量的过程中，不是发射一个具有特征能量的 X 射线光子，而是将这部分能量交给另外一个外层电子引起进一步的电离，发射一个与原子序数相关能量的俄歇电子。检测俄歇电子的能量和强度，可以获得有关表面层化学成分的定性或定量信息，这就是俄歇电子谱仪的分析原理。

俄歇电子产生机制涉及到三个核外电子，至少两个能级，可理解为由于 A 壳层电子电离，B 壳层电子向 A 壳层的空位跃迁，导致 C 壳层电子的发射。俄歇电子形成几乎随原子序数增加而减小，对于 $Z<15$ 的轻元素，俄歇电子的产额很高。俄歇电子能谱分析对于轻元素也特别有效。为了激发俄歇电子，一般 2keV 左右的入射电子能量，可产生初始电离。

产生俄歇电子的有效激发体积取决于发射的深度和入射电子束的束斑直径 dp，虽然产生俄歇电子的实际深度取决于入射电子的穿透能力，但真正能够保持其特征能量而逸出表面的俄歇电子的，却仅限于表层以下 0.1～1nm 的深度范围。这是因为大于这一深度处产生的俄歇电子，在到达表面以前将由于与样品原子的非弹性散射而被吸收，或者部分地损失能量而混同于大量二次电子讯号的背景中。0.1～1nm 的深度只相当于表面几个原子层，因此俄歇电子能谱仪只能反映出试样表面组成的信息，因为入射电子束的侧向扩展几乎完全不存在，所以空间分辨率直接与束斑尺寸 dp 相当。目前，利用细聚焦入射电子束的“俄歇探针仪”可以分析大约 50nm 的微区范围内的表面化学成分。

俄歇电子能谱仪主要是由激发源(电子枪)系统、氩离子枪、样品室、电子能量分析器、探测器、真空系统、电源系统和信号放大记录系统等组成。从原理上讲，俄歇电子能谱仪构造与前述仪器仅在信号探测系统有根本区别外，其余部分都相似。

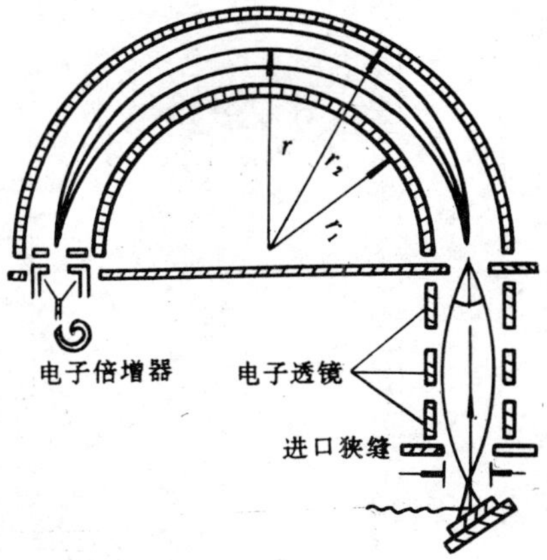

图 4-36 半球形电子能量分析器示意图

信号探测系统主要部分是能量分析器，它起着把各种能量俄歇电子区分开的作用，再通过探测器可检测在另一特定能量下俄歇电子的数目。一般球形能量分析器工作原理大致是：它由内外两个同心半球构成，内球半径为 r_1，外球半径为 r_2，图 4-36 为这种分析器示意图。当在内外球之间加上电压 V 时，在其间任意点 a 处的径向电场为：

$$e=\frac{V}{a^2}\left(\frac{1}{r_1}-\frac{1}{r_2}\right) \tag{4-24}$$

若要使能量为 E_0、速度为 V_0 的电子沿平均半径 r 轨道运动的话，则必须满足下述关系式：

$$\frac{V}{a^2}\left(\frac{1}{r_1}-\frac{1}{r_2}\right)=\frac{rmv_0^2}{ea^2} \tag{4-25}$$

因为电子的能量 $E_0=mv_0^2/2$，由此可求得：

$$eV=E_0\left[\frac{r_2}{r_1}-\frac{r_1}{r_2}\right]=CE_0 \tag{4-26}$$

$$C=\frac{r_2}{r_1}-\frac{r_1}{r_2} \tag{4-27}$$

C 仅与能量分析器的几何尺寸有关，称为谱仪常数。

由(4-26)式可知，同心球形电容器上的电场对不同能量的电子具有不同的偏转作用，使能量不同的电子分离开来。如果在球形电容器上加上一个扫描电压，可使能量不同的电子在不同的时间沿着中心轨道通过，测出每一种能量的电子数，从而得到能谱图。

通过能量分析器，电子倍增管(探测器)和电子放大记录系统，就可以获得一张不同的电子能量(eV)(横坐标)以及相应电子数目 N(纵坐标)图。由于俄歇电子数相对二次电子数较小(小 2 个数量级以上)，因此相应的信噪比很大，使得俄歇电子能谱比较难以分析，因此常常采用对谱微分的方法来增加灵敏度，如以固定接收俄歇电子能量(代表某元素)，使激发的电子束在试样上进行扫描，通过电子放大和扫描成像系统，即可获得一张此元素在材料表面的分布像。用同样的电子束固定在试样某一点上，就可检测出不同能量俄歇电子，这样就能获得该点的组成分布。

第五章　显微结构定量分析

无论是配制原料及混合料、分析生产工艺，还是研究制成品的显微结构、理化性能及使用结果，都离不开组成相颗粒各种量的概念，这些量称为显微结构参数，简称结构参数。主要有颗粒的形状、大小及粒度组成和各组成相的相对含量等内容。测定结构参数的工作称显微结构定量分析，这亦是无机材料显微结构分析的重要组成部分。结构参数的测量是建立在体视学理论基础上的，它包括在光学显微镜下测量二维结构参数，用自动图像分析仪根据二维图像变换成三维结构参数，根据分数维理论对复杂颗粒进行定量分析和描述。

§5.1　体视学基础

通过定量二维截面结构参数来确定颗粒三维结构的科学，称为体视学。也就是说，体视学是在显微镜下研究和测量某截面二维图像和参数，通过大量结果的统计，建立颗粒三维空间结构尺寸的分布函数的科学。

5.1.1　体视学基本原理

通过二维图像的大量统计建立起颗粒的三维空间结构参数，称为三维空间尺寸分布函数(Size Distribution Funtion，简称 SDF)。

从一个试样上测得颗粒二维截面的结构参数，不同于实际三维颗粒建立的 SDF，因为随机测量一个试样时，颗粒越大被测量到的可能性也越大，测到的颗粒尺寸显然比试样中所有颗粒的平均尺寸大。另外，从某具体三维颗粒上测得的二维颗粒尺寸一般小于其三维尺寸。这两种影响因素可以分别用概率函数 $q(R)$ 和 $p(R,r)$ 来定量描述。$q(R)$ 是单位体积试样中一颗等效半径为 R 的颗粒被单位面积测量平面或者单位长度测量线测到的概率，在数值上等于该颗粒的平均投影长度(平面测量)或者平均投影面积(线测量)。而 $p(R,r)\mathrm{d}r$ 给出从一颗已被测到的半径等于 R 的三维颗粒上测得低维半径为 $r-r+\mathrm{d}r$ 的概率。根据上述定义，假设已知试样中的三维 SDF 是 $F(R)$，则“理论”的低维 SDF 应该是

$$f(r)=\int_0^{\infty}p(R,R)q(R)F(r)\mathrm{d}R \tag{5-1}$$

式中的积分上限也可写为 $R_{\max}$。式(5-1)是不同维数的 SDF 互相换算的基本关系式，在实际应用中，由于 $f(r)$ 可根据测量数据得到，而 $F(r)$ 是未知的，通过计算机很容易获得此方程的解，最主要是确定概率函数 $q(R)$ 和 $p(R,r)$。

体视学所讨论的结构参数都具有统计性，精度取决于测量次数，为保证精确度必须取得

较多的测量数据，这是一项既费时又费力的工作。近 20 年发展起来的定量显微镜、定量自动图像分析仪等，能自动测量和记录各种结构参数及有关信息，并通过计算机处理即可得到需要的结果，为体视学研究提供了广阔的前景。体视学是自动图像分析仪研究的理论基础，许多定量工作要求得到反映图像空间特性的立体三维几何常数，一般不能直接从二维图形上测得，而自动图像分析仪可借助于计算机通过体视学基本方程得以解决。

5.1.2 分数维概念和分析原理

在无机材料制品中常有形状复杂的颗粒（如团聚体、骸晶等），描述其粗糙度和表面结构比较困难，用分数维概念就能描述这类颗粒的边界问题。

分数维概念与测量海岸线或地图上轮廓线长度等类似，当用两脚规沿着地图上海岸线一步一步地估算各国海岸线长度时，两脚规间的距离称为步长（λ）。步长减小时估算的周长（P）倾向于增大。用 n 边形（n 为分步的数目）近似一海岸线，周长与步长的关系为：

$$P=n\lambda=K\lambda^{1-D} \tag{5-2}$$

式中：参数 D 被称为分数维。

分形的实质反映了被测对象在不同尺度下的自相似性，是具有统计意义上的相似性，适当地放大或缩小，整个结构均不改变，分数维则是定量描述分形的一个参数。

应用得最为广泛的分数维是计盒维数，设 F 是 R_n 上任意非空的有界子集，$N_S(F)$是直径最大为 δ 可以覆盖 F 集的最少个数，则 F 的下、上计盒维数分别为：$\underline{\mathrm{dim}B}F=\lim(\lg N_\delta(F)/(-\lg\delta)$ 和 $\underline{\mathrm{dim}B}F=\lim(\lg N_\delta(F)/(-\lg\delta))$，如果这两个值相等，其共同值为 F 的计盒维数，记为：$\mathrm{dim}BF=\lim(\lg N_\delta(F)/(-\lg\delta))$。

在二维投影面上可简化：将图形分成边长为 δ 的方格，数出含有图形一部分的格子数 $N(\delta)$，不断改变 δ，由一系列的 δ 和 $N(\delta)$ 在双对数坐标上即可求得分数维 D。

5.1.3 显微结构定量分析的内容

显微结构定量分析研究的是制品中组成相颗粒和粉体颗粒的形状、大小、分布、取向、含量及其相互关系，后者还有颗粒的粒度组成和均化情况，它们直接影响生产工艺和制成品的性能与用途。

1. 颗粒的概念

所谓“颗粒”是指在物质结构不发生根本改变的前提下，经分散或细化处理后获得的最小固态实体。按其性质有两类：一是内部结构贯穿着的单颗粒，称为基本颗粒，如原料经粉碎所得未团聚的颗粒、制品中晶体颗粒、单一分散的粉体颗粒等；另一类为多个基本颗粒互相聚集的，称为团聚颗粒。颗粒越细越倾向于形成团聚体，如粘土原料和化工原料等多为团聚颗粒。在显微分析时这两种颗粒是有区别的。

显微结构定量分析的对象有粉料颗粒和制品中组成相颗粒两类。前者指的是原料及混合料的颗粒，主要研究其形状、大小及粒度组成等，称粉体结构参数；后者除进行物相鉴定外，还要分析各相颗粒的形态、大小、取向、分布、相对含量及接合情况等，称为制品结构参数。研究的方法有机械筛分析、颗粒分析仪、自动粒度测定仪、显微结构图像分析等，相比之下，后者是最佳而有效的方法。因为在显微镜下，不仅可以准确地测量颗粒的尺寸，计算颗粒大小组成，还可直观地研究颗粒的形状、分布、含量及相互关系等，这是其他颗粒分析方法无法做到的，尤其是自动图像分析仪，使大量繁琐的测量统计工作不仅速度快、省时省力，而且精度高、重复性好，免去了冗长的人工重复劳动。

2. 颗粒大小的描述

描述颗粒大小的几何常数有粒径、粒度及粒度组成。粒径又称颗粒大小或颗粒尺寸，是表示颗粒大小的数据；粒度为表示颗粒平均大小的参数；定量表示颗粒中不同大小颗粒量比例的数据，称为颗粒的粒度组成，又称为颗粒度或颗粒组成。

球状颗粒的粒径可用直径来表示，不规则颗粒则很难用单一直径来描述。不同方法测得的都是利用该方法及某些颗粒大小有关的数值，推导出来颗粒的"当量直径"；而在显微镜下测量的是颗粒的表观粒度，即颗粒的投影尺寸。每单个颗粒都有无数个不同方向的直线长度，只有取这些长度平均值才有意义，对于大量的颗粒也是如此。测定平行固定方向的直线尺寸得到的反映这些颗粒投影面积的大小分布，叫做统计直径。与颗粒投影面积相当的圆的直径，叫做投影面积圆直径。它们可作为显微镜粒径分析的基础。通常显微镜测的是颗粒在稳定位置上投影面的直径，不稳定位置的测量值一般较低。描述颗粒尺寸的直径有多种，表5-1 列出了显微镜测量常用直径的含义。

表 5-1　颗粒尺寸的含义

符　号	名　　称	含　　　义
d_O	投影面积圆直径	与置于稳定位置的颗粒的投影面积相等的圆的直径
d_P	投影面积圆直径	与任意放置的颗粒的投影面积相等的圆的直径
d_C	周长直径	与颗粒的投影外形周长相等的圆的直径
d_F	Feret 直径	与颗粒投影外形相切的一对平行线之间距离的平均值
d_M	Martin 直径	颗粒外形对开线的平均弦长
d_R	展开直径	通过颗粒重心的平均弦长

实践中出现的是由不同粒度组成的颗粒系统。不同粒度的颗粒个数比或重量百分数所得到系统的粒度分布，就是颗粒的粒度组成。粒度组成有微分型频率分布和积分型累积分布两种表示方法：在粒度分级较密时可用算术级数来表示，但普遍采用的是几何级数分级。同一种颗粒系统的累积分布和频率分布可用如图 5-1 所示的曲线来表示。

3. 颗粒形状的描述

颗粒在生成、混合、反应等过程中的行为不仅与颗粒大小有关，还与颗粒的形状及表面状况有关。一个参数只能描述特定几何形状的颗粒（如球体），而一般颗粒的形状却需用两个或更多的参数来描述。不规则颗粒的形状非常复杂，难以正确地描述，近几年来随着计算机图像分析技术的发展，给颗粒形状的定量研究提供了便利手段，并出现了一些表征颗粒形状的新方法。

颗粒的形状是指颗粒的三维空间轮廓或表面上各点所构成的封闭立体几何图像。在显微镜下其形状是由颗粒轮廓线围成的二维图像，描述形状的有术语和数学语两类。表 5-2 中列出定性地描述颗粒形状的术语。数学语则采用各种尺寸间的形状系数和形状指数等数学

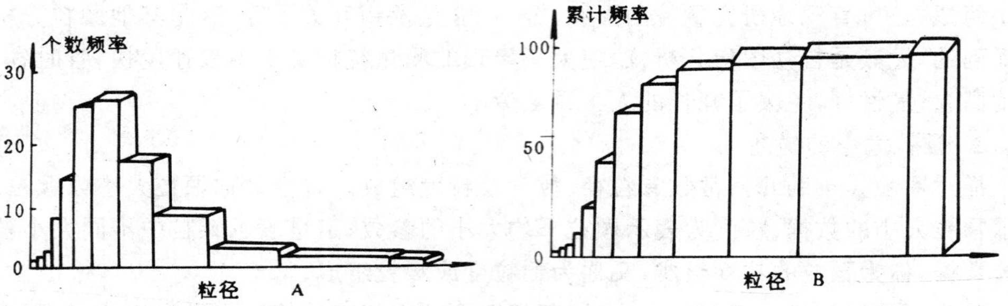

图 5-1　颗粒个数粒度的频率(A)和累积(B)分布曲线

关系来描述。

表 5-2　颗粒的形状术语

形状术语	颗粒形状的特点
针　　状	针形体
多 角 状	具有清晰边缘或有粗糙的多面形体
结 晶 状	在流体介质中自由发展的几何形体
枝　　状	树枝状结晶多面体
纤 维 状	规则的或不规则的线状体
片　　状	板状体
粒　　状	具有大致相同量纲的不规则形体
不规则状	无任何对称性的形体
模　　状	具有完整的、不规则形体
球　　状	圆球形体

实测的颗粒大小与颗粒表面积或体积之间的关系，称为颗粒的形状系数。为简化描述颗粒的粒度，常假设颗粒具有简单的几何形状，引入有关的形状系数将某种方法测得的粒径与颗粒的表面积及体积联系起来。例如，以圆球体作为描述颗粒形状的基础，若将不规则形状颗粒看成是球体时，形状系数就是反映颗粒形状偏离球体的程度。最有代表性的有：设颗粒的粒径为 d_P，则：

表面积形状系数：$\Phi_S=\dfrac{S}{d_P^2}=\dfrac{\pi d_S^2}{d_P^3}$　　(5-3)

体积形状系数：$\Phi_V=\dfrac{V}{d_P^3}=\dfrac{\pi}{6}\cdot\dfrac{d_V^2}{d_P^3}$　　(5-4)

比表面积形状系数：$\Phi=S_V\cdot d_P=\dfrac{S}{V}d_P=6\,\dfrac{d_P}{d_{SV}}$　（其中 $S_V=\dfrac{S_W}{\rho_P}$）　　(5-5)

式中：d_P 为颗粒的粒径，S、V 分别为颗粒的表面积和体积，d_S、d_V、d_{SV}分别为与颗粒具有相同表面积、体积或比表面积的圆球直径，ρ_P 为颗粒密度，对圆球来说，$\Phi=6$。若以等体积当量直径 d_V 代替 d_P，可得卡门形状系数 Φ_C(对于圆球来说，$\Phi_C=1$)：

$$\Phi_C=\frac{6}{S_V \cdot d_V} \tag{5-6}$$

若用显微镜下测得的投影面积直径 d_A 代替颗粒的粒度 d_P，也可表述上述三种系数。几种规则形状颗粒以圆球体为基础的形状系数如表 5-3 所列。

表 5-3 颗粒的形状系数

颗粒形状		Φ_S	Φ_V	Φ
球形	$L=b=t=d$	π	$\pi/6$	6
圆锥形	$L=b=t=d$	0.81π	$\pi/12$	9.7
圆板形	$L=b,\ t=d$	$3\pi/2$	$\pi/4$	6
	$L=b,\ t=0.5d$	π	$\pi/8$	8
	$L=b,\ t=0.2d$	$7\pi/10$	$\pi/20$	14
	$L=b,\ t=0.1d$	$3\pi/5$	$\pi/40$	24
立方体	$L=b=t$	6	1	6

颗粒形状的指标化程度，称为颗粒的形状指数。形状指数与物理现象无关，仅用各种无因次组合表示颗粒的外形。根据使用目的颗粒的形状指数有：颗粒在空间两个外形尺寸的比值的均齐度，颗粒截面外形在水平和垂直两个方向上投影的比值的方向比，颗粒形状接近球体的程度的球形度，表示颗粒的投影与圆接近程度的指数的圆形度，表示颗粒表面结构的指数的表面粗糙度等。

由此可见，形状系数和形状指数都只从一个侧面表征颗粒的形状，不能全面地描述颗粒的外形和表面结构，由于测量方法简单和使用方便，在一些场合仍有应用的价值。

5.1.4 显微结构定量分析的意义

对无机材料进行显微结构分析，必须根据体视学原理测定各种显微结构参数，因为无论是讨论和分析生产工艺，还是研究制品的基本性能及使用效果，都与各组成相颗粒的形状、大小、分析及含量等直接相关。

1. 原料的粒度及粒度组成直接影响制品的生产工艺及条件

不同的无机材料制品，均有一定的颗粒细度及粒度组成要求，它们不仅影响制品的技术性能及使用效果，还直接影响制品的生产工艺及条件。在高温煅烧过程中均要发生一系列物理化学作用，这些作用的进行速度均与煅烧时的温度—时间制度有关，这些还与颗粒比表面积直接相关，可见原料粒度对生产工艺及其条件的影响。对于成型烧结的制品还有一个粒度组成问题，因为原料颗粒的粒度组成直接影响着坯体的干燥强度和收缩性以及制品的致密度。

例如，在制作普通陶瓷坯体时，不仅要获得细小的颗粒，更重要的是要有合适的粒度组成，以保证坯体的致密度。干燥后坯体具有较大的强度、收缩性较小。颗粒的粒度组成还与制品的性能有密切的关系。

又如，水泥熟料研磨的愈细，通常水泥的水化速度愈快，愈易完全水化，对水泥的胶凝性的利用率就愈高，水泥的强度，尤其是早期强度也愈大，还改善水泥石的泌水性、粘结力等性能，但水泥粉过细，小于 3μm 颗粒太多时，因为表面积的增大，需水量过多，会引起水泥制品中孔隙率增加，反而会降低水泥的强度，而且水化速度过快而早硬，影响水泥浆体的施工操作，所以必须准确地掌握水泥的粉磨细度。

2. 组成相的颗粒形状及粒度影响着制品的性能和质量

无机材料制品中各组成相的颗粒形状、大小、均匀度、含量、取向、分布情况以及互相间结果关系等，都直接影响甚至决定着制品的性能、质量和使用，这在下篇对各种材料显微结构分析的讨论中均可清楚地看出。

例如，在高强度硅酸盐水泥熟料中，阿利特晶形完整、尺寸均齐，贝利特呈圆形，并具有交叉的双晶条纹，两者分布均匀；黑色中间相呈细小的点滴状、小片状，中间相总量均为20%～30%，否则水泥熟料及水泥的性能和质量均要下降。

又如，在优质的可切削微晶玻璃中，组成的主晶相锂云母或氟四硅酸云母为片状颗粒，颗粒大小均匀细小，而且分布均匀结合紧密，等等。

另外，在其他材料中，例如，涂料、墨水、化妆品等的生产中，颗粒的形状和粒度则会影响这些材料在涂层中的填充性和方位，影响涂层表面的固着能力和光学性质。

§5.2 光学显微镜结构参数的测定

在无机材料显微结构分析中，最常用的是用光学显微镜测定制品试样薄片或光片中各组成相颗粒的二维结构参数，如颗粒的大小、粒度组成和百分含量等。

5.2.1 制品中晶粒大小的测定

制品中组成相的颗粒大小不仅是生产工艺原料粉磨细度的反映，亦是生产工艺过程及条件产生的直接结果，还直接影响着制品的质量及性能。这里简单介绍光学显微镜用目镜微尺对组成相颗粒大小测定的方法。

1. 目镜微尺的标定

光学显微镜下测量颗粒尺寸的目镜微尺，是在目镜十字丝之一上刻 50 或 100 小格而构

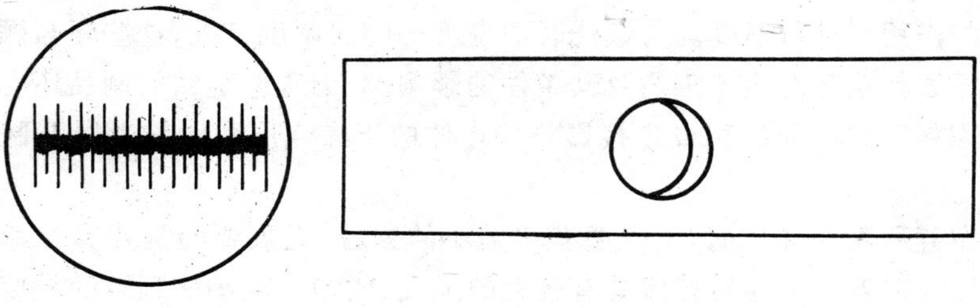

A　　　　B

图 5-2　物台微尺(A)及其刻度尺(B)

成的。目镜视域中所看到的颗粒及目镜微尺均是经过放大的，放大的倍数为目镜放大倍数与物镜放大倍数的乘积，放大后的尺寸计算值，只是一个大致范围，使用前还要将物台微尺对

目镜微尺进行精确的标定，再用目镜微尺去测量组成相的颗粒尺寸。

物台微尺是在玻璃片上的 2mm 范围内，均匀刻划 200 小格(图 5-2,A)，每小格长度为 0.01mm，嵌在载玻璃片或长方形金属板中间的圆孔中构成的(图 5-2,B)。将物台微尺当作试样薄片或光片置于物台上，从目镜视域找到物台微尺的刻度，转动物台使之与物台微尺的刻度尺平行，并将一端对齐(图 5-3)；仔细观察找到二刻度尺再次对齐的刻度，分别记数两次刻度线对齐之间两刻度尺上的格数，即可计算出目镜微尺上每小格的实际长度。每小格尺寸因放大倍数而不同，在换用不同物镜时均要用物台微尺进行重新标定。

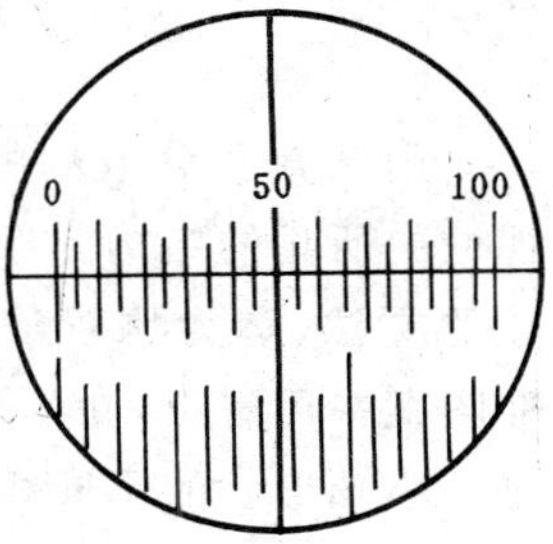

图 5-3　目镜微尺标定

2. 物相颗粒尺寸的测量

将试样的薄片或光片置于显微镜物台上，将欲测颗粒一边与目镜微尺对齐(图 5-4)，数出颗粒所占刻度尺的格数，乘上每小格真实长度即测得颗粒的尺寸。

不同长宽比及均匀度不等颗粒的测量是有差别的：等径颗粒只需测同种相 20 个以上颗粒直径，取平均值即可；单向延长的及各向不等的晶粒，应分别测量长度和宽度，计算其长宽比；对大小悬殊的还需测量最大及最小的颗粒尺寸，并通过 40 个以上随机颗粒尺寸的测量，求出颗粒的平均粒径。

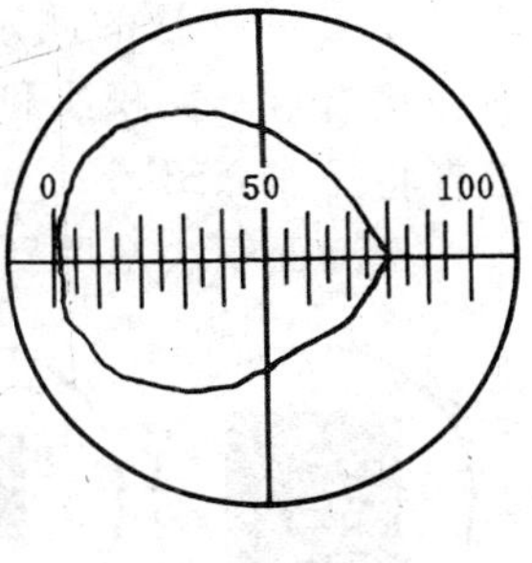

图 5-4　颗粒尺寸的测量

测量时应根据要求和颗粒粗细选用合适放大倍数的物镜，一般要求在目镜视域内能看到一个粗颗粒的全貌或细小颗粒应能占据目镜刻度尺的一小格以上。细小颗粒应选用高放大倍数的物镜，而较粗颗粒则应使用低倍物镜，否则将影响测量的精度及准确性。

5.2.2　制品中物相含量的测定

无机材料制品组成相的百分含量，是制造时所用原料及质量、配合料配方及拌和情况、物料细度及均匀度、煅烧时最高温度及温度制度、冷却速度及热处理等生产工艺综合作用的结果和真实记录。根据相对含量将制品中组成相分为主晶相、次晶相、少量相、微量相和偶见相，它们对制品的技术性能都有不同程度的影响。制品的理化性能主要决定于主晶相和次晶相，有时少量甚至微量相的存在亦会决定着制品的某些性能。玻璃相及气相的含量对制品性能和应用亦有严重影响，有时还起着决定性作用。

1. 测定的方法和原理

用光学显微镜在薄片或光片中测定矿物百分含量，是根据体视学原理，即试样中各相所占面积或在直线上所占线段长度的百分比即为各自的体积百分比，因为面积比或线长比与其体积比的机率是相同的。用体积百分数乘以各自的比重，即得不同相的重量百分比。为保证测量工作的客观性，消除人为主观因素的影响，可在显微镜物台上装一个机械台(图 5-5)，将薄片或光片夹在机械台上，再用两个螺旋带动其作互相垂直的移动，有规律地测定不同部位各相的百分含量。基本方法有比较法、面积法、直线法、孤长法和计点法等。测量的仪器有机械台、求积仪、计点仪、自动求积仪等，这里简单介绍常用的前三种方法。

2. 比较法

用已知百分数的特制标准图案与目镜视域中所见的结构图像比较，估计各相百分数的方法，称为比较法，从图 5-6 所示的标准图案中可看出，同一百分含量的物相因颗粒大小及形状的不同相差甚大，所得的结果必然存在较大的误差，仅是近似值。

3. 面积法

以各物相在目镜视域中所占面积比作为体积百分含量的测定方法，称为面积法。面积法有目测面积法和图像分析仪法两种，后者将另作介绍。

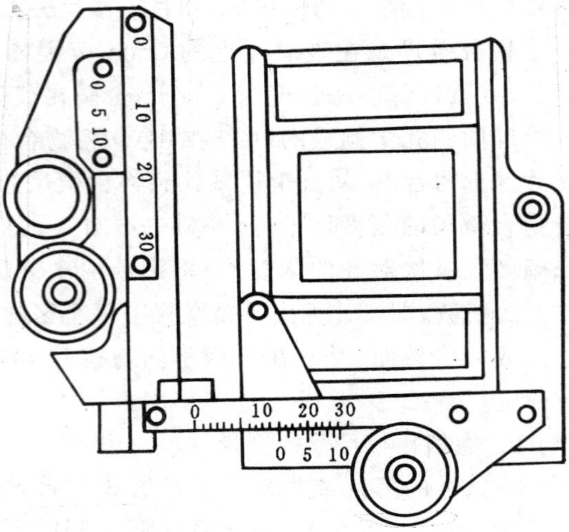

图 5-5 显微镜的机械台

目测面积法是用目镜方格网进行的。将

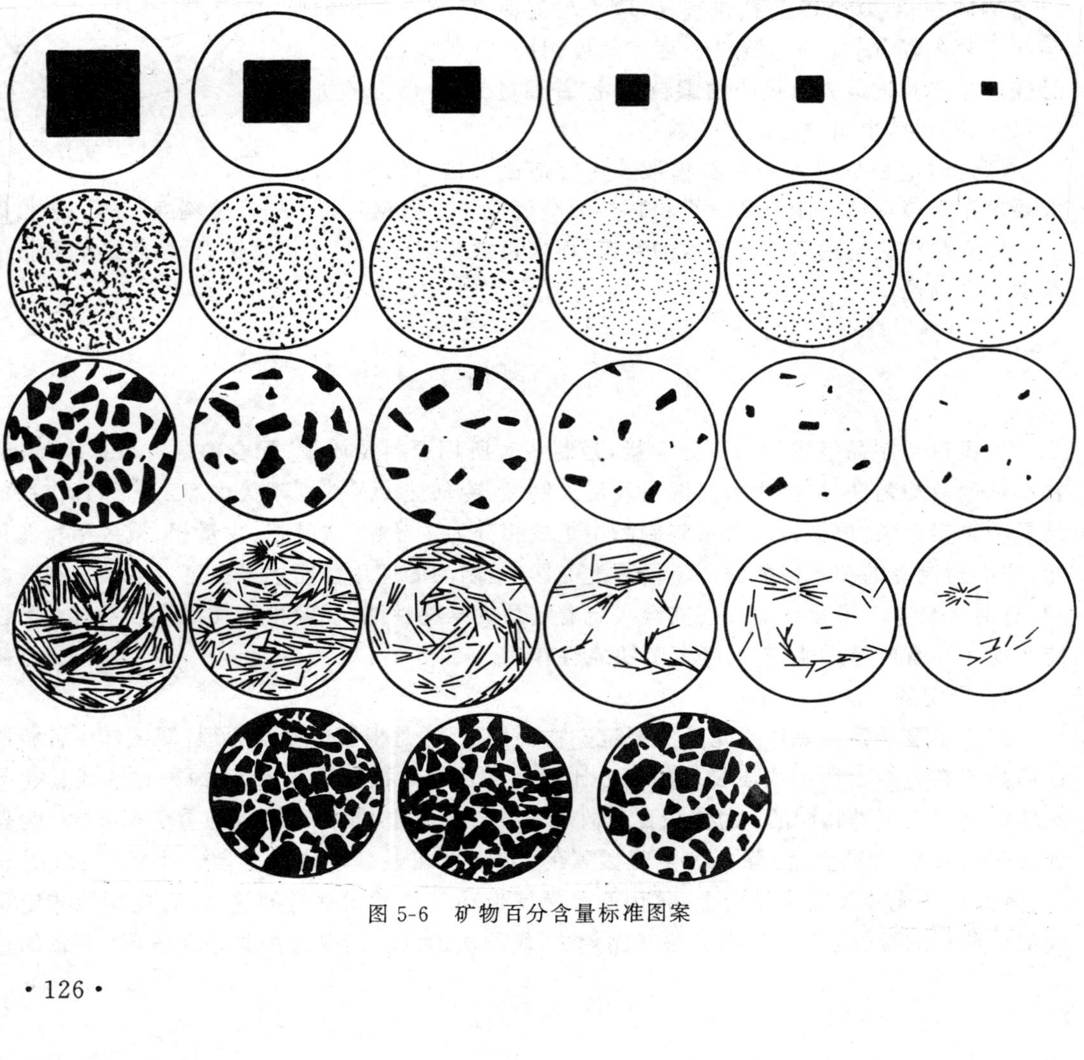
图 5-6 矿物百分含量标准图案

刻有方格网的玻璃片装入目镜的十字丝位置即构成目镜方格网(图 5-7)。以该目镜观察试样的薄片或光片,用肉眼记数视域中各物相颗粒所占方格数,将各处不满一方格的部分想象地合并成一个或几个整方格;将机械台左右和上下移动至相邻视域再记下各物相所占方格数,如此测完整个试样。最后将同物相所占的方格数除以总方格数即得各物相的面积百分比,以此代表各物相的体积百分含量,分别乘以各自比重即得各物相的重量百分数。

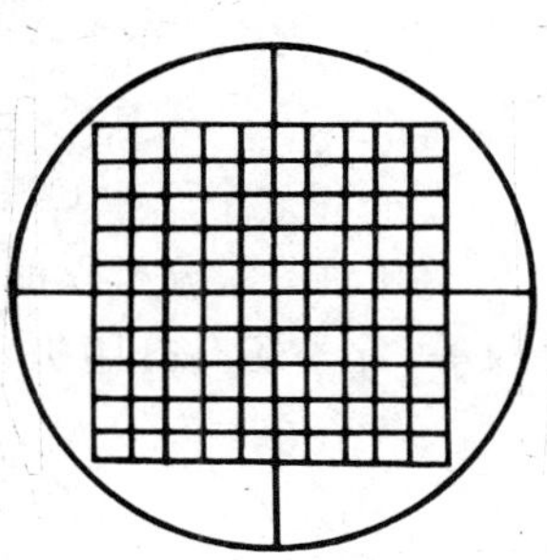

图 5-7 目镜方格网

目测面积法测定的正确性及工作量与试样中物相颗粒相对大小及结构特征等有关:粗粒结构在低倍物镜下需测定多块试样才能获得正确的结果,而细粒试样应在高倍镜下只需测定半块试样甚至几个视域即可。放大倍数的选择以多数颗粒占 5 个左右小方格为宜,结构不均匀的试样应选择有代表的部位甚至定向制作薄片或光片。

此法既费时又费力,精度亦较差,采用自动图像分析仪可精确地、迅速而省力地测定百分含量。

4. 直线法

以各物相颗粒在一直线上所占线段的长度比代表各自百分含量的方法,称为直线法。它是用目镜十字丝配合求积仪进行的。将薄片或光片置于固定在显微镜物台上求积仪的机械台上,准焦后移动机械台使视域处于试样最右上角(图 5-8),调节求积仪上代表不同物相的转鼓(或电键),使视域慢慢向左移动,遇到 A 相即调节 A 鼓(或 A 键),A 完后又遇 B 则调节 B 鼓(或 B 键),如此横向测完整条线上试样;纵向移动一定距离,并用机械台上的螺旋使视域空移动到该直线的最右端,再从右向左用上述方法测量此直线各相,如此测定整个试样薄片或光片。用所测总线长度除以各相所占的线段长,即可求得各相所占线段百分比,以此代表各相的体积百分含量,乘各自比重即得各相的重量百分数。

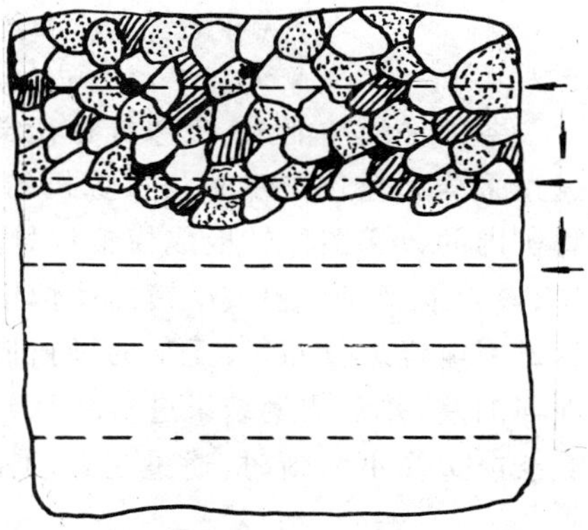

图 5-8 直线法测定矿物百分含量示意图

直线法测量的方法简单方便,精度亦较高,目前已制造出电动甚至自动求积仪,测定精度更高,亦更方便省力。

对无机材料工业原料及混合料(简称为粉料)中矿物颗粒及制品中组成相颗粒的大小、形状、含量等显微结构参数的详细研究,需根据体视学基本原理,用定量显微镜或自动图像分析仪进行。

§5.3 自动图像分析仪及应用基础

目前自动图像分析系统有多种,虽然型号各异,功能不一,但基本工作原理却是相似的。

5.3.1 自动图像分析仪的构造原理

自动图像分析仪的主要部件有摄像机、视频图像板、慢扫描接口、计算机、鼠标或数字化仪等，此外还有打印机、照相系统、图像显示机、光学及电子显微镜等，如图 5-9 所示。

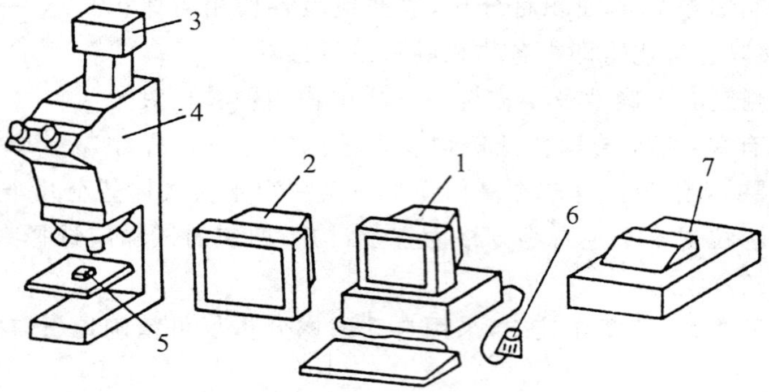

图 5-9　全自动化图像分析仪

1. 微型计算机；2. 高分辨图像显示器；3. 自动扫描摄像机；4. 显微镜；5. 试样；
6. 鼠标控制器；7. 打印机

各部件的功能为：摄像机将光学显微镜和透射电镜的图像转换为电信号。视频图像板则通过采样和量化二步骤将摄像机的电信号图像转换成二维矩阵存入计算机，并不断地将计算机内的数字图像转换成模拟信号，在显示器上显示出计算机对图像的处理、测量过程和结果。慢扫描接口将扫描电镜的图像信号实时转换输入到计算机，并可将计算机内的数字图像返送回电镜进行照像，复杂的慢扫描接口还能对电镜进行控制，用计算机对数字图像进行处理与测量，并对测量结果进行统计分析。鼠标或数字化仪是重要的人机交互设备，在图像很复杂或边缘不清晰时，通过它移动图像显示器上的光标勾出目标的边界或位置进行图像编

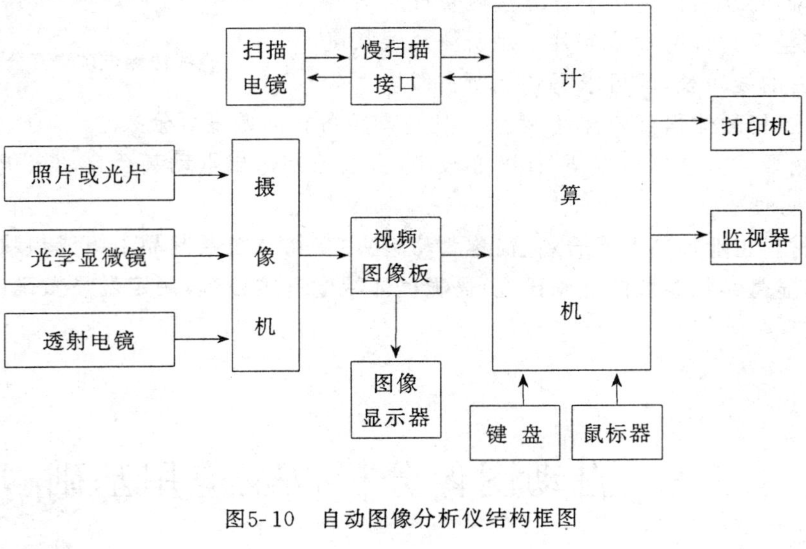

图5-10　自动图像分析仪结构框图

辑。自动图像分析仪结构的方框图如图 5-10 所示，根据应用范围有生物医学用和材料科学用两大类，硬件配置两类差不多，软件功能及测量参数方面却有较大的差别。虽然不同型号的操作方法各异，基本操作过程却大同小异如图 5-11 所示。

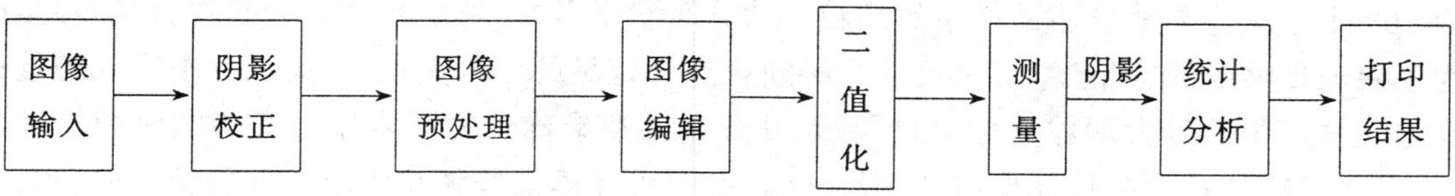

图5-11　图像分析系统工作流程示意图

5.3.2　结构参数的测量

这里简单介绍用自动图像分析仪测量无机材料制品中显微结构参数的方法原理。

1. 平面测量值

对于材料平面上的一个不规则的颗粒截面图案，不同的测量方法可能给出不同的测量值。常用的是颗粒的等面积圆半径（表 5-1 中 d_O 和 d_P）代表二维颗粒尺寸，原因是颗粒等面积圆半径的分布比较接近真实的三维颗粒尺寸分布，而且不受平面尺寸各向异性的影响；另一个重要的颗粒尺寸是截割线长度，优点在于无论颗粒形状如何都可直接测量而且测量值的精确性较高，因此，一维颗粒尺寸是计算三维颗粒尺寸及其分布的原始测量数据。

二维颗粒测量值有三种：

①面积分析法，根据直径等于 79.8mm 的圆（面积为 5000mm²）内的颗粒数计算单位面积中的颗粒数 N_A'。N_A' 也可通过测量单位面积上的晶界三叉点 P 由下式计算：

$$N_A=1+P/2 \tag{5-7}$$

②截割线测量法，这里测量的不是单个颗粒的截割线长度，而是单位测量线上的颗粒数 N_L。由于 N_L 在数值上等于单位体积中的晶界面积（对于孤立的颗粒来说，颗粒表面积等于 N_L 的两倍），因此截割线法已被推荐取代面积测量法。单位体积中的颗粒数 N_V 与 N_A 及 N_L 有如下关系：

$$N_V=0.8N_A^{3/2}=0.5659N_L^3 \tag{5-8}$$

③如果只测量试样中某物相或者某组织组元的体积含量，则可测量该相或组元在平面上的面积含量 A_A 或在随机测量线上的长度分数 L_L 或测量点上的点分数 P_P，它们在一定的统计精度下都等于体积含量 V_V：

$$V_V=A_A=L_L=P_P \tag{5-9}$$

2. 测量数据的统计处理

从实验测量得到的原始低维（一维或三维）颗粒尺寸数据中获得物相颗粒尺寸的三维 SDF，必须将测量数据分组以确定低维 SDF，因此，测量数据的统计处理实质上就是按颗粒的尺寸、取向以及相分组等的分组问题，这里仅讨论按尺寸分组的问题。

通常假设颗粒尺寸的分布是连续的，为了根据有限的测量数据确定颗粒尺寸分布，事实上必须采用有限宽度的尺寸组，必要时再根据分组频率计算连续型的分布函数。颗粒尺寸测量数据的分组方法在原则上是任意的，为了数学处理上的方便，通常采用代数分组和几何分组两种方法。

代数分组方法最简单，由小到大每个尺寸组具有相同的宽度(ΔR)，第 i 个尺寸组的范围为$(i-1)\Delta R \sim i\Delta R$，关键是尺寸组宽度的选择，一般认为 ΔR 应选择使得总的尺寸组数目为 10～15。从完整地描述试样中的颗粒尺寸分布状态考虑，颗粒尺寸的分布数目越多越好，为了保证足够的统计精度，每个尺寸组必须含有一定量的测量数据，因此尺寸组宽度的选择决定于试样中的最大颗粒尺寸、对颗粒尺寸分布函数准确度的要求以及实验测量数据的多少。对于粗略估算至少也需要有 7 个尺寸组，而对于计算某些颗粒大小悬殊的试样的颗粒尺寸分布函数则可能需要 30 乃至 50 个以上的尺寸组，此时所需测量的颗粒尺寸数据大约在 2000～3000 之间。此法主要缺陷是当颗粒尺寸分布形状强烈左斜时，由于大尺寸范围内的颗粒数很少而分布范围很宽，一些较大的尺寸组内常常只有很少几个或者甚至没有数据，从而影响统计精度。

几何分组法中尺寸组宽度的对数($\Delta \lg R$)等于常数。假设最小颗粒尺寸为某一有限值 c ($c>0$)，第 i 个尺寸组的范围是 $ca^{i-1} \sim ca^{i}$，其中 a 称为分组模数($a>1$)。模数 a 的选择也是任意的，同样使总的尺寸组数目在 10～15 范围内。根据颗粒尺寸分布状态，一般选择 $a=2$、$2^{\frac{1}{2}}$、$2^{\frac{1}{10}}$等值，其优点是尺寸组宽度随尺寸增加，从而可使大颗粒尺寸组也含有足够数目的测量数据；缺点是除了计算略微复杂以外，由于小颗粒范围内尺寸组较窄，可能导致较大的统计误差，在小颗粒范围内测量误差较大。

为了消除测量随机误差，可以采用数学拟合的方法由分组频率计算尺寸分布概率函数，但是假如测量数据还需进一步换算到三维 SDF，建议采用在换算过程中直接拟合的方法，即采用使从三维 SDF 换算回来的低维 SDF 与测量数据偏差最小的方法确定三维颗粒的 SDF，这样可避免在分别进行的拟合与换算两个过程中误差的累积。

3. 用结构元对颗粒图像进行变换

结构单元是已知形状和大小的基本图形（常用圆形和方形）变换颗粒图像，其目的是为获得颗粒的粒径和形状的各种信息。它主要有侵蚀变换、扩张变换、开启变换、关闭变换和骨架化。

侵蚀变换是用结构元 B 对某颗粒（称点集）进行侵蚀变换，当 B 中一定点位于 X 时，B 则落在 X 集内构成新集 E，如此重复进行，直至新集 E 变成空集。图 5-12 示出颗粒原始图像(A)分别以圆(B)、水平线段(C)和水平方向双点(D)为结构元进行侵蚀变换的结果。若以圆作为结构元，使一个颗粒最终消灭需要侵蚀的次数，则可绘出该颗粒的最大内切圆的尺寸。随侵蚀变换的进行，图像几何形态会发生变化，不同大小的颗粒状逐级消失。侵

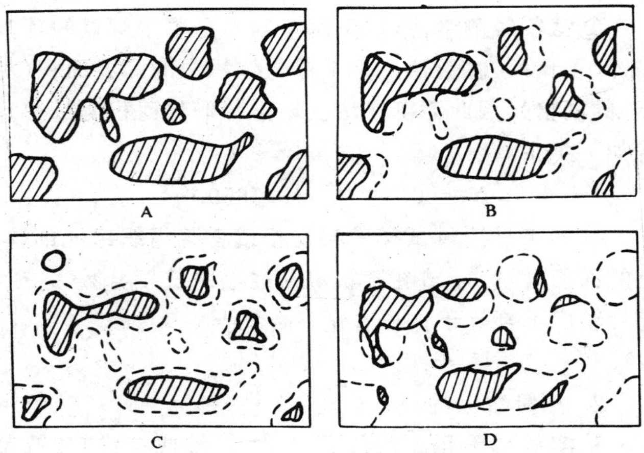

图 5-12　二维图像的侵蚀变换

蚀变换主要用于进行颗粒的粒度计算和测量。

扩张变换是将所有 B 和 X 的交集，集中起来组成的新点集(D)，称 B 对 X 作扩张变换。当 B 中一定点位于 X 时，B 和 X 的交集不为空集，同样重复进行扩张变换。扩张变换实质上就是对颗粒外部位(称余集)进行侵蚀变换，将颗粒直接进行放大，结果使颗粒之间的空洞、裂纹等被填满，而互相连接在一起。

开启变换是对点集(颗粒)X 侵蚀后，再对所得的新集合用同一结构元进行扩张变换，变换结果使原连续的颗粒变成两个孤立的图形，使其图像得到某种程度的复原。

关闭变换是在对点集 X 扩张变换后，再对所得新集合用同一结构元进行侵蚀变换，结果使相邻颗粒连接起来，并填满颗粒内的孔隙。

(A)原图像　　(B)变换后得的"骨架"

图 5-13　二维图像的骨架化

对一个集合体进行重复的侵蚀变换，直至获得只有一个像点宽度的"骨架"，称为骨架化(图 5-13)。与无条件的重复侵蚀变换的不同处在于当骨架化变换所获得的新集合中，某一部分仅剩下一个像点宽度时，进一步的侵蚀操作对该处不再有任何影响。结果得到颗粒图形的中心线，提取紧密颗粒的界线，而被广泛运用。

数学形态变换为自动图像分析提供了新的图像描述方法和新的参量，可以用于提供颗粒的粒度及其组成、形状、分布等信息，还可以用于测定分数维。更重要的是它突破了传统的只能测量相互分离颗粒的尺寸或形状分布信息的限制，提供了无法分离的连续组织的多种分布信息。自动图像分析技术具有能够对图像进行数学形态学研究的独特优越性。

4. 颗粒粒径及粒度的测量

采用线段作为结构元对某相进行侵蚀变换，可以获得该相的一维尺寸分布(即弦长或截线长度分布)的信息。由于结构元的强烈有向性，使弦长分级的结果明显依赖于所采用的结构元的取向。对非均匀取向沿不同方向操作的结果可明显的不同(如图 5-14，A)。采用各向

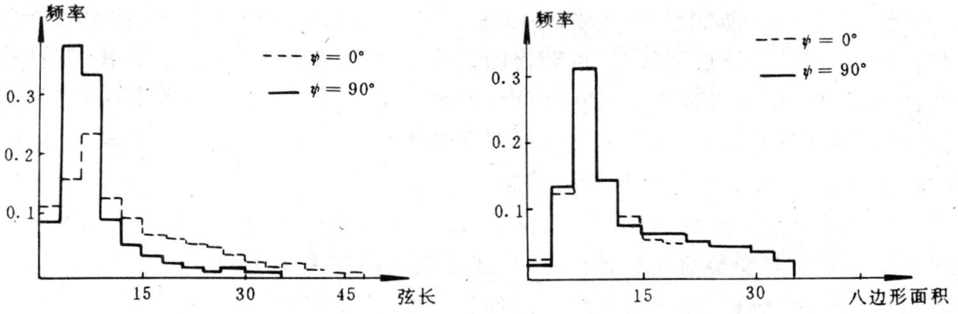

A　　B

图 5-14　结构元方向性对颗粒尺寸分布的影响

同性结构元对该相进行开启或关闭变换，可以获得其二维尺寸分布的信息，还可避免用一维

结构元对一维尺寸分布测定所带来的方向性影响(如图 5-14,B)。

在测定颗粒的二维尺寸分布时,设 X 为在二维空间 R^2 中由不同尺寸圆组成的一个集合,用直径为 D_O 的圆作为结构元对 X 进行开启变换:首先,侵蚀变换去除了所有 $D<D_O$ 的那些圆,并将所有 $D\geqslant D_O$ 的圆,均变换为直径 $D-D_O$ 的圆。随之进行的扩张变换则将所有原直径 $D\geqslant D_O$ 的圆恢复到各自原来的尺寸。这一开启变换和对尺寸为 D_O 粒子筛分的物理意义完全相同,达到将 y 集合中的圆按直径大小分级的目的,可以绘出集合 X 中颗粒(这儿是圆)面积和个数的累积频率或相对频率分布曲线。

当使用上述方法测定颗粒个数的频率分布时,应当采用整个颗粒计数逻辑,以防止在侵蚀过程中某些颗粒被"破碎"而导致错误计数。当然,对于分离粒子系统,二维尺寸分布也可以用传统方法测定。应该注意,用不同方法测量的尺寸分布可能存在较大的差异。图 5-15 给出了对同一图像进行尺寸分布测量所获得的三种不同结果,即图 A 中按颗粒真实面积的二维尺寸分布(真线)、以最大弦长的二维尺寸分布(虚线)和图 B 以最大内切八边形面积分组的分布情况,这三种分布数据可提供不同信息,具有不同的物理意义。

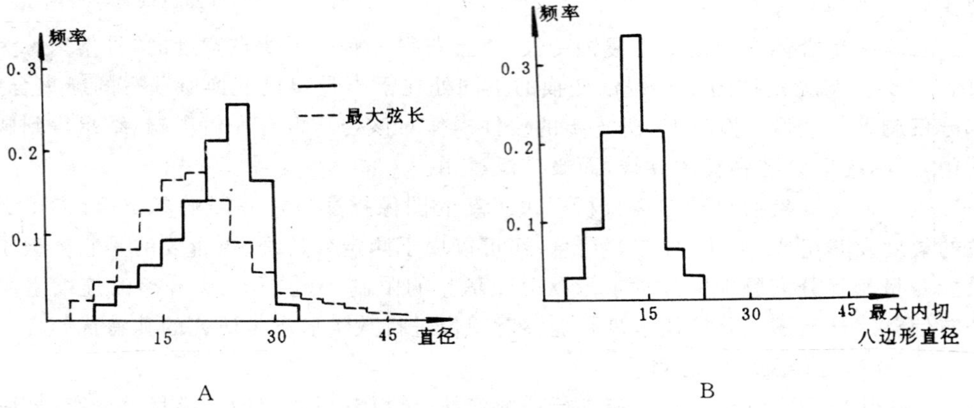

图 5-15　同一特征物图形尺寸分布的三种不同测量结果

5. 颗粒形状的研究

形态变换还可以用于对颗粒形状的研究。利用圆作为结构元对颗粒进行重复的侵蚀变换,即可获知其最大内切圆的尺寸,作为描述颗粒形状的另一个参量;当用的结构元不是圆,则该参量可为颗粒内所能包含最大结构元的面积与颗粒真实面积之比;当用一个六边形结构元对一个颗粒进行开启变换时,可获得随结构元尺寸增大的整条开启曲线,若颗粒表面具有较大的粗糙度,则会导致该曲线在结构元的较小尺寸范围内出现较高频率;当颗粒整体形状与结构元形状具有很大相同时,则使曲线在结构元的中等或较大尺寸范围内频率增高。通过分析这类曲线可以获得颗粒形状的信息。

另外,根据颗粒轮廓线的"分数"特性,对之用正多边形结构元进行关闭变换并随之骨架化,可得颗粒周长与变换前周长之比,来描述颗粒表面的粗糙度大小。图像进行骨架化变换有助于颗粒的形状分析,还可区分颗粒的伸长程度,确定树枝状物的臂长等。

应当指出,用形态数学方法描述颗粒形状的研究仍不成熟,有待于进一步的探讨,但可以协助传统分析方法获得颗粒形状的更多信息。

5.3.3 截面测量计算颗粒的空间大小分布

对集合体中的颗粒一般是从试样薄片和光片中某个截面上测量的。由于截面效应所测得的并不是颗粒空间真正的大小和分布，因此只有在一定的假设条件下，才能从截面的测量值推导出颗粒空间大小的分布。最简单的是把非球状颗粒假想成同体积的球状颗粒，按体视学方法根据投影尺寸计算球状颗粒在空间尺寸的分布，主要有截面圆法和弦长法，相比之下前者精度要高一些。进行全自动图像分析时要求用图像对比度好的样品。需要采用半自动或人工分析时，多采用弦长法，这样测量及其数据处理要简单得多。

1. 弦长法

通过测量截平面上测试线段在颗粒上所截得弦长计算颗粒在空间尺寸分布的方法，称为弦长法。

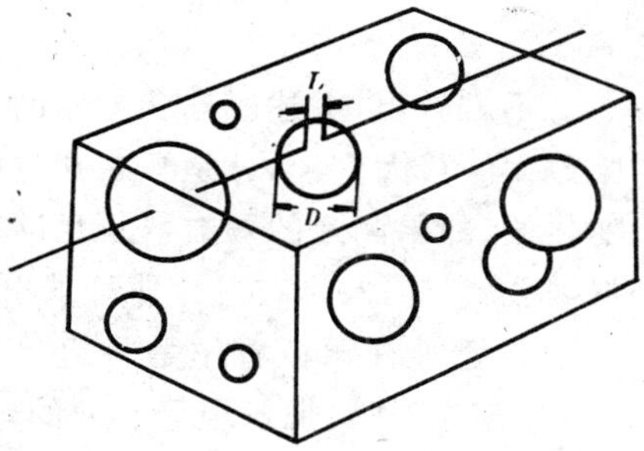

图 5-16

设空间的球状颗粒直径分别为 D_1、D_2、……、D_{max}，单位体积内相应颗粒数目为 N_1、N_2、……、N_{max}，若颗粒在空间分布是均匀的，当一条切割线通过时，单位体积内受球状颗粒阻截的几率如图 5-16 所示，数学式为：

$$W_1 \mathrm{d}D = \frac{\pi D^2}{4} N(D) \mathrm{d}D \qquad (5\text{-}10)$$

式中：$N(D)\mathrm{d}D$ 是单位体积内直径为 D 到 $D+\mathrm{d}D$ 的颗粒数目。在单位试验长度上，直径为 D 的球状颗粒被截出长度为 L 的几率如图 5-17 所示，数学式为：

$$W_2 \mathrm{d}L = \frac{2\pi \mathrm{d}X}{\pi D^2/4} \qquad (5\text{-}11)$$

式中：X 为线段离球体中心的距离，$X^2 = D^2/4 - L^2/4$，也就是说，线段长 L 的截取只有在球断面上给定环状部分被切割直线穿过才可能。用下列公式中可以求得不同粒径颗粒个数的百分数：

$$\frac{N_i}{\sum N_i} = \frac{2^{-i}(2n_i - n_{i+1})}{\sum_i 2^{-i}(2n_i - n_{i+1})} 100\% \qquad (5\text{-}12)$$

式中：N_i 为颗粒直径落在 $D=L_{i-1/2}$ 到 $D=L_{i+1/2}$ 之间的颗粒数。L_i 为试验线的单位段长度。

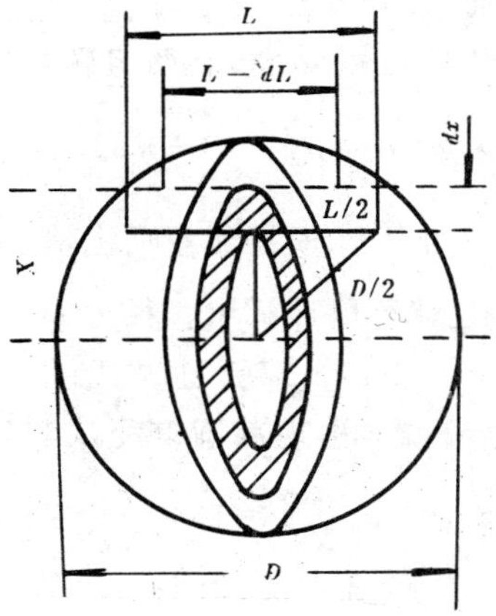

图 5-17

2. 截面圆法

从测定颗粒截面圆的直径分布来计算颗粒在空间尺寸分布的方法，称为截面圆法。

若把空间统计均匀分布的球状颗粒系统分成 k 组，每组的颗粒半径分别为 $R_1, R_2, \cdots, R_j, \cdots, R_k$，在单位体积内各组的颗粒数目为 $N_1, N_2, \cdots, N_j, \cdots, N_k$。用任一平面截割该系统被截取的球状颗粒的圆截面也有相应的 k 组，相应半径分别为 $r_1, r_2, \cdots, r_i, \cdots, r_k$，在单位面积上各组的颗粒数目则为 $n_1, n_2, \cdots, n_i, \cdots, n_k$。

单位体积内球状颗粒被平面截割的几率应是：只有球中心落在离截割平面两侧 x 到 x

$+\mathrm{d}x$ 的颗粒才可能截取半径为 R 的圆截面，x 为颗粒中心到截割平面的距离。半径为 R_j 的球状颗粒被任一平面截割，获得半径为 r_{i-1} 到 r_i 间隔圆截面的数目是：

$$
\begin{aligned}
n(R_j,r_i) &= 2N(R_j)\int_{i-1}^{i}\frac{r}{\sqrt{R_j^2-r^2}}\mathrm{d}r \\
&= 2N(R_j)\left[\sqrt{R_j^2-r_{i-1}^2}-\sqrt{R_j^2-r_i^2}\right]
\end{aligned}
\tag{5-13}
$$

颗粒尺寸按算术级数分级时，设 $D_j=2R_j=j\Delta$；$d_i=2r_i=i\Delta$，Δ 为分级的间隔，则得到被称为沙尔达可夫公式的计算方程：

$$
n(j,i)=N(j)\Delta\left[\sqrt{j^2-(i-1)^2}-\sqrt{j^2-i^2}\right] \tag{5-14}
$$

颗粒尺寸按几何级数分级时，设 $D_j=2R_j=\dfrac{d_k}{2^{k-j/2}}$，$d_i=2r_i=\dfrac{d_k}{2^{k-i/2}}$，$k$ 为分级的数目，d_k 是最大颗粒直径，则得到下列计算公式：

$$
n(j,i)=N(j)d_k\left[\sqrt{2^{-k+j}-2^{-k+i-1}}-\sqrt{2^{-k+j}-2^{-k+i}}\right] \tag{5-15}
$$

不难看出，上述对球状颗粒的处理实际上包含两个假设：①是在截面上看到的被截颗粒圆截面的最大直径，就是颗粒在空间的最大直径；②是在单位体积内球状颗粒的尺寸是连续变化的。如果测量的颗粒数目足够多的话，则第一个假设是成立的，第二个假设也是允许的。根据公式(5-13)和(5-14)即可求出颗粒在空间的尺寸分布。

若把所有颗粒看作是一组尺寸时，$j=i=1$，$\Delta=2R$，代入公式(5-13)，则得：$n=N\Delta=ND$。该式表明：把一组等尺寸的球状颗粒，由平面截割出圆直径从零到 D 截面圆的数目就等于球状颗粒数目(N)乘上球体的直径(D)。

如果全部颗粒分为两个尺寸组：第一和第二组颗粒尺寸分别为 Δ_1 和 Δ_2，截出截圆直径前者为从零到 Δ，圆截面数目为 $n(1,1)=N_1\Delta$；后者则有从零到 Δ 和从 Δ 到 Δ_2 的两组圆截面，这两组圆截面数目分别是：$n(2,1)=N_2\Delta(2-\sqrt{3})$ 和 $n(2,2)=N_2\Delta\sqrt{3}$，因为直径为零到 Δ 的截圆，有两组颗粒均能截出，而直径为 Δ 到 Δ_2 的截圆只有第二组颗粒才能截出。因此，$n_1=n(1,1)+n(2,1)$ 和 $N_2=n(2,2)$，整理以后可得：$N_1=\dfrac{n_1}{\Delta}-0.1547\dfrac{n_2}{\Delta}$ 和 $N_2=0.5774\dfrac{n_2}{\Delta}$。根据测量面上测出的截圆直径从零到 Δ 和从 Δ 到 Δ_2 的两组圆截面的数目 n_1 和 n_2，就可以计算出直径为 D_1 的颗粒数目 N_1 和直径为 D_2 的颗粒数目 N_2。

当将全部颗粒被视为三个尺寸组时，三组颗粒的尺寸分别为 Δ、Δ_2 和 Δ_3，被同一平面截后，就会出现截圆直径从零到 Δ，从 Δ 到 Δ_2 和从 Δ_2 到 Δ_3 的三组截面圆，它们的数目分别为：$N_1=\dfrac{n_1}{\Delta}-0.1547\dfrac{n_2}{\Delta}-0.0360\dfrac{n_3}{\Delta}$，$N_2=0.5774\dfrac{n_2}{\Delta}-0.1529\dfrac{n_3}{\Delta}$，$N_3=0.4472\dfrac{n_3}{\Delta}$。

依次类推，由截平面的单位面积上测量直径为 $d_1,d_2,\cdots,d_k$ 的截圆，其数目分别为 n_1，$n_2,\cdots,n_k$，利用公式(5-13)就可求出单位体积内直径为 $D_1,D_2,\cdots,D_k$ 的颗粒数目分别为 $N_1,N_2,\cdots,N_k$，这里 $d_1,d_2,\cdots,d_k$ 应理解为相应粒度间隔的下限。应用时可预先把颗粒系统分成 10 组或更多组，计算出各个系数列成如表 5-4 的表格。

表 5-4　把颗粒分成十个组时沙尔达可夫公式中各系数值

系数		在平面上组别									
		n_1	n_2	n_3	n_4	n_5	n_6	n_7	n_8	n_9	n_{10}
在空间的组别	N_1	1.0000	−0.1547	−0.0360	−0.0130	−0.0061	−0.0033	−0.0020	−0.0013	−0.0009	−0.0006
	N_2		0.5774	−0.1529	−0.0420	−0.0171	−0.0087	−0.0051	−0.0031	−0.0021	−0.0015
	N_3			0.4472	−0.1382	−0.0408	−0.0178	−0.0093	−0.0057	−0.0037	−0.0026
	N_4				0.3779	−0.1260	−0.0386	−0.0174	−0.0095	−0.0058	−0.0038
	N_5					0.3333	−0.1161	−0.0366	−0.0168	−0.0094	−0.0059
	N_6						0.3015	−0.1081	−0.0346	−0.0163	−0.0091
	N_7							0.2773	−0.1016	−0.0329	−0.0155
	N_8								0.2582	−0.0961	−0.0319
	N_9									0.2425	−0.0913
	N_{10}										0.2294

若颗粒系统按几何级数分组，则应用公式(5-14)，与上述的思路一样，亦可归纳出分组数为 K 时 N 与 n 之间的关系，一般关系式如下：

$$N_j(D_j=d_i)=\frac{1}{d_i}(C_0 n_i-\sum_{m=1}^{k-i}C_m n_{i+m}) \tag{5-16}$$

式中：系数 C_0 和 C_m 是与 K 无关的常数，$m=8$ 时其值列于表 5-5。

表 5-5　$m=8$ 时，公式(5-15)中的系数 C_0 和 C_m 值

C_0	C_1	C_2	C_3	C_4	C_5	C_6	C_7	C_8
1.4142	0.3178	0.0673	0.0193	0.0063	0.0022	0.0008	0.0003	0.0001

§5.4　图像分析仪测定粉体的结构参数

经分散或细化处理所得颗粒集合体称为粉体，如各种无机材料的原料、配合料、成品水泥等。自动图像分析仪研究的内容主要是其颗粒的粒径、粒度组成和形状。

5.4.1　粉体颗粒试样的提取和分散

自动图像分析仪对粉体颗粒进行分析时，要求图像具有很好的衬度和颗粒的分散性，试样应该非常的少，要求颗粒试样具有充分的代表性和分散度。

1. 颗粒试样的提取

取样是获得准确测量结果的前提，提取的试样必须具有准确的统计规律，为此通常采用四分法和介质分散法两种方法取样。

四分法取样是从均匀粉体中随意称取 0.5g 左右，用四分法将其均匀地分到只剩余约 0.01g 时为止，即可作为图像分析的试样。

从均匀的粉体料中随意取少许放入分散介质中进行搅拌，在激烈搅拌过程中倒掉其中一半，再加入分散介质至原样后激烈搅拌，再倒掉其中一半，如此反复直至所需浓度为止，这

称为介质分散法。这种方法对较粗颗粒容易产生误差，而且要激烈搅拌。

2. 粉体颗粒的分散

在分析时，要求颗粒充分分散，颗粒发生团聚或溶解等现象都会得到错误的结果。颗粒分散的有关因素有分散介质、分散剂、分散方法和悬浮液浓度等。

分散介质是分散颗粒用的液体，要求对样品颗粒具有很好的浸润，并与样品颗粒不发生粘结，对试样是化学惰性的不会发生溶解、化学反应、不引起颗粒膨胀或发生其他作用，纯度要高等。常用的分散介质有水、酒精、乙二醇、丙酮等。在分散时试样应首先进行脱水或烘干，以防止颗粒团聚而难以分散。

加入适量的分散剂到分散介质中是为促进颗粒得到充分地分散，在样品颗粒和分散介质之间发生相互作用改善颗粒在水中的分散性能。常用的分散剂有六偏磷酸钠、焦磷酸钠、氨水、水玻璃、氯化钠等，分散剂浓度为 0.005%～0.05%（重量）即可。

另外，细粉很容易团聚成含两个以上颗粒的团粒，每个团粒都具有不同的结合强度。要分离为单个基本颗粒还要辅以其他外力作用，常用的有摇动和搅拌、悬浮液在真空中进行 30 分钟脱气、在热水中煮沸 30 分钟、超声波分散等方法，常常将多种方法结合起来使用。选择合适的悬浮液浓度也可获得分散颗粒，悬浮液浓度要求一般较低。

5.4.2 图像分析粉料试样的制备

图像分析的测量范围和仪器的分辨本领有密切关系，不同仪器的放大倍数和分辨本领测量范围相差甚大，对制备试样的方法和要求亦不一样。图像分析仪的分辨本领随联机的显微镜分辨力而定，光学仪器的放大倍数是由几何光学决定的，而电子仪器的分辨本领则取决于衍射理论。现分别简单介绍它们试样的制备方法和要求。

1. 光学显微镜粉体试样的制备

光学显微镜对颗粒的测量范围一般为 0.8～150μm，通常在透射光下（如偏光显微镜、生物显微镜等）进行，反光显微镜一般不被采用。

对不需保留的试样，取分散好的一两滴试样的悬浮液在载玻片上，盖上盖玻片并驱除气泡即可；亦可用醋酸戊酯或动物胶将载玻片和盖玻片密封起来，制成短期保留的试样。分散介质用乙二醇、杉油或甘油较好。

永久性试样是将有代表性试样放入 10ml 烧杯中，加入 2～3ml 含 2%左右胶棉的酯酸丁酯溶液，经激烈搅拌后将一滴悬浮液放到蒸馏水的静止表面上形成一层膜，将其移到干净的载玻片上使之充分干燥即得。类似的成膜分散介质还有：胶棉酯酸戊酯溶液、加拿大树酯混合二甲苯溶液、聚苯乙烯二甲苯溶液、达马树脂松节油溶液、明胶水溶液、阿拉伯胶甘油溶液、苏合香脂二甲苯溶液或橡胶二甲苯等。

许多无机材料粉末采用“C-N”共晶分散制样，即用 60%的樟脑，40%的萘（重量）放在一起加热到 200℃左右相互混熔，形成低熔点的共晶产物（熔点 32℃），简称“C-N”共晶。再用“C-N”共晶作为分散介质，将其加热到稍高于熔点的温度，向其中加入适量的被测颗粒共同装入小塑料口袋内揉搓，使颗粒充分分散，取出一些夹在两块干净的玻璃片间压平急冷使分散颗粒得以迅速固定，再将试片撬开放入真空室，在高于 1.333Pa 的真空度下“C-N”共晶会自行升华，分散的颗粒保留在玻璃片上即得需要的试样。

2. 透射电镜粉体的试样制备

透射电镜常用来分析粒度为 1nm～1μm 极细的颗粒，一般需要将分散的颗粒置于支持膜上或包埋于其中，再托在金属载网上。支持膜多用火棉胶和聚乙烯醇缩甲醛等塑料膜，再以碳膜增强。支持膜的材料和厚度应保证对电子束基本上可穿透，并有足够的强度。

制备前应对颗粒进行充分分散，并准备好支持膜及其固定和补强工作。用下列几种方法可将分散的颗粒铺放到支持膜上：

经直接分散的细颗粒，可将带有被分散颗粒的玻璃片翻转过来对着已预制好的支持膜，轻轻敲一敲使已被分散的细颗粒均匀地落到支持膜上，或者干脆将少许细颗粒直接撒在支持膜上，再用棉花轻轻地扫一扫，用“小皮吹”吹去多余的颗粒也可。

经超声波分散的较细颗粒连同分散介质一起装入玻璃喷雾器内，喷射到支持膜上，如果粒度分布范围较窄，可选用孔径大于被测颗粒尺寸的过滤漏斗，将颗粒悬浮液加以过滤，以除去未解开的团粒，再喷到膜上。

用铂金丝弯成的一个圆形小圈当成勺子，捞一小滴含待测颗粒的悬浮液直接放到支持膜上，然后用红外线灯烤干备用。亦可在制作支持膜的过程中，将少许颗粒直接放入到 1% 火棉胶溶液中，充分搅拌使颗粒分散，然后按照制备支持膜的办法，滴于蒸馏水面上成膜，颗粒就被包埋在支持膜内，再用小铜网捞起即可。

带有颗粒的支持膜尚不宜立即在电子显微镜下进行观察，因为火棉胶支持膜的机械强度、对电子束的耐受能力和化学稳定性能都比较低，加上颗粒体与支持膜间结合不牢，在观察时膜面产生跳动、漂移甚至破裂，不仅影响到观察，还会使电镜受到污染，所以需要将带有颗粒的支持膜置于真空室内，在大于 133.322×10^{4}Pa 的真空度下喷上一层 5～10nm 的炭膜进行补强，使支持膜的强度提高了，颗粒又得以固定，从而改善观察效果。

对于 100nm 以下的超细颗粒进行分析时，采用超薄切片的自然固化，先用按一定配方和条件混合自然固化的环氧树脂将颗粒包埋，再用超薄切片机切成 30～100nm 左右的薄片，即可捞在铜网上在电镜下直接观察。

还可采用颗粒复型技术和金属投影技术进行试样的制备，因为被观测颗粒对电子束的透明性很差，在荧光屏上显示的是颗粒的投影像，要使颗粒像更具有立体感或要观察其表面形貌，常使用颗粒复型技术和金属投影技术。

3. 扫描电镜粉体的试样制备

扫描电镜的分辨本领较低，但分析快，并能得到更多三维空间的细节，亦更易于输入图像分析仪，还可将几种图像信号及 X 射线信号结合到一起分析，实现颗粒的自动识别和分类统计。扫描电镜能容纳大到 25×25mm 的试样，而且放大倍数可波动在 20 至 100000 倍之间，分析颗粒粒度的范围亦较大，景深很大，能观察更多关于颗粒和表面结构的信息。

一般性颗粒试样可用双面粘胶带制备，将双面粘胶带粘于 SEM 目标端头，把粉末撒向粘胶带，再用“小皮吹”吹去多余的颗粒即可。此方法不适用于自动图像仪，后者一般采用将颗粒悬浮液喷到镀铝载玻片上，或用“C-N”共晶分散法制得。

5.4.3 粉料颗粒的粒径测定和粒度统计

要求用图像分析仪测量已制试样上所有的颗粒大小是不现实的，必须随机地或按照预先指定的规程从已制试样中取若干区域进行测量。最简单的是测定按一定规定选择的一定视域 600 个以上的颗粒。计算粒度分布应视测量的是粒数分布还是重量分布而定。

1. 颗粒的大小分布

在颗粒数分布中平均大小的百分标准误差是 $100/\sqrt{n}$，式中 n 是被测的颗粒个数，据此即可估计测定的准确性。对于尺寸大小范围较窄的颗粒，必须计测的颗粒数可大大低于上式的要求，而且应随着计数进展计算颗粒的平均大小。颗粒粒径的平均值应趋向一个固定值，在此固定值能被估算出来时，计数工作即可结束。对于完整的颗粒数而言，欲达到某已知的准确性，在任何尺寸范围内，应该计测的颗粒数可用下式计算：

$$\sigma(F_1)=\left[\frac{F_1(100-F_1)}{n_t}\right]^{1/2} \tag{5-17}$$

式中：$\sigma(F_1)$为标准偏差粒数尺寸范围内的值最大。如果在含有大多数颗粒尺寸范围内得到所需准确的 $\sigma(F_1)$值，即可掌握所有其他尺寸范围的标准偏差。在以频率为基准的情况下，应对所有各级大小颗粒观察相同的视域面积。

2. 颗粒的重量分布

测量粉体中颗粒的重量分布时，要达到一定准确度必须测定的颗粒数，可以用下公式来计算：

$$\sigma(M_q)=\frac{M_q}{\sqrt{n_d}} \tag{5-18}$$

式中：$\sigma(M_q)$为标准偏差(重量占总数的百分率)。M_q 是某一定大小范围内重量百分率。n_d 为在颗粒大小范围内计测的颗粒数。

例如，在某特殊情况下 10%重量的颗粒位于最上的范围，即有 10%重量的颗粒是具有最大尺寸的，而欲得的准确度 $\sigma(M_q)=2\%$，则应在此范围内 $n_d=25$。为在所有其他颗粒大小范围内均保持此准确性，所利用的控制参数为：$\Omega=\left[\frac{n\cdot d^6}{(k\cdot a)^2}\right]^{1/2}$，式中 d 为在颗粒大小范围内的平均体积直径，a 是一个视域的面积，k 为所测的视域数。应使最大的颗粒尺寸范围计算得到的控制系数值，大于其他所有颗粒尺寸范围的计测值。为了在最大的颗粒尺寸范围内寻找 25 个颗粒，用光学显微镜时，往往需在整个试样上一条一条地观察，有时要观测数块试样才行，最好先用低倍数作初步扫描观察计数。

§5.5　图像分析仪测定制品的结构参数

无机材料制品可看成是一种颗粒的集合体，研究其中组成相颗粒的形状、大小、含量、分布等是无机材料显微结构分析的主要内容。在用自动图像分析仪进行分析时，不同相的颗粒应有较大的反差或明显的颜色。试样的光片和薄片均可进行颗粒的显微分析。有时在光片上可以用不同方法进行腐蚀，比薄片法更好。

5.5.1　制品中颗粒大小的测定

制品中各相颗粒大小的测量是在对物相鉴定的基础上进行的。根据体视学原理，用自动图像分析仪可对其颗粒的粒径和粒度分布进行精确的测量。

如果截面上物相颗粒的图像有明显的灰度和颜色差异，而且颗粒彼此分隔，则分析过程与粉体颗粒测量类似，直接测量的是颗粒被截面所截的轮廓像。对于包埋着许多球形颗粒的样品来说，磨光表面所截圆的直径总是普遍小于球粒真正直径的。

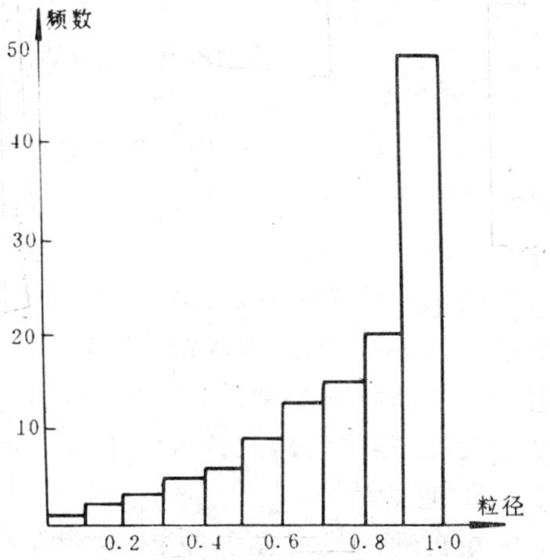

图 5-18　相同直径球的截面直径频率分布

把同一直径 D_O 的多个圆球包埋在蜡中制成磨光片，测量磨光表面上各个圆的直径 D，其粒度分布如图 5-18 所示。若只据此结果误认为球的大小不同，按此分布算出的平均直径 D 仅是真正球径 D_O 的 0.763 倍。可见，对实际测量结果必须加以校正。如果颗粒大小不等，特别是形状非球形时，情况就更加复杂。如何从观察到的轮廓像的尺寸数据获得颗粒的正确粒度分布是体视学的课题之一。

在只需获得整个试样中的所有颗粒平均大小的情况下，可以采用晶界重见法，即进行适当的结构侵蚀，使光片中各颗粒显出晶界。在一般情况下晶界很难有完整的显现。利用自动图像分析仪中的晶界重建功能仍可进行测量，如图 5-19 所示。从原图(A)上用边缘检测法检测出颗粒的晶界，删除杂质或污点形成的非边界点(B)，用晶界重建法重建出完整的晶界(C)进行测量。图中(D)为重建界晶的图像(C)迭加到原图(A)上的结果。

图 5-19　晶界重建的示意图

与颗粒尺寸相关的结构参数还有颗粒间距。颗粒间距 λ 可通过下式计算得到：

$$\lambda=\frac{4(1-V_V)}{S_V}=\frac{\pi(1-A_A)}{L_A} \tag{5-19}$$

式中：V_V 为体积分数，S_V 为单位体积内颗粒的表面积，A_A 为单位截面上颗粒的面积，L_A 为单位截面上颗粒的周长。

当颗粒小于 1μm 时应采用电子显微镜进行观察。在磨光面上，扫描电镜的背散射电子像可以反映出不同颗粒的成分差异。结合二次电子像，背散射电子像及 X 射线面分布(或强度)，可以分类测量和统计不同相的颗粒。对于无法分离的连续组织，可用数学形态变换来测量它的多种分布信息。各向异性的颗粒，一般用在两个垂直方向的投影直径的比值或颗粒长径取向的分布特征来衡量。当颗粒不能呈现明显的灰度或颜色差时，一般采用鼠标勾出颗粒的边界，或采用半自动的弦长法测量，也可采用显微照相用人工将颗粒涂成黑色，再输入图像分析仪分析，无图像分析仪时，亦可用显微镜的目镜微尺进行测量。显然无论哪一种都将降低分析速度。

5.5.2 制品中组成相百分含量的测定

测量各物相在试样中所占的体积或重量百分比可依据体视学基本公式(5-1)。图像分析仪测定矿物百分含量有以下三种方法：

1. 面积法

面积法是直接测定截面上各物相面积和视场面积的比。光学显微镜下是用方格网目镜观察视域，用人工计数各结晶矿物所占方格数的方法进行测量的；而自动图像分析仪则是根据不同结晶相的亮度差或颜色差，利用光电效应通过计算机直接计算出各结晶相的面积百分含量的，并以此作为各自的体积百分含量，不仅精度非常高，而且迅速省力。

2. 直线法

在自动图像仪显示屏上，计测在测试线段或在目镜测微尺各相所占线段的长度 L_i，测完一条直线再测另一直线，以同样方式继续测量足够的测试线，分别记录下同种物相所占长度之和，用下式统计平均数来表示各相所占长度百分数 L_L，即得其体积百分数：

$$L_L=V_V=\frac{L_1+L_2+\cdots\cdots+L_n}{N\cdot L}100\% \tag{5-20}$$

式中：V_V 为待测物相的体积百分数，$L_i(i=1\sim n)$为物相颗粒被测试线所截长度，L 为测试线长度，N 为测试线总数，$N\cdot L$ 为测试线总长度。

3. 计点数

借助电动计点器(又称电动求积仪)测定物相百分含量的方法，称为计点法，无需图像分析仪。主要是在视域内或显示屏上设许多的测试点，记录测试点位于待测相上的点数，测试足够视域后，以待测相点数与总测试点次数比，即等于该物相的体积百分数。

有些图像分析仪上有直线法和计点法两种半自动功能，主要是为待测相与其他相无明显灰度和颜色差而设计的。对于小于 1μm 的，而且成分有较大差异的物相颗粒，可以将光片在扫描电镜上获得的背散射像直接输入到图像分析仪进行分析。一些高档图像分析仪可以综合二次电子像、背散射像及 X 射线强度，自动识别物相颗粒，从而测出各相的含量。

5.5.3 分形分析法测定结构参数

在无机材料制品的烧结和反应过程中，常有形状复杂的颗粒(如团聚体、骸晶等)，一般方法描述其粗糙度和表面结构比较困难，用分数维概念就能描述其边界问题。

1. 分数维的概念

分数维概念与测量海岸线或地图上形貌轮廓长度等相似。当用两脚规沿着地图上估算各国海岸线长度时，两脚规间距离称为步长(λ)，当步长减小时估算的周长(P_λ)倾向增大。用 n 边多角形(n=分步数)近似一海岸线，周长的估计($n\lambda$)与步长(λ)具有以下关系：

$$P=n\lambda=K\lambda^{1-D} \tag{5-21}$$

式中:参数 D 被称为分数维。分形的实质是反映了被测对象在不同尺度下的自相似性,具有分形的对象是指局部与整体在形态或其他方面具有统计意义上的相似性,适当地放大或缩小,整个结构均不改变。分数维则是定量描述分形的一个参数。

2. 分数维的测量方法

分数维中应用得最为广泛的是计盒维数。数学的含义:是设 F 是 R_n 上任意非空的有界子集,$N_\delta(F)$ 是直径最大为 δ 可以覆盖 F 集的最少个数,则 F 的下、上计盒维数分别为:

$$\underline{\dim B}\, F=\lim_{\delta\to 0}\frac{\log N_\delta(F)}{-\log\delta} \tag{5-22}$$

和

$$\overline{\dim B}\, F=\lim_{\delta\to 0}\frac{\log N_\delta(F)}{-\log\delta} \tag{5-23}$$

如果这两个值相等,则称这共同的值为 F 的计盒维数,记为:

$$\dim B\ F=\lim_{\delta\to 0}\frac{\log N_\delta(F)}{-\log\delta} \tag{5-24}$$

在二维投影面上可简化转换为:将图形分成边长为 δ 的方格,数出含有图形一部分的格子数 $N(\delta)$,不断改变 δ,由一系列的 δ 和 $N(\delta)$ 在双对数坐标上即可求得分数维 D。

分形曲线的分数维　图 5-20 为碳黑聚团的形状,把它看成 n 边多边形,从边界上任选一点 S,沿顺时针方向用圆规画半径 λ 的弧,该弧与碳黑的边界相交于 A 点,再从 A 点画弧,与边界相交于 C 点,按这种方法继续下去,直得到最后一点与 S 的距离小于 λ 为止,总步数记为 $N(\lambda)$,λ 称为步长。改变 λ,得一系列 $N(\lambda)$,将 $N(\lambda)$ 与 λ 在双对数坐标纸上作图,就可得到一条直线,斜率负值即为其分数维 D。图中碳黑的分数维是 1.32。这里已将步长用最大 Feret 直径归一化。

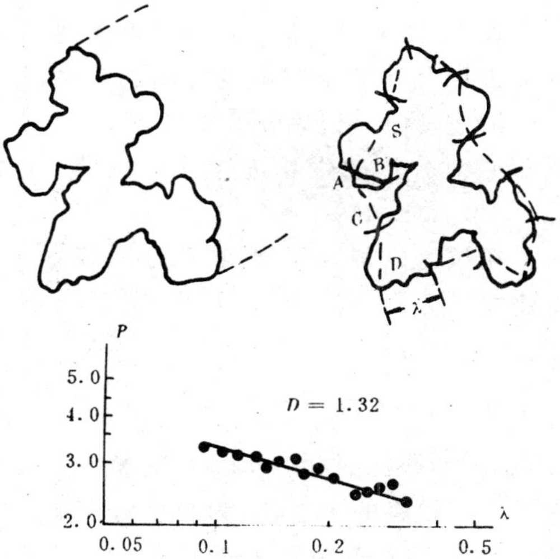

图 5-20　碳黑聚团的分数维计算

分形曲面的分数维　由于很难直接测量一个任意曲面的面积,例如,许多材料断面的表面等,可采用分形曲面分数维分析法。

为测定断口表面的分数维,有人提出了截岛法,即将断口表面喷镀一层金或镍后镶嵌好,然后在平行于断口表面进行平均的重复抛光,以获得一系列平行于断口等距离截面,在这些截面上所看到的图像是镍(或金)所包围着的"岛屿"。随着抛光量的增大,这些"岛屿"的面积增大,逐渐相汇合在一起。依次测量各截面上"岛屿"的周长和面积,将测量结果绘制成如图 5-21 所示的双对数曲线图,图中直线的斜率就是这些岛屿边界线的分数维 D_1。断口表面的分数维 D_2 则等于 D_1+1。

3. 分形方法的应用

80 年代以来,分形理论在自然科学和社会科学领域已获得了广泛的应用,成为分析复杂现象的又一有力工具。在此我们只介绍在断口分析和颗粒分析两方面的应用。

(1)断口的分数维分析　断口的分数维有两种测量方法，一是将断口沿垂直于断口表面用平均的平面剖开，然后按曲线方法分析断口的剖面线；另一种即为“截岛法”。二者所得分数维值相当吻合。二者结果不一致与测量尺码有关，对于同一断裂表面，采用不同的尺码测量会得到不同的结果，只有测量尺码足够小时才能得到真正分数维的近似值。实验表明，断口分数维反映了材料的显微结构及断裂机制。断裂韧性越高，断裂表面越粗糙，分数维值越大，lg$K$ 与分数维 D 呈正变化的线性关系。

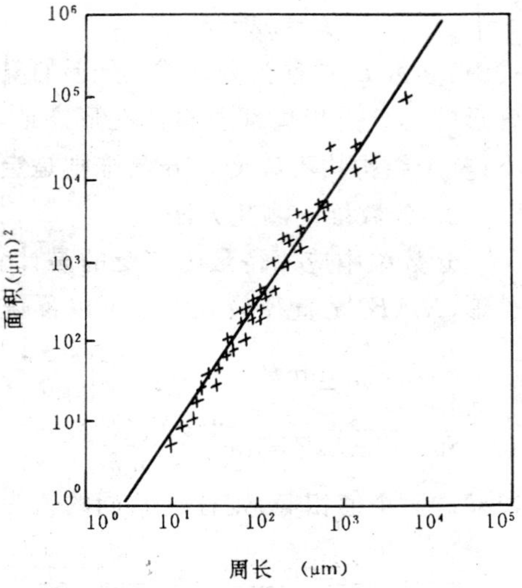

图 5-21 “截岛法”中岛屿的面积与周长之间的双对数直线关系

(2)颗粒的分数维分析　碳黑聚集体的粗糙度和超细粉末的颗粒聚合体均存在分形结构，它们测定的分数维 D_f 约为 1.514。观察水溶液薄膜中分形生长，可研究形态的形成和溶液饱和度、液膜厚度以及溶质绝对浓度之间的关系，提出分形生长的成核限制聚集(NLA)模型，并利用它对分形的生长进行计算机模拟。

在粒度分布方面，则利用分形理论建立了分形粒度分布(FSD)模型，即：

$$N(>r)=N_0\left(\frac{r}{r_0}\right)^{-D} \qquad (5\text{-}25)$$

式中：r 为颗粒的粒度，$N(>r)$ 为粒度大于 r 的颗粒的个数，D 为粒度分布的分数维。通过实验发现，由大块物料经冲击破碎而产生的颗粒体系，完全符合 FSD 模型(图 5-22)。从理论上说，整块物料破碎成分散颗粒后，分数维处于 0～3 之间，不可能大于 3，实验也证实了这点。某些不均匀长大颗粒体系也满足 FSD 模型，其分数维 $D=3.20$，大于 3。它表明多核长大过程与破碎颗粒具有明显不同的特性。

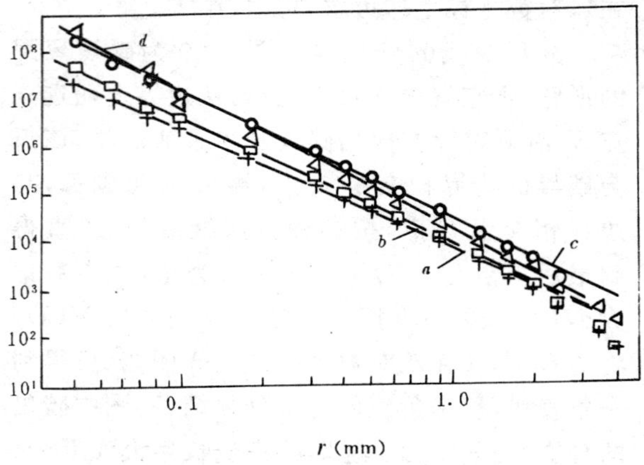

图 5-22　破碎系统颗粒的分数维

a. 大理石(＋) $D=2.59$；b. 磁铁矿(□) $D=2.65$；c. 膨胀土(Δ) $D=2.72$；d. 煤(○) $D=2.92$

对冲蚀表面及其磨屑的分形研究可得出以下结论：①冲蚀磨损表面的被测部位呈分形特征，按照所测部位的分数维值，体积冲蚀率与分数维值呈负斜率的直线关系；②磨屑的粗糙边界可以用分形关系来描述，分数维值可作为描述断裂特征依据，用此分数维值判断断口的特征与扫描电镜观察结果一致；③磨屑还可用磨屑的尺寸与数目关系确定的另一个分数维值描述其碎片性，此分数维值与边界分数维值具有不同的物理含义。

分形理论尚处于发展阶段，但作为分析复杂现象的新武器已初步显示它的作用。

下篇

各论

本篇将分章讨论用上篇介绍的显微结构图像分析方法和测试技术来研究各类无机材料的显微结构特征，并探讨制造时生产工艺及条件对显微结构形成过程的影响，以及显微结构特征及其相组成与制品性能、质量及使用效果间的关系。这也是无机材料显微结构分析的主要任务。

无机材料的类型和品种复杂多样，而且随着科学技术的发展还有新型制品不断涌现。本书不可能亦没有必要对所有无机材料制品的显微结构特征逐一进行介绍和讨论，本篇将分章分别介绍产业分类中陶瓷、耐材、玻璃及水泥等四大类无机材料显微结构的研究内容和特征。就是这些无机材料中亦只能以常见的和有代表性制品的显微结构特征作简单介绍，从中可了解和掌握显微结构分析的内容、方法和要达到的目的。在讨论时大都附有典型的及有代表性的显微结构照片，全书共附有近 300 幅显微结构照片，具有较强的说服力和参考价值。下篇的内容大致如下：

在陶瓷材料一章中主要讨论普通陶瓷及其釉层、结构陶瓷及功能陶瓷的相组成和显微结构特征，各类陶瓷材料均选择几个品种的陶瓷制品，对其显微结构特征及其有关问题将作比较详细的讨论。

耐火材料一章重点讨论硅质、铝砖质、*AZS* 质及镁质等耐火制品的显微结构问题，在讨论时注意它们在使用过程中显微结构的变化，对含碳碱性及其他耐火材料的显微结构特征亦作了简单介绍。

玻璃材料一章以钠钙硅系统玻璃为主，讨论了玻璃体内各种缺陷，尤其是各种结晶质缺陷（即玻璃结石）的显微结构特征及其产生原因；还专门讨论了非晶态缺陷、玻璃分相和微晶玻璃的显微结构及其在热处理过程显微结构变化规律。

水泥材料一章以讨论硅酸盐水泥熟料显微结构特征为主，并简单介绍根据显微结构特征对水泥熟料质量进行评价的方法、铝酸盐水泥熟料、各种水泥熟料的水化特点、水化产物及作为水泥混合材的高炉矿渣、钢渣、粉煤灰等的显微结构特征。

本篇对另外几类无机材料的显微结构特征均没有论及，应该指出，它们的研究方法相同，考虑问题的思路亦是类似的，只是具体研究对象和内容不同而已，可以类推。

第六章 陶瓷材料显微结构分析

以粉体为原料，通过成型和烧结等工艺，所制得的多晶无机非金属材料制品，统称为陶瓷材料。陶瓷材料的种类很多，日常生活中所说的陶瓷是指传统陶瓷，又称为普通陶瓷，主要以天然粘土、长石、石英为原料，故又称为三组分陶瓷。随着科学技术的发展，具有某种独特性能的新型陶瓷材料相继出现，这些被称为新型陶瓷，其中专门用在高温条件的制品称为耐火材料（在第七章中专门讨论）。新型陶瓷主要使用人工合成各种纯的简单化合物、复合盐类和单质等化工原料，根据性能要求在配料中还会引入不同的添加剂。制造工艺一般比较复杂，更加严格和精细。

§6.1 概述

陶瓷是多晶、多相（晶相、玻璃相和气相）的聚集体。晶相主要有含氧酸盐（如硅酸盐、钛酸盐、锆酸盐等）和简单化合物（如氧化物、碳化物及氮化物等）两大类，是陶瓷性能的主要决定因素。即使化学成分相同，如果晶体结构不相同，陶瓷的性能就不同。玻璃相是陶瓷中非晶态固体部分，是存在于晶粒间的易熔相，可使晶粒粘结在一起、降低烧结温度、抑制晶粒长大，从而获得细晶致密陶瓷，对陶瓷的性能也有着重要的影响；气相是形成过程中残留于制品内的气体，有闭气孔和开气孔两类。不同陶瓷对气孔的允许程度不同，一般陶瓷可含有5%～10%的残留气体，有的制品不允许气孔存在，而多孔陶瓷则要求含大量气孔。气孔的存在将降低陶瓷的机械强度、绝缘性能和透光率，增大介电损耗。

6.1.1 显微结构概况

陶瓷显微结构包括：晶相的类型和分布，晶粒大小、形态、取向和分布，晶格畸变、位错，晶界结构及厚度，玻璃相数量和分布，气孔尺寸、形状与数量、分布，各种杂质（包括添加物）、缺陷、微裂纹、裂隙的存在形式、分布、数量、大小，畴结构及其分布特征、表面状态、气体吸附及表面结构等。对于给定组成的陶瓷，其性能在很大程度上取决于其显微结构。

显微结构和断裂力学研究表明，改善陶瓷材料强度和韧性的途径是高纯度、高密度、微晶、材料内部预加一定压应力、掺加补强材料等。因此，陶瓷的显微结构形成时的晶粒、气孔、边界相和分散相的大小、形状、排列、分布、聚集状态等，对制品物理及力学性质均有影响，通过工艺过程的调节可以对之进行控制。

本章将分别讨论普通陶瓷和新型陶瓷的显微结构特征。普通陶瓷还要分析釉层、坯釉结合层及几种特种用途陶瓷的显微结构特征；新型陶瓷将分别讨论几种结构陶瓷和功能陶瓷的显微结构特征及其与工艺及制品性能之间的关系。

6.1.2 陶瓷材料的品种和分类

陶瓷材料的品种繁多，当前尚无统一的命名和分类标准，根据陶瓷材料的性能、用途及主晶相或主要化学组成等，可分为普通陶瓷和新型陶瓷两大类。

1. 普通陶瓷　根据陶瓷坯体的组成相及其含量、显微结构特征及应用性能，将普通陶瓷分为土器陶器、炻器和瓷器等四类，具体如表 6-1 所列。

表 6-1　普通陶瓷分类表

大　类	细　类		用　途
土器			建筑砖瓦、土花盆等
陶器	粘土质陶器		日用器皿、复面板、彩陶
	长石质陶器		日用器皿、卫生装饰制品
	石灰质陶器		日用器皿、彩陶
	熟料陶器		大型卫生装饰制品
炻器	粗炻器、细炻器		日用器皿、建筑制品
瓷器	软质瓷	骨灰瓷 熔块瓷 贝利克瓷	日用器皿、美术装饰制品等
	硬质瓷	绢云母瓷 长石质瓷	日用、美术、耐热器皿、绝缘瓷、耐酸制品等

2. 新型陶瓷　根据主要理化性能将新型陶瓷分为结构陶瓷和功能陶瓷两大类，前者以耐高温、高强度、抗腐蚀等为主要特性；而后者则具有某种特殊敏感功能，根据主要性能对之进行进一步分类，如表 6-2 所列。

表 6-2　新型陶瓷分类表

性能分类		陶瓷材料	主要用途
电学性能	绝缘材料	Al_2O_3，BeO	集成电路基片，封接材料，微玻器件
	铁电材料	$BaTiO_3$，$PbTiO_3$，PLZT	电容器，图像记忆元件
	压电材料	$BaTiO_3$，PZT（锆钛酸铅），ZnO（定向薄膜）	振子，换热器
	离子导电体	β-Al_2O_3，ZrO_2 系，SnO_2，ZrO_2（稳定）	固体电解质，氧气传感器，玻璃电极
	半导体	SiC，$BaTiO_3$，ZrO_2，ZnO-Bi_2O_3 系，V_2O_3	发热体，热敏电阻，非线性电阻
磁性性能		Zn-Mn 铁氧体	磁芯，磁带，磁头
		Sr 铁氧体	磁铁
光学性能		Al_2O_3，MgO，Y_2O_3-ThO_2	钠蒸气灯发光管，激光材料
		PLZT	电光材料

续表

性能分类	陶瓷材料	主要用途
化学性能	SnO,ZnO,NiO,Si_3N_4	气体传感器
	$MgCr_2O_4$-T_iO_2	温度传感器
	Al_2O_3,堇青石	催化剂截体
	Fe-Mn-Zn 化合物-铝酸钙	催化剂(臭气)
生物学性能	Al_2O_3,磷灰石	人工骨骼,人工牙根
放射性能	UO_2,C,B_4C	核燃料,核反应堆材料
	SiC,Li_2O	热核反应堆材料
吸声性能	多孔陶瓷,陶瓷纤维	吸声板
热学性能	ZrO_2 系,TiO_2 系	红外线辐射体
力学性能	Al_2O_3,TiC,SiC	研磨材料,切削材料
	Si_3N_4	燃气轮机透平叶片

6.1.3 制造工艺及其对陶瓷显微结构的影响

陶瓷是用各种原料按一定的化学组成和粒度配比进行配料并混和成混合料,经成型、干燥或脱蜡,再在高温条件下烧结后冷却而成的。影响显微结构的主要因素有:

1. 原料的影响　制造陶瓷材料的原料有天然矿产原料(简称天然原料)和化工原料(又称合成原料)两类。

用于制造陶瓷材料的天然原料有:粘土、长石、石英、石灰岩、白云岩、滑石、菱镁矿、方解石、萤石、透辉石、硅灰石、叶蜡石、硅藻土等,主要用于制造普通陶瓷。随着科学技术的发展,天然原料种类在不断地扩大。使用天然原料时要注意两点:①天然矿物石大都是开采后被直接使用的,在使用时必须注意原料的产地、成因和批号,必要时应进行化学成分分析和性能测试。②原料的矿物组成不同其工艺性能相差甚大,例如粘土是粘土矿物集合体的总称,而粘土矿物则有工艺性能相差很大的高岭石、多水高岭石、伊利石、蒙脱石等多种。它们常常以不同比例互相混杂在一起:如以蒙脱石为主的粘土具有很好的可塑性,但含有较多的杂质,且烧成收缩较大;而由高岭石和多水高岭石组成的苏州土(图 6-1),不仅有较好的可塑性,质地较纯,具有较好的烧结性能,烧成收缩亦不大,是优质的陶瓷天然原料,因此在使用前应进行物相分析,必要时还要做小试,才可使用。

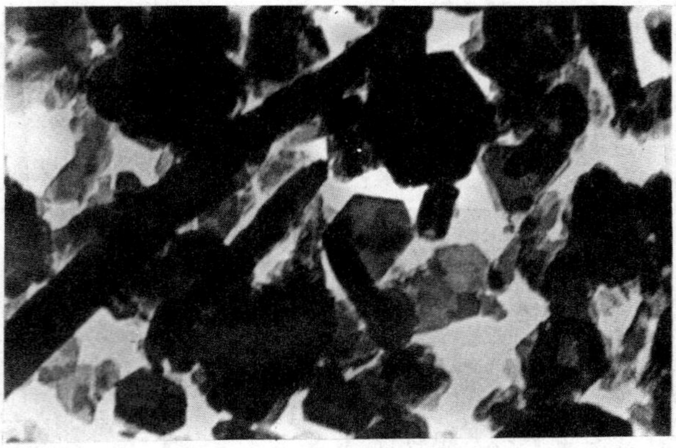

图 6-1　苏州土的显著结构中六方片状高岭石晶体
透射电镜　　　　17000×

经人工处理从天然矿石中提纯出来的或采用气相法、液相法、固相法等合成的化工原料，一般化学组成纯度较高，是新型陶瓷的主要原料。常用的有工业氧化铝、纯氧化铝、钛白粉（二氧化钛）、氧化镁、氧化锆、各种碳酸盐、硼酸盐等。使用时也应注意下列几点：①不同厂家生产的，甚至同一厂家不同批号的同种原料，不仅化学组成及有害杂质含量等有所差别，其颗粒大小及其组成方面亦会存在差异，这将影响陶瓷材料的生产工艺及制品的性能和质量；②有些原料的结晶相存在同质多相变体，使用时必须注意原料的变体类型，例如，钛白粉（TiO_2）有锐钛矿和金红石两种晶型，它们将制造出具有不同性能的陶瓷制品；③随着科学技术的发展，对陶瓷原料的纯度、均匀性、颗粒尺寸及其分布提出愈来愈高的要求，原料的平均粒径不能全面反映原料几何特性、颗粒形状、颗粒大小分布，这也是重要的。④不同粒度的粉体原料工艺性能相差甚大，新型陶瓷常用 1μm 以下的超细粉体，甚至纳米级的纳米粉。

2. 坯体制备的影响　陶瓷坯体的制备一般均要经过原料处理、配料合成、成型和干燥等四道工序。每道工序对制品的显微结构及质量、性能均有显著的影响。

制造陶瓷坯体的原料确定后，再经选矿、粉碎、筛分和颗粒级配，有时还要预烧等处理，才能被使用。根据配方要求将不同原料分别称量后混和，加入适量的水或其他溶液拌和均匀，有时还需加入适量的增塑剂拌和均匀后，经困料和混辗制成混合料。用不同方法将混合料成型成陶瓷坯体。成型方法有浇注成型、塑性成型、机压成型、热铸成型、等静压成型和热压成型等多种。根据陶瓷的品种和性能要求可采用不同成型方法。用不同方法成型的坯体经烧结后将具有不同的显微结构、理化性能和使用效果。坯体中含一定量的水分，必须进行干燥将自由水慢慢排出后，才能烧成。水分排出速度与环境温度密切相关。将湿坯直接进行烧成会造成炸裂而报废。热铸成型的坯体必须进行预烧排蜡。

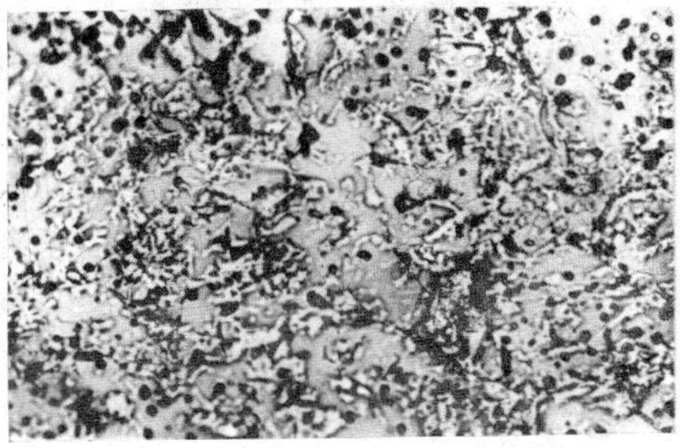

图 6-2　95 氧化铝瓷欠烧的显微结构
单偏光　　　　416×

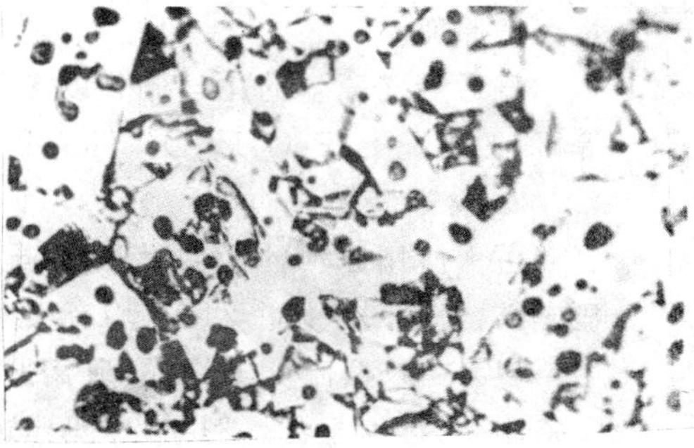

图 6-3　95 氧化铝瓷过烧的显微结构
单偏光　　　　490×

3. 坯体烧成的影响 瓷坯的烧成是制造高质量陶瓷制品的关键性工艺。在烧制过程中必须严格地执行合理的烧成制度，包括升温速度、最高烧成温度及保温时间、冷却制度，还要考虑煅烧气氛等环境条件。某一环节出了问题都将直接影响瓷坯的显微结构和性能，甚至出现废品。

以 Al_2O_3 含量为 95％的氧化铝瓷为例，说明烧成温度和保温时间对瓷坯显微结构及制品性能的影响。如果烧成温度偏低或保温时间不足，晶体将呈现生长不完整、晶粒比较小的欠烧显微结构（图 6-2）。若烧成温度偏高将使晶体边缘被熔蚀成浑圆状和过多气孔的过烧显微结构（图 6-3）。它们都影响制品的机械强度和气密性等。其他陶瓷制品均有类似的情况。

§6.2 普通陶瓷的显微结构特征

普通陶瓷，又称粘土质陶瓷或三组分陶瓷，主要原料是粘土、长石和石英，其中除主要组成矿物外，还常含有绢云母和白云母等矿物。在瓷坯配方时还要引入其他天然原料或化工原料。配方的化学成分及组成矿物均影响完整的显微结构。

6.2.1 普通陶瓷的种类

普通陶瓷三种主要原料所占比例的不同，或引入不同的其他原料，或制造工艺的差异等，将制造出不同品种的普通陶瓷制品。所以普通陶瓷的品种、显微结构、性能特点和用途亦是多样的。

1. 普通陶瓷工业原料

根据原料工艺性能和作用，普通陶瓷的工业原料有四类：①加水混合后具有可塑性的塑性原料，主要有高岭土、次生粘土、硬质粘土、膨润土、页岩等粘土质原料。②在陶瓷坯体中起骨料作用的瘠性原料，主要有石英岩、石英砂岩、石英砂、硅藻土及其熟料、陶瓷废品及碎片经粉碎成的瓷粉等。③在较低温度下可熔化液相而促进瓷坯烧结成瓷的助熔原料，主要有长石、伟晶花岗岩、霞石正长岩、大理岩、石灰岩、白云岩、菱镁矿、动物骨灰等。④为改良陶瓷材料某种物理、化学性能而引入的少量改性原料(或称添加剂)，主要是各种化工原料，亦有少量天然原料。

普通陶瓷瓷坯的化学成分以 SiO_2 和 Al_2O_3 为主，并含有部分 CaO、MgO 及 Na_2O、K_2O 等，一般情况下，FeO、Fe_2O_3、TiO_2 等成分是有害的，影响制品的白度和质量。

2. 普通陶瓷分类

由于所用原料的优劣、坯体的配方和生产工艺，尤其是烧成制度等的不同，普通陶瓷的显微结构、质量、性能及用途均有很大的差异，一般分为六类：

(1) 在较低温度下烧成，所用原料杂质较多，制品结构疏松多孔，颜色多样且不均匀的陶瓷制品，称为土器。例如，一般建筑墙体材料、屋面材料、低档花盆等。

(2) 在 1100～1200℃左右烧成，坯体多孔，但结合较牢固者称为陶器。在陶器坯体表面有时覆盖一层透明或混浊的釉层。例如，部分日用器皿、卫生用品、彩陶、装饰制品等。

(3) 在 1180～1250℃下烧成，坯体比较细密而均匀，仍含较多气孔，颜色从象牙色到白色，表面多覆盖透明釉者称为精陶器。它常用于制造日用器皿和工艺美术制品等。

(4) 烧成温度在 1150～1300℃之间，坯体致密少孔，不透明常带颜色，机械强度较高，对酸(除氢氟酸)和碱抗腐蚀能力强的制品，称为炻器。例如，化学器皿、铺地砖、外墙砖等。

(5) 瓷器，根据瓷坯的原料配方、烧成温度及玻璃相含量又分软质瓷和硬质瓷两类：①在配方中粘土和石英的含量均为 20%～40%左右，而长石则含有 30%～60%，烧成温度在 1250～1300℃之间，瓷坯内玻璃相含量较多的瓷器，称为软质瓷。例如，长石瓷、骨灰瓷、熔块瓷等，通常用来制造日用器皿、美术装饰品及建筑陶瓷等。②在配方中粘土含量约 40%～

55%，而长石和石英的含量均在20%～30%左右，烧成温度一般在1320～1450℃，在坯体中玻璃相含量较少，致密度较高的瓷器，称为硬质瓷。它可制造日用瓷、卫生瓷、建筑瓷以及化学瓷、低压电瓷、电阻瓷等。

(6) 高压电瓷。配料中添加部分工业氧化铝或刚玉粉，在较高温度下烧结，坯体中气孔率很低，基本上不存在开口气孔，具有足够的机械强度及耐压性能的瓷器，称为高压电瓷。添加工业氧化铝或刚玉粉的目的是提高电瓷的机械强度和耐高电压等性能。高压电瓷在坯体中除含石英及莫来石等结晶相外，还会存在刚玉结晶相。

通常普通陶瓷都包括瓷坯和釉层两部分(也有不施釉的)，其基本性能主要决定于坯体的显微结构，釉层的结构特点也有一定影响。

6.2.2 普通陶瓷坯体相组成和显微结构

普通陶瓷坯体是用天然原料在高温条件下烧结而成的。各种原料在加热过程中发生的一系列物理化学变化，对瓷坯的物相组成及显微结构具有决定性的影响。

1. 粘土在烧成升温过程中的变化　粘土的组成矿物有高岭石、多水高岭石、蒙脱石、伊利石等，其中高岭石是重要而常见的粘土矿物，加热过程中发生的变化是陶瓷工业生产中最重要的反应之一，国内外至今仍未取得一致的意见，一般看法如下：

高岭石加热到550～650℃时，将脱水而生成不稳定的非晶态偏高岭石，即：

$$\underset{(\text{高岭石})}{Al_2O_3 \cdot 2SiO_2 \cdot 2H_2O} \xrightarrow{550\sim650℃} \underset{(\text{偏高岭石})}{Al_2O_3 \cdot 2SiO_2} + H_2O$$

X射线衍射分析证实，偏高岭石中仍残留着高岭石晶格特征。当温度继续上升到1000℃时，偏高岭石又发生相变，一种看法是形成缺位尖晶石型结构的γ-Al_2O_3，可写成：

$$Al_{2/3}Al_2O_3 \text{ 或 } \square_{2+2/3}Al_{21+1/3}O_{32}\text{，化整为 } \square_8Al_{64}O_{96}$$

式中□为空位，一个晶胞内有八个空位；另一种看法认为生成缺位硅铝尖晶石，可写成：

$$\square_{5+1/3}Si_8Al_{10+2/3}O_{32}\text{，化整为 } \square_{16}Si_{24}Al_{32}O_{96}$$

温度上升并接近1000℃时开始生成莫来石，并游离出活性的非晶态二氧化硅，即：

$$3\underset{(\text{偏高岭石})}{(Al_2O_3 \cdot 2SiO_2)} \xrightarrow{>960℃} \underset{(\text{莫来石})}{3Al_2O_3 \cdot 2SiO_2} + \underset{(\text{非晶态})}{4SiO_2}$$

当温度达1200℃左右时，莫来石晶体生成并逐步长大，晶形完整，称为一次莫来石，有发育较差呈鳞片状(图6-4)和排列整齐呈网状(图6-5)两种形态。

2. 长石在烧成升温过程中的变化　制造普通陶瓷的长石主要是钾长石和钠长石，分别在1150℃和1120℃以上被熔融成高温熔体成残骸状的玻璃相，熔体中K^+或Na^+离子将向外扩散使残骸部分贫钾或贫钠，在冷却过程中析出细小的针状的一次莫来石(图6-6)。由长石熔体中的Al_2O_3与高岭石分解出的活性游离状SiO_2互相作用生成针状二次莫来石，在瓷坯中互相间常交织成网状结构(图6-7)。

3. 石英在烧成升温过程中的变化　石英在温度升到573℃时，便发生高低温晶型的迅速转变，同时产生较大的体积效应，使较粗的石英颗粒碎裂而产生断续裂纹。石英在机械破碎时多呈棱角状，烧成温度较低时残留石英颗粒仍保持完整的棱角状外形；烧成温度较高时，将被熔化呈浑圆状(图6-8)，高温条件下停留时间较长还会出现方石英化。

4. 云母类矿物在升温过程中的变化　由粘土及长石带入的白云母、绢云母等矿物亦属

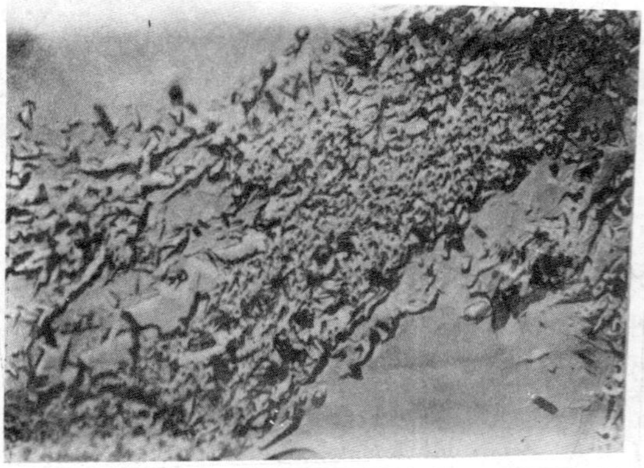

图 6-4 瓷坯中鳞片状莫来石
透射电镜 5500×

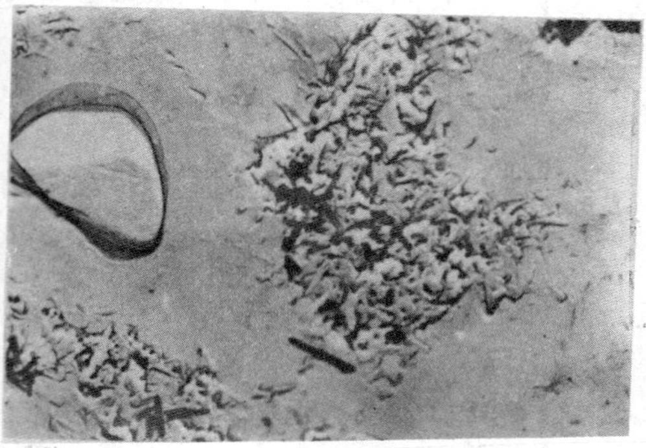

图 6-5 瓷坯中网状莫来石和粒状石英
透射电镜 13000×

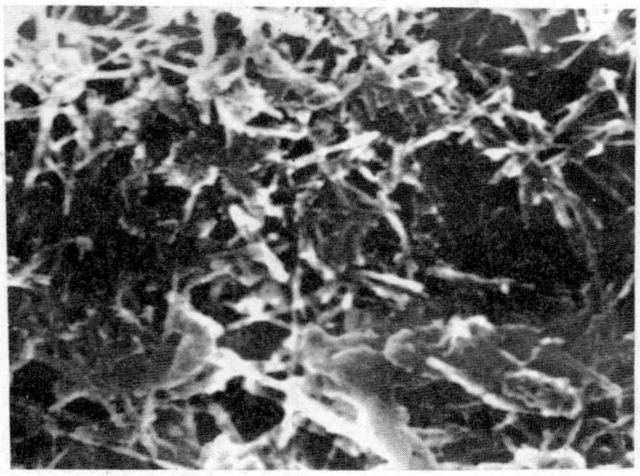

图 6-6 瓷坯中长石玻璃析出莫来石和残留石英
单偏光 640×

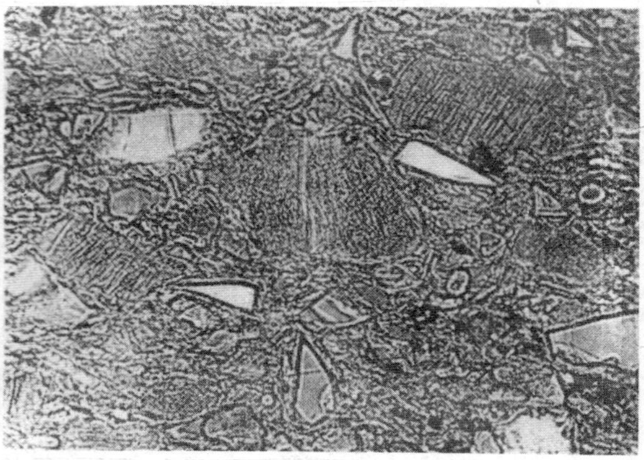

图 6-7 瓷坯中网状二次莫来石
扫描电镜 2000×

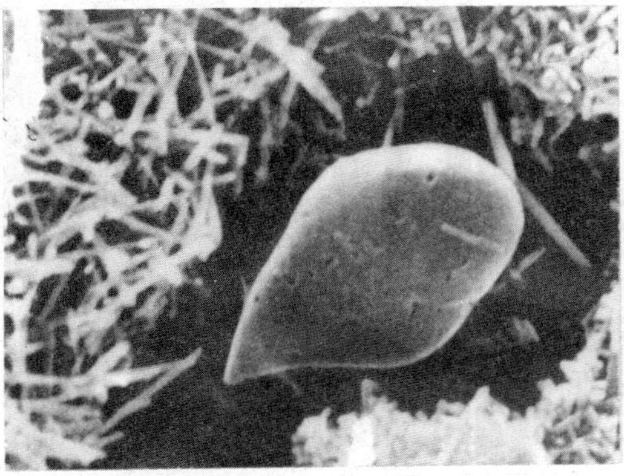

图 6-8 瓷坯中浑圆状石英残骸和巢状莫来石
扫描电镜 10000×

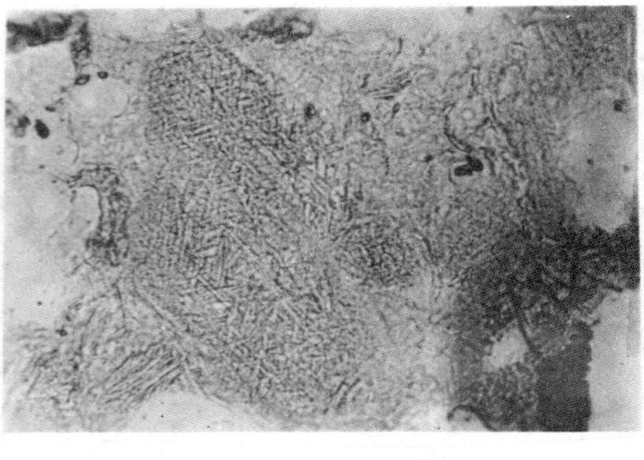

图 6-9 瓷坯中规整分布莫来石的云母假象
单偏光 640×

熔剂性原料，具有完全解理，在 1200℃以上解理面上将形成规整分布的针状莫来石晶体，仍保留云母的假象(图 6-9)。

5. 瓷坯显微结构的形成　普通陶瓷的显微结构是各原料自身反应及互相作用形成的

综合结果，从不同角度可作出多种总结。从显微结构角度出发，坯体结构的形成过程可示于图6-10，图中：1为粘土颗粒，2为石英，3为长石，4为高岭石中初生莫来石，5为高粘度长石熔体，6为低粘度长石熔体，7为粘土线粒，8为石英熔化边缘，9为二次莫来石，10为残余石英。在升温过程中，首先是长石的熔融和粘土内发生一次莫来石化。随着温度上升，长石熔体的粘度将变小而使坯体收缩，在长石玻璃中亦产生一次莫来石，石英颗粒边缘开始熔化，并形成二次莫来石，最后形成普通陶瓷的显微结构，其中尚存在少量气孔。

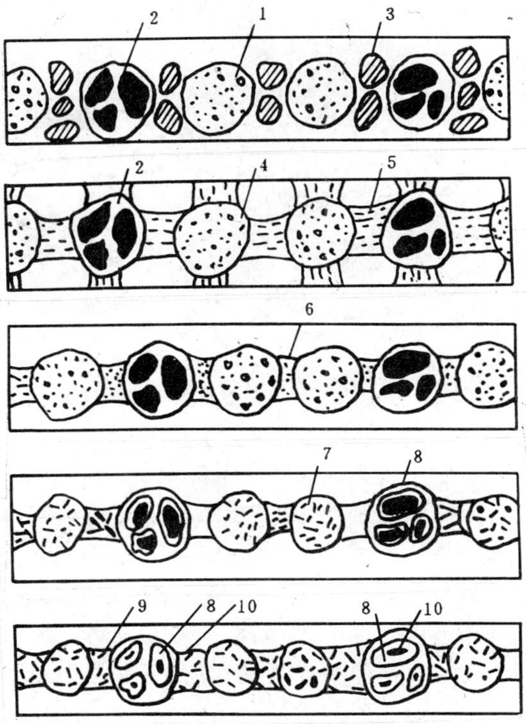

图 6-10　普通陶瓷显微结构形成过程

6.2.3　陶瓷釉的显微结构

普通陶瓷坯体的表面常覆盖着一薄层玻璃体，称为陶瓷釉。一般是用低熔点原料粉体加水制成液态的浆体，称为釉浆；将釉浆涂于瓷坯的表面，称为施釉；在高温下将釉料熔化成玻璃熔体粘附在瓷坯表面而形成釉层，称为釉烧。

随着对陶瓷釉的多样化要求，在釉层中常有各种彩色和花样。陶瓷釉层与瓷坯间的接合主要取决于在釉烧时二者间的亲和力、化学成分的互相匹配和正确的釉烧温度。坯釉接合的好坏将直接影响着制品的质量。结合好的在坯釉间存在化学组成互相渗透和交换而形成呈犬齿状的结合层，如图6-11所示。结合较差时二者间坯釉界限清晰，无结合层存在，有时釉层还会从瓷坯上自动的脱落。

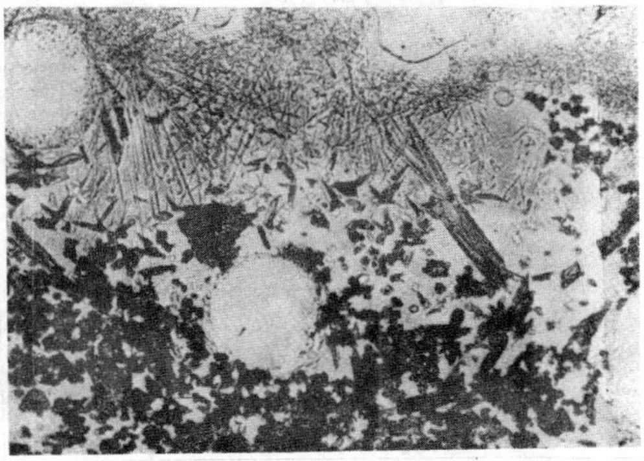
图 6-11　坯釉交界处透辉石析晶
单偏光　　　　640×

对陶瓷釉层的研究包括釉层本身和坯釉间结合层两部分。从显微结构角度可将陶瓷釉分为玻璃釉、结晶釉（析晶釉）、残晶釉和分相釉四类。

1. 玻璃釉一般为无色透明不均匀的硅酸盐玻璃，总含一些圆形气泡和少数未熔融完的石英颗粒、粘土团粒及云母等残骸（图6-12）。采用特殊方法施釉时，在釉层的玻璃体内会保留着流纹状条纹（图6-13）。

当玻璃相中存在大量细小的气泡时，釉层就变成乳浊状的乳浊釉。在玻璃釉层中引入少量有色金属，则形成绿釉、青釉、黄釉等彩色釉。根据釉层的主要化学成分又有石灰釉、长石釉、铅釉（即唐三彩）等。

2. 结晶釉又称为析晶釉，是从玻璃釉中析出晶体构成的。著名的有由硅锌矿（Zn_2SiO_4）

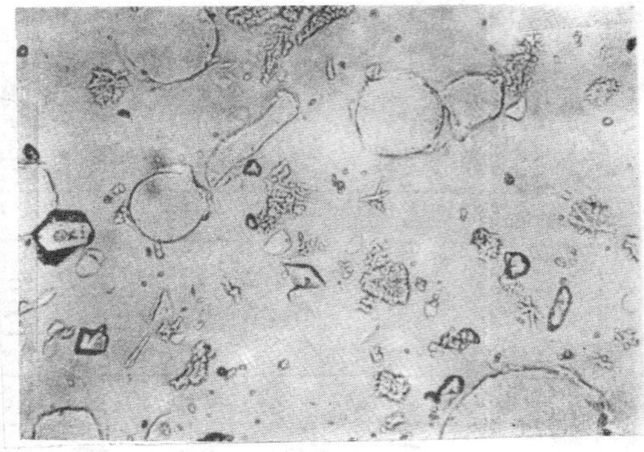

图 6-12　釉层中釉泡及残余石英颗粒

单偏光　　640×

图 6-13　釉层中流纹状条纹(吉州天目釉)

扫描电镜　　640×

晶体构成大晶花的结晶釉(图 6-14)。在釉里添加少量 Co、Ni、Cu 等有色金属离子则构成美丽的结晶釉花,是高温条件下熔于熔体内的成分,在冷却过程中因溶解度变小而从熔体中析出晶体形成的。釉烧的最高温度和析晶温度之间一般要求相差 100℃左右,在此温差范围内结晶组分在熔体中的溶解度相差愈大就愈容易形成结晶釉。晶核可从釉料熔体中自发形成,亦可由外部引入。晶核剂是在配料时加入少量合适的难熔矿物或晶核促进剂实现的,前者是残留在熔体中起晶核作用,后者是促进釉层中自发形成晶核,可以通过控制晶核形成和晶体长大形成所需要的结晶釉。在釉烧的冷却过程中,应在玻璃体析晶温度附近保温一定时间,促进晶核的形成和长大。

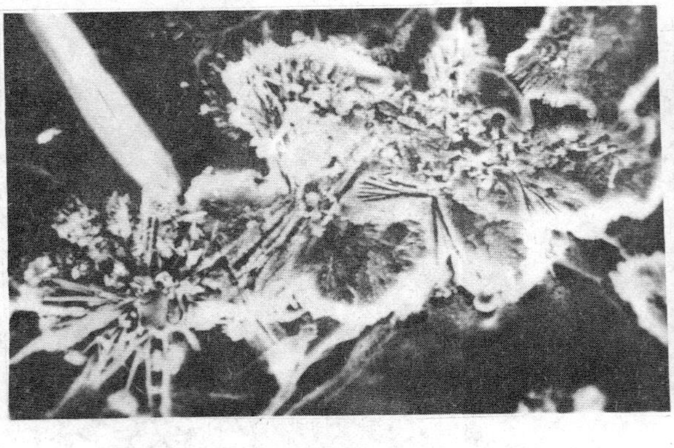

图 6-14　结晶釉层中由析晶构成的晶花

扫描电镜　　640×

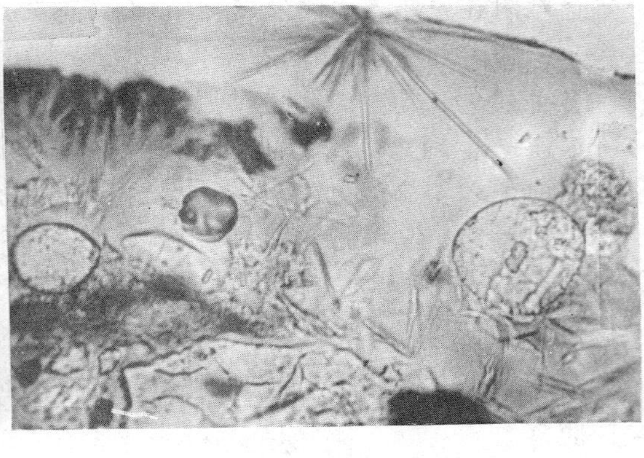

图 6-15　坯釉交界处钙长石析晶

单偏光　　565×

在古代陶瓷和现代陶瓷中结晶釉都是常见的。图 6-15 是江西吉州窑宋代天目釉底部存在钙长石析晶构成的结晶釉。图 6-11 则是现代日用瓷釉层中常见的析晶釉,还有釉层中析出六方片状的 α-Fe_2O_3 晶体构成金星釉。釉层中析出晶体呈花斑状构成美丽的釉花。若釉层中析出大量细小针状钙长石晶体而不透明且具玉感者,称为无光釉。

3. 残晶釉是在釉层中除玻璃相外,还存在大量未熔化完的晶体构成的釉。釉层中残留晶粒均具有熔蚀结构。大量残留晶粒存在亦可成为乳浊釉,因釉层中含的晶粒较多而无光泽,故又称无光釉。

4. 高温下均匀的熔体,在温度稍低时分离成组成各异的又互不混溶的两种熔体相,冷却以后各自成玻璃相的现象，称为玻璃分相。以分相的玻璃作为陶瓷釉层者，称为分相釉。

在釉烧后冷却过程中熔体发生互不混溶的原始液相分离，形成大红花状的铁红釉是典型的分相釉，如图 6-16 所示。分离的小液滴中富铁称为富铁相。因其表面张力较小，常互相扩大连成大的集合体。它们可再次发生分相，形成富铁连续相和贫铁分散相。富铁连续相中析出 α-Fe_2O_3 晶体构成大红花，图中白色圆点为富铁孤立的非晶态小滴相，黑色部分为贫铁的连续相，左方为含铁硅酸盐微晶构成的结晶花纹，这是由于玻璃分相引起的结晶，故仍属分相釉。

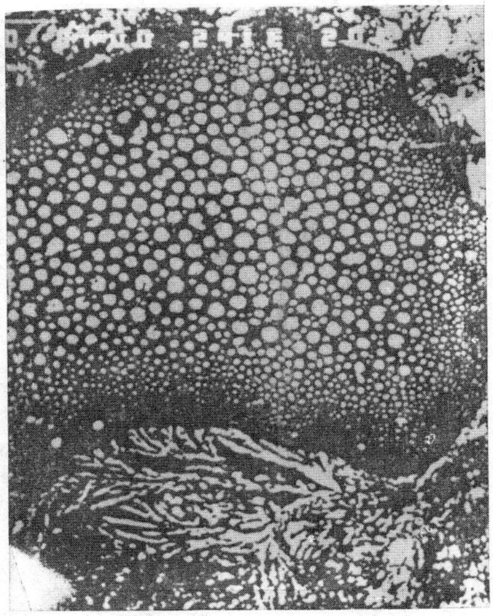

图 6-16　铁红釉的液相分离及析晶

扫描电镜　　　　　背射电子像

6.2.4　普通陶瓷的主要性能

普通陶瓷的显微结构是在制造过程中形成的，又决定着陶瓷制品的机械强度、热稳定性、化学稳定性、透明度等，现简要介绍如下：

1. 机械强度　普通陶瓷的抗压强度一般在 390～490MPa，抗折强度 50～80MPa，而抗冲击强度只有 0.18～0.25MPa。可见，普通陶瓷是脆性材料。影响因素各有其说，归纳起来有四点：①瓷坯中气孔将降低其机械强度，当瓷坯中气孔率小时，杨氏模量就随着气孔率的增加而直线减小，两者间关系为：

$$E/E_0=1-KP$$

式中：E 和 E_0 分别为无孔陶瓷和有孔陶瓷的扬氏模量，K 为常数，P 是陶瓷的气孔率。可见，陶瓷坯体气孔愈少，坯体就愈致密，机械强度就愈大。②玻璃相在瓷坯中起着粘结作用，对增强机械强度是有益的，但是由于长石玻璃与晶体在力学及热学性能方面都不相匹配，过多玻璃相将使瓷坯各部分的组成不均匀，因此，过多的玻璃相存在对陶瓷其他性能又有不利的影响。③在瓷坯中，针状莫来石在三度空间交织成网状，网络内填充玻璃相而连成一体。莫来石对陶瓷机械强度、热稳定性、化学稳定性等都是有利的，研究时应注意莫来石晶体的大小、含量、分布均匀性及玻璃相填充结合情况等。④瓷坯内的石英颗粒对机械强度的影响有两方面：烧结过程中石英颗粒边缘熔融，增加玻璃相中 SiO_2 的含量，促进长石玻璃中二次莫来石晶核大量形成，同时增大玻璃熔体的粘度而抑制莫来石的粗大化，促使莫来石形成网络状，以获得良好的显微结构，保证陶瓷具有较高的机械强度；另一方面石英晶体的多晶转变产生的体积变化将导致瓷坯内产生不均匀的应力，又会降低陶瓷的机械强度，应给予足够的重视。

2. 热稳定性　衡量热稳定性的指标主要是热膨胀系数，普通陶瓷中主要物相的热膨胀系数分别为：莫来石是 $2.9\times10^{-6}\sim6\times10^{-6}$。石英是 $30\times10^{-6}\sim60\times10^{-6}$。长石玻璃的膨胀系数小于晶体，且随 SiO_2 和 Al_2O_3 含量的增多，玻璃相的膨胀系数将减小。硬质瓷的热膨胀系数在 $3\times10^{-6}\sim5\times10^{-6}$之间，软质瓷更小。其中石英的热膨胀系数较大，是影响普通陶瓷热膨胀系数的主要因素。为提高热稳定性不是减少石英原料，而是引入适量 MgO 可生成热

膨胀系数为 $2\times10^{-6}\sim2.5\times10^{-6}$ 的堇青石（$Mg_2Al_3[Si_5AlO_{18}]$），抵消瓷坯内热膨胀系数。这是提高普通陶瓷热稳定性的有效途径。

3. 化学稳定性　决定化学稳定性的是瓷坯的化学成分、相组成及致密度。普通陶瓷中莫来石的化学稳定性最好。石英除氢氟酸外，对其他酸液均是稳定的，由于石英为酸性氧化物，耐碱性不如耐酸性。若玻璃相中无过多的碱金属及碱土金属元素存在，玻璃相的化学稳定性仅次于莫来石。气孔的存在不仅降低瓷坯的致密度，对化学稳定性也不利。

4. 透明度　透明度与陶瓷的化学成分、玻璃相、气孔及生产工艺等都密切相关。玻璃相的含量一般与透明度成正比关系。配料中长石用量增多可提高普通陶瓷的透明度。制造透明度好的陶瓷时，长石原料一般要控制在 35% 以上。石英原料不超过 30%。根据光波散射原理，气孔的尺寸及其含量明显地影响透明度。当散射中心（气孔尺寸）小于光线波长的 1/3 时，散射光比例为：$F=\dfrac{24\pi^3 n_0^4}{\lambda_0}NV\left(\dfrac{n^2-n_0^2}{n^2+n_0^2}\right)$，式中：$V$ 为气孔体积，n_0、n 和 N 分别为基体、散射体和气体的折射率。可见，气孔的尺寸愈小，个数愈多，基体与气孔内气体的折射率相差愈小，散射光亦就愈小，陶瓷的透明度就提高。如果散射中心大于光线的波长，则按 $S=3/8\cdot KVd^{-1}$ 处理，式中：S 为散射系数，K 是由折射率决定的常数，V 为散射中心的体积分数，d 为散射中心尺寸。可见，气孔直径愈大散射就愈小，使小气孔合并成大气孔，就可大大提高透明度。

6.2.5　特殊用途普通陶瓷的显微结构

具有特殊用途的陶瓷，就主要化学成分和工业原料而言仍属普通陶瓷，只是对工业原料及某些性能有特殊要求，主要有骨灰瓷，高压电瓷和高石英细瓷等。

1. 骨灰瓷　该瓷是用动物骨灰（主要是羟基磷灰石）及粘土、长石、石英和云母等原料制成的具有高白度、高透明度及高强度的高级陶瓷。瓷坯烧成温度在 1300℃ 左右，在升温过程中除发生如普通陶瓷坯体中发生的作用外，当升温接近 1000℃ 时，瓷坯内还将发生下列化学反应：

$$\underset{\text{(羟基磷灰石)}}{Ca(OH)_2\cdot 3Ca_3(PO_4)_2}\longrightarrow 3Ca_3(PO_4)_2+CaO+H_2O\uparrow$$

$$CaO+\underset{\text{(偏高岭石)}}{Al_2O_3\cdot 2SiO_2}\longrightarrow \underset{\text{(钙长石)}}{CaO\cdot Al_2O_3\cdot 2SiO_2}$$

在瓷坯中长石与石英及粘土团粒接触处将发生相应的三相共熔而出现液相。坯体中最终晶相主要是磷酸三钙 β-C_3P，钙长石 CAS-2 和残余石英，尚有玻璃相和气孔，其粒径均在微米级范围内。

2. 高压电瓷　它具有耐高电压和高机械强度等特性。为此在配料时添加适量的高铝矾土或者工业氧化铝等，采用精细的生产工艺，降低瓷坯的气孔率，可以提高瓷坯致密度。

其显微结构与普通陶瓷相似，只是因引入高铝矾土或工业氧化铝粉料，在显微结构中还出现一定量的柱状和粒状刚玉晶体（图 6-17）；结构中基本上不存在气孔，即使有气孔也只是个别的闭口气孔。这两点是高压电瓷与普通陶瓷在显微结构上的主要区别。

3. 高石英细瓷　它以粘土、长石和石英为主要原料，添加 2% 的烧滑石，使配料中石英含量约占 40% 左右，烧结成瓷后瓷坯中含一定量的方石英和残留石英，故称为高石英细瓷。它可以改善普通陶瓷的机械强度和热稳定性。

通常方石英相对陶瓷的热稳定性及机械强度均是不利的因素，因为方石英在170～270℃时发生迅速相变和体积变化，引起瓷坯的炸裂，因此在陶瓷坯体中应尽量避免方石英的出现。研究表明，若陶瓷坯体中含有4%～8%方石英，并与适量的高硅质玻璃相匹配，将显著地改善陶瓷的机械强度和热稳定性。因为在烧结过程中最初形成的玻璃熔体向石英颗粒内部渗透，在方石英化的石英颗粒周围的玻璃熔体变为高硅质的，方石英晶格中硅氧四面体内的 Si^{4+} 部分被 Al^{3+} 所取代，同时侵入 K^+ 及 Mg^{2+} 或 Ca^{2+} 等阳离子，使之成为固溶体，方石英晶格中(101)面网间距亦将增大，而石英转变为方石英是逐步的，两者间无明显界限，适量的高硅玻璃可以缓和并抑制方石英相变引起的热膨胀；另外，由于少数烧滑石的引入，在瓷坯中将生成热膨胀系数小的堇青石晶相，抵消热膨胀系数大的方石英晶体，从而获得热稳定性及机械强度较好的陶瓷。如果方石英含量过多(如大于15%)不但不能改善，还会大大降低陶瓷的热稳定性，机械强度亦会下降，这是由于方石英和高硅玻璃二者匹配不合理而出现相反的结果。

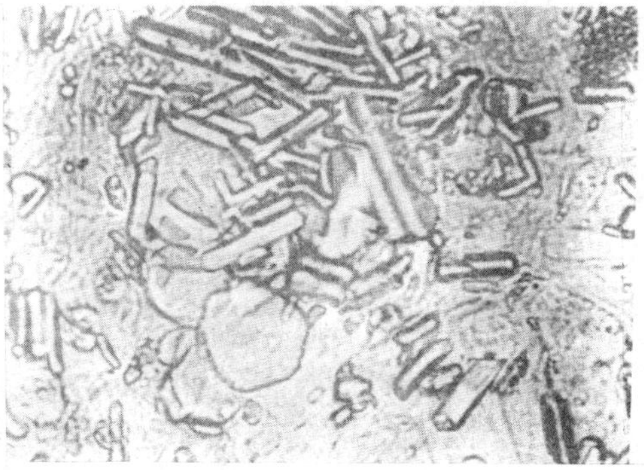

图 6-17　高压电瓷的显微结构
单偏光　　410×

§6.3　新型陶瓷基本特性与显微结构

随着近代科学技术的飞速发展，具有高强、耐高温、耐腐蚀特性及各种敏感特性的陶瓷材料不断涌现。它们的化学组成、工艺过程、显微结构及特性不同于传统陶瓷，形成超出传统陶瓷范畴的新型材料。不同国家对之叫法各异，日本称为“精细陶瓷”或“精密陶瓷”；美国称为“高级陶瓷”、“近代陶瓷”或“现代陶瓷”；英国称为“技术陶瓷”；我国多称为“新型陶瓷”、“特种陶瓷”、“工业陶瓷”。多数国家称为“新型陶瓷”。

6.3.1　新型陶瓷的分类

新型陶瓷与传统陶瓷虽然都是经过高温热处理而合成的无机非金属材料，但其在所用原料、成型方法和烧成工艺及加工要求等方面均有着很大区别。人们习惯上将新型陶瓷分成结构陶瓷(或工程陶瓷)和功能陶瓷两大类。

1. 结构陶瓷

结构陶瓷又称为高温结构陶瓷，是具有耐热性、高强度、耐磨损、抗腐蚀及质地轻等优点的陶瓷材料。它被广泛地用来制作切削、研磨及制造各种转动或传动部件，例如，切削刀具、夹具、模具、车刀、钻头、磨料、机械密封、轴承、导辊、纺织导丝器、球磨机研磨体和衬板、制造燃汽轮机的燃烧器、叶片、涡轮、套管、船用发动机部件，柴油机的活塞、油臂、汽缸、汽缸套——排气系统部件、涡轮增压器转子、阀挺杆，以及流体机械的阀门、燃烧喷嘴、喷砂嘴，高速旋转机器和压力机的轴承等。结构陶瓷大体分为氧化物系和非氧化物系两类。硬质结构陶瓷有：Al_2O_3、WC、BN、SiC、ZrO_2、B_4C、TiC、TiN 等；高强度的结构陶瓷有 SiC、Si_3N_4、AlN、Al_2O_3、ZrO_2 等。

结构陶瓷的优良性能应有特定的相组成和显微结构特征。瓷体内的相组成以及晶粒大小、长宽比、排列特点、致密程度、晶界组成等都直接影响制品的性能和使用效果。以氮化硅陶瓷为例，氮化硅陶瓷的室温和高温的抗弯强度、断裂韧性、硬度、热导率、耐热冲击性及氧化增量等性能，均随陶瓷的致密度增加而加大。因此，对制造工艺有特殊的要求，如果分别采用常压、热压及热等静压等不同方法烧结时，坯体中的气孔率将随之减少，强度等性能亦将逐渐增加。在烧结过程中初始相 α-Si_3N_4 将逐渐转化成 β-Si_3N_4 相。若烧结成的瓷体中残留少量 α-Si_3N_4 相，对陶瓷的力学性能影响极大：通常 α-Si_3N_4 相含量的增加，陶瓷的硬度亦增大，但抗弯强度却下降；瓷体中 β-Si_3N_4 相生长的愈完全和长宽比增大，抗弯强度亦愈大；同时，瓷体中晶界的组成和结构特征对其高温力学性能的影响亦很显著。

2. 功能陶瓷

功能陶瓷又称为敏感功能陶瓷，是具有特殊敏感性能的陶瓷材料。制品的敏感性能与主晶相的化学成分、晶格类型、晶粒间的接触情况等都有密切关系，其中主晶相的电畴结构和晶界结构是主要的影响因素。功能陶瓷包括具有电绝缘性、半导体性、导电性、压电性、铁电性、磁性、耐腐蚀性、化学吸附性、生物适应性、吸声性(能)、耐辐射性等类型，且具有相互转换的功能。随着科学技术的发展，多功能陶瓷已逐渐在研制和生产。这种陶瓷具备其他材料难以达到的多功能性，因而十分引人注目。

6.3.2 新型陶瓷的原料和制备工艺

制造新型陶瓷的原料主要是人工合成的化工原料，要求化学纯度高，杂质含量少；颗粒度细且呈窄分布，分散性好。两种或两种以上原料配料时要求混合均匀性好。对初始相组成和结构特点亦有一定要求，如氮化硅陶瓷原料中 α-Si_3N_4 相的含量要高等；由于对工业原料的要求较高，通常是采用合成法制备的。

在配制混合料时，可采用机械混合法，亦可采用液相混合法进行均匀性混合。所得混合料可以采用模压、热压铸、等静压等不同方法进行成型。成型好的坯料有时需预烧进行脱蜡，再采用常压、气压、热压或热等静压等不同方法进行最后烧结成瓷。在生产工艺过程中必须严格掌握各项工艺制度，进行严谨的操作才能得到合格的制品。

6.3.3 新型陶瓷的特殊微观结构

新型陶瓷的特殊功能与其特殊微观结构密切相关。这些特殊微观结构主要有晶界结构和电畴结构两类。

1. 晶界结构

陶瓷材料是多晶的结合体，结晶方向不同的同成分晶粒间的交界处，称为晶界，而不同成分晶粒间的交界处称为相界，都是显微结构必须注意的重要研究对象。研究晶界处物质的结构特点，称为晶界结构。随着对功能材料多样化和灵敏精度要求的提高，晶界结构研究引起了学术界的高度重视，因为晶界结构不仅影响结构陶瓷和功能陶瓷的烧结过程，对陶瓷材料尤其是功能陶瓷的许多性能均有显著的、甚至决定性的影响。

同成分晶粒间的晶界结构如图 6-18 所示，晶粒内部的质点排列是远程有序排列的规则点阵（图中黑线包围区域内），而晶粒之间的质点则呈混乱的无序排列。这可视为晶格发生了畸变。晶格畸变的厚度称为晶界厚度。影响制品和显微结构性能的主要有晶界的异相偏析和物质迁移两个效应。

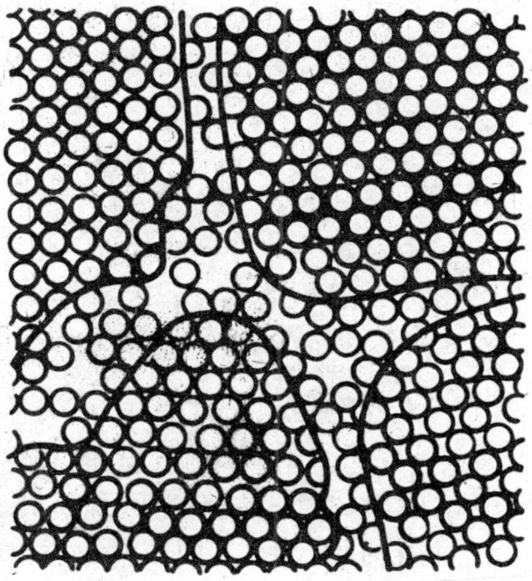

图 6-18　晶界结构示意图

（1）晶界的异相偏析效应　在高温烧结和冷却过程中，异性杂质离子从晶粒内部向晶界扩散和迁移，使之在晶界部位富集的现象，称为晶界异相偏析效应。它可以降低晶体结构的应变能和静电场等内能，亦是固溶体尤其是有限固溶体在温度下降时发生离溶所造成的。陶瓷材料在烧结成瓷后的冷却过程中，总是要发生异相偏析的。快速冷却是减少晶界异相偏析的有效途径。

边界层电容器陶瓷就是利用晶界异相偏析而获得优质介电材料的成功例子。从显微结构角度来看，如果晶粒自身具有半导体性质，而晶界却是具有高电阻的绝缘异性偏析层，那么互相间就构成了优质的介电材料，其介电常数可高达几万至几十万。

（2）晶界的物质迁移效应　在烧结过程中，瓷坯内部将发生大量的晶界物质迁移，使晶界向曲率中心移动，晶界的曲率半径愈小移动速度就愈快，呈六边形的晶粒最稳定。当晶粒边界多于六边形时迁移速度较快，且易于再结晶长大；如果晶粒边界小于六边形时将使之被吞，最后消失。总之，晶界间交角为 120°的晶粒最稳定。晶界的活性通常与晶粒的取向函数、杂质离子的种类及浓度、气孔、液相和第二相的存在等有关，例如在有气孔存在或被第二相包裹的晶界，晶界的移动速度都将变慢等。

二次再结晶在陶瓷材料烧结过程中是常见的现象（图 6-19）。这亦是晶界物质迁移的功劳，因为晶界总是向减少的方向发展，微小晶体将长大成较大的晶粒，有时甚至会出现个别粗大的晶粒，破坏了结构的均匀性，进而改变陶瓷材料的有关性能。

A

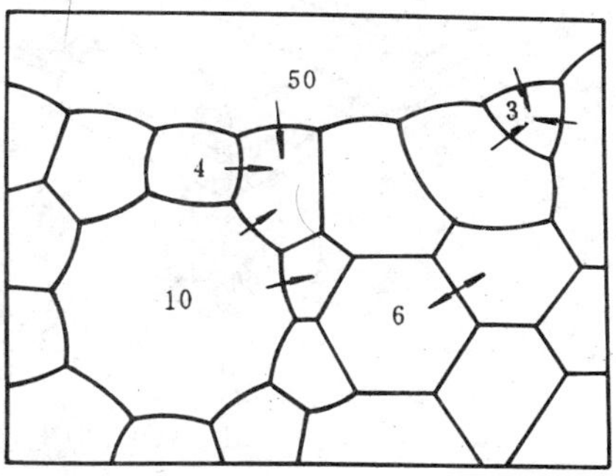

B

图 6-19　晶界物质迁移效应引起的再结晶（A）及其示意图（B）

2. 电畴结构

电学功能陶瓷(如铁电陶瓷,压电陶瓷等)主晶相的晶格中均存在有电荷中心极化问题,从而形成电畴结构,现以最常见的钛酸钡($BaTiO_3$)晶体内的电畴结构为例说明之。

(1) 电畴结构的形成　钛酸钡晶体的结构属钙钛矿结构类型,有四种多晶变体,多晶转变关系为:

$$\text{等轴}(m3m)\xrightarrow{120^\circ C}\text{四方}(4mm)\xrightarrow{0^\circ C}\text{斜方}(mm2)\xrightarrow{-80^\circ C}\text{三方}(3m)$$

立方钛酸钡晶体的点群为 $m3m$。晶体结构如图 6-20 所示,晶格中正离子 Ba^{2+} 和 Ti^{4+} 与负离子 O^{2-} 的电荷中心是重合的,无极化现象。当相变为四方相时,晶格中钛离子将偏离原电荷中心,使正负离子的电荷中心不重合而出现极化现象,这是晶格相变引起的自发极化,在晶胞内出现偶极距。因为相变时使晶胞 a 轴和 b 轴方向发生收缩,沿 c 轴方向却稍有伸长,氧离子发生位移加剧了自发极化,在晶体内出现电荷。凡是因自发极化而出现电荷的晶体,必是无对称中心的晶类。

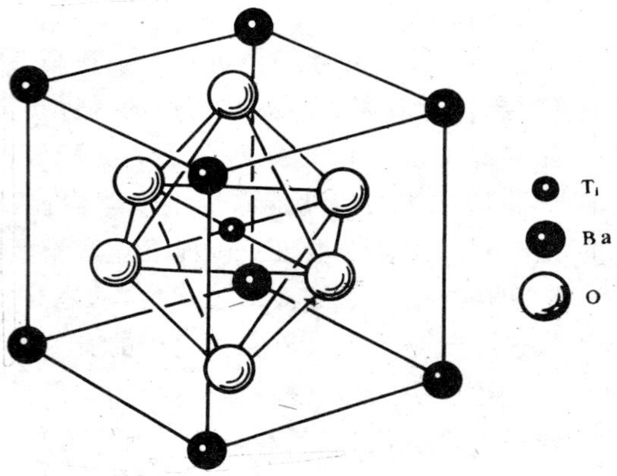

图 6-20　等轴晶系 $BaTiO_3$ 晶体结构

晶体结构中由具有相同极化方向晶胞所构成的小区域,称为电畴。不同方向的电畴组合在一起形成的结构,称为电畴结构。电畴实际上是铁电晶体的铁电相变,而铁电相变将随着晶型和晶体对称性而不同,因此亦就呈现不同形态的电畴。极化方向与观察样品晶片的表面相垂直的电畴,称为 c 畴或 c 电畴;极化方向与观察样品晶片的表面平行的电畴,称为 a 畴或 a 电畴;晶片中 c 畴与 a 畴相交 90°的交界面称为 c-a 90°畴壁(图 6-21,A);晶片中存在着两个相交成 90°a 畴的交界面,称为 a-a90°畴壁(图 6-21,B)。

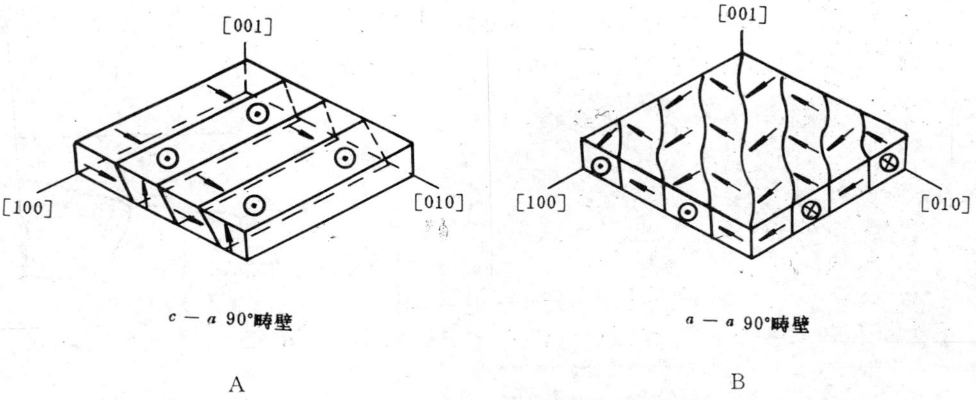

图 6-21　(001)面中 c-a90°畴壁(A)和 a-a90°畴壁(B)示意图

根据相邻两电畴互成的角度,分别有 90°畴(图 6-22,A),180°畴(图 6-22,B)及 71°畴,109°畴,45°畴等。电畴的取向主要决定于晶体的对称特点。

(2) 电畴结构的观察研究　由于相邻两电畴的切片位置不同,因此相邻两电畴的折射

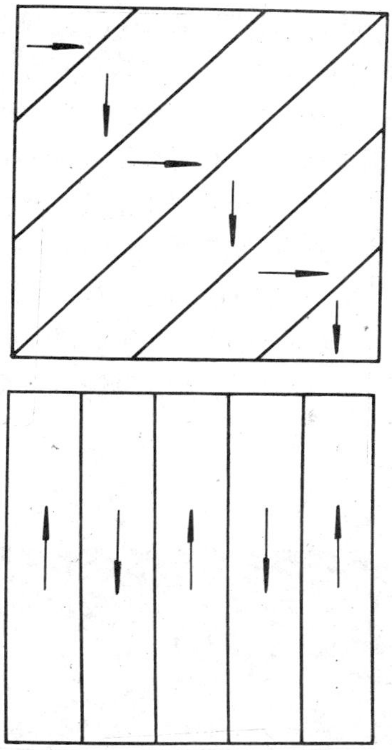

图 6-22　90°畴壁(A)和 180°畴壁(B)示意图

图 6-23　$BaTiO_3$ 晶体的 c-a90°畴及畴壁

率相差较大时，在单偏光条件下就可看到一条条暗线，这称为畴壁。图 6-23 显示钛酸钡(Be-TiO_3)晶体的 c-a90°畴及畴壁，因此，用偏光显微镜、反光显微镜和电子显微镜均能研究陶瓷材料的电畴结构。

①偏光显微镜下研究电畴结构　陶瓷材料的超薄片在偏光显微镜的正交偏光条件下，根据相邻电畴的光性方位不同而呈现明暗不等的条带，即可研究电畴结构(图 6-24)。陶瓷的电畴结构比较复杂，有 90°畴、平行畴、环带状电畴(图 6-25)，在单偏光条件下或在某方向施加直流电场均能看到电畴结构。

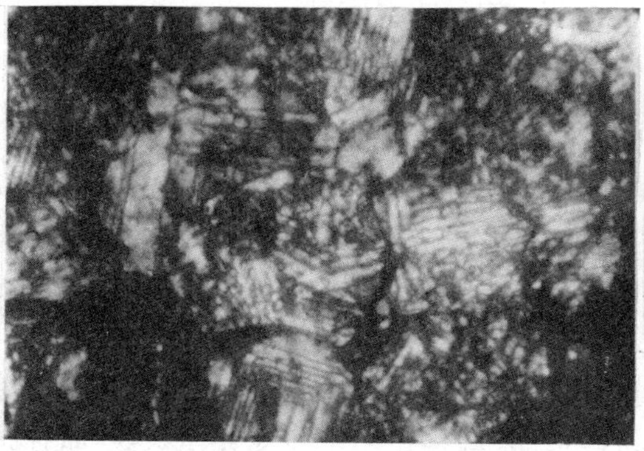

图 6-24　偏光显微镜下晶粒中电畴图像
正交偏光　　800×

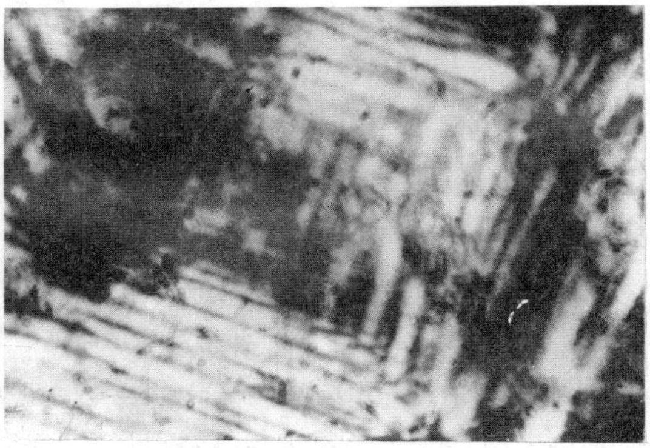

图 6-25　陶瓷中环带状电畴结构
正交偏光　　800×

②反光显微镜下研究电畴结构　在反射光下用酸腐蚀方法亦可观察电畴结构，因为

HCl、HF、HNO_3、H_2SiF_6 等酸溶液对不同取向电畴具有不同腐蚀速率，以 $BaTiO_3$ 单晶的电畴为例，HCl 对 c 畴正端腐蚀的速度快，同样时间被腐蚀较深而且表面粗糙，而对于 c 畴负端腐蚀的速度慢，腐蚀较浅，表面较为平坦，这样就在具有反平行取向 c 畴的晶体表面上，由于腐蚀的结果而造成凹凸不平（图 6-26 的 A、B 处）。反射光下由于不同粗糙程度的区域对入射光的反射能力有差异，造成了视域中出现不同的暗亮区域。由于 c 畴正端腐蚀使表面粗糙，对入射光散射较大，故在视域中为暗区域，而 c 畴负端腐蚀浅，表面较平坦，在视域中为较亮区域，暗亮的交界线即为 180°畴壁。当然酸溶液对于样品表面的 a 畴区域（图 6-26 的 C 处）也有腐蚀作用，腐蚀速率介于 c 畴正负端之间。酸腐蚀方法也能用来区分 c 畴和 a 畴，揭示 c-a90°畴壁，但由于 a-a90°畴的相邻 a 畴处于同一平面，因此酸溶液的腐蚀速率难以区分。

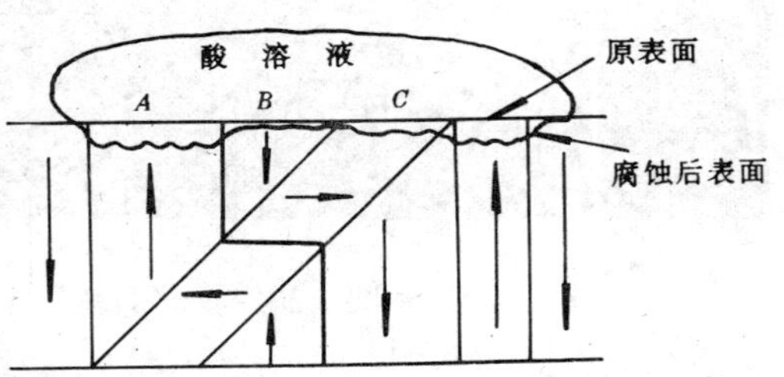

图 6-26　酸溶液对不同取向电畴的腐蚀程度示意图

图 6-27　钛酸钡瓷中畴形貌透射电镜

③电子显微镜研究电畴结构　用电子显微镜亦可研究陶瓷材料中的电畴结构，图 6-27 为经腐蚀的锆钛酸铅（PZT）瓷在透射电镜下呈现的电畴结构。

§6.4　结构陶瓷的显微结构

随着现代科学技术的发展，工业、能源、交通、空间技术等部门对材料在耐磨性、耐高温性、耐腐蚀性、机械强度、能在各种苛刻条件下使用等方面提出更高的要求，例如，磁流体发电的通道材料，既要耐高温又要能经受高温、高速气流的冲刷和各种酸碱物质的腐蚀；空间技术对航天器的喷嘴、燃烧室内衬、前锥体、尾喷管、喷气发动机叶片等使用的材料要求就更高；石油化工、能源开发等使用的反应装置、热交换器、核燃料装置对材料的耐高温、耐腐蚀、耐磨等的要求也日益严格，等等。在这些场合，金属材料是望尘莫及的，只有陶瓷材料才能胜任。这类陶瓷材料称为结构陶瓷，可分为氧化物体系、非氧化物体系和复合体系等，品种很多，表 6-3 列出了一部分结构陶瓷的性能与用途，这里只能选几个瓷种作简单介绍。

表 6-3　主要高温陶瓷材料的性能与用途

系统	名称		熔点（℃）	热膨胀系数（10^{-6}/℃）	热导率（W/m·K）	性能与用途
氧化物	氧化铝	Al_2O_3	2050	8.6	28.89	硬度大、强度高，用作切削工具、电绝缘材料、炉管、坩埚材料
	氧化镁	MgO	2800	13.5	34.33	碱性，抗热冲击性差，质脆，在高温易被还原，在氧化气氛中可使用到2300℃，用作电绝缘材料、坩埚材料
	氧化锆	ZrO_2	2715	11.0	2.09	酸性，在氧化气氛到2400℃是稳定的（但需加CaO、MgO稳定剂），用作高温发热体
	氧化铍	BeO	2550	8.6	209.34	导热性良好，在还原气氛中是稳定的，在高温下有水存在会蒸发，用作原子反应堆的防辐射材料、中子减速剂、电绝缘材料、磁流体发电通道冷壁材料
	氧化钍	ThO_2	3050	9.0	9.21	碱性，在氧化气氛中可使用到2700℃，耐热震性差，高温电阻小，用作高温发热体、贵金属熔化用坩埚材料
	氧化铀	UO_2	2800	10.0	8.37	导热性小，易氧化，在还原性和中性气氛中稳定，用作原子反应堆的核燃料碳
碳化物	碳化硅	SiC	2400	4.0	55.68	硬度高，导热性好，在氧化气氛中可使用到1600℃，用作电阻发热体、变阻器、半导体材料（单晶）
	碳化钛	TiC	3140	7.4	62.80	硬度高，强度大，耐热震性好，用作涡轮机叶片材料可使用到1400℃以上
	碳化硼	B_4C	2450			硬度高，仅次于金刚石，高温强度大，在1000℃急剧氧化，用作磨料、中子俘获材料
	碳化锆	ZrC	3580			金属陶瓷用材料，容易氧化
	碳化钨	WC	2865			硬度、强度都很高，容易氧化，不适于用作高温材料，用作刀具材料（WC-TiC-Co系）
氮化物	氮化硅	Si_3N_4	1900	3.5		耐热震性良好，抗氧化性强，在空气中可使用到1400℃，用作坩埚、叶片、密封环的材料
	氮化硼	BN	3000	0.77～7.5	16.75～29.31	硬度为1～2（莫氏），导热性良好，电绝缘，用作高温润滑剂，高压下合成的立方晶系具有与金刚石同等的硬度
	氮化铝	AlN	2000	5.6	29.31	耐热震性良好，在高温下不会被铝侵蚀，用作坩埚材料
硼化物	硼化钛	TiB_2	2900	7.5		硬度、强度均高，耐热震性好，电阻小，不易被熔融金属侵蚀，用于火箭喷管、电气接触和高温用电极材料
	硼化锆	ZrB_2	3060	7.5		硬度、强度、高温强度高，耐热震性好，电阻小，在1250℃能长时间抗氧化，用作高温电极
	硼化铬	Cr_2B	2760			抗氧化性好，高温强度大，用于Cr-Mo的结合剂
硅化物	二硅化钼	$MoSi_2$	2030	9.2	31.4	到1700℃为止是抗氧化性的，质脆，用作电阻发热体、衬里材料
	硅化硼	B_4Si	1950			硬度高，抗氧化性良好，用作原子反应堆的减速材料、石墨的涂层

6.4.1 氧化铝瓷

化学成分主要是氧化铝(Al_2O_3),以刚玉为主晶相,用工业氧化铝为原料制造的陶瓷材料,称为氧化铝瓷,又称为刚玉瓷。

1. 氧化铝瓷概况

氧化铝瓷具有强度高、硬度大、耐磨损、耐腐蚀及耐高温、导热性好,高绝缘及大电阻,低介电损耗,介电常数在 $\varepsilon=8\sim10$ 之间,电性能随温度及频率变化比较稳定,尤其当 Al_2O_3 量在 99.5%以上时,频率高达 10 赫兹(Hz),介质损耗 $tg\delta\leqslant1\times10^{-4}$等优异性能。氧化铝瓷在电子技术领域内广泛地用作各种电子陶瓷,如真空器件、装置瓷、厚膜和薄膜电路基板、可控硅和固体电路外壳、火花塞绝缘瓷等;机械行业利用强度高和硬度大等性能作为结构陶瓷,如用作磨料、磨具、刀具和造纸用刮刀,纺织瓷件(导丝轮、假捻器),耐磨的球阀、轴承、喷嘴、柱塞、缸套、抽油阀门及各种内衬等;利用化学稳定性良好的性能,可用作化工和生物陶瓷,如人工关节、铂金坩埚代用品、催化载体及航空磁流体发电材料等,广泛应用于纺织、煤矿、石油、化工、电力及建筑等各个行业。

氧化铝瓷的主晶相刚玉(α-Al_2O_3),因具有很好的机、电、热等方面性能,在陶瓷中随着刚玉含量的增多,将降低材料的介电损耗、提高其机械强度等。根据陶瓷中 Al_2O_3 的含量有 90 瓷,95 瓷,97 瓷,99 瓷和透明氧化铝瓷等,分别代表瓷坯中含有 90%,95%,97%,99%等的 Al_2O_3,只有 Al_2O_3 含量在 95%以上的陶瓷才能称为氧化铝瓷,而少于 95%者只能称为高铝瓷。

目前已知 Al_2O_3 有 10 多种同质多相变体,其中主要是 γ-Al_2O_3、β-Al_2O_3、α-Al_2O_3 三种。它们结构不同其性质也不同,在 1300℃以上几乎完全转化为 α-Al_2O_3。

γ-Al_2O_3 属尖晶石型(立方)结构,氧原子呈立方密堆积,铝原子填充在间隙中,薄片中多呈四边形(图 6-28)。它在高温下不稳定,力学性能和电学性能差,在自然界中不存在。由于结构疏松,可用来制造某些特殊用途的多孔材料。

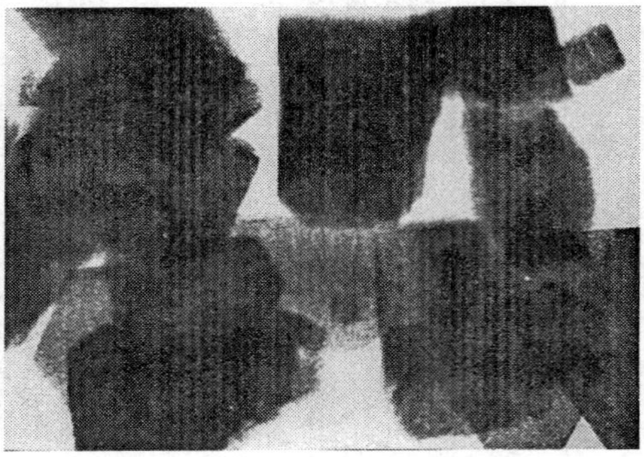

图 6-28 γ-Al_2O_3 晶形
透射电镜 30000×

β-Al_2O_3 是 Al_2O_3 含量高的多铝酸盐晶体。化学组成可用 RO. $6Al_2O_3$ 和 R_2O. $llAl_2O_3$ 来表示(RO 指碱土金属氧化物,R_2O 指碱金属氧化物),其结构由碱金属或碱土金属离子($[NaO]^-$)层和 $[Al_{11}O_{12}]^+$类型尖晶石单元交叠堆积而成。氧离子成立方密堆积,Na^+完全包含在垂直于 c 轴的松散堆积平面内,并在该平面内可很快扩散,呈现离子型导电。

α-Al_2O_3(刚玉)是三方晶系六方柱状晶体,薄片中呈近于六边形(图 6-29),正高突起,折射率 $No=1.767\sim1.772$,$Ne=1.759\sim1.763$,一轴晶负光性。它的晶体结构最紧密、活性低、高温稳定,是三种形态中最稳定的晶型,具有良好的机械和电学性能。

制造氧化铝瓷的工业原料是由铝矾土($Al_2O_3\cdot3H_2O$)和硬水铝石制备的工业氧化铝,

主要是 γ-Al_2O_3。它在1200℃以上将不可逆地转变为刚玉 α-Al_2O_3，体积将收缩13%，为防止瓷坯在烧成过程中严重收缩，在制坯前对工业氧化铝必须进行预烧，使 γ-Al_2O_3 全部转变为 α-Al_2O_3，才能作为原料使用。

图 6-29 煅烧后 α-Al_2O_3 晶形

透射电镜 59000×

2. 氧化铝瓷的制造工艺

氧化铝陶瓷根据不同类型和性能要求以及产品的形状、大小和厚薄等，将有不同的制造方法，但工艺过程大体如下：

首先对工业氧化铝原料进行预烧，使 γ-Al_2O_3 全部转变为 γ-Al_2O_3，除减少烧成收缩，还可排除原料中的氧化钠，提高原料的纯度。预烧后还需检验 γ-Al_2O_3 转变为 α-Al_2O_3 的程度。

再根据应用要求不同，进行配料，通常依照 Al_2O_3 含量分不同品种。由于颗粒细度对制品性能的影响很大，预烧过的 Al_2O_3 需要磨细。配合料磨细一般采用球磨，有湿磨和干磨两种方法。湿磨效率一般较高。干磨则需要加入1%～3%助磨剂以提高球磨效率。经配方和磨细好的 Al_2O_3 粉料，用不同的方法制成一定形状、厚薄、大小的瓷坯。

瓷坯制好后即可进行烧结，烧结对氧化铝瓷的密度、结构和性能的影响很大。烧结制度，如升温速度、最高烧结温度、烧结时的气氛等都与制品的质量有直接关系。

氧化铝瓷亦可用超细高纯氧化铝粉制成瓷坯，在一定温度制度下烧结而成。超细高纯氧化铝粉是用碳酸铝铵或硫酸铝铵，在1050℃的高温条件下，经分解再转变而成的，主要组成为 α-Al_2O_3。

3. 氧化铝瓷的显微结构特征

氧化铝瓷的坯体中 Al_2O_3 的含量不同，显微结构特征将存在差异，主要表现在：

①主晶相刚玉的晶形存在差异。95瓷中呈短柱状晶体（图 6-30），97瓷中亦以柱状为主，而99瓷和透明氧化铝瓷中则均呈粒状，多趋向六边形粒状（图 6-31）。

图 6-30 95瓷的显微结构

单偏光 416×

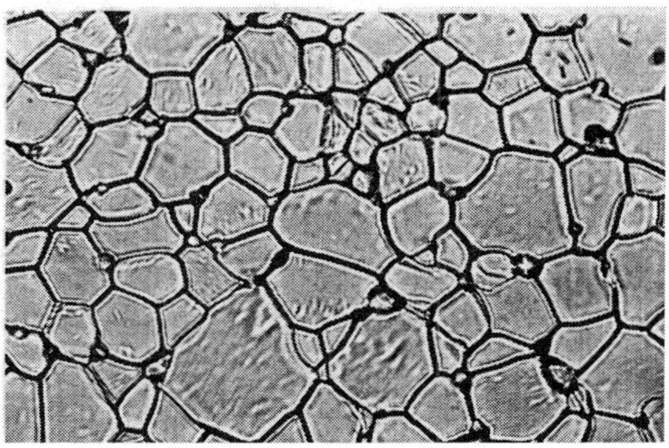

图 6-31 99瓷的显微结构

单偏光 550×

②瓷坯中玻璃相的含量随 Al_2O_3 含量的增加而减少，在95瓷中玻璃相约占5%，而99瓷中明显减少，晶粒间接触更紧密。

③烧成温度随着 Al_2O_3 含量的增加而提高，95 瓷的烧成温度通常为 1600℃左右，而 99 瓷的烧成温度则高达 1700℃以上。

在研究氧化铝瓷的显微结构时，还要注意刚玉二次重结晶长大(图 6-32)，这是常见的，其形成的原因有多种：原料自身大小不均，存在个别大晶粒；成型时压力不均匀；烧成温度偏高，使瓷坯中出现不均匀的局部液相等，均会出现个别重结晶长大的刚玉晶粒。可根据刚玉特点结合工艺条件和生产操作来判断具体形成原因。

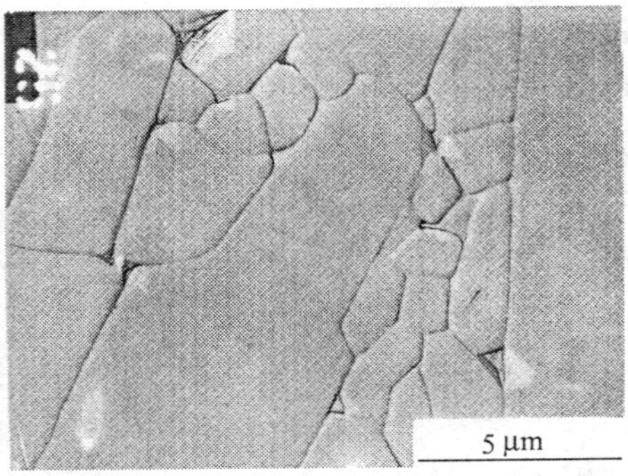

图 6-32　95 瓷中刚玉重结晶异常长大
单偏光　　416×

4. 透明氧化铝瓷

透明氧化铝瓷的 Al_2O_3 含量在 99.5%以上，具有瓷坯透明、耐高温、抗腐蚀、高绝缘、高强度和低介质损耗等优异特性，是优良的光学陶瓷材料，显微结构如图 6-33 所示。当光线射到瓷坯内的气孔、晶界和杂质界面等凸凹不平的表面上时，将发生散射和吸收，影响瓷体的透明度，因此，瓷坯中晶粒的大小、形状、杂质和气孔的多少以及瓷坯表面光滑程度等，都是研究显微结构的重要内容，要求瓷坯内主晶相粒径在 10～50μm 之间，气孔率越少越好，气孔率低到 0.8%的瓷坯的透光性能将达到刚玉单晶的水平。

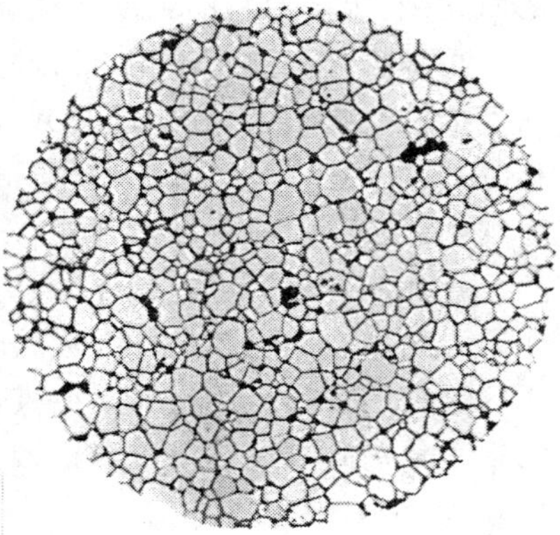

图 6-33　透明氧化铝瓷显微结构
单偏光　　550×

5. 显微结构的评价

氧化铝瓷的性能和质量很大程度上决定于显微结构特征，从下列几方面可对之作出评价：

(1) 氧化铝瓷通常为刚玉的单相多晶集合体，不应该出现其他结晶相，当瓷坯中 Al_2O_3 含量较低时，常出现六铝酸钙($CaO \cdot 6Al_2O_3$)，该晶体在薄片中无色透明，六方片状，折射率 $No=1.757$，$Ne=1.750$，一轴晶负光性。优质氧化铝瓷中基本上均为完整的近六边形粒状的刚玉，不存在六铝酸钙晶体。

(2) 优质氧化铝瓷坯体中，主晶相的晶粒大小应是均匀的，无二次重结晶长大的刚玉晶体，它将影响制品的力学性质、光学性能等。

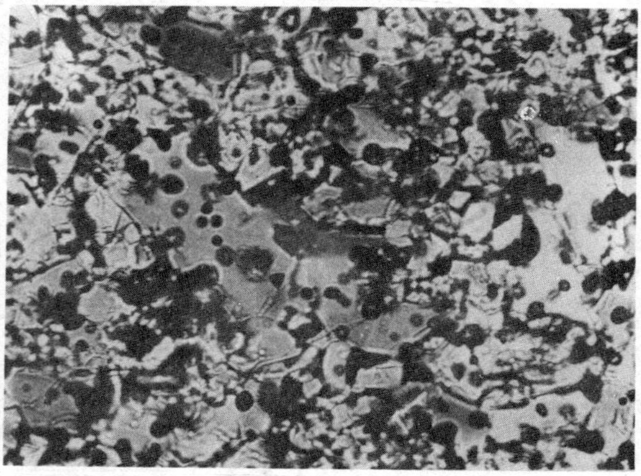

图 6-34　氧化铝瓷晶内气孔和晶间气孔
单偏光　　416×

(3) 在 95 瓷和 97 瓷的坯体中一般均存在气孔，对氧化铝瓷的性能有较大影响，气孔有存在于刚玉晶粒内部和晶粒之间的晶内气孔和晶间气孔两类(图 6-34)。晶间气孔对陶瓷的力学性能影响较大，它的形成主要是制坯时成型压力不足或烧成时温度制度不合理；Al_2O_3 含量愈高的瓷坯中气孔应愈少。

(4) 严重影响氧化铝瓷性能的缺陷主要有：主晶相刚玉的大小悬殊(见图 6-32)；晶体内产生不规则的裂纹，尤其是穿晶裂纹(图 6-35)；烧成温度偏低或较快通过烧成带的欠烧，造成晶体不能充分生长过于细小，而且晶形发育不完整(图 6-36)，有时会呈树枝状骸晶等。

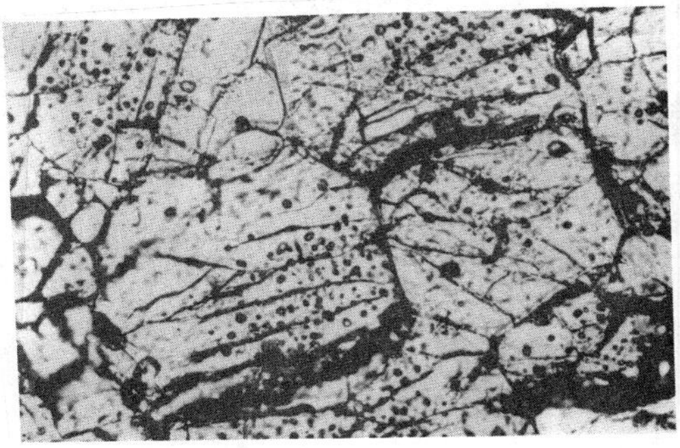

图 6-35　95 瓷中刚玉的穿晶裂纹
单偏光　　416×

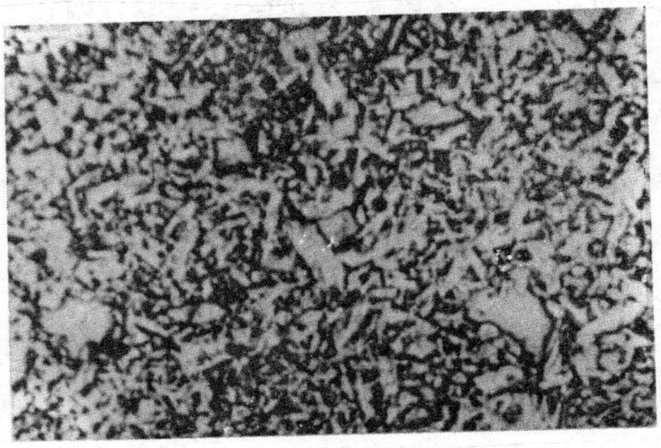

图 6-36　欠烧 99 瓷中晶形发育不良
单偏光　　416×

在进行氧化铝瓷显微结构分析时应全面考虑上述因素，并结合生产实际及有关性能的测定结果，进行综合研究才能对制品的显微结构和质量作出正确的评价。

6.4.2　氧化铍瓷

氧化铍瓷的主晶相铍石(BeO)，有高温 α 型和低温 β 型两种变体：β 铍石属六方晶系，在 2050℃以上将转变为四方晶系的 α 铍石，体积增大 5%。β-BeO 晶格中具有较强的共价键成分，因此具有较高的硬度。

1. 氧化铍的制造工艺

氧化铍原料一般采用氢氧化铍[$Be(OH)_2$]经预烧分解得到活性粉末。工业氧化铍在使用前需要在 1200～1300℃预烧，使之成为 β 铍石的细小晶粒。原料颗粒的大小，对氧化铍陶瓷的工艺性能有很大的影响。粒径在 1～2μm 时活性大，干燥收缩也大，易造成变形和开裂；粒径在 20～100μm 时活性太小，难以烧结；只有粒径在 10～20μm 才具有良好的成型和烧结性能，而且气孔率低，制品的性能良好。

由于氧化铍陶瓷的烧成温度较高，在配方中需加入适量的添加剂(Al_2O_3、MgO、CaO 等)来降低烧成温度。Al_2O_3 与 BeO 在高温下生成二元低共熔体，最低共熔温度为 1835℃，MgO 与 BeO 最低共熔温度为 1850℃；Al_2O_3 和 MgO 单独作为添加剂，对降低氧化铍陶瓷的烧成温度不十分明显，但两者同时作为添加剂使用，对降低氧化铍陶瓷的烧成温度十分明显。CaO 与 BeO 最低共熔温度为 1380℃，对降低烧成温度十分有效。

产品可采用注浆或模压法成型，为了提高坯体的致密度，则采用等静压或热压烧结等方法进行烧结。

通常是在煤气窑或油烧窑中的烧成温度为 1600～1800℃。在烧成过程中，为避免氧化铍和某些氧化物形成低共熔物及与水蒸气作用形成氢氧化铍而挥发，不宜与炉衬材料和火焰直接接触，一般用氧化铝或氧化镁质匣钵封装烧成。由于 BeO 粉末及其蒸气对人体有毒害，易引起慢性铍肺以及皮肤溃疡等疾病，因此在生产中要采取严格的防护措施。

2. 氧化铍瓷的主要性能与应用

氧化铍瓷具有优异的导热性能，是陶瓷材料中导热率最高的，在100～30℃之间的导热系数为201～256.2W/m.K，比导热性能好的氧化铝瓷还要大一个数量级，与金属铝的导热系数相近。膨胀系数不大，20～1000℃时的平均膨胀系数为$(5.1 \sim 8.9)\times 10^{-6}$/℃，高温绝缘性能良好，莫氏硬度为9，高温蒸气压和蒸发速度比较低，在真空中和惰性气体中可在1800℃长期使用，在氧化气氛中，1800℃时有明显的蒸发，当有水蒸气存在时在1500℃就大量挥发，此外，还有耐碱性强和良好的防核性能，但机械强度较低，在低温时约为氧化铝陶瓷的1/4，在高温时则下降不大，1000℃时为248.5MPa。

利用氧化铍瓷的良好导热性，可作散热器等；利用高温比体积电阻较大的可作高温绝缘材料；利用耐碱性，可作冶炼稀有金属和高纯金属铍、铂、钒的坩埚；利用良好的防核性能，可作原子反应堆的中子减速剂和防辐射材料等。

3. 氧化铍瓷的显微结构特征

氧化铍瓷呈白色，透明度与气孔率成反比；主晶相铍石形态为六方柱状，有时呈板状，在薄片中无色透明，正高突起，折射率$No=1.719$，$Ne=1.733$，一级干涉色，一轴正晶。

纯氧化铍瓷的烧成温度为1750℃，铍石的自形程度较差，在晶粒内部及晶粒间均存在较多气孔(图6-37)，有的多达19%以上，透明度较差。为改善其显微结构，添加1%Al_2O_3，用同样条件烧结，瓷坯中铍石的晶形将发育完整，气孔率亦大大下降，透明度和致密率均有很大改善。优质氧化铍瓷的显微结构为自形致密结构(图6-38)，而质量差的则呈半自形多孔结构，将严重影响陶瓷的透明度及其他性能。

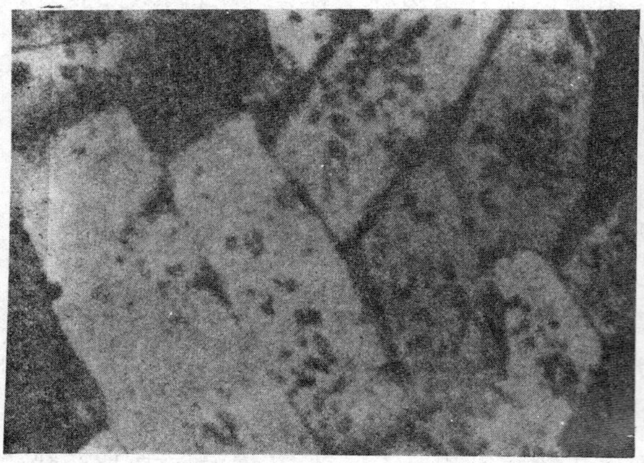

图6-37 多孔氧化铍瓷的显微结构
正交偏光 1200×

图6-38 优质氧化铍瓷的显微结构
正交偏光 480×

6.4.3 氧化锆瓷

氧化锆瓷主晶相是锆石(ZrO_2)，有单斜锆石(斜锆石、m型)、四方锆石(t型)和立方锆石(c型)三种变体，三者间互相转变的温度关系为：

$$m\text{-}ZrO_2 \underset{950℃}{\overset{1150℃}{\rightleftharpoons}} t\text{-}ZrO_2 \xrightarrow{2370℃} c\text{-}ZrO_2$$

从 $t\text{-}ZrO_2$ 相变为 $m\text{-}ZrO_2$ 时会产生相当大的剪切应力，体积亦增加 3%～5%，并抑制 $t\text{-}ZrO_2$ 的相变，施加压应力或添加 Y_2O_3、MgO、CeO 等稳定剂均会降低相变温度，是使 $t\text{-}ZrO_2$ 在室温下处于亚稳定状态的两条途径。由于有较好的韧性，在改善陶瓷材料韧性方面有广泛运用。

锆石熔点为 2715℃，添加 15%的 MgO 或 CaO 不仅可稳定 t 锆石，还可降低锆石的熔点，但仍在 2500℃左右。锆石在高温条件下的氧化气氛和还原气氛中均很稳定。由于 $m\text{-}ZrO_2$ 与 $t\text{-}ZrO_2$ 之间转变有 9%的体积效应，在制备稳定的 ZrO_2 原料时，要加适当的与其晶体结构相近的氧化物作为稳定剂，使用最多的是 CaO 和 MgO，而且稳定效果均较好。

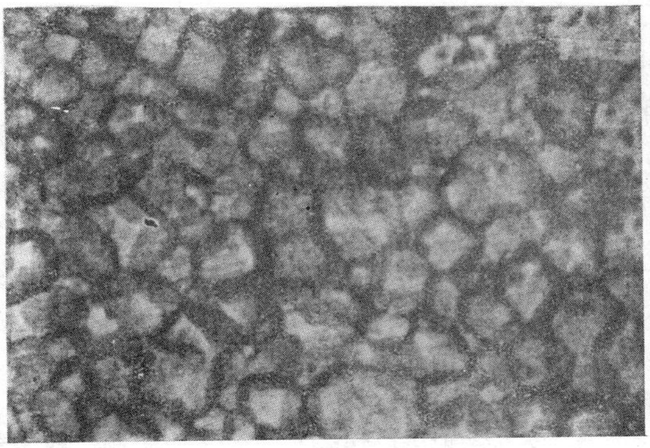

图 6-39　均粒状氧化锆瓷的显微结构

单偏光　　800×

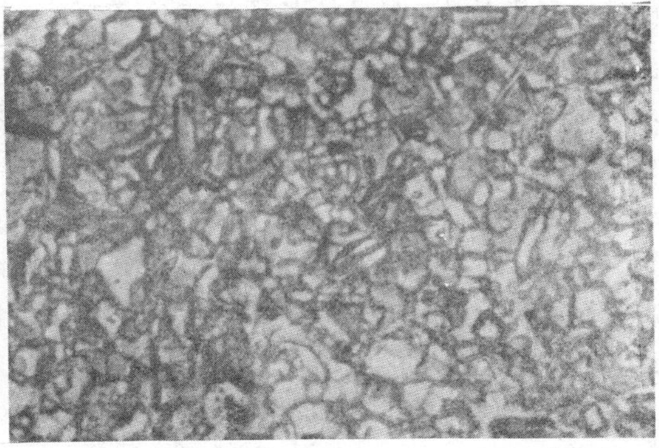

图 6-40　不等粒状氧化锆瓷的显微结构

单偏光　　800×

主晶相锆石具有高熔点，在氧化和还原气氛中均很稳定，对高温的金属熔体、冶金炉渣及玻璃液等熔体均具有较高的抗腐蚀性，热传导系数小（1000℃时仅为 2.3 W/m.K 左右），具较大的机械强度等优良性能，是优良的耐高温材料和电绝缘材料。

氧化锆瓷的主晶相是斜锆石在薄片中无色透明，常呈褐色，正极高突起，折射率 $Ng=2.24$，$Nm=2.23$，$Np=2.13$，干涉色高达四级，双折射率 $\Delta N=0.070$，斜消光，消光角 $c\wedge Np=12°$，二轴晶负光性，光轴角 $2V=30°$。

瓷坯显微结构有等粒状结构（图 6-39）和不等粒状结构（图 6-40）两类，斜锆石呈自形或半自形晶粒状，有时呈短柱状。当添加过量的 MgO 或 CaO 常出现粒状立方锆石（$c\text{-}ZrO_2$）和短柱状四方锆石（$t\text{-}ZrO_2$）两种晶相。还会出现晶形不完整，晶粒内包裹许多气孔及油滴状包裹物等缺陷，构成如图 6-41 所示的缺陷结构。

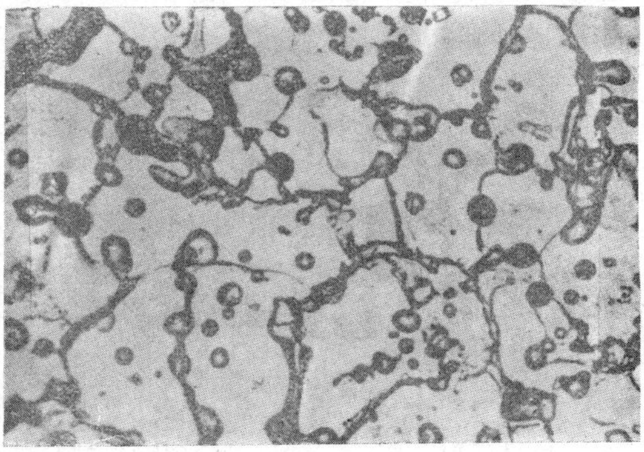

图 6-41　氧化锆瓷的缺陷结构

单偏光　　320×

6.4.4　氮化硅瓷和碳化硅瓷

氮化硅陶瓷的主晶相为四氮化三硅（Si_3N_4），碳化硅陶瓷的主晶相是碳化硅（SiC），均属强共价键性的非氧化物陶瓷，均具有很高硬度和各项优异性能，是新型高温结构陶瓷材料。

由于这两类结构陶瓷主晶相具有强共价键性，其基本性能有相似处：均有耐热性、耐腐蚀性、高硬度（仅次于金刚石和氮化硼）、高耐磨性、小热膨胀系数、抗热震性强、高温机械强度很大以及重量轻等优良性能，亦存在着可加工性差、断裂韧性低、抗机械冲击能力小等共同弱点。由于两者的主晶相不同，基本性能亦存在差异，主要有：Si_3N_4 具有较高的强度和抗热震性，为优良的绝缘体，而氮化硅瓷的强度通常较小，可制品的尺寸稳定，能制备形状复杂的制品，而且烧结温度亦较低；SiC 的强度较低，但在高温条件下不会明显地下降，具有半导体性能（注意！高纯度的 SiC 为绝缘体），导热性能较好，硬度优于氮化硅，而碳化硅瓷烧结体的强度通常较大，制品的各项性能亦较好。

氮化硅瓷的主晶相 Si_3N_4 晶体有低温 α 型和高温 β 型两种变体，二者均属六方晶系，晶体结构亦非常类似。莫氏硬度为 9，加热到 1400℃以上即不可逆地转变为 β-Si_3N_4，β-Si_3N_4 的莫氏硬度亦为 9，没有熔点，在 1900℃左右即分解完毕。Si_3N_4 是人造晶体，通常采用金属硅氮化、二氧化硅还原、卤化硅氧化、硅烷反应等方法合成而得。

图 6-42　反应烧结氮化硅瓷的显微结构扫描电镜

碳化硅瓷主晶相为 SiC 晶体，亦有低温 β 型和高温 α 型两种变体，均属六方晶系晶体。β-SiC 的莫氏硬度约为 9.5～9.75，在 1800℃以上不可逆转地转变为 α-SiC。α-SiC 的晶格通常由多个菱面体晶胞组成多种形态，硬度略高于 β-SiC，α-SiC 约在 2600℃左右发生分解，最后残留下石墨。SiC 在自然界几乎不存在，只在陨石中偶有发现，亦是人造晶体，可用二氧化硅碳还原、硅碳直接反应、气相反应和气相热分解等方法合成而得。

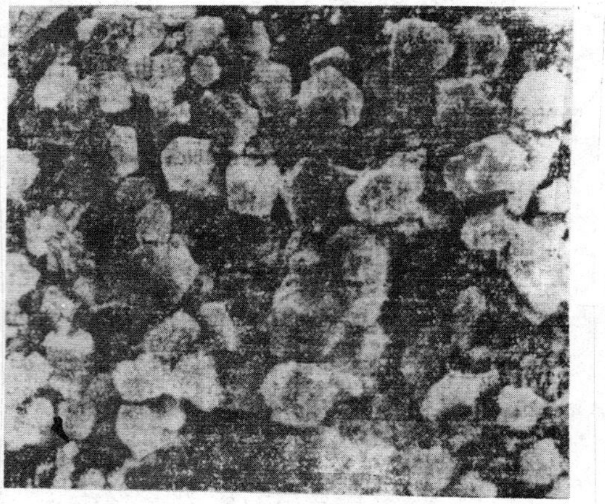

图 6-43　热压烧结氮化硅瓷的显微结构扫描电镜

氮化硅瓷和碳化硅瓷均有反应烧结和加入添加剂的热压烧结两类烧结方法。烧结方法不同所得制品将具有不同的显微结构，主晶相的晶型亦不一样，以氮化硅瓷为例：反应烧结氮化硅瓷的主晶相为 α-Si_3N_4，在显微镜下呈毛毯状，为针状晶体的集合体，如图 6-42 所示；而用热压法烧制的氮化硅瓷的主晶相是 β-Si_3N_4，为粒状或短柱状集合体，如图 6-43 所示，亦可形成如图 6-44 所示由长柱状或针状 β-Si_3N_4 集合体构成的显微结构，这种结构还可对制品起到自补强的增韧效果。它们均为半透明矿物，反射光下呈灰白色，反射率为 12.2%。根据 α 相和 β 相的相对含量、晶粒的形状和大小等，就可以帮助判断烧成制度是否合理。

氮化硅瓷和碳化硅瓷是很有发展前景的新型工程结构陶瓷材料。材料的力学性能与制品的相组成，晶粒的尺寸、形状、缺陷和取向，晶界组成和结构，杂质成分和含量，气孔的含量及成分，以及它们的形状和分布等显微结构特征，均会影响陶瓷制品的力学性能。

例如，陶瓷的机械强度除决定于主晶相的硬度外，瓷坯的断裂性能亦很重要，因为制品发生断裂一般是沿着微气孔最大和实际横截面积最小的路径进行的，机械强度随着致密度增加而加大。提高致密度是提高制品强度，特别是室温强度的关键。采用热压法或热等静压法烧结，并选择添加合适助烧添加剂来帮助烧结等措施，都是提高这两种陶瓷致密度及强度的有效途径。

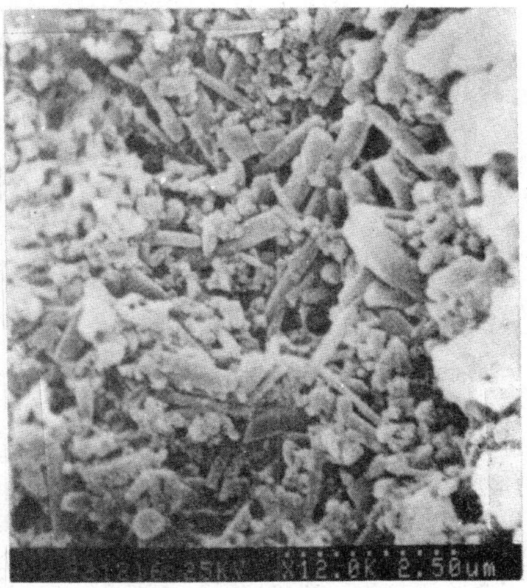
图 6-44 热压烧结氮化硅瓷的显微结构扫描电镜

又如瓷坯晶界强度要比晶粒自身强度弱得多，因此断裂破坏多是沿晶界发生的。细晶陶瓷内裂纹扩展一般呈较为复杂曲折线状进行，延伸比较困难。坯体中晶粒愈细小，制品的强度就愈高，平均直径相同的两个瓷坯，粒度分布不均匀的强度就比较低，因此，采取措施抑制晶粒长大，保证晶体大小均匀亦是提高制品机械性能的有效途径。

再如，添加剂的引入可以促进瓷坯的烧结和致密化，不同添加剂促进瓷坯致密化的程度是不同的。致密化程度愈高，瓷坯内气孔率就愈低，陶瓷的室温力学强度亦就愈高，由于促使瓷坯致密化的添加剂在烧结后主要剩留在晶界内，因此对陶瓷的高温力学性能影响极大。当氮化硅瓷坯体内晶界的结晶程度大时，瓷体的耐火度就增高，高温的力学强度亦较大。通常引入 Y_2O_3-La_2O_3 系统添加剂的氮化硅瓷，其高温强度要高于引入 Y_2O_3-Al_2O_3 系统添加剂的氮化硅瓷，这是因为前者残留在晶界内的添加剂形成化合物的熔化温度远比后者大所致。

又如，引入 Y_2O_3-Al_2O_3 系统添加剂制成的氮化硅瓷，经热处理后使晶界中的玻璃相微晶化，提高晶界相熔化温度和瓷坯的耐高温性能，可使 1200℃时陶瓷的强度提高 20%左右。

6.4.5 复合陶瓷

复合陶瓷或称复相陶瓷是一种陶瓷基复合材料。和金属材料及高分子材料相比，陶瓷通常具有耐腐蚀、耐高温、高机械强度和抗氧化等优良性能，但具有脆性的致命弱点，限制了在工程方面的应用，因此改善陶瓷脆性的增韧技术成为当前国际上研究热点之一。

1. 复合陶瓷概况

大多数陶瓷是由韧性低的共价键或离子键晶体组成，而且是一种多晶体材料，在显微结构上往往存在玻璃相、气孔、杂质和其他缺陷，并有较多的裂纹、微裂纹。晶粒与晶界间力学不匹配等，造成制品的韧性低，使之成为脆性材料。从断裂力学的观点来说，陶瓷材料增韧的方向应该是：①减弱微裂纹尖端的应力集中效应，如减少微裂纹的尺寸、增大微裂纹的曲率半径等；②提高抵抗裂纹扩展的能力，或者使裂纹扩展过程中出现消耗能量的机构，将外加能量吸收，以免集中于裂纹的扩展；③在坯体内设置障碍，阻碍微裂纹进一步扩大。复相(多相)陶瓷引入增韧机制来激活 R—曲线，以吸收引起断裂的能量产生增韧的效果，这就出现了复合陶瓷，产生了陶瓷基复合材料。

复合陶瓷的组成、性质和制造工艺千差万别，但有两个共同点，一是多相体系，二是不同相亦有组合效果，即具有相互取长补短的良好综合性能。瓷坯中体积上占优势并呈连续分布的相称为基体相，而间断分布的相称为复合相(或分散相或补强相)，如在碳化硅晶须补强氮化硅陶瓷复合材料中，氮化硅是呈连续相分布的基体相，碳化硅晶须则为间断相分布的补强相。复合陶瓷也包括多基体相(以陶瓷相为主)和多补强相，如氮化硅晶须补强，堇青石莫来石复合陶瓷和碳化硅晶须、氧化锆颗粒补强氮化硅复合陶瓷等。

当前较成熟并有效的增韧技术有相变增韧、晶须补强、自补强、表面补强、纳米颗粒增强、层状复合等方法。这些方法均已被广泛的研究采用，有的已用于工业生产。根据分散相的不同又有颗粒、晶须或短纤维、长纤维和薄层等四种复合陶瓷。

2. 晶须(纤维)复合陶瓷

利用长度远大于径度的晶须(纤维)在陶瓷断裂过程中具有突出的桥联和拔出作用，使之具有明显的 R-曲线行为和良好的裂纹偏折作用，以提高陶瓷的断裂韧性，这称为晶须补强陶瓷，或称晶须复合陶瓷。晶须(纤维)的引入使瓷坯致密化困难，制备时一般要采用热压工艺，晶须含量通常不超过 30vol%。目前研究得较多的有：Al_2O_3/SiC(W)、Si_3N_4/SiC(W)、ZrO_2/SiC(W)、mullite/SiC(W)、Al_2O_3/mullite(W)等，可以使制品的断裂韧性提高到 10MPa. $m^{1/2}$以上。图 6-45 和图 6-46 是 SiC 纤维和晶须补强氮化硅陶瓷的显微照片。

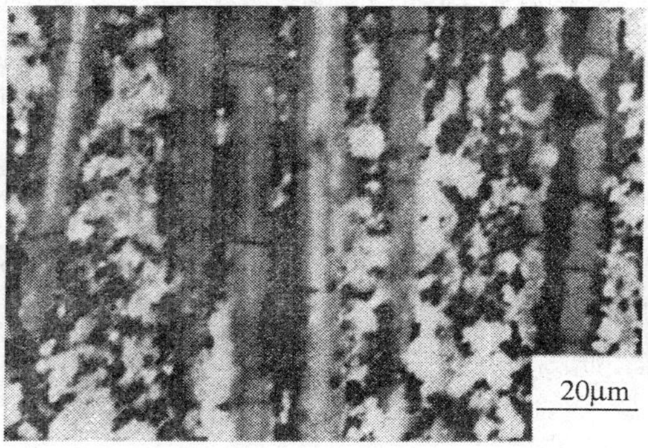

图 6-45 SiC 纤维补强 Si_3N_4 中 SiC 纤维的断裂

图 6-46 SiC 晶须补强 Si_3N_4 断口形貌

晶须补强主要有增韧效果比较显著；增韧作用可以保持到高温；增强作用相对较小，个别要牺牲一定的强度等特点。晶须补强是一种比较理想的复合方法，但存在难以克服的晶须有毒性、价格昂贵、种类有限(主要限制在 SiC、mullite 和 Al_2O_3 等几种材料)等缺点。采用长纤维增强则需要特殊的压制成型技术，否则难以得到纤维均匀定向排列的高密度材料。当纤维与基体为同质材料时在高温下会发生纤维的粗化。长纤维的机械性能相对不够理想。此外，为使晶须(纤维)与基体在物理和化学性质上相匹配，获得较好的增强增韧效果，晶须(纤维)的表面处理十分重要，增加了工艺上的困难。

3. 晶片复合陶瓷

晶片补强是利用厚度远小于另两个方向尺寸的形状特点，利用晶片的裂纹偏折，界面分离和桥联与拔出作用等达到增韧目的的。增韧效果受晶片取向性影响很大，热压得到的制品在不同方向上断裂韧性有很大差别，用的晶片主要有 SiC、Al_2O_3 和 ZrB_2 等。晶片补强增韧效果显著小于晶须增韧，材料的强度一般也明显下降，同时晶片的种类也比较少，所以研究亦相对较少。

4. 自增韧复合陶瓷

针对晶须补强的缺点，近年又出现所谓自增韧复合陶瓷。通过组分设计和制备工艺的控制，在陶瓷内部自发生成柱状（图 6-47）或片状晶粒，起到类似晶须或晶片增韧的自补强作用。研究较多的有 Si_3N_4（SiAlON）、SiC 和 Al_2O_3 等系统，在 Si_3N_4 系统已能人为控制柱状 β-Si_3N_4 或 β-Sialon 晶粒的含量、尺寸和长径比等。断裂韧性可以从 4MPa · $m^{\frac{1}{2}}$ 提高到 10.2MPa · $m^{1/2}$。其优点在于具有较好的增强增韧作用的同时，无须过多考虑两相界面反应和热应力失配等问题。最大不足在于能形成自增韧结构的材料种类有限，限制了此法的广泛应用。

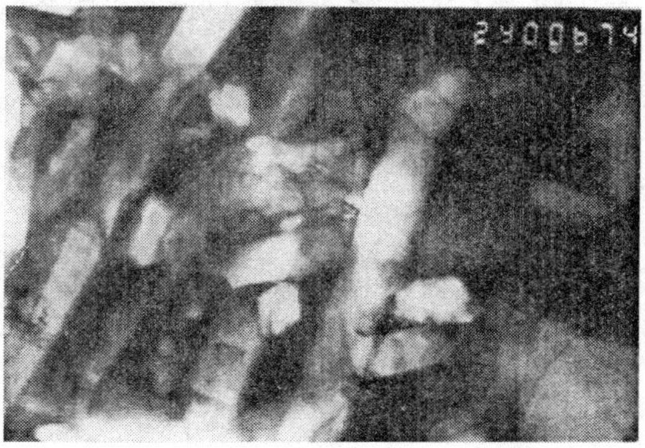

图 6-47　自补强 Si_3N_4 陶瓷的显微结构

5. 相变增韧复合陶瓷

相变增韧的原理是利用锆石（ZrO_2）的四方相向单斜相发生相变的过程中，吸收部分断裂能从而使之韧性提高。因为四方锆石当温度降低到 1170℃左右时将转变为单斜锆石，伴随着 3%～5%的体积膨胀和约 8%的剪切应变，当微裂纹顶端原集中的断裂能被分散，使裂纹只能呈锯齿状发展，而且多处被分岔，结果减少了断裂的能量使之不易开裂，从而提高了瓷坯的韧性；另外，由于锆石受周围陶瓷基体的约束抑制了它的相变，在室温下四方相仍可存在，当微裂纹的尖端扩展到四方锆石时，减弱了基体的束缚就会转变为单斜锆石，吸收并降低微裂纹的扩展应力，亦可提高瓷坯的断裂韧性。实验证明，ZrO_2 相变增韧可使氮化硅瓷和碳化硅瓷的断裂韧性值，从原来的 3～5 提高到 10MPa.$m^{1/2}$以上，图 6-48 是 ZrO_2 相变增韧 Al_2O_3 显微结构。在高温条件下，ZrO_2 相变增韧效果一般均会逐渐消失，将影响制品的高温强度，因此，在高温条件下使用的结构陶瓷不宜采用这种方法。

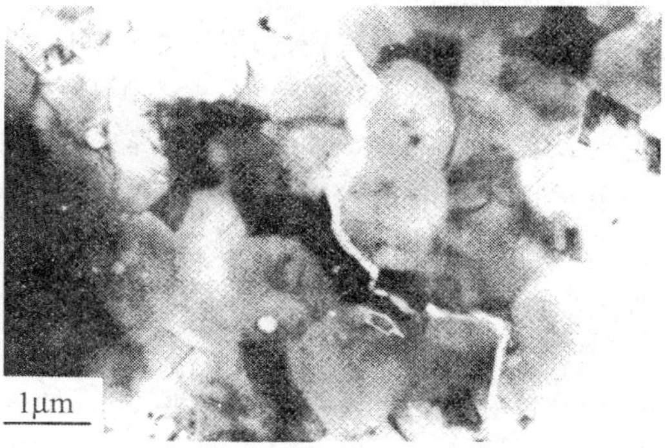

图 6-48　t-ZrO_2 增韧 Al_2O_3 材料的穿晶断裂（TEM）

6. 层状复合

层状复合是一种材料增韧新方法，根据增韧机理层状复合又有以下三类。

引入弱界面层使裂纹在遇到时发生偏折，如碳化硅/石墨层状复合陶瓷与单相碳化硅陶瓷相比，断裂韧性和强度从 3.6MPa · $m^{1/2}$和 500MPa 分别提高到 15MPa · $m^{1/2}$和 633MPa，断裂功上升超过 100 倍，达 4625J/m^2，几乎可与木头相比。图 6-49a 和 b 分别是层状复合 Al_2O_3/BN 陶瓷显微和界面结构。

引入金属或纤维增强的聚酯夹层，利用金属的塑性变形吸收断裂能或直接利用纤维增强聚酯层的高韧性达到增韧的目的。如 Al_2O_3/Ni 层状复合陶瓷的断裂韧性从 4.3MPa ·

$m^{1/2}$提高到 9.7MPa · $m^{1/2}$；又如 Al_2O_3/碳纤维增强环氧树脂夹层复合陶瓷强度对刻痕的敏感性大幅度下降，其断裂韧性也远高于陶瓷基体。

在相变增韧陶瓷中引入脆性阻挡层，通过改变裂纹前部相变区形状达到提高材料韧性的目的。如裂纹在以 Al_2O_3 为阻挡层的 Al_2O_3/Ce-TZP 层状复合陶瓷中扩展时，其前端的相变区由原来尖锐的长条形变为横向扩展，使材料断裂韧性提高到近 50MPa · $m^{1/2}$。

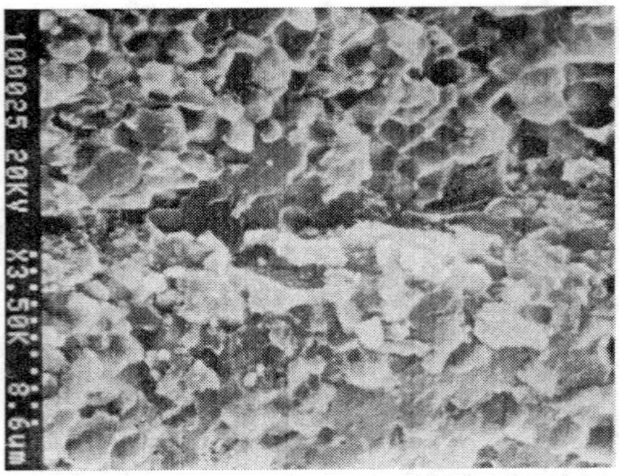

图 6-49a　层状复合 Al_2O_3/AN 陶瓷的微观结构

图 6-49b　层状复合 Al_2O_3/AN 的界面结构

7. 颗粒复合陶瓷

颗粒复合陶瓷具有制备工艺简单、成本较低而增强增韧效果较好的优点，当第二增强相颗粒从微米级减小到亚微米或纳米级时，材料的力学性能往往会发生显著变化。根据增强颗粒尺寸的大小可分为微米级复合陶瓷和纳米级复合陶瓷两类。

微米级颗粒对陶瓷的增强增韧作用主要是通过限制 Griffth 缺陷尺寸、提高弹性模量、产生裂纹偏折和裂纹弯曲、应力诱导微开裂以及残余热应力增韧等机制实现的，在增强相颗粒较大时还可能涉及到桥联和拔出作用。常见的有 Al_2O_3/SiC、Al_2O_3/TiC、SiC/TiC、SiC/ZrB_2、SiC/Si_3N_4、SiC/TiB_2、Si_3N_4/SiC 和 Al_2O_3/SiAlON 等。一般情况下，微米级颗粒复合的增强效果比较好，增韧作用要小一些，断裂韧性通常只提高 1.4～1.7 倍，明显低于晶须增韧效果。

纳米级复合陶瓷是向陶瓷基体中引入适量亚微米级或纳米级第二相增强颗粒而获得的材料。目前研究较多的是以 Al_2O_3 为基体的氧化物基陶瓷和以 Si_3N_4 或 SiAlON 为基体的氮化物基陶瓷。引入的一般为高强、高硬、高弹性模量、低膨胀系数的如 SiC、Si_3N_4 和 TiC 等非氧化物颗粒，也有引入高熔点金属第二相颗粒的。从微观结构角度将纳米级复合陶瓷分为如图 6-50 所示的内晶型、晶界型、内晶/晶界型和纳米/纳米型四种类型。

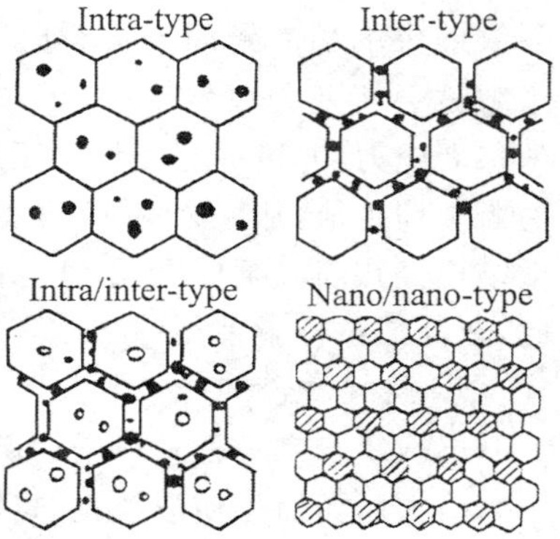

图 6-50　纳米复合材料四种类型示意图

实际制备出的制品中晶界型和内晶型第二相颗粒一般总是同时存在的，结构基本都为内晶/晶界型。纯粹的内晶型和晶界型纳米级复合陶瓷尚未见到报导。纳米复合 Al_2O_3/SiC 陶瓷断裂方式由纯 Al_2O_3 的沿晶断裂转变为复合陶瓷的穿晶断裂，见图 6-51。

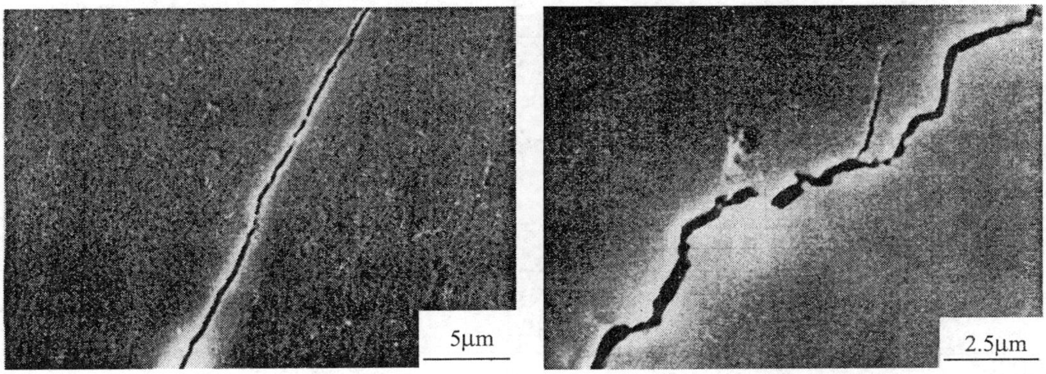

(a) 穿晶断裂　　　　(b) 沿晶断裂

图 6-51　纳米复合陶瓷断裂方式

§6.5　功能陶瓷的显微结构

功能陶瓷又称为敏感陶瓷，是具有某种特殊性能的陶瓷材料，它的品种多、用途广，随着科学技术的发展，新的品种不断被研制出来并得到应用。功能陶瓷的分类列于表 6-4 中，这里只选几种作简单介绍。

表 6-4　功能陶瓷的分类

功能	系列	材料	用途
电功能陶瓷	绝缘瓷	Al_2O_3，BeO，MgO，AlN，SiC	集成电路基片、封装陶瓷、高频绝缘瓷
	介电瓷	TiO_2，$La_2Ti_2O_7$，$Ba_2Ti_9O_{20}$，滑石瓷，橄榄石瓷	陶瓷电容器、微波陶瓷等
	铁电瓷	$BaTiO_3$，$SrTiO_3$	陶瓷电容器
	压电瓷	PZT，PT，LNN，(PbBa)$NaNb_5O_{15}$	超声换能器，谐振器，滤波器，压电点火，压电电动机，微位移器
	半导体瓷	NTC(Mn，Co，Ni，$LaCrO_3$，ZrO_2-Y_2O_3，SiC)	温度传感器、温度补偿器等
		PTC(Ba-Sr-Pb)TiO_3	温度补偿器和自控加热元件
		CTR(V_2O_5)	热传感元件，防火灾传感器等
		ZnO 压敏电阻	浪涌电流吸收器、噪声消除、避雷器
		SiC 发热体	电炉、小型电热器等
		半导性 $BaTiO_3$，$SrTiO_3$	晶界层电容器等
	快离子导体瓷	β-Al_2O_3，ZrO_2	钠硫电池固体电解质、氧传感器陶瓷

续表

功能	系列	材料	用途
磁功能陶瓷	软磁铁氧体	Mn-Zn, Cu-Zn, Ni-Zn, Cu-Zn-Mg	记录磁头、温度传感器、电视机、收录机、通讯机、磁芯、计算机电源、磁芯、磁头、电波吸收体
	硬磁铁氧体	Ba,Sr 铁氧体	铁氧体磁石
	记忆用铁氧体	Li, Mn, Ni, Mg, Zn 与铁形成的尖晶石形铁氧体	计算机磁芯等
光功能陶瓷	透明陶瓷	Al_2O_3	高压钠灯
		MgO	照明或特殊灯管、红外输出窗材料
		BeO, Yo, TnO	激光元件
		PLZT 铁电瓷	光存储元件、视频显示和存储系统、光开关、光阀等
生物及化学功能陶瓷	湿敏瓷	$MgCr_2O_4$-TiO_2, TiO_2-V_2O_5, ZnO-Cr_2O_3($LiZnVO_4$), Fe_3O_4, $NiFe_2O_4$	工业湿度检测、烹饪控制元件等
	气敏瓷	SnO_2, α-Fe_2O_3, ZrO_2, TiO_2, CoO-MgO, ZnO, WO_3 等	汽车传感器,锅炉燃烧控制、气体泄漏报警、各类气体探测等
	载体瓷	堇青石瓷, Al_2O_3 瓷, SiO_2-Al_2O_3 瓷等	汽车尾气催化载体、化学工业用催化载体,酵素固定载体等
	催化瓷	沸石、过渡金属氧化物	接触分解反应催化、排气净化催化等
	生物瓷	Al_2O_3, 羟基磷灰石瓷	人造牙齿、关节骨等

6.5.1 滑石瓷和橄榄石瓷(总称镁质瓷)

滑石瓷主晶相为原顽辉石($MgO \cdot SiO_2$),橄榄石瓷主晶相是镁橄榄石($2MgO \cdot SiO_2$)。两者的主要工业原料均为天然原料滑石和粘土,两者都是属于镁质装置陶瓷。

1. 镁质陶瓷的概况

滑石瓷和橄榄石瓷均具有很好的介电性能,不同之处从表 6-5 中可清楚地看出。

表 6-5 滑石瓷和橄榄石瓷的基本性能

介电性能 \ 瓷种		滑石瓷	橄榄石瓷
主晶相		$MgO \cdot SiO_2$	$2MgO \cdot SiO_2$
ε 0.5～5MHz		5.0～7.0	6.2～6.5
$tg\delta \times 10^4$(1MHz)	20±5℃	7～8	4
	20±5℃	8～10	5
绝缘强度 kV/cm		20	20
ρ(100℃) Ω-cm		10^{12}～10^{13}	10^{14}～10^{16}
抗折强度 (MPa)		137.2～147	98
膨胀系统 $\times 10^{-6}$/℃(20～100℃)		6.0～7.0	8.5～11.0
比重 g/cm^3		2.8	2.8
烧成温度 ℃		1320±10	1350±30

滑石瓷是介电性能优良的装置陶瓷，介电常数只有 $\varepsilon=5\sim7$，高频率时随温度变化小，并具有较好的介质损耗，$tg\delta$ 在 10^{-4}数量级，静态抗折强度和对酸碱化学稳定性均较好。

被广泛用来制作高频绝缘子、波段开关、电子管座、电感线圈骨架等绝缘装置材料。

橄榄石瓷的高频介电性能极好，微波波段的介电常数很稳定，介电损耗亦不增大，是很好的微波绝缘瓷，但热膨胀系数较大，导热性能较差，机械强度亦不高，限制了橄榄石瓷的使用范围。

滑石瓷和橄榄石瓷的主要工业原料都是滑石和粘土，在烧结过程中将发生一系列变化，由于配方不同将发生不同的变化，进而形成各异的相组成和显微结构。

天然滑石呈鳞片状结构(图 6-52)，使用前要进行预烧，使之分解并结晶成原顽辉石柱状晶体(图 6-53)，以减少瓷坯烧成时的定向收缩。由于天然滑石常与白云石共生，当白云石含量过多时，将会造成配方的组成偏移而出现废品。

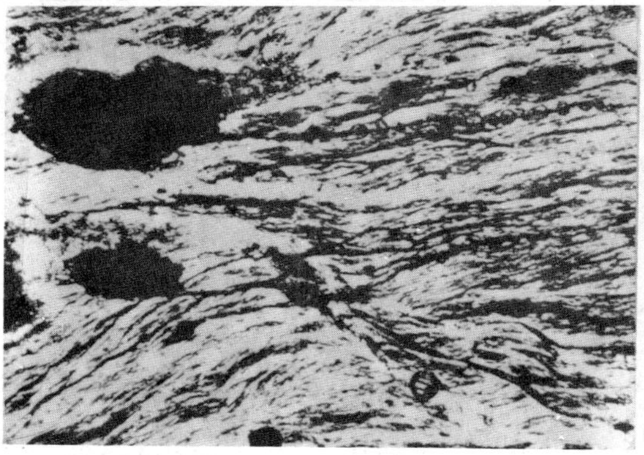

图 6-52 滑石鳞片状结构
单偏光 115×

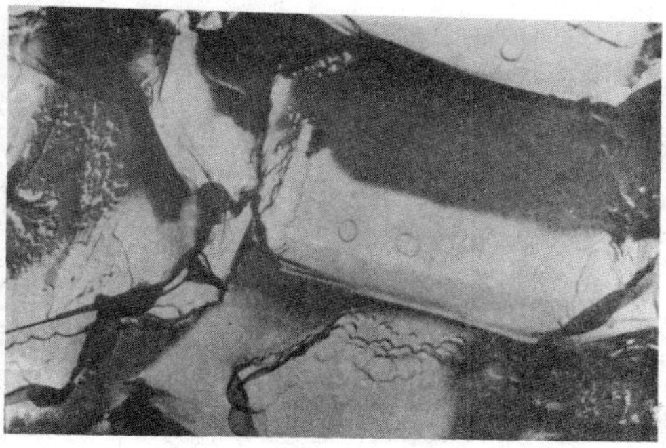

图 6-53 柱状原顽辉石晶体
扫描电镜 7000×

添加粘土的目的主要是为增加坯料的可塑性和降低瓷坯的烧成温度，用量必须适量，过多的粘土将带入较多的 Al_2O_3 成分，会生成介电性能不好的堇青石 $(Mg,Fe)_2Al_3[Si_3AlO_{16}]$，还会带入钾、钠等碱金属离子，使介电损耗增大，用量一般控制在5%～10%。

滑石瓷的配料中还要引入少量 $BaCO_3$、$MgCO_3$ 和 Al_2O_3 等添加剂，以吸收滑石分离出的游离 SiO_2，结晶成顽火辉石和硅线石等晶相，反应式为：

$$3MgO \cdot 4SiO_2 \cdot H_2O(\text{滑石}) \xrightarrow{700\sim1000^{\circ}C} 3(MgO \cdot SiO_2)(\text{顽火辉石}) + SiO_2 + H_2O\uparrow$$

$$MgCO_3 + SiO_2 \rightarrow MgO \cdot SiO_2(\text{顽火辉石}) + CO_2\uparrow$$

$$Al_2O_3 + SiO_2 \rightarrow Al_2O_3 \cdot SiO_2(\text{硅线石})$$

$BaCO_3$ 可进一步降低滑石瓷的烧成温度，与粘土形成高钡玻璃相，以降低滑石瓷的介电损耗，并包裹原顽辉石晶体，防止原顽辉石多晶转变而使滑石瓷老化。此外，还要添加少量氧化锆、氧化锌、氧化铬、膨润土、长石等原料。

在橄榄石瓷的配方中，含有烧滑石(55%)、粘土(3.6%)、$Mg(OH)_2$(35%)和 $BaCO_3$(6.5%)。相比之下橄榄石瓷含有更多的 MgO，以生成较多的镁橄榄石主晶相。

2. 滑石瓷

滑石瓷的主晶相是偏硅酸镁 $MgSiO_3$，有原顽辉石、顽火辉石和斜顽辉石三种变体，晶格常数及主要性能列于表6-6。现将滑石瓷显微结构的有关问题作简单介绍。

表6-6　$MgSiO_3$ 三变体的主要性能

变　体	晶系	理论密度 g/cm^3	线膨胀系数 300～700× $10^{-6}/^{\circ}C$
原顽辉石	斜方	3.10	9.8
顽火辉石	斜方	3.21	12.0
斜顽辉石	单斜	3.19	13.5

(1) 主晶相转变及滑石瓷老化

烧结过程中形成的原顽辉石在冷却到1040℃～850℃之间时有转变为介稳态斜顽辉石的倾向，在850℃以下斜顽辉石可长期存在而不转变成低温稳定相顽火辉石，因为斜顽辉石在700℃以下的晶格内能比原顽辉石小，原顽辉石可向斜顽辉石转变。

从原顽辉石转变为顽火辉石时将伴有2.8%的体积变化，而变为斜顽辉石的体积变化更大，滑石瓷在存放或使用过程中，原顽辉石转化为其他两晶相体积变化都较大，从而导致瓷体的破碎甚至粉化，这称为滑石瓷的老化。要防止滑石瓷的老化可从三方面入手：①用玻璃相包围原顽辉石使其成弧岛状即可抑制其发生多晶转变，若瓷坯中玻璃相不足或分布不均匀，未将晶粒均匀包裹，这种抑制作用就削弱，滑石瓷就会老化。实验证明，瓷坯中玻璃相含量为25%左右是比较合适的。引入适量的碳酸钡不仅能促进玻璃相形成，还可改善滑石瓷的介电性能，引入少量 ZnO、ZrO_2 等既可扩大瓷坯烧成范围，也可增加玻璃相的粘度，从而增强对多晶转变的抑制作用；②控制主晶相原顽辉石的晶粒大小，原顽辉石较大会降低了滑石瓷的稳定性，易于老化；③引入某些成分与原顽辉石形成固溶体，在防止滑石瓷老化、降低其介电损耗等方面均收到满意的效果，但铁含量增多虽可以形成固溶体，不仅不能抑制多晶转变，还促进滑石瓷的老化，并使制品的介电性能下降，可见铁是滑石瓷的有害成分。

(2) 滑石瓷的显微结构特征

优质滑石瓷中含 75%短柱状原顽辉石，全部被 25%的玻璃相包围成弧岛状结构(图 6-54)；老化滑石瓷主晶相为斜顽辉石，晶粒粗大，玻璃相含量仅 10%左右，不能均匀地包围主晶相(图 6-55)中。

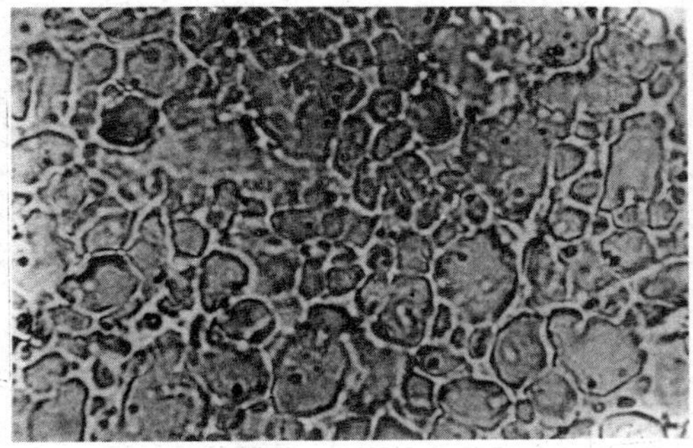

图 6-54 优质滑石瓷显微结构 单偏光 900×

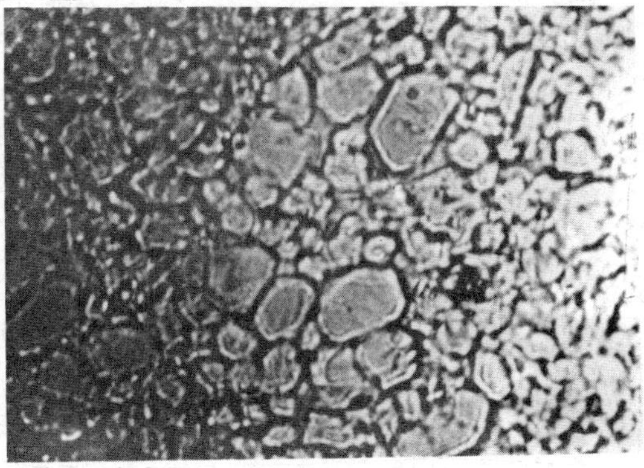

图 6-55 老化滑石瓷显微结构 单偏光 580×

原顽辉石在薄片中呈无色透明，晶形发育较完整，横切面多为假八边形或短柱状，正高突起，折射率为 $Ng=1.668\sim1.675$，$Nm=1.653\sim1.670$，$Np=1.650\sim1.665$，干涉色一级黄，双折射率 $\Delta N=0.010$，平行消光，正延性，二轴晶正光性。

斜顽辉石在薄片中无色透明，晶粒大小不一，不规整，晶粒间常直接接触，正中突起，折射率为 $Nm=1.654$，干涉色一级黄白，双折射率 $\Delta N=0.009$，斜消光，消光角 $c\wedge Ng=22°$，二轴晶，光轴角小。主要存在于老化的滑石瓷中。

3. 橄榄石瓷

橄榄石瓷的主晶相是镁橄榄石 $2MgO\cdot SiO_2$，在薄片中无色透明，晶形较完整，呈短柱状或粒状，解理不发育。正中突起，折射率 $Ng=1.670\sim1.680$，$Nm=1.651\sim1.660$，$Np=1.635\sim1.640$，干涉色二级黄，双折射率 $\Delta N=0.035$，平行消光，正延性，具有简单双晶或聚片双晶，二轴晶正光性。

在橄榄石瓷的显微结构中除镁橄榄石外，尚有一定量的玻璃相，晶粒亦被玻璃相包围成玻璃斑状结构，显微结构如图 6-56 所示。

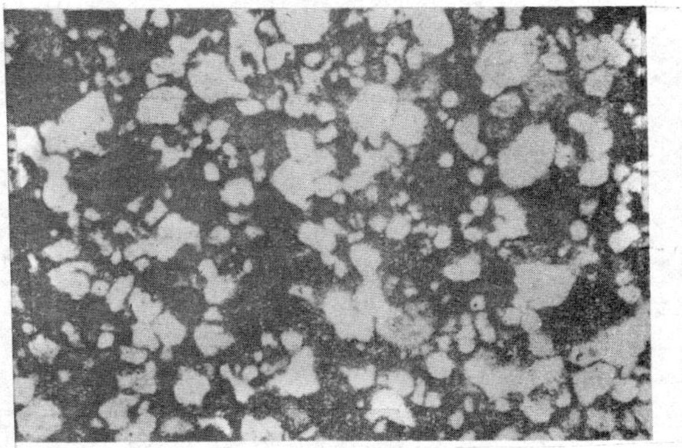

图 6-56 镁橄榄石瓷显微结构 正交偏光 480×

6.5.2 金红石瓷

金红石瓷是高频温度补偿电容器陶瓷材料，介电常数 $\varepsilon=80\sim90$，温度系数为较大的负值($-750\times10^{-6}\sim-850\times10^{-6}$/℃)。介电损耗很小。

1. 金红石瓷的相组成

金红石瓷的化学成分主要是二氧化钛，主晶相为金红石，结晶的二氧化钛有板钛矿、锐钛矿和金红石三个变体，三者的主要物理性能如表 6-7 所列。板钛矿和锐钛矿分别在 642°和 915°不可逆地转变为金红石。相变时都将发生体积变化，严重地影响制品尺寸的精确，烧结

表 6-7　二氧化钛晶体三种变体的物理性质

变体名称	物理性能							
	晶系	比重 (g/cm^3)	折射率			向金红石转变温度 (℃)	熔点 (℃)	介电常数 ε
			Ng	Nm (No)	Np			
锐钛矿	四方	3.9	—	2.561	2.488	915		31
板钛矿	斜方	4.1	2.741	2.586	2.453	650		78
金红石	四方	4.35	2.903	2.616	—		1560 1825 一般 1640	⊥c 轴 89 //c 轴 173 平均 114

气氛亦影响瓷坯的物相组成，在制造金红石瓷时有三点要注意：钛白粉原料使用前必须进行预烧，使之全部转变为金红石；TiO_2 是变价氧化物，在还原气氛中极易被还原而变为低价氧化物，因此烧结必须在氧化气氛中进行；在氧化气氛中于 1450℃温度下烧结时 TiO_2 有热分解趋势，恶化材料的介电性能，必须引入粘土、碳酸钡、氧化锆等添加剂使之在较低的 1300～1350℃之间烧成。

2. 金红石瓷的显微结构特征

金红石属四方晶系，理想形状为四方短柱状，在薄片中呈淡黄至黄褐色，具有微弱的多色性，正极高突起，折射率 $No=2.616$，$Ne=2.903$，双折射率很大，$\Delta N=0.287$，干涉色为高级白，平行消光，正延性，具有简单双晶（图 6-57）或聚片双晶（图 6-58），一轴晶正光性。

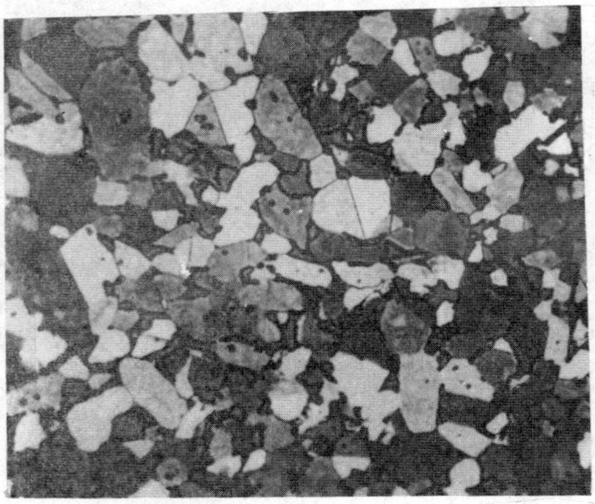

图 6-57　金红石瓷中金红石的简单双晶
正交偏光　　400×

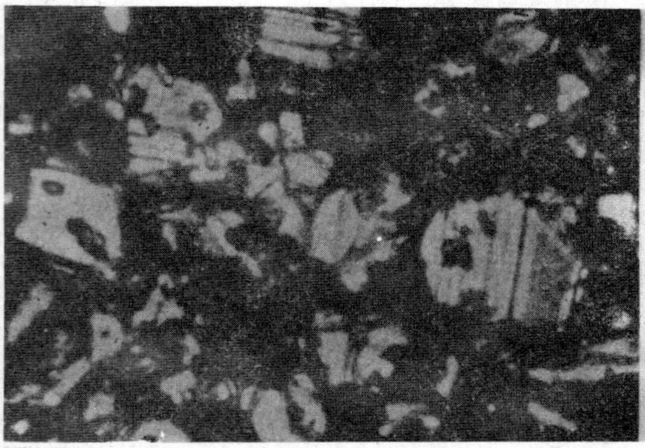

图 6-58　金红石瓷中金红石的聚片双晶
单偏光　　400×

瓷坯中金红石的晶形比较完整，呈柱状或短柱状自形晶或半自形晶，晶粒在 10～15μm 之间，大小比较均匀，有少量钡质玻璃相，显微结构呈玻璃斑状结构。

6.5.3 钛钡质瓷

钛钡质瓷有钛酸钡瓷和四钛酸钡瓷两种，钛酸钡瓷主晶相为钛酸钡($BaTiO_3$)，是主要的铁电、压电功能材料；四钛酸钡瓷主晶相为四钛酸钡($BaTi_4O_9$)，是新型制造微波介质谐振器的材料，二者的主要原料都是碳酸钡($BaCO_3$)和钛白粉(TiO_2)，只是所用的比例不同。

1. 钛钡质瓷的制造

钛钡质瓷的化学成分均是钡的钛酸盐，仅化学配方上存在差异。根据主晶相要求进行配料，在1100～1180℃进行预烧，使之分别合成$BaTiO_3$和$BaTi_4O_9$的烧结块，重新经粉碎成细粉，引入适量改性剂及增塑剂在一起混匀，用不同方法成型后再脱蜡，在不同的温度、压力及气氛条件下烧结，经退火即得所需要的制品。

钛酸钡瓷的改性成分有$BaSnO_3$，$CaZrO_3$，$BiNbZrO_9$等。通常是在氧化或中性气氛下于1300～1360℃热压烧结而成的，常压下烧结的温度较高。热压法不仅可降低烧结温度，还可得到细晶的显微结构，若钛酸钡晶粒较大将影响晶界效益和介电性能。四钛酸钡瓷可采用通氧和热压两种烧结工艺，烧成温度一般为1250～1350℃，热压烧结时的压力为200kg/cm^2。二者烧成后为消除瓷坯中氧的空位缺陷及残余热应力，需在一定温度条件下进行热处理。

2. 钛酸钡瓷的显微结构

主晶相钛酸钡有立方、四方、斜方和三方四种变体，分别在120℃，0℃和－80℃作可逆的相变，其中立方相转变为四方相的相变温度120℃，称为“居里温度”。120℃以上稳定的立方相晶格属钙钛矿型构造(见图6-20)，温度处于120℃～0℃之间的四方相，晶体将出现沿Z轴方向产生自发极化。

四方钛酸钡的光学数据未知，在20℃时斜方钛酸钡的折射率为$Ng=2.406$，$Nm=2.401$，$Np=2.395$，干涉色为一级黄，二轴晶负光性。因晶格中Ti^{4+}的离子中心沿Z轴方向偏离原中心位置，使Z轴方向正负电荷中心不重合形成电畴结构(见图6-23和6-24)，因此钛酸钡瓷具有铁电和压电特性。

钛酸钡瓷的显微结构如图6-59所示，瓷坯中四方钛酸钡的大小和分布较均匀，晶粒呈半自形粒状，因引入改性添加剂还会出现其他晶相，无玻璃相存在。

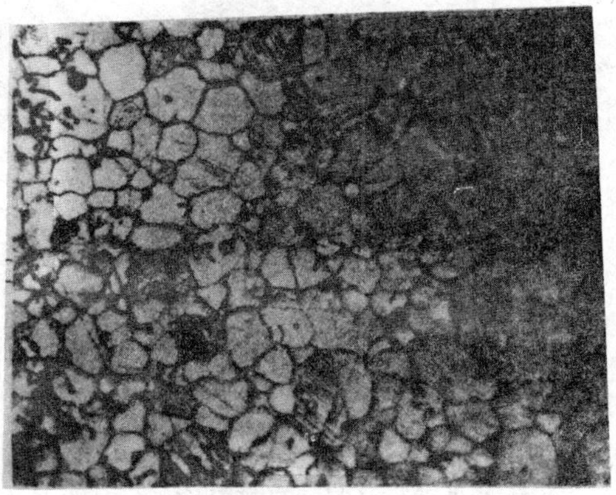

图6-59 钛酸钡瓷显微结构

单偏光 400×

3. 四钛酸钡瓷

主晶相四钛酸钡属斜方晶系，每个单位晶胞含两个$BaTi_4O_9$分子，晶格中钛氧构成八面体[TiO_6]，钡离子配位数为12，联结钛氧八面体而构成四钛酸钡晶格。在薄片中无色透明，半自形柱状，完全解理和中等解理各一组(图6-60)。正极高突起，折射率$Ng=2.44$，$Nm=2.410$，$Np=2.380$，干涉色二级至三级绿，而且色彩鲜艳，双折射率$\Delta N=0.060$，平行消光，延性可正可负，二轴晶正光性，光轴角$2V=49.6°$。

四钛酸钡瓷的显微结构主要有两类：一类是由细小均匀柱状四钛酸钡晶体组成的均粒状结构(图 6-61)，晶粒大小多为 4～5μm 左右，稍大晶粒仅偶见；另一类是由均匀而细小的柱状晶粒组成基质，其间生长约30%左右(个别可多达 70%)粗大的长柱状四钛酸钡斑晶，最大斑晶可达 2～3mm，组成似斑状结构(图 6-62)，在四钛酸钡斑晶中常包裹着一些细小的柱状晶体。

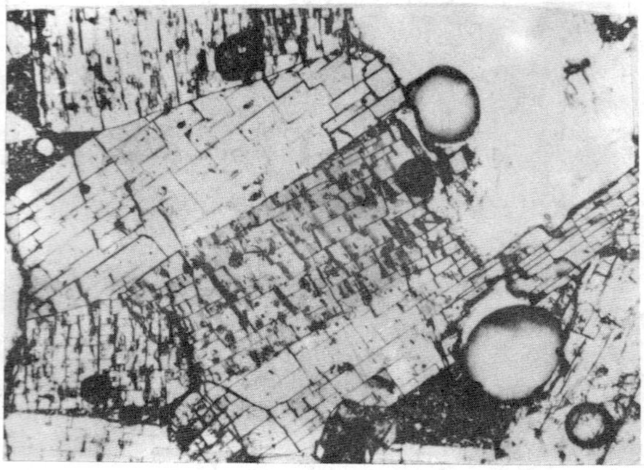

图 6-60　四钛酸钡晶体的解理
单偏光　　164×

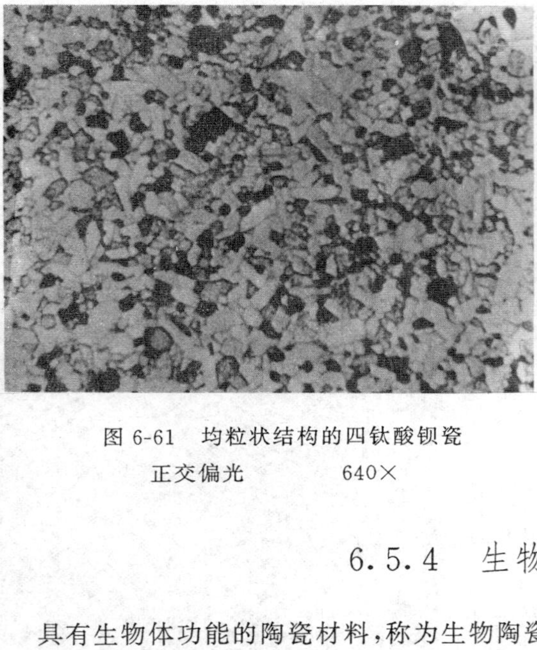

图 6-61　均粒状结构的四钛酸钡瓷
正交偏光　　640×

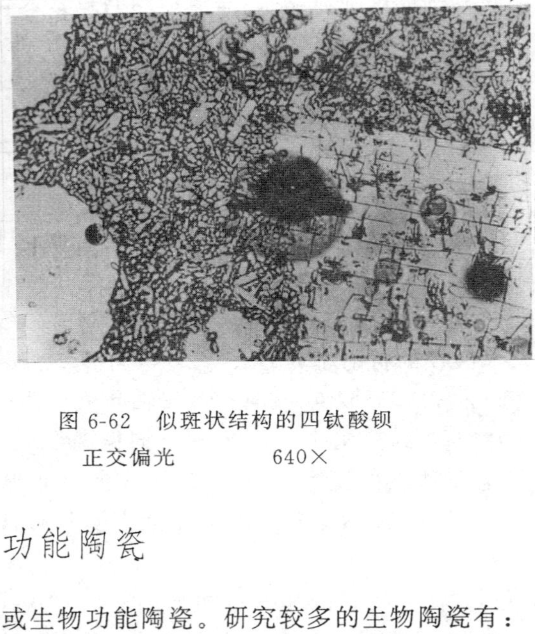

图 6-62　似斑状结构的四钛酸钡
正交偏光　　640×

6.5.4　生物功能陶瓷

具有生物体功能的陶瓷材料，称为生物陶瓷或生物功能陶瓷。研究较多的生物陶瓷有：氧化铝瓷、磷灰石瓷及磷酸钙瓷等。人体骨骼及牙齿的化学组成接近于羟基磷灰石，所以当前国内外广泛研究的并进入实用的是羟基磷灰石瓷，这种生物陶瓷具有优良的生物相容性和骨骼的结合性。这里简单介绍羟基磷灰石瓷的显微结构特征。

1. 羟基磷灰石瓷的晶相

主晶相羟基磷灰石 $Ca_5[PO_4]_3(OH)$，可用以下三种方法合成。

①化学共沉法　以硝酸钙和磷酸氢铵在 pH 值为 8～10 的溶液中经反应沉积而成，反应式为：

$Ca(NO_3)_2+(NH_4)_2HPO_4 \rightarrow Ca_5[PO_4]_3(OH)$；

②固相反应法　用磷酸二钙(或二磷酸钙)和方解石在 1200℃的水蒸汽中经固相反应

并与水蒸气化合而得，反应式为：

$$Ca_2P_2O_7+CaCO_3+H_2O(气)\xrightarrow{1200℃}Ca_5[PO_4]_3(OH)$$

或者 $Ca_3(PO_4)_2+CaCO_3+H_2O(气)\xrightarrow{1200℃}Ca_5[PO_4]_3(OH)$；

③水热反应法 在高温高压条件下由磷酸氢钙与水反应形成，反应式为：

$$CaHPO_4+H_2O\xrightarrow[15atm]{200℃}Ca_5[PO_4]_3(OH)$$

羟基磷灰石属六方晶系，通常呈六方柱状，在薄片中无色透明，正中突起，折射率 $Ne=1.630$，$No=1.633$，双折射率低，$\Delta N=0.003$，干涉色一级灰，平行消光，一轴晶负光性。

2. 羟基磷灰石瓷的显微结构

羟基磷灰石瓷有致密型和多孔型两类。

致密型羟基磷灰石瓷的气孔率在 3.1%左右，用羟基磷灰石原料在金属模内干压成型后，在 1200～1380℃温度下烧结成瓷。

多孔型羟基磷灰石瓷的气孔率高达 36.1%，是将主要原料羟基磷灰石加入纤维类发泡物质拌匀，注塑法成型后在 1200～1380℃下烧结而成的。图 6-63 为多孔型羟基磷灰石瓷的电镜照片，孔径在 400～500μm 左右，而且气孔大都是互相连通的，表面结构疏松多孔。

羟基磷灰石瓷的理化性能非常稳定：无毒，在生物体内亦无有害离子析出；有良好的生物相溶性和耐腐蚀；脆性比其他陶瓷稍大，为改善其力学性能，在配方中添加少量 ZrO_2 和含镁的复合试剂，即可获得力学性能良好的羟基磷灰石瓷制品。

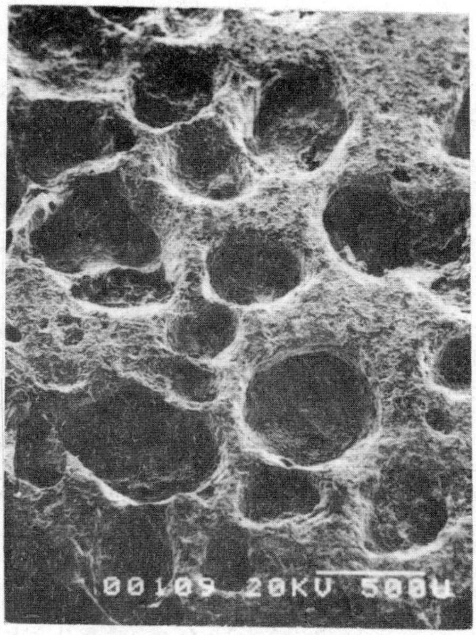

图 6-63 多孔型羟基磷灰石瓷电镜照片

6.5.5 氧化锌瓷(变阻瓷)

广泛用作电器保护元件的氧化锌瓷，与被保护的器件并联后在一般工作电压下是绝缘的，一旦线路上超电压或电压发生波动时，氧化锌瓷的电阻急速下降，通过瓷体的电流就陡升，从而起到保护仪器或有关器件的作用，应变的时间仅 500 微微秒左右，非常迅速。电流与电压的关系为 $I=KV^{\alpha}$，式中 α 为非线性系数，一般可达 25～100。

1. 主要组成晶相

主要原料为高纯度化工产品氧化锌(ZnO)粉，制坯前需在 860℃进行预烧，使之结晶成一定粒度的晶粒，随预烧温度的升高晶粒尺寸将迅速增大。制造氧化锌瓷时，还需要加一定量的 Bi_2O_3、Sb_2O_3、Cr_2O_3、MnO_2 和 SiO_2 等化工原料。

主晶相为氧化锌，次晶相主要有氧化铋、硅锌石、锌锑尖晶石等三种。

氧化锌晶体在瓷坯中的晶形发育较完整，呈粒状自形或半自形晶(图 6-64)，粒径多为 10～20μm，大者可达 100μm。天然矿物叫红锌矿，属六方晶系，粒状晶体，折射率为 $No=$

1.013，Ne＝1.029，薄片中呈红色或黄色，具有简单双晶。

Bi_2O_3 有四种变体，α 型为斜方晶系，β 型属四方晶系，而 γ 型和 δ 型均为等轴晶系，在 825℃被熔融成熔体，冷却过程中于 650℃及 640℃时分别析出 β-Bi_2O_3 和 γ-Bi_2O_3 晶体，并保持到室温。γ-Bi_2O_3 晶格为立方体心格子，体积较大，具填隙式空隙，可防止氧离子的迁移，因此在瓷坯烧成后需要在 450℃左右进行热处理，使氧化铋转化为 γ 型，改善氧化锌的老化性能，因此，氧化锌瓷中应为 γ-Bi_2O_3。

硅锌石在未引入 SiO_2 成分的氧化锌瓷坯中是不存在的。

2. 氧化锌瓷的晶界结构分析

氧化锌瓷的电阻保护性能主要来源于晶界的异相偏析效应，氧化锌晶体具有半导体性能，晶粒被晶界偏析的 Bi_2O_3 绝缘势垒包围，研究晶界结构对氧化锌瓷具有特别意义。

图 6-64　氧化锌瓷的显微结构

透射电镜　　　　2000×

晶界区域划分如图 6-65 所示，晶粒边界可划分为 A、B、C 三个区域：A 区为较厚的晶界层，对电流与电压的非线性发展贡献较少，可不考虑；B 区有较薄的晶界层，形成一个 ZnO-高阻晶界层-ZnO 的异相夹杂结构；C 区只有极薄一层富铋的偏析层，厚度仅 2～10nm，可看为均质结构。从图 6-66 中可以看出，ZnO-ZnO

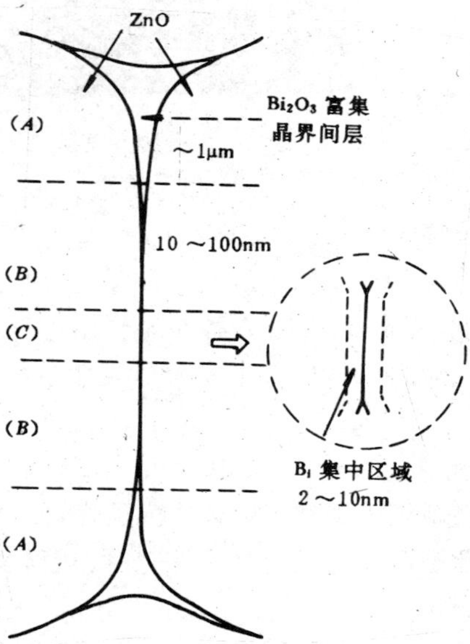

图 6-65　晶界区域微观结构示意图

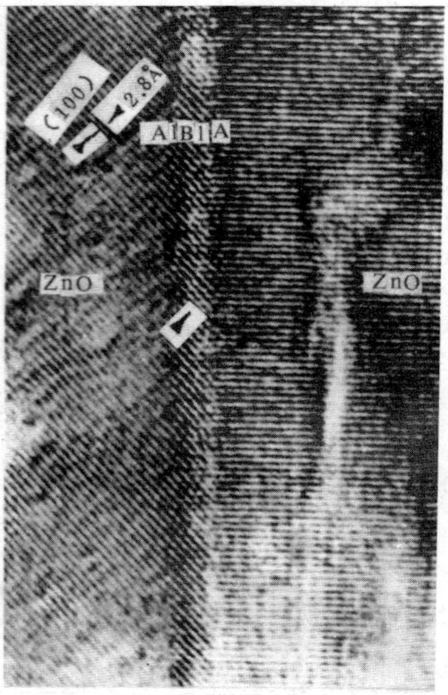

图 6-66　晶界的透射电镜照片

晶粒间偏析层厚约 2～10nm，是含有 Bi、Sb、Si 等的富铋偏析层。电流与电压非线性的好坏主要决定于富铋偏析层的存在与否以及所占比例，富铋偏析层所占比例大，非线性系数 α 就大，电阻保护性作用就明显。非线性系数一般要求 $\alpha>30$。

3. 显微结构特征

坯体中主晶相氧化锌的晶体发育比较完整，晶粒间存在着尺寸仅 2～6μm 左右在光学显微镜下一般难以鉴定的锌锑铬尖晶石（图 6-67），晶形为发育很好的八面体；而方形小晶粒是氧化铋晶体；若引入过多的 Bi_2O_3，在氧化锌晶粒周围将包围着大量的氧化铋小晶粒（图 6-68）。

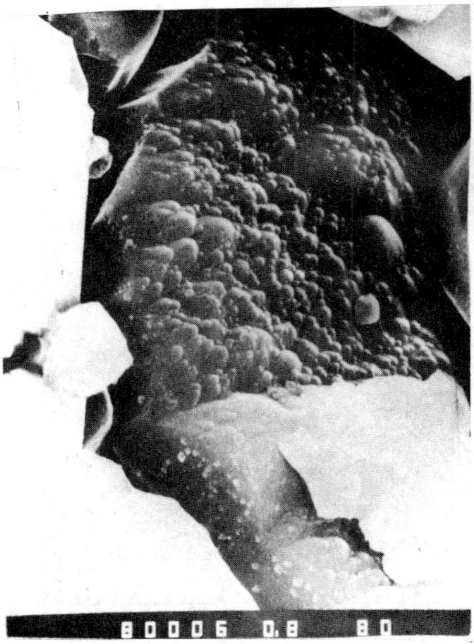

图 6-67　氧化锌瓷中尖晶石晶粒
扫描电镜　　8000×

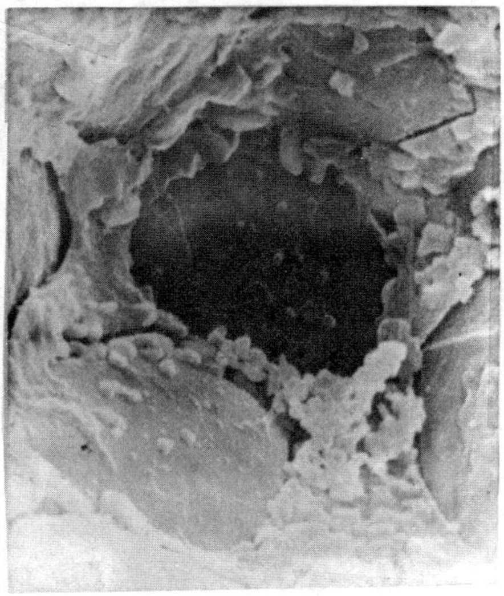

图 6-68　氧化锌晶粒周围氧化铋晶体
扫描电镜　　15000×

氧化锌晶粒的大小直接影响制品的功能及使用价值：当颗粒在 10～20nm 时可作为高压变阻器，若作为中压和低压变阻器时，则要求晶粒大一些，大者可达 100nm。

6.5.6　β 氧化铝瓷（快离子导体）

β 氧化铝瓷的主晶相为 β 铝氧，属于快离子导体的固体电解质。目前，快离子导体常被用来制造高能电池（如钠硫电池）、电化学器件、电解质隔膜等的陶瓷材料。

1. β 氧化铝瓷主要的晶相

主晶相是 β-铝氧，化学式可以写成 $Na_2O \cdot 11Al_2O_3$，有 β 型和 β″型两种变体，β-铝氧属六方晶系，β″-铝氧为三方晶系，β″-铝氧的电性能优于 β 铝氧，在 β-氧化铝瓷中 β″-铝氧的含量越多越好。

β-铝氧晶体呈六方片状，具有(0001)的完全解理，平行 c 轴为长条状或片状，在薄片中无色透明，正中突起，折射率 $No=1.678$，$Ne=1.635$，双折射率较大，$\Delta N=0.043$，一轴晶负光性。

2. 显微结构特征

β 氧化铝瓷显微结构如图 6-69 所示，其中常出现“双重结构”，影响制品的电性能，双重结构的形成过程如图 6-70 所示。

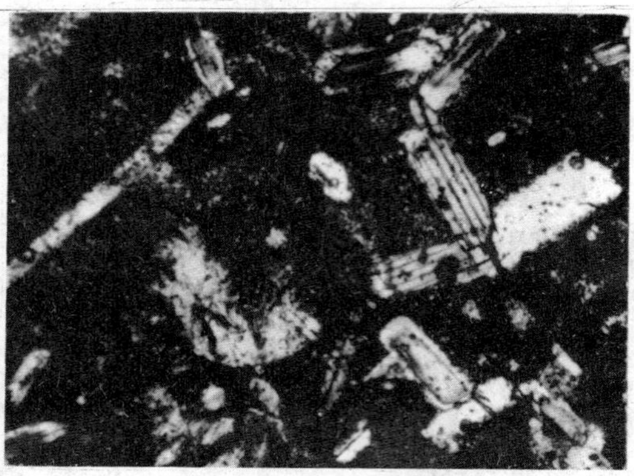

图 6-69　β 氧化铝瓷的显微结构

单偏光　　200×

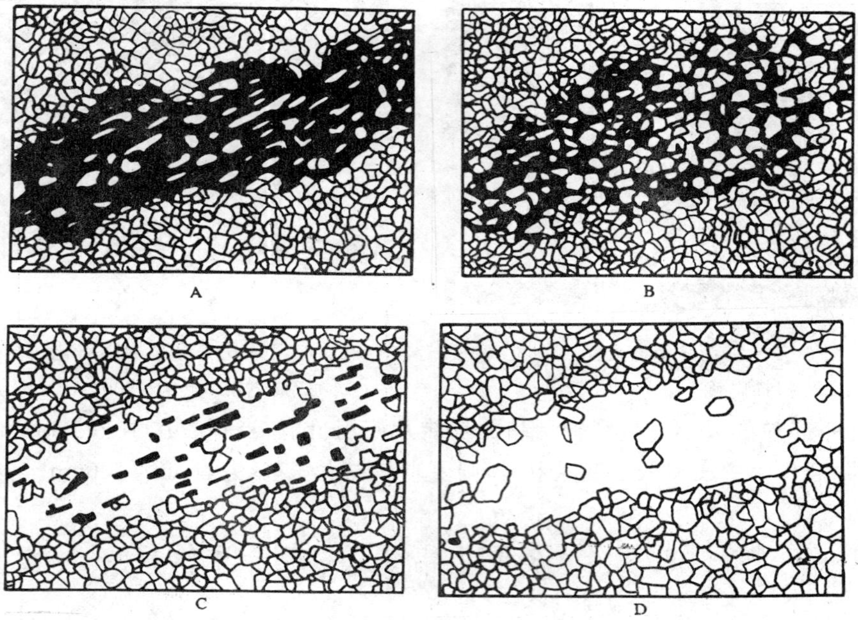

图 6-70　β 氧化铝瓷双重结构中粗晶生长的示意图

所谓“双重结构”，是指在烧结过程中，少数晶粒迅速长大成孤立大晶体，而基体仍保持细晶结构，双重结构中晶粒尺寸可相差数倍，甚至数十倍。在烧结 β 铝氧瓷时，首先是多个细小晶粒连接在一起并调整各自的取向，然后逐渐生长在一起而形成大晶体，晶体长大的过程中需要有足够量的液相存在，实际上是重结晶长大作用。晶粒长大过程中的液相存在，可以降低小晶粒作取向调整时所需的能量和阻力，晶粒生长过度就会影响到制品的力学性能。用热压法烧结就可以得到高密度、高强度、晶粒细小均匀、无双重结构的电性能好的 β″铝氧快离子导体陶瓷材料。

第七章　耐火材料显微结构分析

耐火材料是一类品种繁多和性质各异的高温结构材料，属广义的铁瓷材料。由于所用原料的种类、性质和制造方法不同，可形成各种各样的显微结构。与狭义的陶瓷材料相比，耐火材料的质量水平不能只用理化性能指标来衡量，还要考虑到在使用过程中承受化学、热、机械和气氛等作用的考验，研究在使用时显微结构的演变，分析使用后残砖（即蚀变产物）的显微结构。本章将简要介绍部分耐火材料使用前后的显微结构特征。

§7.1　概述

耐火材料是冶金、建材、化工、石油等工业部门高温窑炉的砌筑材料，其品种和质量对各工业产品的品质和技术发展起着决定性作用，原则上可分为成型制品和散状材料两大类。散状材料的显微结构比较简单，这里主要论述成型耐火制品的显微结构特征。

7.1.1　耐火材料的分类

耐火材料的品种繁多，可用化学-相组成和生产工艺类型两种方法进行分类。

1. 化学-相组成分类

耐火材料根据主要化学成分及主要组成相分为八个系列。

(1) SiO_2 系耐火材料（又称硅质耐火材料）包括硅质和熔融石英制品。天然岩石—白泡石（即粘土质胶结的石英砂岩）亦归为此系列，统称为“硅砖”。

(2) Al_2O_3-SiO_2 系耐火材料（又称铝硅质耐火材料）包括半硅质、粘土质、铝土矿、硅线石类及莫来石等烧结耐火制品，还有熔铸莫来石耐火制品。

(3) Al_2O_3-(Na_2O,Cr_2O_3)系耐火材料（又称铝铬质耐火材料）包括刚玉、β-Al_2O_3 和铝铬渣等烧结和熔铸耐火制品。

(4) Al_2O_3-C(-SiC)系耐火材料（又称铝碳质耐火材料）包括刚玉-石墨、刚玉-碳化硅-石墨和刚玉-斜锆石-石墨等耐火制品。

(5) MgO-R_2O_3(SiO_2)系耐火材料（又称碱性耐火材料）系列可分为三类：①MgO-Cr_2O_3 系耐火材料（即镁铬质耐火材料）包括镁质、镁铬质、铬镁质和铬质等耐火制品；②MgO-Al_2O_3 系耐火材料（即镁铝质耐火材料）包括方镁石-尖晶石、合成尖晶石等耐火制品；③MgO-SiO_2 系耐火材料（即镁硅质耐火材料）包括橄榄石、方镁石-橄榄石、堇青石等耐火制品。

(6) MgO-CaO-C 系耐火材料（又称含碳耐火材料）包括镁碳耐火制品和含碳白云石耐

火制品。

(7) ZrO_2-Al_2O_3-SiO_2 系耐火材料(通常称为 AZS 耐火材料)包括熔铸 AZS 耐火制品、烧结 AZS 耐火制品和锆英石耐火制品。

(8) SiC-Si_3N_4-C 系耐火材料(可称为特种耐火材料)包括石墨耐火制品、碳化硅-石墨耐火制品和氮化硅-Sialon 结合的碳化硅耐火制品。

2. 生产工艺类型分类

耐火材料制品多数系经过烧成或熔融法制造而得,通常都含有或多或少的玻璃相;但含 MgO 制品一般不含玻璃相而由硅酸盐相所取代。若材料不经高温反应(烧结或熔融),制品的相组合则基本上与原始材料相同。耐火材料按生产工艺可划分为以下四种类型。

(1) 化学结合耐火制品　它是加入适量粘结剂或化学结合剂,不经高温而经常温或低温处理而获得一定结构强度的制品。例如,磷酸盐和硫酸盐结合的高铝质制品、卤水结合的铁皮镁质制品和焦油或树脂结合的镁钙质制品等,可称为不烧耐火制品。

(2) 烧结耐火制品　它是按化学组成配方和粒度配比制成混合料,经成型和干燥,在高温烧结而成的制品。例如,通常的硅砖、粘土砖、高铝砖、镁铬砖、烧结 AZS 砖等。

(3) 熔铸耐火制品　它是按化学组成配方的粉料,在高温熔炉内全部熔化成熔体,再铸入一定形状的模体内,在冷却的过程中按一定制度进行退火热处理而成的制品。例如,熔铸 AZS 砖、熔铸镁铬砖和熔铸石英玻璃制品等。

(4) 再结合耐火制品　它是制砖原料经熔融并凝固之后得到与设计化学组成和显微结构相符的材料,再经粉碎、配合和成型在高温炉内烧结而成的制品。例如,再结合镁铬制品、再结合 AZS 制品和烧结熔融石英玻璃制品等。

7.1.2　显微结构与生产工艺及制品性能之间关系

耐火材料显微结构的形成,是由生产工艺过程中的各种物理化学变化(包括:熔融-凝固,固相反应,烧结,晶体长大,玻璃体分相和析晶,固溶体脱溶,介稳分解,蒸发,挥发和溶解等)和机械加工(包括原料的破粉碎,混合料的配制及拌和、成型等)的综合作用的结果,而同类型耐火材料显微结构的差异将影响耐火制品的技术性能和使用效果。因此,在生产工艺-显微结构-性能三者关系中,显微结构处于核心位置(见图 1-2)。人们可通过调整工艺参数来设计合理的显微结构,或通过调整显微结构以提高耐火制品的性能和延长使用寿命。近 30 年来,工艺-显微结构-性能之间相互关系的研究构成了材料科学的热门课题。

耐火材料与冶金、玻璃、水泥、陶瓷和化学工业等均有着密切的关系,耐火材料的质量在很大程度上决定着这些工业的技术进步和产品质量;反过来,这些工业的发展以及新技术的采用,又促进了耐火材料的技术进步和新产品开发。例如,由于高炉和热风炉的大型化和强化作业,发展了碳化硅-石墨、氮化硅结合的碳化硅和刚玉质制品;炼钢工艺采用炉外精炼技术,促进了共同烧结和再结合型镁铬系列耐火制品的研制与应用;又如,为了提高玻璃熔窑的熔化率、玻璃质量和窑炉作业寿命,采用了含 ZrO_2 较高的熔铸 AZS 和含 Cr_2O_3 的 AZS 制品;预合成镁铝尖晶石型和 MgO-Al_2O_3-Cr_2O_3 系列碱性耐火材料的应用,保证了水泥回转窑大型化的要求;等等。

§7.2　硅质耐火材料的显微结构特征

硅质(SiO_2 系)耐火材料,主要是指采用各种类型的结晶石英岩为原料,加入少量矿化剂经烧成而制造的耐火材料,简称为硅砖;硅质散状料、熔融石英制品及早年玻璃熔窑上使用的白泡石亦属于此类。

7.2.1　SiO_2 的相平衡

经典的 C. N. Fenner SiO_2 系温度-压力相平衡图(图 7-1)指出,SiO_2 有 8 个变体,这实际上是含有大量 Na_3WO_4 的 SiO_2 多元系统;R. B. Sosman 还给出在高压条件下另有 7 个变体,故 SiO_2 系共有 15 个同质多相变体;O. W. Floerke 认为常压下纯 SiO_2 系只有石英、方石英和石英玻璃三个变体,如图 7-2 所示。

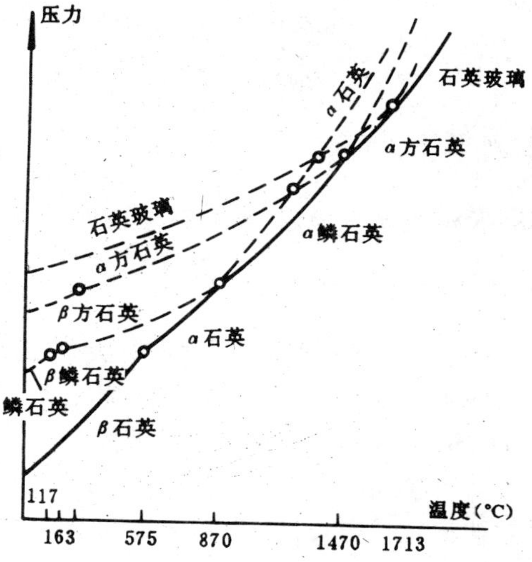

图 7-1　Fenner 的 SiO_2 系温度-压力相平衡图

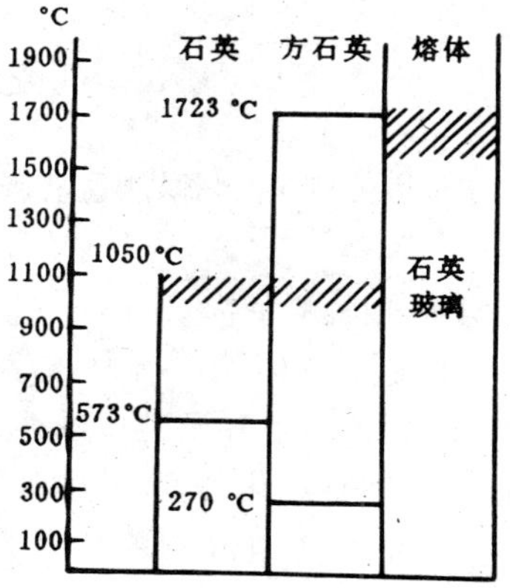

图 7-2　Floerke 的 SiO_2 系相图

上述相图都不适于解释硅砖中所含的相关系,因为在生产中均加入适量矿化剂,使相变关系复杂化了,而且也不是平衡体系。在其烧结和后续使用过程中硅砖的实际相关系如图 7-3 所示:烧成的硅砖中存在石英、亚稳方石英(又称偏方石英)、鳞石英和玻璃相(或各种硅酸盐结晶)等;在更高温度下使用后,将会出现稳定的方石英和熔融石英(或称石英玻璃),在冷却中及其以后均不发生可逆相变;仅在一定温度下停留一段时间,石英玻璃将析晶生成鳞石英或方石英的骸晶,如果停留时间较长时,这些骸晶将重结晶长大成长板状鳞石英或粒状方石英。

α-石英 —>1730℃→ 石英玻璃 —<1730℃→ 失透 方石英

亚稳方石英 —>1250℃→ 偏方石英 {无规则状 / 团粒状} ＋液相 —>1350℃→ 鳞石英 —>1470℃→ 方石英

图 7-3　SiO_2 系实际相变关系图(未显示高低型相变)

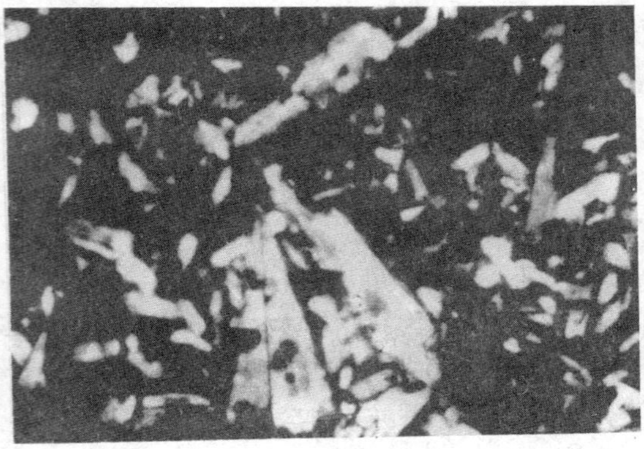

图 7-4　鳞石英的矛状双晶
正交偏光　　250×

硅砖的烧成温度通常控制在 1450℃以下，理论上的平衡相只有鳞石英。鳞石英可借固相反应生成，但主要是液相析晶产物，典型形貌呈矛状双晶(图 7-4)。研究结果表明，纯 SiO_2 体系在任何温度下都不会生成鳞石英。石英转化为鳞石英的过渡相是偏方石英，既可在矿化剂作用下生成团粒状的棕色相，也可通过石英直接转化形式生成。

偏方石英与方石英在构造上差异不大，但形貌特征和结晶过程不同，在光学显微镜下即可加以识别，在显微结构分析时必须明确分辨，不可泛称方石英。

7.2.2　显微结构特征

硅砖是由石英粉料添加适量矿化剂混均，并经成型干燥后，再在高温条件下烧结而成的。

1. 硅砖的显微结构

硅砖的显微结构可概括为：石英颗粒的显微裂纹及其分布状况，偏方石英化程度(包括石英颗粒表面的棕色环及其中鳞片状偏方石英的生成量)，石英颗粒被溶解情况及其相互关系，在基质中鳞石英化程度、硅酸盐相的类型、玻璃相生成量及其分布情况等。

硅质制品中各组成相的相对含量的变动范围较大：石英：0%～35%，鳞石英：20%～80%，偏方石英：10%～50%，硅酸盐相(包括玻璃相)：4%～15%。其差异取决于生产工艺过程，亦反映在其理化性能及使用效果上。

2. 影响硅砖显微结构的因素

(1) 生产工艺的影响　影响硅砖制品相组成的主要工艺因素有：石英岩的晶体大小及粒度组成、矿片剂种类及加入量和烧成制度。

硅砖具有很高的热机械强度，但残余膨胀较大，因此要求硅砖中残存石英含量尽量的少，制造时石英粉料颗粒不能太大，并有一定的粒度组成。

矿化剂特别是铁质矿化剂的添加量多少决定着硅砖的性能和使用条件：铁质矿化剂加入量少而且烧成条件充足时，硅砖中将生成大量偏方石英，适于玻璃熔窑使用；当加入较多铁质矿化剂时，硅砖中会生成较多鳞石英，更适用于砌筑焦炉。

确定硅砖烧成制度的原则是使石英得到充分的相变，以获得具有理想的相组成和砖体结构，尽量减少因产生裂纹而造成的废品，可见，烧成制度乃是影响显微结构的主要因素，当然石英原料的成因类型和晶粒尺寸等对其相变和显微结构亦有显著影响。

(2) 原料质量的影响　生产硅砖的天然原料有脉石英、结晶石英岩和胶结石英砂岩等类型，以结晶石英岩最适宜，它因晶体尺寸不同又有巨晶、粗晶、中晶和细晶四类，不同尺寸在烧制过程中的转化速率差别较大。图 7-5 和图 7-6 分别为粗晶质和细晶质石英岩，在同一工艺条件下粗晶石英岩的残存石英含量要多，要制造含残存石英为 0～3%的硅砖应选细晶质石英岩作为原料。

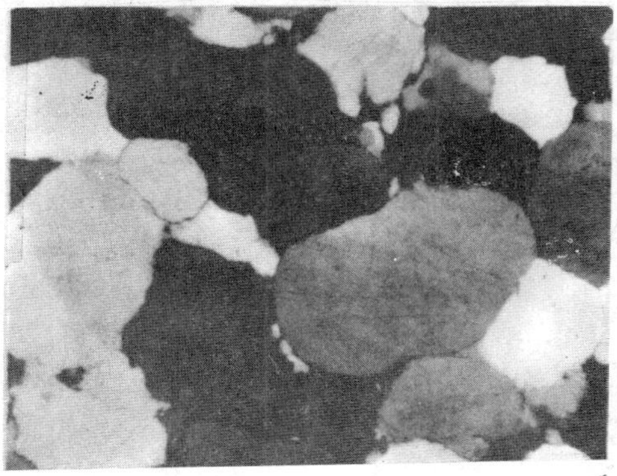

图 7-5　粗晶结晶石英岩
正交偏光　　50×

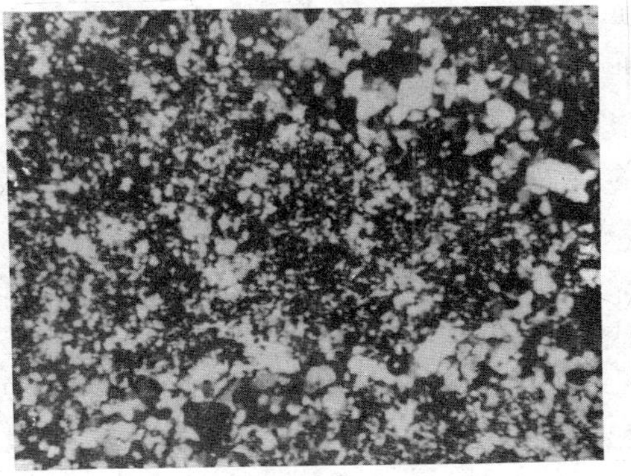

图 7-6　细晶结晶石英岩
正交偏光　　50×

图 7-7 和图 7-8 是细晶石英岩为原料制造的硅砖显微结构照片，前者基质的鳞石英发育成很大的矛状双晶，颗粒已偏方石英化(图中左侧全消光的黑色颗粒)，棕色相也转化成了鳞石英；后者则显示出基质中鳞石英晶体(深色)间的钙铁硅酸盐相(白色)和玻璃相(灰色)两种胶结相。

图 7-7　鳞石英化完全硅砖的显微结构
正交偏光　　300×

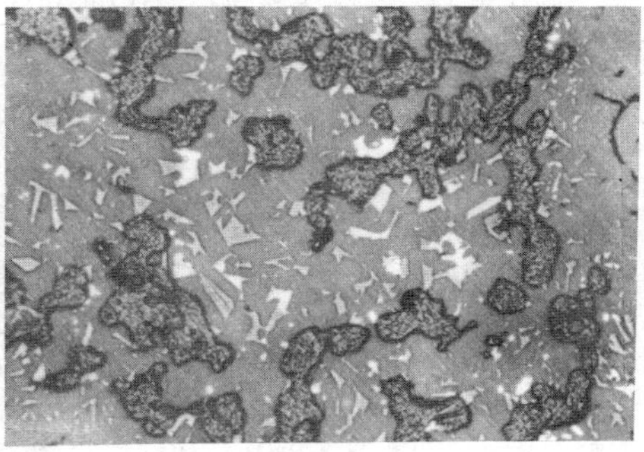

图 7-8　反射光下硅砖的显微结构
反射光　　260×

(3) 矿化剂的影响　配料中矿化剂细粉与之反应形成液相，而在冷却过程中将析出鳞石英、硅酸盐相及玻璃相等，这些构成基质；较粗的颗粒则为残存石英和偏方石英。可见，硅砖是典型的非均态(未平衡相)结构，不能用相图和密度测定值来计算相组成。

3. 研究手段

观察硅砖的显微结构常采用矿相显微镜研究其光薄片：在透射光下观察石英的转化和偏方石英化程度；鳞石英晶体都比较小(一般在 20～30μm 范围)，常因晶体间彼此重叠而无法分辨清楚，此时宜在反射光下观察晶相之间玻璃相的分布特征(图 7-9)及硅酸盐结晶的情况。

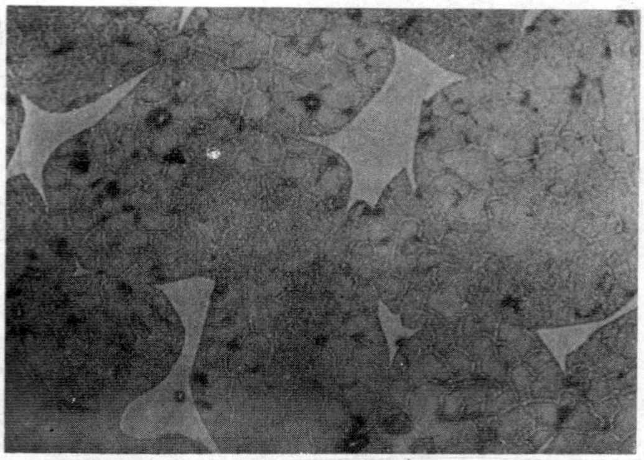

图 7-9　方石英集团及其晶间玻璃相
反射光　　　100×

加入矿化剂的目的是为促使石英的相变，并不希望产生硅酸盐晶相，矿化剂分布不均时常析出硅酸盐晶体填充于鳞石英晶粒之间。这些晶体很细小且晶形不完整，在透射光下只能根据折射率(突起)和双折射率(干涉色)来估测其性质，而在反射光下就可确切地观察一种或多种硅酸盐晶体和玻璃相的分布关系，借助显微光度仪精确地测定各相的反射率，佐以 SEM 观察和 EDAX 分析即可测定相应相的化学组成。

硅砖中玻璃相的化学组成可在较大范围内变动，但总是一个单液相，深入研究硅砖玻璃相亦有分相现象，其球滴状相的 SiO_2 含量为 53%～56%，CaO20%～24%，而连片相则为低 SiO_2 和高 CaO 的组成。

7.2.3　使用过程中显微结构的演变

硅砖是玻璃熔窑和焦炉的主要砌筑材料，虽然二者工作条件不相同，但使用过程中显微结构的变化却很相似。这里以玻璃熔窑碹顶硅砖(简称为蚀变硅砖)为例来讨论。

1. 玻璃熔窑碹顶硅砖的侵蚀作用

玻璃熔窑碹顶的作业温度在 1560～1590℃范围内波动，个别情况可达到 1600～1640℃。

在高温和碱尘或碱蒸气作用下，硅砖发生一系列物理化学变化，在外观上出现颜色和结构明显变化的有特定的组成和性质的带，受到侵蚀硅砖将逐步损毁。

通过对蚀变硅砖显微结构的研究可发现，在碹顶硅经受损毁的工作面，形成一个有利于改善高温作业性能的很厚的方石英带，且温度愈高该段带愈厚，整个碹顶的高温结构强度得到提高，从而延缓了侵蚀速率，这与其他耐火材料的使用情况不同。

硅砖显微结构演变主要取决于温度和熔制作业。从工作面到冷端的纵向温度梯度大致是：对无保温碹顶的为 1600～300℃，有保温碹顶为 1600～1300℃。两者的温度梯度相差虽大，但对相变影响却很小，仅影响各蚀变带的厚度和位置。

2. 玻璃熔窑碹顶蚀变硅砖的分带

硅砖的烧成温度为 1430～1450℃，而玻璃熔窑碹顶的温度却在 1430～1600℃范围，包括鳞石英和方石英的相变温度(1470℃)，因此其相组合和显微结构都将发生很大变化，可分为方石英、鳞石英重结晶、硅酸盐富集和未变等四个带。

(1) 方石英带　原砖中杂质在高温下形成的熔液相向冷端转移，相对提高了 SiO_2 的含量，发生所谓自净化作用，故该带又可称为“自净化带”，外观呈白色。

该带内方石英呈以玻璃相胶结的粒状集合体，尺度约为 400～600μm，是标准的 α-方石英，扫描电镜图像显示为四方双锥集合形貌(图 7-10)，晶体之间常呈定向规则排列呈黍粒状(图 7-11)，并有定向间隔地交替消光现象，这是相同光性方位的方石英聚集交互排列造成的统计性光学效应，非双晶现象。

图 7-10 四方双锥方石英的定向排列
二次电子像 300×

图 7-11 黍粒状方石英规则排列
单偏光 260×

(2) 鳞石英重结晶带(简称鳞石英带) 它的化学组成与原砖相近，接近于方石英带部位的杂质较少，外观为淡黄色。

该带内鳞石英呈柱状和楔形双晶，尺寸可达 1000～2000μm，具有柱状双晶和聚片双晶(图 7-12)，在反射光下可显示出晶体之间的浅色玻璃相(图 7-13)。

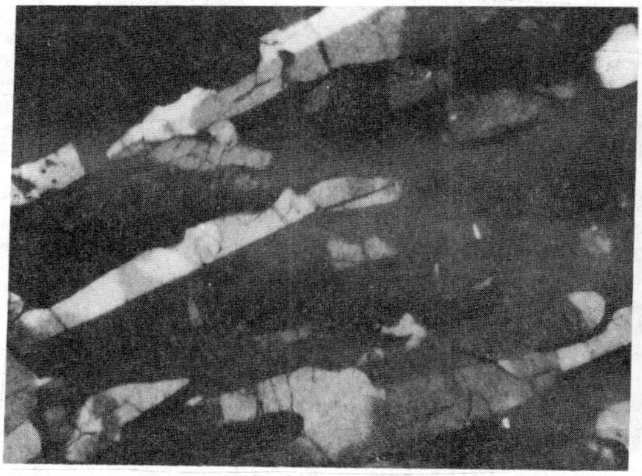

图 7-12 鳞石英重结晶带中巨大鳞石英矛状双晶
正交偏光 160×

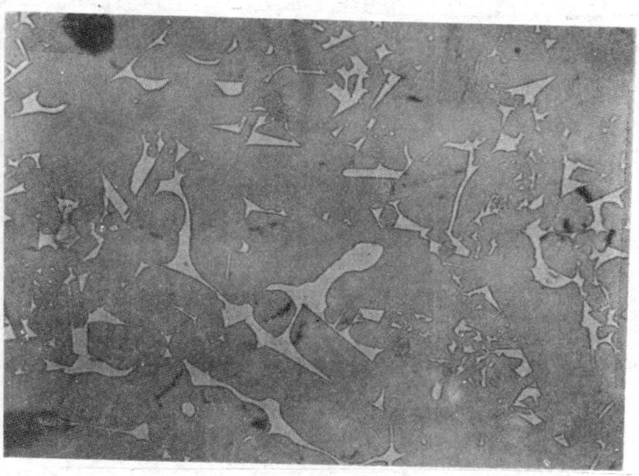

图 7-13 鳞石英重结晶带中鳞石英晶间的玻璃相
反射光 100×

上述两个段带都以单种结晶相为特征，多数是与该段带所处温度相适应的稳定相，相变基本上达到平衡，均已重结晶长大。仅在两带的分界处(即 1470℃上下)有两相共存，可观察到鳞石英逐渐转变为方石英的过程，因为相变沿鳞石英一定结晶方位进行，而被分裂成具有相近的光性方位的粒状方石英，呈两相共存结构。外观上仅为一很窄的可移动分界整齐的相变带。

(3) 硅酸盐富集带(简称过渡带) 外观为棕色，上述两带原有的杂质液相沿晶粒间毛细管通道向冷端转移，在适于温度区域内富集而形成该带。液相转移深度取决于组成及其凝固点，常见晶体是钙铁辉石或硅灰石；相转变基本上亦达到了平衡态，原硅中残余石英和偏方石英已全部转变成鳞石英，晶体尺寸可由 100μm 变化到 2000μm。

(4) 未变带　基本上保持了原砖的显微结构，由于使用时间可达数年之久，长时间受热使相变条件充足，因此显微结构亦稍有变化，只是温度较低而变化不明显。在有保温碹顶的蚀变硅砖没有未变带，即使是无保温碹顶上未变带亦是很薄。

硅砖在持续高温作业中，直接承受热负荷和化学侵蚀作用的主要是方石英带，因该带的杂质极少，玻璃相的粘度又高，故其耐侵蚀性能比原砖有所提高，这是硅砖能很好地适用于玻璃熔窑的基本原因。

§7.3　铝硅质耐火材料的显微结构特征

铝硅质耐火材料的品种很多，主要有粘土砖、高铝砖、硅线石系制品、莫来石砖、熔铸莫来石砖、刚玉砖、熔铸刚玉砖等，主要成分均是 Al_2O_3 和 SiO_2，又称为 Al_2O_3-SiO_2 系耐火材料。耐火材料按原料和生产工艺的不同可形成多种显微结构，即使是同种耐火制品亦会出现不同的显微结构。现以莫来石和刚玉为主晶相的耐火砖为对象概述之。

7.3.1　Al_2O_3-SiO_2 系相平衡

Al_2O_3-SiO_2 系相平衡和莫来石结晶性状是材料科学中的重要理论问题，也是本系列耐火材料生产和应用的理论基础。

1. Al_2O_3-SiO_2 体系的相图

自从 1909 年发表第一帧 Al_2O_3-SiO_2 系相图以来，许多学者做了大量的研究工作，但至今还没有取得一致的看法，争论的焦点主要是莫来石的熔融状态和组成。经典的 Al_2O_3-SiO_2 系相图(图 7-14)给出的莫来石组成为：Al_2O_3 71.8%，SiO_2 28.2%，为分解熔融化合物，包晶

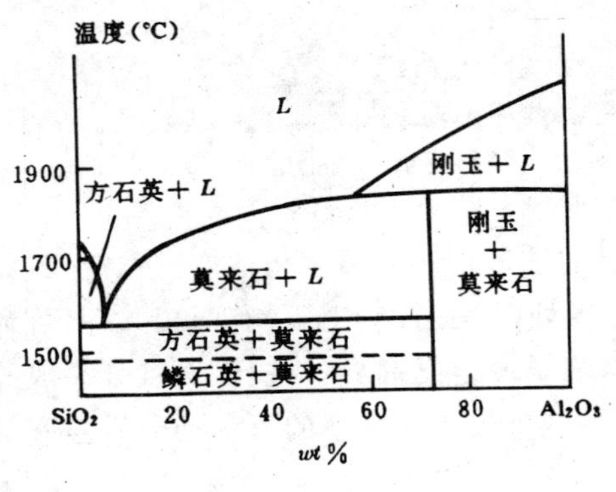

图 7-14　Al_2O_3-SiO_2 系的经典相图(1924)

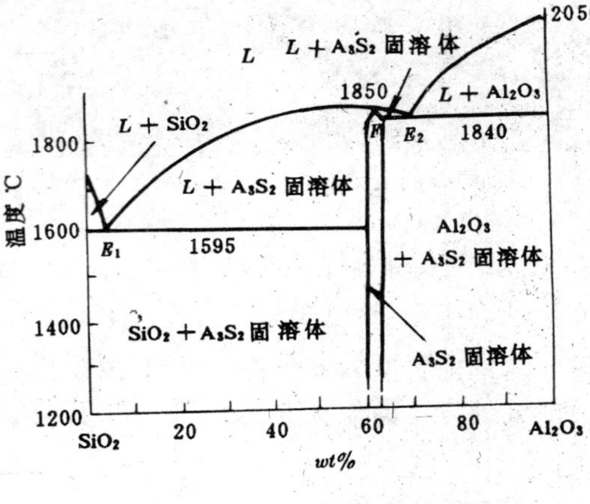

图 7-15　Al_2O_3-SiO_2 系统相图

点温度为 1810℃。1951 年前苏联学者首先提出了异议，通过试验发现莫来石是一致熔融化合物，并建立了修正的 Al_2O_3-SiO_2 系相图，此后各国学者发表了许多(约 20 份)新的相图，

至今仍未取得一致的结论。这里给出具有莫来石固溶体初晶区的相图(图 7-15),其他相图就不再列举。

综合各家论点可概括为一致熔融、分解熔融和两种平衡等三种学说。纵观诸家不同结论是因为试验条件的不同而非偏见,在应用该系统相图时应考虑具体的情况再科学地引用。尽管人们对莫来石的熔融特性的看法不同,但都承认它不是一个固定组成的化合物,这在考察 Al_2O_3-SiO_2 系统中的固溶体时应有更深的了解。

2. 莫来石的固溶体

Al_2O_3-SiO_2 系统中的固溶体主要是莫来石固溶体,有纯莫来石固溶体系统和含其他氧化物的莫来石固溶体两种情况。

(1) 纯莫来石固溶体　不同研究者确定的莫来石化学式有三种结果,即 Al_2O_3/SiO_2 摩尔比分别为 3:2、2:1 和 1:1 三种情况,其分子式分别为 $3Al_2O_3 \cdot 2SiO_2$、$2Al_2O_3 \cdot SiO_2$ 和 $Al_2O_3 \cdot SiO_2$。

三者在结构上存在着差异:当 Al_2O_3/SiO_2 从 3:2 过渡到 2:1 时,晶格常数和折射率等的变化存在着线性关系,两者之间为连续固溶;当 Al_2O_3/SiO_2 从 3:2 过渡到 1:1 时,其间是否也存在连续固溶的问题尚存在不同意见。

$3Al_2O_3 \cdot 2SiO_2$ 称为稳定状态或"有序"莫来石;$2Al_2O_3 \cdot SiO_2$ 则称为介稳态或"无序"莫来石;而 $Al_2O_3 \cdot SiO_2$ 则属于存在结构缺陷的莫来石结构的化合物,在 1400℃时,该化合物即分解为 $3Al_2O_3 \cdot 2SiO_2$。有人认为不能用"有序"和"无序"来标志 $3Al_2O_3 \cdot 2SiO_2$ 和 $2Al_2O_3 \cdot SiO_2$ 莫来石,因为二者在化学组成、晶胞尺寸和折射率之间存在简单的直线关系,而无实质性结构差异。

(2) 含有其他氧化物的莫来石固溶体　在不同温度下,莫来石晶体内可含有一定量的铁、钛、铬等氧化物构成固溶体。已知固溶体有下列几种。

莫来石-Fe_2O_3 固溶体　在 1300℃时,莫来石中 Fe_2O_3 最大固溶量为 10%,温度升高时 Fe_2O_3 的固溶度将降低。

莫来石-TiO_2 固溶体　在 1500～1600℃范围内,莫来石中可固溶 2.4%～3.9%TiO_2,当温度升高时,TiO_2 的固溶度增大。

莫来石-Cr_2O_3 固溶体　在 1600℃时,莫来石中 Cr_2O_3 的固溶量为 8%～10%。

莫来石-ZrO_2 固溶体　暂未得到精确的和公认的机理,但确实存在。

7.3.2　以莫来石为主晶相的耐火制品

以莫来石为主晶相的耐火材料有粘土砖、高铝砖、莫来石砖和熔铸莫来石砖等。莫来石的生成反应及其在耐火砖中的分布特征是控制显微结构的关键性要素。莫来石的生成机制有一次莫来石、二次莫来石和熔体结晶莫来石三种类型,前两类主要发生在以固相反应为主的烧结型耐火砖中,而后者则与熔融结晶型耐火制品密切相关。

1. 烧结莫来石制品

烧结莫来石砖是用铝和硅的氧化物或其他化合物及铝硅酸盐矿物为原料,按化学配比制成混合料经高温烧结成的合成莫来石,再经粉碎成型、干燥,在高温下烧结成的制品。

在质量好的合成莫来石中,莫来石含量应达到 95%,这就控制了对原料化学纯度的要求。在烧结条件一定时，原料纯度愈高，晶体长大就愈困难，莫来石晶体尺寸就愈细小；当其中含有5%～10%玻璃相时，莫来石则可发育成柱状自形晶，长度可达10μm左右。

图7-16为含莫来石90%左右的合成莫来石，莫来石晶间有玻璃相和气孔；当玻璃相含量增加（如占20%）时，莫来石晶体发育良好，莫来石被玻璃相胶结。

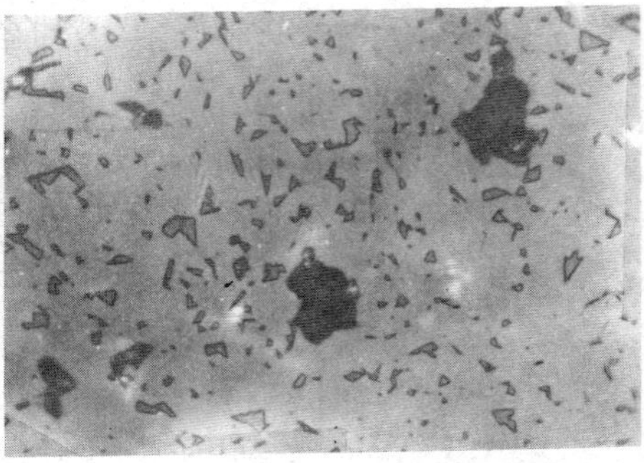

图7-16 合成莫来石的显微结构 反射光 770×

制造的原料之一是硅线石族矿物，有蓝晶石、红柱石和硅线石三种变体，受热后分解发生莫来石化，通常可获得含莫来石80%左右的合成莫来石，只是晶体细小。图7-17为蓝晶石精矿煅烧后发生莫来石化后的形貌，在莫来石晶体间存在着玻璃相胶结。

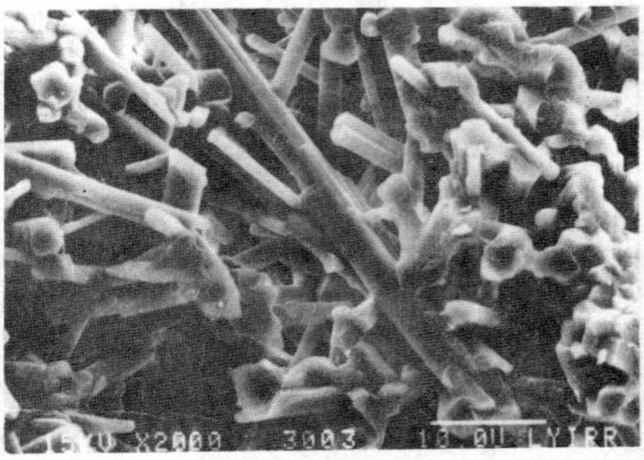

图7-17 蓝晶石受热分解生成莫来石的形貌扫描电镜

硅线石族三个矿物的化学组成相同，但性质和结构却迥然而异：蓝晶石为$Al_2O(SiO_4)$，构造中铝的配位数为6，属高压下的生成相，密度高；硅线石为$AlO(Al,Si)O_4$，构造中铝的配位数为6和4，即铝的各一部分构成四面体和八面体，属低压下的生成相，密度较低；红柱石为$AlOAl(SiO_4)$，是唯一铝的配位数为5的（即一半为6；一半为4）。三者都是按$3(Al_2O_3 \cdot SiO_2) \rightarrow 3Al_2O_3 \cdot 2SiO_2 + SiO_2$式反应生成莫来石的。但反应温度和体积效应不尽相同，理论上讲，生成相除莫来石外，还有部分是方石英和玻璃相。假设SiO_2相全部为方石英，按摩尔比容计算，蓝晶石完成分解反应的体积效应将增加22.6%，实际只膨胀大约15%～18%；硅线石和红柱石发生莫来石化时的体积效应很小，因此可直接用于生产烧成或不烧的耐火制品，而蓝晶石则只能少部分配合使用，或者经过预烧处理后制成合成莫来石再用作原料。另外，硅线石族矿物受热分解生成的莫来石晶体，不论晶体发育程度如何，其Al_2O_3/SiO_2比值皆低于3:2的理论值，但都具有典型的莫来石晶格常数。

合成莫来石属于一种预合成的原料，可以制作高性能的耐火制品烧结莫来石砖，亦可直接做为散状耐火材料使用；为了保证烧结制品的高温力学性能，要求具有均一的显微结构，否则不能获得优质烧结莫来石制品。

2. 电熔莫来石制品

通过熔融-凝固结晶过程而制备的莫来石制品，称为电熔莫来石砖。制品中柱状莫来石晶体可达毫米级，通过改变工艺制度，可控制莫来石晶体呈较小的尺寸。

分析表明，尽管设计时的Al_2O_3/SiO_2为3:2，电熔莫来石组成中的Al_2O_3/SiO_2比例仍常接近于2:1，这是因为在熔融结晶制品中含有10%～15%的玻璃相，若配料组成高于3:2，或接近于2:1者，晶间玻璃相则减少至5%以下，所以，用含$Al_2O_3$72%左右混合料制成的电熔莫来石制品中总是含有很多玻璃相，同时影响相组成的还与熔融制度和气氛有关。

可见，考核电熔莫来石制品质量的应是结构中莫来石含量，而不是配合料的初始化学组成。

7.3.3 以刚玉为主晶相的耐火制品

以刚玉为主晶相的耐火材料亦有烧结和电熔两类，主要有烧结刚玉砖、电熔刚玉砖、再结合刚玉砖等。

1. 烧结刚玉制品

烧结刚玉亦称烧结氧化铝，在特种陶瓷材料领域内的重要性更胜于耐火材料。各种烧结氧化铝的显微结构是以氧化铝瓷为基础进行讨论和分类的。

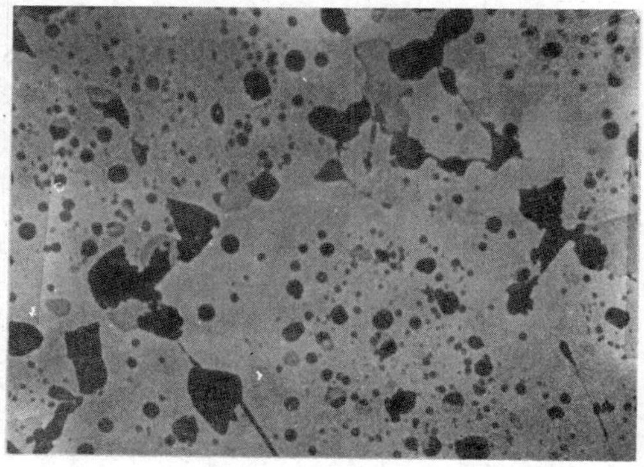

图 7-18 烧结氧化铝的显微结构
反射光 300×

生产纯氧化铝耐火制品的烧结刚玉被称为“板状氧化铝”，是由工业氧化铝经接近熔点的高温烧结而成的，其结构特点是晶体再结晶异常长大，原有小晶粒边界消失而形成许多晶内气孔，如图 7-18 所示，这对改善抗热震性是有一定好处的。

在烧结刚玉制品中的刚玉晶体多呈短柱状或粒状，图 7-19 示出刚玉晶体和晶内气孔的形状及其分布特征，在有足够空间的局部区域可出现个别的六方片状结晶(图 7-20)。

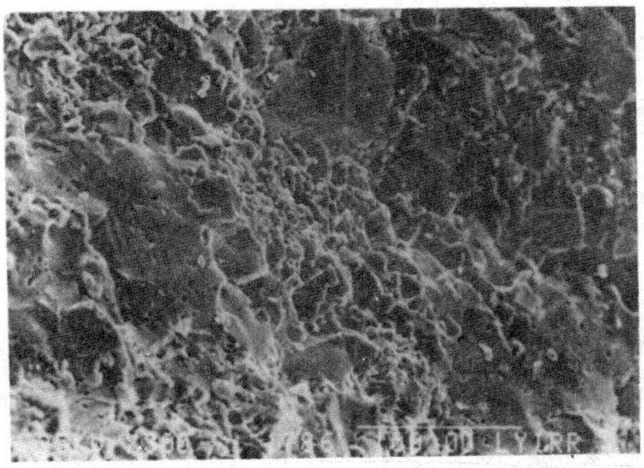

图 7-19 烧结氧化铝的断口结构
电镜 二次电子像

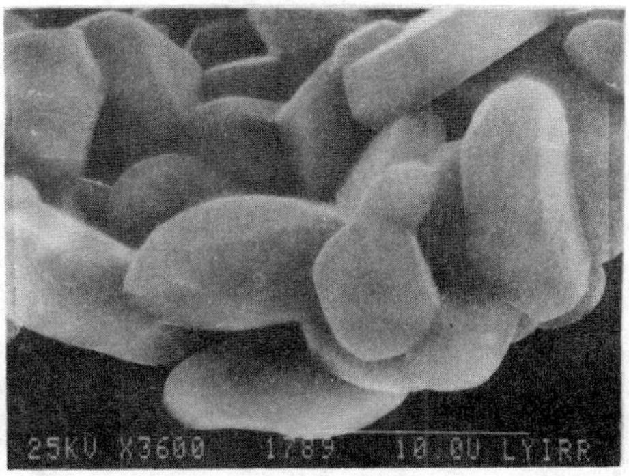

图 7-20 在烧结氧化铝孔隙处发育成的片状刚玉晶体
电镜 二次电子像

2. 电熔刚玉及其再结合耐火制品

电熔刚玉有白色和棕色(或褐色、青色)之分，是所含杂质种类和数量的反映；用电熔刚玉制造再结合型烧结的耐火材料，可取得高抗侵蚀、抗蠕变和抗热震性的综合效果。

高纯(Al_2O_3～99%级)白刚玉中含杂质相很少，除晶间有少量玻璃相外，只见个别 β 铝氧(β-Al_2O_3)、六铝酸钙($CaO \cdot 6Al_2O_3$)和氮化钛固溶体。

棕色刚玉是用铝土矿熔融而成的，其中含有铁、钛等化合物较多的杂质，除主晶相刚玉外，还有铁铝尖晶石($F'A$)、钛酸铝和安诺石等晶相。在图 7-21 中可清晰地看到在刚玉晶体间存在淡灰色的 $F'A$ 和白色柱状安诺石等晶相。

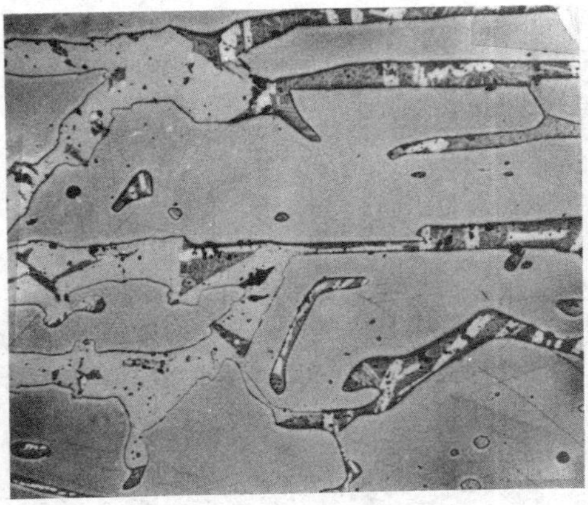

图 7-21　棕色电熔刚玉的显微结构

反射光　　70×

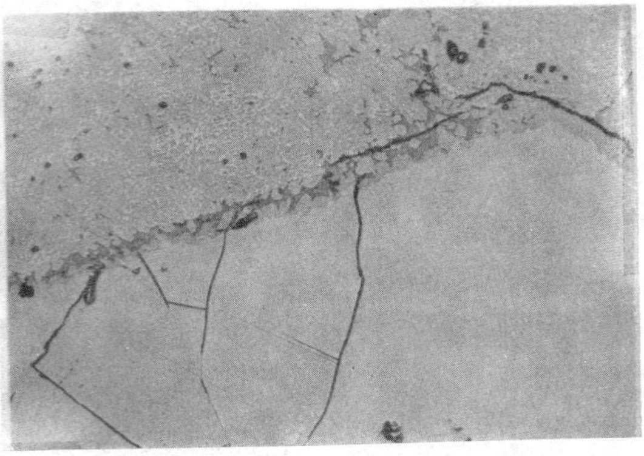

图 7-22　电熔刚玉再结合制品的显微结构

反射光　　260×

高纯再结合耐火制品，用白刚玉作为粗粒骨料，以氧化铝粉和高纯石英粉或高岭土配制成相应于莫来石组成的基质，借莫来石化实现制品的烧结。图 7-22 即为优质再结合制品的显微结构，图中具有裂纹的电熔刚玉颗粒借莫来石化基质含莫来石、细粒刚玉和少量玻璃相实现结合。

7.3.4　铝土矿系耐火制品

铝土矿（俗称高铝矾土）是国内、外生产高铝耐火材料的主要原料。我国铝土矿有水铝石-高岭石型(D-K)、水铝石-叶蜡石型(D-P)、水铝石-伊利石型(D-I)、波美石-高岭石型(B-K)和水铝石-高岭石-金红石型(D-K-R)五种类型。煅烧后制品的主要物相为刚玉、莫来石和玻璃相，有时还有钛酸铝和金红石等，可形成多种形式的相组合和结晶形貌。

烧结型制品称为高铝砖，在烧结过程中水铝石和波美石将发生脱水、生成假象和刚玉再结晶、铝硅酸盐的莫来石化和液相形成，继之发生二次莫来石化等反应。

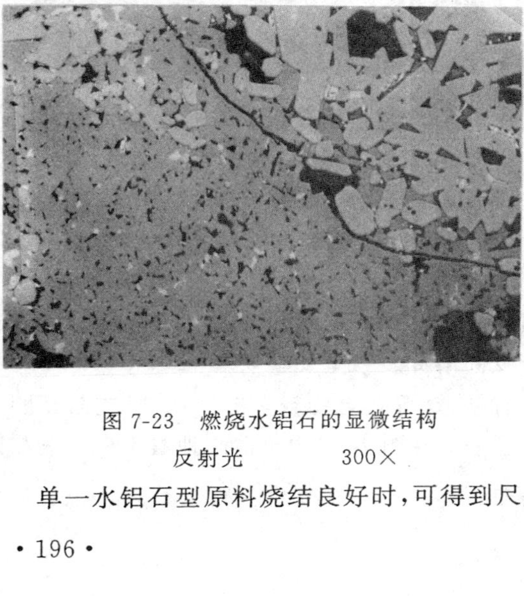

图 7-23　燃烧水铝石的显微结构

反射光　　300×

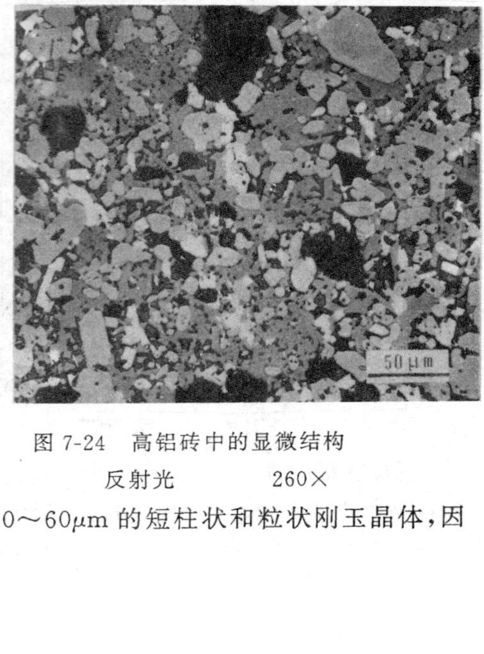

图 7-24　高铝砖中的显微结构

反射光　　260×

单一水铝石型原料烧结良好时，可得到尺度达 50～60μm 的短柱状和粒状刚玉晶体，因脱水后体积收缩很大在晶粒之间常存在孔隙，在高温和少许液相作用下还会使晶体异常长大，如图 7-23 右上角的柱状刚玉晶体和下部为莫来石化的基质，二者间以微裂纹为界。当刚玉的再结晶与二次莫来石化在同一微区内进行时，刚玉常呈包晶反应迹象熔蚀状嵌合于莫来石基质中，图 7-24 展示刚玉-莫来石-玻璃三相共存的高铝砖显微结构，图中刚玉为浅灰色，莫来石为中灰色柱状，白色为钛酸铝及少量玻璃相。若要使刚玉与玻璃相继续反应则比较困难，集团状的刚玉颗粒与 SiO_2 的反应仅限于表层形成二次莫来石化的反应壳，冷却时由于体积效应还可形成显微裂纹(图 7-25)。按微裂纹增韧机理，这可视为应力从而改善制品的抗热震性。

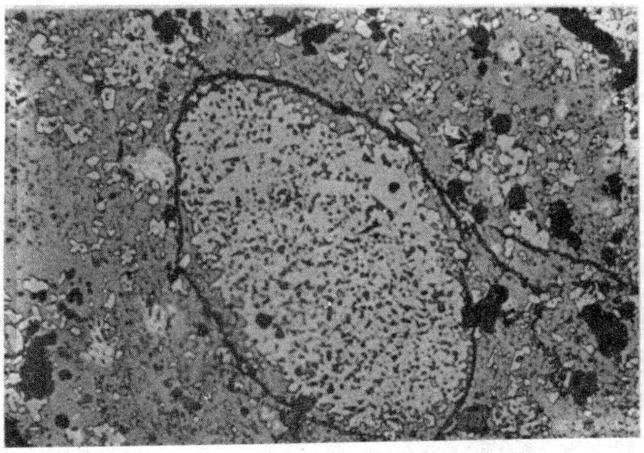

图 7-25　刚玉集合体与莫来石基质间的显微裂纹
反射光　100×

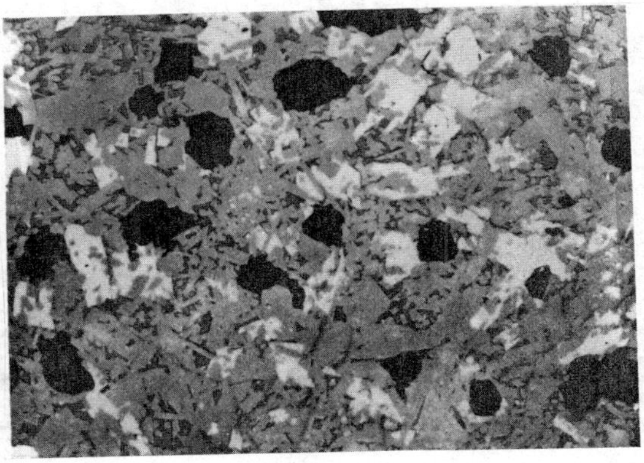

图 7-26　含钛高铝砖的显微结构
反射光　260×

D-K-R 型铝矾土是指金红石(TiO_2)含量在 5%以上，甚至达 16%～18%的类型。按 TiO_2-Al_2O_3-SiO_2 系相平衡关系，莫来石和刚玉均可含一定量的 TiO_2 而构成固溶体，也可以钛酸铝(Al_2TiO_5)或金红石残余相存在，形成这些物相除其含量有关外，还取决于原料中金红石晶粒的尺寸和分布。图 7-26 为莫来石-钛酸铝-玻璃三相共生结构，Na_2O 和 K_2O 等杂质组分在烧成中将形成大量液相，甚至在液相中析出 β-Al_2O_3。

矿石的组成矿物分布状态十分复杂，以致煅烧后的熟料中相的分布和晶体的形貌各异，显微结构也将难以均匀，甚至不能以一个或几个视域来表示高铝制品的显微结构。在同一块砖体中甚至同一个薄(光)片中的不同部位，也会呈现出不同的显微结构和相组合。图 7-27 所显示的是摄自同一个光片的七种显微结构类型，这表明高铝砖也是个非均态的未平衡系相组合。

粘土砖的显微结构是由隐晶质莫来石和高硅质玻璃相组成的，在光学显微镜下只能观察到一些略显非均质性的颗粒(称为粘土团粒)被松散地粘结在一起，只有在电子显微镜下才能对其进行观察和研究。

7.3.5　使用过程中显微结构的演变

Al_2O_3-SiO_2 系耐火材料在使用过程中，与高温的碱性侵蚀组分之间的反应将生成一系列新生物相，显微结构也发生显著变化。研究其显微结构，对评价耐火砖的质量、使用是否得当以及窑炉寿命等均具有实际意义。因使用的环境不同，制品将发生不同侵蚀作用。冶金工业用耐火材料的主要侵蚀组分是 FeO_n、CaO、MgO，而玻璃工业的侵蚀组分则以 Na_2O 为主，水泥工业的侵蚀组分却以 CaO 为主，其中以冶金工业用的最为复杂。

1. 冶金工业上用的蚀变耐火砖

冶金工业炉中，用耐火砖在侵蚀组分作用下反应的相变过程，可按 CaO-(Mg，Fe)O-$(Al,Fe)_2O_3$-SiO_2 系中相的组合来讨论，基本上反映了铝硅质耐火材料与冶金炉渣之间高温反应的相关系，以炼钢电炉盖所用高铝砖为例。

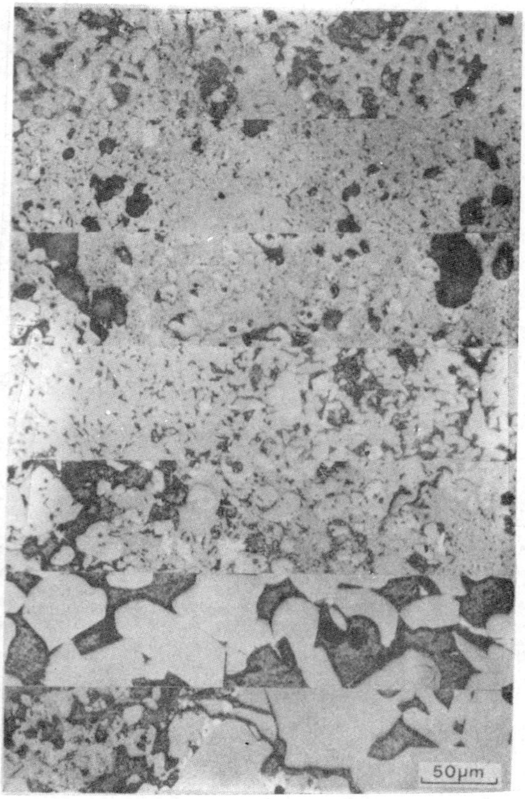

图 7-27　高铝砖的各种显微结构

反射光　　260×

在该系统中尖晶石的各端组成物（MA-FA-F′F）或固溶体占据很大的初相区，若不含氧化铁即可简化为 CaO-MgO-Al_2O_3-SiO_2 系，此时析出的初相为自形的镁铝尖晶石 MA（图 7-28）。CaO 侵入将导致六铝酸钙（CA_6）、钙铝黄长石（C_2AS）、钙长石（CAS_2）、铁酸钙（CF 或 C_2F）等相的形成。对于含 Al_2O_3 高的制品将出现含相当数量的 Fe_2O_3、TiO_2 和 Cr_2O_3 的六铝酸钙 CA_6 固溶体，随着固溶量的增加，晶体的折射率提高并具有显著多色性，出现粒状及多边形的尖晶石和细柱状六铝酸钙（CA_6）两相区的交界部位的显微结构，如图 7-29 所示。当 CaO 和 MgO 侵入时将形成钙镁橄榄石（CMS）和镁蔷薇辉石（C_3MS_2）。另外，蚀变高铝砖中也可能出现 C_2F 与（MF′）A 共生的结构。有些

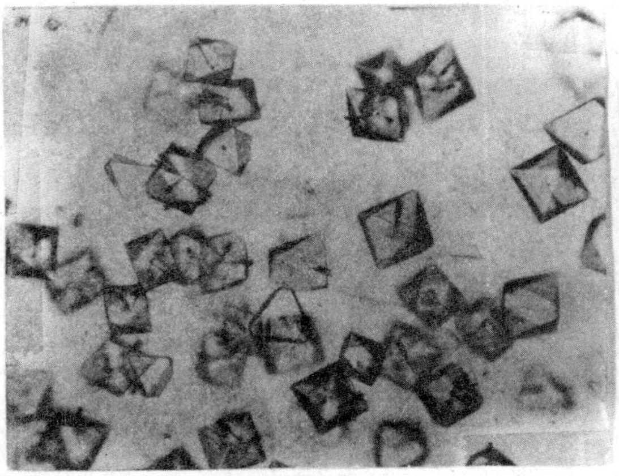

图 7-28　炼钢电炉蚀变高铝砖中析出的纯镁铝尖晶石

单偏光　　160×

图 7-29　炼钢电炉蚀变高铝砖的显微结构

反射光　　260×

新生相不是耐火材料的反应产物，如磁铁矿（F′F）是由氧化铁部分还原而成的，碳化钛（TiC）则是高炉作业过程中的外来堆积物（钛铁矿的还原产物）等。至于蚀变耐火砖中以何

种相为主，要视组成及其浓度分布情况而定。

熔渣与耐火材料发生化学反应，还会形成一系列新生相构成的所谓反应带或渣蚀层，从反应带向冷端有一个过渡带，在高温和液相的渗透作用下，原砖的显微结构发生显著变化。图 7-30 为电炉盖高铝砖过渡带的典型结构，其中只有柱状重结晶的刚玉和少许白色粒状钛酸铝分散在玻璃相中，原砖中的莫来石全部被分解。

图 7-30　炼钢电炉盖蚀变高铝砖过渡带的显微结构　反射光　260×

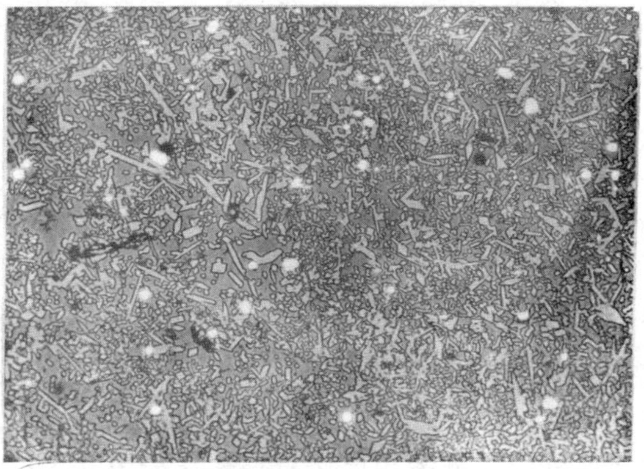

图 7-31　高炉蚀变粘土砖过渡带的显微结构　反射光　200×

粘土砖在使用过程中首先形成液相而软化，隐晶质莫来石溶于液相中重新析出细柱状莫来石，图 7-31 即为用于高炉的蚀变粘土砖过渡带的显微结构，这种显微结构颇似陶瓷，故亦称为陶瓷层，其中有均匀分布在玻璃基质中针状莫来石、白色的铁和黑色气孔。

2. 玻璃熔窑用后的蚀变耐火砖

砌筑玻璃熔窑的铝硅质耐火材料主要有莫来石砖、高铝砖和粘土砖，下面主要讨论后两者在使用中的显微结构演变。

(1) 蚀变粘土砖　用于玻璃窑熔池底和蓄热室的粘土砖，在高温下与玻璃液、粉尘和燃气等作用的形成产物主要为 $\beta\text{-}Al_2O_3$、霞石、长石、白榴石等，若与燃气中 SO_3 发生再反应将生成黝方石以及蓝方石。

锡槽是浮法平板玻璃生产线的关键设备，从作业条件考虑选用致密的大型粘土砖或散状料砌筑锡槽底。实践中却发现锡槽经常出现膨胀和渗锡现象，迫使生产中断，这与粘土砖的霞石化反应密切相关，当耐火材料具有很高的致密度并且砌筑合理时，就可避免霞石化反应的发生，杜绝锡槽的渗锡。分析锡槽用后蚀变粘土砖显微结构变化，可以帮助研究玻璃带、锡液和耐火砖之间的界面反应。锡槽的熔蚀作用相当复杂，玻璃带的下表面扩散进来 Sn^{4+}，并造成其他组成复杂的梯度分布，使玻璃带上下表面的组成存在差异：玻璃带下表面 0.01～30μm 厚度范围含 SnO_2 可达 2%～5%，这样的扩散势只需很短一段时间（分钟）即可完成；而玻璃带中 Na^+、Ca^{2+}、Mg^{2+} 等组分向锡液的扩散则是连续几年时间的累积，所以，锡液中总含有足够的 Na^+、Ca^{2+}、Mg^{2+} 再向耐火材料扩散。这样锡槽底部玻璃带中的 Na^+、Ca^{2+}、Mg^{2+} 等离子，通过锡液并加之 Sn^{4+} 本身一起扩散进耐火材料并与之发生化学反应，在耐火材料与锡液之间形成一液相反应层。该反应层是在约 1050℃ 下经历了数年时间，其厚度不过 1～2mm，是由含锡的分相玻璃和不含锡的硅酸盐结晶（如硅灰石、透辉石等）组成的，这些相的化学组成列于表 7-1。当钠离子浓度高时就会形成霞石，而在耐火砖的气孔里和反应层中还常见如图 7-32 所示的锡石结晶。

表 7-1 各相的 EDAX 分析结果

相		化学组成(wt%)						
		Na_2O	Al_2O_3	SiO_2	SnO_2	CaO	Fe_2O_3	MgO
分相玻璃	球状体	4.6～6.5	31.6～32.1	46.0～47.9	0～3	5.2～5.4	2.2～4.4	4.4～4.9
	基质	6.2～11.0	7.8～11.5	41.2～44.3	28.3～32.7	2.4～5.9	1.2～4.0	1～1.6
硅灰石(CS)				54.5		45.5		
透辉石(CMS_2)		2.5～2.6	2.9～3.0	53.9～55.6		23.6～24.4		16.9～17.1

(2) 蚀变高铝砖　玻璃熔窑蓄热室常使用高铝砖砌筑，在高温、化学侵蚀和还原气氛下的综合作用，尤其是还原气氛和碱蒸气对高铝砖的破坏作用最显著。在长达数年的时间内高铝砖将发生下列变化：砖体致密化和气孔封闭化，液相量增多致使蠕变率和液相提高的作用；莫来石再结晶和重结晶作用；碱蒸气和还原介质促使莫来石分解和生成刚玉和液相作用；含 SiO_2 的液相以蒸汽形态挥发等。以上反应的综合效果便是砖体严重压缩变形，导致砌体破坏。蚀变高铝砖变成只有刚玉和气孔的显微结构，如图 7-33 所示。

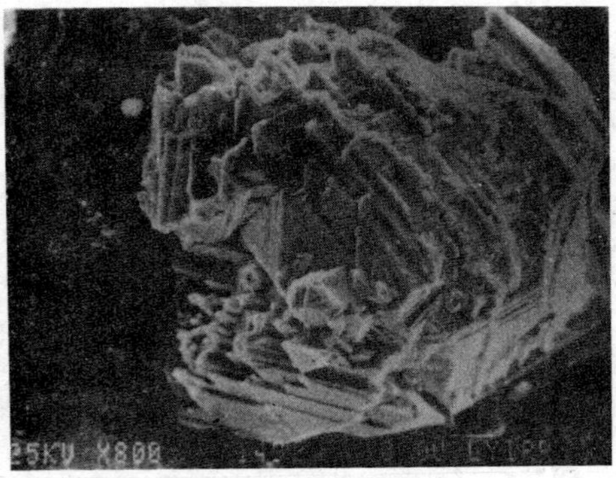

图 7-32　锡槽下部粘土砖空隙中的锡石(SnO_2)的晶体
电镜　二次电子像

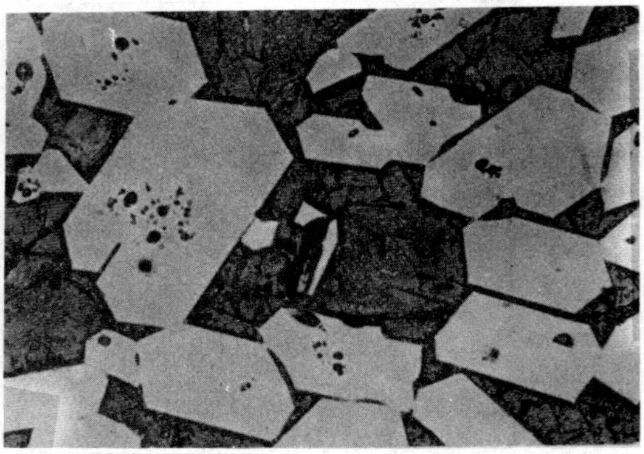

图 7-33　蓄热室用后蚀变高铝砖的显微结构
反射光　100×

3. 水泥窑用后的蚀变高铝砖

水泥回转窑的烧结带早年多是采用高铝砖砌筑的。在高温条件下，高铝砖与回转窑的窑皮(主相为 C_2S、C_3S、C_4AF)相互作用时形成反应层，反应产物主要为 C_2AS、CAS_2、CA_6 和重晶刚玉。近年来，大型回转窑的烧结和过渡带多用碱性耐火材料取代。

§ 7.4　锆铝硅质耐火材料的显微结构特征

锆铝硅质耐火材料属 Zr_2O_3-Al_2O_3-SiO_2 系耐火材料，统称为 AZS 系耐火材料，主要有烧结型的锆莫来石、锆刚玉和电熔型的锆莫来石等制品。AZS 系耐火材料主要用来砌筑玻璃熔窑，散状材和复合制品用于冶金工业或以散状捣打料用来热修玻璃熔窑。

7.4.1 ZrO_2-Al_2O_3-SiO_2 系相平衡

在研究 AZS 系耐火材料显微结构前，应弄清 ZrO_2-Al_2O_3-SiO_2 系统的相关系、变化规律及其有关问题。

1. ZrO_2-Al_2O_3-SiO_2 系相图

1956 年，Будников 和 Литваковский 发表了 ZrO_2-Al_2O_3-SiO_2 系相图。1975 年，Cevales 对该相图的高 Al_2O_3 区域提出了修正。两者的共同点是认为在 ZrO_2-$3Al_2O_3 \cdot 2SiO_2$-Al_2O_3 部分系统中有一个三元低共熔点，但前者指出该点组成为 ZrO_2 30，Al_2O_3 53，SiO_2 17(重量%)，低共熔点为 1675±10℃；而后者修正后指出该点的组成相应为 ZrO_2 32.8，Al_2O_3 50.9，SiO_2 16.3(重量%)，低共熔点的温度为 1685±5℃，相界线的走向上亦存在一些区别，两者相图合并画在一起如图 7-34 所示。另有研究者提出了分部系统中的三元不变点是包晶点。

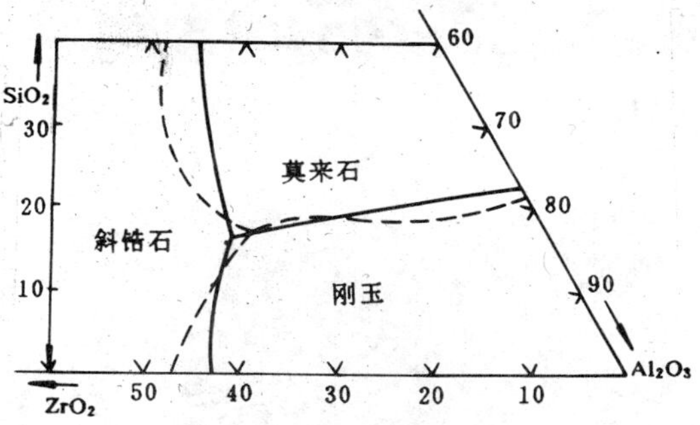

图 7-34 ZrO_2-Al_2O_3-SiO_2 系高 Al_2O_3 区域相图

实线为 Cevales 对 Будников 相图修改的结果

ZrO_2-Al_2O_3-SiO_2 系统中共有三个二元系统，Al_2O_3-SiO_2 系相律前节已介绍；对 ZrO_2-SiO_2 系统认识上的主要分歧在于 $ZrSiO_4$ 的分解温度，有 1670℃、<1600℃、1720℃、1775℃、1687℃和 1676℃等不同的结果，而 ZrO_2-Al_2O_3 系统则为一个共熔相平衡关系，有关共熔点的组成和温度的测试结果甚多，比较接近的是共熔点组成中含 Al_2O_3 58wt%，温度为 1880±15℃，关于 ZrO_2-Al_2O_3-SiO_2 系统相关系目前尚存在着争议。

2. 析晶形貌和包晶反应

在 ZrO_2-Al_2O_3-SiO_2 系统中，刚玉、莫来石和斜锆石在各自相区中以初晶相析晶时，前二者均以柱状自形晶出现，斜锆石则呈粒状、纺锤形或线形连晶状晶体析出；在斜锆石和刚玉之间呈共晶结构，斜锆石以微细的粒子定向地、均匀地分布在柱状刚玉的基晶中，构成刚玉-斜锆石共晶体，以(C+Z)表示，图 7-35 即为(C+Z)共晶中 ZrO_2 微粒的呈筛状结构的电镜照片；莫来石和斜锆石的两相共晶结构以(M+Z)表示，(M+Z)与(C+Z)相类似，只是基质相为柱状莫来石，如图 7-36 所示。该系统中的三个晶相可以五种形态出现，具体相组成则与化学组成变化和析晶条件有关。

ZrO_2 初晶相通常为单斜锆石(m-ZrO_2)，淬火时可保持介稳相四方锆石(t-ZrO_2)。最新研究结果表明，在缓冷条件下不只初晶相可部分为 t-ZrO_2，在(C+Z)中亦可存在 m-ZrO_2 和 t-ZrO_2 共存的马氏体双晶结构。图 7-37 为刚玉基晶中的一颗以 m-、t-两相共存的马氏体双晶结构。

在降温过程中形成的包晶反应结构，是初晶相刚玉或(C+Z)共晶体与液相作用生成的

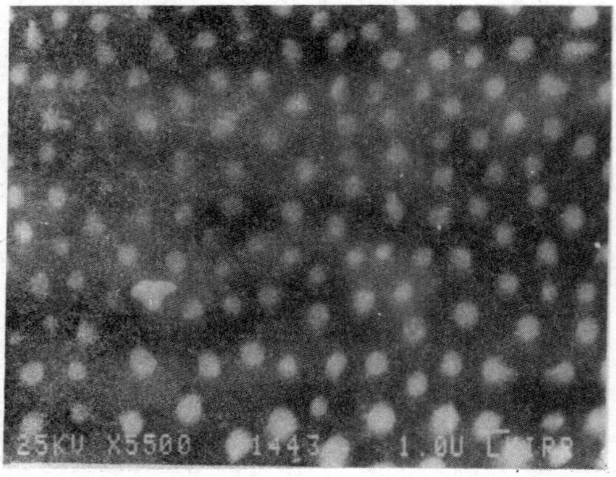

图 7-35　一个晶体微区域典型的共晶结构
电镜　　二次电子像

图 7-36　ZrO_2-莫来石共晶结构
反射光　　　260×

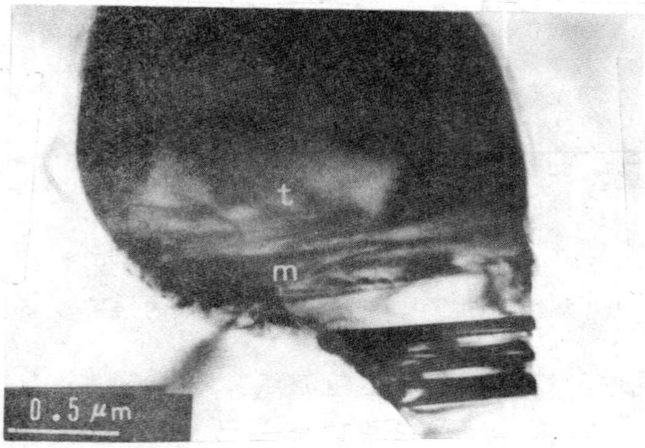

图 7-37　被包裹于刚玉晶体中的
ZrO_2 的马氏体双晶结构
电镜　　二次电子像

图 7-38　(C+Z)与液相形成的包晶
反应，生成大量莫来石
反射光　　　100×

莫来石反应环带，反应相与新生相呈互为溶蚀与生长关系的结构，这也可称为反应边结构。图 7-38 所示是纯度较高的电熔 AZS 砖中存在的包晶结构。

AZS 耐火制品亦有熔铸和烧结两类制品，分别称为熔铸锆刚玉砖、熔铸锆莫来石砖和烧结锆刚玉砖、烧结锆莫来石砖，它们的显微结构是不同的。

7.4.2　熔铸 AZS 制品

熔铸 AZS 耐火制品的生产包括熔融和铸型两个过程，也有不需铸型的熔融 AZS 制品。

1. 生产工艺

熔铸制品的熔融方法，按电极的位置分为还原法和氧化法两种。前者石墨电极插入熔体内，后者石墨电极仅在液面上部。不同方法所得产品中构成物相及其数量比例和还原性物质(如碳、氢)含量是不同的，由此也影响到液相渗析温度和数量。

熔铸制品的铸型工艺相当复杂，要求铸型尺寸准确、铸锭饱满、退火过程不产生裂纹，并保持良好的显微结构。按浇铸方法可分为普通(RC)、致密(DC)、倾斜(TC)和无缩孔(FV)四种。不同方法浇铸制品缩孔的体积和位置是不同的，显微结构的层带变化也有区别。随制品中 ZrO_2 含量的不同浇铸工艺也有所区别。例如，生产 Zr-33 制品时，采用锆英石和氧化铝两种主要原料即可制得，工艺较简单，而生产 Zr-36 和 Zr-41 制品就需要添加纯 ZrO_2，在熔化制度和技术方法上难度较大，含 ZrO_2 不同量制品的性能也不相同，但仍有许多共同性。

2. 显微结构特征

熔体铸入模中后经过保温退火(即所谓热处理)使之缓慢结晶，由于模壁区和中心部位冷却速度不一，表层冷却速度较快首先结晶成均匀的细晶结构，称为致密带，其化学成分基本上代表原始设计的化学组成，并以(C+Z)为主晶相；沿模壁向中心部位冷却速度逐步减慢形成所谓缓冷区域，熔体中先析出的斜锆石因重力作用而沉降，富集形成特征的富锆层；最后残余液相比较集中，将析出尺度较大的层叠定向的(C+Z)共晶体，构成缩孔区。可见，沿着凝固温度梯度方向，各层带的化学组成和相组成都不相同，而发生主晶相的偏析现象。ZrO_2 含量愈高或尺寸愈大，制品的这种偏析现象就愈显著。

熔铸 AZS 制品的主要组成相为刚玉、斜锆石和玻璃相。在正常情况下，刚玉和斜锆石多以共晶体形式存在，这对制品结构的稳定性有较大的贡献，有些制品中尚可出现莫来石，这对砖体性能是不利的。

为了对显微结构进行对比分析，在锆-41 制品上自表面始每隔 20mm 连续取样进行化学全分析和相组成测定，结果列于表 7-2：表层组成与配料成分相符，第 3、4 号样品含 ZrO_2 高达 52%～55%为富锆层，缩孔区 9 号样品的 ZrO_2 仅 29.4%，SiO_2 和 R_2O 含量反映了玻璃相量的变化。熔铸 AZS 制品的冷凝结晶过程并不是按相图所示的析晶路线进行的。

因为制品中还含少量 Na_2O 和其他微量杂质，所以实际熔体条件亦相差甚远。根据表 7-2 所列数据可将其析晶过程表示如图 7-39，图下部的数字 1～9 为化学分析结果换算为 ZrO_2、Al_2O_3 和 SiO_2 三个主成分；上部的 1～5 为相组成(将(C+Z)和玻璃相合并)。一些专家将国内生产的多种制品分析结果投影到 ZrO_2-Al_2O_3-SiO_2 组成图中，结果与该图十分相似，当然，亦有个别例外，如在体积较小的铸块内没有明显的偏析，相组成也只含(C+Z)和玻璃相。

表 7-2　熔铸 AZS 制品分带化学和相组成分析结果

样品编号	化学组成 重量%									相组成 体积%			
	ZrO_2	Al_2O_3	SiO_2	K_2O	Na_2O	Fe_2O_3	CaO	MgO	TiO_2	Z	C	(C+Z)	G
1	41.65	43.15	13.81	0.02	1.10	0.27	微量	0.02	0.16	29	15	26	30
2	50.25	37.30	11.57	0.02	0.94	0.15	微量	0.09	0.16	33	22	14	31
3	55.08	33.40	9.91	0.02	0.81	0.14	微量	0.07	0.18	44	24	9	23
4	52.20	35.33	11.32	0.02	0.88	0.12	微量	0.05	0.16	43	23	11	23
5	45.91	44.56	8.94	0.01	0.71	0.14	微量	0.03	0.17	26	14	31	29
6	33.58	53.81	11.82	0.02	0.90	0.14	微量	0.04	0.16	15	5	62	28
7	31.36	49.54	16.81	0.02	1.34	0.19	微量	0.04	0.20	3	1	66	30
8	30.78	50.22	17.27	0.01	1.34	0.19	微量	0.07	0.19	4	1	52	43
9	29.41	50.04	18.39	0.54	1.34	0.23	微量	0.12	0.10	—	—	—	—

注：表中 Z—斜锆石相，C—刚玉相，G—玻璃相，C+Z—斜锆石和刚玉共晶相

图 7-40 为 1～8 各带显微结构照片，富锆区(3～4 号)含有很多 ZrO_2 的初晶相，玻璃相

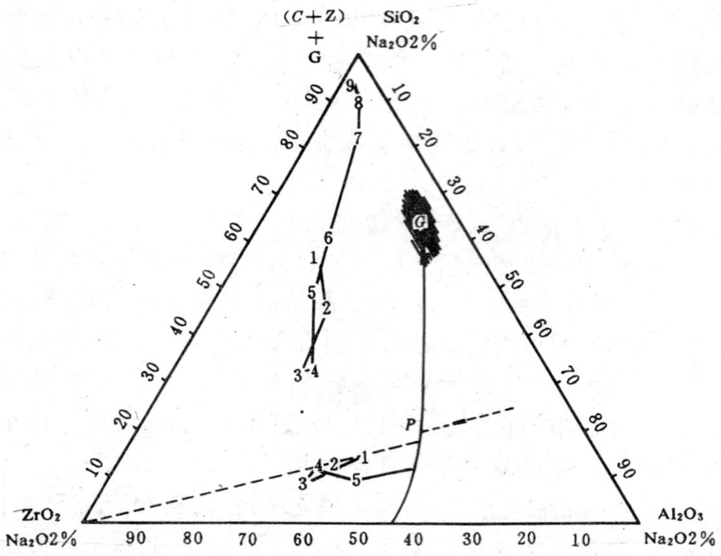

图 7-39　熔铸 AZS 制品析晶过程中组成变化示意图

中有针状二次刚玉析晶，这些都是初晶相偏析的结果。每种制品的具体变化可不同，但致密带、富锆带和富液相缩孔区都是存在的。

3. 液相渗出

不同熔融方法所得制品中都含有一定量的玻璃相，它的存在可缓冲 ZrO_2 的相变应力，并使砖体致密化，但会降低制品的耐火性能和抗侵蚀性能，因此，玻璃相不宜太多，一般变动于 20%～30%之间。在持续的热过程中玻璃相会渗到砖体表面，这称为液相渗出作用，渗析温度可以作为评价熔铸 AZS 砖质量的指标之一。液相开始渗出的温度随制品的组成而异，可从 1030℃到 1460℃，主要取决于杂质的含量和熔化工艺：杂质含量高和还原法熔化者，液相渗出量较大，开始渗出温度较低，液相渗出后砖体内会出现气孔。

在熔化和渗出的同时，随着温度的升高还可能与晶相发生反应，晶相溶入将改变液相的原始组成，渗出的液相既可冷凝成玻璃相，也可能发生析晶。前者为渗出温度较低并未与晶相反应，后者是在较高温度下与晶相发生反应后在降温过程中所出现的，当液相中含较多的 Al_2O_3 和 ZrO_2 则更易于析出晶体。熔铸 AZS 制品中的液相渗析现象将贯穿于整个使用过程中，受玻璃液侵蚀或再结合型制品烧结过程中都会发生。

4. ZrO_2 的相变温度

纯 ZrO_2 的相变温度和规律在氧化锆瓷一节已作介绍。AZS 制品在退火和使用中出现裂纹现象与 ZrO_2 相变伴生的体积效应有关，其实单用 ZrO_2 相变温度值来解释并不准确，因为制品中 ZrO_2 相变温度与单晶 ZrO_2 相差极大，受制品显微结构的制约十分明显。

熔铸 AZS 制品中的 ZrO_2 可是初晶相，也可为(C+Z)的共晶体，晶体大小和相变温度受第二相制约情况不一。著者曾研究过 5 种不同显微结构的试样的 m⇄t 相变温度及其热回线，它们和单晶 ZrO_2 之间均存在不小的差异，结果如表 7-3 所示。

图 7-40　熔铸 AZS 制品各带的显微结构

反射光　　　100×

表 7-3　$ZrO_2(m) \rightleftarrows ZrO_2(t)$相变温度

试　样	相组成	加热过程,℃ m→t		冷却过程,℃ t→m	
		开始(As)	结束(A_f)	开始(Ms)	结束(M_f)
№1	№2	№3	№4	№5	№6
(C+Z),Z,G	Z,(C+Z),G	(C+Z),G	Z,(M+Z),C,G	Z,(C+Z),G	Z
880	1080	800	770	1040	1206
1240	1260	1220	1140	1140	1260
1000	1000	920	910	1040	1150
500	500	320	330	500	830

注:(C+Z)—刚玉-斜锆石晶体,(M+Z)—莫来石-斜锆石共晶体,Z—初晶斜锆石,C—刚玉,G—玻璃相

7.4.3　烧结 AZS 制品

烧结 AZS 制品的生产工艺及所用原料的不同将具有多样的显微结构和性能,但基本原料都是锆英石和工业氧化铝(或铝土矿等),只要搞清楚两者混合物在烧结时相变过程及其形成的显微结构特征,就掌握了烧结 AZS 制品的基本原理。

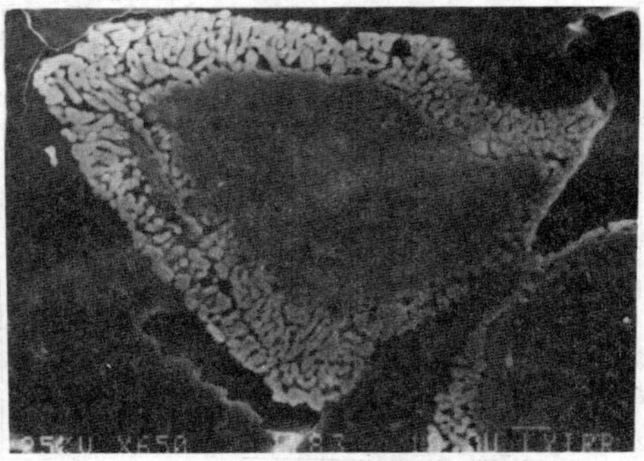

图 7-41　锆英石颗粒表面局部分解现象
电镜　　　二次电子像

1. 锆英石的分解反应

锆英石的分解温度有从<1600℃到 1775℃不等的意见,常用的是 1676℃和 1687℃;当与氧化铝接触时的局部分解温度可下降至 1500℃;在研究 Al_2O_3-$ZrSiO_4$ 系微粉状态的固相反应动力学发现,锆英石分解和开始生成莫来石的温度可低至 1300～1400℃。生产烧结 AZS 制品可有两个截然不同的技术路线:其一是在制砖过程中得到相变完全的显微结构;另一是部分相变而维持非均态未平衡的相组合。这两种技术路线均可生产性能优越的烧结 AZS 砖。

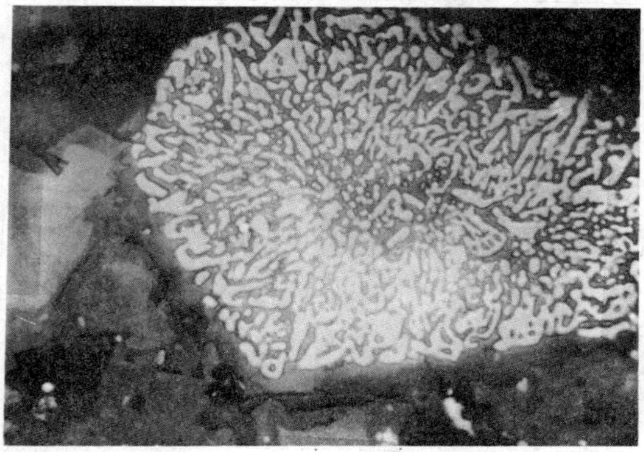

图 7-42　锆英石完全分解的形貌
反射光　　　700×

锆英石颗粒与氧化铝细粉接触时,在约 1450℃以上便发生分解,表面形成斜锆石小粒子和高硅玻璃相层。图 7-41 显示出接触氧化铝面积大小与分解层厚度的关系,两颗锆英石之间的接触氧化铝面积小,分解层亦很薄。当提高温度或延长时间将会促使锆英石继续分解,最后可以完全分解。图 7-42 是一颗锆英石全部分解成微粒状斜锆石的显微结构,在颗粒周围还可以看到锆英石分解的高硅液相,Si^{4+} 扩散到表面与之反应生成莫来石,未与反应的氧化铝

将再结晶成刚玉晶体，形成三相共存关系，于是莫来石包裹刚玉使离子互扩散变得更困难，结果分解了的锆英石颗粒只在表面生成莫来石，构成斜锆石-莫来石组合，而中心部分却是斜锆石-玻璃相(亦可能析出方石英)。要想使反应物中完全得到由斜锆石-莫来石的相组合，必须全部研磨成微粉，并在适度的高温下有充裕的时间烧结才能实现。

2. 显微结构特征

烧结 AZS 制品主要有烧结锆英石-莫来石砖和烧结斜锆石-莫来石-刚玉砖。

(1) 锆英石-莫来石制品　控制烧成温度和原料的接触表面，使锆英石不分解或只局部发生分解，由于锆英石-莫来石在大于1640℃是非平衡相组合，因此两者都会分解生成大量的液相，最终变为斜锆石、刚玉和玻璃相的组合，这类耐火砖不适于较高温度下使用。图 7-43 是锆英石-莫来石制品的显微结构，大颗粒合成莫来石和白色小颗粒锆英石的分布不均匀，基质中莫来石以结合相存在。

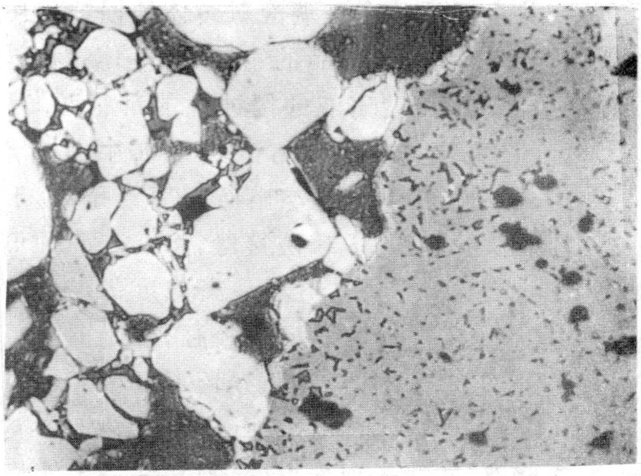

图 7-43　锆英石-莫来石制品的显微结构
反射光　　280×

(2) 斜锆石-莫来石-刚玉制品　该制品中的 ZrO_2 含量通常在 20%以下，大都小于 15%，根据需要可制造二相的或三相的制品，二相制品中不含刚玉；同时二者均可获得各相分布均匀的或不均匀显微结构的制品，全根据设计者的需要。采取的主要工艺措施是物料的细粉碎和进行高温烧结，图 7-44 为斜锆石-莫来石均匀分布的显微结构，两晶体间含不少的玻璃相。图 7-45 为不均匀的显微结构，它是由预合成的莫来石-刚玉质颗粒细粉与锆英石细粉混合制成，几乎不含玻璃相，基质为均匀分布的斜锆石、莫来石和刚玉三种晶相。

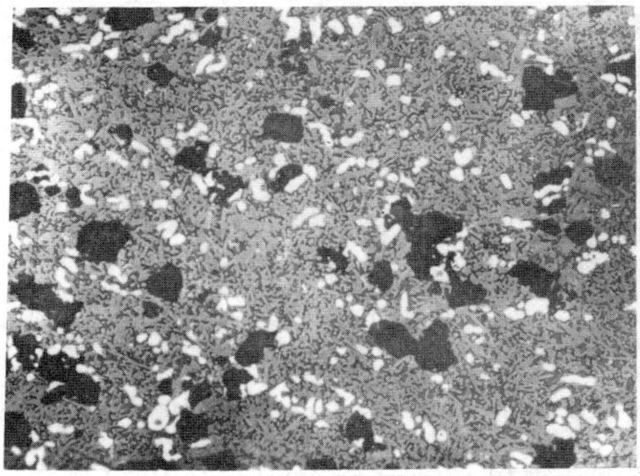

图 7-44　斜锆石-莫来石制品的均匀显微结构
反射光　　260×

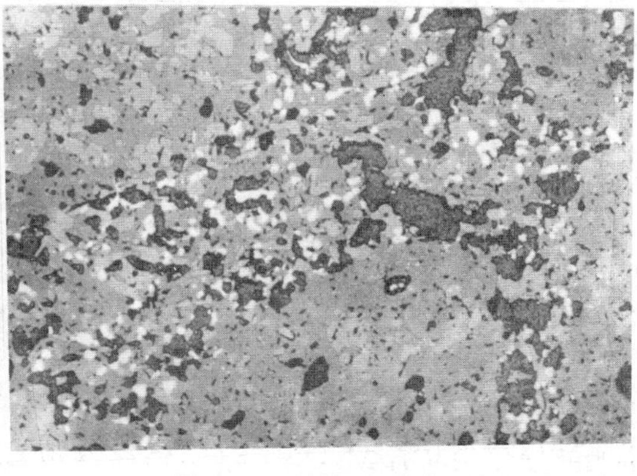

图 7-45　斜锆石-莫来石-刚玉制品的不均匀显微结构
反射光　　260×

7.4.4 使用过程中显微结构的演变

熔铸AZS制品和烧结AZS制品主要用于砌筑玻璃熔窑的池壁和上部结构，近年又扩展到蓄热室格子体，而熔融的AZS散状料，则广泛应用于冶金、玻璃、陶瓷各行业。显微结构变化主要反映在玻璃液对砖体的侵蚀作用。

图7-46 蚀变熔铸AZS砖工作面的显微结构 反射光 100×

熔铸AZS制品的主晶相(C+Z)和斜锆石的抗碱质和玻璃液的侵蚀性能都很强，易遭侵蚀的主要是玻璃相。熔铸AZS砖中的玻璃相受热到1100℃以上将渗出而留下气孔，砌于池壁的AZS制品与玻璃液接触，将发生两种不同组成的液相交换，玻璃液是高碱度的，对(C+Z)中的刚玉基晶的溶解性较强，次之是ZrO_2，于是刚玉基晶先被溶掉而残留下ZrO_2微粒。图7-46清晰地显示出了这种侵蚀作用，该图右侧为玻璃液，左侧表现残留的ZrO_2和渗出液相后的孔隙以及(C+Z)共晶体逐渐溶蚀的过程。

§7.5 镁质耐火材料的显微结构特征

镁质耐火制品泛指MgO-R_2O_3系耐火材料，其中R_2O_3可以是Al_2O_3、Fe_2O_3、Cr_2O_3等。镁质耐火制品主要有镁砖、镁铬砖、镁铝砖等，属于碱性耐火材料。

7.5.1 MgO-R_2O_3系的相平衡

镁质耐火材料主要包括MgO-Cr_2O_3和MgO-Al_2O_3两个系列，前者可含有Fe_2O_3(部分以FeO存在)组分，因为在主原料铬矿中含铁尖晶石，菱镁矿中铁的含量亦可比较高。因此，这类耐火材料应属MgO-FeO-Cr_2O_3-Al_2O_3-Fe_2O_3的五元系统，如考虑实际存在硅酸盐相，该系统将是七元或更多元。

镁质耐火制品的主要相有方镁石固溶体和尖晶石固溶体，前者被称为镁W氏体，而后者则有镁铬尖晶石$MgO\cdot Cr_2O_3$(简称MCr)，镁铝尖晶石$MgO\cdot Al_2O_3$(简称MA)，镁铁尖晶石$MgO\cdot Fe_2O_3$(简称MF)，铬铁矿$FeO\cdot Cr_2O_3$(简称F′Cr)，铁铝尖晶石$FeO\cdot Al_2O_3$(简称F′A)和磁铁矿$FeO\cdot Fe_2O_3$(即Fe_2O_4)等六元。此外尚有其他氧化物(R_2O_3)的固溶体。

MgO-R_2O_3系统耐火材料的实际相组成一般控制在方镁石-尖晶石体系中，R_2O_3只作为尖晶石固溶体的脱溶相存在。MgO-R_2O_3系统的相关系简要地表示为高温条件下R_2O_3在MgO中溶解度和尖晶石生成反应，如图7-47所示。

A. M. Alper 等测得 MgO-$MgCr_2O_4$ 系的共熔点约为 2350℃，因与 $MgCr_2O_4$ 的熔点相近，两者处在同一个测量精度范围内，故未给出确切值，在相图上只能以虚线表示。MgO-$MgAl_2O_4$ 系的共熔点为 1995℃。$MgAl_2O_3$ 的熔点为 2105℃。至于 MgO-$MgFe_2O_4$ 系相关系，因受氧分压的影响，以及镁铁尖晶石（MF）在高温下可能分解成（Mg，Fe）O 等原因，实质上是（MF′）-MF 的固溶相，据此说明一般不单独存在 MgO-Fe_2O_3 二元系，只有 FeO-MgO-Fe_2O_3 三元系存在。

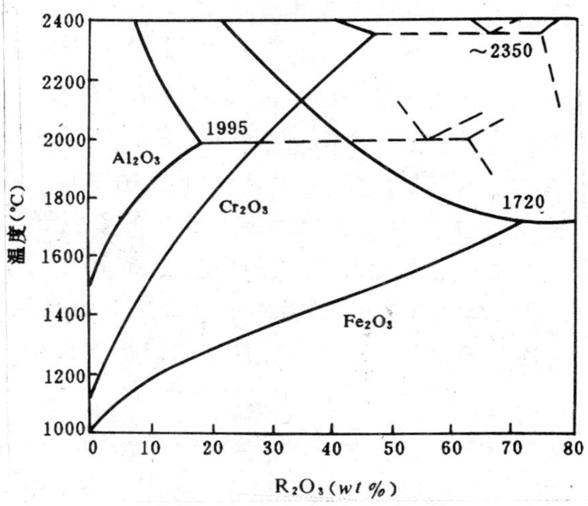

图 7-47　R_2O_3 在 MgO 中的溶解度与温度的关系

R_2O_3 在 MgO 中的溶解度顺序为 $Al_2O_3 < Cr_2O_3 < Fe_2O_3$，也有人认为 Al^{3+} 比 Cr^{3+} 能更快地进入 MgO。虽然难以测定 R_2O_3 在 MgO 中最大固溶的温度，但已基本确定低于方镁石与尖晶石的共熔点，方镁石中即脱溶出尖晶石，在该温度以上液相量就会增加。

作为杂质组分的 SiO_2 和 CaO 的作用是非常重要的，甚至可以说它们的存在及其含量决定着制品可用与否。讨论该系统的相关系时，可用 MgO-CaO-FeO-Al_2O_3-Cr_2O_3-Fe_2O_3-SiO_2 七元系统作为考虑问题的基础，在非均匀体系内还存在某些三元或四元的分系统，在考虑主要相关系时以方镁石、尖晶石和硅酸盐的共生组合为宜。根据 CaO/SiO_2 比，可确定硅酸盐和尖晶石的相组合内容，此时可将 Fe_2O_3、Al_2O_3 和 Cr_2O_3 按其性质归为一个组分，七元系可简化为（Mg，Fe）O-CaO-R_2O_3-SiO_2 四元系统。按平衡条件计算的晶相组合列于表 7-4。上述晶相在不同制品的相应系统中均有可能出现，是研究镁质耐火材料显微结构必须掌握的。当然在实际应用时要考虑到制品的不均匀性，只有些局部结构才符合平衡状态。

表 7-4　镁质耐火材料中的晶相组合

CaO/SiO_2					
0～1.0 1	1.0～1.5 2	1.5～2.0 3	＞2.0 4	＞2.0 5	＞2.0 6
（MW） Sp M_2S CMS	（MW） Sp CMS C_3MS_2	（MW） Sp C_3MS_2，T C_2S，T	（MW） Sp C_2S C_2(FACr)	（MW） C_2S C_3S C_2(FACr)	（MW） C C_3S C_2(FACr)

表中：（MW）为镁 W 氏体 MF′、Sp—尖晶石、M—MgO、C—CaO、S—SiO_2、F—Fe_2O_3、F′—FeO、A—Al_2O_3、Cr—Cr_2O_3、T—为含 MgO 的 C_2S 固溶体（$Ca_{1.7}Mg_{0.3}SiO_4$）。

7.5.2　镁质耐火制品

镁砖的主晶相为方镁石，依含杂质及其数量不同，尚可含有 C_2S、C_3S、M_2S 等高熔点或 CMS、C_3MS_2 等低熔点的结合相，含氧化铁较多的会生成 MF 或 C_2F、CF 等结合相，以海水镁砂制造的镁砖几乎不含硅酸盐。天然镁砂经电熔亦可得到高纯镁质原料。

方镁石晶体的尺寸和形状，既决定于镁砖的烧成或电熔条件，亦与杂质含量有关。电熔镁砂中常见的是方镁石晶体巨大直边自形晶；低纯度的烧结镁砂中则多呈次圆粒状，晶间有较多的硅酸盐相；海水镁砂制造的高纯镁砖中方镁石晶体较小，且含有较多晶内气孔，晶间基本上没有胶结相。在反射光下宜用浓 HF 腐蚀以显示方镁石的晶界，方镁石可显现出一定的颜色，不同结晶方位的抛光面上的着色程度不一样。

铁氧化物是镁质制品中的主要杂质，是不如 SiO_2、CaO 厉害的有害成分，有些镁砖含 Fe_2O_3 高达 5%～10%，用于冶金工业的高铁镁砖的胶结相为 MF 和 C_2F；在补炉镁砂中还需添加更多的氧化铁，在 1000℃以上将发生下述反应：

$$FeO+Fe_2O_3+MgO \longrightarrow \underset{(\text{镁W氏体})}{(Mg,Fe)O}$$

随温度升高这种反应将加剧，在冷却过程中则脱溶出 MF 而成脱溶结构，图 7-48 所示高铁镁砖中方镁石的晶内有微粒状 MF 的脱熔相，基质晶相表面亦可由 MF 相结合。脱溶相 MF 的形态可以呈细粒状、树枝状或成交错的平行线条状。其形貌的不同与烧成和冷却条件有关，亦有人认为与 Al_2O_3 含量有关。当原料中同时含有 SiO_2 和 CaO 时，可以得到以硅酸盐结合并含脱溶相的方镁石，调整 CaO/SiO_2 比可使之生成高熔点 C_2S 或 M_2S，以确保制品具有良好的高温性能，图 7-49 即为 C_2S 结合的方镁石固溶体。

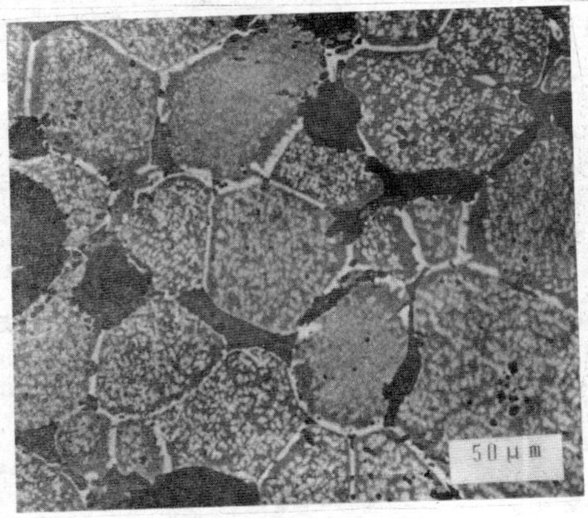

图 7-48　高铁镁砖的显微结构

反射光　　250×

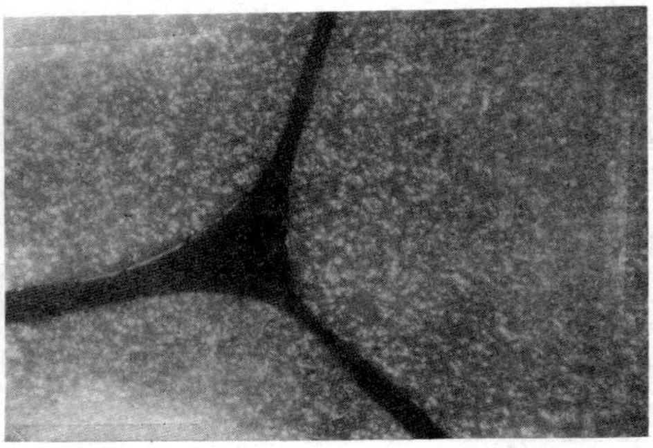

图 7-49　硅酸二钙(C_2S)结合高铁镁砂的显微结构

反射光，油浸物镜　　260×

7.5.3　镁铬质耐火制品

制造镁铬耐火材料的工业原料是铬铁矿(简称为铬矿)和镁砂，讨论它们在加热过程中的变化及互相作用是研究其显微结构的基础。

1. 原料在加热过程中的相变化

(1) 铬铁矿的脱溶相　铬铁矿的通式为$(Fe',Mg)(Cr,Al,Fe)_2O_4$，按 Cr、Al 和 Fe 的相对含量分为富铬型、富铝型和富铁型三类。

加热铬矿时 Fe^{2+} 即被氧化变成 Fe^{3+}，在冷却时就会以片状 Fe_2O_3(赤铁矿)或立方体或粒状 $Fe'Fe_2O_4$(磁铁矿)从铬矿中脱溶出来，在裂隙和孔洞处由于供氧充足，铬矿的脱溶作用更易发生。如图 7-50 即为铬矿中的 R_2O_3 脱溶形貌。这里用 R_2O_3 表示脱离相是因为脱溶的不仅是多余的 Fe^{3+}，还有一定量的 Cl^{3+} 和 Al^{3+}。

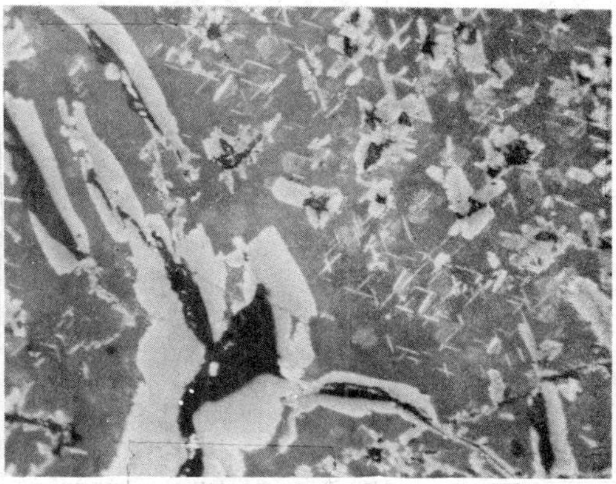

图 7-50　铬矿中 R_2O_3 脱溶的形貌

反射光　　260×

在加热过程中脉石矿物(各种硅酸盐包裹物)除自身发生物理-化学变化外，还可与铬矿反应在其表面形成低反射率的反应边结构，这表明原有组成改变而形成二次尖晶石。

适于生产镁铬质耐火材料制品的应是含铁较少的富铬型和富铝型矿石。

(2) 铬矿与方镁石的作用　将铬矿与镁砂混和在一起共同进行高温煅烧或电熔之后，铬铁矿的化学结构式将从不完全型[(Fe′,Mg)(Cr,Al,Fe)$_2$O$_4$]向完全型[Mg(Cr,Al,Fe)O$_4$]转变，最终形成晶内脱溶尖晶石、过渡组成尖晶石和晶间自形尖晶石，并借助后二者实现高温固相直接结合的镁铬制品。

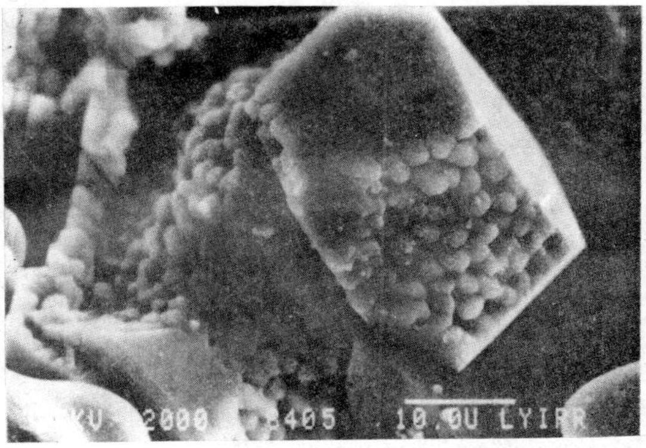

图 7-51　自形八面体尖晶石的发育过程

电镜　　二次电子像

铬矿和镁砂间固相反应生成八面体自形尖晶石的过程，是二次尖晶石粒子定向连生的例子。图 7-51 所示为生长成完整等轴八面体的尖晶石晶体，它是当聚集颗粒表面物质供应充足，并有足够空间生成的。

概括地说，实现铬矿的二次尖晶石化和方镁石与尖晶石晶粒间的直接结合，是镁铬质耐火材料生产的工艺方向。

2. 显微结构

镁铬质耐火材料分类的依据是生产工艺和显微结构。它通常分为普通镁铬砖、共同烧结镁铬砖、再结合镁铬砖和熔铸镁铬砖等四类。它们的显微结构特征及其性能简介如下：

(1) 普通镁铬砖　它是镁铬质耐火材料的原始类型，以烧结镁砂和铬矿按 6～8：4～2 或 2～4：8～6 的比例配制成混合料，经成型和干燥在高温下烧结而成的制品，前者称为镁铬砖，后者叫做铬镁砖。工业产品以前者为主，因原料纯度较低，烧成温度亦较低，在镁砂和铬矿颗粒间或各自颗粒间多数为硅酸盐胶结或为气孔所隔离，直接结合的程度较低(图 7-52)，其高温力学和抗化学侵蚀性能均不比镁砖好多少。

提高原料的纯度和制品的烧成温度，可以使铬矿颗粒与方镁石之间直接接触，从而提高直接结合率，这对镁铬质耐火材料的生产和性能的改进起到一定作用，图 7-53 是铬铁矿与方镁石直接结合的典型显微结构：细小的方镁石与粗大的铬矿紧密接触而呈直接结合，由于二者之间的离子互相扩散生成较多的晶间尖晶石和脱溶尖晶石。

(2) 共同烧结镁铬砖　所谓共同烧结是指镁砂和铬矿磨成细粉按一定比例配制成混合料，经高温煅烧制得烧结料，再经破粉碎，用不同粒级料经成型和干燥在高温下烧成；或经化学结合制成砖坯后不经烧结而得到的制品，称为共同烧结镁铬砖。

图 7-52　普通镁铬制品的显微结构
反射光，油浸物镜　200×

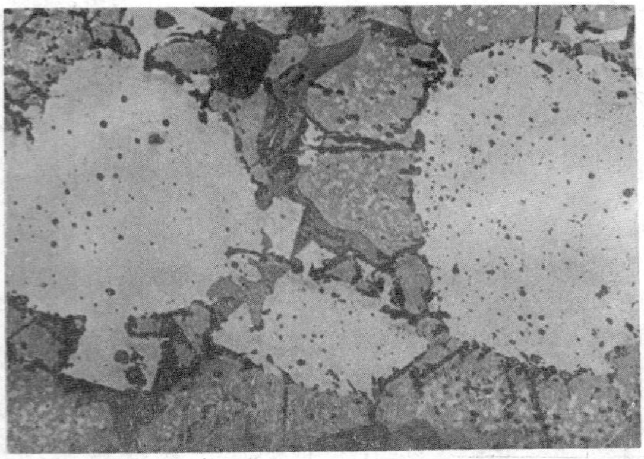

图 7-53　烧结铬镁砖的直接结合显微结构
反射光，　260×

这类制品的主要特征是二次尖晶石化完全，直接结合率高，组成相的分布亦均匀。直接结合程度取决于砖体中硅酸盐相的含量，有时出现硅酸盐相在微区富集时的直接结合率较低的情况，当反应不完全或粗铬矿颗粒与方镁石接触时，易形成过渡组成的二次尖晶石，在油浸物镜下借助反射率的连续变化可识别扩散浓度梯度方向。当表面与液相接触时，由于互相扩散作用可以形成二次尖晶石的自形晶面；因为细粉状铬铁矿和镁砂在高温下可充分反应，R_2O_3 就容易进入方镁石中成固溶体，冷却时脱溶出二次尖晶石，这就改善了方镁石的高温性能，使制品具有良好的理化性能和使用效果。

图 7-54　再结合镁铬制品的显微结构
反射光，干涉相衬　400×

(3) 再结合镁铬砖　用电熔法预先制取二次尖晶石化完全、直接结合率较高和组成相分布均匀的合成料，再将其粉碎，进行一定粒级配料，经成型和干燥，在高温烧成或化学结合即制成再结合镁铬耐火制品。显微结构基本上是电熔料的再现，依铬矿与镁砂配比不同显微结构也略有差异。图 7-54 为含铬量极高的这类制品的反射干涉相衬显微照片。

由于电熔法使反应更趋完全，制得的合成料比烧结法更好。

电熔镁铬合成料中二次尖晶石完全以脱溶相的形式存在，显微结构均匀，使方镁石固溶体兼备抗热震性和抗侵蚀性的优点，提高了制品的性能。制品中尖晶石相的直接结合率受硅酸盐含量控制，但借助液相析出二次自形尖晶石的搭桥作用亦改善了制品的性能。如果在配料中补加一些铬矿微粉，使之在烧成中与硅酸盐作用重新析出自形二次尖晶石，对改善基质相的结合状况和制品的性能也有一定作用。无论是晶间二次尖晶石或晶内脱溶二次尖晶石，在再烧成时仍会发生组分扩散。

(4) 熔铸镁铬砖　熔铸镁铬砖与再结合镁铬砖的差别在于：前者在浇铸和退火过程中容易发生组成相的偏析和产生缩孔，制品不同部位的相组成差异较大，而后者在宏观尺度内较均匀，并使缩孔为颗粒料所填塞。这两种砖各有所长，再结合砖似略胜一筹。

从显微结构角度来看，上述 4 种类型的镁铬砖可归纳为硅酸盐结合型和直接结合型两类。共同烧结、再结合和熔铸制品，原则上都属于直接结合型。

7.5.4 镁铝质耐火制品

MgO 和 Al_2O_3 之间的固相反应在相当低的温度下即可生成镁铝尖晶石(MA)，反应的阳离子互扩散过程如图 7-55 所示。

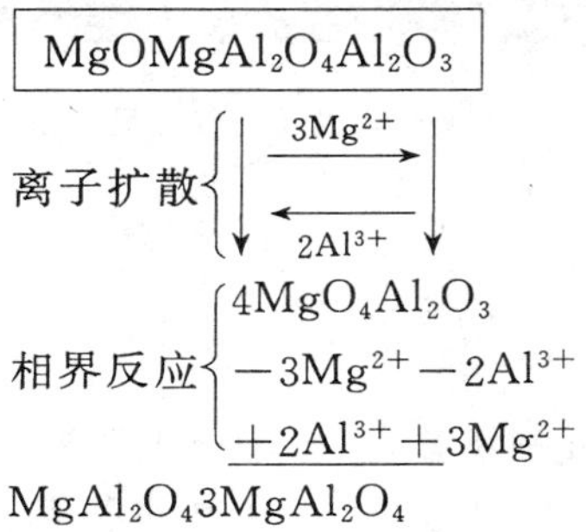

图 7-55　MgO 和 Al_2O_3 互扩散和界面反应示意图

图 7-56　合成镁铝尖晶石的显微结构
电镜　　二次电子像

以氧化铝和高纯烧结镁砂为原料合成镁铝尖晶石，在 1500℃左右就能在显微镜下识别 MA 的自形晶，在 1700～1800℃下烧结即可提高制品的致密度和体积稳定性，图 7-56 即为高温合成的高纯镁铝尖晶石。在同样温度下煅烧特级铝土矿和镁砂也可生成较完好的尖晶石晶体，只是含硅酸盐或玻璃相较多，反应程度取决于原料颗粒的接触表面积。

镁铝耐火材料主要有一次生成镁铝砖和预合成镁铝砖两类。

一次生成镁铝尖晶石制品是采用煅烧的高铝料($Al_2O_3 \geqslant 90\%$)的细粉与镁砂按一定比例混合制成混合料经成型，在高温下烧结形成镁铝尖晶石，并与细粒方镁石一起共同构成基质的制品，图 7-57 为典型显微结构。

预合成镁铝尖晶石制品采用工业氧化铝与高纯镁砂按一定比例配合，由单相镁铝尖晶石或镁铝尖晶石与方镁石两相混合的物料，经高温预煅烧后，再粉碎至各种粒级或与镁砂混合或者单独制成砖坯，经高温烧结而成，亦可用单相镁铝尖晶石与镁砂配合制成不均匀结构的制品。图 7-58 为由纯镁铝尖晶石和烧结(海水)镁砂颗粒组合，基质亦由相应细粉构成的高档镁铝砖的显微结构。

图 7-57　一次生成镁铝砖的显微结构
反光　　100×

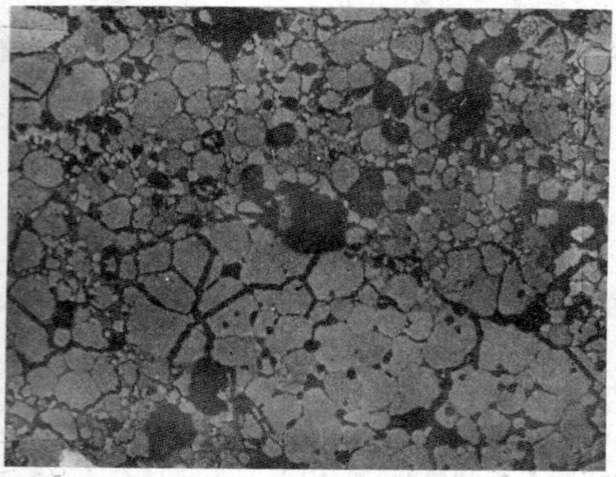

图 7-58　预合成镁铝砖的显微结构
反光　　100×

7.5.5　使用过程中显微结构的演变

$MgO-R_2O_3$ 系列耐火制品的种类繁多，应用范围也十分广泛，除冶金工业外，在水泥和玻璃窑炉也多处用到。不同热工设备上使用的条件各异，显微结构的变化也各有规律，内容十分丰富，这里只就一些新颖现象简述于下。

1. MgO 的还原与再氧化

在一定温度和还原性气氛中或者还原-氧化交替变换的条件下，方镁石 MgO 将发生还原反应产生镁蒸气，并再氧化生成方镁石，在筑炼钢电炉炉壁的使用过程中，方镁石还原蒸发出来的 Mg 蒸气又在炉腔上部和炉盖等的缝隙处被氧化，形成呈白色纤维状或针状方镁石晶体，称为"氧化镁晶须"，如图 7-59 所示。

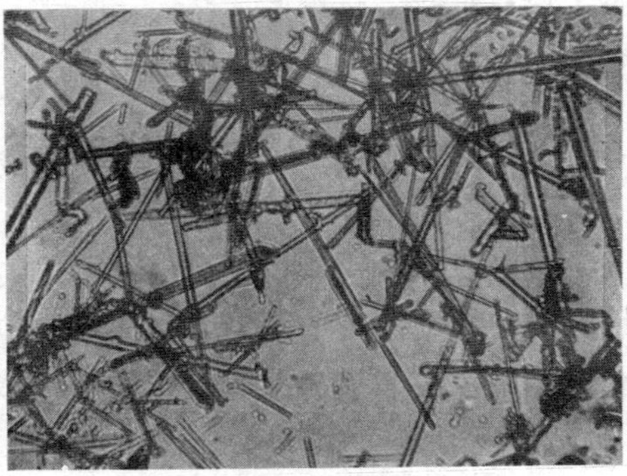

图 7-59　气相沉积成的针状方镁石晶须
单偏光　　640×

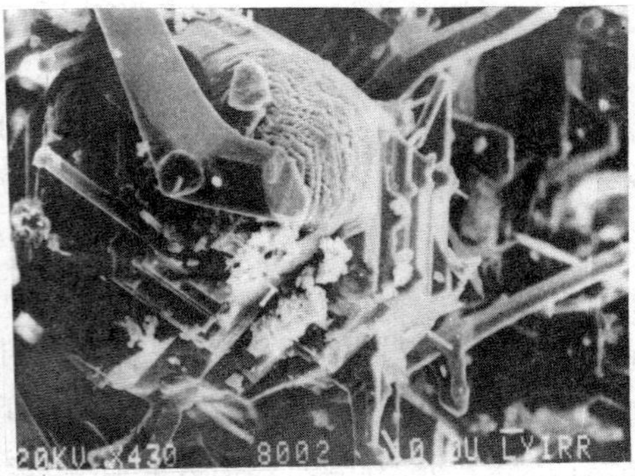

图 7-60　再氧化生成的针状方镁石晶体
电镜　　二次电子像

烧制耐火砖隧道窑的作业温度波动于 1650～1700℃范围内，用高纯镁砖砌筑的窑衬发生平行热面断裂时，在裂缝处发现有附着于"冷端"表面的方镁石晶须。在弱还原气氛下长期使用的镁质耐火制品亦会生成方镁石晶须（如图 7-60）。

2. 方镁石的向热延长性生长

在冶金炉上使用时，镁砖能吸收大量铁的氧化物形成方镁石固溶体，在长时间作用下晶体将聚集再结晶长大，具有明显地向着热源方向发育的趋势，此现象叫做向热延长性(Thermotaxy)，这是一个普通规律。图 7-61 就是平炉顶用的蚀变镁砖中，含有大量镁铁尖晶石 MF 脱溶相的方镁石固溶体形成的向热延长性结构。

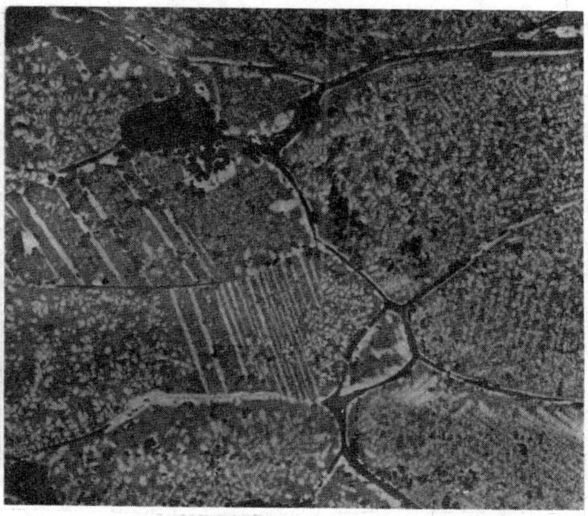

图 7-61 含镁铁尖晶石脱溶相的方镁石向热延长性的显微结构
反射光， 80×

需要强调的是：即使不吸收铁的蚀变镁砖中亦有向热延长性现象。例如，磁流体发电装置用高纯镁砖经高温条件下使用后，并未吸收什么杂质，方镁石晶体依旧很纯但仍然会聚集长大成向热性延长形。又如，在 AZS 砖中立方晶系的 ZrO_2 晶体亦发生向热延长性现象，方镁石和 C-ZrO_2 均是立方系晶体。可见只有各向同性的晶体才能发生这种现象。

3. 尖晶石-方镁石的定向附生

当尖晶石和方镁石溶于硅酸盐液相中达到过饱和后，硅酸盐液相冷凝时就会析出改变了组成的二次尖晶石，从液相中析晶的不只晶形发育完整，还在附生于方镁石晶体表面时有选向自由度，图 7-62 即为八面体尖晶石 *C* 轴垂直于方镁石晶面的定向附生。

图 7-62 尖晶石和方镁石的定向附生
电镜 二次电子像

4. 水泥回转窑衬用后蚀变的耐火砖

国内外大型水泥回转窑的衬里多采用镁铬砖或预合成镁铝砖砌筑，使用过程中的损毁机制主要有高温、温度变换、机械作用、还原气氛和化学侵蚀等，不同部位承受作用的种类及程度各不相同，烧结带由于形成稳定的窑皮，可缓冲化学侵蚀，而上、下过渡带则以 SO_3 和碱盐的侵蚀为主，显微结构演变的主要机制是高温下的化学反应。

水泥熟料中富含 CaO、SiO_2 和 Al_2O_3 的液相可溶解砖中方镁石和尖晶石。混合料和燃料中的 SO_3 和钾(钠)盐等很容易扩散至砖的深部，与方镁石或铬矿反应形成复盐，使砖的结构变松弛最终导致剥落和损毁。SO_3 和碱盐对耐火衬里的破环作用比熟料大得多。SO_3 和碱盐与方镁石和铬矿的反应产物均是低硬度的水溶性结晶，在磨制薄片或光片过程中将被溶解或磨掉，所以光学显微镜下观察不到它的生成过程和晶体形貌。其实，在烧结带也存在着 SO_3 和碱盐的侵蚀，图 7-63 是窑皮与镁铬砖界面的显微照片，右面为由 C_2S、C_3S 和 C_4AF 组成的窑皮，在孔隙处可发现如图 7-64 所示的立方体 K_2SO_4 结晶。在图的左侧为被侵蚀的蚀变镁铬砖，其中具有许多孔隙，在 SEM 下发现其断面有几种反应产物。熟料中的 CaO 和 SiO_2 既侵蚀砖的主要成分，也与硅酸盐胶结相相互作用，生成新的低熔硅酸盐结晶。

研究水泥回转窑衬蚀变耐火材料的显微结构，一般采用光镜和电镜的联合技术，并佐以能谱分析或电子探针测定各个相的化学组成。

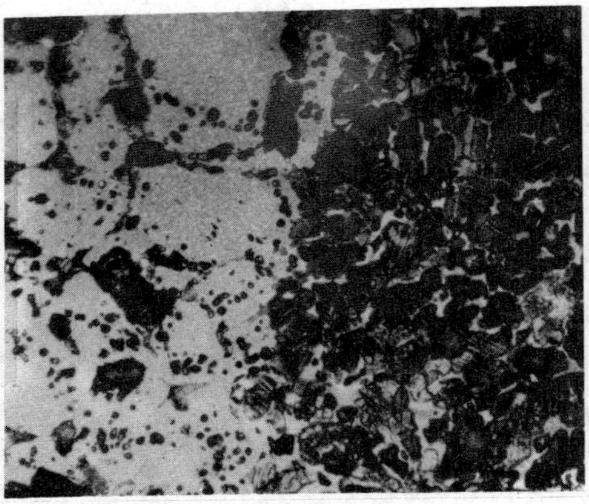

图 7-63　水泥窑与镁铬砖间反应界面显微结构
反射光　　260×

图 7-64　在窑皮的孔隙中结晶的 K_2SO_4
电镜　　二次电子像

§7.6　含碳钙镁质耐火材料的显微结构特征

含碳钙镁质耐火材料包括焦油-沥青结合白云石砖、镁白云石砖、加石墨及防氧化剂的镁质和白云石耐火制品等，由于工艺的改进使其品种和显微结构发生了许多变化。

7.6.1　MgO-CaO 系相平衡

MgO-CaO 二元系相图如图 7-65 所示。MgO 和 CaO 的熔点相应为 2825℃和 2623℃，都是高熔点氧化物，共熔点为 2370℃，两相都部分互溶，共熔点的最大互溶度分别为：CaO 可固溶 16%MgO，MgO 固溶 8%CaO。

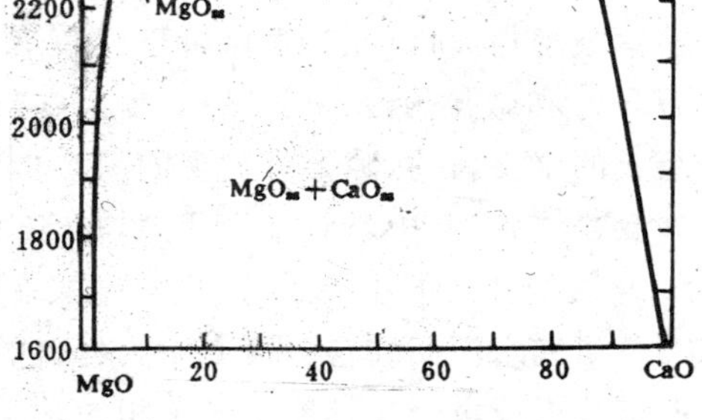

图 7-65　Cao-MgO 系相图

7.6.2　白云石的烧结与熔融

白云石的化学式为 $MgCa[CO_3]_2$，加热于 700～800℃时分解为 $CaCO_3$ 和 $MgCO_3$，由于剧烈的分解作用，游离 $MgCO_3$ 呈过热状态而再发生分解（$MgCO_3$ 分解温度为 600 余度），继续升温到 900～1000℃时 $CaCO_3$ 分解；1000℃左右煅烧白云石形成的组成为游离态 CaO 和 MgO，称为轻烧料，它容易水化。工业上使用的需要在 1400～1700℃煅烧的白云石，甚至要在更高温度下烧结，以获得致密度高和稳定性好的烧结料。烧结良好的制品是由粒状方钙石(CaO)和方镁石(MgO)组成的,图 7-66 为烧结良好的、两相分布均匀的烧结白云石显微结构,硬度较高的白色者为方镁石,而略显灰色者为方钙石。

在高镁白云石烧结料中通常以方镁石为主晶相,并聚集成较大集合体,方钙石则不均匀地分布于方镁石晶体之间,这种烧结料因方钙石含量较少且被方镁石所包裹,故抗水化性略好,被冶金工业广为利用。

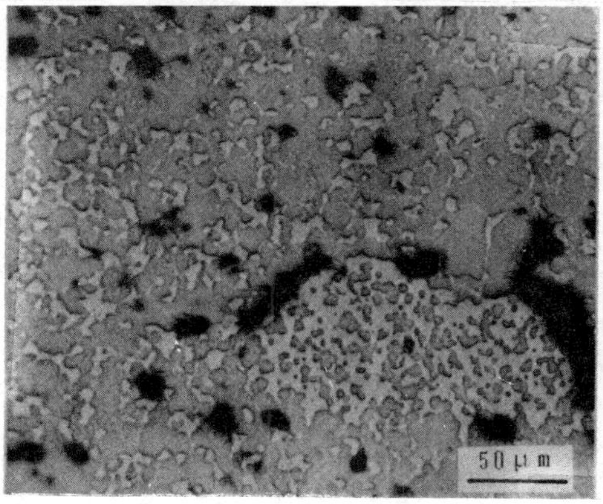

图 7-66　烧结白云石砖的显微结构

反射光　　260×

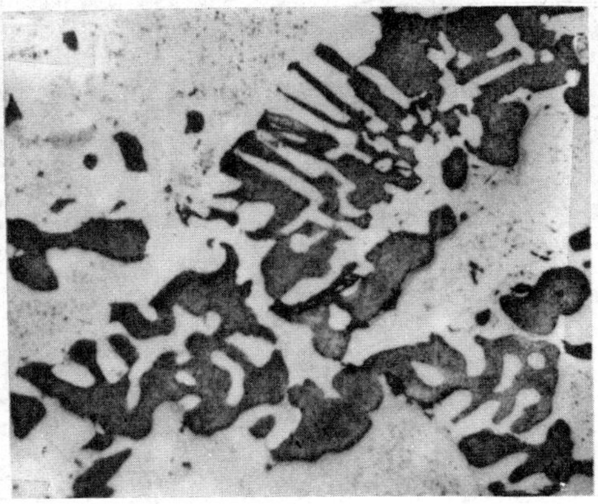

图 7-67　电熔白云石料的显微结构

反射光　　260×

含铁较高白云石烧结料之耐火性能和抗渣性均较差,由于在方钙石和方镁石晶间形成铁酸二钙(C_2F),有利于自身烧结和抗水化能力的提高,可在炼钢转炉中使用。

电熔法获得的白云石烧结料,在熔融过程中提高了方镁石与方钙石两相的互溶度,特别是当方钙石中固溶 Mg^{2+},可提高制品的抗水化性,图 7-67 为电熔白云石熟料的显微结构,方钙石被水轻度腐蚀成暗色。应该指出,无论是煅烧还是熔融的白云石制品,都是方钙石和方镁石的两相混合物,不再是白云石了,但习惯仍称为白云石。

7.6.3　含碳的钙镁质耐火制品

在钙镁质耐火制品中常引入焦油、沥青、石墨等碳质结合剂:原始型制品中残碳量不过 2~3wt%,相组成基本与煅烧白云石料相同;现代制品均加入较多的石墨和其他碳素体及 0~5%的防氧化剂,使制品的显微结构增添了新内容,如石墨的结晶性、分布状态、防氧化剂的种类、粒度及其分布和受热过程的反应等。图 7-68 为 MgO-C 砖的基质中层状石墨的分布情况。

由树脂对石墨与镁砂的结合可获得良好的结构和很高的强度,但经热处理或承受高温作用后结合强度反而没有焦油-沥青结合者好。防氧化剂可以用 Si、Al、Mg、Mg-Al 合金和 SiC 粉粒等,可单一或数种合用,亦不是非用不可。当 MgO-C 砖受热而石墨尚无明显变化时硅粉粒的表面就会生成 SiO_2 薄层,该层经 SiCO 或 SiO_2 过渡相的再次碳化而生成 SiC,图 7-69 中右侧白色颗粒(Si)的表层为 SiC 反应边。

图 7-68　MgO-C 砖显微结构
反射光　　200×

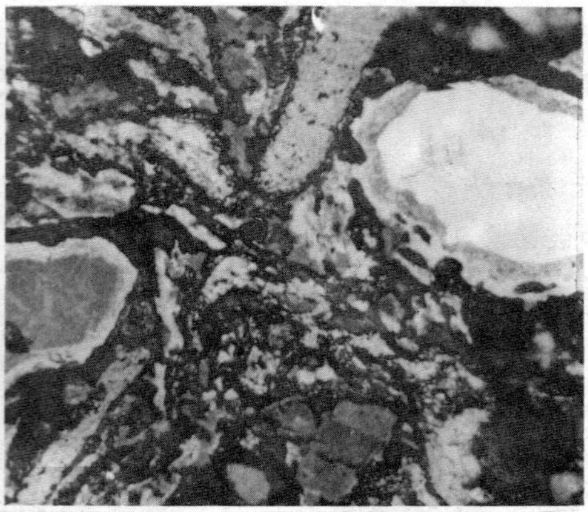

图 7-69　含碳制品中硅粉粒表面生成 SiC 的反应边结构
反射光　　400×

7.6.4　使用过程中显微结构的演变

钙镁质耐火材料的显微结构虽然简单，但石墨与镁砂的结合机理等问题却不容易用显微技术进行研究，然而在冶金炉上与各类熔渣相互作用引起的变化却可以从显微结构上得到信息。因为石墨和碳素不为溶渣所湿润，所以只有在碳被氧化以后才开始与熔渣发生反应。根据熔渣的化学组成及其在冶炼过程的变化，反应产物可出现 $C_2F_{s.s}$、$F'F-MF_{s.s}$（或写成 $(F'M)F$）、RO 相和各种硅酸盐相（C_3S、C_2S、C_3MS_2、CMS）。下面介绍蚀变钙镁耐火砖显微结构中的几个共性问题。

1. 脱碳层的显微结构

含碳耐火制品被侵蚀首先是生成脱碳层，而且在整个使用过程中它在不断地消失和产生。在任何侵蚀反应阶段都存在脱碳层。脱碳层的碳素体和防氧化剂逐渐被氧化，以至消失而形成金属铁球，熔渣中酸性组分 SiO_2 和 Fe_2O_3，则是 CaO 和 MgO 的主要侵蚀剂。

制品损毁的第一阶段是炉气和熔渣中的氧使碳素体氧化和不含碳的砖面出露在外；第二阶段是 SiO_2 和 FeO_n 与砖体的组分互相作用生成液相，含铁液相与 CaO 进一步作用生成 C_2F、CF 和其他硅酸盐相；C_2F 和 CF 遇到砖体内部的碳又分解成 CaO 和 Fe_2O_3；Fe_2O_3 进一步与碳反应便被还原成金属铁，这些铁通常富集于脱碳层后面。这就是含碳耐火砖蚀损反应过程及其重要的显微结构特征。

含较多石墨的制品因还原作用较强，在熔渣侵入之前将使熔渣中 FeO_n 还原成 Fe，不易形成明显的脱碳层，常是熔渣、铁、石墨三者共存。石墨氧化后还有硅粉颗粒存在，表明硅粉起到较好的防氧化作用；脱碳层被侵蚀后，铁将重新氧化并参与对砖的反应，如果炉役间断或当炉体冷到较低温度后又重新开炉冶炼时，铁将产生较大膨胀应力，致使反应带连同脱碳层与原砖裂开而剥落，这种间断损毁机制将加速炉衬的损坏。

总的说来，含石墨耐火制品的抗渣性能是优越的。从显微结构来讲，碳毕竟不能代替耐火材料，碳氧化后因造成孔隙会使砖体松散，所以，控制碳的含量及其分布状态是获得高质量碳质耐火材料的关键工艺因素。

2. 渣蚀层的相组成

渣蚀层又称反应带。不同冶炼设备和造渣制度对耐火材料的侵蚀情况不一，很难选择有代表性的显微照片展示其反应的内容，下面选择一些典型来介绍。

（1）$MgO-FeO_n$ 反应的尖晶石化　冶炼过程中铁氧化物将发生价态变化，熔渣中既含有 Fe^{2+}，也含 Fe^{3+}。渣蚀层的最表层铁可溶入方镁石形成镁 W 氏体，并于冷却时脱溶出尖晶石；也可自结合形成磁铁矿（F′F），如图 7-70 所示。这两种新生尖晶石的组成都是不定的。不难想象，以这种相组合存在时，尚不致使砖体破坏。

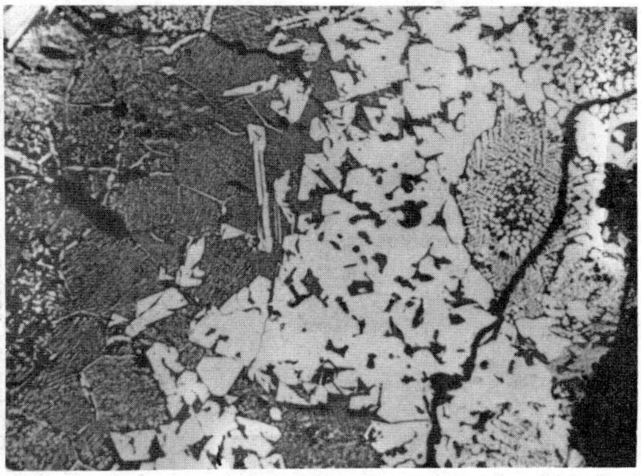

图 7-70　渣蚀层表面的′FF 和 MF
反射光．水浸物镜　　200×

（2）方镁石结构的解体　高温熔体侵入的冲蚀作用是导致方镁石解体的原因之一。熔渣中铁离子进入方镁石后形成 MF 脱溶相，同时被硅酸盐液相所溶解。图 7-71 即为镁砂颗粒被含铁溶液离解的形貌。

图 7-71　渣蚀层中解体的方镁石细粒
反射光，水浸物镜　　200×

（3）铁盐和硅酸盐相的分离　随熔渣碱度的变化，硅酸盐熔体的结晶可以是 C_3MS_2、C_2S 和 CMS 等。这些晶体中虽可固溶一定量的铁，但在冷凝过程中即发生硅酸盐相和铁盐的分离而形成脱溶结构。

第八章　玻璃材料显微结构分析

在高温条件下物料熔化成熔体经快速冷却成型，再作适当热处理所得到的材料，称为玻璃材料。各种无定形的块体及制品、纤维等非晶态玻璃制品和微晶玻璃，均属玻璃材料。结晶颗粒较粗的熔融结晶无机材料不属于玻璃材料范畴。随科学技术的发展，用气相沉积、溶胶凝胶等方法亦可制成玻璃材料，但这些方法的技术复杂、条件苛刻、成本昂贵，而生产量却很少，只有在特殊情况下才被采用。显微结构分析仍以熔融型玻璃材料为主要对象。

玻璃材料的品种和化学组成复杂多样，制造工艺及生产条件亦差异较大，无法逐一讨论，本书将以生产量大、使用面广的钠钙硅酸盐系统玻璃制品和部分硅酸盐微晶玻璃为主线，讨论其显微结构，其他系统玻璃显微结构可以此类推。

§8.1　概述

显微结构分析在玻璃材料的科学研究和工业生产中均被广泛地应用，而且愈来愈显得重要。这里先就有关问题作简单地介绍。

8.1.1　玻璃材料的形成及其缺陷

玻璃材料有显微结构特征及性能显著不同的玻璃制品和微晶玻璃两大类。显微结构分析内容有所差异，玻璃制品主要是研究玻璃体内的各种缺陷，而微晶玻璃除研究母体玻璃的各种缺陷外，还要研究在热处理微晶化过程中母体玻璃显微结构的变化及其规律。

1. 玻璃制品的制造

根据需要进行化学组成配方设计，用各种原料和添加剂按配方要求制成混合料，拌和均匀后在高温熔炉内全部熔化成熔体，经均化、澄清、快速冷却成型而凝固成非晶态玻璃体，再进行退火处理即得所需制品。

玻璃制品有多个化学组成体系，最常见的是钠钙硅酸盐玻璃，工业原料主要是石英砂、长石、白云岩、石灰岩、芒硝等天然矿石和纯碱等化工原料。

2. 微晶玻璃的制造

制造微晶玻璃材料有母体玻璃熔制和热处理微晶化两个阶段：母体玻璃熔制与玻璃制品相似，只是工艺配方不同，在配合料中必须引入晶核剂，对工业原料要求更严格，除石英砂外，基本上都是化工原料。母体玻璃制成后再在一定温度制度下进行热处理，使之核化和晶化变成由分布均匀的细小晶粒组成的微晶玻璃。

3. 玻璃体内的缺陷

玻璃材料(包括玻璃制品和微晶玻璃的母体玻璃)应该是质地均匀,绝大多数是无色、透明、美观和非晶质的无定形材料。如果在制造过程的某一环节出现问题,在玻璃体内就会出现与之相应的缺陷,不仅影响玻璃制品的美观和光学均一性,还降低制品的机械强度、热稳定性及使用价值,甚至成为废品。玻璃体内常见的缺陷有结晶质、非晶质和形态缺陷等三大类。

结晶质缺陷　玻璃体内含有结晶质夹杂物所构成的缺陷,称为玻璃结石。根据来源和成因分为粉料结石、耐火材料结石(简称耐材结石)和析晶结石三类。

非晶质缺陷　玻璃体内由非晶质夹杂物所构成的缺陷有:气泡、玻筋及条纹和玻璃泡。此外,玻璃体内出现的组成分相和不均匀内应力等亦可视为非晶质缺陷。

形态缺陷　在熔体的冷却成型过程中,由于操作不当、工艺制度不合理等,使玻璃制品产生变形、尺寸不准、外物侵入、破损炸裂等,均归为玻璃制品形态缺陷。

8.1.2　玻璃材料显微结构分析的内容

玻璃材料显微结构分析的主要任务和内容可归纳为下述四个方面。

1. 研究玻璃结石显微结构

玻璃结石是玻璃体内不允许存在而又常见的严重缺陷,一旦出现就必须鉴定和研究构成结石的结晶相及其显微结构特征,找出构成结石的物质来源和形成原因,进而提出减少甚至消除形成玻璃结石的有效工艺措施。

2. 研究非晶质缺陷的显微结构

对玻璃体内非晶质缺陷一般难以进行系统的研究和分析,研究工具主要是电子显微镜和电子探针。用偏光显微镜可以研究玻璃体内的气泡,测定玻璃态夹杂物的折射率和形貌特征,分析其成因,还可观察玻璃分相结构和应力分布等。

3. 研究微晶玻璃及其微晶化过程中显微结构的变化

微晶玻璃除了研究母体玻璃中各种缺陷和微晶玻璃的显微结构与性能间关系外,还要研究母体玻璃在热处理过程中发生的分相、核化、晶化等微晶化过程显微结构变化及其规律,探讨微晶化的机理,为微晶玻璃的配方设计,原料、晶核剂及矿化剂的选用及用量,最佳热处理制度的确定等提供科学依据,指导微晶玻璃的工业生产和使用。

4. 研究玻璃熔窑用耐火材料的显微结构

对玻璃熔窑用耐火材料及其蚀变产物的研究亦是玻璃材料显微结构分析不可缺少的内容,在第七章已有讨论,本章只简单讨论与玻璃结石有关的问题。

8.1.3　玻璃结石的形态学研究

玻璃结石中组成晶相的形态特点不仅可帮助对晶体的识别和鉴定,还是分析结石成因和来源的有效论据,具有重要的意义。由于玻璃和结石的组成晶体基本上是透明的且多呈薄板状,所以主要是用偏光显微镜研究的。

1. 形态学的研究内容

玻璃在熔制过程中将发生晶体熔化、玻璃分相和析晶、物质之间相互交代反应、重结晶和多晶转变等作用。这些作用都是在高温熔体的快速升温和冷却过程中有足够自由空间的不平衡条件下短时间内完成的。因此构成结石的晶体多具有特殊的形态特点：残留在玻璃中原有晶粒或多或少地均呈熔蚀结构，从玻璃中析出的晶体都具有析晶结构等。

例如，引入微量 P_2O_5 生产的钠钙硅酸盐平板玻璃中，会出现是由磷酸钠钙 $NaCaPO_4$ 晶体构成的，呈具熔蚀结构的六方板状自形骸晶(图 8-1)，常互相连成树枝状集合体构成所谓含磷结石。熔蚀结构表明晶体不是从玻璃体内析出的，而工业原料及耐火材料中均不存在该晶体，亦不属于原料结石及耐火材料结石。结合生产实际考察得知，磷酸钠钙是原料中磷灰石 $Ca5[PO_4]_3$ · (FClOH)细粉，在投料过程中被高温的窑气带动飞扬达窑顶被分解，并与窑顶的硅砖反应生成硅磷酸钙 $Ca_7[PO_4]_2[SiO_2]_2$ 悬挂在窑顶上，再进一步与窑气中钠蒸气反应而生成的六方板状磷酸钠钙呈串珠状挂在空中，在气流和重力作用下落入高温玻璃液中，多数被熔化，若没有全部熔化就残留下来构成含磷结石。由于含磷结石是因粉料飞扬所造成的，尽管不是原料自身，而是原料经分解反应生成的新生晶体，仍应属于粉料结石。由此可见，对玻璃结石进行显微结构分析时，除鉴定组成相外，还要研究组成相的形态，才能正确分析其成因。

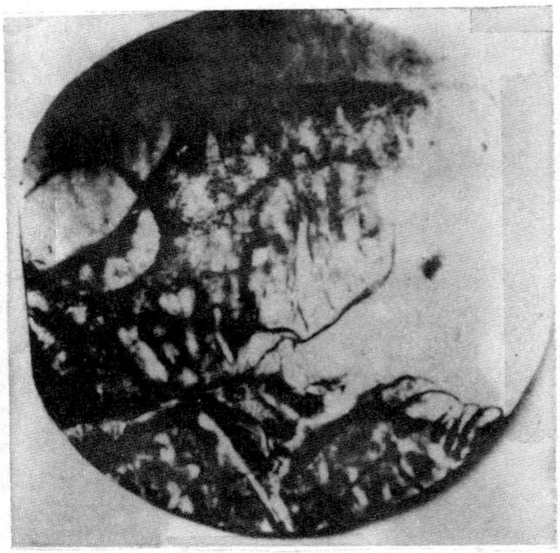

图 8-1　熔蚀六方片状磷酸钠钙
单偏光　　121×

2. 影响结石中晶体形态的因素

玻璃结石中组成相的晶体形态，主要是由晶格构造和环境条件决定的。

(1) 晶格构造对晶体形态起着决定性作用

玻璃熔体析晶形成的晶体一般均呈自形晶，由于是在极不平衡条件下快速生长的，常呈特殊形态的骸晶，骸晶是自形晶的特殊形态。具体形态主要决定于晶体的内部构造，成分不同而构造相同或相似的晶体，常长成相同或相似的形态；而晶格构造不同，即使是同成分的晶体和骸晶亦会呈现有不同的形状。鳞石英和方石英的骸晶就是典型的实例。

方石英有高温 α 型和低温 β 型两种变体，后者属四方晶系，前者则为等轴晶系。从玻璃液中析出的是如图 8-2，A 所示 α 方石英的八面体理想形态；在粘度较大的玻璃液中快速生长时，将沿八面体的六个顶角方向长成十字形对称的骨架状(图中 B)；若结晶物质供应不均匀将长成如图中 C 所示的不对称帆船状；在流动的高温熔体中将呈单枝骨架状。当温度降至室温时，骸晶将转变为仍保留着高温变体形状的 β 方石英。

鳞石英有高、中、低温型 α、β、γ 三种同质多像变体，高温型属六方晶系，理想形态为六方板状或六方柱状。在低粘度玻璃液中将长成六方板状(图 8-3，A)；在粘度较大的玻璃液中快速生长，将沿六个顶角方向生长成骸晶(图中 B)，最终形成六角雪花状(图中 C)；如果组成不均匀或在流动时将长成相当于六角雪花一瓣的羽毛状(图中 D)。在熔体温度降低至室温时，最后转变为仍保留着高温变体形态的 γ 鳞石英。

同成分同构造的不同个体，常以一定图案构成集合体出现；而不同晶体的集合体形态常不相同，这亦是晶体的结晶习性，可用来识别和鉴定晶体。常见的有：扫把状的失透石 Na_2O · $3CaO$ · $6SiO_2$(图 8-4，A)，放射状的透辉石 CaO · MgO · $2SiO_2$(图中 B)和硅灰石 CaO ·

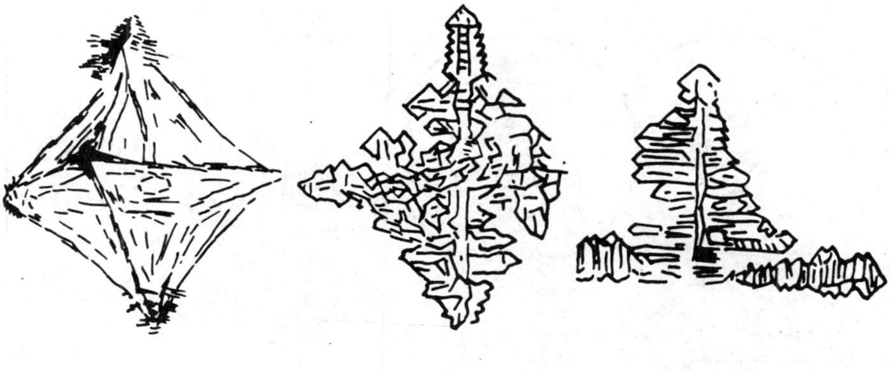

图 8-2 析晶结石中方石英骸晶的形态特征

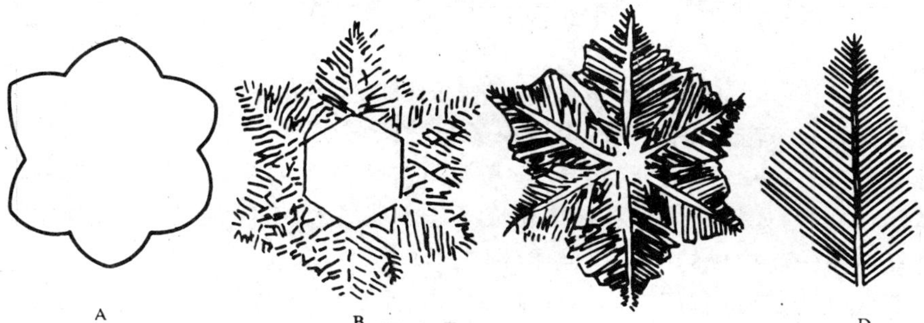

图 8-3 析晶结石中鳞石英骸晶的形态特征

SiO_2，树枝状的斜锆石 ZrO_2（图中 C），网状的莫来石 $3Al_2O_3 \cdot 2SiO_2$（图中 D），以及阶梯状的霞石 $Na_2O \cdot Al_2O_3 \cdot 2SiO_2$ 等。

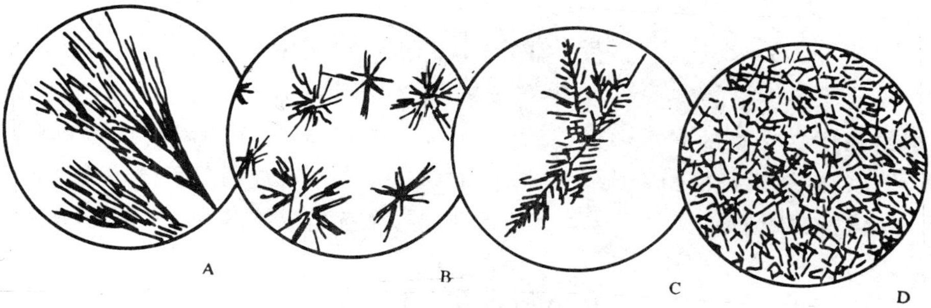

图 8-4 矿物骸晶集合体的形态特征

(2) 环境条件对晶体形态的影响

晶体的形态还与形成过程及环境条件有着密切的关系，以玻璃结石中方石英为例。

α 方石英的理想晶体形态为正八面体，而从玻璃液中析出和由多晶转变得到的方石英却具有完全不同的形状；即使同样原因生成的方石英，由于环境条件的差异，亦会长成不同的形状，如图 8-5 所示。在组成均匀的玻璃液中析出的方石英骸晶呈如图中 A 所示的对称十字状；在流动的玻璃液中将长成单向延长的十字形骨架状（图中 B）；玻璃液组成不均匀时则长成单面生长的帆船状(图中C);在硅质结石颗粒周围将以其为中心呈放射状析晶(图中D)。

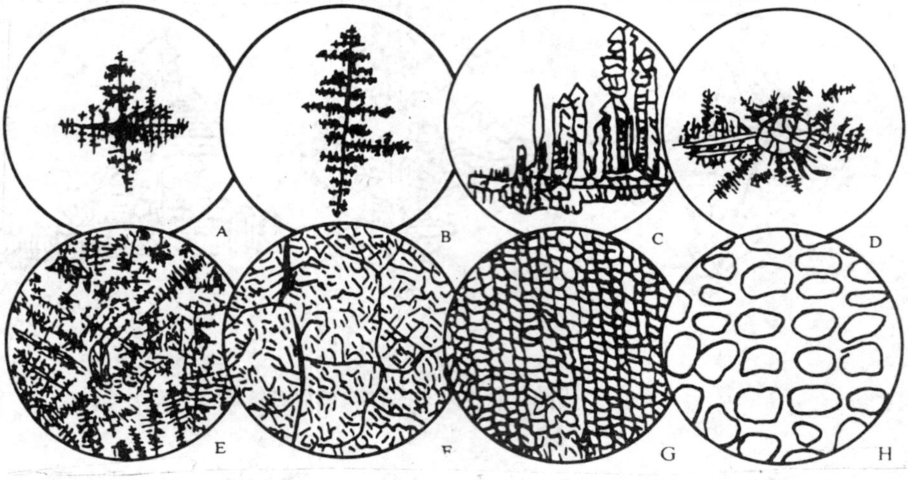

图 8-5 形成过程和环境条件对方石英晶体形态的影响

由原料石英或硅砖中残余石英颗粒多晶转变形成的方石英,初期多呈保留石英颗粒外形的蜂巢状(图中F)或鳞片状集合体;高温下重结晶将逐渐长大成玉黍状(图中G)和粒状集合体(图中H),如果硅质颗粒被熔化成高硅质玻璃液,在冷却过程中又析出由多个骨架状方石英集中在一起构成的网状集合体(图中E)。

以上可以清楚看出,研究晶体的形态特点,不仅可帮助对晶体的识别和鉴定,亦是研究玻璃材料生产工艺条件、耐火材料侵蚀作用和玻璃析晶性能的依据,还可帮助评价制品性能和质量。

§8.2 玻璃结石的类型及宏观特征

根据结晶质夹杂物的来源和形成原因,可分为粉料结石、耐火材料结石和析晶结石三类,各类又有各具结构特征和组成相的多种。同种晶体在不同成因或不同组成系统的玻璃结石中显微结构特征的差异较大。这里以钠钙硅酸盐系统玻璃制品为例作简单介绍。

8.2.1 粉料结石

混合料中未被全部熔化的原料颗粒残留在玻璃体内构成的结石,称为玻璃的粉料结石,亦称料粉结石。

1. 粉料结石的形成

除少数外,玻璃及其制品都是用多种原料按一定配方要求制成混合料,拌和均匀后,在高温熔窑内全部熔化成玻璃液,经均化和澄清,再快速冷却成型而得的。使用多种原料配方的目的是为满足制品性能的要求,亦考虑到物料熔化的温度和速度,因为各种原料颗粒的熔点和熔化速度是不同的，在同样熔制条件下，熔化速度慢的称为“难熔矿物”，多种原料混合可降低难熔矿物熔点，促进其熔化，达到降低熔化温度、提高熔化速度和节省生产成本的目的。如果混合料配方设计不合理，配料时称量不准，原料选用不当，混合料拌和不均匀，难熔矿物颗粒太粗，熔化温度偏低，熔化时间不够，或投料时出现原料的偏析或分层等，均会使难熔矿物熔化不完全，而残留在玻璃体内构成粉料结石。

物料的熔化速度除主要决定于晶格构造外，还与颗粒大小及混合料拌和均匀度有关。颗粒粗细决定其比表面积，颗粒愈细比表面积就愈大，就愈容易熔化，如果配合料中混入少数粗粒难熔矿物颗粒，在同样的熔化条件下，就难以全部熔化而构成粉料结石。根据相平衡原理常采用多组分配方，使玻璃化学组成点处于有关相图的最低共熔点或低共熔线附近，在较低的温度下就可使难熔矿物熔化，如果配方选择不当，或难熔矿物颗粒相对集中，就达不到低共熔的目的，结果亦将形成难熔矿物的粉料结石。

2. 粉料结石的种类

不同制品因化学配方和原料及生产工艺的差别，玻璃体内将出现不同的粉料结石。在钠钙硅酸盐系统玻璃中常见的粉料结石有四种。

(1) 石英粉料结石　细粉状石英是属熔点为1713℃的难熔矿物，常在玻璃体内形成粉料结石。石英颗粒在熔制过程中首先棱角被熔化而成浑圆状；接着从低温型转变为高温型而引起的体积变化使之产生不规则裂纹，因多晶转变而常呈反应边结构和脉状分布的介稳状态偏方石英(图 8-6)；有时残留石英呈孤岛状分布在已转变的原石英颗粒内；厉害时全部转变成方石英，仅保留原浑圆状假像，甚至转化为由矛头状鳞石英构成的集合体(图 8-7)；在石英颗粒周围的玻璃，常析出呈放射状分布的鳞石英或方石英。

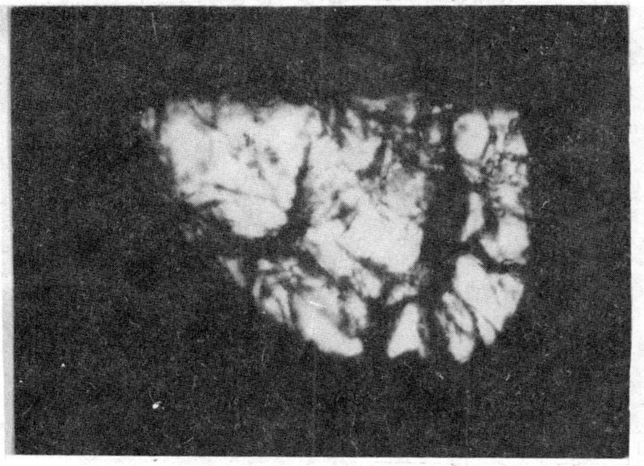

图 8-6　石英粉料结石的显微结构

正交偏光　68×

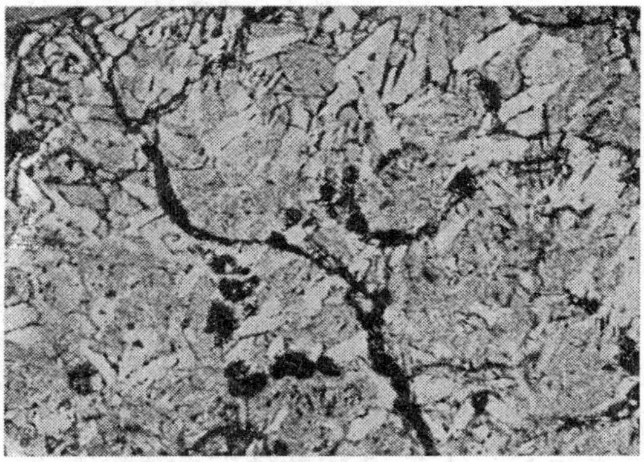

图 8-7　石英砂粒内部已转化成矛头状鳞石英

正交偏光加石膏板(1λ)　103×

(2) 芒硝粉料结石　芒硝是含水和无水硫酸钠的总称，在还原气氛中将还原成硫化钠而被熔化。还原气氛是由与芒硝粉料拌和在一起的炭粉在高温条件下造成的局部气氛，如果炭粉过早地被烧失，无水硫酸钠只能在1250℃以上慢慢地分解熔化，若没有全部分解熔化将残留在玻璃体内构成鱼雷形云雾状的芒硝粉料结石(图 8-8)。

(3) 锆英石粉料结石　为改进玻璃制品的化学稳定性等性能，在混合料中常添加少量锆英石以引进 ZrO_2。锆英石属熔点在2200℃左右的难熔矿物，在玻璃制品中常出现具有熔蚀结构呈浑圆棱角状的锆英石粉料结石，如图 8-9 所示。

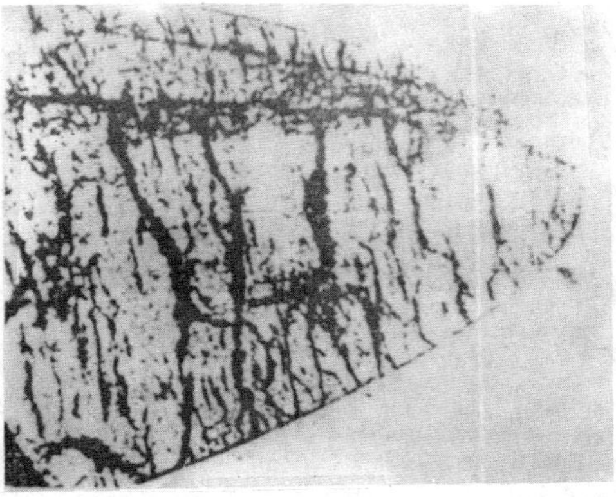

图 8-8 芒硝粉料结石的显微结构

单偏光 63×

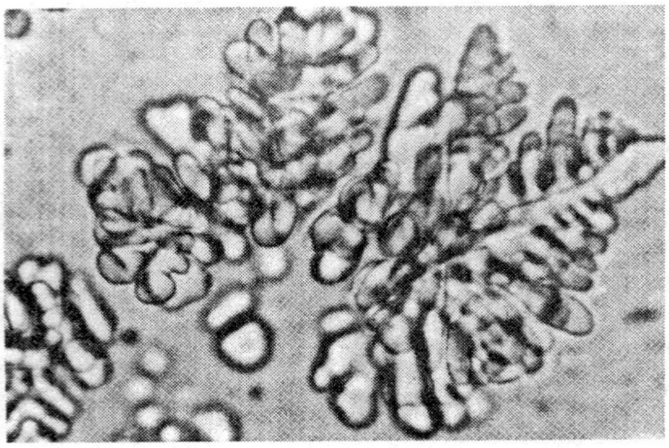

图 8-9 锆英石粉料结石的显微结构

单偏光 68×

(4) 含磷粉料结石 前面已述，如图 8-1 所示。

8.2.2 耐火材料结石

由玻璃熔窑上耐火材料碎片落入玻璃中未被熔化或被熔蚀入玻璃液中又析出晶体构成的结石，均称为玻璃的耐火材料结石，简称耐材结石。

1. 耐火材料结石的形成

根据形成原因和显微结构特征，耐材结石只有耐火砖结石和耐材析晶结石两类。

耐火砖结石是由耐火材料碎片为主体构成的结石，长时间在高温熔体及富挥发性成分高温气体的侵蚀下，耐火砖被侵蚀破坏成碎片落入玻璃液中未被完全熔化就构成耐火砖结石。耐火砖结石多保留原砖的组成相和结构特征。根据组成晶相及其结构特征即可确定构成结石的耐火砖种类及原砖的存在部位。

耐材析晶结石是由于耐火砖成分被熔入而引起熔体发生析晶所形成的结石。熔窑工作面受到熔蚀变成熔体流入或滴入玻璃液，或耐火砖碎片落入玻璃液后被熔化而未充分均化，在冷却过程中发生析晶而形成析晶相，析晶相均与耐火材料的组成有关。

2. 耐火材料结石的种类

在钠钙硅酸盐的玻璃体内可能出现的耐火砖结石有：硅砖结石、粘土砖结石、高铝砖结石、莫来石砖结石、刚玉砖结石、锆刚玉砖结石等。在耐火砖结石颗粒周围的玻璃中常析出与结石组成有关的骸晶(图 8-10)。耐火材料碎片被熔融而未被均化而成非晶态的玻璃泡中常残留少许耐火砖碎片。

钠钙硅酸盐玻璃中耐材析晶结石的析晶相除常见的鳞石英、方石英外，还常出现刚玉、莫来石、β-铝氧、斜锆石以及霞石类、长石类等，可单独存在，亦可几种晶体相互伴生(图 8-11)。凡在玻璃体内出现含 Al_2O_3 的晶体，均与耐火材料有关。

8.2.3 析晶结石

从玻璃熔体内直接生长晶体构成的结石称为玻璃的析晶结石。析出的晶体都具有自形

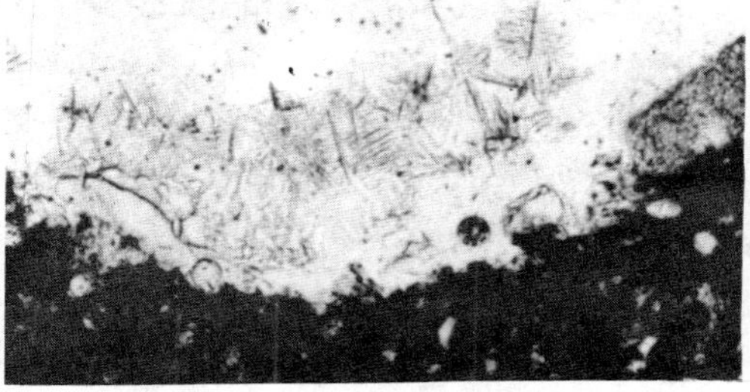

图 8-10　耐火砖结石的显微结构
偏光　　121×

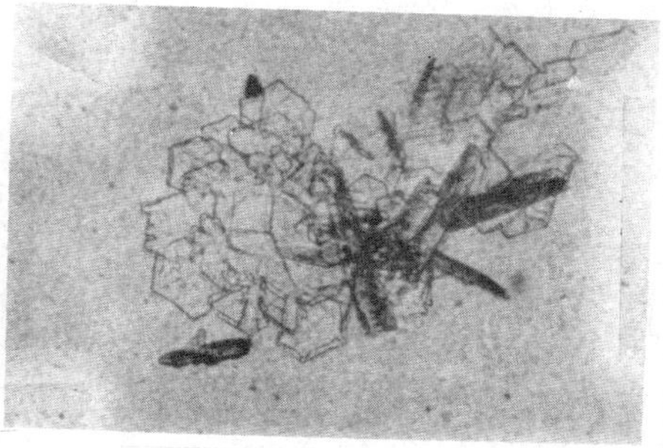

图 8-11　耐材析晶结石的显微结构
单偏光　　210×

晶或奇形晶的单个晶体或集合体，不同晶体的形状各异。

1. 析晶结石的形成

玻璃熔体发生析晶的原因可以从熔体的化学组成和生产工艺两个方面来讨论，以钠钙硅酸盐玻璃为例。

玻璃的化学组成直接影响溶体的析晶性能及析晶相。钠钙硅酸盐玻璃除 SiO_2、CaO 和 Na_2O 外，尚有少量 K_2O、MgO、Al_2O_3、Fe_2O_3 等，总体属于 Na_2O-CaO-SiO_2 的三元系统，从图 8-12 中不难看出：当含 69.5%SiO_2(Al_2O_3,Fe_2O_3)、15.0%Na_2O(K_2O)和 15.5%CaO(MgO)的玻璃液冷却到 1070℃左右时，因为组成点落在 β 硅灰石析晶范围内将析出 β 硅灰石；若 SiO_2 含量较高时，就会析出鳞石英和方石英的骸晶；提高 CaO 的含量就会析出假硅灰石；在含 Na_2O 较高时析出的将是失透石及其他钠钙硅酸盐晶体。它们的析晶温度和形态特点都不相同。在设计玻璃组成配方时，不仅要满足玻璃基本性能和混合料中各种原料颗粒熔化，还要考虑玻璃液的析晶性能，组成点尽量选择在有关相图的最低共熔点或低共熔线附近，这样不仅易于熔化，还可降低玻璃的析晶性能，防止粉料结石和析晶结石的形成。

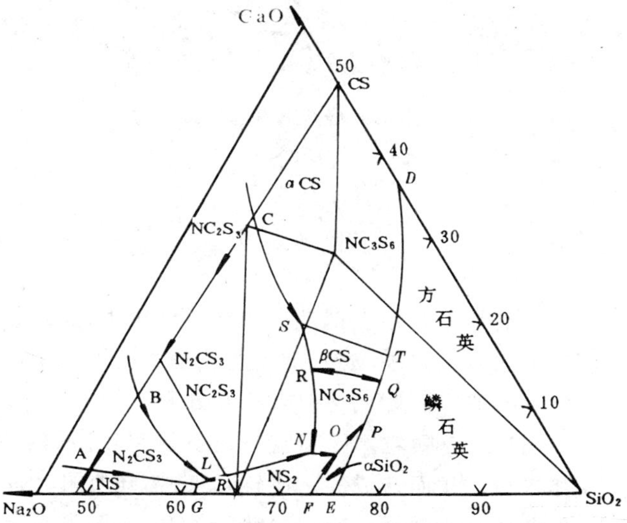

图 8-12　Na_2O-CaO-SiO_2 系统相平衡图

玻璃制造时必须严格遵守各项工艺制度，否则很容易使玻璃发生析晶。出现下列情况之一均会造成化学组成偏析，使玻璃的析晶能力增大而发生析晶：配料时物料称量不准、混合料拌合不均、投料时出现物料分层、熔化时间较短或熔化温度偏低玻璃液不能充分均化等。任何玻璃都具有一定析晶能力及析晶温度范围，在冷却成型过程中于析晶温度范围内停留时间过长都会发生析晶，只有以较快的冷却速度迅速通过析晶温度范围，才能得到合格的玻璃制品，可见，还必须严格控制冷却成型的温度—时间操作制度。

2. 析晶结石的种类

玻璃的化学成分不同甚至稍有波动均会显著地影响玻璃体的析晶相。在钠钙硅酸盐玻璃中常见的析晶相有：鳞石英、方石英、硅灰石（图 8-13）、假硅灰石、透辉石（图 8-14）和失透石等。在其他组成体系玻璃内还会析出其他相，例如，在光学玻璃中有硅钡石（$BaO \cdot SiO_2$）、二硅酸钠（$Na_2O \cdot 2SiO_2$）、尖晶石（$MgO \cdot Al_2O_3$）等，在铅玻璃中则有硅铅矿（$PbO \cdot SiO_2$）的析晶等，因耐火材料成分掺入还会出现各种铝硅酸盐晶体，等等。

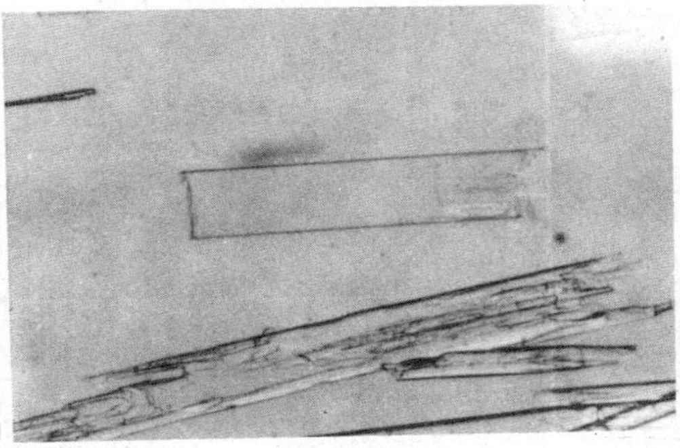

图 8-13　自形晶析晶结石的显微结构
单偏光　　121×

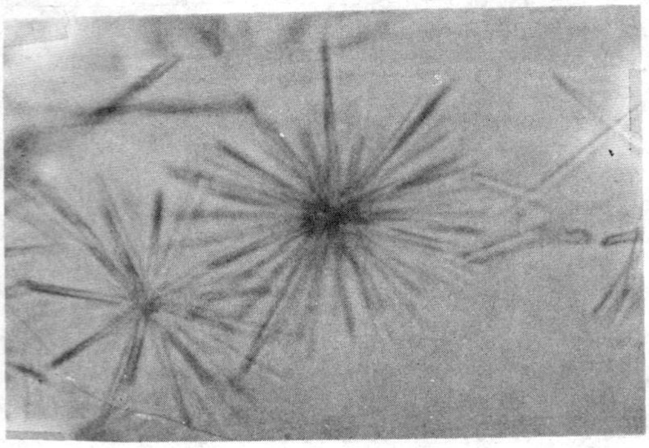

图 8-14　集合体析晶结石的显微结构
单偏光　　400×

8.2.4　玻璃结石的宏观特征

玻璃结石基本上都是在偏光显微镜下进行研究的，有时亦借助电子显微镜等其他近代研究方法。用肉眼、放大镜或立体显微镜研究结石的外貌和宏观结构，可为显微结构分析提供启示。研究内容概括起来有五方面。

（1）结石颗粒周围存在一层折射率较高的玻璃态包裹物，它是由耐火砖碎片熔化的玻璃相未被均化而造成的。比较起来，铝硅质耐火砖比硅质耐火砖更易形成这种包裹物，因为同样条件下铝硅质玻璃相的粘度较大，折射率亦较高。在粘土砖结石和高铝砖结石的周围均有显著的包裹物，在硅砖结石周围就不明显，在其他类型结石周围一般无包裹现象。

（2）在生产过程中玻璃液处于缓慢流动状态，结石周围的包裹物将被拉成较长的尾巴，这亦是耐火砖结石的特征。相对而言，硅铝质耐火砖结石的尾巴较长而明显，硅砖结石拖尾现象则不明显。其他类型结石均无此现象。

（3）结石颗粒周围气泡的有无、大小及多少等亦与其成因有关：粘土砖结石周围常出现较多的小型气泡；在高铝砖及其他烧结型耐火砖结石周围的气泡比较少见；粉料结石旁没有或只有少数大气泡；在熔铸型耐火砖结石和析晶结石周围一般无气泡出现。

（4）玻璃结石大多数呈不规则的浑圆状颗粒；析晶结石则呈乳白色的毛玻璃状，用放大镜即可看到单个晶体存在；芒硝粉料结石则呈乳白色鱼雷状，用放大镜就可看到其表面具有不规则的皱纹等。

（5）结石颗粒一般呈乳白色，但耐火砖体内常含各种杂质而使结石带色。通常粘土砖结石和高铝砖结石等因含高价铁而多呈浅的黄棕色；硅砖中所含的是低价铁而常带黄绿色。

由于玻璃结石多存在于薄片状玻璃中，而且颗粒细小，常呈透明状，玻璃碎片或稍作处理就可在偏光显微镜下进行研究；若结石颗粒不透明或较粗或处于厚玻璃的深处，则需磨成薄片在偏光显微镜下研究。

§8.3　玻璃结石的显微结构分析

玻璃结石的结构特征和组成相鉴定是由构成结石的物质来源及形成条件决定的，反过来又为探讨和分析结石的成因提供可靠依据。钠钙硅酸盐玻璃结石的组成相分氧化物和含氧盐两类。

8.3.1　玻璃结石的显微结构类型

玻璃结石的显微结构有玻璃斑状结构、玻璃析晶结构和玻斑析晶结构三类，均与其成因类型及工艺条件有关。

1. 玻璃斑状结构

由玻璃基质和粒状晶体或集合体组成的结构，称为玻璃斑状结构，简称玻斑结构，粉料结石和耐火砖结石均以玻斑结构为主。

粉料结石的斑晶是残留在玻璃基质中的难熔矿物颗粒，如未熔石英颗粒的玻斑结构（图8-15）等。斑晶颗粒均有熔蚀现象，常呈浑圆状，有的因多晶转变斑晶而具有不规则裂纹。

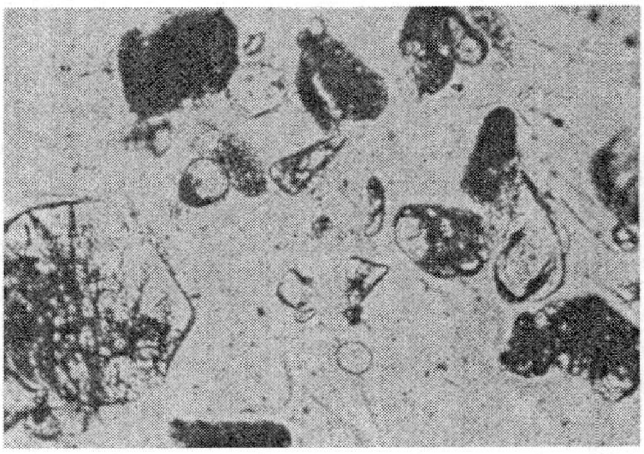

图 8-15　未熔化石英的玻斑结构

单偏光　　60×

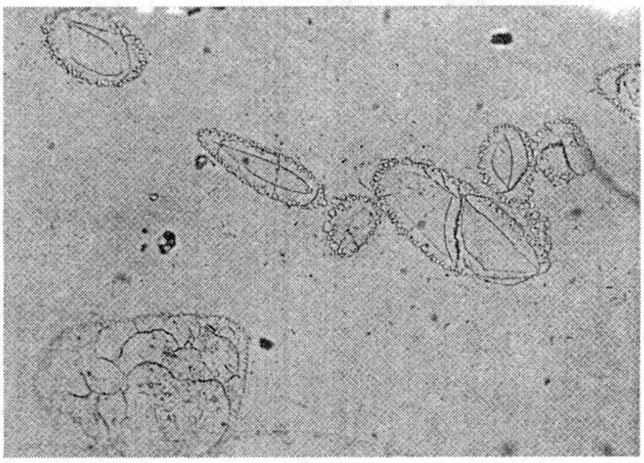

图 8-16　刚玉砖剥落碎片的玻斑结构

单偏光　　150×

耐火砖结石的斑晶是耐火砖碎片的矿物集合体，亦常有熔蚀现象，基本上呈变化了的耐火砖结构，例如，刚玉砖剥落碎屑形成的玻斑结构（图 8-16）等。

2. 玻璃析晶结构

在玻璃体基质内结晶出自形晶（包括骸晶）组成的结构，称为玻璃析晶结构，简称析晶结构。析晶结石和耐材析晶结石均呈析晶结构，析晶相前者主要取决于玻璃液的化学组成，如图 8-17 所示的失透石等；而后者则与熔入玻璃液的耐火材料成分有关，如图 8-18 所示与粘土砖有关的析晶结构。

图 8-17　扫把状失透石的析晶结构
单偏光　　86×

图 8-18　粘土砖碎片熔入玻璃中引起的 β 铝氧和莫来石、霞石析晶构成的析晶结构
单偏光　　150×

3. 玻斑析晶结构

在粉料结石和耐火砖结石的斑晶颗粒周围析出有关自形晶或骸晶构成的结构，称为玻斑析晶结构。结构中析出的晶体都分布在斑晶颗粒周围玻璃中，析出晶相种类与斑晶的成分有关。例如，在石英粉料结石或硅砖结石周围析出的是羽毛状鳞石英或骨架状方石英或两者兼有，呈放射状分布(图 8-19，图 8-20)。

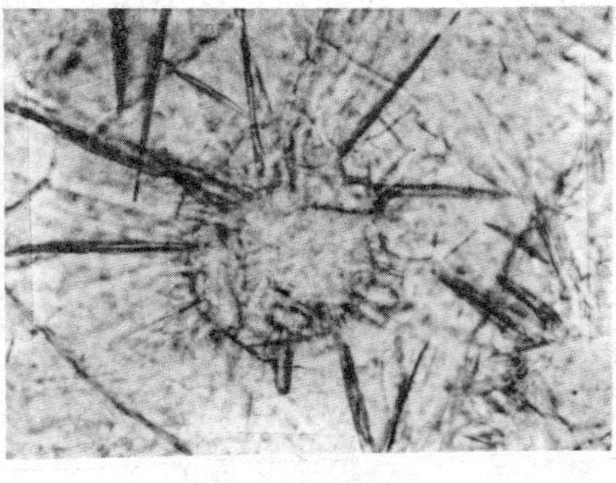

图 8-19　石英粉料结石的玻斑析晶结构
单偏光　　63×

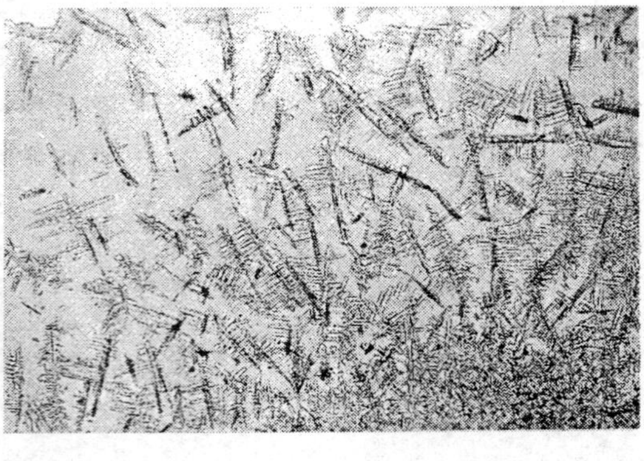

图 8-20　硅砖结石周围析出的骨架状方石英
单偏光　　50×

8.3.2　玻璃结石的氧化物类组成相

在钠钙硅系统玻璃的结石中常见的氧化物类晶体有硅氧、铝氧和锆石等。

1. 硅氧类组成相

硅氧类晶体化学式为 SiO_2，有石英、鳞石英和方石英三种同质多像变体，都是玻璃结石常见的以高温变体形态出现的低温型变体。

（1）石英是粉料结石中常见的，在硅砖结石中亦偶见其存在，多呈不规则粒状，常有不规则裂纹（称为龟裂），玻璃中一般不会析出石英晶体。在粉料结石和硅砖结石中，石英的特征略有不同：粉料结石中石英颗粒一般均被熔蚀成浑圆状（图 8-21），常有龟裂（见图 8-6），颗粒边缘和裂缝中多被偏方石英化，由于方石英的折射率低，使石英呈突起的孤岛粒状分布在其中，结石周围的玻璃比较清洁，有时出现以石英颗粒为中心，放射状分布着鳞石英或方石英骸晶状析晶成玻斑析晶结构（见图 8-19）；硅砖结石中石英少见，多呈孤立岛状被鳞石英及方石英和其他杂质包围（图 8-22）。

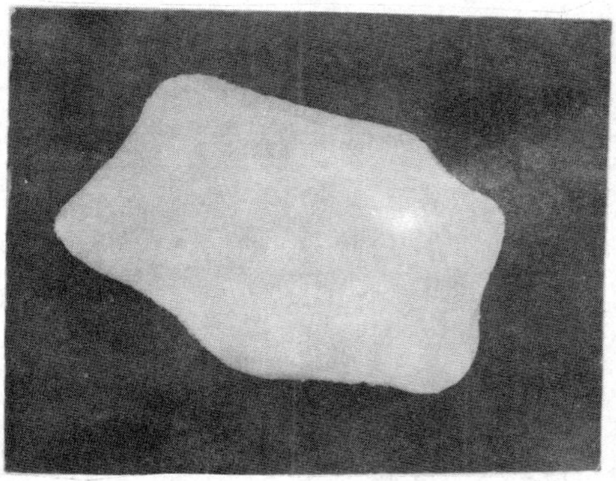

图 8-21　粉料结石中石英

正交偏光　　120×

图 8-22　硅砖结石中残余石英

单偏光　　250×

（2）鳞石英在三类结石中均会出现，在不同结石中会出现两类不同形态：在石英粉料结石和硅砖结石中，由多晶转变形成的鳞石英呈矛头鳞片状，具有矛头状双晶（图 8-7 和图 8-23），经重结晶作用将鳞石英长大成管柱状或长板状（图 8-24），并具有简单的板状双晶，而从玻璃中析出的则呈六方雪花状骸晶（图 8-25）和羽毛状骸晶（图 8-26），前者只出现在析晶结石中，而后者在三类结石中均会出现。

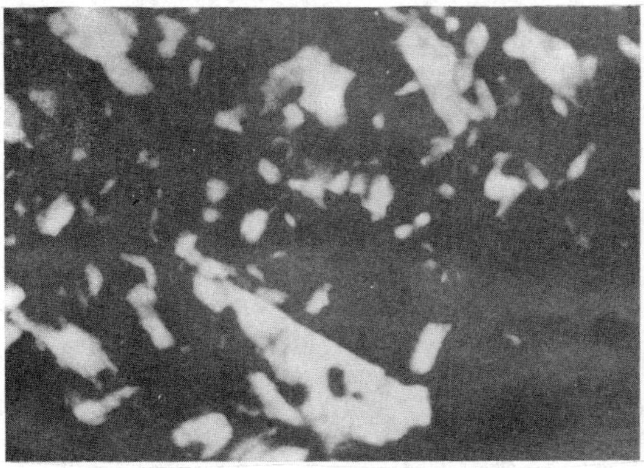

图 8-23　矛头鳞片状鳞石英

正交偏光　　250×

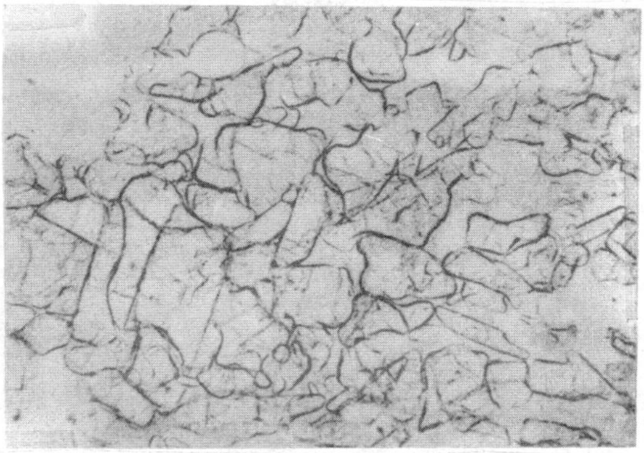

图 8-24　长板柱状鳞石英

正交偏光　　250×

图 8-25　雪花状鳞石英析晶

单偏光　　400×

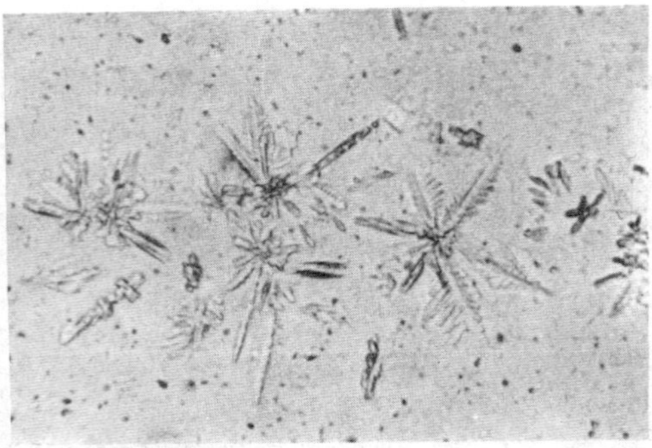

图 8-26　羽毛状鳞石英析晶

单偏光　　332×

(3) 方石英在三类结石中亦都会存在，有两类形态：在硅砖结石及部分石英粉料结石中可出现由多晶转变所得的呈蜂巢状(图 8-27)、黍粒状(图 8-28)和粗粒状集合体；而从玻璃中析出的方石英多呈十字骨架状骸晶(图 8-29)或航船状骸晶(图 8-30)，前者在三类结石中均会出现，而后者主要存在于耐材析晶结石中。

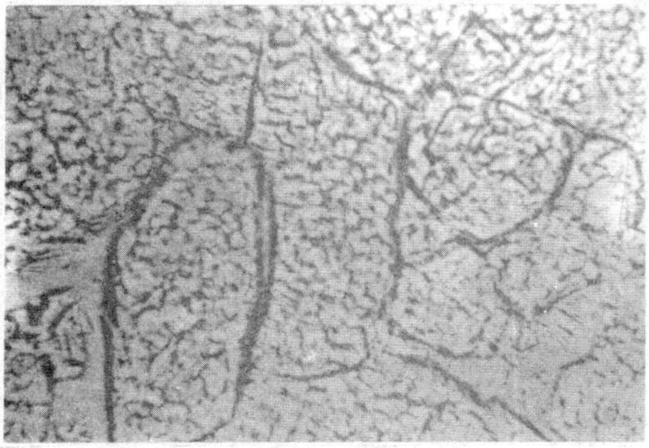

图 8-27　蜂巢状方石英

单偏光　　250×

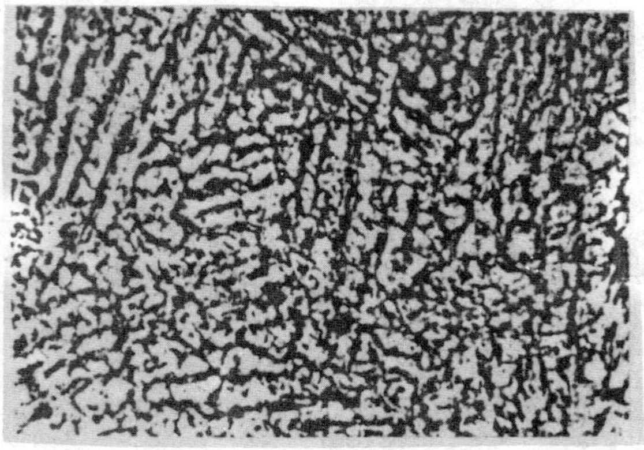

图 8-28　黍粒状排列的方石英

单偏光　　250×

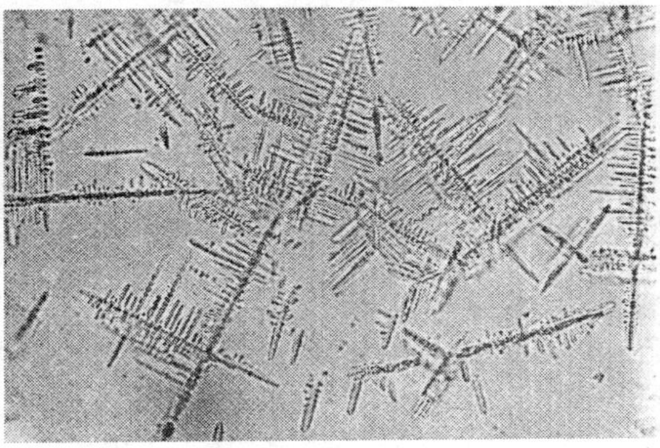

图 8-29　十字状方石英

单偏光　　125×

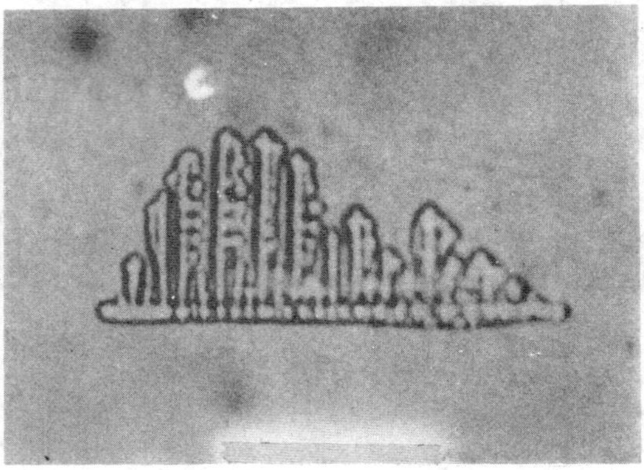

图 8-30　帆船状方石英

单偏光　　400×

2. 铝氧类组成相

玻璃结石中铝氧类晶体有刚玉（$2Al_2O_3$）和β铝氧（β-Al_2O_3）两种，都是铝质和铝硅质耐火材料结石中常见的，γ铝氧不会出现。

（1）刚玉（Al_2O_3）是铝氧稳定相α-Al_2O_3，理想形态为六方短柱状，结石中有原生、次生和析晶三种存在形式。

原生刚玉是由耐火砖碎片带入相应结石中的，在刚玉砖和锆刚玉砖结石中为结合在一起的常保留原砖结构的粒状（图8-31），高铝砖结石和莫来石砖结石中则以细小粒状分散于针状莫来石之间，因其他成分被熔融而单个呈熔蚀结构散落在玻璃体内（图8-32）。

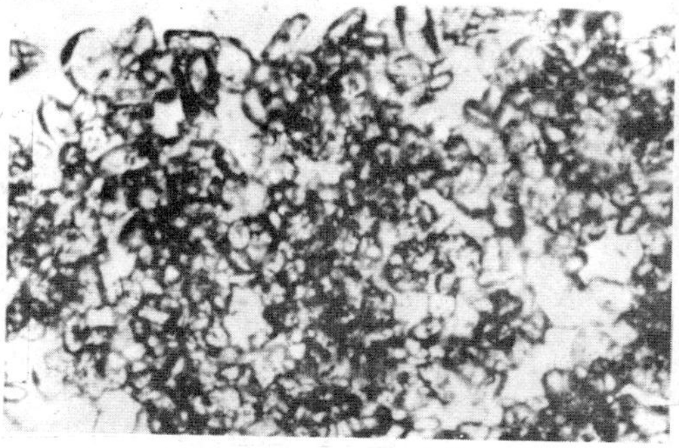

图8-31 刚玉砖结石中的原生刚玉
单偏光 250×

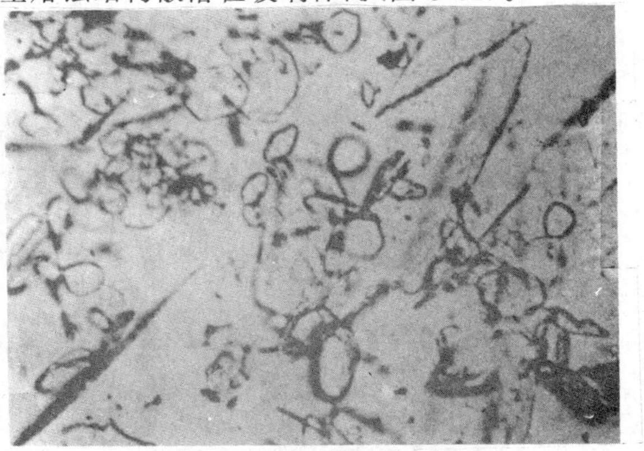

图8-32 残留在玻璃中的原生刚玉
单偏光 250×

次生刚玉是以莫来石为主晶相的耐火砖在碱金属的促进下，由莫来石分解的Al_2O_3单独结晶成短柱状晶体，分布在结石颗粒周围（图8-33），常与β铝氧、莫来石等伴生。

图8-33 耐材析晶结石中原生刚玉和板状β-铝氧
单偏光 250×

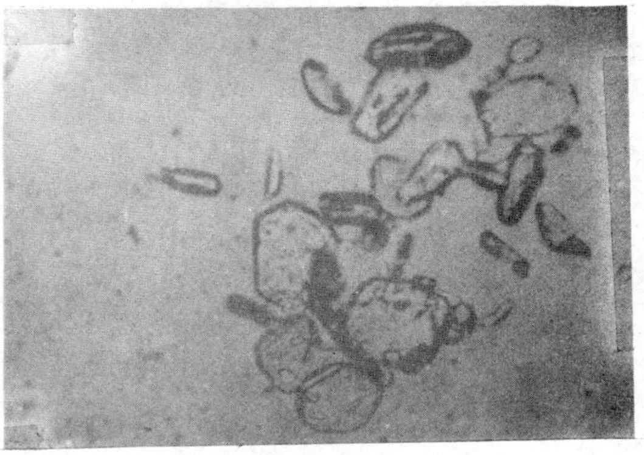

图8-34 耐材析晶结石中析晶刚玉
单偏光 250×

析晶刚玉是在铝质及铝硅质耐火砖结石周围玻璃中析出的六方片状或短柱状刚玉的自形晶，亦常与六角片状β-铝氧及针状莫来石伴生（图8-34）。

三种刚玉的区别在于：原生刚玉主要生在结石颗粒内及附近玻璃中，具有熔蚀结构；次生刚玉是出现在结石颗粒附近玻璃中的自形晶，无熔蚀现象；析晶刚玉与次生刚玉类似，只是晶体周围没有结石颗粒出现。

(2) β 铝氧[$(Na,K)_2O \cdot 11Al_2O_3$]是含碱金属的氧化铝，形态与刚玉相似，在薄片中无色透明，正中突起，折射率 $No=1.678$，$Ne=1.635$，双折射率 $\Delta N=0.043$，干涉色较高，平行消光，一轴晶负光性。主要存在于耐火砖结石周围的玻璃中，常呈六方片状及长板状析晶(见图 8-33 和图 8-34)。

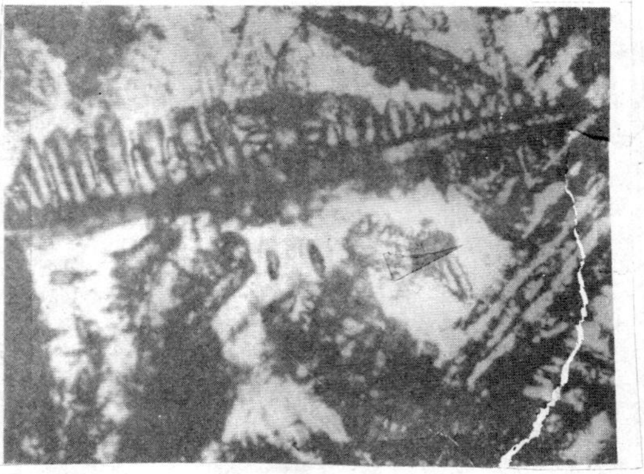

图 8-35 AZS 砖结石中原生斜锆石
单偏光 250×

3. 斜锆石(ZrO_2)

斜锆石属单斜晶系，存在于含锆耐火砖结石中，在薄片中呈灰色透明，正突起极高，在玻璃结石中有原生和析晶两种存在形式。

(1) 原生斜锆石是由含锆耐火砖碎片带入结石的，基本上仍保留原砖的结构，呈卵状颗粒，互相集合成串珠状分布在莫来石或刚玉等相之间(图 8-35)；当耐火砖其他成分被熔蚀后，将残留在玻璃中呈由卵形晶粒连成的串珠状分布在玻璃体内(图 8-36)。

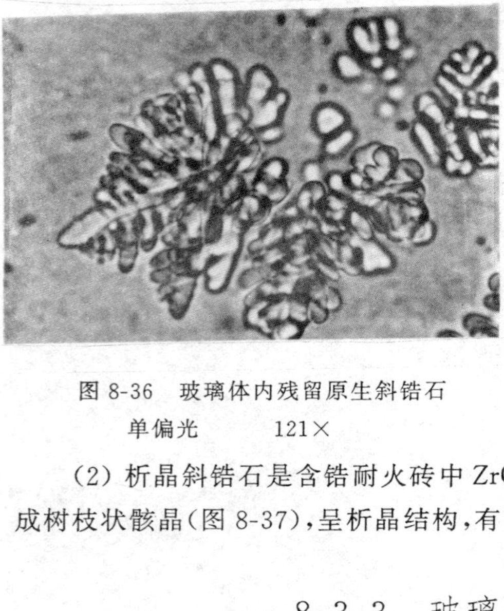

图 8-36 玻璃体内残留原生斜锆石
单偏光 121×

图 8-37 玻璃中析出的树枝状斜锆石
单偏光 63×

(2) 析晶斜锆石是含锆耐火砖中 ZrO_2 被熔入玻璃液后再从玻璃体内析出的晶体，一般成树枝状骸晶(图 8-37)，呈析晶结构，有时与刚玉、莫来石、β-铝氧、霞石等伴生。

8.3.3 玻璃结石含氧盐类组成相

在钠钙硅酸盐玻璃结石中常见的含氧盐晶体有硅酸盐、铝硅酸盐及其他三类。

1. 硅酸盐类组成相

钠钙硅玻璃结石中常见的硅酸盐晶体有：硅灰石、假硅灰石、失透石、透辉石、锆英石等，除锆英石是粉料结石矿物外，其余大都存在于析晶结石中，个别与硅砖结石有关。

(1) $CaSiO_3$ 有低温型(β 型)硅灰石和高温型(α 型)假硅灰石两种变体，均属单斜晶系，转化温度为 1180℃。析晶结石中常见的是硅灰石，在硅砖结石中亦会出现；高温析出相为假硅灰石。

硅灰石和假硅灰石在薄片中均无色透明，正中突起不同处在于：硅灰石的双折射率 $\Delta N=0.013$，一级黄干涉色，二轴晶负光性；假硅灰石的双折射率 $\Delta N=0.044$，二级干涉色，二轴晶正光性。前者是钠钙硅酸盐玻璃中常见的析晶，多呈针状或长柱状，见图 8-13 和图 8-38，亦可呈放射状或扇羽状集合体（图 8-39）；硅砖结石中呈细小的长柱状。在高钙的钠钙硅酸盐玻璃中常见假硅灰石的自形晶析出，一般呈六方片状（图 8-40）。

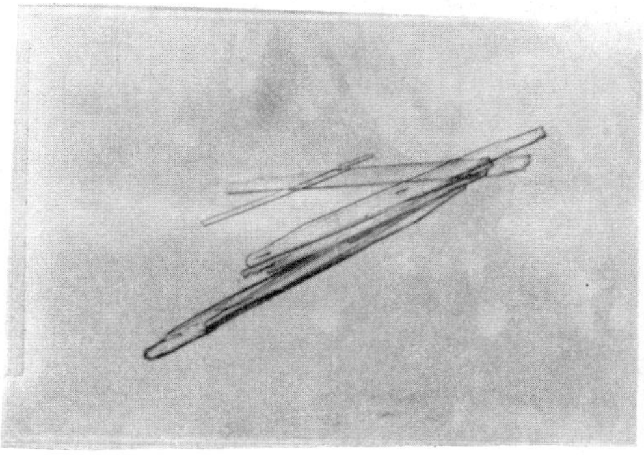

图 8-38　长柱状硅灰石析晶

单偏光

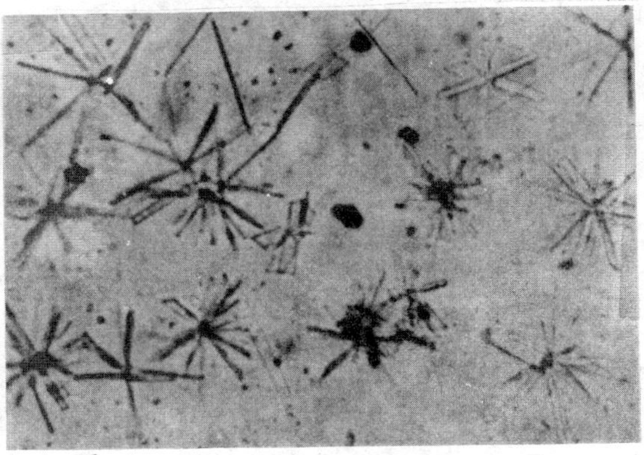

图 8-39　针状硅灰石放射状集合体析晶

单偏光

图 8-40　六方片状假硅灰石析晶

单偏光　　400×

图 8-41　扫把状失透石析晶

单偏光　　121×

(2) 失透石（$Na_2O \cdot 3CaO \cdot 6SiO_2$）是钠钙硅酸盐玻璃析晶的标型相，属单斜晶系，长针状，一般呈扫把状集合体（图 8-17 和图 8-41），有时在硅砖结石和白泡石结石中亦会出现。失透石在薄片中无色透明，折射率 $Ng=1.579$，$Nm=1.570$，$Np=1.564$，正中突起，干涉色一级橙黄，双折射率 $\Delta N=0.015$，平行消光，正延性，二轴晶正光性。

(3) 透辉石（$CaO \cdot MgO \cdot SiO_2$）属于单斜晶系，在薄片中无色透明，正高突起，二级蓝干涉色，消光角 $Ng \wedge C=37 \sim 40°$，二轴晶正光性，光轴角 $2V=54 \sim 60°$。透辉石从玻璃中析出的为长柱状和针状（图 8-42），常呈放射状或网状集合体（图 8-43）。

(4) 锆英石（$ZrO \cdot SiO_2$）是四方晶系，为熔点高（约 2430℃）的难熔矿物，在结石中仍保留着破碎时的棱角粒状，仅稍有熔蚀现象（见图 8-9）。在薄片中无色透明，正极高突起，折射率 $Ne=1.990$，$No=1.930$，干涉色高于三级，双折射率 $\Delta N=0.060$，一轴晶正光性。

2. 铝硅酸盐类组成相

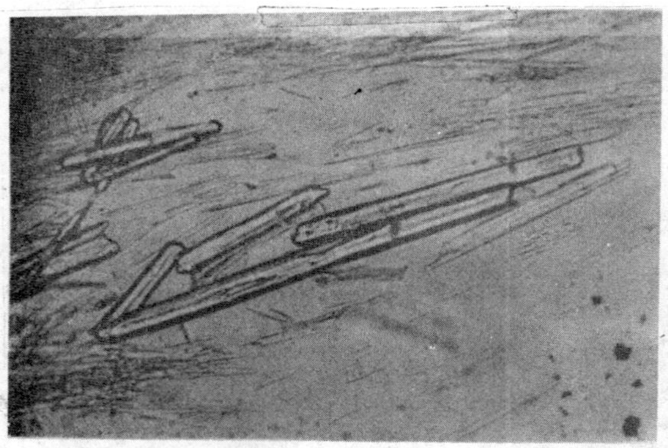

图 8-42　针状透辉石析晶
单偏光　　250×

图 8-43　放射状透辉石集合体
单偏光　　173×

钠钙硅酸盐玻璃中常见的铝硅酸盐类晶体有莫来石、霞石、三斜霞石、钾霞石、钠长石、正长石、钙长石、黄长石及白榴石等，均与含铝耐火砖有关。

(1) 莫来石($3Al_2O_3 \cdot 2SiO_2$)属斜方晶系，结石中一般为细小的针状，有时长成长柱状，多呈网状集合体，在薄片中无色透明，粗粒常具有明显带绿色多色性，正中突起，折射率因组成变化将在一定范围内波动，干涉色亦可从一级黄变到二级黄，平行消光，正延性，二轴晶正光性。莫来石在玻璃结石中亦有三种存在形式：原生莫来石是由耐火砖碎片带入结石的，在粘土砖及高铝砖结石中为由细小针状互相交织成网状存在于熟料颗粒及基质玻璃相中；莫来石砖结石颗粒中则为互相交织成网的粗大长柱状集合体(图 8-44)。

图 8-44　莫来石砖结石中长柱状原生莫来石
单偏光　　250×

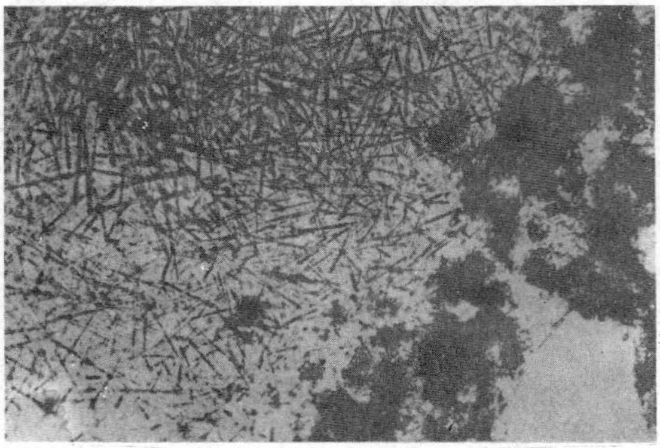

图 8-45　粘土砖结石周围针状析晶莫来石
单偏光　　250×

次生莫来石是在高温碱金属参与下原生莫来石重结晶长大形成的，亦交织成网状，主要出现在富铝耐火砖结石与玻璃相接触带附近(图 8-45)。

析晶莫来石是在富铝耐火砖结石周围玻璃中析出针状晶体，有时呈网状集合体，亦可与 β-铝氧、刚玉等伴生，与次生莫来石无明显区别。

(2) 霞石类晶体有霞石、三斜霞石及钾霞石，都是钠钙硅酸盐玻璃与含铝耐火材料在高温条件下反应的析晶相。三斜霞石是霞石的高温变体，二者转变温度为 1248℃；钾霞石是 K_2O 含量较高的玻璃中的析晶相。

霞石($Na_2O \cdot Al_2O_3 \cdot 2SiO_2$)属六方晶系，多在铝硅质耐火砖结石周围呈析晶结构，呈六方片状和板状、羽毛状(图 8-46)，常呈阶梯状集合体(图 8-47)。霞石薄片中无色透明，负低突起，一级灰干涉色，平行消光，负延性，一轴晶负光性。

图 8-46　羽毛状霞石析晶
正交偏光　　400×

图 8-47　板状霞石析晶呈阶梯状集合体
正交偏光　　400×

三斜霞石属三斜晶系，折射率更低，斜消光，具有特征性的复杂聚片双晶，二轴晶负光性。它的出现是从玻璃熔窑高温部位侵蚀下来迅速冷却的结果。

钾霞石($K_2O \cdot Al_2O_3 \cdot 2SiO_2$)属斜方晶系，只出现在 K_2O 含量高的钠钙硅酸盐玻璃液与铝硅质耐火砖接触反应带，一般不多见，呈假六方板状或针状，折射率较低，一级黄白干涉色，平行消光，二轴晶负光性。

(3) 长石类晶体在玻璃结石中出现不多，可能出现的有钠长石($Na_2O \cdot Al_2O_3 \cdot 6SiO_2$)，钾长石($K_2O \cdot Al_2O_3 \cdot 6SiO_2$)，钙长石($CaO \cdot Al_2O_3 \cdot 2SiO_2$)等，均与铝硅质耐火砖结石有关。

钠长石属三斜晶系，呈长条状，薄片中无色透明，有聚片双晶，二轴晶正光性，是霞石在高温条件下与玻璃液中 SiO_2 反应的产物。它表明耐材碎片被侵蚀时间较长。

钾长石属单斜晶系，是钾霞石在高温条件下与玻璃液内 SiO_2 组分反应生成的。它还可生成白榴石($K_2O \cdot Al_2O_3 \cdot 4SiO_2$)。

在玻璃结石中钠长石常与霞石、β 铝氧等伴生，而与钾长石伴生的为钾霞石、白榴石、β 铝氧等。它们都是耐材析晶结石的组成相，亦存在于耐火砖结石斑晶周围的玻璃体内。

3. 其他含氧盐组成相

(1) 芒硝(Na_2SO_4)是粉料结石的组成相，属斜方晶系，在薄片中呈鱼雷形云雾状(见图 8-8 和图 8-48)，无水芒硝的折射率低于玻璃，负高突起，正交偏光下有恒平行目镜十字丝的黑十字消光影，二轴晶正光性。

(3) 磷酸钠钙(β-$NaCaPO_4$)是含磷粉料结石的组成相，在薄片中无色透明，正中突起，一级橙黄干涉色，平行消光，负延性，一轴晶负光性。磷酸钠钙在结石中为具熔蚀结构的六方板状，常由多个六方板状晶体连接成树枝状或鱼骨状的集合体(见图 8-1 和 8-49)。

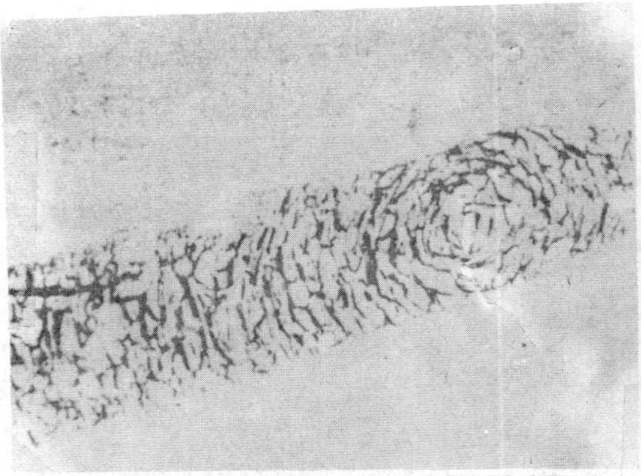

图 8-48 粉料结石中云雾状芒硝
单偏光 400×

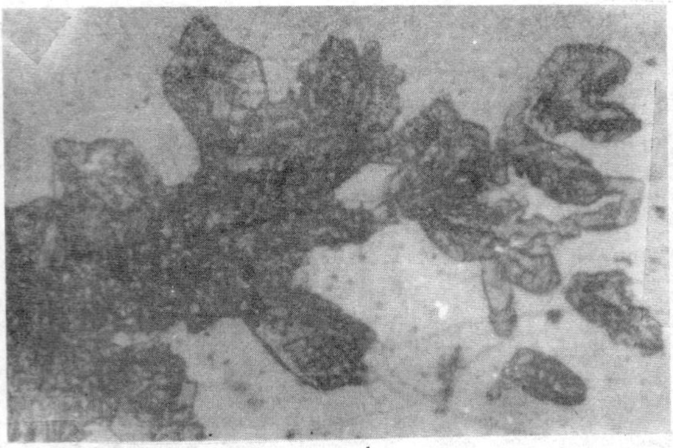

图 8-49 粉料结石中 β 磷酸钠钙
单偏光 52×

8.3.4 其他组成系统玻璃结石的组成相

在其他系统玻璃中亦会出现各自的结石缺陷，这些结石由不同结晶相组成，可能出现的晶体还有多种。随玻璃的化学组成和生产工艺的变化，将出现不同的矿物晶体组成结石。例如，在钠钡硅酸盐显像管玻璃及铅钡玻璃中会析出如图 8-50 和图 8-51 所示的二硅酸钡 $BaO \cdot 2SiO_2$ 晶体；卤化物玻璃会析出氟化锆钡 $BaZrF_6$ 晶体（图 8-52 和图 8-53）；氟磷酸盐玻璃中会有磷酸镁 $Mg(PO_4)_2$ 晶体析出（图 8-54），在硒玻璃中会有球状析晶（图 8-55）等等。因生产的方法和工艺条件的差异，同种晶体的形态亦会是多样的，这里就不逐一介绍了。

图 8-50 钠钡硅酸盐玻璃中二硅酸钡析晶
正交偏光 100×

图 8-51 铅钡玻璃中二硅酸钡析晶
正交加石膏 100×

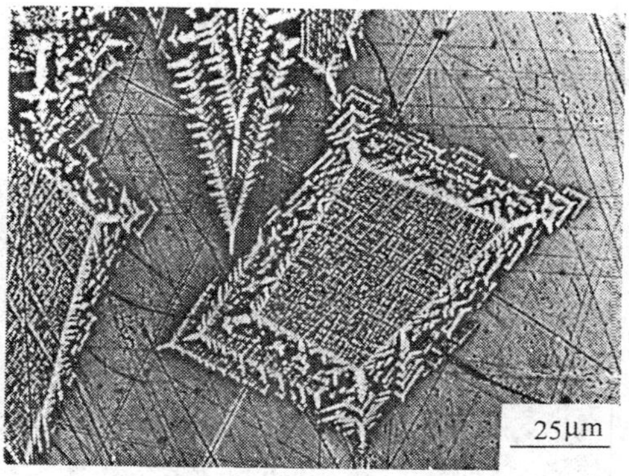

图 8-52　卤化物玻璃中 $BaZrF_6$ 析晶
SEM

图 8-53　卤化物玻璃中 $BaZrF_6$ 析晶
正交偏光　　125×

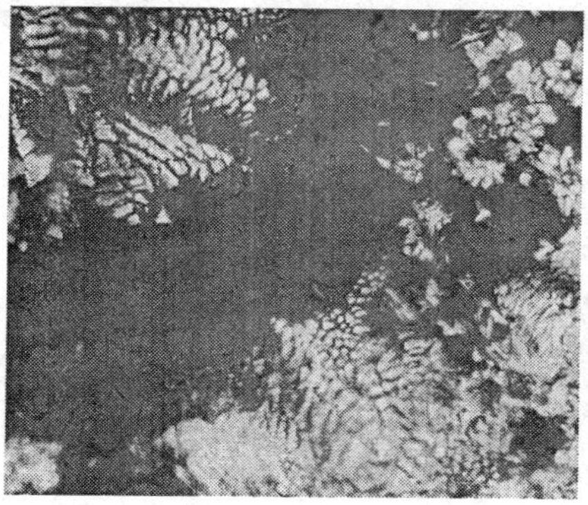

图 8-54　磷酸盐玻璃中磷酸镁析晶
正交加石膏　　100×

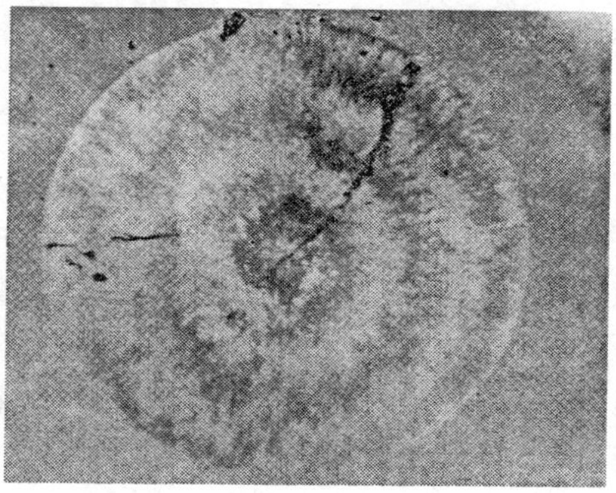

图 8-55　硒玻璃中球状析晶
反光斜交　　510×

§8.4　非晶态缺陷的显微结构

除结晶质缺陷——玻璃结石以外，在玻璃体内还会存在气泡、玻璃状夹杂物、残余内应力、玻璃分相等非晶态缺陷。在偏光显微镜下对之亦可进行分析和研究。

8.4.1　玻璃体内的气相包裹物——气泡

玻璃体内气态夹杂物通称为气泡，一般呈球形、椭球形及细长纺锤形。它与气泡的成因、玻璃液流动情况有关。气泡内可以含 O_2、H_2、H_2O、CO、CO_2、SO_2、SO_3、H_2S、NO_2、N_2 或空气等气体，少数亦可是真空的。气泡的大小、数量及分布等均是显微结构分析的内容。

1. 玻璃中气泡的成因类型

根据玻璃体内气泡的成因可分为残留气泡、二次气泡、耐材气泡和机械气泡四类。

(1) 残留气泡　玻璃配合料在升温过程中，多种原料将分解出大量气体，投料时亦会带入大量空气，绝大部分气体在高温熔化及澄清阶段已排出，尽管如此，在玻璃体内总会存在少数单个分散的气泡，这称为残留气泡。它一般呈圆球形，在玻璃液流动过程中可被拉成椭球状或纺锤状（图 8-56）；在气泡内壁还会析出与玻璃或气体组成有关的晶体。

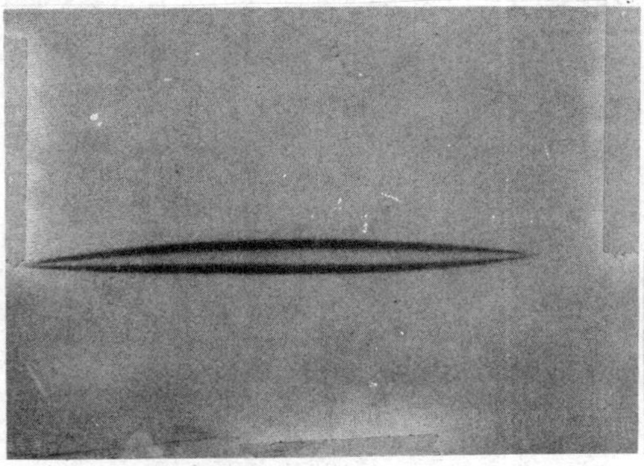

图 8-56 玻璃体内残留气泡
单偏光 56×

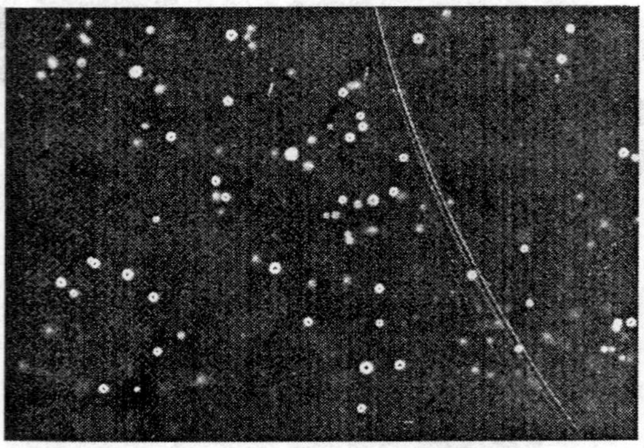

图 8-57 含钡玻璃重新加热时产生的再生气泡
透光负片 7×

（2）二次气泡 澄清后部分气体溶解于玻璃液中处于气液相对平衡状态，冷却过程中一般不会重新析出而成气泡，如果外界条件变化使之失去这种相对平衡，就会重新析出气体而形成气泡，这称为“二次气泡”。它一般均为密集分布的粒径小于 0.1mm 的圆形气泡，称为“灰泡”，如图 8-57 所示。玻璃中灰泡一出现就难以排除，在制造玻璃时必须严格控制温度压力，防止二次气泡的产生。

（3）耐火材料气泡（简称耐材气泡） 玻璃熔窑工作面或耐火砖碎片落入玻璃液内将改变玻璃液的组成，破坏气液的相对平衡而放出气体，或者耐火砖内残留的及带入的空气均会构成气泡，称为耐材气泡。它一般处在耐材结石及玻璃泡附近（图 8-58），或玻璃熔窑炉壁附近的玻璃体内，通常孤立存在，在气泡周围的玻璃中常存在杂质或颜色。

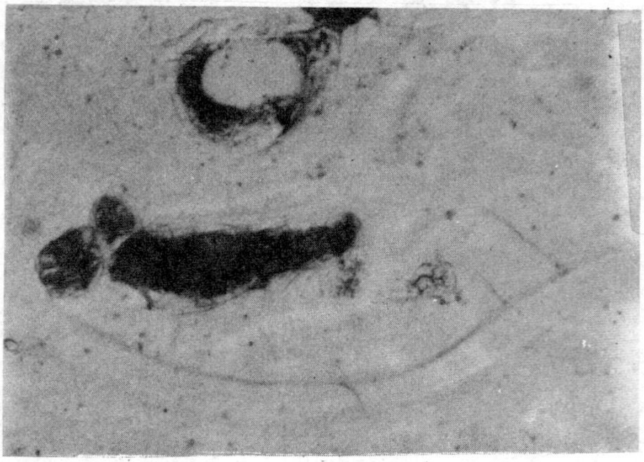

图 8-58 玻璃内的耐火材料气泡
单偏光 121×

（4）机械气泡 在玻璃液的搅拌或成型过程中带入空气，或铁件落入玻璃液中被氧化溶解而产生气体，由这种气体构成的气泡称为机械气泡。前者一般为异形的大气泡，而后气泡的周围玻璃常带褐色。

2. 显微镜下测定气泡成分

在偏光显微镜下除了观测玻璃中气泡的形状、大小、数量及分布外，还可测定气泡内气体的成分，帮助找出产生气泡的原因。

显微镜下测定气泡中气体成分的方法，称为泡径显微法。测定过程和原理为：将含气泡的玻璃试样磨至气泡一面壁厚小于 0.5mm，放入盛甘油的容器内，用钢针刺穿气泡壁使气体跑到甘油内形成小气泡，因甘油的粘度较大，气泡将缓缓浮起到预先放置的透明盖板底部，将盖板连同气泡一起取出置于显微镜下观察，测量该气泡的原始直径；再将气泡分别转移到吸收剂中，不同吸收剂将吸收气体中不同成分，分别测量经不同吸收剂吸收后气泡的直径；最后根据气泡的原始直径与每次吸收后气泡的直径比，计算出气体中不同成分的含量，最终剩下的气体为氮气(N_2)，详细可参考有关玻璃工艺的书籍。

8.4.2 玻璃体内的玻璃态夹杂物

玻璃体内非晶态玻璃状夹杂物缺陷有相互关联的玻筋、玻璃条纹和玻璃泡三类。在钠钙硅酸盐玻璃中，按主要成分可归纳为硅质和铝硅质两类。由于硅质非晶态玻璃相的粘度较小，易于均化，形成非晶态缺陷的机会不大，一般不会出现硅质玻璃泡。

1. 玻璃态夹杂物种类

玻璃夹杂物主要是由于耐火砖碎片在高温条件下被熔化而未能完全均化形成的，有时原料亦会形成程度不同的玻璃泡、玻璃条纹和玻筋三类。在任何情况下都不允许玻璃泡存在，在一般玻璃制品中不能具有明显的玻璃条纹，而在光学玻璃中连玻筋都不允许存在。

(1) 玻璃泡是耐火砖结石在高温玻璃液中被熔化未均匀而成的团块(图 8-59)(又称玻璃结瘤)，耐火砖被熔蚀的液滴和难熔原料有时亦可以形成小型玻璃泡。由于玻璃泡与周围玻璃在组成和结构上相差甚大，温度变化时二者间的力学行为也不相同，在玻璃泡内常出现如图 8-60 显示的不规则裂纹。

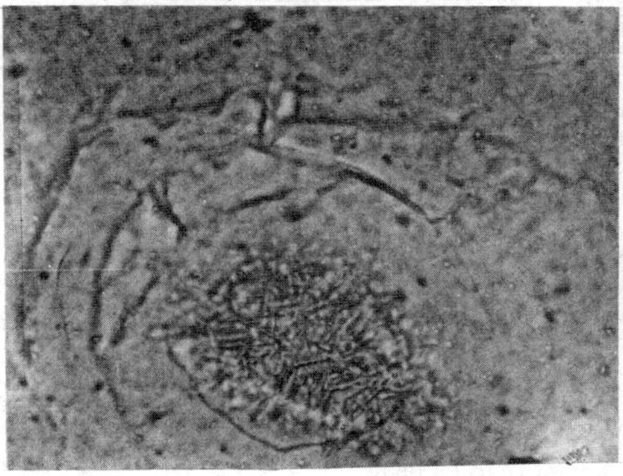

图 8-59 耐火砖碎片形成的玻璃泡缺陷
单偏光

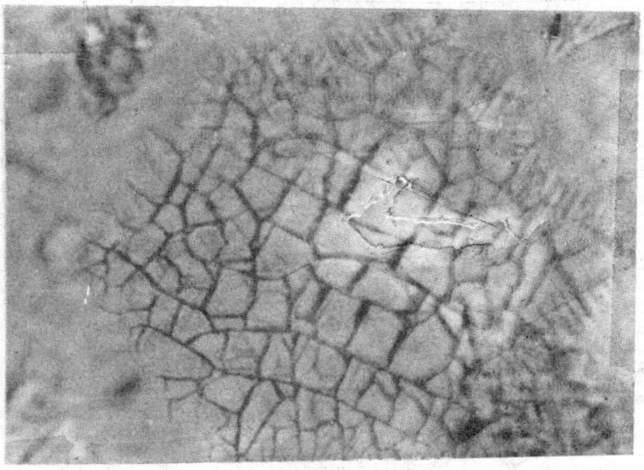

图 8-60 玻璃泡内的破碎裂纹
单偏光 121×

(2) 玻璃条纹是在流动、搅拌或成型过程中，玻璃泡或局部组成不均匀被拉成条带状非晶态夹杂物(图 8-61)，其分布方向一般与玻璃液的流动方向有关。

(3) 玻筋是在冷却成型过程中组成未充分均化的玻璃液形成的不明显的细微条状缺陷。玻璃条纹较粗而明显条状不均。玻筋主要影响制品的光学性质，对其他性质的影响不突出。

2. 硅质玻璃态夹杂物

硅质玻璃态夹杂物来源有原料和耐火材料两类。

配合料混和不均或投料时发生分层，均可造成难熔石英砂相对集中，使之在高温条件下熔化速度较慢，SiO_2 比较集中，在正常生产工艺中常没有足够均化而形成富硅玻璃，在玻璃液流动过程中将多被拉成玻璃条纹或玻筋，富硅玻璃泡少见。

硅质耐火砖结石被熔化或硅砖熔化的弦滴落入玻璃液中未被均化，结果形成硅质玻璃泡及硅质玻璃条纹，因硅砖中有较多的铁质成分，所以玻璃泡或玻璃条纹及其附近的玻璃均会出现黄绿色痕迹。

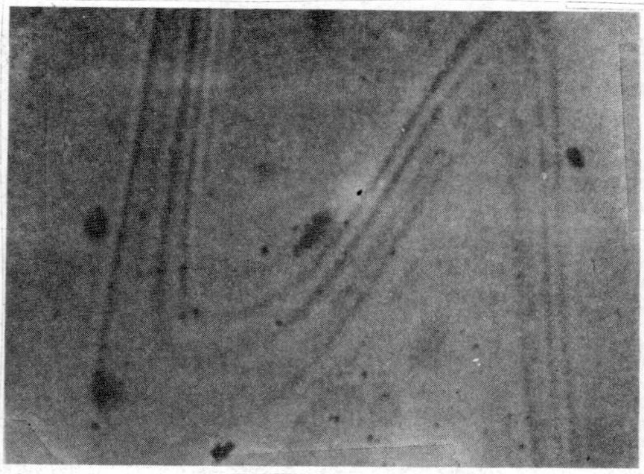

图 8-61　玻璃条纹的显微照片
单偏光　　121×

3. 铝硅质玻璃态夹杂物

铝硅质玻璃泡、条纹和玻筋主要是由铝硅质耐火材料造成的，粘土杂质的混入亦会形成这类缺陷。富铝玻璃液具有较大的粘度和表面张力不易被均化而常形成玻璃泡，玻璃制品中大型玻璃泡基本上都是铝硅质耐火材料造成的，在流动过程中则形成富铝玻璃条纹和玻筋，有时在玻璃泡中还会产生霞石、β 铝氧、莫来石等析晶(图 8-62)，在含锆的玻璃泡中则会析出树枝状斜锆石。

图 8-62　玻璃泡中 β 铝氧和莫来石的析晶
单偏光　　250×

4. 玻璃态夹杂物的显微镜研究

研究玻璃态夹杂物的目的是通过了解化学组成而确定其成因类型，进而采取有效措施防止其形成。在光学显微镜下有：折射率的测定、应力检验和化学腐蚀等，用电子显微镜进行能谱分析和电子探针微区分析等。

化学成分存在差异就具有不同的折射率，富硅玻璃的折射率略小于钠钙硅酸盐玻璃，而富铝玻璃的折射率稍大于玻璃的折射率，用油浸法测量各自的折射率即可进行区分，钠钙硅酸盐玻璃的折射率在 1.540 左右。

由于氢氟酸(HF)对 SiO_2 和 Al_2O_3 的溶解速度和溶解率不同，将具有玻璃泡或玻璃条纹的玻璃置于氢氟酸内一定时间后取出洗净，富硅部分被腐蚀成凹槽，而富铝夹杂物相对地突起。

8.4.3　玻璃体内其他非晶态缺陷

在玻璃材料和其他材料的玻璃相中，还会有局部应力不均、组成分相等非晶态缺陷。

1. 局部应力不均

退火不良的玻璃体内将存在残余应力，这是玻璃制品的严重缺陷，在正交偏光镜间将出现干涉色，根据干涉色的级序，即可确定残余应力的大小和分布。

由于组成的微观不均匀和调整、热扩散，结构基团的迁移和偏转等原因，亦会产生结构应力的局部不均，在正交偏光下，将出现如图 8-63 中的十字形消光干涉效应，十字消光恒平行于上下偏光镜的振动方向;球形玻璃应力将形成如图 8-64 所示的干涉图像。

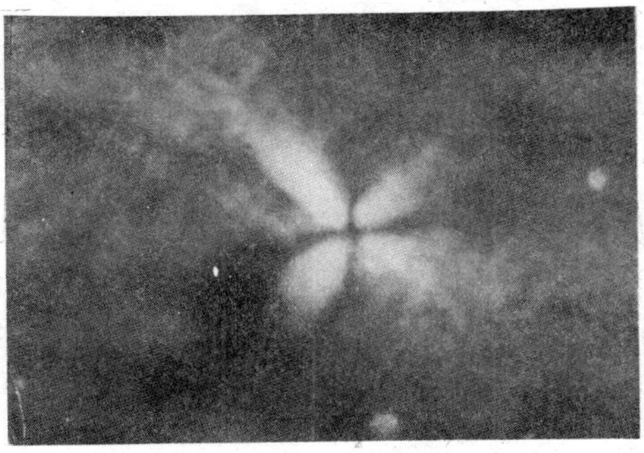

图 8-63　玻璃内局部结构应力引起的干涉及十字消光效应的显微结构
正交偏光　　250×

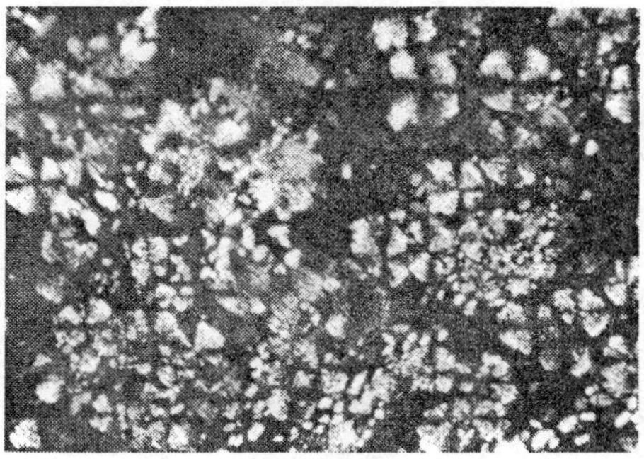

图 8-64　球形玻璃相的应力干涉图
单偏光　　121×

2. 玻璃的分相

大多数玻璃材料均是多组分的混合体系,在一定的热力学条件下呈均匀的混合体,在温度降低时不同组成的混溶度亦将下降,某种组分在局部将相对富集,相邻局部相对减少,这种现象称为玻璃分相。在硅酸盐系统玻璃中出现富硅相和贫硅相的结构。玻璃分相结构是在玻璃相内呈现球状、点滴状、蠕虫状,如图 8-65 和图 8-66 所示,亦可互相连接成连通状,有时在一次分相的基础上还会发生二次分相。玻璃分相的鉴别主要用高分辨率电子显微镜、X 射线小角散射和主散射等方法检测。

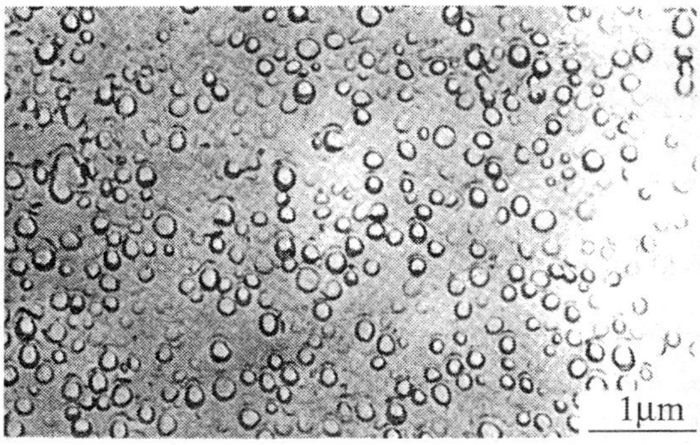

图 8-65　$CaO-Al_2O_3-SiO_2$ 系统玻璃中看到的球滴状分相形貌
SEM

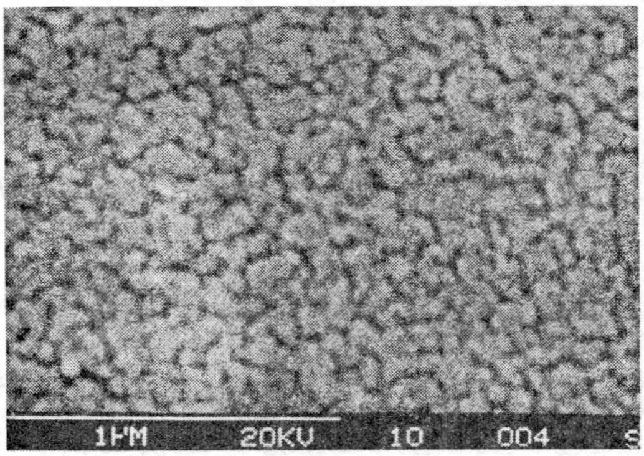

图 8-66　$CaO-Al_2O_3-SiO_2$ 系统玻璃中的蠕虫状分相形貌
SEM

玻璃分相对某些玻璃制品可视为一种非晶态缺陷,而对制造另一些玻璃材料则是有益的,常需要创造条件促使玻璃产生分相。例如,陶瓷的分相釉,微晶玻璃在热处理微晶化初期产生分相成核作用,制造微孔玻璃材料等。

§8.5 微晶玻璃的显微结构

添加微量晶核剂制成的母体玻璃，在一定温度条件下热处理形成由小于 1μm 晶体和玻璃相均匀分布的材料，称为微晶玻璃。微晶玻璃兼有玻璃和陶瓷的性能，因为组成晶体非常细小，所以对它用电子显微镜进行分析，分析的内容有三：①母体玻璃的缺陷；②母体玻璃在热处理过程中的显微结构变化及其规律；③显微结构特征对材料性能、质量及使用效果的影响。

8.5.1 微晶玻璃概况

微晶玻璃是具有特殊显微结构和性能的玻璃材料，在机械、化学及电学等性能方面均优于一般玻璃及其他材料，因此发展很快，并得到广泛运用。

1. 微晶玻璃的种类

微晶玻璃有多种，按所用原料分为技术和矿渣微晶玻璃；按晶化原理分为光敏和热敏微晶玻璃；按光学性质分为透明和不透明微晶玻璃；按所含氧化物分为含 Li_2O、含 Na_2O、含 MgO、含 B_{303}、含 PbO、无碱、无硅等微晶玻璃；按母体玻璃组成又分为硅酸盐、铝酸盐、硼酸盐、磷酸盐等微晶玻璃，在此不作详述。

2. 微晶玻璃的生产

根据显微结构及主要性能要求设计化学组成配方，再用不同原料和合适晶核剂制成混合料，在高温条件下熔制成熔体，冷却成型即得微晶玻璃的母体玻璃；母体玻璃经必要的加工处理，再在一定温度制度下进行热处理形成一定比例的细小晶体和玻璃相构成微晶玻璃材料。

可见微晶玻璃制品生产有三个阶段：一是母体玻璃制造，与一般玻璃制品生产工艺相似，只是在配合料中引入微量合适的晶核剂；二是对母体玻璃进行必要的加工处理，如制品形状修整、研磨和抛光，光敏玻璃的紫外线照射等；三是在一定温度制度下对母体玻璃进行热处理，使之发生相变化。它又可分为核化和晶化两个阶段。使母体玻璃内产生均匀分布晶核的核化过程，晶核长成微晶阶段的晶化过程，总称为微晶化过程，关键是引入合适的微量晶核剂使母体玻璃中形成均匀分布的晶核。

3. 微晶玻璃的晶核剂

玻璃在常温下处于介稳状态，条件合适时将发生结构不均匀或分相，甚至形成晶核。晶核分布是不均匀的，为了使晶核分布均匀，通常是引入特定的晶核剂与其他原料一起制成均匀的混合料，使形成的晶核分布均匀。根据成核的作用原理，晶核剂分为以下五类：

①过饱和晶核剂　在高温条件下晶核剂溶解并均匀地分布于母体玻璃内，在较低温度下溶解度即过饱和，从玻璃体内析出构成晶核，例如：Au、Ag、Cu 及氟化物、硫化物等。

②分相晶核剂　在高温条件下晶核剂均匀地熔化在母体玻璃中，在特定的热处理条件下使母体玻璃分相产生异性晶核，例如：TiO_2、P_2O_5、Al_2O_3 等。

③结构缺陷晶核剂　它是利用某些氧化物的缺陷结构，诱导母体玻璃以其为中心产生快速度核化的晶核剂，例如：TiO_2、SnO_2、MoO_3、WO_3 等。

④变价离子晶核剂　它利用过渡元素变价离子氧化物在玻璃中成为价电子的接受者，使玻璃结构中局部能量产生变化而成核，例如：V_2O_5、Fe_2O_3、Cr_2O_3 等。

⑤诱导析晶晶核剂　它是利用高电荷、高配位的阳离子氧化物在母体玻璃中容易析出的特点而成核的晶核剂，例如：ZrO_2、TnO、Ta_2O_5 等。

在不同组成的母体玻璃中，同种晶核剂的核化效果是不同的，对具体组成系统母体玻璃中晶核剂的选用，需要进行具体的研究和试验才能确定。

4. 微晶玻璃的热处理

微晶玻璃的母体玻璃在一定温度条件下进行热处理将发生一系列变化，最后得到预期的晶相和玻璃相。在最初阶段母体玻璃的结构将作微调，组成发生分相，易于产生非均一性晶核，称为玻璃的预结晶；随着时间的增长，将产生以晶核剂或分相介面为中心的介稳态晶核，玻璃体内开始形成结晶相，这称为核化；热处理继续下去晶核进一步生长成介稳相，玻璃体结构作进一步微调；热处理后期介稳态晶相转变为稳定的晶相，并继续结晶长大而成微晶玻璃，这称为晶化。

微晶玻璃的性质决定于析出晶体的种类、大小和数目及玻璃相的组成和数量，因此对玻璃成分的设计、晶核剂的选择和晶化处理都有严格的要求。通过核化和晶化过程可控制结晶体的大小和数量。可见，微晶玻璃的显微结构与晶化过程密切相关。

8.5.2　光敏微晶玻璃

引入微量溴化银（AgBr）为晶核剂，以 $Li_2O \cdot Al_2O_3 \cdot SiO_2$ 为主要成分熔制的母体玻璃用紫外光按特定图案照射使之局部感光，热处理后，紫外光照射感光部位变成具有设计图案的微晶玻璃，未经照射部位仍为母体玻璃，用氢氟酸将未晶化母体玻璃腐蚀掉，结果获得具体设计图案的微晶玻璃，称为光敏微晶玻璃。

在图 8-67 所示的 Li_2O-Al_2O_3-SiO_2 系统三元相图中，光敏微晶玻璃的化学组成为：Li_2O 15%～55%、Al_2O_3 2%～25%、SiO_2 60%～85%，三者之和不少于 90%，尚有少量的 K_2O、Na_2O、P_2O_5 等，组成点位于二硅酸锂（$Li_2O \cdot 2SiO_2$），锂辉石（$Li_2O \cdot Al_2O_3 \cdot 4SiO_2$）及鳞石英三晶相的低共熔点附近。

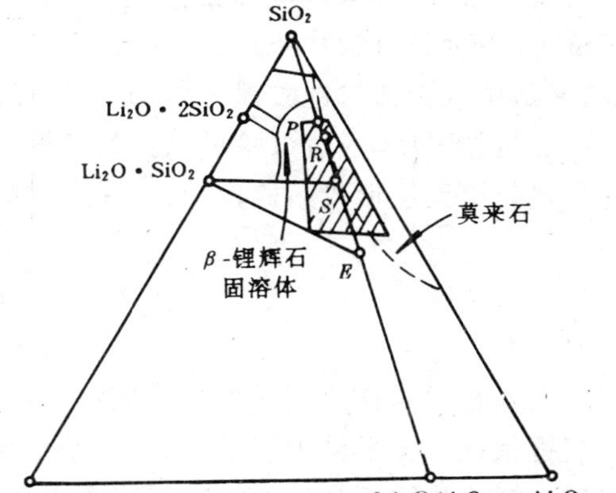

图 8-67　Li_2O-Al_2O_3-SiO_2 相图玻璃的组成区域

经紫外光照射的母体玻璃，在不同的热处理条件下将形成不同的显微结构，如图 8-68 所示：在 520℃热处理一小时，玻璃中即生成 26～53nm 左右细分散的介稳相偏硅酸锂晶核（图中 A）；温度升高时偏硅酸锂长大成椭圆形甚至柱状的微晶，偶见二硅酸锂柱状微晶（图中 B）；温度升达 725℃时，二硅酸锂柱状微晶大量生成，还有锂辉石（$Li_2O \cdot Al_2O_3 \cdot 4SiO_2$）微晶，偏硅酸锂晶体消失（图中 C）；在 820℃处理 1/2 小时，二硅酸锂晶体长大，并具有片状解理，解理方向平行晶体的延长方向（图中 D）。

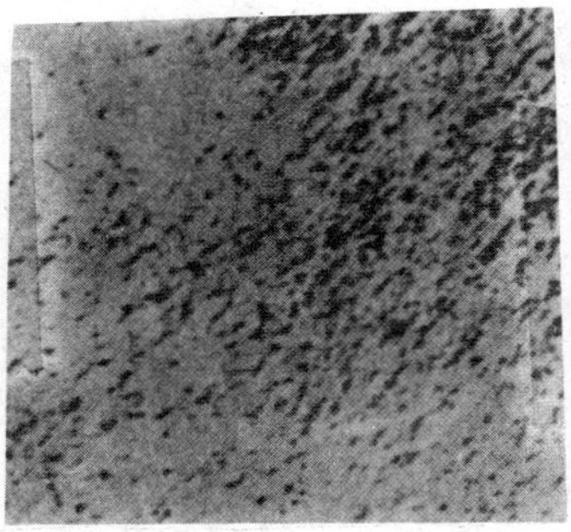

A. 520℃处理一小时

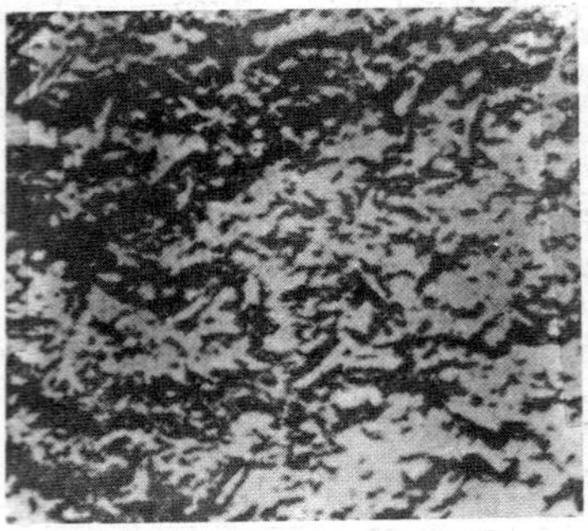

B. 570℃处理一小时

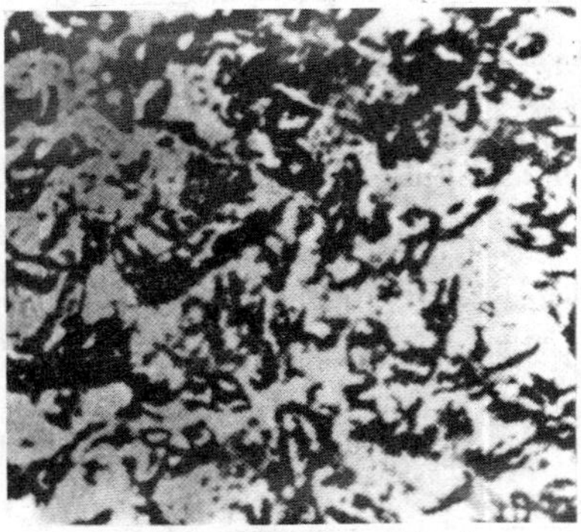

C. 725℃处理半小时

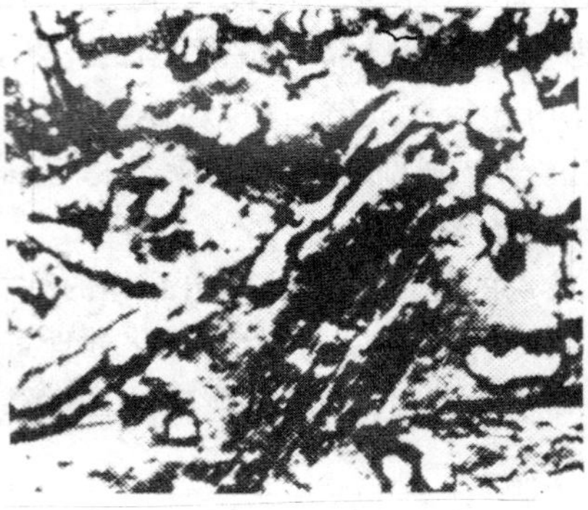

D. 820℃处理半小时

图 8-68　Li_2O-Al_2O_3-SiO_2 系统母体玻璃在不同热处理条件下形成的显微结构

透射电镜　　5000×

研究表明，经紫外线照射感光的部位，以溴化银为中心首先析出介稳相偏硅酸锂 $Li_2O \cdot SiO_2$，在生长过程中吸收 SiO_2 转变为二硅酸锂 $Li_2O \cdot 2SiO_2$，或在较高温度下熔入玻璃液，又从中可析出二硅酸锂晶体，显著地提高了微晶玻璃的强度。如果晶体长得太大会降低材料的机械强度，通过试验可以找到获得高强度的最佳热处理过程和条件。而未经紫外线照射的溴化银无法形成晶核，在热处理过程中仍为玻璃相。

8.5.3　热敏微晶玻璃

引入合适晶核剂制成的母体玻璃，直接进行热处理获得微晶玻璃，称为热敏微晶玻璃。改变锂铝硅酸盐母体玻璃的晶核剂，不经紫外光照射而直接进行热处理亦可制成热敏微晶玻璃。制造热敏微晶玻璃的母体玻璃还有 Li_2O-MgO-Al_2O_3，MgO-Al_2O_3-SiO_2，ZnO-Al_2O_3-SiO_2，BaO-Al_2O_3-SiO_2 和 Li_2O-ZnO-SiO_2 等系统。

现以 P_2O_5 为晶核剂的 Li_2O-ZnO-SiO_2 系统母体玻璃为例，说明在热处理过程中显微结构的变化，如图 8-69 所示。在 450℃热处理时母体玻璃将发生分相，出现珠球状富硅相玻璃（图中 A）；在退火上限温度下进行热处理分相就更显著（图中 B）；当在温度升高到 600℃保温时，从分相的母体玻璃中开始析出二硅酸锂针状晶体，并互相交织成网状排列（图中 C），晶体周围仍为未结晶的玻璃相，晶体呈高浓度的球粒状聚集体；当热处理温度升达 800℃

时，二硅酸锂晶体依然存在，但周界已不清晰，晶体内部发生明显变化，似有两相并存：一相是不规则颗粒的石英微晶，另一相仍为成分与母体玻璃不同的玻璃相(图中D)。这种微晶玻璃中存在较多的玻璃相，因此机械性能、热稳定性、化学稳定性等性能都不很好。

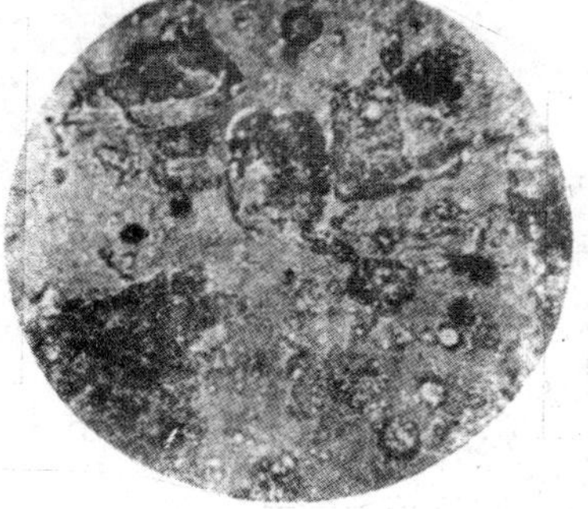

A. 正常退火温度(450℃)时母体玻璃开始分相(50K)

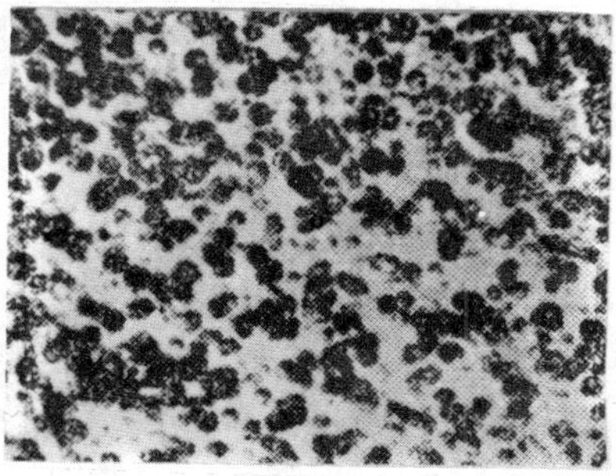

B. 退火上限温度时母体玻璃分相明显(50K)

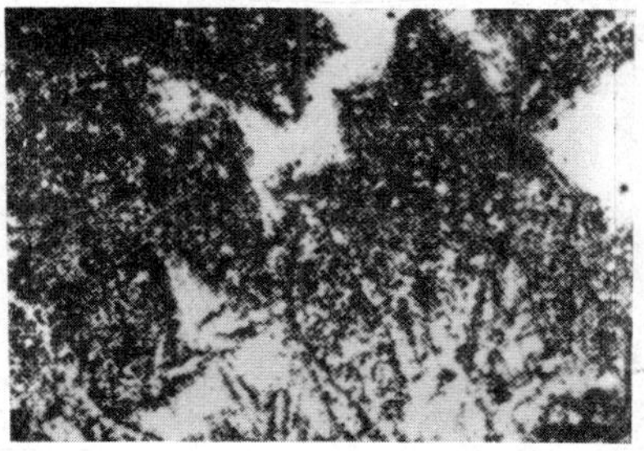

C. 600℃处理时析出针状二硅酸锂(5K)

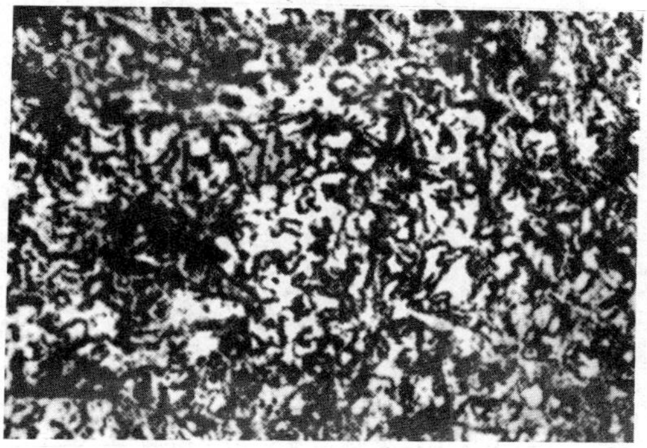

D. 经800℃处理的微晶玻璃结构(5K)

图 8-69　Li_2O-ZnO-SiO_2 系统母体玻璃在不同热处理条件下的显微结构

以 TiO_2 为晶核剂的 MgO-Al_2O_3-SiO_2 系统制成母体玻璃，在母体玻璃降温至 600～860℃左右保温 1 小时，晶核剂即从母体玻璃中析出，再以每分钟数度的速度升温达晶体生长温度(一般为 1200℃左右)保温 4 小时，使之析出的微晶在 80%以上，这种微晶玻璃的结晶相主要是堇青石 $2MgO \cdot 2Al_2O_3 \cdot 5SiO_2$ 和镁铝酞酸盐晶体。

8.5.4　其他微晶玻璃

除上述两类外，还有具有特殊性能和用途的可切削微晶玻璃、磁性微晶玻璃、光电微晶玻璃、透明微晶玻璃、生物微晶玻璃等，实质上这些均属于热敏型的。现以可切削和透明两种微晶玻璃为例作简单介绍。

1. 可切削微晶玻璃

以金云母 $KMg_3[AlSi_3O_{10}][OH,Cl]_2$ 为晶核剂的 Li_2O-Al_2O_3-SiO_2 系统母体玻璃和以 ZrO_2 为晶核剂的 K_2O-MgO-MgF_2-SiO_2 系统母体玻璃，经热处理后均可制成可切削微晶玻璃。

可切削微晶玻璃的显微结构是由云母类片状晶体构成的(图 8-70)。前者以锂云母 K

$(Li,Al)_3[(Si,Al)_4O_{10}](F,OH)_2$ 为主晶相，而后者主晶相则为氟四硅酸云母及少量顽火辉石 $MgO \cdot SiO_2$。这类微晶玻璃可用一般金属刀具进行加工。锂云母可切削微晶玻璃的母体玻璃，在不同热处理条件下显微结构变化的照片如图 8-71 所示。

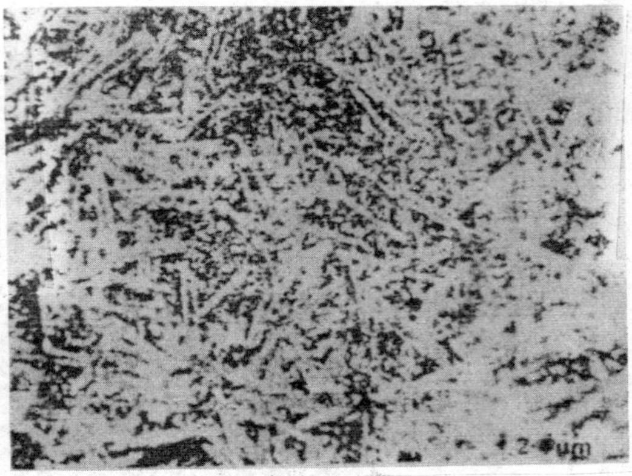

图 8-70　可切削微晶玻璃的显微结构

2. 透明微晶玻璃

以 Li_2O-Al_2O_3-SiO_2 系统为基础，使配方中 Li_2O/Al_2O_3 的摩尔比小于 1，即可制得透明的微晶玻璃。关键是晶核剂的选择，晶核剂应诱导母体玻璃析出的晶相与玻璃相的折射率相近，晶粒尺寸小于可见光波的波长，使可见光透过时不发生散射。通过研究和试验表明，以采用 ZrO_2 和 TiO_2 混合型晶核剂为宜。

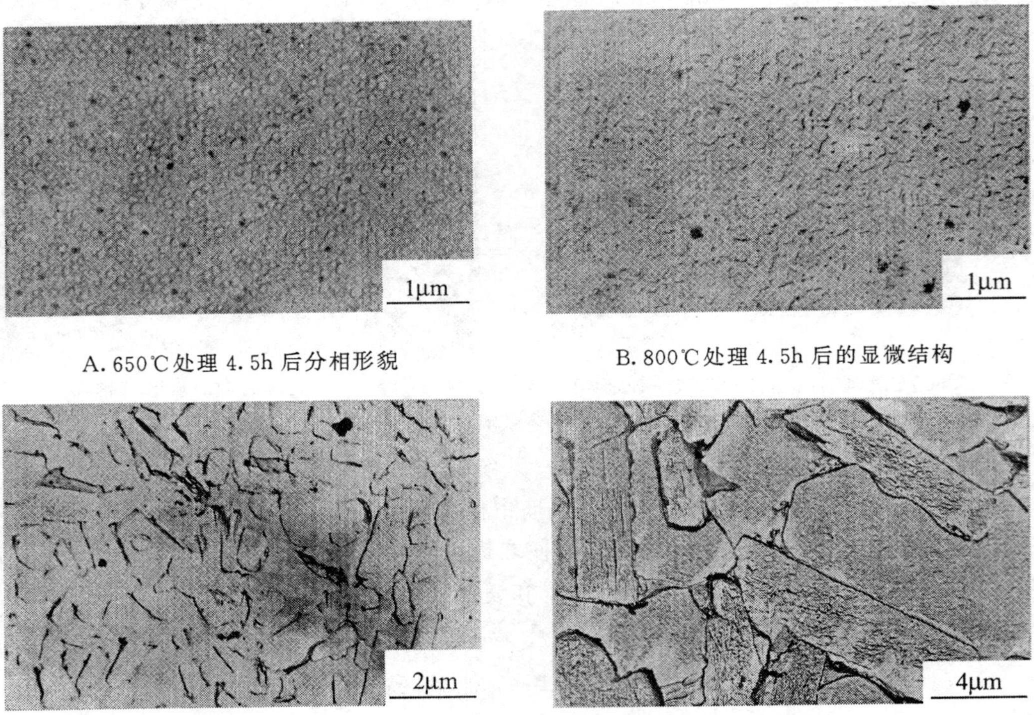

A. 650℃处理 4.5h 后分相形貌　　B. 800℃处理 4.5h 后的显微结构

C. 850℃处理 4.5h 后的显微结构　　D. 锂云母型可切削微晶玻璃的显微结构

图 8-71　锂云母型微晶玻璃的母体玻璃在不同温度下热处理后显微结构的变化 TEM（复型）

不同化学成分、晶核剂、主晶相和晶粒尺寸的微晶玻璃，其显微结构和主要性能均有较大差异，甚至完全不同；即使同种母体玻璃，因热处理过程及条件的不同，所得的主晶相、显微结构及其理化性能亦会存在很大差别，这里不作详细介绍。

微晶玻璃的性能主要与析出晶相的种类、晶粒大小、数量、分布，玻璃相含量、分布以及显微结构的均匀度等有关，而这些都决定于微晶玻璃的化学组成、晶核剂的选择，如果这些条件一定时，母体玻璃的热处理条件和操作是关键，不同的热处理制度所获得的显微结构将存在很大的不同，这从前面举的几个例子中均可看出。必须通过试验确定最佳的热处理制度，才能获得优异性能的微晶玻璃制品。可参阅有关微晶玻璃的书籍和资料。

第九章　水泥材料显微结构分析

水泥是一种粉末状的水硬性胶凝材料，与水混合后成为可塑浆体，经过一系列的物理化学变化而凝结硬化，能把砂、石及钢筋或纤维材料等胶结在一起成为具有强度的整体，称为混凝土。混凝土大量用于工业与民用建筑，建筑公路、铁路、水利、电站、海港和国防等工程。水泥的品种很多，它的基本性质主要取决于水泥熟料的相组成及显微结构特征。本章将系统阐述硅酸盐水泥的显微结构分析，简要介绍铝酸盐水泥以及作为混合材使用的工业废渣的显微结构，简单讨论它们与生产工艺和熟料性能之间的关系。

§9.1　概述

凡以适当成分的生料，煅烧至部分熔融所得具有水化活性的颗粒或块体，称之为水泥熟料。添加适当的石膏磨细制成粉体的水硬性胶凝材料，称为水泥。所谓"生料"是指未经煅烧前的水泥原料按比例混合磨细所得粉状或浆状的物料，而"熟料"则是指粉状生料经过煅烧至部分熔融而成的颗粒状或块状物料。

9.1.1　水泥的品种及其熟料

一、水泥的品种

水泥的种类很多，常用的有以下两种分类系列：

按性质和用途可分为通用水泥、专用水泥、特性水泥三类。通用水泥主要有：硅酸盐水泥、普通硅酸盐水泥、矿渣硅酸盐水泥、火山灰硅酸盐水泥、粉煤灰硅酸盐水泥等；专用水泥主要有油井水泥、砌筑水泥等；特性水泥则有：快硬水泥、低热水泥、抗硫酸盐水泥、膨胀水泥等。

按主要相组成可分为硅酸盐水泥、铝酸盐水泥、硫铝酸盐水泥、氟铝酸盐和铁铝酸盐水泥等。

目前水泥的品种已达100余种，在诸多的品种中，硅酸盐水泥是应用得最广和研究最多最深入的一种纯熟料水泥，又名波特兰水泥。

二、水泥熟料的相组成

硅酸盐水泥熟料的化学成分主要有氧化钙（CaO）、氧化硅（SiO_2）、氧化铝（Al_2O_3）和氧化铁（Fe_2O_3），其总和在95%以上。若将氧化铁含量计算在氧化铝中，并以百分含量计，则硅酸盐水泥熟料的组成几乎落在 $CaO\text{-}Al_2O_3\text{-}SiO_2$ 三元系统中 $C_3S\text{-}C_2S\text{-}C_3A$ 三角形的近圆形空白区域内，如图 9-1 所示。各种氧化物并不是简单混合，而是在高温煅烧过程中相互作用所生成的结晶相组成的，即使有极少量氧化物残留下来，亦是以游离态的结晶相存在，只有在急速冷却情况下才会出现少量玻璃相。

硅酸盐水泥熟料的主要结晶相有硅酸三钙（$3CaO \cdot SiO_2$，简写 C_3S）、硅酸二钙（$2CaO \cdot SiO_2$，简写 C_2S）、铝酸三钙（$3CaO \cdot Al_2O_3$，简写 C_3A）和铁铝酸四钙（$4CaO \cdot Al_2O_3 \cdot Fe_2O_3$，简写 C_4AF）四种。它可分为硅酸盐相和熔剂相两类，前者指 C_3S 和 C_2S，约占总量的70%左右；后者则包括 C_3A 和 C_4AF，高温时呈熔融状态，主要以中间相分布在硅酸盐晶粒之间。

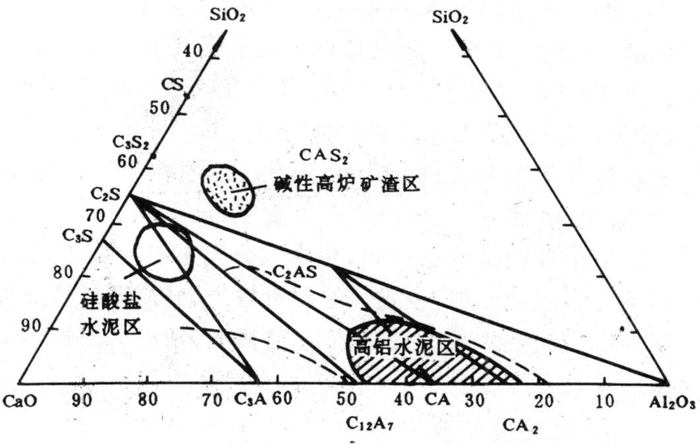

图 9-1　$CaO\text{-}SiO_2\text{-}Al_2O_3$ 系统部分相图

这四种晶相各有自己的水化硬化特性，对水泥的性质和质量有不同的影响：C_3S 是使水泥产生强度的主要成分，加水后水化速度快、水化热大、凝结硬化也快；C_2S 也起强度作用，但与水的反应速度慢、水化热小、凝结硬化也慢，具有早期强度低、后期强度高的特点；C_3A 的水化速度最快、水化热最大，但强度低；而 C_4AF 的水化速度较快、水化热中等，对早期和后期强度均有较大贡献。

在实际水泥熟料中还含有5%以下的 MgO、SO_3、TiO_2、K_2O、Na_2O 等氧化物，煅烧过程中它们进入晶格形成固溶体。熟料中晶体一般都以固溶体形式出现，所以习惯地将 C_3S 称为阿利特(Alite)，简称A矿；C_2S 称为贝利特(Belite)，简称B矿；C_3A 和 C_4AF 则分别称为黑色中间相和白色中间相；少量游离的氧化钙(f-CaO)称为游离氧化钙，又称游离石灰；游离的氧化镁(MgO)，又称方镁石，及玻璃相等。

9.1.2　水泥的生产工艺过程

硅酸盐水泥的生产过程概括起来为“二磨一烧”：将原料进行配料并磨细成生料；再将生料煅烧至部分熔融，冷却后形成熟料；然后加入适量石膏及混合材共同磨细成粉状即成为水泥。示意如下：

一、原料的选择

生产硅酸盐水泥熟料用的原料可分为石灰质原料、粘土质原料和校正性原料三类。石灰质原料是以碳酸钙($CaCO_3$)为主要成分的原料。常用的天然原料有石灰岩、泥灰岩、白垩、贝壳等。在煅烧过程中碳酸钙受热分解生成氧化钙(CaO)放出二氧化碳(CO_2)，它是水泥熟料中氧化钙的主要来源，亦是水泥生产使用最多的原料。此外，某些工业废渣，如电石渣、糖滤泥、碱渣和白泥等都可作为石灰质原料使用。

粘土质原料是含少量碱金属和碱土金属成分的铝硅酸盐。它主要是由各种粘土矿物组成的。纯粘土的化学组成近似于高岭石 $Al_2O_3 \cdot 2SiO_2 \cdot 2H_2O$。我国水泥工业采用的天然粘土种类较多，有黄土、粘土、页岩、泥岩、粉砂岩及河泥等。它主要为水泥熟料提供氧化硅(SiO_2)、氧化铝(Al_2O_3)和少量的氧化铁(Fe_2O_3)等氧化物。此外，粉煤灰、冶金工业废渣、煤矸石等其他工业废料，亦可作为粘土质原料使用。另外，泥灰岩除提供 CaO 外，还提供 SiO_2 和 Al_2O_3 等成分，亦可视为粘土质原料。

用上述两种原料配料，化学成分仍不符合要求时，必须掺入相应所缺少的原料，这些原料称为校正性原料。校正性原料有铁质、硅质或铝质三类：铁质原料有低品位铁矿石、炼铁厂尾砂以及硫铁矿渣等；硅质原料有砂岩、河砂、硅藻土等；铝质原料主要有铝矾土或含铝高的粘土等。

二、生料的制备

生料的制备有干和湿两种方法：干法制备是将开采的原料经破碎并烘干，按化学成分要求进行配料后，在生料磨机中磨细而成干的生料，称为生料粉；湿法制备则是将破碎后的石灰石碎块和粘土质泥浆，按化学成分要求配制后，共同在生料磨中湿磨成含水的生料，称为生料浆。

无论哪种方法制备的生料，均要求生料的化学成分合乎要求、混合均匀，并有足够的粉磨细度。

三、熟料的烧成

熟料的烧成是水泥生产关键的一环，煅烧设备通常有回转窑和立窑两类。立窑适用于规模较小的工厂，而大、中型水泥厂则宜用回转窑，因为回转窑不但产量大，而且煅烧均匀、质量稳定。目前回转窑多采用悬浮预热器窑和窑外分解技术。

生料在窑内的煅烧过程都要经历干燥、预热、分解、烧成及冷却等阶段，反应大致如下：100～200℃左右，生料被加热，自由水逐渐蒸发而干燥升温；300～500℃，干生料被预热；500～800℃，粘土质原料发生脱水并分解为无定形的 Al_2O_3 和 SiO_2；600℃以上，石灰质原料中的 $CaCO_3$ 开始分解生成游离的 CaO，并放出 CO_2；900～1000℃，$CaCO_3$ 分解迅速，分解产生的 CaO 与无定形 SiO_2、Al_2O_3、Fe_2O_3 等发生固相反应，开始形成硅酸二钙 $2CaO \cdot SiO_2$、铝酸三钙 $3CaO \cdot Al_2O_3$ 和铁铝酸四钙 $4CaO \cdot Al_2O_3 \cdot Fe_2O$ 等结晶相；1100～1200℃，大量形成铝酸三钙和铁铝酸四钙，而且硅酸二钙的生成量也达最大；1260～1300℃，物料开始熔融而出现液相，为硅酸二钙吸收 CaO 生成硅酸三钙 $3CaO \cdot SiO_2$ 创造了条件；1300～1450℃，为水泥熟料的烧成阶段，固相反应剩余的 CaO 和部分硅酸二钙溶于液相中，此时硅酸二钙吸收 CaO 生成硅酸三钙，这一过程是煅烧水泥熟料的关键，必须有足够的时间使硅酸三钙大量的生成，降低熟料中游离氧化钙，以保证熟料的质量；烧成后再经迅速冷却，液相凝结并发生析晶使物料凝成块状或粒状的水泥熟料。

四、水泥的制成

将烧成并快速冷却的水泥熟料存放一段时间，使其中游离氧化钙分解，然后与添加适量石膏共同磨细，即得硅酸盐水泥。若再加入适量的混合材(如矿渣、火山灰、粉煤灰等)共同磨细，即得矿渣硅酸盐水泥、火山灰硅酸盐水泥、粉煤灰硅酸盐水泥等不同品种的硅酸盐水泥。

9.1.3 水泥的水化和强度

水泥粉遇水后立即发生水化反应，放出热量形成水化产物。水化产物的溶解度很小，不断以胶体或晶体析出，进而相互接合形成连接体，使水泥浆体稠化而凝结，随后变硬成为具有一定强度的硬化水泥浆体或称水泥石。

水泥的强度不是指水泥净浆的硬度，而是指水泥胶结砂粒(通称胶砂)硬化一定龄期后胶结能力的大小，因为水泥几乎不单独使用，而是用来配制成砂浆或混凝土。根据国家统一标准及规定，用胶砂法检验水泥强度：将水泥和标准砂按 1∶2.5 的比例混合，加入一定数量的水，制成标准尺寸的试件，在 20±2℃的水中养护，测定养护 3 天、7 天和 28 天龄期后试块的抗压、抗折强度值，据此将硅酸盐水泥划分为 425、525、625、725 四个标号。不同标号水泥的各龄期强度不得低于统一规定的指标：例如，425 标号水泥的 3 天、7 天和 28 天的抗压强度指标分别为 17.1MPa、26.5MPa 和 41.7MPa，抗折强度指标分别为 3.3MPa、4.5MPa 和 6.3MPa。水泥的标号愈大，其强度就愈高。

§9.2 硅酸盐水泥熟料的相组成

硅酸盐水泥熟料的组成晶相主要是阿利特、贝利特、白色中间相、黑色中间相和少量的游离氧化钙、方镁石及玻璃相。各组成相的显微结构特征是在生产过程中形成的，又直接影响到水泥熟料的质量。因此，研究各组成相的显微结构不仅是分析生产工艺的可靠依据，还是讨论水泥质量的有效凭证。

9.2.1 阿利特(A 矿)

阿利特是含有 MgO、Al_2O_3 等微量组分的硅酸三钙固溶体。由于固溶氧化物的种类及固溶程度不同，阿利特的组成变化较大，其化学式可写成 $54CaO \cdot 16SiO_2 \cdot MgO \cdot Al_2O_3$，简写成 $C_{54}S_{16}MA$，或 $C_{105}S_{35}M_2A$ 或 $C_{154}S_{52}M_2$ 等。常温下纯硅酸三钙为三斜晶系晶体，共有 7 种同质多象变体，转变关系为：

$$T_{\mathrm{I}} \xrightarrow{620℃} T_{\mathrm{II}} \xrightarrow{920℃} T_{\mathrm{III}} \xrightarrow{980℃} M_{\mathrm{I}} \xrightarrow{990℃} M_{\mathrm{II}} \xrightarrow{1060℃} M_{\mathrm{III}} \xrightarrow{1070℃} R$$

有三方晶系的 R 型、单斜晶系的 M 型和三斜晶系的 T 型。含少量 MgO、Al_2O_3、SO_3、ZnO、Cr_2O_3、Fe_2O_3、R_2O 等的固溶体，在常温下可保留 M 型甚至 R 型，固溶的程度愈高晶格变形及无序的程度也愈高，结构活性也就愈大。固溶程度较高的高温型阿利特具有较高的强度，从纯 C_3S 和含氧化镁或含氧化镁与氧化铝的阿利特所测得的抗压强度数据(表 9-1)即可得出这一结论。

表 9-1　硅酸三钙的抗压强度(MPa)

C_3S 类型	龄期(天)		
	1	3	28
三斜,纯的(T_I)	11.86	18.39	23.42
三斜,$C_{154}M_2S_{52}$(T_I)	9.24	19.22	22.81
单斜,$C_{151}M_5S_{32}$	16.00	24.73	28.32
单斜,$C_{54}S_{16}MA$	12.41	29.63	35.14

在实际水泥熟料中,阿利特常以单斜的形式存在,理想的晶体形态为假六方板状、柱状或片状(图 9-2);透射光下为无色透明至淡色,折射率 $Ng=1.722\sim1.724$, $Np=1.716\sim1.720$;双折射率 $\Delta N=0.004\sim0.006$,最高干涉色为一级灰白,斜消光,消光角小于 3°,正延性;二轴晶负光性,光轴角 $2V=0\sim5°$。在反射光下由于阿利特与贝利特和铝酸三钙的反射率非常接近不易区别,经硝酸酒精溶液、氯化铵水溶液等腐蚀后,阿利特晶体非常清晰。呈边棱平直,六角板、柱状的自形晶(图 9-3),是在加热到出现液相后 C_2S 和 CaO 固液反应形成的,一般要求保证有足够的高温和时间使之反应完全,多数发育成良好的自形晶。阿利特晶体的显微结构有:内部包裹着其他晶体的包裹结构(图 9-4),周围环绕着小颗粒 C_2S 晶体的花环状结构(图 9-5),受酸性熔液侵蚀后形成的港湾状结构(图 9-6),内部出现的环带结构(图 9-7),还呈现从单斜晶型向三斜晶型转变引起的纺锤状或柳叶刀状条纹等结构。

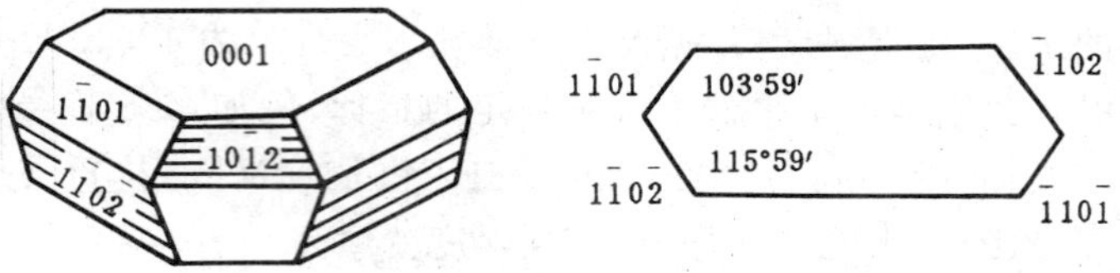

图 9-2　阿利特的晶形

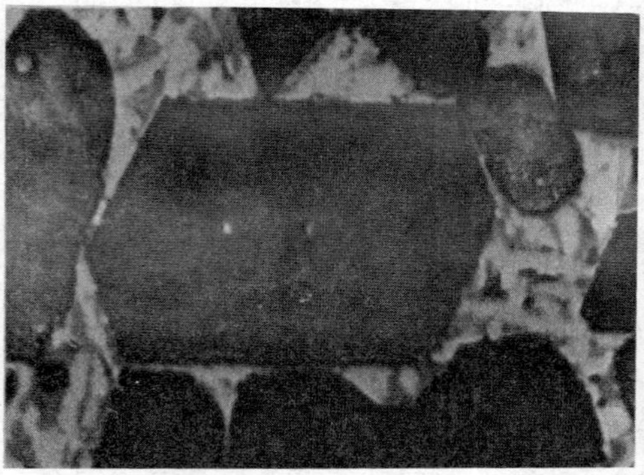
图 9-3　六角板状阿利特,他形 C_4AF
1%硝酸酒精　　反光 900×

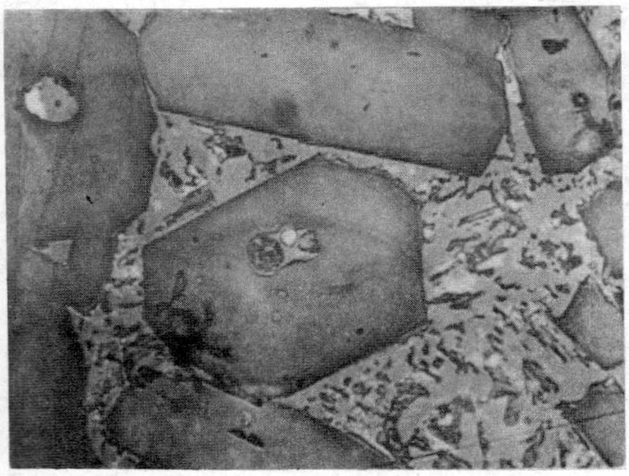
图 9-4　阿利特包裹着 f-CaO、Fe、C_3A 和 C_4AF 的包裹结构
1%硝酸酒精　　反光 400×

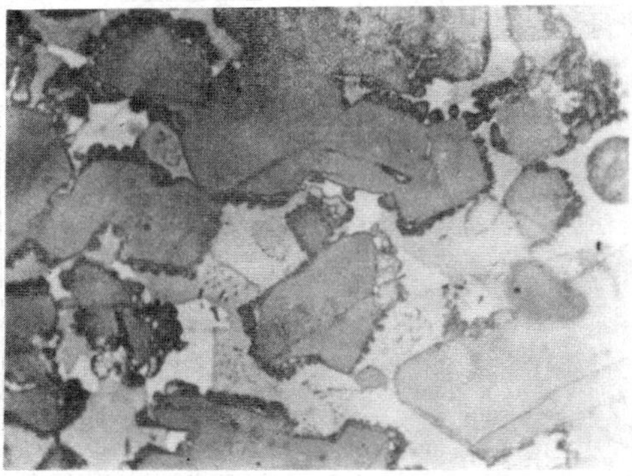

图 9-5　花环状阿利特

1%硝酸酒精　　反光 400×

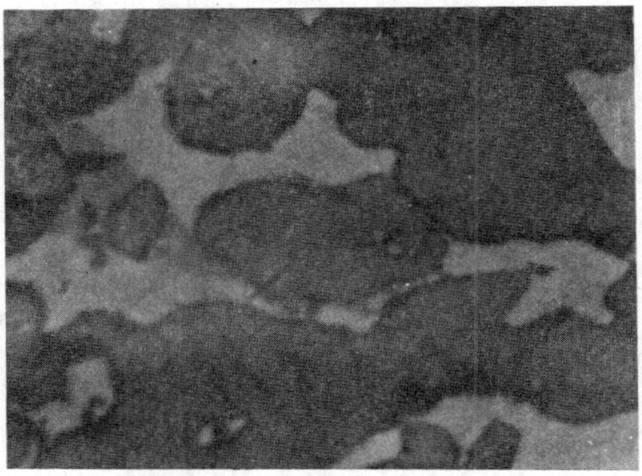

图 9-6　港湾状阿利特

1%硝酸酒精　　反光 500×

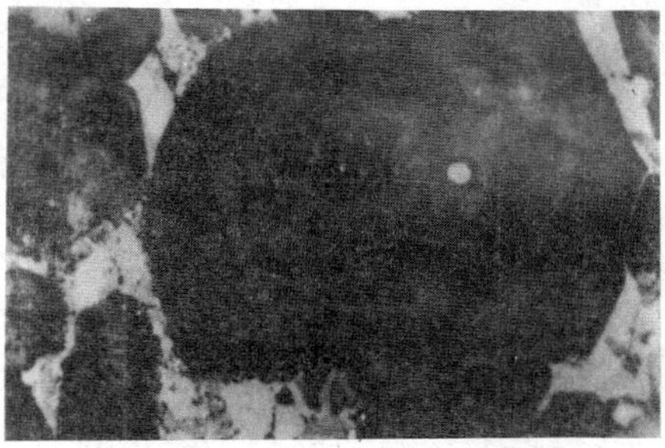

图 9-7　环节状阿利特

1%硝酸酒精　　反光 500×

9.2.2　贝利特(B 矿)

贝利特是含有 Fe_2O_3、Al_2O_3、MgO、R_2O 等微量组分的硅酸二钙固溶体，化学式可简写成 $Ca_2M_xSi_{1-x}O_{4-x/2}$，其中 M 代表 Al 和 Fe。纯的硅酸二钙有 α 型、α' 型、β 型和 γ 型四个晶型，各晶型所属的晶系、密度和光学性质列于表 9-2 中，多晶转变关系为：

$$\alpha \xrightleftharpoons{1425℃} \alpha'H \begin{cases} \xrightleftharpoons{1160\pm10℃} \alpha'H \xrightleftharpoons{680\sim630℃} \beta_H \xrightleftharpoons{<500℃} \gamma \\ \xrightleftharpoons{1160\pm10℃} \alpha'L \xrightleftharpoons[690\pm20℃]{680\sim630℃} \beta_L \end{cases}$$

$$\beta_L \xrightarrow{780\sim860℃} \gamma$$

表 9-2　贝利特各变体的晶系、密度及主要光学常数

晶 型	晶 系	密度 g/cm³	折 射 率			双折射率	光轴角
			Ng	$Nm(No)$	Np	ΔN	$2V$
α-C_2S	三方	3.04	1.712	1.702		0.010	(+)0°
α'-C_2S	斜方	3.40	1.732	1.717	1.713	0.019	(+)20～30°
β-C_2S	单斜	3.28	1.736	1.722	1.717	0.019	(+)64～69°
γ-C_2S	斜方	2.97	1.654	1.645	1.642	0.012	(+)52～60°

在室温条件下具有水硬性的 α、α' 和 β 型的硅酸二钙都是不稳定的，均有转变为水硬性微弱的 γ 型的趋势，在 C_2S 中固溶氧化物的种类、数量以及开始冷却的温度和速率的不同均可保留不同的高温变体。由于烧成温度较高，冷却较快，且在硅酸二钙中固溶有少量其他氧化物成分，通常在水泥熟料中均可保留 β 型的硅酸二钙，习称为 B 矿。由密度 3.28g/cm^3 的 β 型转变为密度 2.97g/cm^3 的 γ 型体积将膨胀 10% 使熟料粉化，其产物是 β 型和 γ 型硅酸二钙的混合物，甚至大部分为 γ-C_2S 型，造成水泥强度的下降。

在实际水泥熟料中的贝利特，常呈近圆粒状半自形晶，如图 9-8 所示。在烧成早期由固相反应生成的柱状或板状的贝利特，在液相出现后棱角部分被熔蚀成浑圆状，快速冷却过程中保留下来；纯的硅酸二钙的薄片为无色透明，含有氧化铁呈棕黄色，折射率 $Ng=1.730$，$Nm=1.715$，$Np=1.707$，二轴晶正光性，双折射率 $\Delta N=0.023$，干涉色可达二级蓝，一般为一级黄。光轴角 $2V=64\sim69°$，反射光下经硝酸酒精或氯化铵水溶液腐蚀的贝利特分别呈黄褐色或浅棕色。

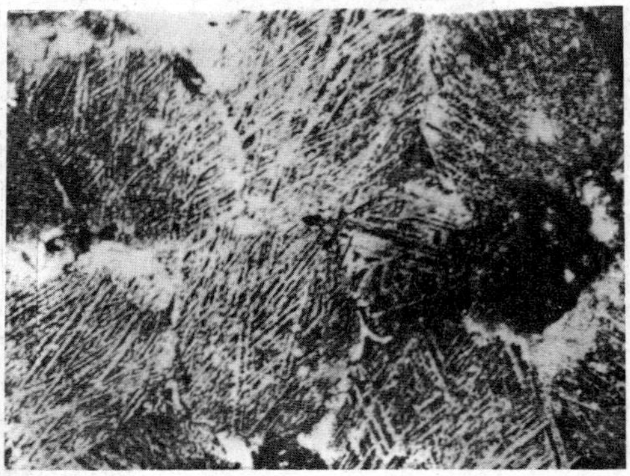

图 9-8 圆形具有细密交叉晶纹的贝利特

1%硝酸酒精　　反光 450×

因工艺条件的变化贝利特将出现多种形态：在烧成温度高并快速冷却的优质熟料中，晶粒内有相互交叉的细密双晶纹（图 9-8）；冷却速度变慢双晶纹将变短粗；若烧成温度较低而冷却速度又较慢则会出现平行晶纹（图 9-9）；如果烧成温度只有 1250～1300℃时，还会出现表面毛糙或无定形连成一片，熟料的质量就很差；因窑内还原气氛或其他工艺因素的影响，还会呈现手指状（图 9-10）、树叶状（图 9-11）、杨梅状和脑状（图 9-12）、花蕾状等形态。

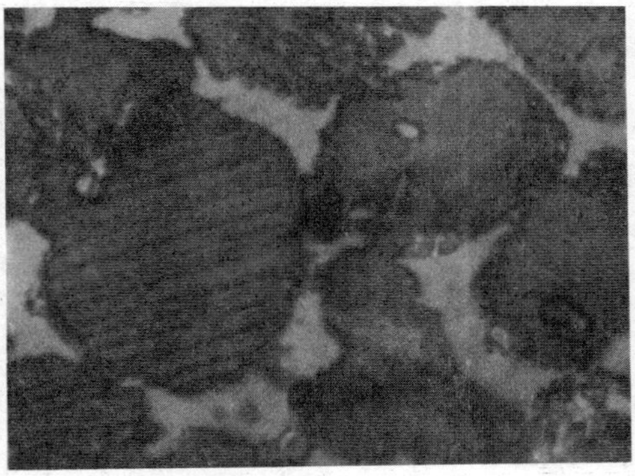

图 9-9 圆形具有平行晶纹的贝利特

1%硝酸酒精　　反光 500×

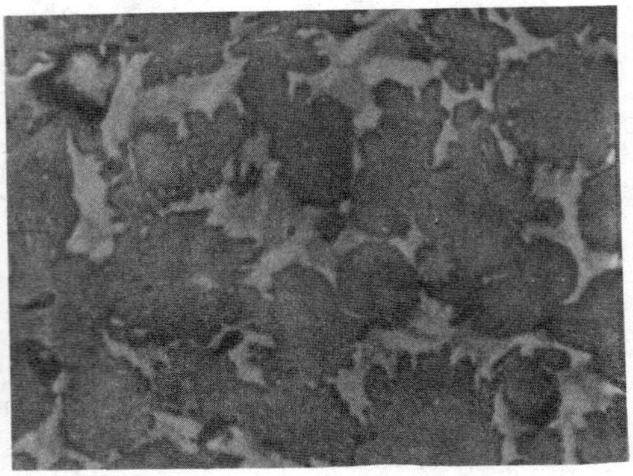

图 9-10 手指状贝利特

1%硝酸酒精　　反光 500×

图 9-11　树叶状贝利特
1%硝酸酒精　　反光 500×

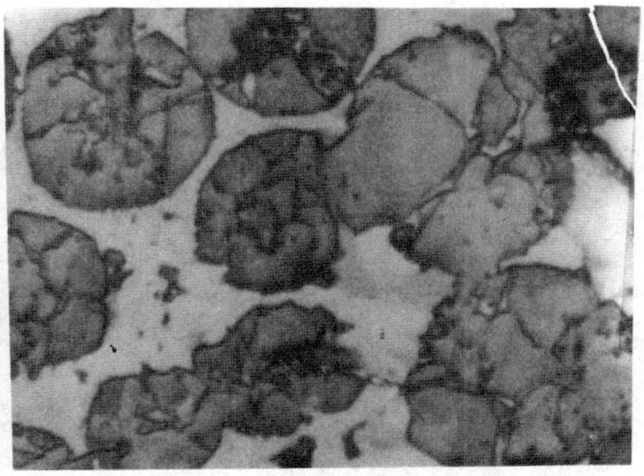

图 9-12　脑状贝利特
1%硝酸酒精　　反光 500×

9.2.3　中间相

填充在阿利特和贝利特之间的铁铝酸盐相、铝酸盐相和组成不定的玻璃相，总称为中间相。在高温条件下它们均为熔体，冷却过程中将从中析出铁铝酸盐及铝酸盐的晶体，最后残留部分凝固成玻璃相。根据反射率的强弱中间相可分为白色和黑色两类。

一、白色中间相

在反射光下反射率较大、色泽浅的中间相，称为白色中间相，通常是铁铝酸盐固溶体，组成可从 C_6A_2F 到 C_4AF、C_6AF_2 甚至 C_2F，熟料中的成分接近于 C_4AF，惯用 C_4AF 为代表，又称为才利特(Celite)，或简称 C 矿，化学通式可写成：$C_2A_pF_{1-p}$（p 从 0 至 0.76）。

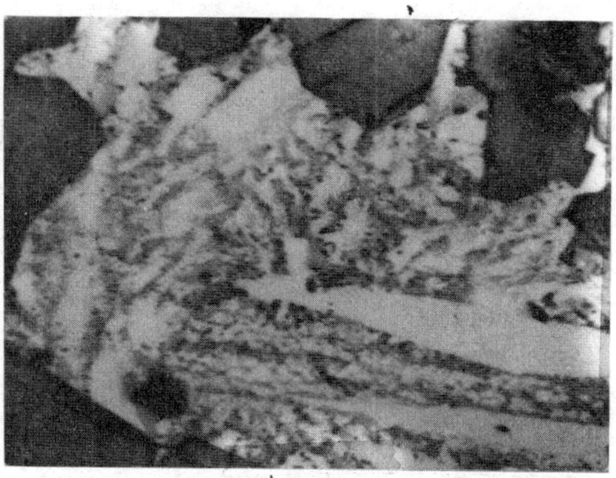

图 9-13　中间相中棱柱状 C_4AF($IM=1.17$)
1%硝酸酒精　　反光 300×

铁铝酸四钙属斜方晶系，偏光下多色性明显，Np＝浅褐色，Ng＝深褐色。折射率 $Ng=2.04$，$Nm=2.01$，$Np=1.96$，双折射率 $\Delta N=0.08$，干涉色为红棕色到棕黄色，平行消光。二轴晶负光性，光轴角 $2V=75°$；反射光下呈无色或白色，当熟料的铝率较高($IM>1.38$)而又快冷时，以它形填充于阿利特和贝利特之间(见图 9-3)或成为玻璃相；若铝率较低($IM<1.38$)又慢冷时，可以棱柱状的半自形甚至自形晶出现(图 9-13)。

二、黑色中间相

中间相中反射率较弱的部分色泽暗，称为黑色中间相，主要成分为铝酸三钙。纯的铝酸三钙属等轴晶系，无多晶变体，固溶其他氧化物亦会引起晶型的转变：如随着固溶的碱含量提高，可由立方型转变为斜方、四方等晶型，结晶完善的呈立方、八面体或十二面体。

在熟料中的形状随冷却速率而异，在含氧化铝高的慢冷熟料中才结晶出较完善的大晶体(图 9-14)，快冷的熟料中一般溶于玻璃相中或以不规则的微晶析出(图 9-15)。在偏光下，

C_3A 无色透明，折射率 $N=1.710$，全消光；在反射光下反射能力弱呈暗灰色，用蒸馏水或 10%氢氧化钾水溶液腐蚀后呈蓝色或棕色，易与其他相区别。

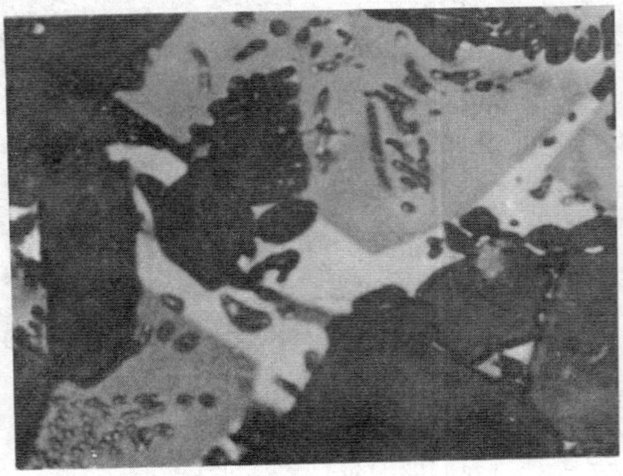

图 9-14 慢冷熟料（$IM=2.91$）中的四方片状的 C_3A

1%硝酸酒精 反光 500×

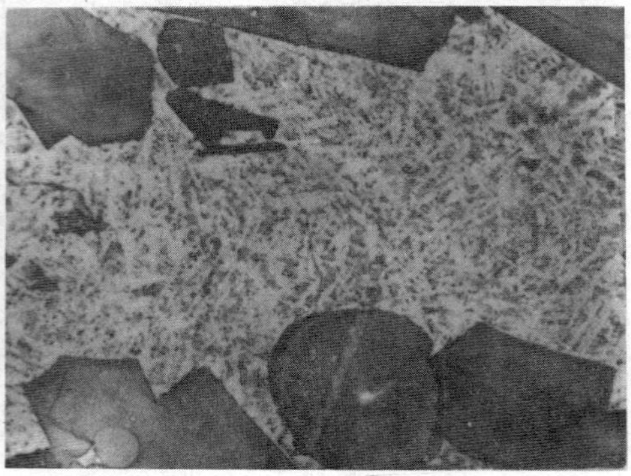

图 9-15 急冷熟料中（$IM=1.40$）点滴状和细树枝状黑色中间相

1%硝酸酒精 反光 600×

三、玻璃相

熟料在高温条件下被熔融的液相，在冷却阶段部分液相来不及结晶将凝固成玻璃相。其成分主要为 Al_2O_3、Fe_2O_3、CaO 和少量的 MgO、R_2O 等。

在偏光显微镜下玻璃相与结晶中间相不易识别，但在反射光下用 10%KOH 水溶液及 1%硝酸酒精溶液腐蚀后，玻璃相呈暗黑色的包裹体。

9.2.4 游离氧化钙和方镁石

硅酸盐水泥熟料中常出现少量没有与其他成分结合成的，呈结晶态的氧化钙和氧化镁，前者称为游离氧化钙，又称游离石灰（f-CaO）；后者称为方镁石。

一、游离氧化钙

当石灰饱和系数过高、硅酸率过低、生料过粗、混合不均或煅烧温度不够时，都容易产生游离氧化钙。由于它是在高温下形成的，呈死烧状态，结构比较致密，与水的反应很慢，而且水化后体积要膨胀 97.9%，所以是影响水泥安定性的主要因素。

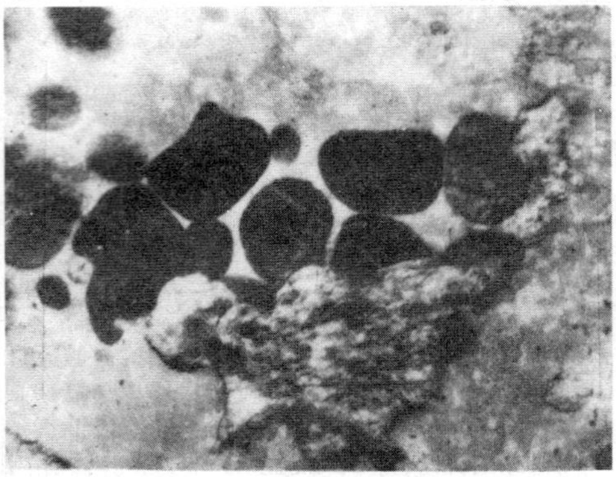

图 9-16 数颗聚集 f-CaO

H_2O 反光 240×

游离氧化钙属等轴晶系，立方体；偏光下无色，呈圆形颗粒状，折射率 $N=1.837$，有时有反常的干涉色；在反射光下，反射能力较强，未经腐蚀呈现为圆形较白的颗粒，但在用蒸馏水腐蚀后，因水化作用在表面产生一层极薄的致密沉淀物而呈彩虹色。

游离氧化钙根据成因可分为两类：生料中没有与其他成分化合残留下来的 CaO，称为一次游离氧化钙，颗粒呈圆形或卵形，粒径较大，单颗或数颗集中散布于阿利特和贝利特之间如图 9-16 所示；由阿利特分解出来的 CaO，称为二次游离氧化钙，其颗粒的粒径较细小，分解出来后很快溶入液相，常存在于阿利特晶粒附近，如图 9-17 所示。

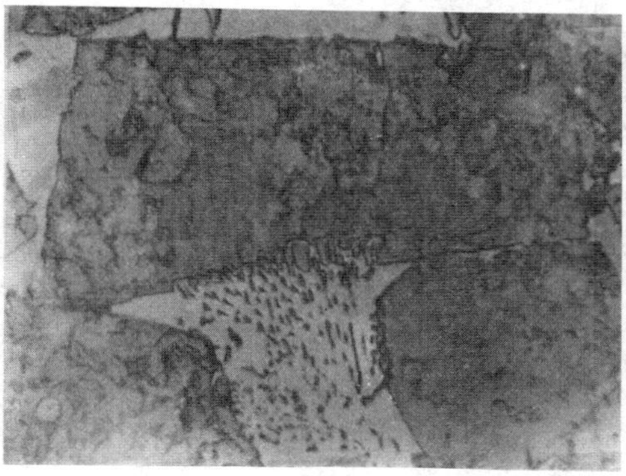

图 9-17　从阿利特分解出来的二次 f-CaO
1%硝酸酒精　　反光 700×

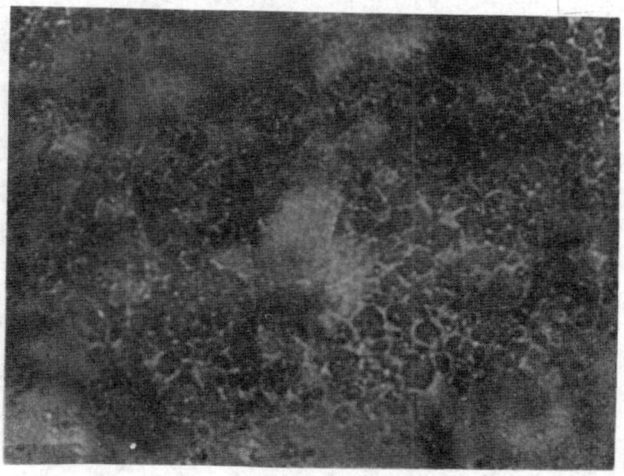

图 9-18　成堆方镁石
不浸蚀　反光 300×

二、方镁石

方镁石是生料中氧化钙在煅烧过程中未参加其他晶相，经高温煅烧后呈死烧结晶状态的游离氧化镁。

方镁石属等轴晶系，呈立方体、八面体或粒状；单偏光下无色透明，折射率 $N=1.736$；反射光下因反射率高、硬度大而突起明显，不用腐蚀即清晰可见，常为圆粒状、矩形、三角形或多角形，收缩光圈或微动镜筒呈粉红色并有黑边(图 9-18)。

§9.3　硅酸盐水泥熟料的显微结构

硅酸盐水泥熟料是由不同原料经适当配合、磨细、均化，高温煅烧至半熔融状态烧结、冷却而成的，记载着工艺的全过程及热历史，生产的各项工艺因素对其显微结构均有显著影响，而且又决定着水泥的性能。下面从生料制备和熟料烧成两个阶段来讨论熟料显微结构与水泥强度之间的关系。

9.3.1　原料及生料对熟料显微结构的影响

生产所用原料的质量、生料的性状和矿化剂的引入，都会直接反映在熟料的显微结构上。通过对熟料显微结构的研究，可为改善生产工艺以提高水泥质量找出规律性的途径。

一、原料质量的影响

生产硅酸盐水泥熟料三类工业原料的质量，对水泥熟料的显微结构和水泥的质量都有显著影响。

1. 石灰质原料

石灰质原料一般是采用天然石灰岩，它主要是由粒径约为 1μm 的隐晶质方解石 $CaCO_3$ 组成的(图 9-19)；经过地质上的变质作用，隐晶质方解石将重结晶长大(图 9-20)而且结构致密坚硬，研磨时难于磨细。较粗晶粒的比表面积小，接触反应不良，导致生料难以烧好，在熟料中将会出现成堆 f-CaO 矿巢(图 9-21)。方解石重结晶长大成肉眼可见的石灰岩就称为大理岩，大理石是不能作为生产水泥的石灰质原料的。

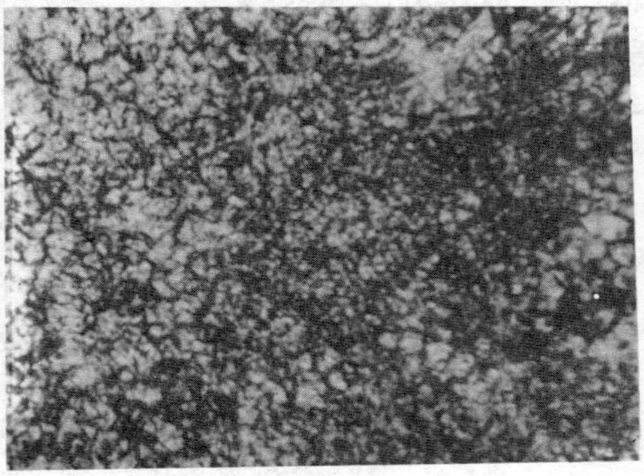

图 9-19 微晶碳酸钙的石灰岩
单偏光 900×

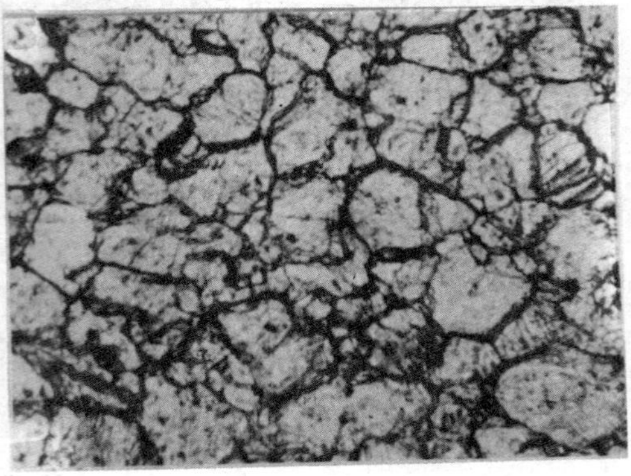

图 9-20 粗晶碳酸钙的石灰岩
单偏光 900×

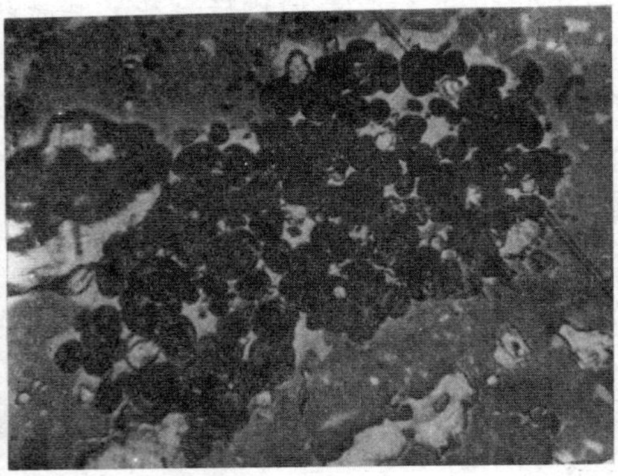

图 9-21 游离氧化钙矿巢
不腐蚀 反光 240×

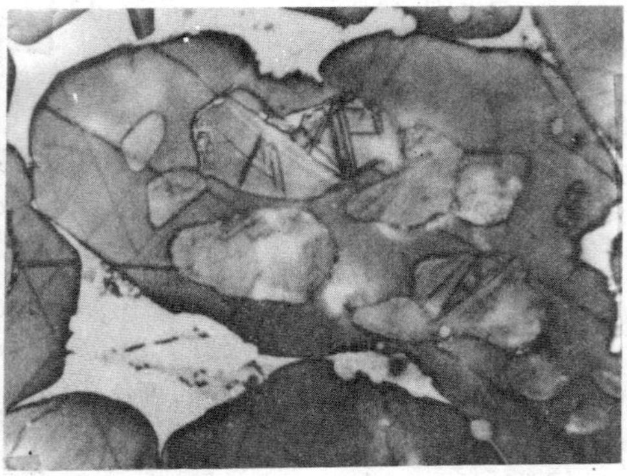

图 9-22 燧石结核所导致的阿利特包裹体
1%硝酸酒精 反光 600×

变质作用常有 MgO 或 SiO_2 的侵入，使石灰岩发生白云石化或形成含燧石结核。白云石化导致氧化镁的数量增多，MgO 除了形成固溶体及溶于玻璃相中外，多余的部分就以结晶状态方镁石出现，熟料中将出现成堆的方镁石(图 9-18)。由于方镁石的水化速度特慢，在已硬化的浆体或混凝土内部生成的氢氧化镁，造成后期的体积膨胀将导致混凝土的破坏，所以熟料中 MgO 的含量控制在 5%以下。石灰岩中包裹有大小不等的燧石结核(结晶的 α-石英)时，结晶 SiO_2 的活性差，与 CaO 反应较慢，C_2S 结果就被通过固液反应形成的 C_3S 包裹起来。在熟料中阿利特常包裹有大量贝利特的包裹结构(图 9-22)。

方解石在单偏光下无色透明，一轴晶负光性，$Ne=1.486$，$No=1.658$，闪突起明显，双折射率 $\Delta N=0.172$，干涉色高级白；白云石($CaMg[CO_3]_2$)与之相似，仅折射率略高于方解石，$Ne=1.500\sim1.526$，$No=1.680\sim1.716$；而石英为一轴晶正光性，正低突起，一级黄白干涉色。在反射光下缩小光圈时，石英颗粒呈现带黑边的粉红色。用 0.25% $FeCl_3$ 水溶液腐蚀 10 秒，方解石呈蓝色或棕色，白云石不染色；当用 0.5%的 HCl 腐蚀 2～3 秒时，方解石为暗灰色，而白云石仍不染色。

2. 粘土原料

粘土的矿物有高岭石、蒙脱石和伊利石等，它们对熟料烧成有不同的影响，除化学成分外，其可塑性和烧结性能亦是重要的。

粘土的可塑性对生料粉的成球和生料浆的性能都密切相关。可塑性的大小取决于粘土的矿物组成、结构和分散度。含蒙脱石、多水高岭石、水铝英石的粘土可塑性均较好，含高岭石的粘土次之，含伊利石、水云母的则较差，而含大量石英、长石、方解石等的粘土几乎无可塑性。可塑性愈好，生料粉的成球能力和料球的强度愈高，烧结性能亦愈好；含高岭石和伊利石的粘土，可降低生料浆的需水性，粘土分散度增加，将显著提高生料浆的沉降稳定性。

粘土的烧结性与其结晶程度有关，高岭石类，尤其多水高岭石，因结晶程度差而反应活性大，烧结性能较好，伊利石类次之，蒙脱石类的活性最差。由于高度分散性而过早形成 C_2S，随着再结晶作用使 C_3S 的形成比较困难。

由于粘土矿物的颗粒非常细小，粒径仅 0.1～1.0μm 左右，需要用电子显微镜、X 射线物相分析和差热分析等方法进行观察和鉴别。

粘土也是水泥熟料中碱金属氧化物（K_2O，Na_2O）的主要来源，在煅烧过程中，这些成分首先同 SO_3 作用生成可溶性的硫酸盐或双硫酸盐，多余时则以钠铝酸钙 $Na_2O \cdot 8CaO \cdot 3Al_2O_3$（$NC_8A_3$）和钾硅酸钙 $K_2O \cdot 23CaO \cdot 12SiO_2$（$KC_{23}S_{12}$）等晶相出现，二者分别是由 Na_2O、K_2O 置换铝酸三钙和硅酸二钙中 CaO 而形成的。由于二者的形成会消耗部分 C_3A、C_2S 和 C_3S，并阻碍 C_2S 与 CaO 进一步作用生成 C_3S，导致熟料中 C_3S、C_2S 及 C_3A 的减少，游离氧化钙则相应的增加，熟料的强度亦因此而降低；又因 R_2O 熔点较低易于挥发，并和窑中飞灰结合成液相，造成分解带硫碱的结圈而影响窑内通风。在还原气氛下烧成的高碱慢冷熟料中常见 NC_8A_3 和 $KC_{23}S_{12}$ 这两种晶体。

钠铝酸钙（NC_8A_3）属斜方晶系，$Ng=1.710$，$Np=1.702$，双折射率 $\Delta N=0.008$，二轴晶负光性，$2V$ 中等。反射光下用蒸馏水或 10%氢氧化钾溶液腐蚀，呈蓝色或棕色的针状或棱柱状晶体（图 9-23），有时与游离氧化钙相邻。

钾硅酸钙（$KC_{23}S_{12}$）$Ng=1.702$，$Np=1.694$，双折射率 $\Delta N=0.008$，二轴晶正光性。在反射光下经 1%硝酸酒精腐蚀可见棕黄色呈小粒子或肾状、骨骼状等 $KC_{23}S_{12}$ 分布于中间相（图 9-24）。有时有类似贝利特的双晶纹。

3. 硅质原料

当粘土中含较多的石英或者用石英砂作校正性原料时，石英含量达 10%以上的生料将会出现窜料难烧现象。若石英的含量从 2.5%降低到 1.5%，熟料的产量就可提高 10%以上。石英的粒度愈大，熟料抗压强度降低的百分率亦就愈多。可见，游离 SiO_2 的危害性不仅表现在数量上，还与细度密切相关，石英砂的外形和结晶程度亦有很大影响。在实际生产中，既要注意石英的含量、颗粒大小，还需考虑结晶程度和形状。

二、生料质量的影响

配料率值、生料细度和均匀度等生料质量，亦会使熟料的显微结构发生明显的变化，从而影响熟料的质量。

图 9-23　棱柱状 NC_8A_3

H_2O　　　500×

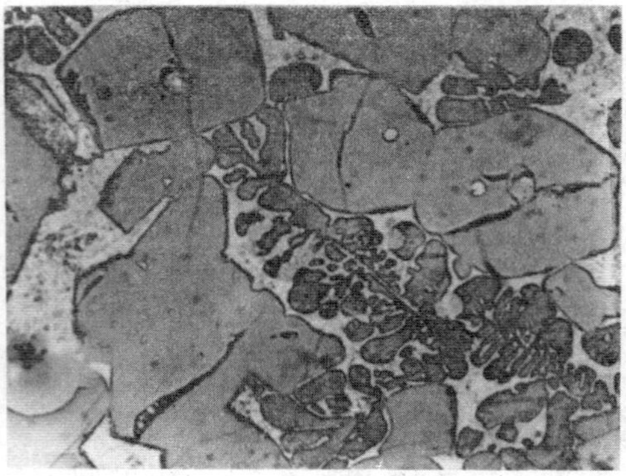

图 9-24　骨骼状 $KC_{23}S_{12}$

1%硝酸酒精　　反光 400×

1. 配料的率值

在生料配合时，必须充分满足预定熟料的各种率值，这些配料率值有：石灰饱和系数、硅率（或称硅酸率）、铝率（又称铁率）：

石灰饱和系数（以 KH 表示）是水泥熟料中氧化钙总含量减去饱和酸性氧化物（Al_2O_3、Fe_2O_3、SO_3）后剩下与二氧化硅化合的氧化钙含量，与理论上全部化合成硅酸三钙所需氧化钙含量的比值。简言之，石灰饱和系数表示二氧化硅被氧化钙饱和成硅酸三钙的程度，即：

$$KH=\frac{CaO-1.65\ Al_2O_3-0.35\ Fe_2O_3-0.7\ SO_3}{2.8\ SiO_2} \tag{9-1}$$

硅率（以 SM 或 n 表示）是熟料中 SiO_2 与 Al_2O_3、Fe_2O_3 之和的比值，数学式为：

$$SM=\frac{SiO_2}{Al_2O_3+Fe_2O_3} \tag{9-2}$$

铝率（以 IM 或 p 表示）则是熟料中 Al_2O_3 与 Fe_2O_3 含量的比值，即：

$$IM=Al_2O_3Fe_2O_3 \tag{9-3}$$

以上三个率值与熟料相组成的关系是：

$$KH=\frac{C_3S+0.8838\ C_2S}{C_3S+1.3256\ C_2S} \tag{9-4}$$

$$SM=\frac{C_3S+1.3254\ C_2S}{1.4341\ C_3A+2.0464\ C_4AF} \tag{9-5}$$

$$IM=\frac{1.1501\ C_3A}{C_4AF}+0.6383 \tag{9-6}$$

式中均为重量百分含量，它们对烧成工艺和水泥质量都有着显著的影响。

石灰饱和系数 KH 高并有足够煅烧条件时，熟料中 C_3S 含量亦高，水泥的标号就高，但必须有足够的生成条件，如果 KH 高而煅烧温度又低，CaO 就不能反应完全，熟料中将出现大量 f-CaO，水泥的质量反而下降。

硅率 SM 决定了熟料中硅酸盐相与熔剂相间比例，SM 高的熟料中硅酸盐相多，熔剂相较少，液相量过少使熟料难以烧成；SM 过低时硅酸盐相太少，水泥强度将降低。

铝率 IM 决定着熟料中 C_3A 和 C_4AF 相对含量。提高 IM 会增加熟料中 C_3A 而减少 C_4AF，液相粘度将增加使熟料难于烧成，并引起水泥的快凝；IM 过低则液相粘度减小，可降低熟料烧成温度，但是水泥的凝结硬化速度变得缓慢。

在实际生产中，各种率值利用显微结构分析，有两种方法：一是测定熟料光片中四种主要相的含量，再算出熟料的各率值；另一是根据率值与熟料显微结构变化的规律，通过观测熟料中主要晶体的显微结构特征，估计三个率值的高低。例如，①根据A矿中包裹相即可知KH的大小：当KH<0.91时包裹以C_2S为常见(见图9-22)，KH>0.91时常包裹f-CaO，若KH在0.91左右可同时包裹C_2S和f-CaO；②统计中间相的相对含量便知SM的高低：当中间相占20%～23%时，SM在2左右，含量小于20%时SM>2，大于23%时SM<2；③IM的变化影响更为明显：IM>1.38的慢冷熟料中，C_3A可结晶成比较完整的四方片状大晶体，如果IM<1.38时，则C_4AF先析出形成如图9-13所示的棱柱状，IM在1.38左右时C_3A、C_4AF同时析出，呈现黑、白中间相互相填隙的共析结构(见图9-15)。

2. 生料的细度和均匀度

控制生料细度是为防止粗粒原料的混入，否则将使熟料的显微结构失去均匀性，降低质量。细度指标一般用№0080筛的筛余量，并控制筛余量小于10%，对含有燧石、石英和方解石的生料，还要求200μm大小的颗粒小于0.5%～1%。若入窑生料的颗粒以小于100～120μm为主，大于100μm的颗粒只占5%～10%时，容易烧出显微结构均匀的熟料(图9-25)。粗粒的存在常使熟料中出现同种物相所谓矿巢结构，但晶粒间界线明显，多保持着原来颗粒外形的假象：粗粒石英会出现贝利特矿巢(图9-26)，煤灰或粗粒长石等亦会形成贝利特矿巢；粗粒石灰石就会形成游离氧化钙矿巢(见图9-21)。而粗粒的白云石还会有由游离氧化钙与方镁石共同构成的矿巢出现(图9-27)。

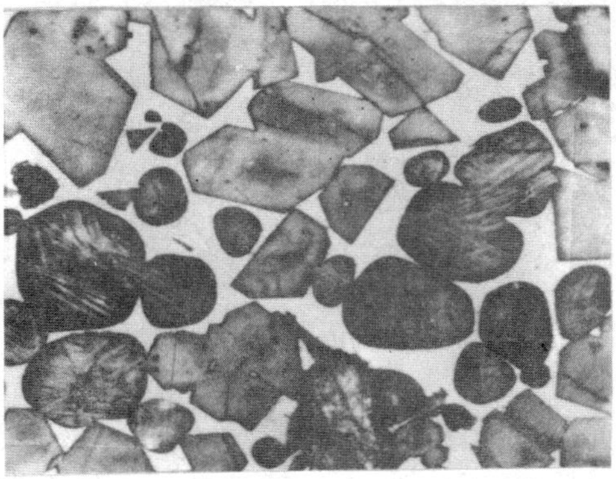

图9-25 优质水泥熟料的均匀显微结构
1%硝酸酒精 反光300×

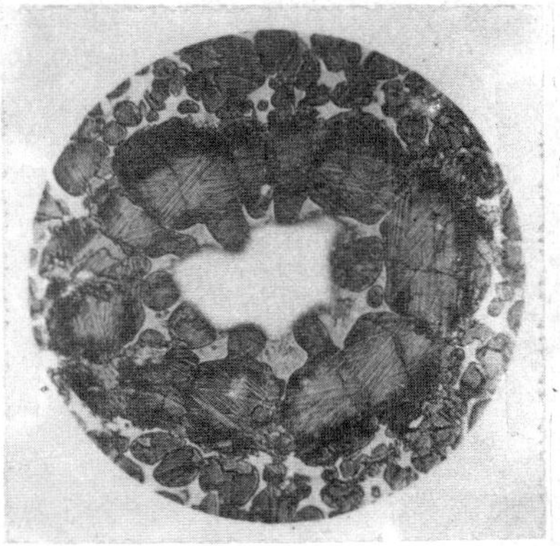

图9-26 保持石英颗粒外形的环形贝利特矿巢
1%硝酸酒精 反光300×

配料不稳定，窑灰掺入不匀，煤粉成分跳动或者生料拌和不均等，在熟料显微结构上会使阿利特、贝利特的分布不均匀，各自聚集成堆(图9-28)，晶体大小不一，中间相的分布亦不均匀，且游离氧化钙增多而且成堆分布。

三、矿化剂的影响

为节能和水泥改性，在水泥生产的配料中常添加矿化剂。矿化剂有多种，我国近年来较多采用硫酸钙($CaSO_4$或$CaSO_4\cdot 2H_2O$)和氟化钙(CaF_2)组成的复合矿化剂。

在掺复合矿化剂烧成熟料的显微结构中：阿利特的数量多，晶体尺寸较细小，发育良好，这与降低了液相出现温度和粘度，从而有利C_3S的形成和晶体生长有关；某些过渡相的形成及其在较低温度下的转化也是一个重要的因素。在显微结构中贝利特相应减少，且易出现手

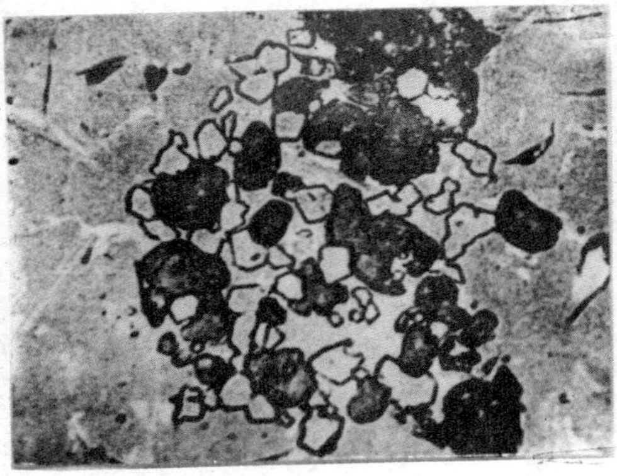

图 9-27 游离氧化钙(黑)和方镁石(白)矿巢
H_2O 反光 500×

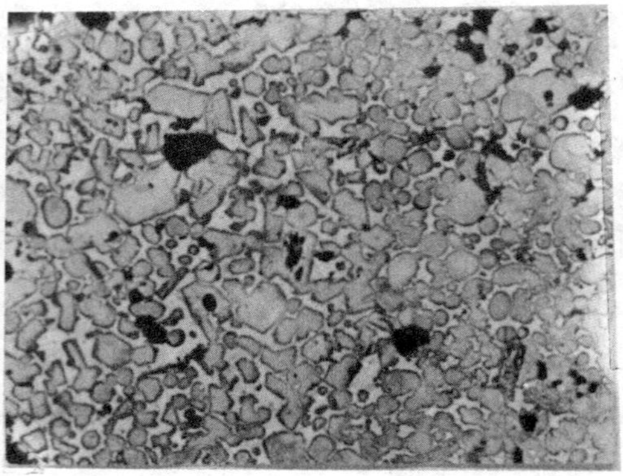

图 9-28 各自成堆分布的阿利特和贝利特
1%硝酸酒精 反光 160×

指状、树叶状或有平行晶纹等形貌;还会形成无水硫铝酸钙($3CaO \cdot 3Al_2O_3 \cdot CaSO_4$,简写为 $C_4A_3\overline{S}$)或氟铝酸钙($11CaO \cdot 7Al_2O_3 \cdot CaF_2$,简写为 $C_{11}A_7 \cdot CaF_2$)或两者兼而有之,依掺量和 CaF_2/SO_3 而定,中间相较为复杂,常发现二次析晶现象(图 9-29)。

图 9-29 掺复合矿化剂熟料中的二次析晶
H_2O 反光 400×

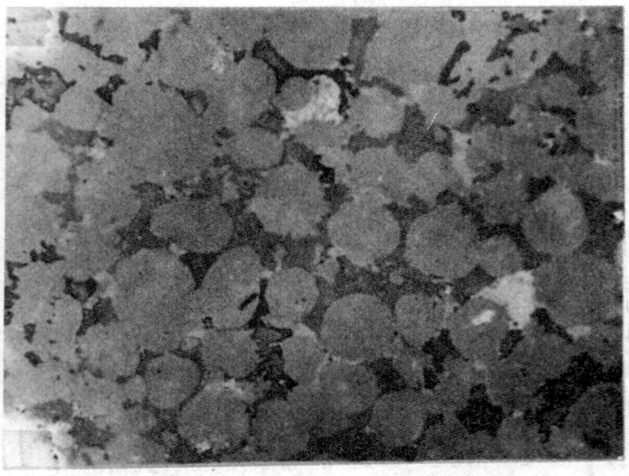

图 9-30 掺复合矿化剂中的中间相
H_2O 反光 400×

无水硫铝酸钙和氟铝酸钙均为等轴晶系,折射率分别为 1.565～1.568 和 1.605～1.609,未腐蚀的光片中为较 C_3A 暗的黑色中间相,经蒸馏水短暂腐蚀后,呈蓝棕色的不规则部分为 C_3A,浅色不规则部分为 $C_4A_3\overline{S}$ 和 $C_{11}A_7 \cdot CaF_2$,如图 9-30 所示,借助其他方法进一步区分 $C_4A_3\overline{S}$ 和 $C_{11}A_7 \cdot CaF_2$。

因矿化剂种类和掺量的不同,熟料显微结构会有较大的差异:若 CaF_2 的掺量不变而 SO_3 增加时,晶体的形貌从完整逐渐变得不完整,阿利特由发育良好逐渐变化到以花环状、熔蚀状为主,且包裹体增多。贝利特从圆形过渡到手指状、树叶状。SO_3 固定而 CaF_2 掺量变化时,显微结构的变化规律相反,晶体从不完整到完整,阿利特的数量随着 CaF_2 掺量的提高而不断增加,可超过 70%,晶体尺寸逐渐变小,其边棱趋于平直,轴比变大,有助于水泥活性的提高。当氟化钙掺量较高时,有时还会出现如图 9-31 的阿利特包晶结构,这是在冷却过程中 C_3S 与富氟液相又反应生成氟硅酸钙 $C_{11}S_4 \cdot CaF_2$ 形成覆盖层的缘故。

在还原气氛下掺复合矿化剂烧成的白芯熟料中,将出现硫化钙(CaS)和硫化亚铁(FeS)晶体。前者为等轴晶系,$N=2.137$,呈骨骼状(图 9-32)或禾状(图 9-33),反射能力介于白色

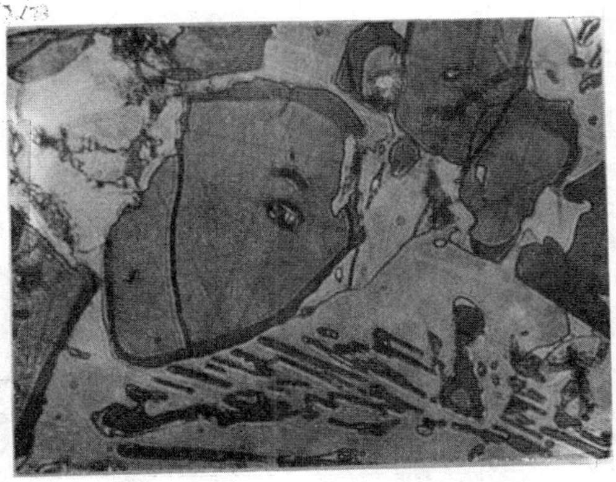

图 9-31 包晶结构的阿利特

1%硝酸酒精 反光 500×

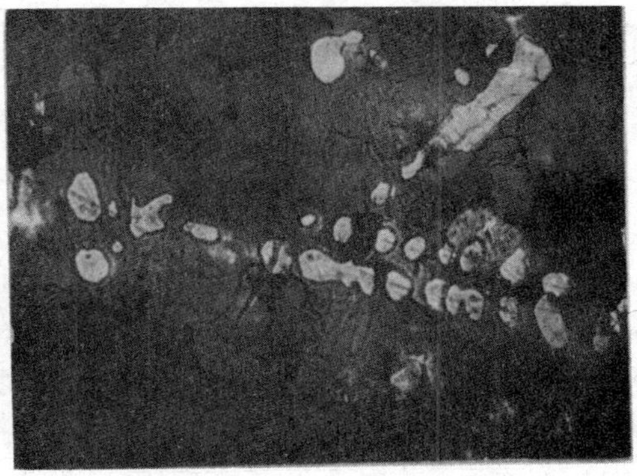

图 9-32 骨骼状的硫化钙晶体

1%硝酸酒精 反光 350×

中间相和金属铁之间;后者为六方晶系,反射率为 37%(橙光)与硫化钙相似,但大多为单个圆形或肾状分散分布。

图 9-33 禾状的硫化钙晶体

1%硝酸酒精 反光 350×

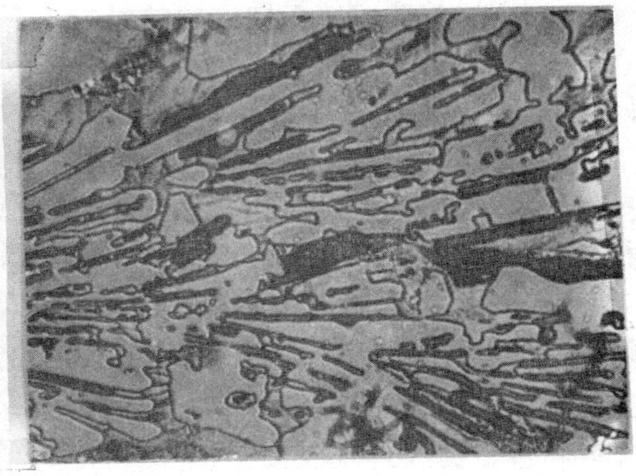

图 9-34 凤尾状晶体

1%硝酸酒精 反光 500×

由于硫化亚铁和金属铁的形成会使 C_4AF 形成量减少,有较多的 Al_2O_3 用于形成 C_4A_3S 或 $C_{11}A_7 \cdot CaF_2$,黑色中间相明显增多,相应有多余的 CaO 反应生成 C_3S,所以阿利特增多而贝利特减少,特别是当慢冷时,在矿化剂以及 FeO 的作用下,更易形成阿利特并发育生长为完善粗大的晶体,没有花环状和熔蚀的现象,贝利特的数量较少,甚至不易发现,同时由于液相数量增加,而且溶入较多 SiO_2,在冷却时就会析出针状晶体或呈放射状定向生长的针柱状晶体呈凤尾状集合体(图 9-34),为富含铝阿利特固溶体。

9.3.2 煅烧工艺对熟料显微结构的影响

水泥熟料的煅烧工艺包括煅烧制度、冷却速度和窑内气氛,它们对熟料的显微结构均有显著的决定性影响。

一、煅烧制度的影响

煅烧制度包括烧成温度的高低和时间的长短,它们明显影响熟料的显微结构。据之将熟料分为正常、过烧、欠烧和急烧几类。

(1) 正常熟料　配比合理、混合均匀、细度合格的生料，经历正常的煅烧和冷却后即可获得优质的正常熟料。当生料升温达最低共熔温度时，由固相反应生成的熔剂性晶体开始熔成液相，C_2S 和 CaO 溶入液相并相互作用形成 C_3S，随着温度的升高和时间的延长，液相的数量增加而粘度降低，C_3S 晶体逐渐发育长大，并溶入铝、镁、铁等成分形成阿利特，再经快速冷却而得熟料。在显微结构中晶体发育完善，阿利特和贝利特晶体大小均齐，分布均匀，彼此间被约占总量 20%～30% 的中间相隔开(图 9-25)：阿利特的含量约 50%～60%，大小在 20～50μm 之间，多数呈六角板和柱状；贝利特占约 10%～20%左右，为大小均匀，在 30～40μm 左右近圆形的颗粒，大都有交叉双晶纹；白色中间相在反射光下亮度较大，填充在 C_3S 与 C_2S 晶粒之间；黑色中间相呈点滴状或小片状，分布在白色中间相内部；游离石灰、方镁石和孔洞少见。具有这种显微结构的熟料将有较高强度指标。

图 9-35　过烧熟料的显微结构

1%硝酸酒精　　反光 200×

(2) 过烧熟料　烧成温度过高或在烧成带停留时间过长所得的熟料，称为过烧熟料。

熟料中阿利特充分发育生长，几何轴比较大，晶体粗大或呈长柱状(图 9-35)，有时可达 100nm 以上，游离石灰极少，孔洞也少。由于发育完整的粗大阿利特的水化活性较低，因此熟料的强度一般低于正常熟料。

(3) 欠烧熟料　若窑内温度偏低或物料在高温带停留时间太短，所形成的称为欠烧熟料。熟料中液相数量过少，新相的形成主要靠固相反应，因此晶体发育不良、尺寸细小，阿利特偏少且边棱不平直，贝利特形状不规则，表面无交叉晶纹，有时出现平行晶纹，并成堆出现，阿利特和贝利特难以区分，游离氧化钙多成堆分布和具有较多孔洞等(图 9-36)；其外观为棕黄色的细粒球状，内部疏松多孔、极易破碎、强度低。

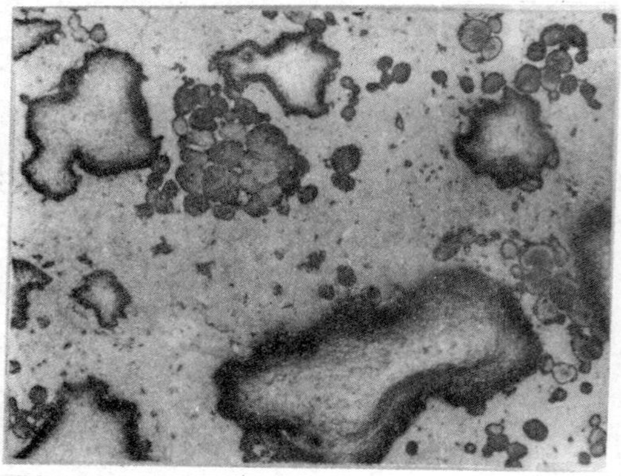

图 9-36　欠烧熟料的显微结构

H_2O　　反光 120×

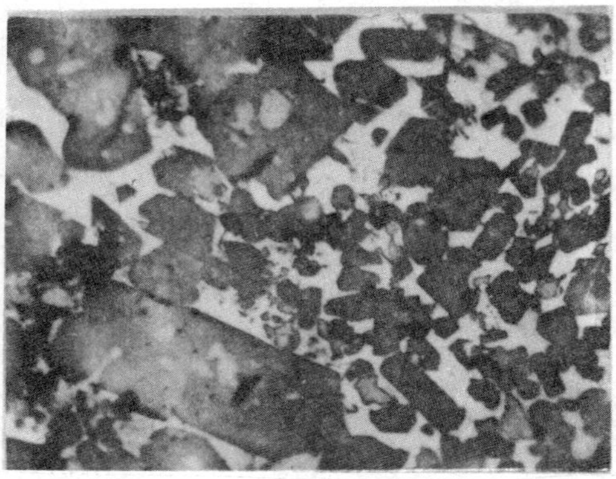

图 9-37　急烧熟料的显微结构

1%硝酸酒精　反光 400×

(4) 急烧熟料　若烧成温度偏高而在烧成带停留时间不足，在猛火下急烧所得的称为急烧熟料。由于预烧不够，大量物料反应不完全，阿利特形状不够完整，晶体大小悬殊，大者 100μm 以上，小的不到 10μm(图 9-37)；贝利特呈圆形或不规则的手指状，交叉晶纹不明显，二者分布也不均匀，游离氧化钙亦较多。

二、冷却速度的影响

熟料的质量与冷却速度亦有极大的关系。图 9-38 简要地综合了冷却速度对水泥各相及其性质的影响，一般要求冷却到 C_3S 稳定温度下限时采取急冷措施。根据熟料的显微结构特征可以判断冷却速度的快慢，据此将水泥熟料分为急冷和慢冷两类。

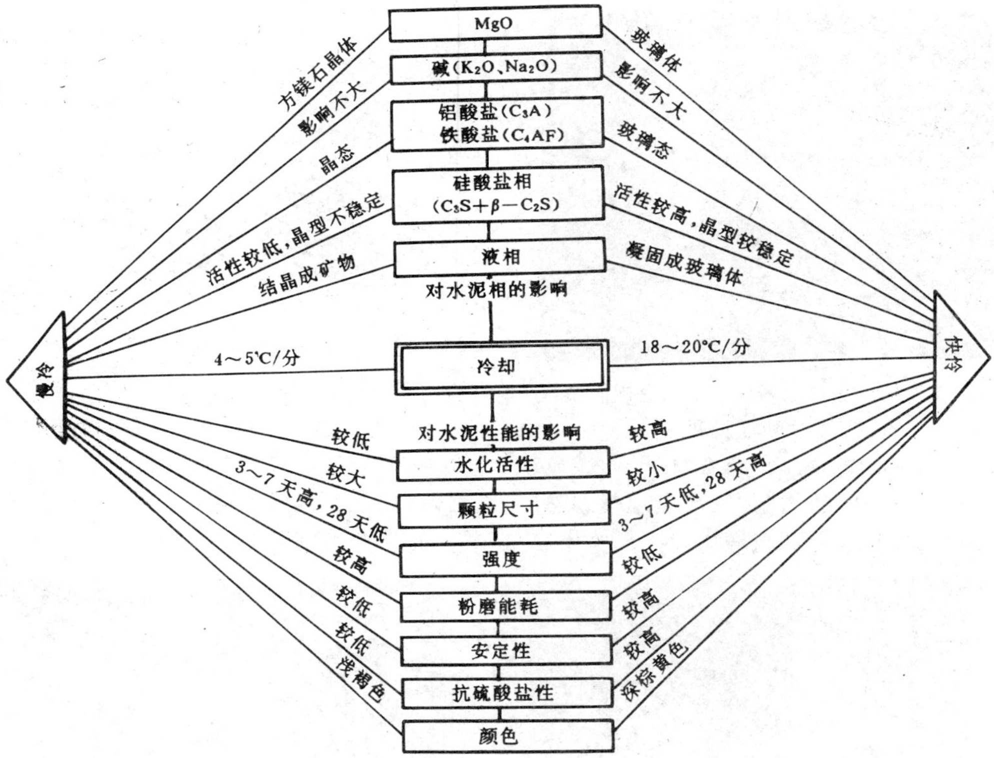

图 9-38　冷却速度对水泥各相及其性质的影响

（1）急冷熟料　阿利特较细小，边棱平直。贝利特的圆形颗粒上有交叉晶纹，中间相含有较多玻璃质或仅出现微细的蚁状、树枝状黑色中间相，游离氧化钙和方镁石少见。

（2）慢冷熟料　阿利特相对较大，晶体形状不规则，呈圆钝状，甚至港湾状，有时有分解现象，分解出的细小二次游离氧化钙除不断溶入液相外，最后以小粒状围绕在阿利特的周边呈现花环状结构，有时还会有排列整齐的二次贝利特析晶（图 9-39）。贝利特常出现平行晶纹。黑色中间相为四方片状，常有大颗粒方镁石存在。

三、窑内气氛的影响

正常熟料是在微氧化气氛下烧成的，熟料颗粒为灰黑微带绿色。如果窑内出现还原气氛，烧成熟料的内核将出现异常的颜色，随着还原程度不同将出现黄芯熟料、绿芯熟料、白芯熟料和析铁熟料，它们外层黑壳的显微结构与正常熟料相同，内核部分则明显不同。

阿利特数量随还原程度的增加而减少，熔蚀和花环等分解现象亦随之加剧，一般是由于煤灰降落被裹入物料内，使中心部分的 SiO_2、Al_2O_3 含量增加降低 KH 值，Fe_2O_3 还原成的 FeO 对 C_3S 有分解作用等原因造成的。贝利特数量相应的增多，形状不规则，由于高温下

FeO 与 SiO_2、CaO 反应逐步生成钙铁橄榄石(CFS)，并与 C_2S 生成有限固溶体，在温度降低到 1230℃以下时，C_2S 和 CFS 将离溶形成共析结构，如图 9-40，A 所示。当温度较高而接近 1230℃时，由于 CFS 的熔点较低，逐步溶入液相而残留手指状、树叶状贝利特，如图 9-40，B，C 所示。脑状贝利特则是由于固溶体偏析的结果，几乎不存在 C_4AF，熟料中将以矩形和大片状的黑色中间相为主。

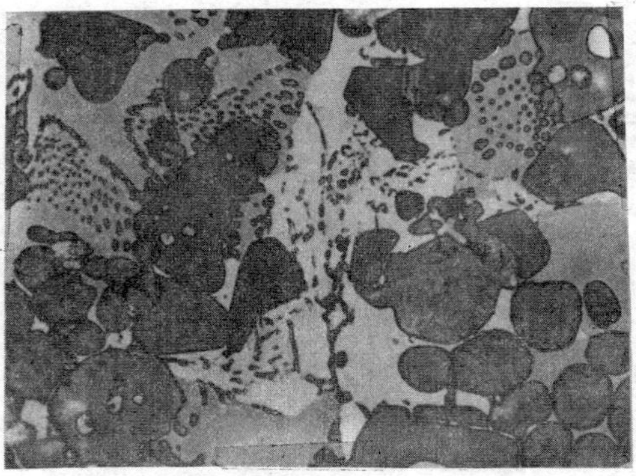

图 9-39 慢冷熟料中片状黑色中间相，点滴状二次析晶贝利特

1%硝酸酒精 反光 450×

A B C

图 9-40 还原气氛下各种形态贝利特的形成

随还原程度的加剧，依次出现黄芯熟料、绿芯熟料、白芯熟料和析铁熟料等。在白芯熟料中以不规则形状的贝利特连成一片为主要组成，中间相黑白不分明(图 9-41)。

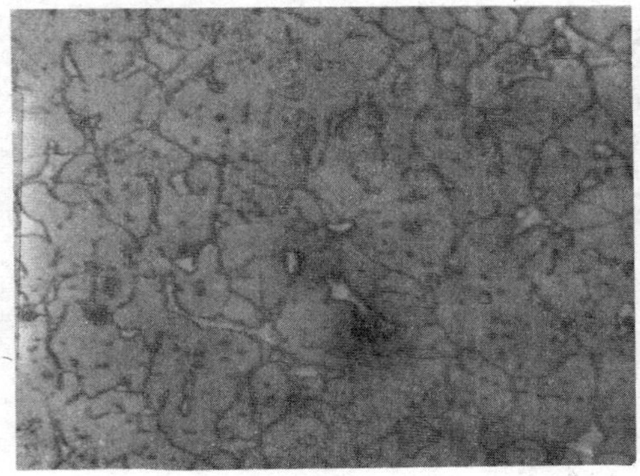

图 9-41 白芯熟料的显微结构

1%硝酸酒精 反光 500×

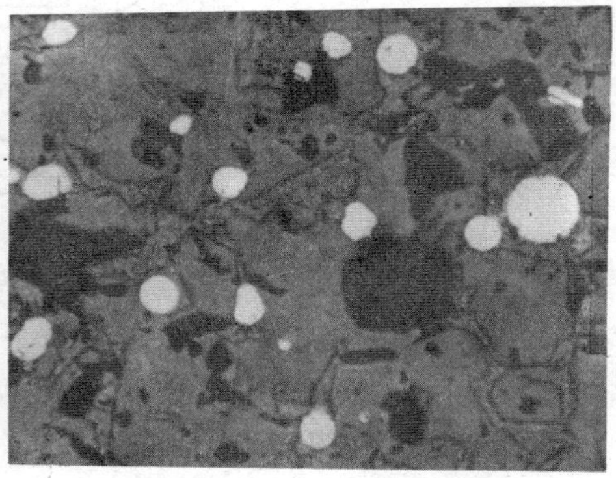

图 9-42 析铁熟料的显微结构

不腐蚀 反光 400×

关于熟料的黄心问题，一般认为由于铁的还原致使熟料颜色发黄，也有人认为高温过烧易使含铁化合物分解，在冷却时重新化合不完全也会使熟料发黄等。在强还原气氛下，Fe^{3+} 被还原成 Fe^{2+} 甚至金属铁(Fe)，结果形成析铁熟料。低价铁离子以 FeO 存在，其高温相为方铁矿，等轴晶系立方体晶体，折射率 $N=2.32$，在 560℃以下与磁铁矿形成固溶体。金属铁高温条件下为熔体，因表面张力而成球形圆粒，冷却后保持圆形，反射光下呈亮白色(图 9-42)。在炼铁同时制造的水泥熟料中更易出现析铁熟料，其相组成主要为贝利特、C_3A、$C_{11}A_7$ 和金属铁，水泥的强度较低而且快凝。

9.3.3 熟料显微结构对强度的影响

水泥熟料的质量及水泥的强度，取决于主要组成相的含量及其显微结构特征，根据熟料显微结构特征就可估测熟料及水泥在水化硬化后的强度。

一、矿物组成与强度的关系

熟料的相组成是决定水泥强度的重要因素，表 9-3 为水泥熟料中单矿物加水后净浆在不同龄期的抗压强度。可以看出，水泥的 28 天强度基本上依赖 C_3S，但后期增长不大；C_2S 的早期强度低，对 28 天的强度影响不大，但对后期强度的增长显著；C_3A 主要对早期强度有利；C_4AF 对早期和后期强度都有较大的影响。水泥的强度并不是这四种单矿物强度的简单叠加：C_3S 加入小于 10%～15% C_3A 后的强度高于纯 C_3S，而 C_3S 和 C_2S 混合的强度却低于纯的 C_3S；熟料矿物的最佳含量范围有人认为是：C_3A 8%～12%，C_4AF 12%～13%，C_3S50%～55%。

表 9-3 单矿物净浆试体的抗压强度(MPa)

单矿物	7 天	28 天	180 天	360 天
C_3	31.6	45.7	50.2	57.3
β-C_2S	2.35	4.12	18.9	31.9
C_3A	11.6	12.2	0	0
C_4AF	29.4	37.7	48.3	58.3

二、显微结构特征与强度的关系

除熟料的矿物组成及其含量外，显微结构特征(如阿利特、贝利特和中间相的形状、大小和分布等)亦与熟料的强度密切相关，还受到生产工艺因素的影响，因为在配料及熟料化学成分、矿物组成和率值均基本相同的条件下，工艺条件变化也可形成不相同的显微结构，导致熟料强度的不同。

图 9-43 和图 9-44 是用同一批生料生产的 A 和 B 两种熟料的显微结构，熟料 A 中的阿利特呈六角状、柱状，发育完全，边其整齐，分布均匀，大小合适，一般在 30～50μm，包裹、花环及熔蚀等结构少见，贝利特多为圆形并具细密交叉晶纹，分布均匀或小堆集中，尺寸多为 20～40μm，黑色中间相呈点线状或小片状；而在熟料 B 中的阿利特有熔蚀现象，尺寸偏大，分布不够均匀，贝利特大部分呈圆形，无双晶纹，部分呈手指状，黑色中间相为片状。由于两者显微结构有着较大的差别，所以强度指标上亦显著不同，熟料 A 的 3 天、28 天抗压强度比熟料 B 分别高出 11.0 和 7.0MPa。可见通过显微结构分析的积累，就有可能在一定范围内根据熟料的显微结构推断熟料的有关性能。

三、熟料强度的评估方法

通过显微结构分析，不仅可了解生产工艺的变化，还可判断熟料质量的好坏。估测熟料水化硬化后强度有偏光法和反光法两种方法。

1. 偏光法评估熟料的强度

日本小野等人提出根据下面四项显微结构特征即可判断烧成条件及水化活性的好坏，

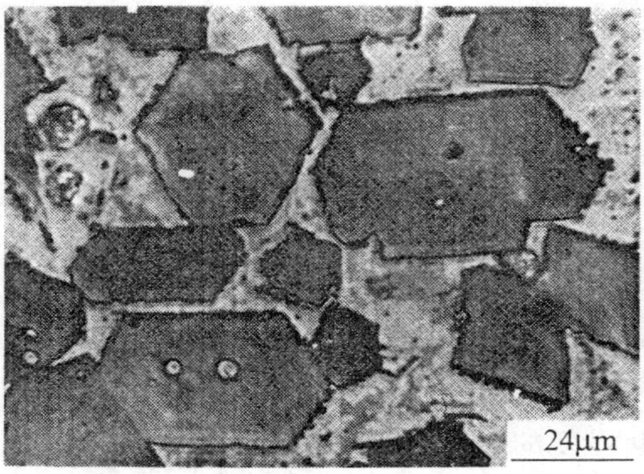

图 9-43　熟料 A 的显微结构
1%硝酸酒精　　反光 500×

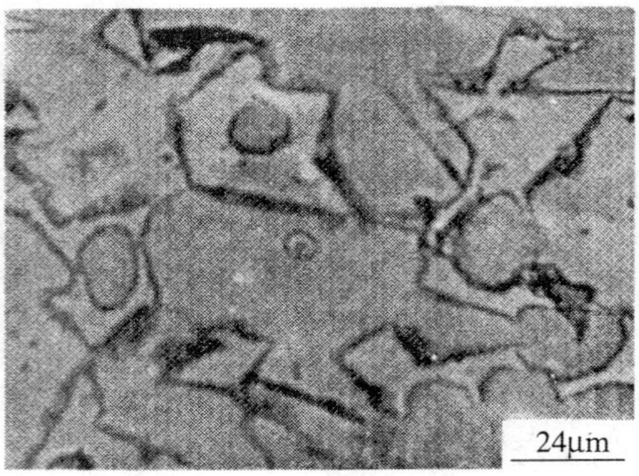

图 9-44　熟料 B 的显微结构
1%硝酸酒精　　反光 500×

进而估测熟料强度的高低：①根据熟料中阿利特晶体的大小（*AS*，以晶体的长度表示），可推断煅烧速率，*AS* 在 15μm 和 30μm 之间的煅烧速率良好，尺寸小的是煅烧速率快、熟料活性高和质量好的标志；②根据阿利特的双折射率（*AB*），可推测最高煅烧温度，*AB* 大表示熟料的烧成温度较高，阿利特将是高温晶型，有利活性的提高，熟料的质量好；③根据贝利特的大小（*BS*，以圆形晶粒短半径表示），可判断熟料的煅烧时间。*BS* 在 20μm 和 40μm 之间的煅烧时间适当，晶体大表明烧成时间足够长，在室温下可保持活性较高的高温晶型；④根据贝利特的颜色（*BC*），可判断熟料的冷却速率。随冷却速率变慢，贝利特可从无色变到淡黄、黄、琥珀色等。无色的冷却速度快，熟料的活性较高。用贝利特的双折射率判断冷却速率亦可，从快冷到慢冷，双折射率相应从 0.012 变到 0.018。

在测出熟料中上述四个特征性质后，按表 9-4 划分为"优"、"良"、"中"和"差"四个等级，相应记以 4、3、2、1 代入下式，即可估测该熟料 28 天的抗压强度：

$$R_{28}=253+6.4(AS)+21.9(AB)+4.0(BS)+21.5(BC) \tag{9-7}$$

表 9-4　阿利特和贝利特的显微结构特征与煅烧条件及水化活性的关系

煅烧条件	水化活性			
	优"4"(+)	良"3"(*W*)	中"2"(*V*)	差"1"(−)
煅烧速率 阿利特尺寸(*AS*,μm)	快 12～20	20～30	(25)30～40	>慢 40～60(120)
烧成温度 阿利特双折射率(*AB*)	高 0.010～0.008	0.007～0.006	0.006～0.005	>低 0.005～0.002
烧成时间 贝利特尺寸(*BS*,μm)	长 (20)25～40(60)	(15)20～25	(10)15～20	>短 5～10
冷却速率 贝利特颜色(*BC*)	快 无色	淡黄色	黄色	>慢 琥珀色
贝利特双折射率	0.012	0.015	0.017	0.018

2. 反光法评估熟料的强度

却特奇（A. K. Chatterjee）等人提出用反光显微镜测定熟料各相的相对比例（*PHI*）、阿利特大小(*CSI-A*)和贝利特的大小(*CSI-B*),并对阿利特和贝利特的形貌(*MOI-A*、*MOI-B*)、晶型(*TWI*)以及聚集状态(*CLI*)进行定量后,利用下式估算出熟料的强度:

$$R_{28}=0.028+98.598(PHI)+90.571(CSI\text{-}A)+1.539(CSI\text{-}B)+61.437(MOI\text{-}A)+2.943(MOI\text{-}B)+85.049(TWI)-84.308(CLI) \tag{9-8}$$

公式中包括的指标较多,考虑较全面,由于所测定项目的增多使整个测试过程亦较繁杂。

根据熟料显微结构,将其划分为三个或四个等级,按照显微结构等级可较快地估测出熟料的强度范围。各级熟料的显微结构特征如下:

一级熟料　阿利特约含 60%,分布均匀,发育良好,呈六角板、柱状,无花环、环带等结构,包裹体少,大小约 20～60μm,无成堆的小晶体;贝利特少于 20%,为圆形颗粒,均匀分布在阿利特之间,具细长交叉双晶,无平行双晶及其他结构出现,双晶之间有较亮白色中间相;游离氧化钙很少,方镁石亦很少发现;空洞较少,大小在 50μm 以下;黑色中间相以点滴、点线和小片为主。

二级熟料　熟料的主要显微结构特征与一级熟料的情况基本相同,唯空洞较多。

三级熟料　阿利特分布尚均匀,常呈熔蚀结构的板柱状,并有包裹体,大小不均,小于 10μm 者有时达 50%～55%,大者可达数十纳米;贝利特晶体尚完整,具有细长交叉双晶,常夹有具平行双晶纹,少量表面粗糙,有的分堆集中,含量约 20%～25%;游离氧化钙较多,常约 10～20 颗成堆分布;空洞很多,大者可达 200μm 以上,形状很不规则;黑色中间相以点线、点滴状为主;方镁石亦很少。

四级熟料　基本与三级熟料相同,最大特点是贝利特晶体不完整,大部分表面粗糙很少发现双晶纹,有些呈树叶状、手指状以及少量连成一片等结构,含量在 25%以上。

9.3.4　特种硅酸盐水泥熟料

除硅酸盐水泥熟料外,还有白水泥、彩色水泥、高铁水泥等所谓特种硅酸盐水泥熟料。

一、白色和彩色硅酸盐水泥熟料

1. 白色硅酸盐水泥熟料中 Fe_2O_3 含量一般小于 0.5%,可视为是无铁硅酸盐水泥熟料,其组成相主要为 C_3S、C_2S、C_3A,不含 C_4AF 或含量极微。

图 9-45 显示出填充在硅酸盐晶粒间的黑色中间相,蒸馏水浸蚀后呈蓝到棕色的 C_3A,几乎观察不到白色中间相,烧结时液相粘度高,使 C_3S 的形成和生长困难,熟料的烧成温度较高(在 1500℃以上),故 C_3S 晶体尺寸偏小(<10μm),有的发育不好(图 9-46),熟料的孔隙率高,游离氧化钙往往较多(图 9-47)。

2. 彩色硅酸盐水泥熟料是在白色硅酸盐水泥生料中加入少量 Cr_2O_3、CoO、Mn_2O_3 等着色剂而烧制成的,着色剂的掺入量一般在 0.1%～2%,熟料的矿物组成与白色硅酸盐水泥熟料基本一致。由于贝利特比较容易着色,并具有强烈的色彩,且较阿利特稳定,所以彩色水泥往往采用贝利特含量较高的熟料。

着色剂对彩色水泥熟料显微结构有一定的影响:较多的氧化铬对熟料中主要晶相的结晶无不良影响,但硅酸二钙的结构多孔主要呈圆形,有时呈不规则形状,Cr_2O_3 含量的增加会使 C_2S 的颗粒尺寸增大 0.5～1 倍,含铬的 β-C_2S 具有足够的水硬性;当 Cr_2O_3 含量较多时(4%～5%),熟料中存在较多镁铬尖晶石(图 9-48),其反光能力强,略带红色,呈多边形

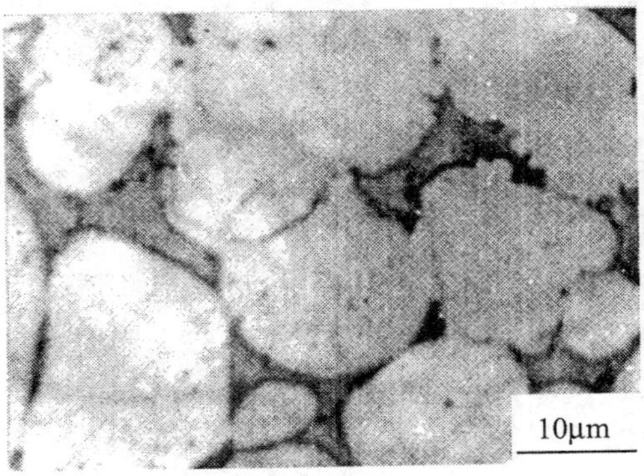

图 9-45　白色硅酸盐水泥熟料中填充在硅酸盐矿物间的 C_3A(反光)

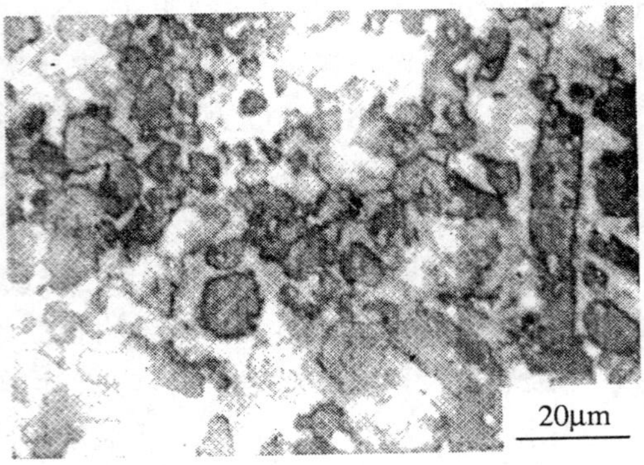

图 9-46　白色硅酸盐水泥熟料中的 C_3S(反光)

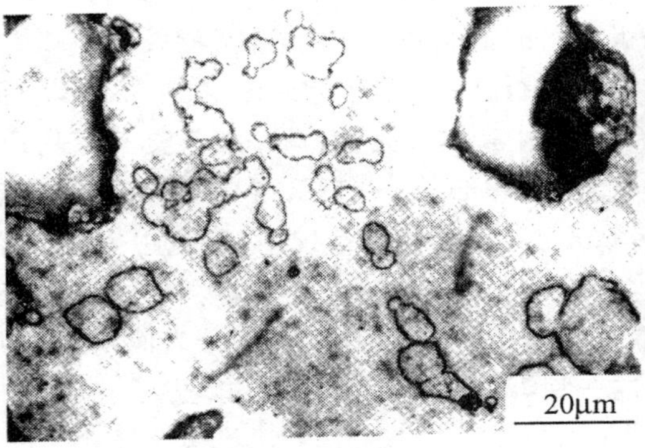

图 9-47　白色硅酸盐水泥熟料中的 f-CaO(反光)

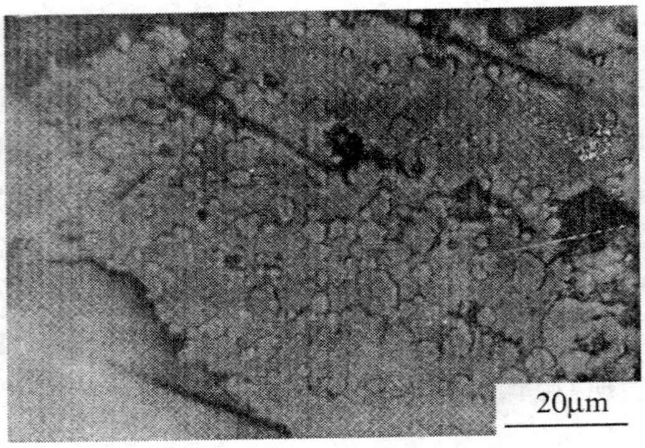

图 9-48　绿色硅酸盐水泥熟料中的镁铬尖晶石(反光)

粒状颗粒,不经浸蚀就能观察到。

二、高铁硅酸盐水泥熟料

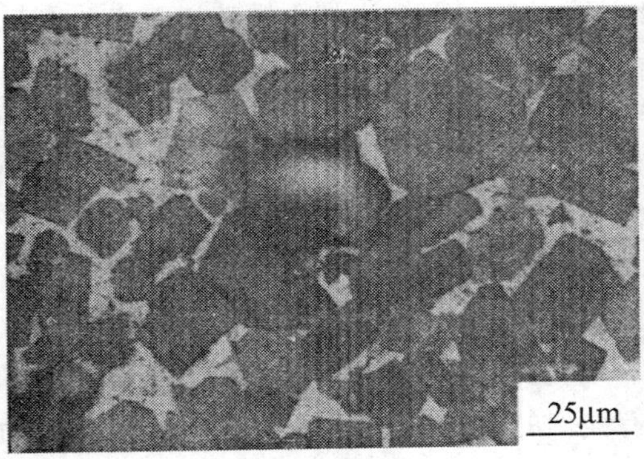

图 9-49　高铁硅酸盐水泥熟料中的结晶良好的 C_3S(反光)

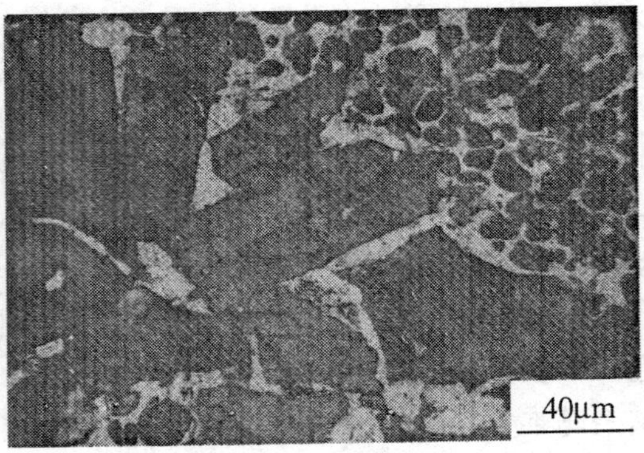

图 9-50　高铁硅酸盐水泥熟料中晶体尺寸大且受高温液相熔蚀的 C_3S(反光)

与白色硅酸盐水泥熟料相反,熟料中 Fe_2O_3 含量较高,Al_2O_3 偏低,组成相中铁铝酸钙含量高而 C_3A 含量很低。在高温烧结时液相粘度较小,有利于晶体的生长,阿利特发育良好，多呈六角板状，中间相较多且几乎均为白色中间相，f-CaO 一般都很低。图 9-49 显示出发育良好呈六角板状的阿利特晶体，填充在阿利特晶体间的多为白色中间相，仅有少量呈细小点滴状的黑色中间相。在致密块状的熟料中阿利特带长得特别大(100μm 以上)且具有熔蚀结构(图 9-50)。

§9.4 硅酸盐水泥水化产物及混凝土的显微结构

水泥的水化硬化是研究水泥质量、性能和用途的主要内容，显微结构分析亦是十分有效的研究方法。这里简单介绍水泥的水化硬化过程及其水泥产生和混凝土的显微结构特征。

9.4.1 水泥的水化、凝结和硬化

在水泥中加入适量的水调成水泥浆，经过一定时间会逐渐变稠、变硬，使塑性水泥浆体变成具有一定强度的硬化水泥浆体。整个过程可分为水化、凝结和硬化三个阶段。

一、水泥的水化

水泥粉遇水后，各组成立即进行水化作用和水解作用，生成一系列含水化合物。物质从无水状态变成含水状态的作用，称为水化作用；原晶体遇水发生分解形成新化合物的作用，称为水解作用；在水泥水化过程中生成的含水化合物，称为水化产物，简称水化物。水化作用一般是在少量水中进行，整个过程相当复杂，代表性的化学反应有：

$$2(\underset{\text{硅酸三钙}}{3CaO \cdot SiO_2}) + 6H_2O = \underset{\text{水化硅酸钙(凝胶)}}{3CaO \cdot 2SiO_2 \cdot 3H_2O} + \underset{\text{氢氧化钙(晶体)}}{3Ca(OH)_2}$$

$$2(\underset{\text{硅酸二钙}}{2CaO \cdot SiO_2}) + 4H_2O = \underset{\text{水化硅酸钙(凝胶)}}{3CaO \cdot 2SiO_2 \cdot 3H_2O} + \underset{\text{氢氧化钙(少量)}}{Ca(OH)_2}$$

$$\underset{\text{铝酸三钙}}{3CaO \cdot Al_2O_3} + 6H_2O = \underset{\text{水化铝酸钙(晶体)}}{3CaO \cdot Al_2O_3 \cdot 6H_2O}$$

$$\underset{\text{铁铝酸四钙}}{4CaO \cdot Al_2O_3 \cdot Fe_2O_3} + 7H_2O = \underset{\text{水化铝酸钙(晶体)}}{3CaO \cdot Al_2O_3 \cdot 6H_2O} + \underset{\text{水化铁酸钙(凝胶)}}{CaO \cdot Fe_2O_3 \cdot H_2O}$$

$$\underset{\text{水化铝酸钙}}{3CaO \cdot Al_2O_3 \cdot 6H_2O} + 3(\underset{\text{石膏}}{CaSO_4 \cdot 2H_2O} + 19H_2O = \underset{\text{水化硫铝酸钙(晶体)}}{3CaO \cdot Al_2O_3 \cdot 3CaSO_4 \cdot 31H_2O}$$

硅酸盐水泥水化后的水化产物主要有：水化硅酸钙、氢氧化钙、水化铝酸钙、水化铁酸钙以及水化硫铝酸钙五种。

水泥水化的反应速度影响水泥的强度发展，单位时间内水化程度或水化深度，称为水化速度；一段时间内水泥的水化量与完全水化量间的百分比称为水化程度，根据水化程度可求得水泥颗粒的平均水化深度。

测定水泥水化速度的方法有多种，采用偏光显微镜可直接测出一定龄期的水化程度。

因为水化产物的折射率较低，在单偏光镜下即可加以区别和测定，并计算出已水化部分的体积百分数，进而得知该龄期的水化程度，如果用电子探针和扫描电镜就能较精确地测得水化层的厚度以及水化物随层厚的变化。

二、水泥的凝结与硬化

加水后水泥颗粒表面发生剧烈的水化反应而形成水化产物，随着水分沿着颗粒的裂缝渗透到内部，使大颗粒分裂为小颗粒而暴露出新的表面(图 9-51，A)，继续水化并生成新的

水化产物。由于水化产物的溶解度不大，水溶液很快达到过饱和而析出晶体，它们将凝聚在水泥颗粒周围形成水化产物凝胶膜层(图 9-51,B)。随着水化产物增多，膜层增厚并互相连接而形成网状结构，使水泥浆体失去流动性并凝结(图 9-51,C)，这是水泥的初凝。凝胶体和晶体进一步发展，不断填充网状结构的毛细孔，使结构逐渐紧密从而达到水泥的终凝并开始硬化(图 9-51,D)。硬化的水泥浆体具有较高的抗压强度、低的抗拉强度和抗渗性能等特征。

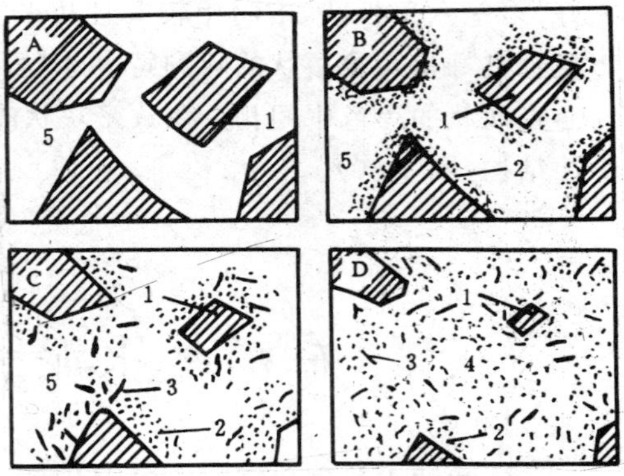

图 9-51　水泥凝结硬化过程示意图

1. 水泥颗粒，2. 水化凝胶，3. $Ca(OH)_2$ 等晶体，4. 凝胶体内毛细孔，5. 水分

硬化水泥浆体在常温下，通常由未水化熟料颗粒、水化产物、水、少量空气和气孔等组成，是一个固、液、气三相多孔体，它们的性质、相对含量及其互相间的作用等决定着硬化水泥浆体的性能，其中水化产物的组成和显微结构特征是主要因素。

9.4.2　水泥的水化产物

硅酸盐水泥的水化产物在常温条件下按结晶程度可分为两大类，即结晶较差的凝胶状水化产物和结晶完整的结晶态水化产物。现将主要水化产物简介如下：

一、水化硅酸盐相

硅酸盐水泥熟料中硅酸盐相水化产物分凝胶和晶相两类。

1. 水化硅酸钙凝胶

水化硅酸钙凝胶是硬化水泥浆体的主要组成，含量在 70%左右，对其性质影响最大，但化学成分不固定，通常笼统称为 C-S-H 凝胶，简称为 C-S-H 相。

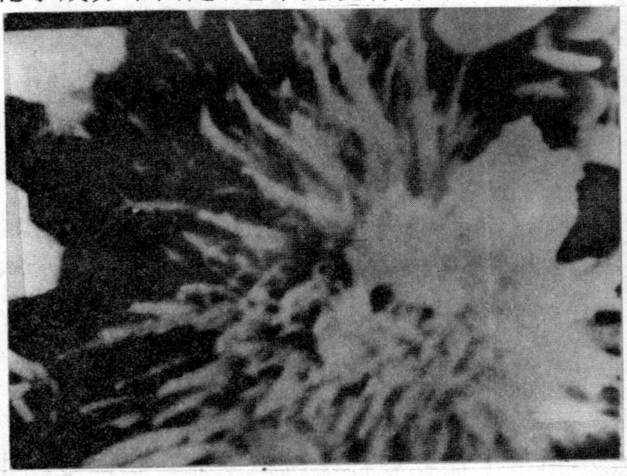
图 9-52　Ⅰ型 C-S-H 的 SEM 像

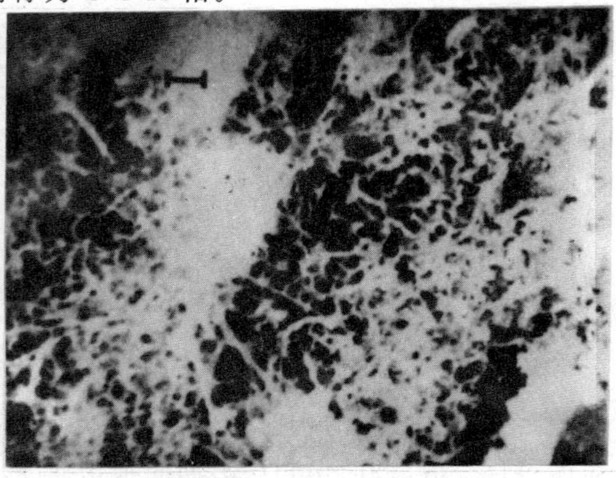
图 9-53　Ⅱ型 C-S-H 的 SEM 像

用扫描电镜观察，C-S-H 相的形貌主要有：尖端分叉的纤维状(图 9-52)、许多粒子构成的网络状(图 9-53)、三向近等径的粒状(图 9-54)以及薄片状、珊瑚状、花朵状等，还有在原水泥粒界内呈皱纹状紧密结合的粒状(图 9-55)。不同形貌一般与化学组成无固定关系，而

与原 C_3S 的晶型有关，一般三方型 C_3S 水化呈薄片状，单斜型水化呈纤维状，而三斜型则水化呈无定形。

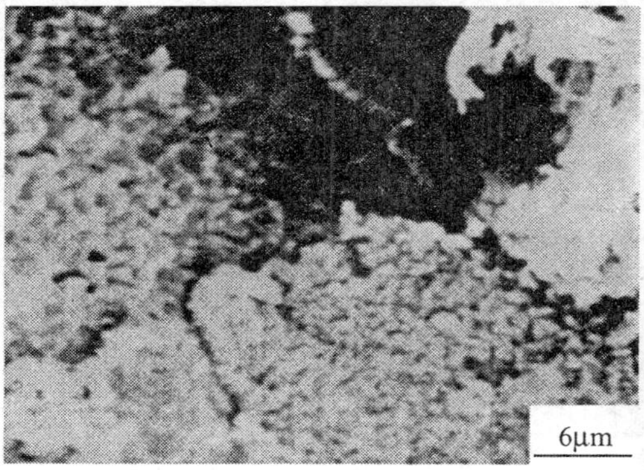

图 9-54　Ⅲ型 C-S-H 的 SEM 像

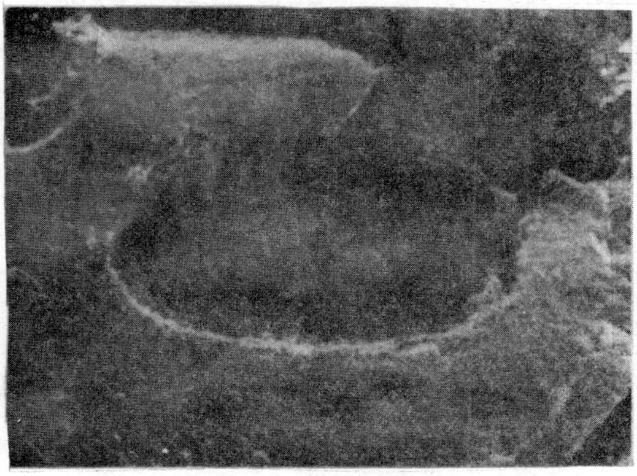

图 9-55　Ⅳ型 C-S-H 的 SEM 像

2. 水化硅酸盐晶相

在硅酸盐混凝土中，水化硅酸盐凝胶将逐渐转变为结晶相，这些结晶水化硅酸盐主要有托勃莫来石、白钙沸石、C_2SH (A)及半晶态的 C_2SH_2，含铝高时还会有水石榴石等。

托勃莫来石化学式为 $5CaO \cdot 6SiO_2 \cdot nH_2O$，层状结构，是 110～140℃水热蒸压条件下的主要水化产物，折射率 $Ng=1.575$，$Np=1.570$，晶体呈薄片状、针状、板状等(图 9-56、图 9-57)，具有良好的物理力学性能。

图 9-56　灰砂砖中板状托勃莫来石(SEM)

图 9-57　针状和阔叶状托勃莫来石(*SEM*)

白钙沸石通常为鳞片状结晶，六方晶系，化学式为 $2CaO \cdot 3SiO_2 \cdot 2H_2O$，折射率 $Ng=1.549$，$Np=1.536$。

除上述主要低钙性水化硅酸钙外，在蒸压混凝土制品的水化初期还有结晶态的 C_2SH (A)和半结晶态的 C_2SH_2 等，继之转化为低钙的水化硅酸钙。

当原料组分中 Al_2O_3 含量较高时可形成组成可变的水石榴石，通式为 $C_3A \cdot SnH_{6-2n}$。晶体呈八面体(图 9-58)、四角三八面体或薄片状。

二、氢氧化钙

氢氧化钙 $Ca(OH)_2$，结晶良好，呈六方片状，三方晶系，折射率 $Ne=1.547$，$No=1.574$，一轴晶负光性。晶体内部层状结构由彼此联结的八面体组成，层内为离子键，层间则为分子键，决定其呈六方片状的形貌(图 9-59)。

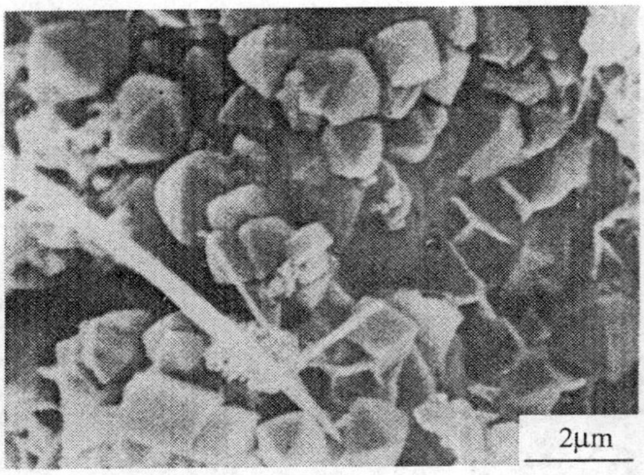

图 9-58　八面体的水石榴石(SEM)

图 9-59　在孔隙中生长的 $Ca(OH)_2$ 晶体 *SEM*

三、水化硫铝酸钙

硅酸盐水泥中均有作为缓凝剂的石膏 $CaSO_4 \cdot 2H_2O$，加水后熟料中 C_3A 与石膏反应将生成水化硫铝酸钙，它有单硫型和三硫型两种。

1. 钙矾石

钙矾石是三硫型水化硫铝酸钙($3CaO \cdot Al_2O_3 \cdot 3CaSO_4 \cdot 31H_2O$，简写 $C_3A \cdot 3\overline{CS} \cdot H_{31}$)，也称 Aft，三方晶系，折射率 $Ne=1.458$，$No=1.464$，负延性，一轴晶负光性，一般呈六方棱柱状，其形貌决定于其生长空间。水化开始几小时内常以凝胶状析出，然后生长成棒状，两端挺直无分叉现象(图 9-60)，有时呈空心管状(图 9-61)。

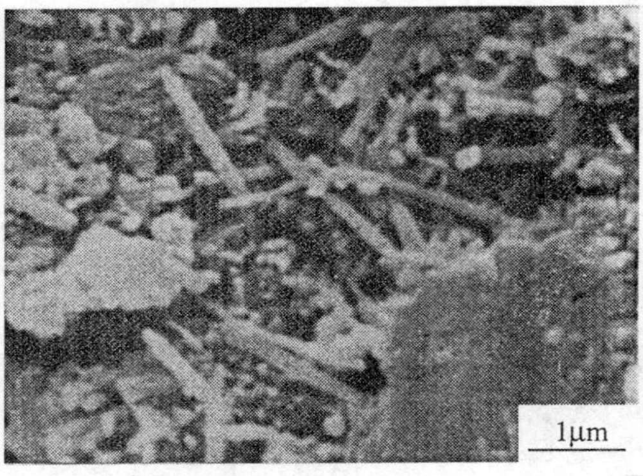

图 9-60　水泥浆体中的钙矾石(AFt)SEM

图 9-61　水泥浆体中的钙矾石(*AFt*)*SEM*

在已硬化的水泥浆体内随钙矾石继续生长体积将增大 2.5 倍，从而造成硬化的水泥浆体崩溃，因此钙矾土有水泥杆菌之称，尤其是海水中极易反应生成钙矾石，在抗海水腐蚀的水泥中应尽量减少铝酸盐相含量。

2. 单硫型水化硫铝酸钙

单硫型水化硫铝酸钙($3CaO \cdot Al_2O_3 \cdot CaSO_4 \cdot 12H_2O$，简写 $C_3A \cdot \overline{CS} \cdot H_{12}$)，也称 Afm，三方晶系，折射率 $Ne=1.488$，$No=1.504$，层状结构，正延性，一轴晶负光性。

在水泥浆体中 Afm 开始为不规则的板状、成簇生长或呈花朵状，逐渐变为六方板状(图 9-62)。

四、水化铝酸钙

当石膏耗尽，所有钙矾石都转变为单硫型水化硫铝酸钙后，还有未水化的 C_3A 时，水泥

图 9-62　水泥浆体中的单硫型水化硫铝酸钙(AFm) SEM

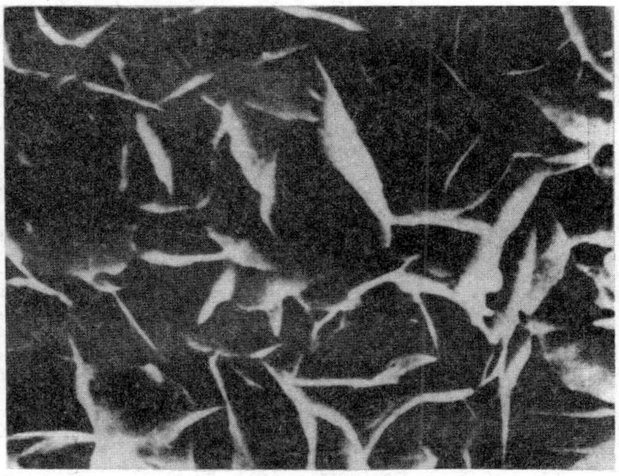

图 9-63　六方片状的 C_2AH_8 和 C_4AH_{13} SEM

浆体中还出现水化铝酸钙如 C_4AH_{13}、C_2AH_8 和 C_3AH_6 等。

C_4AH_{13} 和 C_2AH_8 均为六方片状晶体(图 9-63),前者折射率 $Ne=1.514$,$No=1.539$,双折射率 $\Delta N=0.025$;后者折射率 $Ne=1.505$,$No=1.520$,两者都是一轴晶负光性;C_3AH_6 则是等轴晶系的粒状晶体。

9.4.3　硅酸盐混凝土的显微结构

以胶凝材料和粗、细集料加水按适当比例拌合均匀,经浇捣成型后硬化成的材料,称为混凝土,硅酸盐水泥混凝土是指由硅酸盐水泥、砂粒、石块和水所组成的材料,俗称为混凝土,起胶结作用的是硅酸盐水泥浆体。

一、硅酸盐水泥浆和砂浆

硅酸盐水泥加适量水拌和而得具有塑性的物体,称为硅酸盐水泥浆,经水化、凝结而硬化所得石状物,称为硬化硅酸盐水泥浆体,简称水泥浆体,俗称水泥石,其中对强度起主要作用的是凝胶状水化硅酸钙、钙矾石和氢氧化钙。

硅酸盐水泥加入适量的水和砂粒拌和成有塑性的物体,称为硅酸盐水泥砂浆,经水化凝结硬化成的石状物体,称为硬化硅酸盐水泥砂浆体,简称水泥砂浆体,俗称水泥砂石。若在拌和水泥砂浆时再加入一定量石块共同拌和所得有塑性物体,称为硅酸盐水泥混凝土浆,经水化凝结硬化后的石状物,即为硅酸盐混凝土,简称为混凝土。水泥砂石和混凝土中起胶结作用并使之具有一定强度的均是水泥浆体中的水化硅酸盐凝胶、托勃莫来石、钙矾石和氢氧化钙等。

二、混凝土的组成

尚未凝固的混凝土浆基本上是水泥、砂及石块用水拌和成的混合物,水泥浆填充砂、石空隙,并包裹砂石表面起润滑作用,使混凝土具有必要的和易性。水泥加水拌和后可溶性成分进入溶液,使其液体部分是强碱性的溶液,固体部分则是数微米水化物颗粒到数厘米石块,形成的一种形状、密度及凝聚和分散不同的颗粒聚集体,气体部分为直径 10μm～1mm 的气泡群。

硬化混凝土是砂、石被水泥浆胶结成的整体,砂、石在其中起着骨架作用。为保证混凝土的强度，要求集料都必须质地致密并具有足够的强度，通常选用碎石、卵石（砾石）和天然砂。石、砂的颗粒若具有棱角、表面粗糙者可与水泥更好地粘结，拌成混凝土的强度较高，反之与水泥粘结较差，混凝土强度亦较低。另外，砂石的粗细颗粒要配合得当，水泥浆不仅包裹砂石颗粒而且填充砂石之间的空隙，尽量减少空隙率。从宏观上看，混凝土呈堆聚状结构，从显微结构上看，则是由石、砂、未水化的水泥颗粒（图9-64）、氢氧化钙晶体、水泥凝胶体、凝胶孔、毛细孔、水以及空气泡所组成的多相材料，起胶结作用的是占总体积约1/4的硬化水泥浆体，它直接影响混凝土的性能。因此，水泥浆体的组成和显微结构特点都是重要的。

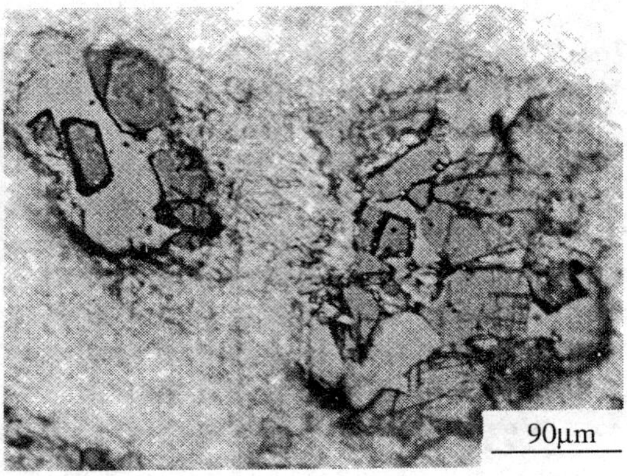

图 9-64　水泥浆体中未水化颗粒（反光）

硬化水泥浆体中水化产物的种类、数量、形貌以及晶体生长情况等是影响强度的基本因素，统计表明，硬化水泥浆体中C-S-H相约为70%，$Ca(OH)_2$约为20%，钙矾石和单硫型水化硫铝酸钙等约为10%，未水化部分及其他微量组分约3%。由交织附生的纤维状、针状、棱柱状以及六方板状等水化产物构成的硬化水泥浆体强度较高，立方体或似球状多面体水化产物则强度较低。这说明硬化水泥浆体显微结构与其强度有密切的关系。

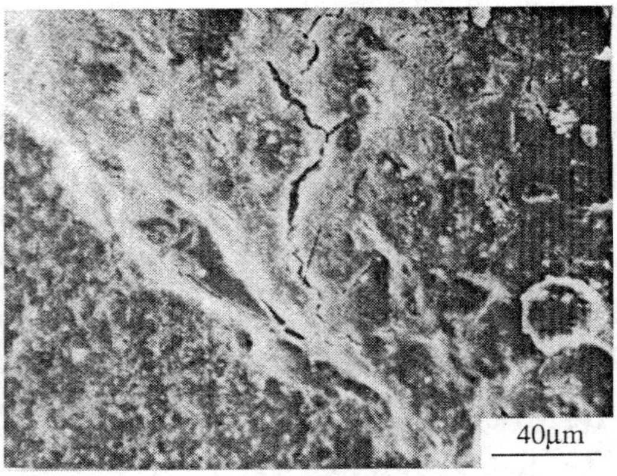

图 9-65　集料与水泥浆体界面上的孔洞和水泥浆体中的微裂缝　(SEM)

三、混凝土的显微结构在硬化的水泥混凝土中均含有数量不同、大小不等的气孔，包括成型时残留气泡、水泥浆体中的毛细孔和凝胶孔、接触处的孔穴及水泥浆体的干燥收缩和温度变化而引起的微裂纹等（图9-65），它们都是混凝土显微结构的重要组成部分。水化过程中，水化产物的体积要大于熟料物相的原体积，约45%的水化物处于原水泥颗粒的内部成为内部水化产物；另约55%的水化产物占据着原先充水的空间；随着水化过程的进展，原先充水的空间将减少，而未被填充的空间则逐渐被分割成复杂的毛细孔。在C-S-H相所占据的空间内存在着分布范围很广的微孔称为凝胶孔。水泥水化24小时后，硬化浆体中约70%～80%气孔的孔径已在100nm以下。随着水化进程，水化产物的增多，小于10nm的凝胶孔相应增加，毛细孔逐渐被填充而减少，总孔隙率则相应降低。

图9-66为水泥浆体与集料的界面粘结情况，是由界面粘着和机械嵌合作用而引起的物理结合，集料的形状、表面状态和刚度是影响结合强度的因素。集料与水泥浆体发生某种程度的化学反应时则形成化学结合，这将提高水泥浆体的强度。混凝土在承受荷载之前存在的显微裂纹是由水泥浆体收缩引起的，大部分裂纹发生在水泥凝结和硬化时期。

由于CaO与SiO_2的反应在高于100℃的温度下的水热介质中可以较快速度进行，所以近年来常采用水蒸汽冶养制做混凝土，这被称为加气混凝土制品。在蒸压过程中，形成物相的类型和结果形态与原始组成中的 CaO/SiO_2 有关，处理温度和延续时间的作用也很重要。这些胶凝物质的种类、形貌和数量直接影响混凝土的物理力学性能。一般认为，低碱性水化硅酸钙的晶体尺度小，比表面积大，混凝土的强度亦高，其中以结晶不良的 C-S-H 相为最高。电镜观察表明，灰砂砖中近于凝胶状的半结晶物将其他结晶相和未完全反应的石英矿砂粒胶结在一起，形成紧密和坚固的骨架，使整个结构更加致密，从而获得较高的强度。

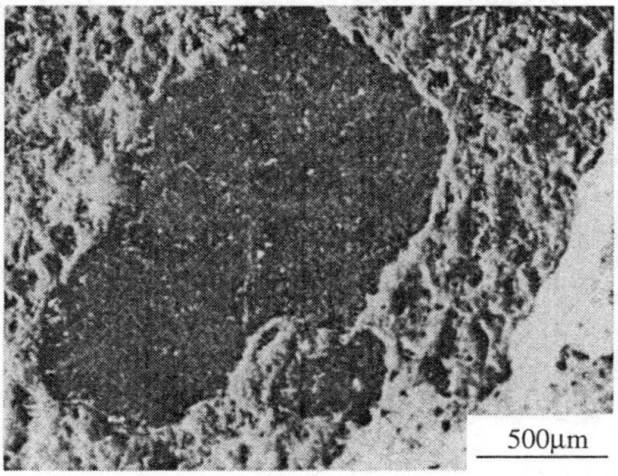

图 9-66　硬化水泥浆体与集料的结合(SEM)

§9.5　铝酸盐水泥熟料的显微结构

以铝酸盐相为主要水硬性组成相的水泥，称为铝酸盐水泥，主要有高铝水泥、硫铝酸盐水泥、氟铝酸盐水泥和铁铝酸盐水泥等。

9.5.1　高铝水泥熟料

高铝水泥也称矾土水泥，属快硬早强的水硬性胶凝材料。高铝水泥熟料是以铝矾土和石灰石作原料，按适当比例配合后磨细成生料，在高温条件下进行烧结或熔融经冷却而成的，我国主要采用烧结法生产。

一、熟料的相组成

高铝水泥熟料的化学成分主要为 CaO、Al_2O_3、SiO_2，其组成分布在图 9-1 所示 CaO-Al_2O_3-SiO_2 三元系统相图中的阴影区内。相组成主要有：铝酸钙(CA)、二铝酸钙(CA_2)、七铝酸十二钙($C1_2A_7$)、铝方柱石(C_2AS)和硅酸二钙(C_2S)等晶相。因原料中常含有少量的 Fe_2O_3、MgO、TiO_2 等成分，熟料中还常存在钙钛石(CT)、镁尖晶石(MA)及铁酸二钙(C_2F)等晶体。

1. 铝酸一钙(CA)　属单斜晶系，晶体呈片状、柱状或纤维状，有时呈六角形的三连晶，沿柱面解理清晰；单偏光下无色透明，折射率 $Ng=1.663$，$Nm=1.655$，$Np=1.643$，因固溶铁使折射率提高到 $Ng=1.720$，$Np=1.700$，光性方位 $Np=C$，$Nm=b$，二轴晶负光性，$2V=56°$；用沸腾蒸馏水腐蚀光片，CA 与水反应表面生成一层棕色或蓝色的薄膜，清晰地显示出矩形和不太规则的多边形(图 9-67)，一般为 5～10μm，有时还有一个方向的解理纹，图 9-68 的扫描电镜照片中呈六方柱状晶体，其能谱表明 CA 中固溶少量 Fe 和 Ti 等。

2. 二铝酸钙(CA_2)　为单斜晶系，晶体呈棱柱状；单偏光下无色透明，折射率 $Ng=1.654$，$Nm=Np=1.617$，$Ng\wedge C=39°$，二轴晶正光性，$2V=0～5°$；光片用沸腾的 10%磺基

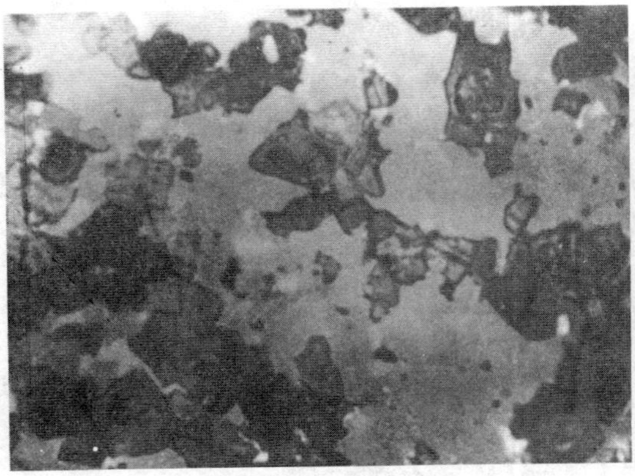

图 9-67　高铝熟料中铝酸一钙 CA

H_2O(沸)　　反光 1400×

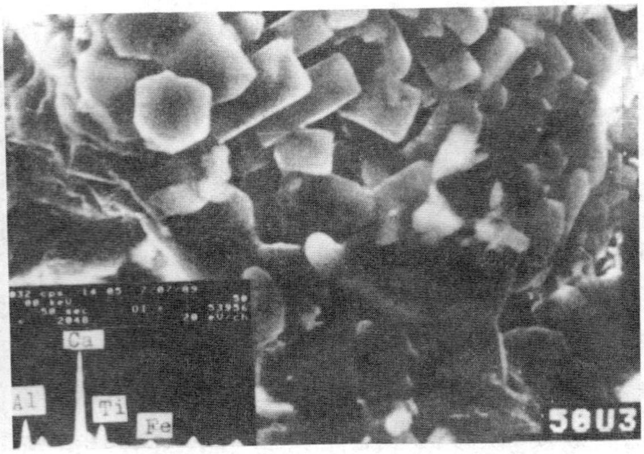

图 9-68　高铝熟料中铝酸一钙 CA

SEM

水杨酸水溶液腐蚀，其他相均发生反应而破坏外形，CA_2 却不产生作用显出清晰的粒状或柱状外形，反射率较弱，一般呈黄亮的反射色，尺寸大多为 10～20μm，分布往往不均匀，且包裹体较多(图 9-69)；扫描电镜可看到棱柱状 CA_2 晶体(图 9-70)，图 9-70 的能谱表明 CA_2 中固溶有 Fe。

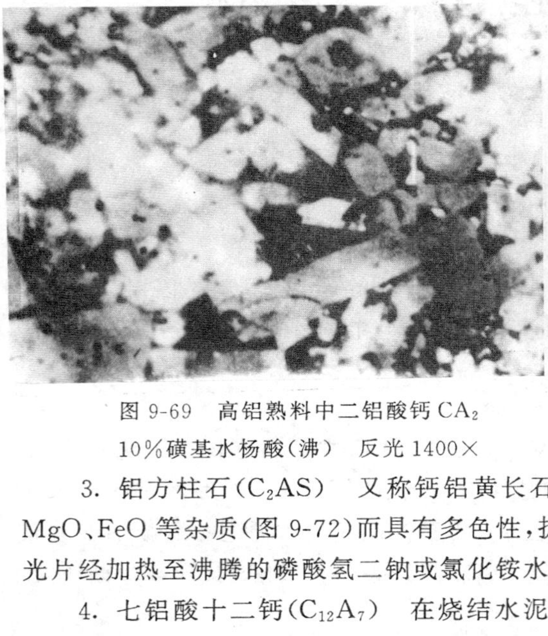

图 9-69　高铝熟料中二铝酸钙 CA_2

10%磺基水杨酸(沸)　反光 1400×

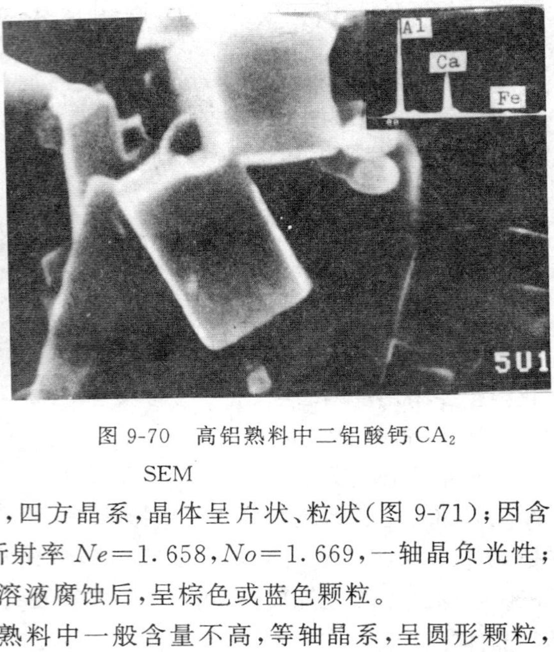

图 9-70　高铝熟料中二铝酸钙 CA_2

SEM

3. 铝方柱石(C_2AS)　又称钙铝黄长石，四方晶系，晶体呈片状、粒状(图 9-71)；因含 MgO、FeO 等杂质(图 9-72)而具有多色性，折射率 $Ne=1.658$，$No=1.669$，一轴晶负光性；光片经加热至沸腾的磷酸氢二钠或氯化铵水溶液腐蚀后，呈棕色或蓝色颗粒。

4. 七铝酸十二钙($C_{12}A_7$)　在烧结水泥熟料中一般含量不高，等轴晶系，呈圆形颗粒，折射率 $N=1.608$，在还原气氛下煅烧的 $C_{12}A_7$ 呈绿色，折射率可从 1.600 变到 1.620；$C_{12}A_7$ 的吸湿性很强，极易形成 $C_{11}A_7 \cdot Ca(OH)_2$，遇卤族元素则易形成卤化铝酸钙，如氟铝酸钙($C_{11}A_7 \cdot CaF_2$)等；光片用沸腾的 1%硼砂水溶液腐蚀后呈棕褐色或蓝色，大小不等，形状不甚规则(图 9-73)。

5. 钙钛石和铁酸二钙(CT 和 C_2F)　由于铝矾土中常含 TiO_2、Fe_2O_3 等杂质，在熟料中总存在少量钙钛石和铁酸二钙。钙钛石为等轴晶系立方体，折射率 $N=2.34$～2.36；铁酸二钙为斜方晶系，折射率 $Ng=2.29$，$Nm=2.22$，$Np=2.20$，多色性颜色从黄至棕色，具有反吸收性，二轴晶正光性。二者反射率均较强，反射光下不腐蚀即呈现亮白色，为大小不等、形

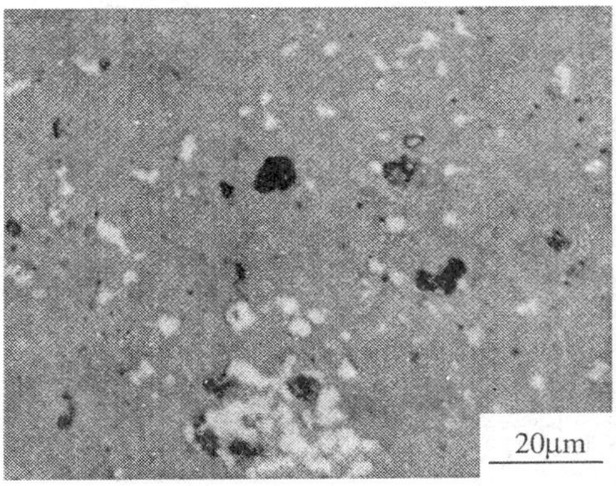

图 9-71 烧结高铝水泥熟料中的 C_2AS
(SEM)

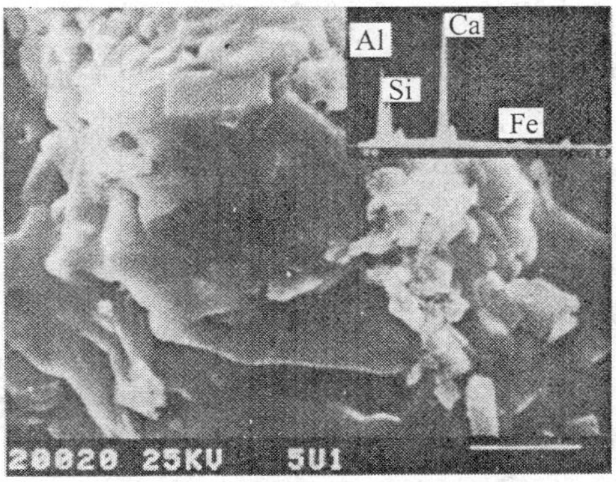

图 9-72 烧结高铝水泥熟料中的 C_2AS
(反光)

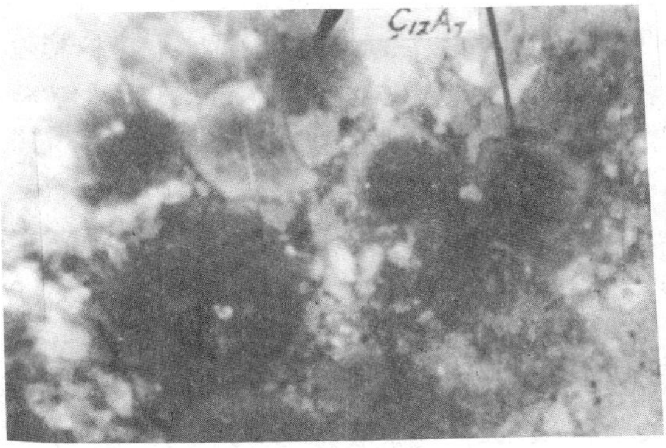

图 9-73 高铝熟料中的 $C_{12}A_7$
反光 1400×

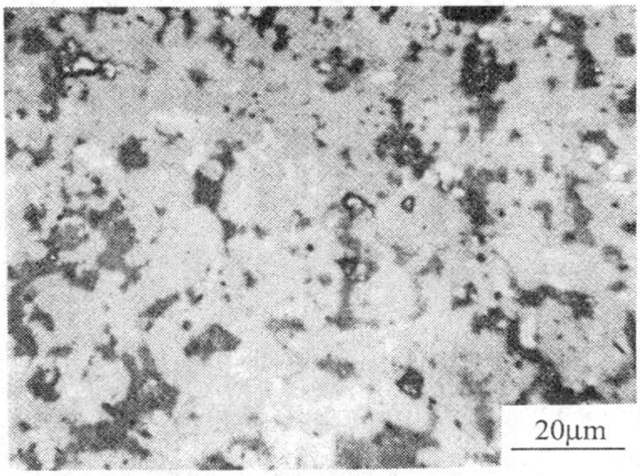

图 9-74 烧结高铝水泥熟料中的 CT、C_2F
(反光)

状不规则的颗粒(图 9-74)。

6. 六铝酸一钙(CA_6) 存在于低钙的铝酸盐耐火水泥熟料中,为六方晶系,晶体呈片状,解理平行于(0001)。折射率 $Ne=1.750$,$No=1.757$,一轴晶负光性。CA_6 在酸中的溶解度很小,用10%磺基水杨酸亦不被腐蚀,反射率较 CA_2 略高,为较 CA_2 亮的针状晶体。

7. 镁尖晶石(MA) 为等轴晶系,八面体,折射率 $N=1.715$,出现在含镁高的高铝水泥熟料中。

8. 硅酸二钙(C_2S) 在正常的烧结高铝水泥熟料中很少见到,只在熟料中 SiO_2 过高时才会出现。用1%氯化铵水溶液腐蚀熟料的光片中,C_2S 为黄棕色,多为形状不规则颗粒,少数呈圆形,粒度比硅酸盐水泥熟料中的小。

二、水泥的性能与熟料显微结构的关系

高铝水泥的性能同样取决于熟料的相组成、显微结构特征及其水化性质。高铝水泥熟料中各组成相的水化性质是:CA 具有很高的水硬活性,凝结正常,硬化迅速,是高铝水泥强度的主要来源,但若含量过高,水泥的强度发展主要集中在早期,后期增进率就不显著;CA_2 水化硬化慢,早期强度较低,而后期强度却较高,若含量过多虽影响高铝水泥的硬化性能,但耐热性却有所提高;$C_{12}A_7$ 的水化很快,凝结迅速,但强度不高,所以含有较多时,水泥将发生快凝,而且强度和耐热性均下降;CA_6 是水硬惰性晶体,但耐热性很高,增加 CA_6 含量可提高水泥的耐火性能；C_2AS 的水化活性很低，含量多的水泥早期强度较低；C_2F 只具有弱的水硬性，而 MA 和 CT 则是非水硬性相。

另外，由于 CA、CT 和 CA_2 的晶粒大小、分布情况与熟料的煅烧情况密切相关，三者晶体细小，形状不规则，分布不均匀时表明熟料煅烧不良。

三、高铝水泥的水化

在室温条件下，高铝水泥加水一二小时后即产生含大量 Al_2O_3 的凝胶，并迅速发育开始结晶，一天后熟料颗粒大部分消失，代之为绒线状的结晶连生体。

结晶态水化物有六方板状和针状两类，针状六方棱柱体晶体是 $CaO \cdot Al_2O_3 \cdot 10H_2O$，简写为 CAH_{10}；六方板状晶体是 $2CaO \cdot (Al_2O_3, Fe_2O_3) \cdot 6H_2O$，简写为 $C_2(A,F)H_6$；水泥暴露在空气中将形成六方板状的 $3CaO \cdot Al_2O_3 \cdot CaCO_3 \cdot 11H_2O$，三个月后 Al_2O_3 凝胶将逐渐转变为三水铝石 $Al_2O_3 \cdot 3H_2O$ 针状微晶。当温度处在 25℃以上时，这些晶体就逐渐转变为等轴晶系粒状晶体 C_3AH_6，在 35～40℃并有足够水存在时粒状晶体将迅速生长。

实践证明，高铝水泥在常温下养护可以获得很高的机械强度，而在较高温度下养护其强度将显著降低，这是由于针状及片状的 CAH_{10} 和 C_2AH_8 变成立方体的 C_3AH_6，产生大量游离水，晶粒间缺乏强烈的结合力，孔隙率增加，从而显著降低其机械强度。

9.5.2 硫铝酸盐水泥熟料

硫铝酸盐水泥熟料是以铝矾土、石灰石和石膏为原料，经适当配合磨成细粉状生料，在炉内煅烧至 1250～1350℃后冷却而成的。组成相可在很大范围内波动，主要是无水硫铝酸钙($C_4A_3\overline{S}$)和 β-C_2S，两者之和在 90%以上，故被称为 $C_4A_3\overline{S}\beta$-C_2S 型快硬水泥。

图 9-75 为硫铝酸盐水泥熟料的显微结构照片。反射光下用 1%氯化铵水溶液腐蚀后，β-C_2S 呈浅棕色，晶体较细小、形状不规则，而 $C_4A_3\overline{S}$ 腐蚀甚微；若用 5%NaOH 溶液腐蚀，则 $C_4A_3\overline{S}$ 显形清楚，而 β-C_2S 不被腐蚀，可加以区分。图 9-76 是 $C_4A_3\overline{S}$ 的扫描电镜照片，仔细观察 $C_4A_3\overline{S}$ 晶体是三向等长的多面体。

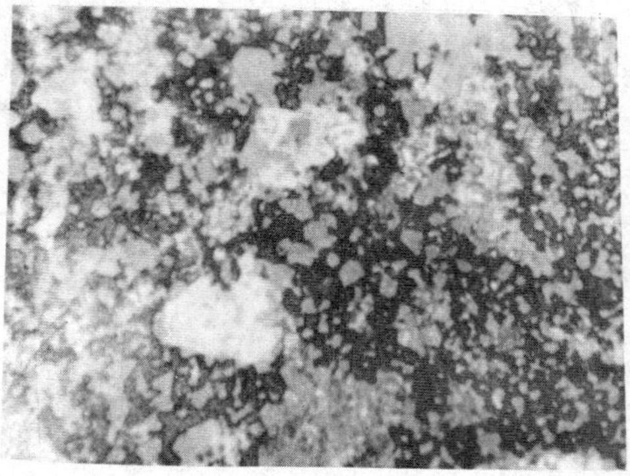

图 9-75　硫铝酸盐熟料中贝利特(色深)和无水硫铝酸钙 C_4A_3S(色浅)　1%NH_4Cl　反光 400×

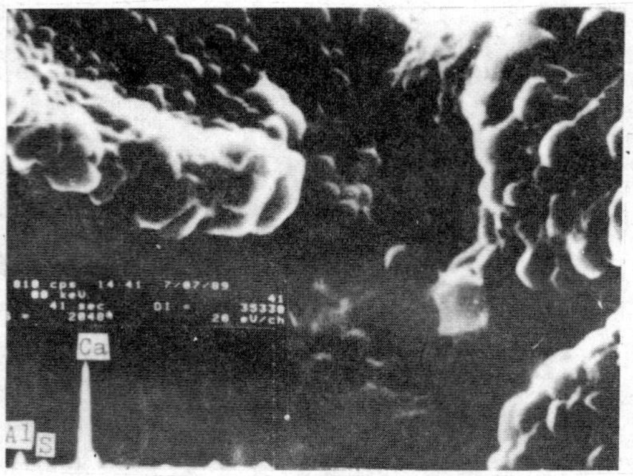

图 9-76　粒状无水硫铝酸钙(C_4A_3S)　SEM

无水硫铝酸钙($C_4A_3\overline{S}$)与水反应后形成钙矾石，水泥浆体迅速凝结并获得早强，同时略有膨胀，所以 $C_4A_3\overline{S}$ 的数量及其显微结构特征是决定其快硬早强性能的重要因素。

煅烧正常熟料中的 $C_4A_3\overline{S}$ 晶体大，水化反应速度快。若烧成的温度过高 $C_4A_3\overline{S}$ 将发生分解而含量减少，还会使 $CaSO_4$(稳定 β-C_2S)挥发导致熟料的粉化；若烧成温度太低，除产生过多的游离石灰外，还会造成硫硅酸钙 $(C_2S)_2 \cdot CaSO_4$ 过渡相的分解不完全，β-C_2S 的含量减少；在还原气氛下烧成时，石膏将发生分解导致 Al_2O_3 相对过剩，形成较多的铝方柱石(C_2AS)，降低水泥早期强度；当石膏的配入量过高，熟料在冷却过程中又可能形成 $(C_2S)_2 \cdot CaSO_4$ 取代 C_2S，使水泥的水化活性降低。

9.5.3 氟铝酸盐水泥熟料

氟铝酸盐水泥熟料是以铝质原料、石灰质原料和萤石为主，有时还加入石膏，经适当配合、磨细成生料后，在 1250～1350℃下煅烧经冷却而成的。主要组成有：氟铝酸钙 $C_{11}A_7 \cdot CaF_2$、阿利特、贝利特或铁铝酸钙固溶体等，具有快凝快硬的特点，根据用途的不同，组成相可在很大的范围内变化，但均以氟铝酸钙为主，可分为以下两种类型。

1. 阿利特—氟铝酸钙型

该类型水泥熟料的显微结构如图 9-77 所示，虽然熟料的煅烧温度较低，由于萤石(CaF_2)的矿化作用，促使阿利特能在较低的温度下形成和晶体发育完整，边棱平直，轴比较大。中间相亦比硅酸盐水泥熟料的多，在经 5%NaOH 水溶液腐蚀后显示出中间相内呈蓝棕色的不规则形 $C_{11}A_7 \cdot CaF_2$(图 9-78)。

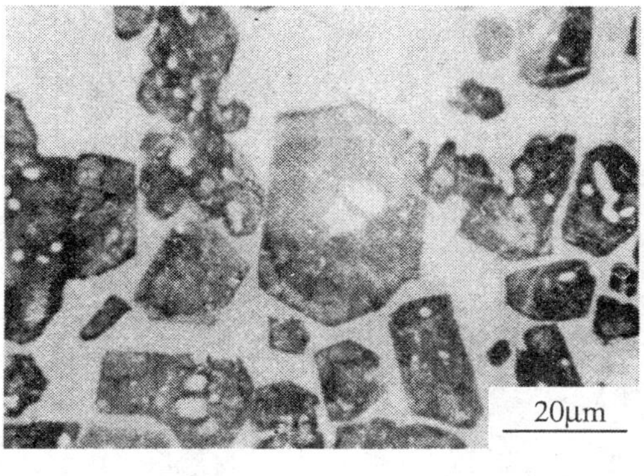

图 9-77 阿利特—氟铝酸钙水泥熟料中的 C_3S 呈板状，包裹物较多反光

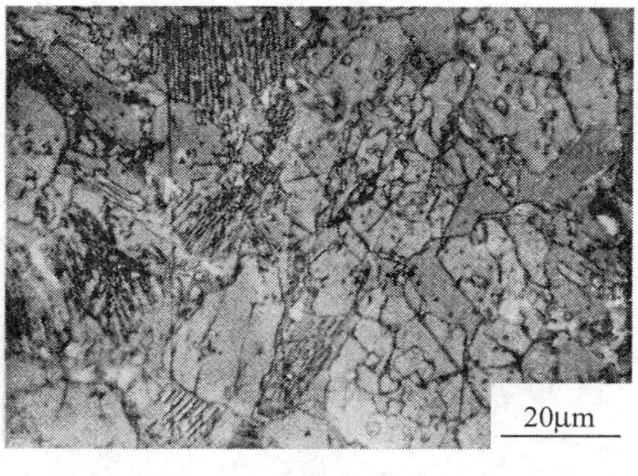

图 9-78 阿利特—氟铝酸钙水泥熟料中分布在板状 C_3S 晶体间且有蠕虫状析晶的 $C_{11}A_7 \cdot CaF_2$(反光)

2. 贝利特—氟铝酸钙型

该类型水泥熟料光片用 1%氯化铵水溶液腐蚀后，贝利特显示黄色圆粒状，晶体尺寸细小，但轮廓清晰(图 9-79)。改用 5%NaOH 腐蚀则显示出氟铝酸钙晶体呈不规则片状的蓝棕色，而贝利特因不受腐蚀呈现无色的圆粒状(图 9-80)。

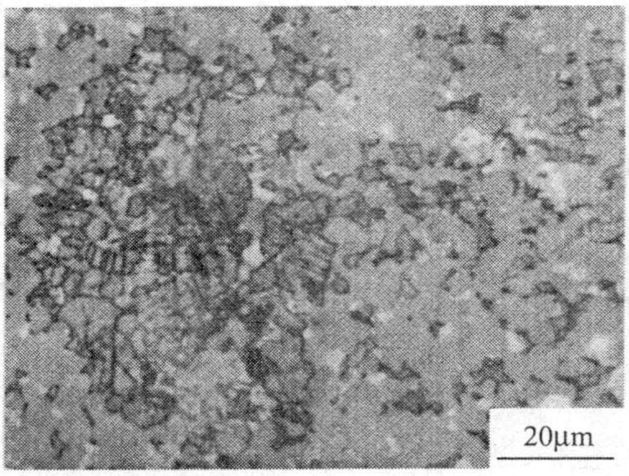

图 9-79 贝利特—氟铝酸钙水泥熟料中的 C_2S 反光

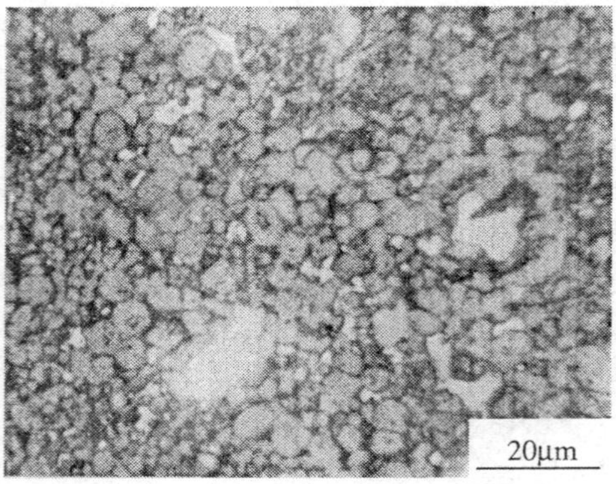

图 9-80 贝利特—氟铝酸钙水泥熟料中的 $C_{11}A_7 \cdot CaF_2$ （反光）

9.5.4 铁铝酸盐水泥熟料

铁铝酸盐水泥熟料主要有铁铝酸钙 $C_2A_xF_{1-x}$(x＝0～0.67)、无水硫铝酸钙($C_4A_3\overline{S}$)、贝利特(C_2S)等相，其中铁铝酸钙的含量可在很大范围内(15%～45%)波动。煅烧温度在1250℃时熟料中 $C_4A_3\overline{S}$、C_4AF、C_2S 等主要相已经全部形成，直至1400℃均没有变化。熟料结粒松散，晶体细小，在反光显微镜下形貌不易观察清楚，因此一般采用电子显微镜研究其显微结构。

熟料中的铁相属于 $C_2A_xF_{1-x}$ 系列固溶体，有时写成 C_4AF，在 $CaO\text{-}Al_2O_3\text{-}Fe_2O_3$ 相区内，形成过程是：$CF \rightarrow C_2FC \rightarrow C_4AF$，基本上是通过固相反应产生的，颗粒间反应不平衡会出现许多中间产物，并有固溶较多的 S、Si、Ti 等杂质。图 9-81 为铁铝酸盐水泥熟料中呈台阶状（花朵状）的 C_4AF，晶体间被其他相隔开，这是因为在烧成过程中出现少量液相，利于 Al^{3+} 进入 C_2F 晶格形成 C_4AF，同时溶蚀了原来的结晶相而出现台阶状的形貌。由液相在一

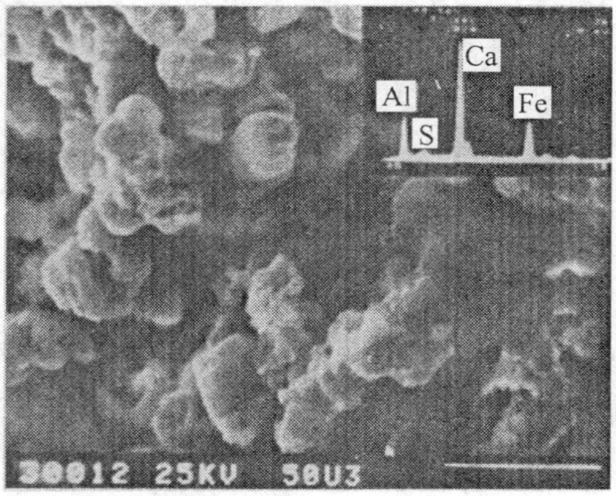

图 9-81 铁铝酸盐水泥熟料中的台阶状 C_4AF 形貌 (SEM)

图 9-82 铁铝酸盐水泥熟料中的长柱状铁相 (SEM)

定的过冷度下析出的铁相则成如图 9-82 所示的长柱状晶体。还发现由固相反应形成的结晶完好的短柱状 C_2F 晶体(图 9-83),周围未出现液相。$C_4A_3\overline{S}$ 形貌如图 9-84 所示,也是固相反

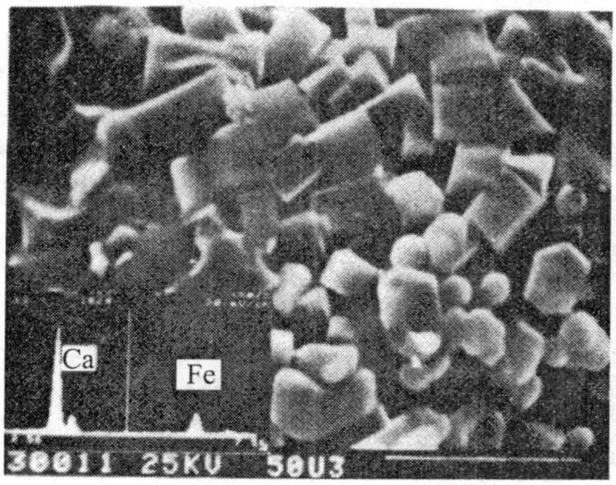

图 9-83　铁铝酸盐水泥熟料中的短柱状 C_2F (SEM)

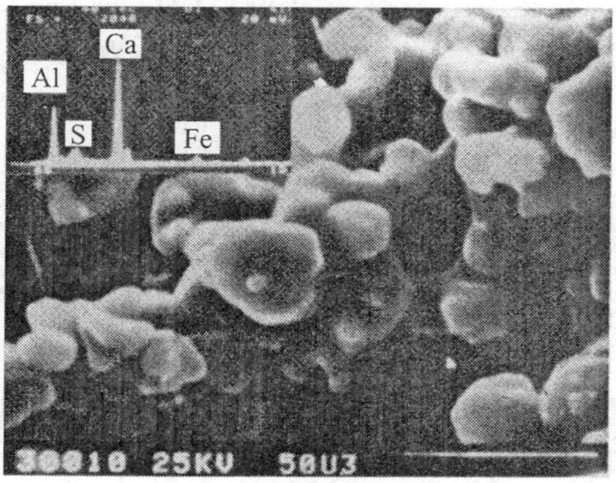

图 9-84　铁铝酸盐水泥熟料中的粒状 $C_4A_3\overline{S}$ (SEM)

应形成的,结晶很细小,呈三向等长的粒状多面体,往往固溶较多的 Fe 和 Si,几乎有 26%～30%的 Al 被 Fe 所取代。钙铝黄长石(C_2AS)是煅烧过程中的过渡相,在 850～1000℃时形成,随着温度的升高石膏将夺取 C_2AS 中的 Al 形成 $C_4A_3\overline{S}$ 而逐渐消失。但如果 CaO 过低,石膏量不足且煅烧温度又不够高时,C_2AS 将存在于熟料中。应该指出,铁铝酸盐水泥熟料的所有晶体均是固相反应产生的,反应未达平衡,在最终的熟料中仍存在 C_2AS 是可能的。熟料中 C_2S 呈卵粒状团聚生长,晶体尺寸很小。

§9.6　水泥混合材的显微结构

为了提高产量、降低成本和扩大用途,允许按水泥品种和标号的要求掺加一定量其他物料与熟料共同粉磨,这些外加物料称为混合材。水泥工业上常用的可分为两类:一类是炼铁、炼钢等的冶金炉渣,火力发电厂的粉煤灰,锅炉煤渣以及化工渣等工业废渣,另一类是凝灰岩、火山灰等天然的岩石。这里仅介绍高炉矿渣、钢渣和粉煤灰的显微结构。

9.6.1　高炉矿渣

在高炉炼铁时除加入矿石和焦炭外,还加入适量石灰石或白云石作为熔剂,在 1300～1500℃的高温下矿石和熔剂均被熔化,熔剂中的 CaO、MgO 和矿石中的 SiO_2、Al_2O_3 等杂质化合成渣,浮于铁水上面与其分离可顺利地排出炉外,冷却后成为高炉矿渣。

一、化学成分和类型

高炉矿渣的化学成分主要是 CaO、Al_2O_3、SiO_2、MgO、FeO 及少量硫化物(CaS 和 MnS、FeS 等),还可能含有 TiO_2、P_2O_5 等。由于生铁种类、矿石成分、焦炭灰分及熔剂成分的不同,

在不同工厂、不同高炉，或同一高炉的不同时期，矿渣的成分也各不相同，但 CaO、Al_2O_3 和 SiO_2 总是主要的成分，总数通常在 90%以上，其中 34%～50%CaO，6%～15%Al_2O_3，31%～41%SiO_2，位于图 9-1 所示 CaO-Al_2O_3-SiO_2 系统相图中近圆形带点的组成区域内。与硅酸盐水泥熟料相比较，只是 CaO 含量较低，SiO_2 含量较高。

熔融态废渣排出炉外，因冷却方式及速度的不同，所得矿渣将有组成相与结构、性质和用途完全不同的两类，分别称为粒状矿渣和块状矿渣。

二、块状矿渣形成及其结构特点

若熔融的浮渣排出后在空气中缓慢冷却，将逐步结果成硬质块状，称为硬质矿渣，又称块状矿渣。块状矿渣中析出的结晶态有硅酸盐 C_2S、C_3S_2(硅钙石)、CS(硅灰石)和硅铝酸盐 C_2AS(钙铝黄长石)、CAS_2(钙长石)等；在有较多硫时则有 CaS、MnS 和 FeS 等；含镁较多的矿渣中还会有 C_2MS(钙镁黄长石)、M_2S(镁橄榄石)和尖晶石等。一般情况下以黄长石类为主，含量在 85～90 之间。高炉矿渣中的黄长石晶形多种多样，以编织构造(图 9-85)、对顶状、三齿状(图 9-86)最多，此外还有具十字状消光影的团粒状(图 9-87)。在偏光显微镜下因成分不同而颜色各异：含 Ti 高的呈墨水蓝，含 Mn 高则以黄色为多见，干涉色由一级至二级。反射光下的反射率近于玻璃相。

图 9-85 高炉矿渣中编织状黄长石
正交偏光 65×

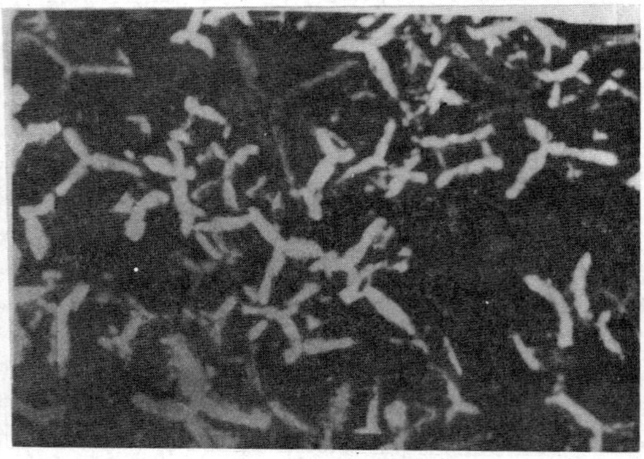

图 9-86 高炉矿渣中对顶、三齿状黄长石
正交偏光 130×

块状矿渣的结构致密，主要是由结晶相组成的，没有水化活性，不能作为水泥混合材使用，通常用作混凝土的骨料和铺设道路的道渣等。

三、粒状矿渣形成及其结构特点

高温熔融浮渣排出炉外直接倒入水中，经水淬急冷处理后成为疏松粒状，称为“粒状高炉矿渣”，简称为粒状矿渣。它具有很高的潜在活性，是水泥工业活性混合材的重要来源，亦可代替部分粘土作为配制生料的原料，还可用于生产矿渣砖、矿渣棉、膨胀矿渣等其他矿渣制品和隔热材料、轻骨料。水淬粒状矿渣的显微结构如图 9-88 所示。

熔融状浮渣经水淬急冷后，内部所含热能来不及散出而保留在无定形的玻璃体中成为较多的化学能，使粒状矿渣具有较大的潜在活性。出渣温度愈高、冷却速度愈快，水淬粒状矿渣的化学能就愈大，玻璃化程度愈高，水化活性亦愈大。

活性在很大程度上取决于矿渣的内部结构，在以硅酸盐为主的玻璃体内，四配位的

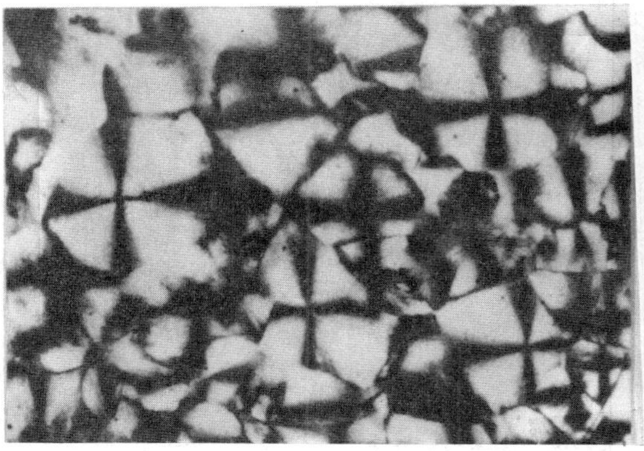

图 9-87　高炉矿渣中十字状黄长石
正交偏光　160×

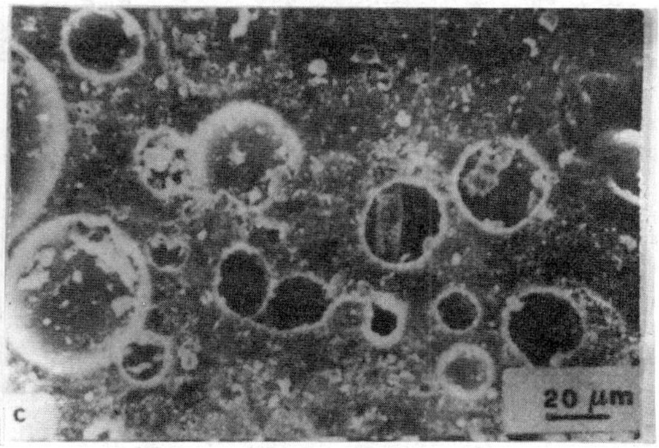

图 9-88　高炉矿渣的显微结构
SEM

$[SiO_4]^{4-}$作为主要结构单元通过 Si-O 键互相聚合成硅氧链，并横向连成空间骨架。矿渣玻璃中以 Si-O 键的单键强度最大，硅氧四面体的聚合程度愈低，Si-O 键的相对数量愈少就越不稳定，矿渣的化学活性就愈大。在有激发剂的条件下与水作用时，较易使玻璃体结构解离而重新组合形成水化物呈现胶凝性；有的认为粒化矿渣是由硅酸盐、铝酸盐极度变形的微晶聚集而成，微晶尺寸仅 5～400nm，是一种有缺陷和扭曲的处于介稳态的微晶，因此具有较高的活性，等等。

水淬很好的矿渣中 90%以上是玻璃相和一些微小的析晶物。根据玻璃的折射率可以推断熔渣的成分：折射率小于或接近 1.600 的玻璃体中微晶以 CS 或 CAS_2 为主；折射率在 1.600～1.630 之间者的微晶以 C_2AS 和 CS 或 C_2AS 和 CAS_2 为主；而折射率在 1.630～1.650 之间者则以 C_2AS 和 C_2S 或 C_2AS 为主要微晶等。

矿渣中玻璃体含量可用偏光显微镜法和 X 射线衍射法测定，进而确定矿渣的水淬程度：根据玻璃体和晶体在偏光显微镜下具有不同的光学性质即可测定玻璃相的含量，将粒状矿渣试样缩分取样后，细磨至通过№0080 筛，用折射率为 1.60～1.70 的浸油制成粉末油浸薄片，先在单偏光镜下目测颗粒所占视域的百分数，在正交偏光下目测同视域矿渣中晶体所占的百分数，两者相减即得矿渣玻璃体的含量，再用油浸法测定玻璃体的折射率，即可判断玻璃体的成分。根据矿渣对 X 射线是否产生衍射作用亦可估测玻璃体的含量，因为非晶质的玻璃体无衍射峰，仅在硅铝酸盐相特征衍射峰位置内出现一个范围宽广形似馒头状的弥散峰，根据弥散峰高低可大致估测矿渣中的玻璃体含量。

粒状高炉矿渣活性的大小，常用化学分析法、石膏吸收法和强度试验法等方法来确定。对比之下采用通过测定玻璃体含量评估矿渣活性高低的方法更为直观、简便和迅速。

9.6.2　钢渣

炼钢就是把含碳及磷、硫、硅、锰等杂质元素较高的生铁，再在炼钢炉内熔炼，通过加入熔剂（石灰石）和氧化作用除去大部分碳和杂质而精炼成钢。杂质被石灰石吸收成为钢渣。根据炼钢炉型有平炉渣，转炉渣和电炉渣。根据出渣的顺序，平炉渣又有前期渣、精炼渣和后期渣。转炉渣则有初期渣和后期渣。电炉渣可分为氧化渣和还原渣。

其中精炼渣、后期渣和还原渣的碱度较高，较多作为制造钢渣水泥。

一、化学成分和组成相

由于受钢种、炉型和出渣次序的影响，钢渣的化学成分可以在很大的范围内变动，但仍与硅酸盐水泥熟料及高炉矿渣相近。与高炉矿渣相比，SiO_2 的含量较低，而氧化铁、氧化亚铁和亚锰、氧化磷等的含量都较高。电炉还原渣的 CaO 和 Al_2O_3 相对较高，纯氧顶吹的转炉渣和平炉后期渣中 CaO 的含量亦较高。

平炉的精炼渣、后期渣以及转炉各期渣的常见组成相基本相似，仅含量有差别，主要有阿利特、贝利特、RO 相和一定数量的铁铝酸盐、铁酸盐、氟磷灰石、游离氧化钙和金属铁等，其中 RO 相、铁酸盐、氟磷灰石和金属铁等没有或很少有水化胶凝活性。电炉还原渣中常见的有贝利特、氟铝酸钙（$C_{11}A_7 \cdot CaF_2$），有时还有镁蔷薇辉石（$3CaO \cdot MgO \cdot 2SiO_2$，简写为 C_3MS_2）、铝酸钙，此外尚有枪晶石（$3CaO \cdot 2SiO_2 \cdot CaF_2$，简写为 $C_3S_2 \cdot CaF_2$）、橄榄石（CaO · RO · SiO_2，简写为 CRS）、RO 相、尖晶石和方镁石等。其中铝酸钙和氟铝酸钙具有很高的活性，使水泥的早期强度较高，但氟铝酸钙含量多会急凝。其他的水化活性都很低或很少有甚至没有水硬性。

钢渣中具有水硬性相的总量只有 40%～70%，加适量石膏制得的水泥，称为钢渣水泥。钢渣水泥的水化硬化速度较慢，早期强度低，所以标号都较低。

二、显微结构特征

由于钢渣中晶体较大，各晶体的显微结构特征如下：

阿利特在钢渣中常发育良好（含磷高的钢渣除外），多呈板状和长条状（图 9-89），有些甚至可长达 1～2mm，电子探针测定其成分为 CaO 66.87%，SiO_2 22.96%，P_2O_5 3.96%，MgO 3.04%，Al_2O_3 3.16%。

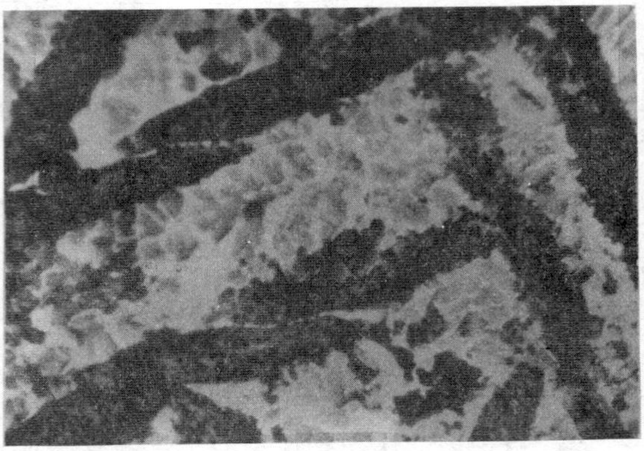

图 9-89　转炉钢渣中长条状 C_3S　H_2O　320×

贝利特的外形多数亦呈近圆形粒状，随着钢种和炉型的不同，会出现树叶状（图 9-90）、花朵状（图 9-91）和长条状等。其成分为：CaO 61.32%，SiO_2 24.22%，P_2O_5 8.93%，MgO 2.07%，Al_2O_3 3.46%。

硅磷酸钙（C_7PS_2）又名“纳盖斯密特石”是硅酸二钙与磷酸盐形成的固溶体，主要存在于含磷高的碱性平炉钢渣中，化学式为 $7CaO \cdot P_2O_5 \cdot 2SiO_2$，偏光镜下无色透明，呈圆粒状或棱形小粒状，干涉色低，二轴晶、正光性，光轴角小。随着 P 取代 Si 的数量不同，折射率变化大，$Ng=1.661 \sim 1.690$，$Np=1.652 \sim 1.680$。用 1%NHCl 水溶液腐蚀光片呈蓝色圆粒状（图 9-92），有时出现环带结构，成分：CaO 58.88%，SiO_2 17.09%，P_2O_5 24.04%。

橄榄石类（CaO · RO · SiO_2，其中 RO 为 MgO、MnO、FeO）的折射率随 RO 成分有很大的变化，$Ng=1.653 \sim 1.734$，$Nm=1.646 \sim 1.754$，$Np=1.639 \sim 1.696$，具有较高的干涉色。外形为菱柱状、粒状或板状。用 10%HCl 浸蚀光片，成分接近钙镁橄榄石（CMS）的受浸蚀较严重，呈棕色，图 9-93 为电炉氧化渣中菱形橄榄石。锰橄榄石的成分为：MnO 53.11%，SiO_2

33.06%，Fe_2O_3 13.76%。

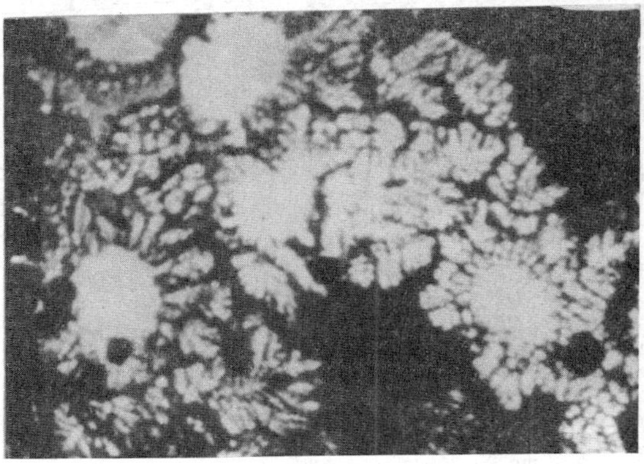

图 9-90　转炉前期渣中树叶状 C_2S

正交偏光　　260×

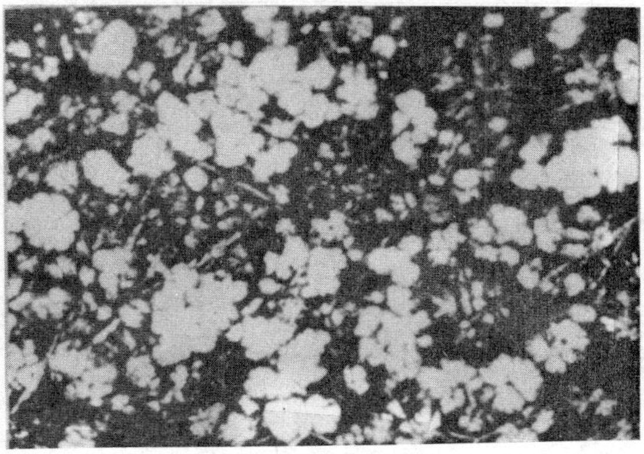

图 9-91　电炉还原渣中花朵状 C_2S

正交偏光　　130×

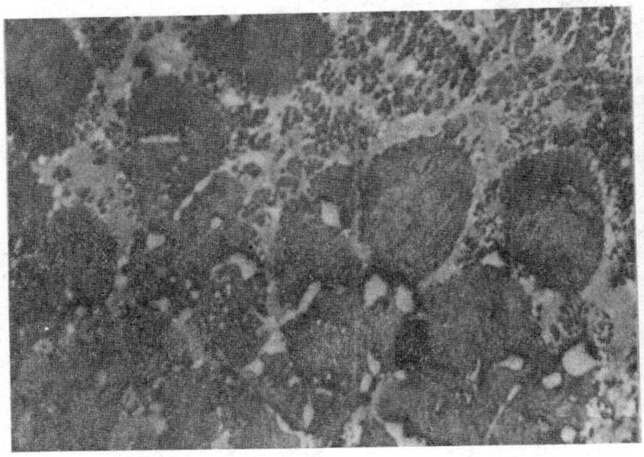

图 9-92　转炉中磷前期渣中

浑圆状"纳盖斯密特石"

1%NHCl　　反光 320×

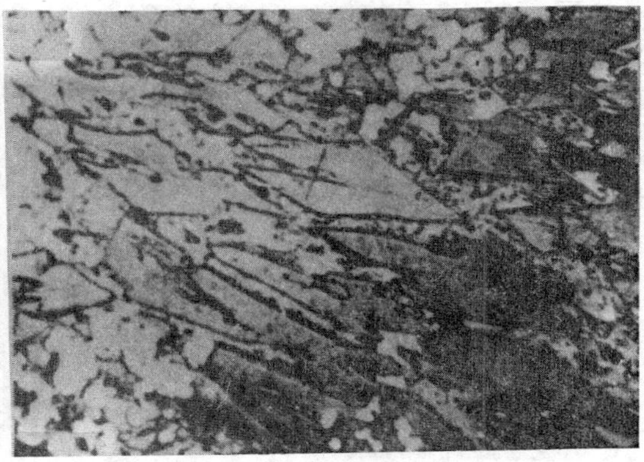

图 9-93　电炉氧化渣中菱形橄榄石

10%HCl　　反光 540×

镁蔷薇辉石（C_3MS_2）属单斜晶系，其中 MgO 常被 FeO 和 MnO 取代成固溶体，其折射率变化也较大，$Ng=1.718\sim1.729$，$Nm=1.711\sim1.714$，$Np=1.708\sim1.711$，负延性，二轴晶正光性，因 $2V$ 的增大可同时存在正负光性。用 5%NHCl 水溶液浸蚀呈棕色锤状（图 9-94）。

RO 相为 MgO、FeO、MnO 及 CaO 所形成的广泛固溶体，折射率随 Fe、Mn 的固溶量而递增，由纯 MgO 的 1.736 增加到 2.0 以上，颜色同时变深。在单偏光镜下 Fe 含量高时呈黑色，Mn 高时变红色，随 Ca、Mg 量的增加，颜色愈来愈淡。在反光下前者为亮白色，后者反射力弱。形状多种多样，常呈六方放射状（雪花状）或骨骼状，常与铁酸钙连生（图 9-95）。

枪晶石（$C_3S_2\cdot CaF_2$）属单斜晶系，单偏光下无色透明，干涉色一级黄，以长条状居多（图 9-96），有时呈矛形双晶，二轴晶，正光性。

氟磷灰石（$3C_3P\cdot CaF_2$）为六方晶系，一轴晶负光性，负延性，掺有萤石（CaF_2）时，会出现针状、板状晶体（图 9-97）。

此外，在碱度较高的钢渣中还可能出现铝酸盐、铁铝酸盐，游离石灰、方镁石等。

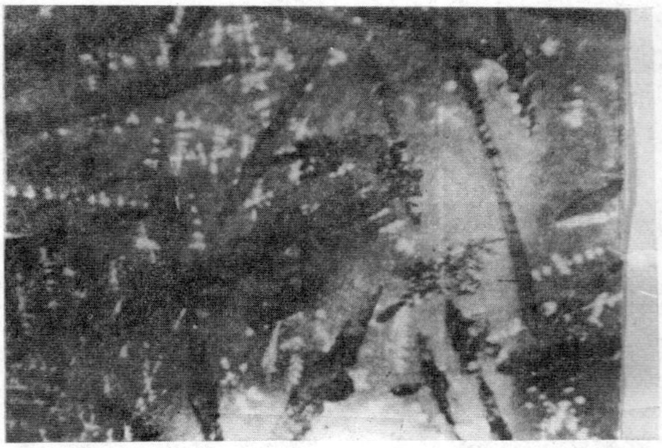

图 9-94 电炉氧化渣中的锤状蔷薇辉石
5%NHCl 反光 180×

图 9-95 钢渣中雪花状 RO 相
不腐蚀 反光 640×

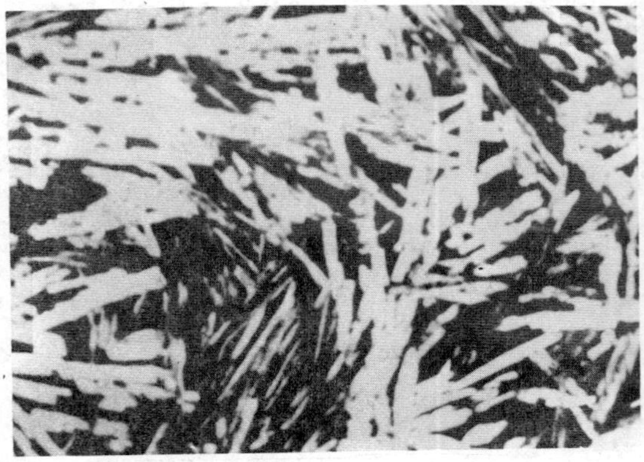

图 9-96 电炉保护渣中枪晶石
正交偏光 130×

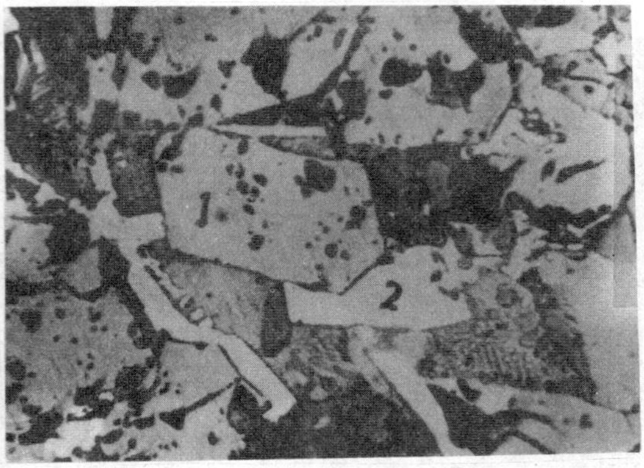

图 9-97 平炉风化渣中板状氟磷灰石
反光 320×

9.6.3 粉煤灰

火力发电厂的锅炉以煤粉作燃料时，在炉内以 1350～1750℃燃烧到达灰分的熔点，燃烧比较彻底，最后残留下由不能燃烧成分组成的煤渣，除一部分在高温熔融时熔化粘结成比较大的颗粒外，其余的颗粒都很细小，从收尘器或在废气管道中被收集的细粉尘，称为粉煤灰。由于粉煤灰中较多的 SiO_2 和 Al_2O_3 大部分以无定形存在于玻璃体中，能与 $Ca(OH)_2$ 作用生成水化硅酸钙和水化铝酸钙等水化产物而表现出较高的活性，是一种较好的火山灰质混合材。将粉煤灰掺入制成硅酸盐水泥，称为粉煤灰硅酸盐水泥，简称粉煤灰水泥，水泥中的掺量可达 20%～40%，并使水泥具有干缩性小，抗裂性好，水化热低等特点。粉煤灰亦可作为粘土质原料配制水泥生料，在其他工业上如高强度工程塑料、微晶玻璃、微珠发光材料及人造大理石等亦有广泛用途。

一、化学成分与组成相

粉煤灰的化学成分主要是 SiO_2 和 Al_2O_3，两者含量和一般在 60%以上，在其他成分中

有 Fe_2O_3 和少量 CaO、TiO_2，能谱成分分析的结果如图 9-98 所示。因煤种和煤粉细度等不同，化学成分变动很大，其波动范围为：SiO_2 40%～65%，Al_2O_3 15%～40%，Fe_2O_3 4%～20%，CaO 2%～7%，烧失量 3%～10%，处在如图 9-99 所示的 $FeO\text{-}Al_2O_3\text{-}SiO_2$ 三元系统相图中近圆形阴影区域内。

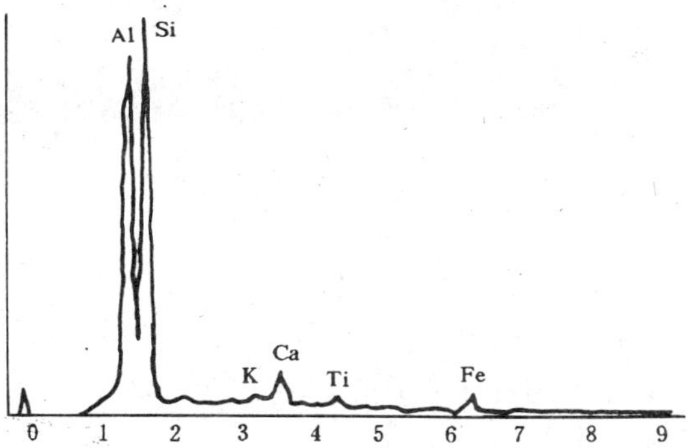

图 9-98　粉煤灰的能谱成分曲线

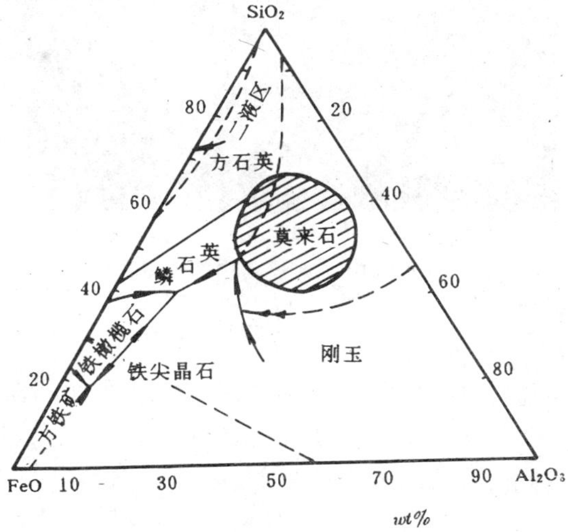

图 9-99　$FeO\text{-}Al_2O_3\text{-}SiO_2$ 三元系统相图

粉煤灰的组成主要位于莫来石结晶区，其组成相为大量的莫来石、鳞石英、磁铁矿，有 CaO 存在时还会出现硅灰石（CS），钙长石（CAS_2）和 $\beta\text{-}C_2S$ 等，是原煤以粉末状随高温气流喷入炉膛内，在悬浮的状态下快速燃烧而成的。细粒状的铝硅酸盐粘土在高温下被熔融，在快速的冷却过程中因表面张力成为大量的球状颗粒（图 9-100），最终组成相主要是非晶质的铝硅玻璃体，约占总量的 70%以上，因此具有活性。此外，还有少量非活性的莫来石、石英、磁铁矿、赤铁矿、铁酸钙等晶体和无定形碳等。

图 9-100　粉煤灰中的球状玻璃体
SEM

二、显微结构特征

粉煤灰的组成颗粒可分为漂珠、厚壁微珠、磁珠、不规则微珠（海棉玻璃）和碳粒等。

1. 漂珠　外观呈微带灰色的白色，比重小呈中空的球状而浮于水面，故称为漂珠，粒径一般在 50～100μm 之间，壁厚仅 1～3μm，珠壁上微气孔很多，多为单个球体和少数复珠。图 9-101 为大颗粒的开口空心中包裹着小微珠而构成的复珠。漂珠主要是由非晶质的玻璃相组成的，在乳白半透明的漂珠内，有时会析出莫来石晶体分布在珠壁上。莫来石为针状自形晶，集合体成放射状或交叉树枝状（图 9-102），在透明的漂珠中，没有或极少有莫来石析晶存在。

2. 厚壁微珠　外观灰色，比重 1.9～2.2，是沉于水底的"沉珠"。粒径比漂珠小（80μm

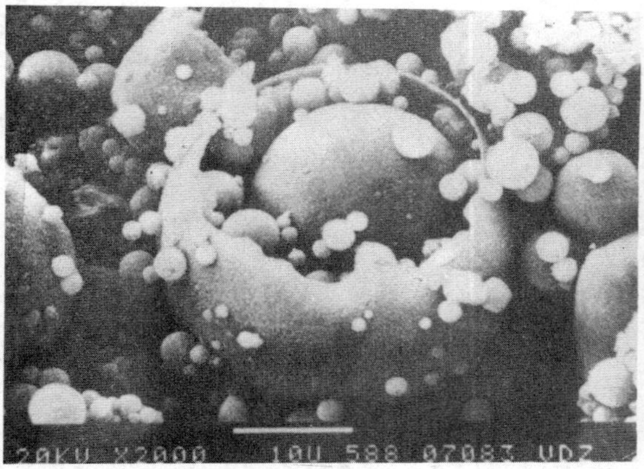

图 9-101　粉煤灰中的薄壁中空漂珠

SEM

图 9-102　经 FH 处理后，在珠壁上留下的莫来石晶体

SEM

左右)壁厚 3～20μm，在粉煤灰中数量最多，可达 80%，主要物相为铝硅玻璃体和莫来石及鳞石英晶体。它又有空心和实心两种，前者析晶主要为莫来石，而后者以颗粒较小的具有矛头状双晶的鳞石英为主。

3. 磁珠　外观黑色，具弱金属光泽和磁性，是粒径主要在 50μm 左右的球状，大者达 100μm；小者只有 5μm，比重 3.8～4.2。亦有表面光滑和不光滑两种，物相组成主要有磁铁矿(Fe_3O_4)、赤铁矿(Fe_2O_3)、方铁矿(FeO)及玻璃相等。其中磁铁矿为主晶相，属等轴晶系，呈十字树枝状骸晶，呈它形及自形晶体(图 9-103)。反射色灰微带棕，反射率 20%。

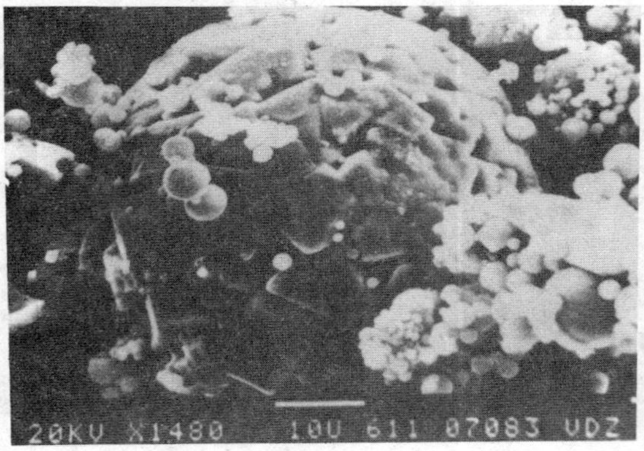

图 9-103　粉煤灰的玻璃基质中析出的 Fe_3O_4 自形晶

SEM

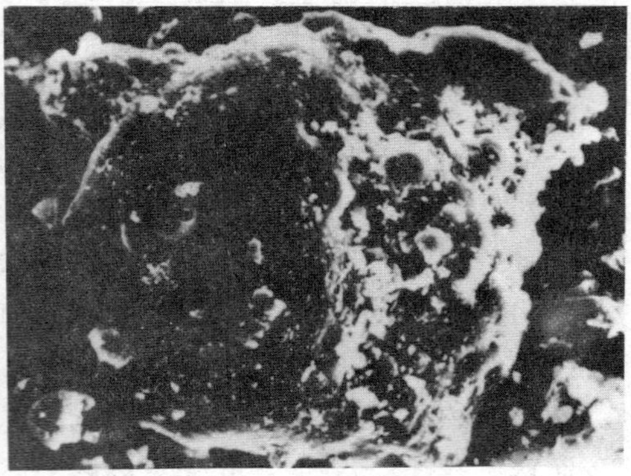

图 9-104　粉煤灰中半滚状不规则微珠

SEM

4. 不规则微珠　外形呈海棉状不规则粒子，亦称海棉状玻璃。颜色由乳白至灰色，具油脂光泽，不透明，粒径一般为 30～200μm，比重约为 1.5。玻璃体表面粗糙，微孔发达，化学组成与漂珠和厚壁微珠一致，仅含量略有不同，部分硅的含量可达 73%左右。由于形成条件差异外形有半滚圆颗粒(图 9-104)和角砾状颗粒。

5. 碳粒　碳黑色，具弱金属光泽，形态有片状、蜂窝状(图 9-105)、角砾状等多种，粒径为 50～200μm，主要由无定形碳、石墨和玻璃体三种物相组成，其中石墨为不透明晶体，反射色为稻草黄至灰的浅黄，反射率 17%偏光性强，偏光色由橙到黄。

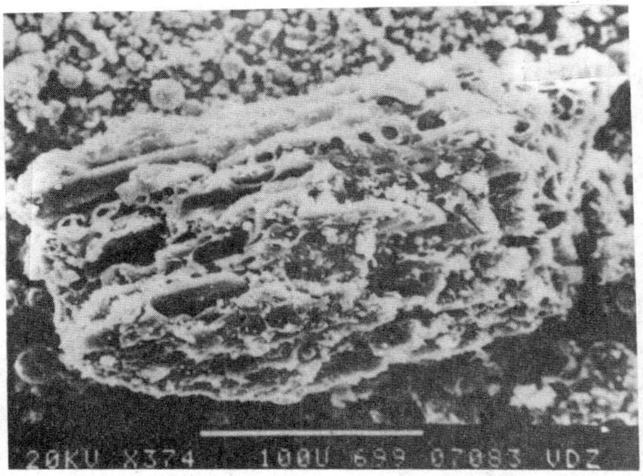

图 9-105　粉煤灰中未完全燃烧的碳粒 SEM

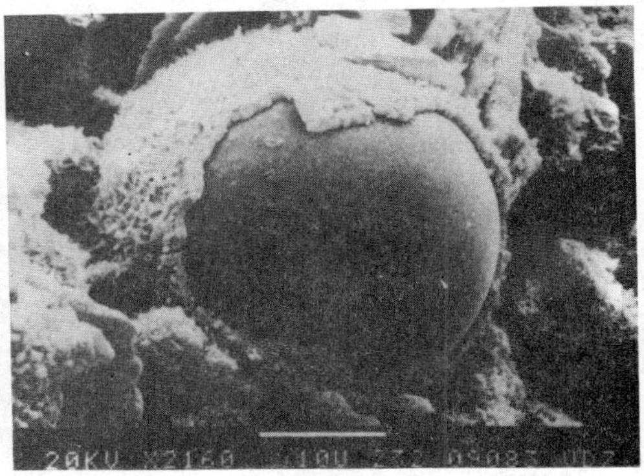

图 9-106　硬化水泥浆体中的粉煤灰，表面覆着水化产物层 SEM

在水泥浆体中粉煤灰颗粒表面形成由水化产物构成的覆盖层。图 9-106 为硬化水泥浆体中粉煤灰颗粒的电镜照片。

末篇

附　　录

为更好地配合课程的教学及有关实验，特将无机材料工业所用的天然矿产原料和无机材料制品(包括部分蚀变产物和工业废渣)中常见的组成晶相(天然矿物和人造矿物)的光学性质，分别用表格的形式列出；同时将部分无机材料制品及工业废渣的光片在反射光下进行腐蚀试验的腐蚀剂亦在附录三中以表格形式列出，均可作为从事无机材料学科教学、科研及工业生产的技术人员进行显微结构分析时使用或参考。

在前两个附录表内均设六个栏目，分别列出用偏光显微镜进行矿物鉴定晶相的有关性质。排列均以折射率的大小为序，均质体以折射率 N 为准，一轴晶以常光折射率 No 为准；二轴晶则以主折射率 Nm 为准，表中六个栏目为：

矿物名称　标明矿物的中文名称、化学组成和英文名称。

结晶习性　列出该晶体所属晶系，理想形态或薄片中的形状；解理性质，双晶类型。

偏光显微镜下光学性质　分四个小栏目分别列出晶体的“折射率”、“吸收性质”(有颜色、多色性、吸收性和透明度)、“干涉性质”(有消光类型、消光角、光性方位和延性符号，没有指出双折射率和干涉色级序，因为双折射率可从折射率一栏得知，而干涉色级序则与薄片的厚度有关)、“聚光性质”(有光性符号、光轴角和光轴色散)。

其他物理性质　列出与无机材料制造、性质及结构密切有关的莫氏硬度、比重和熔点(或熔度)。

鉴定特征　主要指出认识该矿物结晶习性和光学特征，有时还指出与相似矿物的主要区别，对少数不透明矿物还示出反射光下部分特性，在附录一表中还指出是天然矿产及主要矿床类别，还是化工原料。

工业用途或主要出处及特征　在附录一表中列出由此矿物构成的原料用来制造哪类无机材料制品，是主要原料或者附加原料，还是添加剂或者有其他用途，而在附录二表中列出此矿物出现在哪类无机材料制品或蚀变产物或冶金炉渣中，是主晶相、组成矿物、少量矿物、残余矿物，还是偶见矿物。

在附录三中则给出陶瓷和耐火材料、硅酸盐水泥熟料、铝酸盐水泥熟料及钢渣在反光显微镜下对其光片进行腐蚀实验所用的化学腐蚀剂，列出各腐蚀剂的腐蚀条件、显形相及其特征。

附录一　无机材料天然工业原料中常见矿物光学性质一览表

序号	矿物名称	结晶习性	偏光显微镜下的光学性质				其他物理性质	鉴定特征及出处	工业用途
			折射率	吸收性质	干涉性质	聚敛光性质			
	1. 中文名 2. 化学式 3. 英文名	1. 晶系 2. 形态 3. 解理 4. 双晶	1. $Nm(No\ N)$ 2. $Ng(Ne)$ 3. $Np(Ne)$	1. 透明度 2. 颜色 3. 多色性	1. 光性方位 2. 消光类型 3. 消光角 4. 延性	1. 光性符号 2. 光轴角 3. 色散	1. 硬度(莫氏) 2. 比重(g/cm^3) 3. 熔点(℃)	1. 鉴定特征 2. 天然矿产或化工原料	工业原料及其他添加剂
1	泡碱 $NaCO_3 \cdot 10H_2O$ Nalron	1. 单斜 2. 板状 3. (001)中等	1. 1.425 2. 1.440 3. 1.405	1. 透明 2. 无色或白色	2. 斜消光 3. $Np=b$ $Ng \wedge c=41°$	1. 负 2. 71° 3. $r>v$ 弱	1. 2.25 2. 2.79～2.80 3. 980	1. 负高突起，斜消光，二轴晶，负光性，二级干涉色	1. 熔制玻璃提供 Na_2O 的原料
2	萤石 CaF_2 Fluorite	1. 等轴 2. 立方体，粒状，块状 3. {111}完全 4. 依{111}成双晶	1. 1.4338	1. 透明 2. 无色			1. 4.0 2. 3.18 3. 1360	1. 熔化时有红色火焰。具弱的重折率，可含有 Y 或 Ce。溶于 H_2SO_4 时放出 HF 2. 天然矿产	1. 为降低陶瓷，水泥熟料烧制温度的矿化剂 2. 铸石的助熔剂 3. 玻璃的澄清剂 4. 制造乳白玻璃、着色玻璃和珐琅
3	硼砂 $Na_2B_4O_7 \cdot 10H_2O$ Borax	1. 单斜 2. 柱状 3. {100}完全，{110}中等	1. 1.4694 2. 1.4724 3. 1.4457	1. 透明 2. 无色	2. 斜消光 3. $Nm=b$ $Np \wedge c=55°$	1. 负 2. 39°19′	1. 2.00 2. 1.70	1. 晶形，解理，突起，消光角 2. 天然矿产	1. 硼酸盐特种玻璃主原料 2. 特种陶瓷和耐火材料的原料或添加剂 3. 陶瓷硼质釉的原料
4	天然碱 $NaH(CO_3)_2 \cdot 2H_2O$ Trona	1. 单斜 3. {110}、{101}两组完全	1. 1.492～1.493 2. 1.540～1.543 3. 1.412～1.418	1. 透明 2. 无色	2. 斜消光 3. $Ng \wedge c=83°$ $Np=b$ 4. 沿 b 延长	1. 负 2. 73° 3. $r>v$ 强	1. 3.00 2. 2.13	2. 天然矿产	1. 熔制玻璃提供 Na_2O 的原料

5	钾　　矾 K_2SO_4 Arcanite	1. 斜方 2. 等粒状，厚板状 3. {010}、{101}完全	1. 1.4947 2. 1.4973 3. 1.4935	1. 透明 2. 无色		1. 正 2. 67°20′ 3. $r>v$ 很弱	2. 2.66		1. 玻璃工业提供 K_2O 原料
6	钾 硝 石 KNO_3 Niter	1. 斜方 2. 柱状，针状 3. {011}完全，{010}、{110}中等	1. 1.5056 ～1.5038 2. 1.5064 ～1.5043 3. 1.3346 ～1.392	1. 透明	2. 平行消光，有的呈斜消光 3. $Nm\wedge c=10°$ $Ng=b$	1. 负 2. 7°12′ 3. $r<v$	1. 2.00 2. 2.10	1. 负突起，高级白干涉色，平行消光或斜消光，一轴晶负光性，光轴角小	1. 玻璃工业氧化剂 2. 提供钾的原料
7	微斜长石 $KAlSi_3O_8$ Microcline	1. 三斜 2. 板状 3. {001}完全，{010}中等 4. 格子双晶	1. 1.522 2. 1.525 3. 1.518	1. 透明 2. 无色	2. 斜消光 3. $Np\wedge(001)=5°$	1. 负 2. 83°	1. 6 2. 2.55 3. 1530	1. 负突起，干涉色低，格子双晶，二轴负晶 2. 天然矿产	1. 普通陶瓷的主原料 2. 硅酸盐玻璃的原料 3. 搪瓷釉层的原料
8	正 长 石 $KAlSi_3O_8$ Orthoclase	1. 单斜 2. 短柱状 3. {001}完全，{010}中等 4. 有卡氏双晶	1. 1.523 2. 1.524 3. 1.519	1. 透明 2. 无色	2. 斜消光 3. $Np\wedge c=3°\sim12°$ $Nm\wedge c=14°\sim23°$	1. 负 2. 44°～84° 3. $r>v$ 弱	1. 6 2. 2.56 3. 1170	1. 负突起，表面混浊，为二轴负晶 2. 天然矿产	同 7
9	锂 霞 石 $LiAlSiO_4$ Lithium nephelite	1. 六方 3. 无	1. 1.524 2. 1.5195	1. 透明 2. 无色	2. 平行消光	1. 负 2. 0°	2. 2.35～2.76 3. 1397℃分解	1. 负突起，平行消光，一轴正晶 2. 天然矿产	1. 微晶玻璃原料 2. 提供锂的原料或添加剂
10	海 泡 石 $Mg_3Si_4O_{11}\cdot nH_2O$ Sepiolite	1. 单斜 2. 细纤维状 3. 有解理	1. 1.525 ～1.529 2. 1.525 ～1.529 3. 1.515 ～1.520	1. 透明 2. 无色	2. 斜消光，与解理呈平行消光	1. 负 2. 0°	1. 2～2.50 2. 2.00	1. 加热至 100℃时 $Ng=1.535$ 2. 天然矿产	1. 镁质陶瓷的原料 2. 镁质耐火材料的原料
11	透 长 石 $KAlSi_3O_8$ Sanidine	1. 单斜 2. 板状，柱状 3. {001}完全，{010}中等	1. 1.525 ～1.530 2. 1.525 ～1.536 3. 1.520 ～1.523	1. 透明 2. 无色	2. 斜消光 3. $Np\wedge c=5°\sim9°$	1. 负 2. 0°～12°	1. 6 2. 2.57 3. 1170	1. 晶面干净，负突起，(—)2V 很小 2. 天然矿产	同 7

12	石　　膏 $CaSO_4 \cdot 2H_2O$ Gypsum	1. 单斜 2. 板状，针状，柱状 3. {010}完全，{100}、{111}不完全 4. 简单双晶	1. 1.5226 2. 1.5296 3. 1.5205	1. 透明 2. 无色	2. 斜消光 3. $Ng \wedge c=52°$	1. 正 2. 58° 3. $r>v$ 强，倾斜色散	1. 2 2. 2.5～3.0	1. 晶形，突起，双晶，消光角，二轴正晶 2. 天然矿产	1. 陶瓷模具 2. 水泥的缓凝剂 3. 低温烧成水泥的矿化剂 4. 铝酸盐水泥的原料
13	歪 长 石 $(K,Na)AlSi_3O_8$ Anorthoclase	1. 三斜 2. 晶形不完好 3. {001}、{010}完全	1. 1.528 2. 1.529 3. 1.523	1. 透明 2. 无色	2. 斜消光 3. $Np \wedge a$ $=6°～10°$	1. 负 2. 43～54° 3. $r>v$		1. 见于富 Na 的火山岩中 2. 天然矿产	同 7
14	钠 长 石 $Na_2AlSi_3O_8$ Albite	1. 三斜 2. 板状 3. (001)、(010)中等 4. 聚片	1. 1.533 ～1.540 2. 1.539 ～1.546 3. 1.528 ～1.535	1. 透明 2. 无色	2. 斜消光 3. (010)方向 7°～30° (001)方向 3°	1. 正 2. 75～83°	1. 6.0～6.5 2. 2.61～2.625	1. 负低突起，聚片双晶，斜消光，用消光角与其他长石相分 2. 天然矿产	同 7
15	碳 酸 钠 （俗称纯碱） Na_2CO_3 Sodium carbonate	4. 聚片双晶	1. 1.535 2. 1.546 3. 1.415	1. 透明 2. 无色		1. 负 2. 34±3°	2. 2.53 3. 852(分解)	1. 负低突起，高双折射率，二轴负晶 2. 化工原料	1. 玻璃工业主原料之一
16	石　　英 SiO_2 Quartz	1. 三方 2. 粒状 3. 无解理 4. 双晶罕见	1. 1.544 2. 1.553	1. 透明 2. 无色	2. 波状消光	1. 正	1. 7 2. 2.65 3. 1723	1. 低正突起，一级灰干涉色 2. 天然矿产	1. 硅砖，普通陶瓷，硅酸盐玻璃 2. 烧制水泥熟料的校正原料
17	石　　盐 NaCl Halite	1. 等轴 2. 立方体 3. {100}不完全	1. 1.5443	1. 透明 2. 无色			1. 2.5 2. 2.17 3. 750	1. 晶形，极低突起，均质体 2. 天然矿物，化工原料	1. 可以作为熔制玻璃 Na_2O 的原料
18	叶蛇纹石 $Mg_3(OH)_4 \cdot Si_2O_5$ Antigorite	1. 单斜 2. 柱状 3. {001}完全 4. 双晶罕见	1. 1.55 ～1.58	1. 透明 2. 浅绿，浅黄，浅褐		1. 负 2. 47.5° 3. $r>v$	1. 2～2.5 2. 2.62	2. 天然矿产	1. 制造镁橄榄石耐火材料 2. 有色陶瓷，耐酸陶瓷

19	珍珠陶土 $Al_4(Si_4O_{10})(OH)_8$ Nacrite	1. 单斜 2. 鳞片状 3. {001}完全，{010}、{110}较完全	1. 1.562 2. 1.563 3. 1.557	1. 透明 2. 无色或淡黄	2. 斜消光 3. $Nm \wedge a = 10° \sim 12°$ $Ng = b$	1. 负 2. 40° 3. $r > v$	1. 2 2. 2.627	1. 吸热谷位于700℃，比高岭石高100℃ 2. 天然矿产	1. 普通陶瓷，粘土质耐火制品的主原料 2. 滑石瓷等的工业原料
20	地开石 $Al_4(OH)_8Si_4O_{10}$ Dickite	1. 单斜 2. 鳞片状 3. {001}完全	1. 1.562 2. 1.566 3. 1.560	1. 透明 2. 无色	2. 斜消光 3. $Np \wedge \perp(001) = 15° \sim 20°$	1. 正 2. 68～80° 3. $r < v$	1. 2.5～3.0 2. 2.62	1. 镜下薄片为无色或浅黄色，低正突起，鳞片状 2. 天然矿产	同 19
21	高岭石 $Al_4(OH)_8Si_4O_{10}$ Kaolinite	1. 三斜 2. 假六方片状 3. {001}完全	1. 1.565 2. 1.566 3. 1.561	1. 透明 2. 无色，浅黄		1. 负 2. 20°～50°	1. 2～2.5 2. 2.64	2. 天然矿产	1. 普通陶瓷的优质原料 2. 某些特种陶瓷的优质原料 3. 粘土砖的优质原料
22	伊利石 $Al(OH)Si_2O_5 \cdot 2H_2O$ Leverrierite	1. 单斜 2. 薄片状，蠕虫状	1. 1.565～1.608 2. 1.513～1.593 3. 1.488～1.585	1. 透明 2. 无色（无 Fe 时）		1. 负 2. 12°～30°	1. 1.5 2. 2.5～2.6	1. 含 Fe 时有颜色，并具多色性，正低突起，Ⅱ级干涉色，2V 小 2. 天然矿产	同 19
23	三水铝矿 $Al(OH)_3$ Gibbsite	1. 单斜 2. 六边厚板状 3. {001}完全	1. 1.566 2. 1.587 3. 1.566	1. 透明 2. 白色	2. 斜消光 3. $Np = b$ $Ng \wedge c = 25°$	1. 正 2. 0°	1. 2.5～3.5 2. 2.40	2. 天然矿产	1. 特种普通陶瓷的原料 2. 铝土矿系耐火材料的原料 3. 高铝水泥的原料 4. 制造工业氧化铝的原料
24	碳酸锂 Li_2CO_3 Lithium carbonate	1. 单斜 2. 柱状 3. {001}完全，{101}中等	1. 1.567 2. 1.572 3. 1.428	2. 无色	2. 斜消光 3. $Np \wedge c = 0°$ $Ng = b$	1. 负 2. 15°	2. 2.11 3. 618	2. 化工原料	1. 含锂玻璃原料 2. 微晶玻璃原料 3. 提供锂的原料
25	明矾石 $KAl_3(SO_4)_2(OH)_6$ Alunite	1. 三方 3. {0001}中等	1. 1.572 2. 1.592	2. 无色		1. 正 2. 0°	1. 3.5～4.00 2. 2.75	2. 天然矿产	1. 制造工业氧化铝和超细氧化铝粉的原料

26	硬石膏 $CaSO_4$ Anhydrite	1. 斜方 2. 板状 3. {010}完全，{001}、{100}中等	1. 1.5754 2. 1.6163 3. 1.5698	2. 无色	2. 平行消光	1. 正 2. 43°	1. 3.0～3.50 2. 2.98 3. 1450	1. 薄片中无色，但厚度较大时会呈蓝色或紫色，具有多色性，平行消光 2. 天然矿产	1. 硫铝酸盐水泥的原料 2. 硅酸盐水泥的缓凝剂 3. 陶瓷模具的主成分，磨制水泥的添加剂
27	滑石 $Mg_3(Si_4O_{10})(OH)_2$ Talc	1. 单斜 2. 鳞片状 3. {001}极完全	1. 1.575 ～1.590 3. 1.538 ～1.542	2. 无色	2. 斜消光 3. $Np \wedge c=10°$ $Nm=a$		1. 1.00 2. 2.82 3. >1400	1. 薄片中无色，正低突起，Ⅲ级顶部干涉色，(－)$2V$小 2. 天然矿产	1. 镁质陶瓷的主要原料 2. 制造低膨胀陶瓷及耐火制品的原料 3. 其他无机材料的添加剂
28	白云母 $KAl_2(F,OH)_2Si_3AlO_{10}$ Muscovite	1. 单斜 2. 假六方片状 3. {001}极完全	1. 1.582 2. 1.588 3. 1.552	2. 无色		1. 负 2. 30～45° 3. $r>v$强	1. 2.5～3.00 2. 2.76～3.00	2. 天然矿产	1. 单矿物是制造电气设备的矿物原料
29	金云母 $KMg_3(OH)_2Si_3AlO_{10}$ Phlogopite	1. 单斜 2. 鳞片状 3. {001}极完全	1. 1.588 3. 1.518	1. 透明 2. 无色或有色	2. 消光 3. $Np \perp (001)$ $Nm=b$ $Ng \wedge a=2～4°$ 4. 沿解理方向，正延性	1. 负 2. 0°～10°	1. 2.5～3.0 2. 2.79	1. 自然界中的金云母含 Fe，具有多色性，Np 无色，Ng、Nm 浅红棕色 2. 天然矿产	1. 可切削微晶玻璃的晶核剂
30	叶蜡石 $Al_2O_3 \cdot 4SiO_2 \cdot H_2O$ Pyrophyllite	1. 单斜 2. 柱状 3. {001}极完全 4. 有云母律双晶	1. 1.588 2. 1.600 3. 1.552	1. 透明 2. 无色或杂色	2. 平行消光	1. 负 2. 53～60°	1. 1.0～1.5 2. 2.85 3. 1800	1. 与滑石的区别是$2V$大；与高岭石的区别是重折率大 2. 天然矿产	1. 普通陶瓷的原料 2. 叶腊石耐火材料的原料 3. 玻璃原料
31	五氧化二磷 P_2O_5 Phosphor oxide	1. 四方	1. 1.599 2. 1.624	1. 透明 2. 无色		1. 正 2. 0°	2. 2.89	2. 化工原料	1. 生物陶瓷原料 2. 无机材料的添加剂
32	黄玉 $Al_2(F,OH)_2SiO_4$ Topaz	1. 斜方 2. 柱状 3. {001}完全	1. 1.6104 ～1.631 2. 1.6176 ～1.638 3. 1.6072 ～1.629	1. 透明 2. 无色，黄色，灰色，浅绿色	2. 平行消光 3. $Np=a$ $Ng=c$	1. 正 2. 48° ～67°18′	1. 8 2. 3.57～3.5	1. 硬度大，颜色漂亮，柱状，平行消光，二轴负晶 2. 天然矿产	1. 矿物原料—宝石

33	透闪石 $Ca_2Mg_5Si_8O_{22}(OH)_2$ Tremolite	1. 单斜 2. 长柱状，纤维状，针状 3. {010}完全，其夹角为124°	1. 1.613 2. 1.625 3. 1.599	1. 透明 2. 无色	2. 斜消光 3. $Ng \wedge c=18°$	1. 负 2. 88°	1. 5.0～6.0 2. 2.98	1. 横切面见两组解理，其夹角为124°，二轴负晶，2V大，最高干涉色Ⅱ级中，底部 2. 天然矿产	1. 铸石原料组成矿物 2. 普通陶瓷原料组成矿物
34	角闪石 $Ca_2(Mg,Fe,Al)_5(OH)_2 \cdot [(SiAl)_4O_{11}]_2$ Horndlende	1. 单斜 2. 柱状 3. {110}完全，解理夹角为124°	1. 1.618～1.714 2. 1.632～1.730 3. 1.610～1.700	2. 绿色，浅黄色，褐色 3. 具强多色性，$Ng>Nm>Np$，Ng蓝绿，Nm浅黄绿，Np浅黄褐色	2. 斜消光 3. $Ng \wedge c=10°～30°$	1. 负 2. 73°	1. 5.00～6.00 2. 3.00～3.5	1. 晶形，颜色，多色性，解理和解理角，斜消光，二轴晶负光性 2. 天然矿产	同33
35	天青石 $SrSo_4$ Celestite	1. 斜方 2. 板状 3. {001}、{210}完全，{010}不完全	1. 1.6232 2. 1.6325 3. 1.6215	1. 透明 2. 无色至浅色	2. 平行消光 3. $Ng//a$ $Nm//b$ $Np//c$	1. 正 2. 50°25′ 3. $r<v$强	1. 3～3.5 2. 3.907 3. 1605	2. 天然矿产	1. 陶瓷釉原料
36	阳起石 $CaMg_5[Si_4O_{11}](OH)_2$ (90%～70%) $CaFe_5[Si_4O_{11}](OH)_2$ (10%～30%) Actinolite	1. 单斜 2. 柱状，针状 3. {110}完全	1. 1.625～1.665 2. 1.64～1.68 3. 1.616～1.655	1. 透明 2. 有色 3. Np浅黄色，Nm浅绿色，Ng祖母绿	2. 斜消光 3. $Ng \wedge c=17°$ $Nm//b$	1. 负 2. 75～88°	1. 6～6.5 2. 3.1～3.3	1. 晶形，颜色，多色性，斜消光，消光角 2. 天然矿产	同33
37	硅灰石 $CaO \cdot SiO_2$ Wollastonite	1. 三斜 2. 柱状，针状，板状，纤维状，放射状集合体 4. {100}简单，聚片双晶	1. 1.632 2. 1.634 3. 1.620	1. 透明 2. 无色	2. 斜消光 3. $Ng \wedge a=34～39°$ $Np \wedge c=28～34°$ $Nm \wedge b=3～5°$ 4. 正或负	1. 负 2. 38～60° 3. $r>v$	1. 4.5～5 2. 2.915 3. 1540℃	1. 晶形，延性，斜消光 2. 天然矿产	1. 普通陶瓷原料 2. 硅灰石瓷原料 3. 玻璃原料 4. 各种填料
38	重晶石 $BaSO_4$ Barite	1. 斜方 2. 板状 3. {001}、{210}完全，{010}不完全	1. 1.6373 2. 1.6484 3. 1.6363	1. 透明 2. 无色或浅色	2. 平行消光 3. $Nm=b$ $Ng=a$	1. 正 2. 37°21′	1. 3～3.5 2. 4.50 3. 1580	1. 比重大，晶形，突起，平行消光，二轴正晶 2. 天然矿产	1. 水泥原料添加剂 2. 光学玻璃原料

39	红柱石 $Al_2O_3 \cdot SiO_2$ Andalusite	1. 斜方 2. 四方柱状 3. {110}完全，解理角 90°48′	1. 1.639～1.671 2. 1.645～1.693 3. 1.634～1.662	1. 透明 2. 无色或粉红色 3. 有	2. 平行消光	1. 负 2. 71～86°	1. 2.00 2. 3.1～3.2 3. 1350(分解)	1. 薄片厚呈多色性：Np 玫瑰红，Nm 无色或黄色，Ng 无色或黄色，负延性 2. 天然矿产	1. 莫来石质及高铝质耐火材料原料 2. 特种陶瓷原料
40	镁橄榄石 $2MgO \cdot SiO_2$ Forsterite	1. 斜方 2. 粒状，短柱状 3. {010}，{100}不完全 4. 简单或聚片	1. 1.651 2. 1.670 3. 1.635	1. 透明 2. 无色	2. 平行消光 3. $Ng//a$ $Np//b$ $Nm//c$ 4. 正	1. 正 2. 82～90° 3. $r>v$	1. 6.5～7.2 2. 3.2～3.33 3. 1890℃	1. 突起，平行消光，干涉色二级以上 2. 天然矿产	1. 镁橄榄石耐火制品原料 2. 镁橄榄石瓷主晶相
41	顽火辉石 $MgSiO_3$ Enstatite	1. 斜方 2. 短柱状 3. {110}中等，{110}∧{$\bar{1}$10}＝88°	1. 1.653 2. 1.658 3. 1.650	1. 透明 2. 无色	2. 平行消光	1. 正 2. 55° 3. $r<v$	1. 5.5 2. 3.10～3.3	1. 在 990℃以下稳定，平行消光，干涉色低 2. 天然矿产	1. 镁质耐火材料 2. 老化滑石瓷的主要原料
42	锂辉石 $Li_2O \cdot Al_2O_3 \cdot 4SiO_2$ Spodumene	1. 单斜 2. 柱状 3. (110)中等，解理角 87°	1. 1.655～1.672 2. 1.662～1.679 3. 1.648～1.663	1. 透明 2. 无色	2. 斜消光 3. $Np=b$ $Ng \wedge c=22°$	1. 正 2. 53° 3. $r<v$，水平	1. 6～7 2. 3.0～3.2 3. 1380℃	1. 晶形，解理，消光角，延性 2. 天然矿产	1. 制造锂硅酸盐微晶玻璃的原料 2. 提供锂的原料
43	方解石 $CaCO_3$ Calcite	1. 三方 2. 等粒状菱面体，复方偏三角面体 3. {10$\bar{1}$0}极完全	1. 1.6584 2. 1.4864	1. 透明 2. 无色	2. 平行消光	1. 负 2. 0°	1. 3.00 2. 2.71 3. 900(分解)	1. 闪突起，高级白干涉色，双晶纹平行菱形长对角线 2. 天然矿产	1. 硅酸盐水泥，高铝水泥的主原料 2. 碱性耐火材料的原料 3. 普通陶瓷的原料 4. 硅酸盐玻璃的原料 5. 电石 6. 冶金熔剂
44	硅线石 α-$Al_2O_3 \cdot SiO_2$ Sillimanite	1. 斜方 2. 长柱状，针状，纤维状，束状 3. {010}完全	1. 1.658 2. 1.673 3. 1.654	1. 透明 2. 无色	2. 平行消光 3. $Np//a$ $Nm//b$ $Ng//c$ 4. 正延性	1. 正 2. 21～30° 3. $r>v$ 强	1. 6～7 2. 3.23～3.27 3. 1816℃ 1545℃变为莫来石	1. 晶形，延性，平行消光 2. 天然矿产	1. 高温膨胀剂 2. 耐火材料原料 3. 陶瓷原料

45	普通辉石 (Ca,Fe,Mg) (Mg,Fe,Al) $(Si,Al)_2O_6$ Augite	1. 单斜 2. 短柱状 3. {110}完全,解理角87°	1. 1.672~1.750 2. 1.694~1.772 3. 1.671~1.743	1. 透明 2. 无色或浅色	2. 平行消光,斜消光 3. $Np \wedge a$ $=22°\sim30°$ $Ng \wedge c$ $=38°\sim48°$ $Nm=b$	1. 正 2. 58°~61°	1. 5.5~6.0 2. 3.23~3.52 3. 930~1428	1. 与普通角闪石的区别为:消光角较大,2V小,无多色性,解理夹角为87° 2. 天然矿产	1. 铸石原料—辉绿石的主要组成矿物 2. 建筑陶瓷原料之一辉长岩的主要组成矿物
46	透辉石 $CaO \cdot MgO \cdot 2SiO_2$ Diopside	1. 单斜 2. 短柱状,粒状,放射状 3. {110}完全 {110}∧{1$\bar{1}$0}=87° 4. 简单或聚片双晶	1. 1.672 2. 1.695 3. 1.666	1. 透明 2. 无色	2. 斜消光,对称消光 3. $Nm /\!/ b$ $Ng \wedge c$ $=13°\sim34°$	1. 正 2. 85°~53° 3. $r>v$弱等	1. 5.5~6 2. 3.27~3.38	同45 2. 天然矿产	同45
47	白云石 $CaMg(CO_3)_2$ Dolomite	1. 三方 2. 菱形或柱状 3. {10$\bar{1}$0}完全	1. 1.679 3. 1.502	1. 透明 2. 无色	2. 平行消光	1. 负 2. 0°	1. 3.5~4.00 2. 2.85	1. 闪突起,高级白干涉色,无双晶,折射率高于方解石 2. 天然矿产	1. 白云石耐火材料主原料 2. 硅酸盐玻璃 3. 陶瓷镁质釉
48	工业氧化铝 γ-Al_2O_3 Industrial alumim	1. 等轴 2. 粒状,八面体	1. 1.696	1. 透明 2. 无色			2. 3.47 3. 1000℃转变为$2Al_2O_3$	1. 高正突起,粒状,均质体 2. 天然矿产	1. 刚玉砖,莫来石砖,AZS砖,高铝瓷,氧化铝砖的主原料 2. 普通陶瓷和高铝水泥的原料
49	菱镁矿 $MgCO_3$ Magnesite	1. 三方 2. 粒状,菱形 3. {10$\bar{1}$0}完全	1. 1.700 3. 1.509	1. 透明 2. 无色,白色	2. 平行消光	1. 负 2. 0°	1. 4.00 2. 3.00 3. 1500~1600℃形成MgO	1. 与方解石、白云石的区别是,双晶和折光率较大 2. 天然矿产	1. 镁质耐火材料 2. 烧结镁砂 3. 玻璃制品 4. 镁质陶瓷
50	菱锌矿 $ZnCO_3$ Smithsonite	1. 三方 2. 菱面体 3. {10$\bar{1}$0}完全	1. 1.848 2. 1.621	1. 透明 2. 无色		1. 负	1. 4~4.5 2. 4.43	1. 以闪突起及高级干涉色为特征 2. 天然矿产	1. 玻璃工业辅助原料

51	氧化钇 Y_2O_3 Yttrium oxide	1. 等轴 2. 长板状 3. 无	1. 1.91	1. 透明 2. 无色			1. 4.84 3. 2410℃	1. 晶形，突起，均质体 2. 化工原料	1. 与 ZrO_2 一起制造高级特种耐火材料 2. 特种陶瓷的添加剂
52	菱铁矿 $FeCO_3$ Siderite	1. 三方 2. 六角偏三角面体，粒状，柱状，纤维状 3. $\{10\bar{1}0\}$完全 4. $\{01\bar{1}2\}$聚片双晶	1. 1.875 3. 1.633	1. 透明 2. 无色，浅黄棕色，$Ne<No$	4. 负延性	1. 负 2. 0°	1. 4.00～4.5 2. 3.95	1. 折光率及重折率比一般碳酸盐矿物高，带色 2. 天然矿产	
53	锆英石 $ZrSiO_4$ Zircon	1. 四方 2. 四方柱与四方双锥聚形 3. {110}不完全	1. 1.923～1.960 2. 1.968～2.015	1. 透明 2. 无色或黄褐色	2. 平行消光 4. 正延性	1. 正 2. 0°	1. 7.5 2. 4.6～4.71 3. 2250℃	1. 以极高正突起，Ⅲ—Ⅳ级干涉色，一轴正晶，柱状，具锥面等为特征 2. 天然矿产	1. AZS 耐火砖的原料 2. 陶瓷的乳浊剂 3. 玻璃的改性添加剂
54	氧化钡 BaO Barium oxide	1. 等轴 2. 立方体 3. (100)完全	1. 1.98	1. 透明 2. 无色			1. 3.3 2. 5.72 3. 1923℃	1. 晶形，解理，突起，均质体 2. 化工原料	1. 玻璃的熔剂原料 2. 钡玻璃的主原料之一
55	铬铁矿 $FeO \cdot Cr_2O_3$ Chromite	1. 等轴 2. 八面体 3. 无	1. 2.12	1. 半透明 2. 褐色			1. 5.5 2. 5.09 3. >1800℃ (2250℃)	1. 晶形，不透明或半透明 2. 天然矿产，常与 $FeAl_2O_4$ 构成固溶体	1. 制备铬铁质耐火材料的原料 2. 特种陶瓷的原料
56	闪锌矿 ZnS Sphalerite	1. 等轴 2. 四面体，十二面体 3. 解理完全	1. 2.368	1. 透明 2. 无色			1. 3.5～4 2. 4.04	1. 晶形，均质，高折射率 2. 天然矿产	1. 功能敏感陶瓷的工业原料
57	钙钛矿 $CaO \cdot TiO_2$ Perovskite	1. 假等轴 2. 八面体，立方体很少 3. {001}不完全	1. 2.38	1. 透明 2. 无色，棕色，黄色			1. 5.5 2. 4.10 3. 1915	1. 极高突起，常有弱干涉色，反射率15% 2. 天然原料	1. 耐火材料原料

58	金刚石 C Diamond	1. 等轴 2. 等粒状，菱形十二面体，立方体	1. 2.4195	2. 褐黑色，绿色，橙色，无色			1. 10 2. 3.51	1. 均质体，突起高，硬度大 2. 天然矿产，人工合成	1. 矿物原料
59	磁铁矿 $Fe \cdot Fe_2^{3+}O_4$ Magnetite	1. 等轴 2. 八面体，菱形十二面体 3. 解理完全	1. 2.43	2. 铁黑色			1. 5.5～6.5 2. 5.14 3. 1594	1. 均质体，强磁性，不透明 2. 天然矿产	1. 铸石原料组成矿物
60	金红石 α-TiO_2 Rutile	1. 四方 2. 柱状，针状 3. {110}中等，{100}完全 4. 依{001}成双晶	1. 2.6211 2. 2.9085	1. 透明 2. 棕—红或无色 3. 有多色性，$No < Ne$	2. 平行消光	1. 正 2. 0°	1. 6～6.5 2. 4.23 3. 1825	1. 高折射率，晶形，颜色，平行消光 2. 天然原料，化工原料	1. 制造电子陶瓷—金红石瓷，钛酸钡瓷，四钛酸钡以及其他含钛陶瓷的原料
61	密陀僧 PbO Litharge	1. 四方 2. 厚板状 3. {110}完全	1. 2.655 2. 2.535	1. 半透明 2. 亮橙，红橙	2. 平行消光	1. 负 2. 0°	1. 2.00 2. 9.13 3. 888	1. 晶形，折射率，半透明，颜色 2. 化工原料	1. 玻璃的澄清剂

附录二　无机材料制品中常见矿物的光学性质一览表

序号	矿物名称 化学式 英文名	结晶习性 1. 晶系 2. 晶形 3. 解理 4. 双晶	透射光下光学性质 折射率 1. $Nm(No\ N)$ 2. $Ng(Ne)$ 3. $Np(Ne)$	吸收性 1. 透明度 2. 颜色 3. 多色性（吸收性）	光性方位 1. 消光类型 2. 消光角 3. 延性符号	锥光性质 1. 光性符号 2. 光轴角 3. 色散	其他性质 1. 比重 2. 硬度 3. 熔点（熔度） 4. 反射率	识别特征	无机材料制品中出处及其主要特征
1	萤石 （氟石） CaF_2 Fluorite	1. 等轴 2. 立方体，八面体，粒状 3. (111)完全 4. 依(111)	1. 1.434	1. 透明 2. 无色（有时带浅绿.浅紫）			1. 3.18 2. 4 3. 1360℃	负高突起，解理多组发育，均质体	1. 出现在高氟的矿渣中 2. 钢渣中亦常出现
2	钙矾石 （高硫型水化硫铝酸钙） $3CaO \cdot Al_2O_3 \cdot 3CuSO_4 \cdot 30\sim32H_2O$	1. 三方 2. 假六方柱状，针状 3. $(10\bar{1}0)$完全	1. 1.464 2. 1.458	1. 透明 2. 无色	1. 平行消光 3. 负	1. 负 2. 0°	1. 1.73～1.77 2. 2～2.5 3. 1000℃脱水成无水硫铝酸钙	针状晶形，负高突起，一级灰白干涉色	1. 水泥水化产物，存在于混凝土制品中，呈棱柱状
3	鳞石英 SiO_2 Tridymite	1. 斜方 2. 六方晶系假像矛头状，雪花状，片状 4. 矛头双晶	1. 1.469 2. 1.473 3. 1.469	1. 透明 2. 无色	1. 平行消光 2. $Ng \wedge c$　$Nm \wedge a$ 3. 正	1. 正 2. 35°	1. 2.27 2. 6.5 3. 1470℃转变为方石英	晶形，负高突起，一级灰白干涉色，矛头双晶，简单双晶	1. 多晶转变成的呈鳞片状，具矛头双晶，存在于硅砖，玻璃的硅砖结石 2. 重结晶长大的呈长板状、管柱状，具简单双晶存在于蚀变硅砖鳞石英带，玻璃的硅砖结石 3. 熔体中析晶的呈骸晶，呈雪花状、羽毛状，存在于玻璃的析晶结石及其他结石周围玻璃中析晶，陶瓷及耐火制品的玻璃相中
4	三氧化二硼 （氧化硼） B_2O_3 Boric oxide	1. 等轴	1. 1.474	1. 透明 2. 无色			1. 1.83～1.88 3. 1500℃		1. 硼酸盐玻璃原料 2. 硼质添加剂

5	无水芒硝 Na_2SO_4 Thenardite	1. 斜方 2. 短柱状，厚板状	1. 1.477 2. 1.484 3. 1.471	1. 透明 2. 无色，浅灰色	1. 平行消光，玻璃结石中呈十字形消光	1. 正 2. 83°35′ 3. $r>v$ 弱	1. 2.5～3.0 2. 2.66	晶形，负突起	1. 玻璃中粉料结石，呈纺锤状、鱼雷状、水花状
6	方石英 SiO_2 Cristobalite	1. 斜方 2. 高温立方体假象 3. 无 4. (111)穿插双晶	1. 1.487 2. 1.487 3. 1.484	1. 透明 2. 无色	1. 平行消光	1. 负 2. 0°～40°	1. 2.32 2. 6～7 3. 1713℃	晶形，负突起，一级灰干涉色	1. 多晶转变成的呈蜂巢状，脉状，存在于硅砖，蚀变硅砖渐变带，玻璃的硅砖结石，高石英细瓷及含石英的陶瓷和耐火材料中 2. 重结晶长大的呈黍粒状规则排列，存在于蚀变硅砖方石英带，玻璃的硅砖结石 3. 熔体中析晶的呈骸晶，呈十字骨架状、航船状，存在于玻璃析晶结石，蚀变硅砖结石周围玻璃和其他制品的玻璃相的析晶
7	黝方石 $4Na_2O \cdot 3Al_2O_3 \cdot 6SiO_2 \cdot SO_3$ Nosean	1. 等轴 2. 菱形十二面体粒状 3. (110)不完全	1. 1.486～1.494	2. 无色，灰白，蓝棕或黑色			1. 2.3～2.4 2. 5.5 3. 熔度 2.5	负突起，均质体，出处及共生矿物	1. 玻璃熔窑煤道中粘土砖与 SO_3 反应生成的蚀变产物
8	蓝方石 $(Na,Ca)_{4\text{-}8}Al_6Si_6(O,S)_{24}(SO_4Cl)_{1\text{-}2}$ Hauynete	1. 等轴 2. 菱形十二面体 3. (110)不完全 4. 有	1. 1.496	2. 黄，红，蓝，绿			1. 2.4～2.5 2. 5～6 3. 熔度 4.5	负突起，均质体，出处及共生矿物	1. 玻璃熔窑煤道中粘土砖与 SO_3 反应生成的蚀变产物
9	单硫型水化硫铝酸钙 $3CaO \cdot Al_2O_3 \cdot CaSO_4 \cdot 12H_2O$ Monosulphate	1. 三方 2. 假六方板状	1. 1.504 2. 1.488	1. 透明 2. 无色	1. 平行消光 3. 正	1. 负 2. 0°	1. 1.95	负突起，晶形干涉色高于钙矾石	1. 水泥水化产物，存在于混凝土制品中，呈板状或花朵状
10	白榴石 $K_2O \cdot Al_2O_3 \cdot 4SiO_2$ Leucite	1. 四方(假等轴) 2. 四角三八面体 4. 复杂聚片	1. 1.508 2. 1.509	1. 透明 2. 无色		1. 正 2. 0°	1. 2.47 2. 5.5～6 3. 1686℃	负突起，四角三八面体，具复杂聚片双晶，干涉色微弱	1. 玻璃熔窑用铝硅质耐火砖与含钾玻璃反应生成的蚀变产物 2. 高炉炉衬 3. 酸性冶金炉渣

11	硅酸钠 $Na_2O \cdot 2SiO_2$ Sodium silicate	1. 单斜 2. 板状 3. (100)完全，(010)中等 4. 有{100}双晶	1. 1.510 2. 1.515 3. 1.500	1. 透明 2. 无色	1. 平行消光	1. 负 2. 48°	1. 2.60	负突起，一级橙黄干涉色	1. 低温结合无机材料制品中水玻璃脱水产物 2. 玻璃结石
12	透锂长石 $Li_2O \cdot Al_2O_3 \cdot 8SiO_2$ Petalite	1. 单斜 2. 板状 3. (001)(201)完全	1. 1.510 2. 1.516 3. 1.504	1. 透明 2. 无色	1. 斜消光 2. $Ng=b$ $Np \wedge c=2\sim6°$ $Nm \wedge c=24\sim30°$ 3. 负	1. 正 2. 83°34′ 3. 交错色散，$r<v$弱	1. 2.42 2. 6～6.5 3. 950℃分解	负突起，负延性，斜消光	1. 锂铝硅微晶玻璃组成矿物
13	三斜霞石 $Na_2O \cdot Al_2O_3 \cdot 2SiO_2$ Carnegieite	1. 三斜 2. 板状，针状 3. 无 4. 聚片双晶	1. 1.514 2. 1.514 3. 1.509	1. 透明 2. 无色	1. 斜消光	1. 负。 2. 12～15°	1. 2.51 3. 1512℃	晶形，双晶，斜消光，二轴晶负光性	1. 玻璃中耐材析晶结石 2. 玻璃窑蚀变铝硅质及AZS砖的反应带 3. 白色电熔刚玉中少量存在
14	水化铝酸二钙 $2CaO \cdot Al_2O_3 \cdot 6H_2O$ Dicalcium aluminate hydrate	1. 六方 2. 六方片状，纤维状	1. 1.520 3. 1.502	1. 透明 2. 无色	1. 平行消光	1. 负 2. 0°		晶形，负突起平行消失，一轴负晶	1. 水泥的水化产物，存在于硅酸盐水泥制品中
15	石膏 $CaSO_4 \cdot 2H_2O$ Gypsum	1. 单斜 2. 板状，针状 3. (010)完全，(100)($\bar{1}$11)不完全 4. 简单	1. 1.5226 2. 1.5296 3. 1.5205	1. 透明 2. 无色	1. 斜消光 2. $Np \wedge c=5°$	1. 正 2. 58° 3. 倾斜色散，$r>v$强	1. 2.32 2. 2 3. 120℃脱水¾变成半水石膏	晶形，负突起双晶，斜消光消光角小	1. 硅酸盐水泥缓凝剂 2. 陶瓷工业注浆模模具
16	钾长石 $K_2O \cdot Al_2O_3 \cdot 6SiO_2$ Orthoclase	1. 单斜 2. 短柱状 3. (001)完全，(010)中等	1. 1.523 2. 1.524 3. 1.519	1. 透明 2. 无色	1. 斜消光 2. $Np \wedge c=3\sim12°$ $Nm \wedge c=14\sim23°$	1. 负。 2. 44～84°	1. 2.56 2. 6 3. 1170℃	晶形，负突起，斜消光	1. 玻璃耐材析晶矿物 2. 富钾玻璃蚀变铝硅质耐火材料
17	块磷铝矿 (磷酸铝) $AlPO_4$ Berliuite	1. 三方 3. 无解理	1. 1.5235 (1.527) 2. 1.529 (1.530)	1. 透明			3. 1460℃		1. 磷酸结合高铝质耐火材料

18	锂霞石 $Li_2O \cdot Al_2O_3 \cdot 2SiO_2$ Lithium nephelite	1. 六方 3. 无	1. 1.524 2. 1.5195	1. 透明 2. 无色	1. 平行消光	1. 负 2. 0°	1. 2.35～2.67 3. 1397℃分解	晶形突起，平行消光	1. 锂铝硅热敏微晶玻璃组成矿物 2. 含锂玻璃熔窑蚀变铝硅质耐火材料
19	钠长石 $Na_2O \cdot Al_2O_3 \cdot 6SiO_2$ Albite	1. 三斜 2. 板状 3. (001)(010)完全 4. 聚片	1. 1.533～1.540 2. 1.539～1.545 3. 1.528～1.535	1. 透明 2. 无色	1. 斜消光 2. (010)方向7～20°，(001)方向3°	1. 正 2. 75～83°	1. 2.382 2. 6～6.5 3. 1118±3℃	突起，解理聚片双晶，斜消光	1. 玻璃熔窑蚀变耐火材料 2. 玻璃耐材析晶矿物
20	霞石 $Na_2O \cdot Al_2O_3 \cdot 2SiO_2$ Nepletine	1. 六方 2. 柱状，板状 3. (0001)(10$\bar{1}$1)不完全	1. 1.532～1.547 3. 1.529～1.542	1. 透明 2. 无色	1. 平行消光	1. 负 2. 0°	1. 2.619 2. 5～6 3. 1526℃ 1254℃转变为三斜型	解理不完全，突起极低，干涉色一级灰，一轴晶负光性	1. 高炉矿渣 2. 玻璃耐火材料中析晶矿物 3. 铝硅质耐火材料蚀变带 4. 浮法玻璃熔窑锡槽底部粘土砖反应带
21	钾霞石 $K_2O \cdot Al_2O_3 \cdot 2SiO_2$ Kaliophilite	1. 斜方(假六方) 2. 针状，板状 3. (001)(010)完全	1. 1.536 2. 1.537 3. 1.528	1. 透明 2. 无色	1. 平行消光 2. $Ng=a$ $Nm=b$	1. 负 2. 40°	1. 2.6 2. 6 3. 1800℃	突起极低，干涉色与石英相似，二轴晶负光性	1. 高炉矿渣 2. 富钾玻璃中析晶矿物
22	水化铝酸四钙 $4CaO \cdot Al_2O_3 \cdot 12H_2O$ Tetracalcium aluminate hydrate	1. 六方 2. 片状，纤维状	1. 1.538 2. 1.514	1. 透明 2. 无色	1. 平行消光 2. 正	1. 负 2. 0°		负低突起，正延性，平行消光，一轴晶负光性	1. 水泥水化产物，存在于硅酸盐水泥制品中
23	堇青石 $2MgO \cdot 2Al_2O_3 \cdot 5SiO_2$ Cordierite	1. 斜方(假六方) 2. 柱状 3. (010)完全，(100)(001)不完全	1. 1.539 2. 1.543 3. 1.534	1. 透明 2. 无色，浅色	1. 平行消光 2. $Ng=b$ $Np=c$	1. 正 2. 70°～100°	1. 2.57～2.66 2. 7～7.5 3. 1200℃(±)	极低负突起，常见三连晶或双晶平行消光	1. 堇青石瓷主晶相 2. 镁硅砖，镁铝砖等耐火材料 3. 镁质和白云石质耐火砖蚀变工作带 4. 高级电瓷，电熔刚玉 5. 玻璃中耐火砖结石
24	石英 SiO_2 Quartz	1. 三方 2. 粒状，柱状 3. 无	1. 1.544 2. 1.553	1. 透明 2. 无色	1. 波状消光	1. 正 2. 0°	1. 2.65 2. 7 3. 1713℃	正低突起，干涉色一级黄白，无双晶，波状消光，一轴晶正光性	1. 硅砖中残留孤岛状颗粒 2. 玻璃中石英粉料结石，熔蚀龟裂纹 3. 普通陶瓷和电瓷的组成矿物相 4. 粘土砖、半硅砖、铬硅砖、叶腊石砖中均会出现

25	氟金云母 $KMg_3Si_3AlO_{10}F_2$ Phlogopite	1. 单斜 2. 柱状,片状 3. (001)完全	1. 1.545 2. 1.547 3. 1.519	1. 透明 2. 无色	1. 斜消光 2. $Np=b$ $Ng \wedge c=0\sim3°$	1. 负 2. 9°～14° 3. $r<v$ 弱	1. 2.85 2. 2.5～3	晶形正低突起,近平行消光,二轴负晶	1. 云母瓷的主晶相 2. 可切削微晶玻璃的主晶相
26	氟金云母 $KMg_3F_2AlSi_3O_{10}$ Phlogopite	1. 三方 2. 长条状,片状 3. (0001)完全	1. 1.549 2. 1.545	1. 透明 2. 无色	1. 平行消光 3. 正	1. 负 2. 0°		晶形正低突起,平行消光,一轴负晶	2. 云母瓷的主晶相
27	水镁石 $Mg(OH)_2$ Bucoite	1. 六方 2. 厚板状 3. (0001)完全	1. 1.559 2. 1.580	1. 透明 2. 无色	1. 平行消光	1. 正 2. 0°	1. 2.3～2.4 2. 2.5 3. 400℃以上脱水	具有异常的红褐干涉色,片状	1. 方镁石的水化产物
28	水铝氧石 $Al(OH)_3$ Gibbsite	1. 单斜 2. 六边形板状,针状 3. (001)完全	1. 1.566 2. 1.587	1. 透明 2. 无色	1. 斜消光 2. $Np=b$ $Ng \wedge c=25°$	1. 正 2. 0°	1. 2.40 2. 2.5～3.5	六方板状,针状晶形,斜消光	1. 高水泥水化物之一
29	硫铝酸钙(无水) $3CaO \cdot Al_2O_3 \cdot CaSO_4$ Calcium Aluminosulphate	1. 等轴 2. 细粒状	1. 1.568	1. 透明 2. 无色			1. 2.61 3. 1350℃分解为C_3A	粒状,正低突起,均质体	硫铝酸盐水泥熟料主晶相之一
30	失透石 $Na_2O \cdot 3CaO_5 6SiO_2$ Devitrite	1. 斜方 2. 柱状,针状	1. 1.570 2. 1.579 3. 1.564	1. 透明 2. 无色	1. 平行消光 3. 正	1. 正 2. 75°	3. 1045℃分解	正突起,针状,常见扫把状,束状集合体,正延性	1. 钠钙硅酸盐玻璃常见的析晶矿物
31	托勃莫来石 $5CaO \cdot 6SiO_2 \cdot nH_2O$ Tobermorite	1. 三斜 2. 片状 3. (010)完全,(100)中等	1. 1.571 2. 1.575 3. 1.570	1. 透明 2. 无色	2. $Np=c$ $Nm=c$	1. 正 2. 小	1. 2.44 2. 2.5	片状,近平行消光,二轴正晶	1. 硅酸盐水泥熟料的水化产物

32	羟钙石 $Ca(OH)_2$ Portlondite	1. 六方 2. 板状,片状 3. (0001)完全	1. 1.574 2. 1.545	1. 透明 2. 无色	1. 平行消光	1. 负 2. 0°	1. 2.23～2.24 2. 2.0	无色,正中突起,二级干涉色,空气中吸CO_2成方解石	CaO 的水化产物
33	钡长石 $BaO \cdot Al_2O_3 \cdot 2SiO_2$ Celsian	1. 单斜 2. 片状,长条状 3. (001)(010)	1. 1.582 2. 1.587 3. 1.570	1. 透明 2. 无色	2. $Ng=b$	1. 负 2. 50～53°	1. 3.3～3.45 2. 6 3. 1715℃	晶形,正中突起干涉色低,二轴负晶	1. 冶金炉矿渣 2. 见铝硅酸盐微晶玻璃组成矿物
34	钙长石 $CaO \cdot Al_2O_3 \cdot 2SiO_2$ Anorthite	1. 三斜 2. 板状 3. (010)完全,(001)中等 4. 聚片	1. 1.583 2. 1.588 3. 1.575	1. 透明 2. 无色	1. 斜消光 3. 负	1. 负 2. 77～79°	1. 2.758 2. 6 3. 1550℃	正突起低,斜消光,聚片双晶	1. 骨灰瓷组成矿物之一 2. 陶瓷釉层中析晶矿物 3. 玻璃熔窑和水泥窑的铝硅质耐火砖蚀变工作带 4. 部分高炉矿渣 5. 铸石材料 6. 玻璃耐材析晶矿物
35	β-磷酸钙 $CaO \cdot P_2O_5$ Calcium Phosphate	2. 板状 3. (010)完全	1. 1.587 2. 1.596 3. 1.573		1. 平行消光	1. 负 2. 80°		板状,正中突起,平行消光,二轴负晶	1. 生物陶瓷的组成矿物之一
36	β-磷酸三钙 $3CaO \cdot P_2O_5$ Tricalcium Phosphate	1. 单斜 3. 聚片	1. 1.588 2. 1.589 3. 1.586		1. 平行消光	1. 正 2. 75°	1. 2.814 3. 1720℃	聚片双晶,平行消光,二轴正晶	1. 骨灰瓷组成相之一 2. 磷酸钙人造骨瓷主晶相 3. 钢渣和磷渣
37	枪晶石 $3CaO \cdot 2SiO_2 \cdot CaF_2$ Cuspidine	1. 单斜 2. 假菱面体,矛头状 3. (001)完全 4. 聚片	1. 1.595 2. 1.606 3. 1.592	1. 透明 2. 无色,粉色	1. 斜消光 2. $Nm=b$ $Ng \wedge c=6°$	1. 正 2. 63°	1. 2.86～2.98 2. 5～6	晶形,正突起,近平行消光	1. 含氟高炉矿渣、钢渣 2. 冶金炉耐火材料炉衬 3. 烧结矿和球团矿
38	五氧化二磷 P_2O_5 Phasphor oxide	1. 四方	1. 1.599 2. 1.624	1. 透明 2. 无色		1. 正 2. 0°	1. 2.89		1. 生物陶瓷原料 2. 添加剂 3. 晶核剂

39	氟铝酸钙 $11CaO \cdot 7Al_2O_3 \cdot CaF_2$ Calcium Fluoaluminate	1. 等轴 2. 粒状,树枝状	1. 1.601 ~1.605	1. 透明 2. 无色			3. 1500℃分解得 C_3A		1. 氟铝酸钙水泥熟料主晶相之一 2. 掺萤石烧制的硅酸盐水泥熟料中偶见
40	硅镁石 $3Mg_2SiO_4 \cdot Mg(F,OH)_2$ Humite	1. 斜方 2. 板状 3. (001)不完全	1. 1.605 2. 1.630 3. 1.598	1. 透明 2. 无色,浅色 3. 多色性有 $Np > Nm > Ng$	1. 平行消光 2. $Np=a$ $Ng=b$	1. 正 2. 59°	1. 3.2 2. 6 3. 熔度 7	晶形,正突起,透明,具有多色性,平行消光,二轴正晶	
41	七铝酸十二钙 $12CaO \cdot 7Al_2O_3$ Calcium alumimate	1. 等轴 2. 圆柱状 3. 无	1. 1.608	1. 透明 2. 无色,浅绿色			1. 3.1~3.15 2. 5 3. 1455℃	团形颗粒,正中突起,均质体,光片腐蚀后的颜色	1. 高铝水泥熟料组成矿物之一
42	β-磷酸钠钙 $Na_2O \cdot 2CaO \cdot P_2O_5$	2. 六方片状	平均 1.6008	1. 透明 2. 无色	1. 平行消光 3. 负	1. 负 2. 0°		晶形,正中突起,集合体形态,一轴负晶	1. 含磷平板玻璃中粉料结石 2. 高铝冶金炉渣
43	针硅钙石 $2CaO \cdot SiO_2 \cdot H_2O$ Hillebrandite	1. 斜方 2. 针状 3. 柱面解理	1. 1.610 2. 1.612 3. 1.605	1. 透明 2. 瓷白,浅绿	1. 平行消光 2. $Nm=a$ $Ng=c$	1. 负 2. 42° 3. $r>v$ 强	1. 2.69 2. 5.5 3. 500℃失水成 γ-C_2S	晶形,解理颜色,平行消光,二轴负晶	1. 硅酸盐水泥水化产物之一
44	假硅灰石 α-$CaO \cdot SiO_2$ Pseudo wollastonite	1. 三斜 2. 六方板状 4. 聚片	1. 1.611 2. 1.654 3. 1.610	1. 透明 2. 无色	1. 近平行消光 2. $Ng \wedge a=2°$ 3. 负	1. 正 2. 0°~8°	1. 2.905 2. 5 3. 1540℃	正中突起,干涉色高,二轴晶正光性,光轴角小	1. 玻璃析晶结石 2. 硅砖,粘土砖中偶见矿物 3. 酸性高炉矿渣
45	α-硅钡石 $2BaO \cdot 2SiO_2$ α-Sanbornite	1. 斜方 3. (100)(010)(001)三组	1. 1.612 2. 1.621 3. 1.597	1. 透明 2. 白色	1. 平行消光	1. 负 2. 75°	1. 3.73 3. 1420℃	常见二组互相垂直的解理,二级绿干涉色,正中突起,二轴晶负光性	1. 钡硅酸盐玻璃的析晶矿物

46	硅钡石 β-$BaO \cdot 2SiO_2$ β-Sambornite	1. 三斜 3. (001)完全,(010)(100)不完全 4. (010)聚片	1. 1.616 2. 1.624 3. 1.591	1. 透明 2. 无色	1. 斜消光	1. 负 2. 66°	1. 4.19 2. 5	依(010)聚片双晶,斜消光,消光角小	1. 钡硅酸盐玻璃析晶矿物
47	二铝酸钙 $CaO \cdot 2Al_2O_3$ Celcium dialuminate	1. 单斜 2. 棱柱状,纤维状 3. 柱面解理	1. 1.617 2. 1.651 3. 1.617	1. 透明 2. 无色	1. 斜消光 2. $Ng \wedge c=39°$	1. 负 2. 35°	2. 6.5 3. 1765℃(不一致熔融)	晶形,斜消光,干涉色高,光轴角小,反射率较弱,不腐蚀,反射色亮黄	1. 铝酸盐水泥熟料组成矿物之一 2. 高铝矿渣
48	硅酸钡 $2BaO \cdot 3SiO_2$ Barium silicate	1. 斜方 2. 粒状 4. 聚片	1. 1.625 2. 1.645 3. 1.620	1. 透明 2. 无色		1. 正 2. 54°	1. 3.93 3. 1.449℃		
49	白磷酸钙 $3CaO \cdot P_2O_5$ Whitlockite	1. 六方 2. 菱面体	1. 1.629 3. 1.626	1. 透明 2. 无色,淡黄色	1. 平行消光	1. 负 2. 0°	1. 3.12 2. 5 3. 1350℃	正中突起,平行消光,干涉色很低	1. 磷渣 2. 矾渣 3. 钢渣
50	硅灰石 β-$CaO \cdot SiO_2$ Wollastonite	1. 单斜 2. 柱状,针状,放射状集合体 3. (100)完全	1. 1.629 2. 1.631 3. 1.616	1. 透明 2. 无色	1. 斜消光 2. $Nm=b$ $Ng \wedge a=34\sim39°$ 3. 正或负	1. 负 2. 38~64° 3. $r>v$	1. 2.915 2. 4.5~5 3. 1540℃ 1200℃转变为α-CS	正中突起,斜消光,延性可正可负,一级干涉色,可成放射状集合体	1. 硅灰石瓷主晶相 2. 玻璃中析晶矿物 3. 蚀变硅砖硅酸盐富集带 4. 酸性高炉矿渣 5. 磷酸钙人造骨瓷主晶相之一
51	镁黄长石 $2CaO \cdot MgO \cdot 2SiO_2$ Akermanite	1. 四方 2. 短柱状 3. (001)不完全	1. 1.632 2. 1.639	1. 透明 2. 无色,浅黄棕色	1. 平行消光 3. 负	1. 正 2. 0°	1. 2.95 2. 5~6 3. 1458℃	墨水蓝异常干涉色,平行消光,负延性,正光性	1. 含镁的高炉矿渣的主要矿,具钉齿结构或编织结构
52	氟磷灰石 $Ca_5(PO_4)_2F$ Fluorapatite	1. 六方 2. 长、短柱状 3. (0001)不完全	1. 1.6325 3. 1.630	1. 透明 2. 无色	1. 平行消光 3. 负	1. 负 2. 0°	1. 3.18 2. 5 3. 熔度 5	晶形,突起,一级暗灰干涉色,负延性	1. 高磷的高炉矿渣

53	磷硅灰石 $5CaO \cdot P_2O_5 \cdot SiO_2$ Silicocarnotite	1. 单斜 2. 假六方	1. 1.636 2. 1.640 3. 1.632	1. 透明 3. 有多色性 Ng=天蓝色 Nm=浅蓝 $Ng>Nm>Np$ Np=无色		1. 负 2. 76°	1. 3.084 2. 4～5 3. 1700～1850℃	干涉色为一级灰白至黄白正吸收	1. 含磷的高炉矿渣和钢渣
54	羟基磷灰石 $Ca_5(PO_4)_3(OH)$ Hydroxylopatite	1. 六方 2. 柱状 3. (0001)中等	1. 1.633～1.651 2. 1.630～1.644	1. 透明 2. 无色	1. 平行消光 3. 负	1. 负 2. 0°	1. 3.21 2. 5 3. 1540℃	晶形，突起，干涉色低，负延性	1. 羟基磷灰石瓷主晶相 2. 高磷的高炉矿渣
55	纳盖斯密特石 （又名硅磷酸钙） $Ca_3(PO_4)_2 \cdot 2Ca_2SiO_4$ Nagelschmidtite	1. 斜方 2. 板状，粒状 3. (001)中等，(110)不完全	1. 1.642～1.475 2. 1.661～1.690 3. 1.652～1.680	1. 透明 2. 无色	1. 平行消光	1. 正 2. 0°～20°	1. 3.065 3. 1800～1900℃	平行消光，正中突起	1. 存在于含磷的钢渣中
56	莫来石 $3Al_2O_3 \cdot 2SiO_2$ Mullite	1. 斜方 2. 柱状，针状 3. (010)中等	1. 1.644 2. 1.654～1.670 3. 1.642～1.664	1. 透明 2. 无色 3. 厚片中有多色性	1. 平行消光 2. $Ng=c$ $Nm=b$ 3. 正	1. 正 2. 45°～50°	1. 3.0 2. 6 3. 1910℃ 1650℃软化	针状，柱状晶体，平行消光，正延性，干涉色低	1. 粘土砖，高铝砖及普通陶瓷的主晶相，以细针状或隐晶质存在 2. 烧结 AZS 砖针状主晶相 3. 电熔 AZS 砖长柱状主晶相 4. 莫来石陶瓷及耐火制品的主晶相 5. 硅酸质玻璃中耐材析晶矿物 6. 再结合刚玉砖的基质
57	硅钙石 $3CaO \cdot 2SiO_2$ Ranhinite	1. 单斜 2. 粒状 3. 不完全	1. 1.645 2. 1.650 3. 1.641	1. 透明 2. 无色	1. 斜消光 2. $Nm=b$ $Np \wedge a=15°$	1. 正 2. 64°	1. 2.86 2. 5.5 3. 1475℃分解为 C_2S	以突起及干涉色区别于 C_2S，无解理	1. 碱性高炉矿渣 2. 偶见硅酸盐水泥熟料
58	γ-硅酸二钙 $2CaO \cdot SiO_2$ Shannonite	1. 单斜 2. 柱状，纤维状 3. 柱状解理 4. 无双晶	1. 1.645 2. 1.654 3. 1.642	1. 透明 2. 无色，浅黄色，棕黄色	1. 斜消光 2. $Ng \wedge c=3°$	1. 正 2. 52～60°	1. 2.97 3. 2130℃	正中突起，平行消光，有时斜消光，无双晶，α'转变为 γ-C_2S 时体积膨胀12%，熟料粉化	1. 粉化硅酸盐水泥熟料主要矿物 2. 高炉矿渣，平炉，转炉钢渣

59	钙镁橄榄石 $CaO \cdot MgO \cdot SiO_2$ Monticellite	1. 斜方 2. 粒状，柱状 3. (010)不完全 4. 有三连晶	1. 1.646 2. 1.653 3. 1.639	1. 透明 2. 无色	1. 平行消光 2. $Ng=a$ $Np=b$ 3. 正，负	1. 负 2. 85° 3. $r>v$ 弱	1. 3.2 2. 5～5.5 3. 1490℃ 1300℃分解	平行消光，正延性，解理不发育，一级干涉色	1. 碱性高炉矿渣，平炉钢渣 2. 镍渣，钛渣，铁铬合金渣 3. 蚀变白云石砖中结合相 4. 镁质和铬镁质耐火材料结合相
60	偏硅酸锂 $Li_2O \cdot SiO_2$ Lithium silicate	1. 斜方(假六方) 2. 针状，柱状 3. 不完全	1. 1.650 2. 1.670 3. 1.650	1. 透明 2. 无色	1. 平行消光 2. $Ng=c$ $Nm=b$	1. 正 2. 小	1. 2.48 3. 1202℃	突起高于玻璃，平行消光，二轴晶光轴小	1. 锂铝硅酸盐微晶玻璃的过度相
61	镁橄榄石 $2MgO \cdot SiO_2$ Forsterite	1. 斜方 2. 短柱状，粒状 3. (110)(010)不完全 4. 简单或聚片	1. 1.651 2. 1.670 3. 1.635	1. 透明 2. 无色	1. 平行消光 2. $Ng=a$ $Np=b$ 3. 正	1. 正 2. 81° 3. $r>v$	1. 3.2 2. 6.5～7.2 3. 1890℃	与 CMS 的区别为：干涉色较高，为二级以上，硬度较大，熔点高，有双晶，解理不发育，平行消光	1. 镁橄榄石瓷主晶相 2. 镁铝砖，硅镁砖，镁砖的组成矿物 3. 各种含镁的冶金矿渣，钢渣
62	顽火辉石 $MgO \cdot SiO_2$ Enstatite	1. 斜方 2. 短柱状 3. (110)中等，解理角 88°	1. 1.653 2. 1.658 3. 1.650	1. 透明 2. 无色	1. 平行消光 2. $Ng/\!/c$，$Nm/\!/b$ $Np/\!/a$ 3. 正	1. 正 2. 60～80° 3. $r<v$	1. 3.21 2. 5.5 3. 990℃以下稳定	平行消光和对称消光，两级完全解理，解理角 88°	1. 老化滑石瓷组成矿物之一 2. 镁质耐火材料 3. 炉渣
63	原顽辉石 $MgO \cdot SiO_2$ Protoenstatite	1. 斜方 2. 短柱状，厚板状 3. (110)中等	1. 1.653 ～1.670 2. 1.658 ～1.675 3. 1.650 ～1.665	1. 透明 2. 无色	1. 平行消光 3. 正	1. 正 2. 70℃	1. 3.10 2. 1557℃ 1250℃以上稳定	两组中等解理	1. 滑石瓷的主晶相 2. 镁质耐火材料 3. 炉渣
64	斜顽辉石 $MgO \cdot SiO_2$ Clinoenstatite	1. 单斜 2. 短柱状 3. (110)中等 4. 依(100)简单或聚片	1. 1.654 2. 1.660 3. 1.651	1. 透明 2. 无色	1. 斜消光 2. $Np=b$ $Nm \wedge a=8～20°$ $Ng \wedge c=20°$ 3. 正	1. 正 2. 53°	1. 3.19 3. 850℃以下可长期存在	斜消光，两组中等解理	1. 老化滑石瓷主要组成矿物 2. 高硅镁砖组成矿物 3. 酸性高炉矿渣

65	铝酸钙 $CaO \cdot Al_2O_3$ Calcium aluminate	1. 单斜 2. 粒状,纤维状 3. 柱面中等 4. 六角形三连晶	1. 1.655 2. 1.663 (~1.720) 3. 1.643 (~1.700)	1. 透明 2. 无色	1. 斜消光 2. $Np=c$ $Nm=b$	1. 负 2. 56°	1. 2.78 2. 6.5 3. 1600℃	正中突起,柱状,纤维状,斜消光,反射光下沸腾蒸馏水腐蚀的晶形和强色,扫描电镜下,六方棱柱状	1. 铝酸盐水泥熟料组成矿物之一 2. 高铝矿渣
66	锂辉石 $Li_2O \cdot Al_2O_3 \cdot 4SiO_2$ Spodumene	1. 单斜 2. 柱状 3. (110)中等,解理角87° 4. 依(100)简单	1. 1.655 ~1.670 2. 1.662 ~1.679 3. 1.648 ~1.663	1. 透明 2. 浅色 3. 有多色性	1. 平行消光,斜消光 2. $Nm=b$ $Ng \wedge c=23\sim60°$	1. 正 2. 58~66° 3. 水平色散 $r<v$	1. 3.0~3.2 2. 6~7 3. 1380℃	中等解理,有多色性,消光角,二轴正晶	1. 锂铝硅酸盐微晶玻璃组成相
67	铁钙黄长石 $4CaO \cdot Fe_2O_3 \cdot Al_2O_3 \cdot 2SiO_2$ Ferrigehlonite	1. 四方 2. 柱状 3. (001)完全	1. 1.666 3. 1.661	1. 透明 2. 无色	1. 平行消光	1. 负 2. 0°	1. 5~6 3. 1285℃	干涉色较低一级灰白,平行消光,负光性	1. 各种冶金炉矿渣,高炉矿渣的主要矿物 2. 蚀变粘土砖,高铝砖 3. 高铝水泥中亦有出现
68	钙铝黄长石 $2CaO \cdot Al_2O_3 \cdot SiO_2$ Gehlenite	1. 四方 2. 短柱状,片状 3. (001)完全	1. 1.669 3. 1.658	1. 透明 2. 无色	1. 平行消光	1. 负 2. 0°	1. 3.04 2. 5~6 3. 1500℃	干涉色一级黄白,平行消光,负光性,光片腐蚀后的晶形和颜色	1. 蚀变铝硅质耐火砖反应带 2. 各种矿渣 3. 铝酸盐水泥熟料
69	锌黄长石 $2CaO \cdot ZnO \cdot 2SiO_2$ Hardystonite	1. 四方 2. 偏三角面体 3. (001)完全	1. 1.6718 3. 1.6624	1. 透明 2. 无色	1. 平行消光	1. 负 2. 0°	1. 3.4 2. 3~4	干涉色一级黄白,平行消光,一轴晶负光性	1. 炼锌炉矿渣
70	透辉石 $CaO \cdot MgO \cdot 2SiO_2$ Diopside	1. 单斜 2. 短柱状 3. (110)完全 4. 依(100)(001)简单,聚片	1. 1.672 2. 1.694 3. 1.666	1. 透明 2. 无色	1. 斜消光 2. $Nm=b$ $Ng \wedge c=38\sim48°$	1. 正 2. 54~60°	1. 3.275~3.38 2. 5~6 3. 1390℃	晶形,解理,高双折射率,消光角	1. 以透辉石为原料制造建筑陶瓷主要组成矿物之一 2. 白色铸石制品的组成矿物 3. 玻璃中析晶矿物 4. 含镁高炉矿渣 5. 浮法玻璃锡槽粘土砖蚀变层

71	普通辉石 $(Ca,Fe,Mg)O$ $\cdot (Fe,Al)_2O_3$ $\cdot 4(Al,Si)O_2$ Augite	1. 单斜 2. 短柱状 3. (110)完全，解理角 87°	1. 1.672~1.750 2. 1.694~1.772 3. 1.671~1.743	1. 透明 2. 无色，浅色	1. 斜消光，对称消光	1. 正 2. 58~61°	1. 3.23~3.52 2. 5.5~6 3. 1428℃	晶形，解理，突起，颜色	1. 铸石材料中主晶相为铸普通辉石 2. 高炉矿渣 3. 烧结矿，球团矿
72	硅酸钡 $BaO \cdot SiO_2$ Barium silicate	1. 斜方 2. 柱状，针状	1. 1.674 2. 1.678 3. 1.673	1. 透明 2. 无色	1. 平行消光	1. 正 2. 29° 3. $r>v$ 强	1. 4.4 3. 1640℃	晶形，平行消光突起，二轴正晶	1. 钡玻璃中析晶矿物
73	β-铝氧 $Na_2O \cdot 11Al_2O_3$ Alumina	1. 六方 2. 板状 3. (0001)完全	1. 1.678 2. 1.635	1. 透明 2. 无色	1. 平行消光	1. 负 2. 0°	1. 3.31 3. 2050℃ 1300℃开始，1900℃剧烈转化为 α-Al_2O_3	六方板状，片状，干涉色极高	1. 快离子民体——β-铝氧瓷主晶相 2. 熔铸 AZS 砖和刚玉砖及其蚀变产物的常见矿物 3. 玻璃内耐材析晶矿物 4. 蚀变铝质及铝硅质耐火砖的反应带
74	铁黄长石 $2CaO \cdot FeO \cdot 2SiO_2$ Ferroakermanite	1. 四方 2. 柱状，板状 3. (001)完全	1. 1.690 3. 1.637	1. 透明 2. 无色	1. 平行消光	1. 负 2. 0°	3. 725℃以下稳定	晶形，突起，平行消光，一轴负晶	1. 高炉矿渣 2. 低碱度烧结矿
75	硅锌矿 $2ZnO \cdot SiO_2$ Willemite	1. 六方 2. 柱状 3. (0001)(11$\bar{2}$0)	1. 1.696 2. 1.715	1. 透明 2. 无色	1. 平行消光 3. 正延性	1. 正 2. 0°	1. 3.9~4.2 2. 5.5 3. 1510℃	含 Fe^{2+}、Mg^{2+} 时可呈多色性，No = 红紫，Ne = 蓝紫	1. 陶瓷结晶釉中析晶矿物，组成花纹状集合体 2. 微晶玻璃组成矿物
76	β-铝氧 $K_2O \cdot 6Al_2O_3$ Alumina	1. 六方 2. 负片状 3. (0001)完全	1. 1.696 3. 1.660	1. 透明 2. 无色	1. 平行消光	1. 负 2. 0°	1. 2.4	六方片状，正高突起，干涉色较高	1. 存在于电熔刚玉及其制品中
77	工业氧化铝 γ-Al_2O_3 Industrial alumina	1. 等轴 2. 八面体，粒状	1. 1.696	1. 透明 2. 无色			1. 3.47	正高突起，粒状，均质体	1. 存在于轻烧粘土材料中 2. Al_2O_3 的主要化工原料

78	钾硅酸钙 $K_2O \cdot 23CaO \cdot 12SiO_2$ Patassium-Calcium Silicate	1. 假六方 2. 粒状 4. 聚片	1. 1.699 2. 1.703 3. 1.695	1. 透明 2. 无色		1. 正		晶形，突起，双晶，一轴正晶	1. 硅酸盐水泥熟料中偶见矿物相
79	镁铝榴石 $3MgO \cdot Al_2O_3 \cdot 3SiO_2$ Pyrope	1. 等轴 2. 四角三八面体 3. 无	1. 1.705	2. 粉红色，黑色			1. 3.51 2. 7～7.5 3. 熔度 4	晶形，均质体，突起	
80	铝酸三钙 $3CaO \cdot Al_2O_3$ Tricalcium aluminate	1. 等轴 2. 菱形十二面体，粒状 3. 不完全	1. 1.710	1. 透明 2. 无色			1. 3.04 2. 6 3. 1535℃	正高突起，四边形，三边形，均质体	1. 铝酸盐水泥熟料主要组成矿物之一 2. 硅酸盐水泥熟料中间相组成矿物之一 3. 高铝高炉矿渣
81	镁蔷薇辉石 $3CaO \cdot MgO \cdot 2SiO_2$ Merwinite	1. 单斜 2. 柱状，粒状，纤维状 3. (010)完全 4. 聚片	1. 1.712 2. 1.724 3. 1.706	1. 透明 2. 无色	1. 斜消光 2. $Ng=b$ $Ng \wedge c=35°$	1. 正 2. 66°	1. 3.15 2. 6 3. 1598℃	断面轮廓，正高突起，干涉色低，斜消光，解理及解理角	1. 钙镁质耐火砖的主晶相之一 2. 镁砖，白云石砖，铝硅质耐火材料蚀变产物 3. 高炉矿渣，钢渣
82	β-硅酸二钙 $2CaO \cdot SiO_2$ Larnite	1. 单斜 2. 柱状，粒状 3. (100)中等 4. 聚片	1. 1.715 2. 1.730 3. 1.707	1. 透明 2. 无色或淡黄，棕黄色	1. 斜消光 2. $Ng=b$ $Np \wedge c=14°$	1. 正 2. 64～69°	1. 3.28 3. 2130℃ 975℃以下转变为γ-硅酸二钙	晶形(圆粒状)，干涉色明亮，斜消光，反射光下经 1%NH_4Cl 水溶液腐蚀呈棕黄色	1. 硅酸盐水泥熟料主晶相之一 2. 铝酸盐水泥熟料组成矿物 3. 高炉矿渣和钢渣 4. 镁质耐火材料结合相
83	α′-硅酸二钙 $2CaO \cdot SiO_2$ Bredigite	1. 斜方 2. 粒状 3. (110)中等 4. 假六角双晶，六连、三连晶	1. 1.716 2. 1.725 3. 1.712	1. 透明 2. 无色	1. 平行消光	1. 正 2. 10～30°	1. 3.31 3. 2130℃	正极高，干涉色为一级黄至橙黄	1. 平炉，电炉钢渣 2. 常与β-硅酸二钙混杂在一起
84	铍石 β-BeO Bromellite	1. 六方 2. 柱状，板状 3. $(10\bar{1}0)$中等	1. 1.719 2. 1.733	1. 透明 2. 无色	1. 平行消光	1. 正 2. 0°	1. 3.02 2. 9	1. 一级灰白干涉色	1. 氧化铍瓷主晶相

85	钙锰辉石 $CaO \cdot MnO \cdot 2SiO_2$ Johannsenite	1. 单斜 2. 柱状,纤维状 3. (110)中等	1. 1.719 2. 1.738 3. 1.710	1. 透明 2. 无色,浅灰色	1. 斜消光 2. $Nm=b$ $Ng\wedge c=46°$	1. 正 2. 52～62° 3. $r>v$ 强	1. 3.2～3.5 2. 5～6	晶形,正高突起,两组解理,斜消光,二轴正晶	
86	镁铝尖晶石 $MgO \cdot Al_2O_3$ Spinel	1. 等轴 2. 八面体,粒状 3. (111)	1. 1.719	1. 透明 2. 无色,绿色,浅红色			1. 3.55 2. 8 3. 2135℃	均质体,$R=6.8\%$,内反射无色	1. 镁硅耐火砖主晶相 2. 镁铝尖晶石瓷主晶相 3. 冶金炉矿渣 4. 高镁的高铝水泥熟料 5. 铝硅质耐火材料蚀变产物
87	钙锰橄榄石 $CaO \cdot MnO \cdot SiO_2$ Glaucochroite	1. 斜方 2. 柱状 3. (001)不完全	1. 1.723 2. 1.736 3. 1.685	1. 透明 2. 无色	1. 平行消光 2. $Np=b$ $Nm=c$	1. 负 2. 61° 3. $r>v$	1. 3.48 2. 6 3. 1335℃	晶形,解理不完全,正高突起,平行消光,二轴负晶	1. 工业炉矿渣 2. 铝硅质耐火材料蚀变产物
88	硅酸三钙 $3CaO \cdot SiO_2$ Triclcium silicate	1. 六方 2. 六方板状 3. (0001)不完全	1. 1.722 3. 1.716	1. 透明 2. 无色	1. 平行消光	1. 负 2. 0°	1. 3.224 2. 5～6 3. 2070℃	突起高,干涉色低,反射光下经1% NH_4Cl 水溶液腐蚀后呈蓝色	1. 硅酸盐水泥熟料主晶相 2. 水泥窑蚀变铝硅质耐火材料 3. 镁砖的胶结相 4. 冶金碱性炉渣
89	α-硅酸二钙 $2CaO \cdot SiO_2$ Dicodlcium sillicate	1. 六方 2. 粒状 3. (0001)不完全	1. 1.724 2. 1.738	1. 透明 2. 无色,浅黄棕色	1. 平行消光	1. 正 2. 0°	1. 3.07 2. 2130℃	突起高,颜色平行消光,一轴正晶	
90	蔷薇辉石 $CaO \cdot 4MnO \cdot 5SiO_2$ Rhodonite	1. 三斜 2. 板状,粒状 3. (100)(010)完全 4. {010}聚片双晶	1. 1.731 2. 1.739 3. 1.729	1. 透明 2. 无色 3. 厚片有多色性	1. 斜消光 2. $Ng\wedge c=25°$	1. 正 2. 60° 3. $r<v$ 弱	1. 3.75 2. 5.5～6 3. 1200℃	厚片时:Np=红黄,Nm=粉红,Ng=浅红黄;最高干涉色一级橙黄	1. 酸性马丁炉渣
91	钙铝榴石 $3CaO \cdot Al_2O_3 \cdot 3SiO_2$ Grossular	1. 等轴 2. 菱形十二面体 3. 无	1. 1.735	1. 透明 2. 无色			1. 3.53 2. 6.5～7	正高突起,无解理,均质体,常有异常干涉色和双晶	1. 碱性高炉矿渣 2. 碱性矿渣蚀变高铝砖

92	方镁石 MgO Periclase	1. 等轴 2. 立方体，八面体 3. (100)(111)不完全	1. 1.7366	1. 透明 2. 灰白色，浅黄色			1. 3.56 2. 5.5 3. 2800℃	正高突起，均质体，解理不发育，浅色	1. 镁质砖，镁铝砖，铬镁砖，白云石砖的主晶相 2. 电熔镁砂的主晶相 3. 氧化镁瓷的主晶相 4. 碱性高炉矿渣 5. 硅酸盐水泥熟料中少量矿物
93	钙铁辉石 $CaO \cdot FeO \cdot 2SiO_2$ Hedenbergite	1. 单斜 2. 针状，柱状 3. (110)中等 4. 简单双晶(100)或(001)	1. 1.7318 2. 1.7551 3. 1.7260	1. 透明 3. Np=浅绿，Ng=绿色，Nm=浅黄绿	1. 斜消光，对称消光 2. $Nm=b$ $Ng \wedge c=47 \sim 48°$	1. 正 2. 62.5°	1. 3.538 2. 5～6	正高突起，解理，斜消光，有多色性	1. 蚀变硅砖的硅酸盐富集带 2. 炼锡炉渣
94	钙铁橄榄石 $CaO \cdot FeO \cdot SiO_2$ Ca-Fe-olivine	1. 斜方 2. 粒状 3. 无	1. 1.734 2. 1.743 3. 1.696	1. 透明 2. 浅黄色	1. 平行消光 2. $Np=b$ $Nm=c$	1. 负 2. 49° 3. $r>v$	1. 3.30 3. 1208℃	晶形，较深的绿色，异常干涉色，消光角大	1. 各种冶金炉渣、钢渣 2. 烧结矿
95	碳化钙 (俗称电石) CaC_2 Calcium carbide	1. 斜方 2. 柱状 3. (001)(010)(100)完全 4. 复杂的重变双晶	>1.75 $Ng-Np=0.050$	1. 透明 2. 无色	1. 斜消光 2. 10°～20°	1. 正 2. 0°～30°	1. 2.21 3. 2106℃	折射率高，解理，双晶，斜消光，干涉色高	1. 高钙碳化耐火材料主晶相 2. 电石的主晶相
96	六铝酸钙 $CaO \cdot 6Al_2O_3$ Calcium hrxa aluminate	1. 六方 2. 片状，板状 3. (0001)	1. 1.757 3. 1.750	1. 透明 2. 无色，浅绿，浅蓝色	1. 平行消光	1. 负 2. 0°	1. 3.54～3.90 3. 1850℃	正高突起，一级白干涉色，一轴晶负光性，光片中不被腐蚀，常成针状晶体，反射率中等	1. 高铝瓷的组成矿物 2. 铝质，高铝质和 AZS 砖及其蚀变产物 3. 玻璃内耐材析晶矿物 4. 低钙铝酸盐水泥熟料
97	刚玉 α-Al_2O_3 Corundum	1. 六方 2. 短柱状，六方偏三角面体 3. (0001)不完全	1. 1.7686 2. 1.7604	1. 透明 2. 无色，含杂质呈不同的颜色	1. 平行消光 3. 正	1. 负 2. 0°	1. 4.00 2. 9 3. 2050℃	正高突起，一级白干涉色，正延性，一轴晶负光性，反射光下，因硬度大而稍突起	1. 氧化铝瓷，高铝瓷的主晶相 2. 刚玉砖，AZS 砖的主晶相 3. 高压电瓷的组成矿物之一 4. 高铝砖，蚀变铝质及铝硅质耐火砖的组成矿物 5. 玻璃内耐火砖结石及耐材析晶组成矿物 6. 高铝矿渣

98	锌尖晶石 $ZnO \cdot Al_2O_3$ Gahnite	1. 等轴 2. 八面体	1. 1.782	2. 绿色，黄色			1. 4.62 2. 7.5	晶形，颜色，正高突起	1. 铝硅微晶玻璃组成矿物
99	巴依石 $2CaO \cdot 3MgO \cdot TiO_2 \cdot (Ti,Al)_2O_3 \cdot 2SiO_2$	1. 未定 2. 长条状 3. 无	1. 1.785 2. 1.798 3. 1.777	2. 棕色 3. 多色性强	1. 平行消光	1. 正 2. 72～78°		色深，多色性强，两端常呈燕尾状	1. 高钛的高炉矿渣，共生矿物为钙钛矿，普通辉石，安诺石
100	锰铝榴石 $3MnO \cdot Al_2O_3 \cdot 3SiO_2$ Spessartite	1. 等轴 2. 四角三八面体 3. 无	1. 1.80	2. 红色			1. 4.18 2. 7～7.5 3. 1200℃	晶形，颜色，突起	1. 磁性材料—锰铝榴石的主晶相
101	锰橄榄石 $2FeO \cdot 2SiO_2$ Fayalite	1. 斜方 2. 粒状 3. （010）中等，(100)不完全	1. 1.804 2. 1.875 3. 1.828	2. 橄榄绿色	1. 平行消光 2. $Nm=c$ $Np=b$ 3. 正	1. 负 2. 47°	1. 4.40 3. 1205℃	高突起，多色性弱，干涉色高，正延性，平行消光	1. 高炉矿渣 2. 烧结矿
102	铱铝榴石 $3YO \cdot Al_2O_3 \cdot 3SiO_2$ Yttrogarent	1. 等轴 2. 四角三八面体 3. 无	1. 1.823（或 No＝1.942，Ne＝1.927）			（或负光性一轴晶）	1. 4.55 2. 8～8.5 3. 2110℃	晶形	1. 磁性材料—铱铝榴石的主晶相
103	铁尖晶石 $FeO \cdot Al_2O_3$ Hercynite	1. 等轴 2. 八面体，粒状	1. 1.83	1. 不透明			1. 4.39 2. 7.5 3. 1750℃	晶形，不透明	1. 电熔棕刚玉，熔铸刚玉砖 2. 远红外辐射瓷组成矿物 3. 高炉矿渣、钢渣
104	铁铝榴石 $3FeO \cdot Al_2O_3 \cdot 3SiO_2$ Almandite	1. 等轴 2. 四角三八面体 3. 无	1. 1.83	2. 棕色，黑红色			1. 4.32 2. 7～7.5 3. 1313～1318℃	晶形，颜色，突起	

105	石 灰 （方钙石） CaO Lime	1. 等轴 2. 立方体，圆粒体 3. (100)完全	1. 1.837	1. 透明 2. 无色			1. 3.32 2. 3.5 3. 2570℃	晶形，解理，均质体	1. 白云石砖主要组成矿物之一 2. 水泥熟料中游离石灰 3. 石灰的主晶相
106	锰铝尖晶石 $MnO \cdot Al_2O_3$ Galaxite	1. 等轴 2. 块状	1. 1.848	2. 棕色，黑色			1. 4.03 2. 7.5	晶形，颜色	1. 铁氧体材料—锰铝尖晶石瓷主晶相 2. 远红外辐射瓷组成矿物 3. 高锰冶金炉渣
107	钙铬榴石 $3CaO \cdot Cr_2O_3 \cdot 3SiO_2$ Uravorite	1. 等轴 2. 菱形十二面体	1. 1.86	2. 绿色			1. 3.78 2. 7.5 3. 熔度 7	绿色，正极高突起，均质体，常有异常干涉色	1. 冶金熔渣与钙质，铬质耐火材料蚀变矿物
108	铁橄榄石 $2FeO \cdot SiO_2$ Fayalite	1. 斜方 2. 粒状 3. (010)中等，(100)不完全	1. 1.864 2. 1.875 3. 1.828	1. 透明 2. 淡黄色—橄榄绿 3. Ng=黄绿 Nm=橙黄 Np=绿黄	1. 平行消光 2. $Np=b$ $Nm=c$ 3. 正	1. 负 2. 47°	1. 4.4 2. 6.5 3. 1205℃	晶形，颜色，折射率高，双折射率大，光轴角小，二轴晶负光性	1. 高铁高炉矿渣和钢渣 2. 各种铁沾污的硅酸盐材料中
109	钙铁榴石 $3CaO \cdot FeO \cdot 3SiO_2$ Andradite	1. 等轴 2. 菱形十二面体 3. 无	1. 1.895	2. 棕，黄，红色			1. 3.83 2. 6.5～7	颜色，突起，均质体，常有异常干涉色，双晶和环带结构	1. 偶见于冶金炉渣
110	镁铬尖晶石 $MgO \cdot Cr_2O_3$ Magnesiochromite	1. 等轴 2. 八面体 3. 无	1. 1.90	1. 透明 2. 浅灰绿			1. 4.39 3. ＞1800℃	晶形，颜色	1. 铬镁耐火砖的主晶相之一 2. 蚀变铬镁砖
111	锆英石 $ZrO_2 \cdot SiO_2$ Zircon	1. 四方 2. 柱状 3. (110)不完全	1. 1.92～1.96 2. 1.96～2.20	1. 透明 2. 无色，黄褐色	1. 平行消光 3. 正	1. 正 2. 0°	1. 4.6～4.71 2. 8 3. 2250℃	晶形，极高突起，多显多色性，反吸收，干涉色三级至四级	1. 锆英石耐火砖主晶相 2. 烧结 AZS 耐火砖残留矿物 3. 玻璃中粉料结石 4. 陶瓷乳浊釉中残晶相

112	正钛酸镁 $2MgO \cdot TiO_2$ Magnesium titanate	1. 等轴	1. 1.959				1. 3.52 3. 1732℃		钛酸镁瓷主晶相
113	铅辉石 $3PbO \cdot 2SiO_2$ Alamosite	1. 单斜 2. 纤维状 3. (010)	1. 1.961 2. 1.968 3. 1.947			1. 负 2. 65° 3. $r>v$ 强	1. 6.09 2. 4.5 3. 764℃		
114	氧化钡 BaO Barium oxide	1. 等轴 2. 立方体 3. (100)完全	1. 1.98	1. 透明 2. 无色			1. 5.72 2. 3.3 3. 1923℃		
115	石墨 C Graphite	1. 六方 2. 薄片状 3. (0001)极完全	1. 1.98 ～2.03	1. 不透明 2. 黑色		1. 负 2. 0°	1. 2.09～2.23 2. 1～2 3. 3700±100℃升华	晶形，双反射，反射色，内反射色为淡绿色	1. 石墨制品的主晶相 2. 含碳耐火制品中的组成矿物
116	铁铝酸六钙 $6CaO \cdot 2Al_2O_3 \cdot Fe_2O_3$ Hexacalcium dialuminoferrite	1. 斜方 2. 板状	2. 1.99 3. 1.94			1. 负 2. 小	3. 1365℃分解		1. 硅酸盐水泥熟料白色中间相中偶见
117	锡石 SnO Cassiterite	1. 四方 2. 短柱状，片状 3. (100)(110)不完全 4. 聚片	1. 2.0006 2. 2.0972	1. 透明 2. 无色到棕色	1. 平行消光	1. 正 2. 0°～38°	1. 6.99 2. 6～7	晶形，双晶，平行消光，高折射率	1. 锡石瓷的主晶相 2. 浮法玻璃锡槽底部耐火砖的反应层及孔隙中
118	铁铝酸四钙 $4CaO \cdot Al_2O_3 \cdot Fe_2O_3$ Brownmillerite	1. 斜方 2. 柱状，圆粒状 3. 不完全	1. 2.01 2. 2.04 3. 1.96	1. 半透明 2. 墨棕色，红色 3. 显著	1. 平行消光	1. 负 2. 75°	1. 3.73 3. 1415℃	颜色，多色性，高折射率，反射光下，硅酸盐水泥熟料的白色中间相	1. 硅酸盐水泥熟料组成矿物之一 2. 高钙的镁砖，白云石砖 3. 转炉白云石砖炉衬 4. 高炉矿渣

119	红锌矿 ZnO Zincite	1. 六方 2. 粒状，叶片状	1. 2.013 2. 2.029	2. 红色，黄色	1. 平行消光	1. 正 2. 0°	1. 5.65 2. 4 3. 1670℃	晶形，颜色，平行消光，一轴正晶	1. 氧化锌瓷的主晶相 2. 炼锌矿锌渣
120	铬铁矿 $FeO \cdot Cr_2O_3$ Chromite	1. 等轴 2. 八面体 3. 无	1. 2.12	2. 褐色			1. 5.29 2. 5.5 3. >1800℃ (2250℃)	晶形，颜色，突起	1. 镁铬质及铬镁质耐火砖的主晶相之一 2. 蚀变镁铬及铬镁质耐火材料
121	氮化铝 AlN Aluminum nitrite	1. 六方 2. 长柱状	1. 2.13 2. 2.20	2. 浅蓝色，绿色	1. 平行消光	1. 正 2. 0°	1. 3.25 2. 6～7 3. 2000℃	晶形，颜色	1. 氮化铝瓷的主晶相 2. 氮化铝细粉 3. 特制坩埚瓷的主晶相
122	褐硫钙石 CaS Oldhamite	1. 等轴 2. 立方体，粒状 3. (100)完全	1. 2.137	1. 透明 2. 无色			1. 2.71 2. 4 3. >2000℃	晶形，解理，突起，均质体	1. 冶金炉渣组成矿物之一，十字形羽毛状骸晶 2. 单晶刚玉的晶粒之间 3. 还原气氛烧成的水泥熟料
123	斜锆石 ZrO_2 Baddeleyite	1. 单斜 2. 粒状 3. (001)完全，(010)不完全	1. 2.19 2. 2.20 3. 2.13	1. 透明 2. 无色至棕色	1. 斜消光 2. $Nm=b$ $Np \wedge c=13°$	1. 负 2. 30° 3. $r>v$	1. 5.60 2. 6.5 3. 2715℃	正极高突起，糙面显著，四级干涉色，二轴晶负光性	1. 氧化锆瓷的主晶相 2. AZS 耐火制品的主晶相之一 3. 低膨胀陶瓷组成矿物之一 4. 结构陶瓷的增韧组成相 5. 玻璃中耐火砖结石和斜锆石析晶矿物
124	二钛酸镁 $MgO \cdot 2TiO_2$ Magnesium titanate		1. 2.19 2. 2.32 3. 2.19			1. 负 2. 70°	1. 3.66 3. 1649℃		1. 含钛多时，钛酸镁瓷主晶相
125	钛酸钙 $3CaO \cdot 2TiO_2$ Calcium titanate		1. 2.22 2.16		1. 平行消光 3. 正	1. 负 2. 0°	3. 1740℃(不一致熔融)		1. 钛酸钙瓷的主晶相

126	铁酸二钙 $2CaO \cdot Fe_2O_3$ Dicalcium ferrite	1. 斜方 2. 短柱状 3. 无	1. 2.22 2. 2.29 3. 2.20	2. 黄色 3. 多色性从黄色到棕色,反吸收性	1. 平行消光	1. 正 2. 中等	1. 4.01 3. 1436℃分解	多色性和吸收性显著,反射光下呈亮白色,反射率大	1. 各种水泥熟料中偶见矿物 2. 镁砖的胶结相 3. 炼铁、炼钢炉渣
127	方铁矿 FeO Wastite	1. 等轴 2. 八面体,立方体	1. 2.23	1. 不透明 2. 黑色			1. 5.5 3. 1370℃	不透明,黑色,反射光下呈亮白色,反射率17%	1. 炼铁或炼钢炉的蚀变耐火材料,常呈十字状骸晶,有时呈浑圆粒状
128	安诺石 Ti_3O_5 Anosovite	1. 斜方 2. 长柱状,针状	2. 2.32 3. 2.19	1. 不透明 2. 黑色,褐黑色			1. >4.19 2. 显微硬度 1000 kg/mm^2	不透明,黑色,晶形,为带尖端的柱状	1. 高钛渣的主晶相 2. 电熔棕刚玉及再结合刚玉砖亦有存在
129	硫化镁 MgS Magnesium sulfide	1. 等轴 2. 立方体,粒状 3. (100)完全	1. 2.271	1. 透明 2. 无色			1. 2.68 3. >1999℃	晶形,解理,突起,均质体	1. 电炉钢渣中
130	铁 Fe Iron	1. 等轴 3. (100)中等	1. 2.36	1. 不透明 2. 黑色			1. 7.87 2. 4 3. 1535℃	黑色,球粒状或无定形颗粒,反射率 R =58～64%,反射色白色,无内反射	1. 析铁硅酸盐水泥熟料 2. 炼铁或炼钢炉的蚀变耐火材料,炉渣
131	锌铁尖晶石 $ZnO \cdot Fe_2O_3$ Franklinite	1. 等轴 2. 八面体 3. (111)不完全	1. 2.36	2. 铁黑色,红棕色		均质体	1. 5.2 2. 5.5		1. 铁氧体材料—锌铁尖晶石瓷主晶相
132	钙钛矿 $CaO \cdot TiO_2$ Perovskite	1. 斜方(假等轴) 2. 八面体 3. (001)不完全	1. 2.34～2.38	2. 无色—棕—黄—褐—黑	1. 平行消光 2. $Nm=c$ $Np=a$	1. 正 2. 90°	1. 4.01 2. 5.5 3. 1915℃		1. 高铝水泥熟料 2. 钛酸钙瓷组成矿物 3. 铁电材料和介电材料的主晶相或单晶

133	铁酸镁（又称镁铁尖晶石） $MgO \cdot Fe_2O_3$ Magnssioferrite	1. 等轴 2. 八面体，粒状 3. 无	1. 2.39	1. 微透明 2. 红色		均质体	1. 4.20 2. 6～6.5 3. 1580～1610℃ 强磁性	颜色，晶形，均质性	1. 富铁镁质耐火材料的组成矿物，常成包晶结构，在方镁石之间呈薄片状 2. 碱性耐火砖蚀变工作带
134	钛酸钡 $BaO \cdot TiO_2$ Barium titanate	1. 斜方 2. 粒状	1. 2.401 2. 2.406 3. 2.395	1. 透明 2. 无色	1. 平行消光	1. 负	1. 5.45～5.54	平行消光，一级黄干涉色，二轴晶负光性	1. 钛酸钡瓷主晶相，半自形粒状
135	四钛酸钡 $BaO \cdot 4TiO_2$ Barium tetratitanate	1. 斜方 2. 柱状 3. (100)完全，(001)中等	1. 2.410 2. 2.440 3. 2.380	1. 透明 2. 无色，浅黄色	1. 平行消光 3. 正或负	1. 正 2. 49.6°		柱状，两级解理，干涉色3～4级，延性正负，二轴晶正光性	1. 四钛酸钡瓷主晶相
136	金刚石 C Diamond	1. 等轴 2. 等粒状 3. 无	1. 2.4195	1. 透明 2. 无色，绿，棕等		均质体	1. 3.51 2. 10 3. 不熔	均质体，无色透明，硬度最大	1. 人造金刚石晶粒
137	磁铁矿 $FeO \cdot Fe_2O_3$ Magnetite	1. 等轴 2. 八面体，菱形十二面体，粒状或不规则 3. (111)完全	1. 2.43	1. 不透明 2. 黑色		均质体	1. 5.175 2. 5.5～6.5 3. 1590℃	粒状多边形，不透明黑色，反射光下呈淡蓝灰色，金属光泽，反射率20～21%	1. 炼钢炉中铝硅质耐火材料蚀变产物，常呈树枝状 2. 镁铬耐火制品偶见矿物 3. 各种蚀变耐火材料均会出现 4. 烧结矿和球圆矿的主要组成矿物
138	三氧化二铬 Cr_2O_3 Chromium oxide	1. 六方 2. 厚板状，粒状 3. 菱面体解理 4. (001)双晶	1. 2.50	2. 绿色	1. 平行消光	1. 正 2. 0°	1. 5.2 2. 9 3. 1900℃	晶形，颜色，一轴晶正光性	1. Cr_2O_3制品主晶相 2. 存在于含Cr_2O_3的耐火材料中
139	铁酸钙 $CaO \cdot Fe_2O_3$ Monocaleium Ferrite	1. 四方(或六方) 2. 长针状	1. 2.58 3. 2.43	2. 血红色	1. 平行消光	1. 负 2. 0°	1. 5.08 3. 1216℃分解		1. 高铁镁质耐火材料 2. 冶金炉矿渣 3. 镁砖中胶结相 4. 烧结矿和球圆矿中常见

140	金红石 α-TiO_2 Rutile	1. 四方 2. 针状，长柱状，纤维状 3. （100）完全，（110）中等 4. 依（001）薄片或简单	1. 2.6211 2. 2.9085	1. 透明 2. 淡黄色黄褐色 3. 有 $No<Ne$ 吸收性	1. 平行消光 3. 正	1. 正 2. 0°	1. 4.23 2. 6～6.5 3. 1825℃	高级白干涉色，正极高突起，平行消光，正延性，简单双晶，聚片双晶	1. 金红石瓷的主晶相 2. 钛酸镁瓷主晶相之一 3. 高铝砖，AZS 砖中残余相
141	β-碳化硅 SiC Silicon carbide	1. 等轴 2. 微粒状	1. 2.63	2. 黑绿色		均质体	1. 3.216 2. 9.5～9.75 3. 2600℃分解	微粒状，均质体	1. 碳化硅瓷的组成矿物之一
142	α-碳化硅 SiC Moissanite	1. 六方（或斜方） 2. 薄片状 3. (0001)不完全	1. 2.647～2.649 2. 2.689～2.693	1. 透明 2. 无色，含少量杂质色呈蓝，红，黑色		1. 负 2. 0° 3. 色散强	1. 3.22 2. 9.5 3. 2600℃分解	薄片状，突起极高，干涉色三级，色散性强	1. 碳化硅瓷的主晶相 2. 部分结构陶瓷中组成矿物之一 3. 碳化硅耐火砖的主晶相 4. 石墨碳化硅、部分含碳耐火砖的组成矿物 5. 电阻发热体 6. 含碳白云石耐火砖中与硅粉边缘反应生成的矿物
143	碳化铝 Al_4C_3 Aluminum carbide	1. 六方 2. 片状 3. (0001)完全	1. 2.70 2. 2.75	1. 透明 2. 黄色	1. 平行消光	1. 正 2. 0°	1. 2.99 3. 2704℃		
144	氮化硼 BN Boron nitride	1. 等轴 2. 立方体					1. 2.25 2. 9.8～9.9 3. 3000℃		1. 氮化硼瓷的主晶相
145	碳化钛 TiC Titanium carbide	1. 等轴					1. 4.93 2. 9 3. 3140℃	反射镜下呈灰白色	1. 碳化钛制品的主晶相 2. 高炉蚀变耐火材料工作带 3. 金属陶瓷 4. 矿渣

146	赤 铁 矿 α-Fe_2O_3 Hematite	1. 三方 2. 厚板状 3. (0001)	1. 2.95 3. 2.74	1. 半透明 2. 红色，黄红色	1. 平行消光	1. 负 2. 0°	1. 5.2 2. 5.5～6 3. 1400～1565℃	透明度，颜色，弱多色性，反射光下反射色带蓝的白色，反射色较高，内反射深红色	1. 陶瓷釉层中含墨釉花的析晶矿物 2. 蚀变镁砖和蚀变硅砖
147	钛 铁 矿 FeO・TiO_2 Ilmenite	1. 三方 2. 片状，板状 3. 菱面体解理 4. (10$\bar{1}$0)聚片	1. >3.00	1. 不透明 2. 黑色		1. 负 2. 0°	1. 4.72 2. 5.5～6 3. 1450℃	反射光下带紫的灰白色，弱双折射和反射多色性，弱磁性	1. 高炉蚀变耐火材料 2. 烧结矿
148	三氧化二钛 Ti_2O_3 Titanium oxide	1. 三方 2. 树枝状骸晶，菱面体		1. 不透明 2. 黑色			3. 2677℃		存在于电熔 AZS 砖中
149	碳 化 硼 B_4C Boron carbide	1. 六方 2. 粒状		1. 不透明 2. 黑色			1. 2.48～2.52 2. <10 3. 2450℃		碳化硼瓷的主晶相
150	氮 化 硅 α-Si_3N_4 Silicon nitride	1. 六方 2. 针状		1. 半透明			1. 3.196 2. 9 3. 1900℃分解	晶形，半透明，反射率12.6%	氮化硅瓷的主晶相
151	氮 化 硅 β-Si_3N_4 Silicon nitride	1. 六方 2. 粒状，六方柱状		1. 半透明				晶形，半透明，反射率12.1%	氮化硅瓷主晶相
152	碳 化 硼 BC Boron nitride	1. 六方 2. 等轴粒状		1. 不透明 2. 黑色			1. 2.48～2.52 2. <10 3. 2450℃	高折射率，高反射率，晶形	1. 固体润滑剂，金属脱模剂 2. 各种高温绝缘和散热器件
153	氮 化 硼 BN Boron nitride	1. 六方 2. 片状		1. 透明 2. 白色			1. 2.25 2. 2.00 3. 3000℃	软性材料，硬度稍大于石墨	氮化硼材料组成矿物

附录三　反射光下无机非金属材料光片化学腐蚀剂一览表

适用种类	序号	化学腐蚀剂	腐蚀条件		显形相及其特征
			温度	时间	
陶瓷耐火材料	1	$HF+HCl+HNO_3+H_2O$ (1：1.5：2.5：9)		重复浸泡	$3Al_2O_3 \cdot 2SiO_2$(莫来石)
	2	MF+乳酸+HNO_3 (1：5.5)			TiC　(碳化钛)
	3	$NaF+K_2CO_3$(3：6)	600℃	10～60 分	SiC　(碳化硅)
	4	H_2SO_4	35℃	60 秒	CaF_2　(萤石)
			330℃	5～60 秒	Al_2O_3　(刚玉)
			200℃		$MgAl_2O_4$　(尖晶石)
	5	H_2PO_4	140℃	60 秒	CaF_2　(萤石)
			180℃～250℃		Al_2O_3　(刚玉)
	6	2%HF 水溶液	20℃		Al_2O_3　(刚玉)
			20℃	6～60 秒	BaO　(氧化钡)
	7	HF	20℃	数秒	SiO_2　(石英)
					ZrO_2　(斜锆石)
			20℃	10 秒～5 分	BeO　(铍石)
	8	$KHSO_4$		3～15 秒	Cr_2O_3　(氧化铬)
	9	50%HNO_3 水溶液	20℃	1～5 秒	MgO　(方镁石)
	10	KOH	650℃	8 分	TiO_2　(金红石)
	11	B_2O_3+PbO(1：10)	650℃	10 分	Fe_2O_3　(赤铁矿)
硅酸盐水泥熟料	1	不腐蚀		直接观察	方镁石：突起极高，周围有一黑边，呈粉红色 金属铁：反射率极强，呈亮白色
	2	蒸馏水	20℃	2～3 秒	游离氧化钙：呈彩色 黑色中间相：呈蓝色，棕色
	3	1%氯化铵水溶液	20℃	8 秒	阿利特：呈蓝色，少数呈深棕色 贝利特：呈浅棕色 游离氧化钙：呈彩色麻面 硫化钙：受轻微腐蚀 黑色中间相：受轻微腐蚀 白色中间相：不受腐蚀
	4	1%硝酸酒精水溶液	20℃	3 秒	阿利特：深棕色 贝利特：黄褐色 游离氧化钙：受轻微腐蚀 黑色中间相：受轻微腐蚀
	5	1%硫酸镁水溶液	20℃	10 秒	阿利特：呈天蓝色 贝利特及其他矿物不受腐蚀
			腐蚀后，用蒸馏水和酒精各洗 5 秒		
	6	10%氢氧化锌水溶液	30℃	15 秒	黑色中间相(含高铁玻璃)：呈蓝色，棕色 白色中间相：不受腐蚀
	7	40%HF 蒸气熏	把光片置瓶口上熏 10～30 秒，然后用吹风机吹 30 分钟，以免腐蚀镜头		贝利特：呈鲜艳的蓝色 阿利特：为稻黄色 游离氧化钙：不受腐蚀 此试剂能很好地把阿利特中的贝利特包裹体和由阿利特分解出来的二次贝利特鉴别出来
	8	1%硼砂酒精溶液	20℃	10 秒	阿利特：呈黄色 游离氧化钙：呈彩色

续表

适用种类	序号	化学腐蚀剂	腐蚀条件		显形相及其特征
			温度	时间	
硅酸盐水泥熟料	9	10ml 当量浓度草酸 加 90ml 酒精	20℃	5～15 秒	黑色中间相：呈红褐色 其他矿物不受腐蚀
	10	1：4 份 10%磷酸氢二钠和 10%氢氧化钠混合液	50℃～55℃	60 秒	白色中间相，高铁玻璃：呈蓝色，棕色 阿利特，f-CaO，黑色中间相：仅受一定腐蚀
	11	多硫化铵$(NH_4)_2SH_x$ 1：10 水溶液	20℃	15～30 秒	阿利特，f-CaO，铁相：受腐蚀并染色 贝利特：受轻微腐蚀，染色弱
	12	1：100 冰醋酸和 乙醇溶液	20℃	2～5 秒	阿利特，f-CaO：受腐蚀，显形明显 贝利特：受轻微腐蚀，显形不明显
	13	192.6g 柠檬酸溶于 1 立升水，冷却过程中慢慢加入 891ml33%二甲酸铵溶液，用水稀释至 3 立升	20℃	5～10 秒	阿利特，贝利特：显结构但不染色 黑色中间相，f-CaO：染色
高铝水泥熟料	1	不腐蚀			CT，C_2F　亮白色
	2	1%NH_4Cl 水溶液	20℃	5～7 秒	C_sS　黄棕色
	3	1%硼砂水溶液	沸腾	30 秒	$C_{12}A_7$　深棕色
	4	蒸馏水	沸腾	15～25 秒	CA　棕—黄
	5	$Na_2HPO_4 \cdot 12H_2O$ 与 NH_4Cl 混合水溶液（各二克溶于 100ml 水）	沸腾	3～4 分钟	C_2AS　蓝—棕
	6	10%磺基水杨酸水溶液	沸腾	4～5 分钟	C_2A　亮黄色
钢渣	1	不腐蚀			RO 相，铁酸盐，尖晶石
	2	蒸馏水 （可用硅酸盐水泥熟料的腐蚀剂）	20℃	3～10 分	f-CaO 呈彩虹色，圆颗粒 C_3S 呈棕色或蓝色条状或板柱状 C_2S 呈淡棕色或黄色圆粒状，有时有平行条纹
	3	5%NH_4Cl 水溶液	根据时间调节	10～20 秒	C_2S 呈彩色，圆粒状 C_3MS_2 呈浅棕色锤状 C_3MS_2 与 C_2S 固溶体呈棕色，有明显黑边，呈小棒锤状连在一起
	4	10%HCl 水溶液	20℃	6～7 秒	C. RO. S 显形，其中 CMS 腐蚀较强烈，表面粗糙呈擦痕状，为黄褐色的柱状或菱形 $(Mg \cdot Fe'')_2SiO_2$ 也显形，基本上不染色，C_3MS_2 被溶解
	5	1%硝酸酒精溶液	20℃	10～20 秒	CMS 轮廓清楚 C_2S 呈黄棕色
	6	1：10 氢氟酸溶液	20℃	1 秒	腐蚀玻璃相
			20℃	3 秒	腐蚀 RO 相，不腐蚀尖晶石
			20℃	3～15 秒	C_2S 呈彩虹色 C_3MS_2 呈棕色，显形清晰

主要参考书目

1. 诸培南,翁臻培,等.无机材料显微结构图册.武汉:武汉工业大学出版社,1993
2. 华南工学院,北京工业大学,武汉建筑材料工业学院,华东化工学院合编.硅酸盐岩相学.北京:中国建筑工业出版社,1980
3. 赵万智,刘正果,潘品蒸.结晶矿物岩石学.上海:上海科学技术出版社,1960
4. 华南化工学院,浙江大学,北京建筑工业学院合编.结晶学矿物岩石学基础.北京:中国工业出版社,1961
5. 诸培南.工艺岩石学.上海:上海科学技术出版社,1960
6. 洛阳建筑材料工业专科学校,长春建筑材料工业学校合编.硅酸盐岩相学.北京:中国建筑工业出版社,1986
7. 季寿元,王德滋.晶体光学.北京:人民教育出版社,1961
8. 成都地质学院岩矿教研室编.晶体光学.北京:地质出版社,1979
9. H.W.麦兰霍林,C.B.格鲁姆—格尔日迈格.晶体光性研究法.北京:地质出版社,1960
10. W.E.特吕格.造岩矿物光性鉴定表.北京:地质出版社,1959
11. 中国地质科学院地质矿产所编.透明矿物显微镜鉴定表.北京:地质出版社,1977
12. 甘肃地质中心实验室编.透明矿物半圆粒系统鉴定.北京:地质出版社,1977
13. 丘家骧,郃道乾.油浸法.北京:地质出版社,1981
14. 陈宗筒.金相显微镜.北京:机械工业出版社,1982
15. 尤什科.反光显微镜研究矿石方法.北京:地质出版社,1954
16. 长春地质学院编.矿相学.北京:地质出版社,1981
17. 邱国柱.金相学.北京:地质出版社,1982
18. 王曙.偏光显微镜和显微摄影.北京:地质出版社,1978
19. 杨南如.无机非金属材料测试方法.武汉:武汉工业大学出版社,1990
20. 清华大学分析化学教研室编.现代仪器分析.北京:清华大学出版社,1983
21. 李树棠.金属x射线衍射与电子显微分析技术.北京:冶金工业出版社,1980
22. 陈世朴,王永瑞.金属电子显微分析.北京:机械工业出版社,1982
23. 洪班德.金属电子显微分析实验指导书.哈尔滨:哈尔滨工业大学出版社,1984
24. 艾伦著,华瑾等译.颗粒大小测量.北京:中国建筑工业出版社,1984
25. 余永宁,刘国权.体视学.北京:冶金工业出版社,1989
26. 胡荣泽等.粉末颗粒和孔隙的测量.北京:冶金工业出版社,1982
27. 浙江大学等四所高校合编.硅酸盐物理化学.北京:中国建筑工业出版社,1980
28. 饶东生.硅酸盐物理化学.北京:冶金工业出版社,1980
29. 华南工学院编.陶瓷工艺学.北京:中国建筑工业出版社,1984
30. 张孝文,薛万荣,杨兆雄.固体材料结构基础.北京:中国建筑工业出版社,1985
31. 王维帮.耐火材料工艺学.北京:冶金工业出版社,1984

32. 杨兴华. 耐火材料岩相分析. 北京:冶金工业出版社,1980
33. W. 特列夫耐尔,W. 克略耐尔特,W. 才德尼谢克著,高振昕译. 耐火材料显微结构文集. 冶金工业出版社,1980
34. 华东化工学院,武汉建筑材料工业学院,浙江大学合编. 玻璃工艺原理. 北京:中国建筑工业出版社,1981
35. 马丁·赫泼许著,李淑民等译. 玻璃制造中的缺点. 北京:轻工业出版社,1959
36. 屈慧. 玻璃工艺结石的岩相形态学鉴定. 武汉:武汉工业大学出版社,1989
37. [英]P. W. 麦克米论著,王仞千译. 微晶玻璃. 北京:中国建筑工业出版社,1988
38. 冯铬萼. 硅酸盐岩相学. 上海:同济大学出版社,1986
39. 北京大学地质系岩矿教研室编. 光性矿物学. 北京:地质出版社,1979
40. 翁润生. 工业岩石学. 北京:中国地质大学出版社,1990
41. 张师. 工业岩石光性矿物学. 武汉:武汉地质学院出版社,1987

图书在版编目（CIP）数据

无机材料显微结构分析／周志朝等编著．—2版
—杭州：浙江大学出版社，2000.10(2022.1重印)
国家建筑材料工业局九五重点教材
新世纪高等院校精品教材
ISBN 978-7-308-01327-7

Ⅰ．无…　Ⅱ．周…　Ⅲ．无机材料-显微结构-结构
分析-高等学校-教材　Ⅳ．TB321

中国版本图书馆CIP数据核字（2000）第10418号

无机材料显微结构分析
周志朝　等编著

责任编辑　王　波
出版发行　浙江大学出版社
（杭州市天目山路148号　邮政编码310007）
（网址：http://www.zjupress.com）
排　　版　杭州青翊图文设计有限公司
印　　刷　嘉兴华源印刷厂
开　　本　787mm×1092mm　1/16
印　　张　21.5
字　　数　550千
版 印 次　2000年10月第2版　2022年1月第13次印刷
书　　号　ISBN 978-7-308-01327-7
定　　价　56.00元

浙江大学出版社市场运营中心联系方式：0571－88925591；http://zjdxcbs.tmall.com